Dieter Klaua

Mengenlehre

Walter de Gruyter · Berlin · New York · 1979

CIP-Kurztitelaufnahme der Deutschen Bibliothek

Klaua, Dieter:
Mengenlehre / Dieter Klaua. – Berlin, New York : de Gruyter, 1979.
(De-Gruyter-Lehrbuch)
ISBN 3-11-007726-4

 Printed in Germany. Satz und Druck: W. Tutte Druckerei GmbH, Salzweg-Passau. – Bindearbeiten: Wübben & Co., Berlin.

Vorwort

Die Mengenlehre bildet heute in ihrer modernen axiomatischen Form das Fundament der Mathematik. Das bedeutet, daß alle derzeitigen mathematischen Begriffe und Aussagen als mengentheoretische Begriffe und Aussagen interpretiert werden können und alle derzeitigen mathematischen Ergebnisse durch rein logisches Schließen aus einem geeigneten Axiomensystem der Mengenlehre abgeleitet werden können. In diesem Sinne ist die Mathematik im Rahmen der Mengenlehre darstellbar und erzeugt die Mengenlehre in der Mathematik, zum Vorteile klaren und rationellen Verständnisses, eine einheitliche mengentheoretische Denkweise. Das vorliegende Lehrbuch möchte eine kurzgefaßte Einführung in die Mengenlehre geben mit einer praktizierten mengentheoretischen Fundierung der Mathematik als Schwerpunkt. Es soll Mathematik von allem Anfang an mengentheoretisch exakt entwickelt werden. Mathematische Vorkenntnisse sind damit für den Ablauf der Theorie nicht erforderlich. Das Buch wendet sich an Studenten, Lehrer, Dozenten und allgemein an alle in Lehre und Forschung tätigen Wissenschaftler, welche sich für eine mengentheoretische Grundlegung der Mathematik interessieren.

Die Mengentheorie unseres Buches basiert auf einem einsortigen transfiniten inhomogenen Stufenkalkül, der mit seiner durch wenige Postulate strukturierten Stufenrelation eine der Anschauung über den Mengenbegriff besonders naheliegende und damit eine besonders natürliche Axiomatisierung der Mengenlehre ermöglicht. Es werden konsequent nur Mengen betrachtet, keine absoluten Klassen. Die Vorteile des Klassenkalküls, etwa im Zusammenhang mit der Kategorientheorie, werden jedoch beibehalten und sogar wesentlich erweitert durch die auf Universen relativierten Klassen, welche jetzt Mengen sind. Wir stellen zunächst (Kapitel I–V) ein elementares Axiomensystem der Mengenlehre auf, in dessen Rahmen der größte Teil der heutigen Mathematik, darunter die Analysis, mengentheoretisch darstellbar ist. Die mengentheoretische Darstellung der gesamten Mathematik, darunter die Kategorientheorie, wird erreicht (Kapit l VI), indem wir das elementare Axiomensystem um das Universenaxiom erweitern. Trotz der axiomatischen Methode der Darstellung mit ihren etwas formalen Begleiterscheinungen wird größter Wert auf inhaltliche Motivierungen, Formulierungen und Argumentationen gelegt.

Das Buch ist in Kapitel, Paragraphen und Abschnitte unterteilt bei durchlaufender Numerierung der Paragraphen. Der Abschnitt $n.m$ des §n wird als „§$n.m$" zitiert, Definition bzw. Satz m des §n als „Definition m, §n" bzw. „Satz m, §n" und Definition bzw. Satz m des laufenden Paragraphen als „Definition m" bzw. „Satz m". Das Ende eines Axioms, einer Definition oder eines Beweises wird der Übersichtlichkeit halber durch ∎ markiert. Übungsaufgaben sind in Form notierter Sätze gestellt, deren Beweis nur durch die Bemerkung „Übung“ angedeutet wird oder durch die Bemerkung, daß die aufgestellten Behauptungen unmittelbar (als Routineübung) aus den Definitionen oder bereits Bekanntem folgen. Das Buch unterscheidet sich von meiner 1971–1974 erschienenen „Einführung in die Allgemeine Mengenlehre“ durch eine wesentlich kürzere Stoffdarbietung und die dadurch erforderliche Gesamtkonzeption. Außerdem liegt der Abbildungstheorie eine neue Terminologie zugrunde, es wird der Kategorienbegriff auf Universen diskutiert, und es werden die stark unerreichbaren Kardinal- und Ordinalzahlen eingeführt und in die Exorbitanzaussagen für Universen mit einbezogen.

Dem Verlag danke ich für die Aufnahme des Buches in seine mathematische Lehrbuchreihe und für die gute Zusammenarbeit.

Karlsruhe, im Sommer 1979 Dieter Klaua

Inhaltsverzeichnis

KAPITEL I

Das elementare Axiomensystem

§ 1. Anschauliche Grundlage

1.1. Mengenlehre, Mathematik

Der deutsche Mathematiker Georg Cantor (1845–1918) begründete gegen Ende des vorigen Jahrhunderts die Theorie der (endlichen und unendlichen) Mengen beliebiger Dinge, die *Mengenlehre*, auch *Mengentheorie*, wegen ihres allgemeinen Charakters (im Gegensatz zu Theorien über Mengen spezieller Dinge, etwa der Punktmengenlehre) auch *Allgemeine Mengenlehre* oder *Abstrakte Mengenlehre* genannt. Als Geburtsjahr dieser neuen mathematischen Disziplin gilt das Jahr 1874, in welchem Cantors Arbeit „Über eine Eigenschaft des Inbegriffes aller reellen algebraischen Zahlen" im Journal für Reine und Angewandte Mathematik erschien. Die Mengenlehre hat aus ihren Anfängen heraus eine äußerst umfassende Entwicklung durchlaufen. Es wurden dabei durch die Mengenlehre weitere neue Disziplinen der Mathematik ins Leben gerufen (wie die Allgemeine Topologie) und schon bestehende mathematische Gebiete zu fruchtbarer Fortführung gebracht (wie die Analysis). Außerdem wurde, zur Vermeidung von Widersprüchen, methodisch die ursprüngliche Cantorsche *naive* (d.h. unaxiomatische) *Mengenlehre* abgelöst von der *axiomatischen Mengenlehre*, in der ein Axiomensystem an die Spitze der Theorie gestellt wird und man nur solche mengentheoretischen Begriffe und Aussagen (darunter die Axiome) bzw. mengentheoretischen Ergebnisse anerkennt, die sich mit den fachspezifischen Grundbegriffen des Axiomensystems durch rein logische Zusammensetzung definieren und formulieren lassen bzw. die sich aus den Axiomen des Axiomensystems durch rein logisches Schließen beweisen lassen. Die Erfahrung lehrte dann, daß sich auf solche Weise bei geeigneter Wahl eines mengentheoretischen Axiomensystems (etwa des in unserem Buche verwendeten Systems) sogar alle derzeitigen mathematischen Begriffe und Aussagen und alle derzeitigen mathematischen Ergebnisse einheitlich als anerkannte mengentheoretische Begriffe, Aussagen und Ergebnisse gewinnen lassen und in diesem Sinne die Mathematik im Rahmen der Mengenlehre darstellbar ist. Auf Grund dieser einheitlichen mengentheoretischen Darstellbarkeit der gesamten Mathematik und wegen des allgemeinen Charakters der Mengenlehre behandelt die Mengenlehre zwangsläufig gerade die für die Grundlegung der Mathematik wichtigen und damit die allgemeinsten mathematischen Begriffe und Tatsachen, bildet die Mengenlehre heute das *Fundament der Mathematik* und erzeugt die Mengenlehre in der Mathematik, zum Vorteile klaren und rationellen Verständnisses, eine einheitliche mengentheoretische Denkweise, die *mengentheoretische Methode*. Die Wissenschaft Mathematik schließlich findet breiteste praktische Anwendung in den Naturwissenschaften, in Technik und Ökonomie. Die mengentheoretische Darstellbarkeit der Mathematik gibt auch Anlaß zur These von der Übereinstimmung der Mathematik mit der Mengenlehre. Bei synonymer Verwendung der Begriffe „Mengenlehre" und „Allgemeine Mengenlehre" ist diese These natürlich nur zu verstehen als eine abkürzende Formulierung der geschilderten Darstellbarkeit der Mathematik im Rahmen der Mengenlehre und nicht als Identität von Mathematik und Mengenlehre. Die Allgemeine Mengenlehre ist nur ein echtes Teilgebiet der Mathematik.

Je nach Art der bisher untersuchten mathematischen Begriffe und Aussagen haben sich die verschiedenen Teilgebiete der Mathematik herausgebildet. Man kann die Mathematik heute in sechs große Bereiche gliedern:

Grundlagen der Mathematik,
Algebra, Zahlentheorie,
Analysis, Funktionentheorie,
Geometrie, Topologie,
Wahrscheinlichkeitstheorie, Mathematische Statistik,
Numerik.

Die einzelnen Bereiche zerfallen weiter in Teilbereiche; z.B. zerfallen die Grundlagen der Mathematik in:

Allgemeine Mengenlehre,
Das Zahlensystem
Metamathematik (d.h. Mathematische Logik und die auf ihr fußende Grundlagenforschung zur Mathematik).

Die Begriffe der Grundlagen und der Grundlagenforschung innerhalb der Mathematik werden oft auch breiter gefaßt, etwa als mathematische Grundlagen und Grundlagenforschung im Sinne des vielbändigen Lehrwerkes von N. Bourbaki, *Eléments de Mathématique*, welches eine im Rahmen der Mengenlehre vollzogene Neuordnung der Mathematik unter strukturellen (axiomatischen) Gesichtspunkten verwirklicht. Man beachte, daß eine Gliederung der Mathematik in Bereiche und Teilbereiche stets nur als ein vom Menschen aus verständnis- und arbeitsökonomischen Gründen geschaffenes, mehr oder

weniger künstliches Ordnungsprinzip angesehen werden darf. Die einzelnen mathematischen Disziplinen greifen deshalb oft auch weit ineinander über, und die fortschreitende Entwicklung der Mathematik führt immer mehr zu einer vereinheitlichenden Verschmelzung bisher nebeneinander gelegener mathematischer Gebiete. Die einfachste Definition der Wissenschaft Mathematik oder irgendeines ihrer Teilgebiete (etwa der Grundlagen der Mathematik oder der Allgemeinen Mengenlehre) ist die *Definition durch Aufzählung*, indem man auf den in der Literatur vorliegenden einschlägigen wissenschaftlichen Themenkreis verweist.
Wir untergliedern die Allgemeine Mengenlehre in sechs Hauptthemen:

Kapitel I. *Das elementare Axiomensystem*,
Kapitel II. *Mengenalgebra, Abbildungs- und Relationentheorie*,
Kapitel III. *Natürliche Zahlen, endliche und unendliche Mengen*,
Kapitel IV. *Ordnungstheorie*,
Kapitel V. *Kardinalzahl- und Ordinalzahltheorie*,
Kapitel VI. *Das erweiterte Axiomensystem*.

(Die mathematisch-logischen Grundlagenuntersuchungen zur Allgemeinen Mengenlehre seien zur Metamathematik gerechnet.)

1.2. Mengen, Elementbeziehung

Es gibt konkrete Dinge (wie Gegenstände unserer Umwelt (darunter Lebewesen), Moleküle, Himmelskörper, Bewegungsvorgänge zwischen materiellen Körpern) und abstrakte, sinnlich prinzipiell nicht wahrnehmbare Dinge (wie Zahlen, Beziehungen zwischen Dingen, Zuordnungen von Dingen zu Dingen, Eigenschaften von Dingen). Für *Dinge* sagt man auch *Objekte*. Zu den abstrakten Dingen gehören die Mengen von Dingen. Eine *Menge* ist nach CANTOR eine ideelle (d.h. geistige) Zusammenfassung bestimmter Dinge zu einem einheitlichen Ganzen. Der Begriff einer derartigen Dingzusammenfassung, und damit auch der Mengenbegriff als bloße Abkürzung dafür, ist ein nicht durch noch einfachere Begriffe erklärbarer Grundbegriff, mit dem man sich lediglich an Hand von Beispielen vertraut macht. Andere, den Mengenbegriff noch untermalende Bezeichnungen für eine Menge sind: *Gesamtheit*, *Mannigfaltigkeit*, *abstrakte Einheit*, *Inbegriff*, *charakteristisches gemeinsames Merkmal*, *Klasse*, *System*, *Bereich*.

Beispiele für Mengen:

(1) Die Menge aller Einfamilienhäuser Hamburgs zu einem bestimmten Zeitpunkt (sei er in Vergangenheit, Gegenwart oder Zukunft gelegen).

(2) Unter Vorwegnahme der verschiedenen Zahlbegriffe erhält man als mathematische Mengenbeispiele die Menge der natürlichen Zahlen 0, 1, 2, 3, ..., die Menge der ganzen Zahlen, die Menge der rationalen Zahlen, die Menge der reellen Zahlen und die Menge der komplexen Zahlen.

(3) Die Menge aller Mengen natürlicher Zahlen.

(4) Die Menge aller Dinge, die bei vorgegebenen Mengen M und N in M oder in N enthalten sind.

(5) Die Menge aller Dinge, die bei vorgegebenen Mengen M und N in M und in N enthalten sind.

(6) Die Menge aller Dinge, die bei einer vorgegebenen Menge M von Mengen und einer vorgegebenen Menge N in N und in allen Mengen von M enthalten sind.

Die durch eine Menge zusammengefaßten Dinge heißen die *Elemente* der betreffenden Menge. Man sagt von einer Menge, sie *bestehe aus* ihren Elementen; man sagt von einer Menge und irgendeinem ihrer Elemente, daß sie dieses Element *besitzt*, dieses Element *enthält* und daß dieses Element in der Menge *enthalten* ist, in der Menge *liegt*, zu der Menge *gehört*, *aus* der Menge ist. Als Abkürzung für *ist ein Element von* hat sich nach G. Peano das Zeichen $\in$ (gelesen: *Element* (*von*)) eingebürgert, das stilisierte „ε" aus dem griechischen Wort „εστι" für „ist ein". Die durch $\in$ ausgedrückte Beziehung zwischen Dingen heißt die *Elementbeziehung* oder die *ε-Beziehung* (die *Epsilon-Beziehung*). Bezeichnen also a, b irgendwelche Dinge, so bedeutet

$a \in b$ (gelesen: *a Element* (*von*) *b*),

daß b eine Menge und a ein Element von b ist. Für beliebige Dinge a und b gilt entweder $a \in b$ oder nicht $a \in b$. Dabei wird nicht Entscheidung dieser beiden Fälle gefordert. Bezeichnet etwa W die Menge aller wahren mengentheoretischen Aussagen (vgl. §2) und A eine bestimmte mengentheoretische Aussage, deren Wahrheitsverhalten bis heute unbekannt ist, so gilt zwar prinzipiell entweder $A \in W$ oder nicht $A \in W$, aber es ist nicht gewiß, ob jemals entschieden wird, welcher Fall vorliegt.

Wir machen uns im folgenden durch einige Erläuterungen weiter mit dem Mengenbegriff vertraut. Dabei betrachten wir zunächst, wie schon stillschweigend bisher, ausschließlich *nichtleere Mengen*, d.h. Mengen, welche mindestens ein Element besitzen.

Die Mengen fallen als Merkmale mit den Eigenschaften (als Kollektivdinge,

Sammelobjekte) zusammen. *Eigenschaft* ist damit eine weitere Bezeichnung für eine Menge, aber natürlich auch kein einfacherer Begriff als der Mengenbegriff selbst. Von einem in einer Menge M gelegenen Element e sagt man dann auch, *e besitzt die* (oder *ist von der*) *Eigenschaft M* oder *die Eigenschaft M trifft auf e zu*.

Die Mengen sind (auf alle Fälle für die Mathematik) *extensional* (Extensionalität des Mengenbegriffes); d.h. eine Menge ist bereits durch ihren Umfang (*Extension*) eindeutig bestimmt oder genauer: Eine Menge ist bereits durch die in ihr enthaltenen Elemente eindeutig bestimmt, unabhängig somit von dem durch etwaige mehrfache Beschreibungsmöglichkeiten dieser Menge verschiedenartig erzeugten Sinn (*Intention*). Als Beispiel ist die aus der Zahl 2 als einzigem Element bestehende Menge M identisch mit der Menge N aller natürlichen Zahlen, welche eine gerade Primzahl sind. Die Extensionalität des Mengenbegriffes gestattet, von jeder Menge M als von *derjenigen* Menge zu sprechen, welche genau die Elemente von M als Elemente besitzt.

Eine Menge muß nicht wie die Mengen der Beispiele (1)–(6) durch eine die betreffende Menge eindeutig kennzeichnende Mengenbeschreibung definierbar sein. Als Beispiel existieren stets unendlich viele Mengen von Elementen einer fest vorgegebenen unendlichen Menge (etwa der Menge der natürlichen Zahlen), ohne daß man für jede einzelne dieser Mengen eine Beschreibung zur Verfügung hat. Für endliche Mengen sprachlich fixierter (und nicht allzu vieler) Elemente dagegen liefert bereits die Aufzählung ihrer Elemente eine besonders einfache Beschreibung. Dabei mögen, als nützliche Bezeichnung für endliche Mengen, in geschweifte Klammern gesetzte Dingbezeichnungen stets die Menge derjenigen Dinge bedeuten, deren Bezeichnungen geklammert sind (Mengengenbezeichnung durch Aufzählung). Sind also $a, b, c, \ldots$ bestimmte Dinge, so ist nacheinander

$$\{a\},\ \{a, b\},\ \{a, b, c\}, \ldots$$

(gelesen: *Menge* (*von*) a bzw. *Menge* (*von*) a, b bzw. *Menge* (*von*) a, b, c bzw. ...) jeweils diejenige Menge, welche bzw. aus dem Element a, aus den Elementen a, b, aus den Elementen $a, b, c, \ldots$ besteht.

Eine Menge besitzt eine höhere entstehungstechnische Kompliziertheitsstufe, eine höhere Begriffsstufe, liegt in einer höheren Anschauungsebene, kurz: besitzt eine höhere *Stufe*, als ihre Elemente; denn sie setzt sich aus diesen Elementen zusammen. Damit kann auch keine Menge Element von sich selbst sein.

Der bisher aus der Anschauung gewonnene Mengenbegriff führt nur zu nichtleeren Mengen. Was soll man sich unter dem gemeinsamen Merkmal von gar keinen Dingen vorstellen? Aus Gründen der Einfachheit ist es aber wünschenswert, für beliebige Mengenbeschreibungen – also auch für solche, die kein einziges Element erfassen – eine zugehörige „Menge“ zur Verfügung zu haben; man erspart sich dann Fallunterscheidungen. So ist es in Mengenbeispiel (5) zweckmäßig, auch von der „Menge“ aller gleichzeitig in M und in N enthaltenen Dinge zu sprechen, falls die Mengen M und N kein einziges gemeinsames Element besitzen. Analog in Beispiel (6). Wir helfen uns, indem wir irgendein fest gewähltes und von allen nichtleeren Mengen verschiedenes Ding zusätzlich und künstlich zur Menge ohne Elemente ernennen, zur leeren Menge, und es jeder Mengenbeschreibung, welche kein Element erfaßt, als die beschriebene Menge zuordnen. Meistens nimmt man ohne Erwähnung die Existenz eines derartigen abstrakten Dinges hin. Wir wollen ganz zweifelsfrei vorgehen und fixieren ein materielles Ding (das als bisherige Nichtmenge sowieso kein Element besitzt). Die *leere Menge* oder *Leermenge*, bezeichnet mit: $\emptyset$ (gelesen: *leere Menge*), sei der Planet Erde. Zum Begriff *Menge* und zu den mit diesem synonymen Begriffen dieses Abschnittes § 1.2 gehöre von nun an neben den bisherigen (abstrakten) nichtleeren Mengen auch die (konkrete) leere Menge $\emptyset$. $\emptyset$ ist dann die einzige Menge, welche kein Element enthält, so daß auch für den um $\emptyset$ erweiterten Mengenbegriff die Mengen *extensional* sind (Extensionalität des Mengenbegriffes) und man von jeder Menge M als von *derjenigen* Menge sprechen kann, welche genau die Elemente von M als Elemente besitzt.

1.3. Stufenaufbau

Das Mengenbeispiel (3) aus § 1.2 zeigt, daß es nicht nur Mengen von Dingen gibt, die selbst keine Mengen sind, sondern daß der Mengenbildungsprozeß – gemäß dem in § 1.2 erläuterten Stufenbegriff – nach oben in unbeschränkter Stufung weiterschreitet, indem Mengen von Mengen, Mengen von Mengen von Mengen usw. gebildet werden können. Die durch die Elementbeziehung bewirkte Stufung der Mengen ist eine grundlegende Eigenschaft der Mengen, die uns zu einem anschaulich besonders naheliegenden Aufbau der Mengenlehre führt. Wir beginnen dabei am einfachsten mit einer fest vorgegebenen, aber beliebig wählbaren, Menge $\mathbf{U}$ materieller Dinge, in welcher die leere Menge nicht als Element enthalten ist, also nicht $\emptyset \in \mathbf{U}$ gilt. Unter $\mathbf{U}$ kann man sich etwa die Menge aller Kugeln in einer bestimmten Urne vorstellen. $\mathbf{U}$ heißt der *Urelementebereich* oder einfach der *Urbereich*, seine Elemente heißen die *Urelemente*. Wir greifen aus der Vielzahl der sich über $\mathbf{U}$ in transfiniter Stufung erhebenden

Mengen die Mengen der unteren, leicht überschaubaren Stufen heraus. Indem alle Urelemente materiell sind und $\emptyset$ kein Urelement ist, wird ein Durcheinandergeraten von Urelementen und Mengen vermieden.

Die *Mengen* 1-*ter Stufe* seien alle möglichen Mengen von Urelementen. Besteht als Beispiel **U** aus drei (verschiedenen) Elementen a, b, c (also $a \neq b$, $a \neq c$, $b \neq c$), so sind die Mengen 1-ter Stufe die folgenden acht Mengen:

$$\emptyset, \{a\}, \{b\}, \{c\}, \{a,b\}, \{a,c\}, \{b,c\}, \{a,b,c\} = \mathbf{U}.$$

$\emptyset$ läßt sich beschreiben als Menge aller Urelemente x mit $x \neq x$. Im Falle $\mathbf{U} = \emptyset$ ist $\emptyset$ die einzige Menge 1-ter Stufe. Die *Mengen* 2-*ter Stufe* seien alle möglichen Mengen von Urelementen oder Mengen 1-ter Stufe, wobei mindestens eine Menge 1-ter Stufe als Element auftritt. Für Urelemente a, b sind also u.a. die Mengen

$$\{\{a\}\}, \{\emptyset\}, \{a, \{b\}\}, \{a, \emptyset\}, \{\{a\}, \{b\}\}, \{\{a\}, \emptyset\}$$

Mengen 2-ter Stufe. Die *Mengen* 3-*ter Stufe* seien alle möglichen Mengen von Urelementen oder Mengen 1-ter oder 2-ter Stufe, wobei mindestens eine Menge 2-ter Stufe als Element auftritt. Für Urelemente a, b sind also u.a. die Mengen

$$\{\{\{a\}\}\}, \{\{\emptyset\}\}, \{\{a\}, \{\emptyset\}\}, \{\emptyset, \{\emptyset\}\}, \{a, \{\{b\}\}\}, \{\{\{a\}\}, \{\{b\}\}\}$$

Mengen 3-ter Stufe. Auf diese Weise fährt man fort und erhält sukzessiv nach den Mengen einer bereits erreichten Stufe die Mengen der nächsten Stufe als alle möglichen Mengen von Urelementen oder Mengen bisheriger Stufen, wobei mindestens eine Menge der bereits erreichten letzten bisherigen Stufe als Element auftritt.

Die *Mengen* ω-*ter Stufe* seien alle möglichen Mengen von Urelementen oder Mengen bisheriger Stufen, wobei Mengen beliebig hoher bisheriger Stufen als Elemente auftreten; d.h. zu jeder bisherigen Stufe gibt es eine als Element auftretende Menge von mindestens dieser Stufe. Als Beispiel ist eine Menge ω-ter Stufe die von $\emptyset$ und allen aus $\emptyset$ durch sukzessive Einermengenbildung entstehenden Mengen gebildete Menge; ihre unendlich vielen Elemente sind:

$$\emptyset, \{\emptyset\}, \{\{\emptyset\}\}, \{\{\{\emptyset\}\}\}, \ldots .$$

Diese Menge führt zu weiteren Mengen ω-ter Stufe, indem man in ihr etwa jede zweite Menge streicht:

$$\emptyset, \{\{\emptyset\}\}, \{\{\{\{\emptyset\}\}\}\}, \ldots,$$

oder indem man nur jede millionste Menge stehen läßt. Die *Mengen* $(\omega,1)$*-ter Stufe* seien alle möglichen Mengen von Urelementen oder Mengen bisheriger Stufen, wobei mindestens eine Menge ω-ter Stufe als Element auftritt. Die *Mengen* $(\omega,2)$*-ter Stufe* seien alle möglichen Mengen von Urelementen oder Mengen bisheriger Stufen, wobei mindestens eine Menge $(\omega,1)$-ter Stufe als Element auftritt. Auf die Mengen $(\omega,2)$-ter Stufe folgen die *Mengen der Stufen* $(\omega,3)$, $(\omega,4)$,.... Auf alle bisherigen Mengen folgen schließlich die *Mengen der Stufen* $\omega 2$, $(\omega 2,1)$, $(\omega 2,2)$, $(\omega 2,3)$,...; $\omega 3$, $(\omega 3,1)$, $(\omega 3,2)$, $(\omega 3,3)$,...; $\omega 4$,...; $\omega 5$,...; $\omega 6$,.......
Die Mengen der sämtlichen aufgeführten bzw. durch „..." angedeuteten Stufen heißen die *elementaren Mengen.* Urelemente und elementare Mengen heißen gemeinsam die *elementaren Objekte.* Die elementaren Objekte nennen wir auch die *elementaren Dinge der Mengenlehre* (oder *der Mathematik*). Die Urelemente lassen sich dann auffassen als die elementaren Objekte der niedrigsten Stufe, der 0-*ten Stufe.* Der Gesamtbereich der elementaren Objekte ist somit schließlich nach der in Abb. 1 angegebenen *Stufenskala* durchweg gestuft. Obwohl

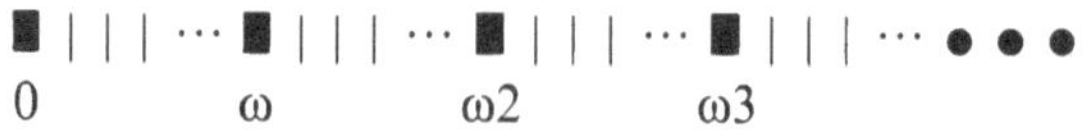

Abb. 1

wir der Einfachheit halber die üblichen Zahlbezeichnungen 0, 1, 2, 3,... verwendet haben, sind die natürlichen Zahlen selbst nicht verwendet worden; man kann ja für 0, 1, 2, 3,... auch schreiben $*, |, ||, |||, \ldots$. Unter Vorwegnahme der natürlichen Zahlen und des Paarbegriffes lassen sich die Stufen der elementaren Objekte mit den Zahlenpaaren (m,n) durchnumerieren für beliebige natürliche Zahlen m,n. Die Erfahrung lehrt, daß der größte Teil der heutigen Mathematik, darunter die Analysis, bequem im Bereich der elementaren Objekte mengentheoretisch darstellbar ist. Die Darstellung der Gesamtmathematik im Rahmen der Mengenlehre wird (in Kapitel VI) erreicht, indem man die durchgeführte Stufung über die elementaren Objekte hinaus fortsetzt.
Wir beschäftigen uns zunächst nur mit den elementaren Objekten. Wir nennen deshalb von jetzt ab die elementaren Mengen und elementaren Objekte in bezug auf den vorgegebenen Urbereich **U** einfach *Mengen* und *Objekte* und nennen die Objekte auch die *Dinge der Mengenlehre* (*Mathematik*). Dinge, welche in diesem Sinne keine mengentheoretischen Dinge sind, heißen *außermengentheoretische* (*außermathematische*) *Dinge.* Ebenso heißen frühere Objekte (also beliebige Dinge) bzw. frühere Mengen (also beliebige Gesamtheiten),

sofern sie keine Objekte bzw. Mengen im neuen Sinne sind, *außermengentheoretische* (*außermathematische*) *Objekte* bzw. *Mengen*. Zur Beschreibung der Stufung der Objekte führen wir zwischen Objekten noch die *Stufenbeziehung* (auch *Stufenkleinergleichbeziehung*) $\sqsubseteq$ (gelesen: *stufenkleinergleich*) ein. Sind a, b irgendwelche Objekte, so bedeute

$$a \sqsubseteq b \quad (\text{gelesen: } a \text{ stufenkleinergleich } b),$$

daß a von niedrigerer Stufe als b oder von gleicher Stufe wie b ist, wofür man auch sagt, daß *a stufenkleinergleich b* bzw. *b stufengrößergleich a* ist. Es ist etwa

$$\emptyset \sqsubseteq \emptyset, \emptyset \sqsubseteq \{\emptyset\}, \{\emptyset\} \sqsubseteq \{\{\emptyset\}\}, \mathbf{U} \sqsubseteq \emptyset, \emptyset \sqsubseteq \mathbf{U}.$$

Für beliebige Objekte a, b gilt entweder $a \sqsubseteq b$ oder nicht $a \sqsubseteq b$. Dabei wird nichts über die Entscheidung dieser beiden Fälle ausgesagt.

1.4. Charakterisierung der Mengenlehre, Wahl des Urbereiches

Der in §1.3 über dem zugrunde liegenden Urbereich **U** vollzogene hierarchische Aufbau der Mengen läßt sich ebenso für jeden beliebigen zulässigen Urbereich **U** durchführen, zulässig in dem Sinne, daß **U** ein solcher Dingbereich ist, daß kein Element von **U** mit einer der über **U** errichteten Mengen zusammenfallen kann. (Das ist u. a. dann erfüllt, wenn man **U** als Gesamtheit materieller Dinge wählt mit nicht $\emptyset \in \mathbf{U}$.) Mit den Objekten und den Beziehungen $\in, \sqsubseteq$ in bezug auf zulässige Urbereiche erhalten wir jetzt die folgende Charakterisierung der Mengenlehre: *Die Mengenlehre untersucht unabhängig von dem zugrunde liegenden Urbereich in ganz allgemeiner Weise die Objekte im Hinblick auf die Elementbeziehung und die Stufenbeziehung, wobei von diesen beiden Beziehungen die Elementbeziehung als die Kernbeziehung der Mengenlehre im Vordergrund des Interesses steht.* (Bei jeder Erweiterung des Objektebereiches, wie etwa in Kapitel VI, wird diese Charakterisierung der Mengenlehre unter Beibehaltung des Wortlautes automatisch umfassender.) Die Untersuchung der Objekte hinsichtlich der Beziehungen $\in, \sqsubseteq$ „unabhängig von dem zugrunde liegenden Urbereich in ganz allgemeiner Weise" bedeutet einfach, da wir außerdem noch axiomatisch vorgehen wollen, daß die Mengenlehre nur mit rein logischem Schließen aus gewissen für alle zulässigen Urbereiche gültigen Axiomen nur solche Aussagen (einschließlich der Axiome) über Objekte auf ihre Gültigkeit untersucht, welche sich auch allein mit Hilfe der folgenden Ausdrucksmittel (Grundbegriffe) formulieren lassen: Variable für Objekte, $\in, \sqsubseteq$ und rein logische Begriffe (einschließlich der Identität $=$ und

Klammern (,)). Welche Aussagen dann im einzelnen untersucht werden, ist der mengentheoretischen Literatur zu entnehmen. Einen Einblick gibt also auch unser Buch.

Für den Aufbau der Mengenlehre ist es gleichgültig, welchen zulässigen Urbereich man sich den Betrachtungen zugrunde gelegt denkt. Denn nach der obigen Charakterisierung der Mengenlehre ergibt sich für beliebige solche Urbereiche **U** formal die gleiche Theorie, da die spezielle Natur der Urelemente (etwa als Kugeln einer Urne) in die Theorie überhaupt nicht eingeht. Diese spezielle Natur ist allerdings für die inhaltliche Interpretation der Theorie erforderlich. Man wüßte sonst nicht, auf welche Dinge sich die Aussagen der Theorie beziehen, was die Aussagen bedeuten. Aber obwohl dann jeder mit Hilfe der zugelassenen Ausdrucksmittel definierte mengentheoretische Begriff, nur solche Begriffe können ja als Bestandteile zugelassener Aussagen auftreten, für verschiedene Urbereiche **U** verschiedene Bedeutung besitzt, so fallen doch auch diese Bedeutungen in ihrer die Mengenlehre interessierenden Komponente zusammen. Das liegt an der Beschränkung auf die zugelassenen Ausdrucksmittel, wonach jeder mengentheoretische Begriff unabhängig von der speziellen Wahl von **U** rein logisch aus den Variablen und der Element- und Stufenbeziehung heraus zusammengesetzt werden kann. So ist der Bedeutungskern etwa der im Rahmen der Mengenlehre später definierten natürlichen Zahlen oder Kardinal- und Ordinalzahlen für jede Wahl von **U** derselbe. Bezieht man in die Argumentation neben **U** noch $\emptyset$ mit ein, so erkennt man, daß der Aufbau der Mengenlehre natürlich auch unabhängig ist von der in § 1.2 getroffenen Wahl der leeren Menge.

Die Möglichkeit der freien Wahl des Urbereiches **U** bietet für den Anfänger den Vorteil besonderer Anschaulichkeit, ein Grund, weshalb wir Urelemente nicht ausschließen (vgl. auch § 20.3). Möchte man als Beispiel später die mengentheoretischen Operationen der Vereinigung und des Durchschnittes mit ihren Gesetzmäßigkeiten an einem konkreten Gegenstandsbereich verfolgen, so wähle man einfach diesen Gegenstandsbereich als Urbereich **U**. Die Theorie liefert dann unmittelbar Aussagen auch über beliebige Mengen der betreffenden Gegenstände. Möchte man dagegen den Aussagen der Mengenlehre eine absolute Bedeutung zusprechen, unabhängig also von der speziellen Wahl von **U**, so muß man sich einen festen zulässigen Urbereich vorgeben, auf den sich dann die absolute Bedeutung mengentheoretischer Aussagen beziehen soll. Wir wählen für die absolute Interpretation einfach $\mathbf{U} = \emptyset$.

Damit ist die inhaltliche Grundlage unserer Mengenlehre genau umrissen. Von nun an liege allen mengentheoretischen Betrachtungen ein beliebig fest gewählter Urbereich **U** materieller Dinge mit nicht $\emptyset \in \mathbf{U}$ zugrunde, auf den sich die am Ende von §1.3 eingeführten Begriffe beziehen. Dabei kann also auch $\mathbf{U} = \emptyset$ sein. Die leere Menge $\emptyset$ sei stets gemäß §1.2 festgelegt.

1.5. Sprache der Mengenlehre

Wir präzisieren zunächst die in §1.4 verwendeten mengentheoretischen Ausdrucksmittel. Für die Formulierung mengentheoretischer Aussagen reichen an logischen Begriffen die folgenden bequem aus, welche gleichzeitig die Bedeutungen und Lesarten der daruntergesetzten abkürzenden *logischen Zeichen* (auch *logischen Symbole* oder wieder *logischen Begriffe*) sind:

nicht,	*und,*	*oder,*	*wenn-so,*	*genau-dann-wenn,*
$\neg$	$\wedge$	$\vee$	$\Rightarrow$	$\Leftrightarrow$

für jedes,	*es gibt ein,*	*es gibt höchstens ein,*	*es gibt genau ein,*
$\forall$	$\exists$	$\exists!$	$\exists!!$

dasjenige,	*(ist) gleich,*	*Klammer auf,*	*Klammer zu.*
ι	$=$	(	)

Die von $=$, (,) verschiedenen logischen Zeichen heißen auch *logische Funktoren.* Für Aussagen **A**, **B** sind die zusammengesetzten Aussagen *Negation* (*Verneinung*) $\neg$ **A**, *Konjuktion* **A** $\wedge$ **B**, *Alternative* **A** $\vee$ **B**, *Implikation* **A** $\Rightarrow$ **B** (gelesen: *wenn* **A** (*gilt*), *so* (*gilt*) **B** oder auch: **A** *Pfeil* **B**) und *Äquivalenz* **A** $\Leftrightarrow$ **B** (gelesen: **A** (*gilt*) *genau dann, wenn* **B** (*gilt*) oder auch: **A** *Doppelpfeil* **B**) stets wieder entweder wahr (richtig, gültig) oder falsch. *Oder* wird im nicht-ausschließenden Sinne verwendet (*inklusives Oder*, deshalb auch $\vee$ wie „v" des lateinischen „vel" für „oder"); d.h. **A** $\vee$ **B** ist wahr genau dann, wenn mindestens eine der beiden Aussagen **A**, **B** wahr ist, im Gegensatz zum ausschließenden *entweder-oder* (*exklusives Oder*), der *Disjunktion* „entweder **A** oder **B**", nämlich (**A** $\vee$ **B**) $\wedge$ $\neg$ (**A** $\wedge$ **B**). **A** $\Rightarrow$ **B** ist falsch genau dann, wenn **A** richtig und **B** falsch ist. Für **A** $\Rightarrow$ **B** sagt man auch: *Aus* (der *Voraussetzung*, der *Prämisse*) **A** *folgt* (die *Behauptung*, die *Konklusion*) **B**, **A** *ist eine hinreichende Bedingung für* **B**, **B** *ist eine notwendige Bedingung für* **A**, **A** *impliziert* **B**. Für **A** $\Leftrightarrow$ **B** sagt man auch: **A** *ist eine charakteristische Bedingung für* **B**, **A** *gilt dann und nur dann, wenn* **B** *gilt*, **A** *und* **B** *sind äquivalent* (oder *gleichwertig*). ($\neg$ **B**) $\Rightarrow$ ($\neg$ **A**) bzw. ($\neg$ **B**) $\Leftrightarrow$ ($\neg$ **A**) heißt die *Kontraposition* von **A** $\Rightarrow$ **B** bzw. **A** $\Leftrightarrow$ **B**. Die Konjunktion **A** $\wedge$ $\neg$ **A** einer Aussage **A** und ihrer Verneinung ist ein *logischer Widerspruch* oder eine *Antinomie.* Zur Klammereinsparung vereinbart man, daß $\wedge$, $\vee$, $\Rightarrow$, $\Leftrightarrow$ stärker trennen als $\neg$, daß $\Rightarrow$, $\Leftrightarrow$ stärker trennen als $\wedge$, $\vee$ und daß jedes der beidseits mit (derselben Anzahl) Punkten versehenen Zeichen $\wedge$, $\vee$, $\Rightarrow$, $\Leftrightarrow$ stärker trennt als jedes dieser Zeichen, welches mit weniger (eventuell gar keinen) Punkten versehen ist (für Zeichen mit derselben Punkteanzahl gilt die ursprüngliche Reihenfolge der Trennung). Die Zeichen $\forall$, $\exists$, ι, $=$ heißen der *Generalisator* (*Allquantor*), der *Partikularisator* (*Existenzquantor*), der *Deskriptor* (*Kennzeichnungsoperator*, *bestimmte Artikel*) und das *Gleichheitszeichen*. *Gleich* (auch *identisch*) bedeutet ausnahmslos die Identität (das absolute Zusammenfallen) von Dingen. Jedes Ding ist sich selbst gleich und ist nur sich selbst gleich. Die durch das Gleichheitszeichen $=$ ausgedrückte Beziehung zwischen Dingen heißt die *Identität* (*Gleichheit*, *Gleichheitsbeziehung*). Für beliebige Dinge a, b gilt entweder $a = b$ oder nicht $a = b$. Dabei wird nichts über die Entscheidung dieser beiden Fälle gesagt. Die Klammern (und) dienen als technische Zeichen, um logisch zusammengehörige Aussagenbestandteile abgrenzen zu können und damit die logische Struktur der Aussagen unmißverständlich wiedergeben zu können. Zur Erhöhung der Übersichtlichkeit verwendet man bei mehreren ineinandergeschachtelten Klammerungen gegebenenfalls Klammern verschiedener Längen und Formen (runde, geschweifte, eckige, spitze).

Die *Variablen der Mengenlehre* (*Mathematik*), d.h. alle jemals gewählten Variablen (als Zeichen) für Objekte, das *Elementzeichen* $\in$, das *Stufenzeichen* $\sqsubset$ und die logischen Zeichen zusammen heißen die *Grundzeichen* (auch *Atomzeichen*, *Grundbegriffe*) *der Mengenlehre* (*Mathematik*) oder die *Ausdrucksmittel der Mengenlehre* (*Mathematik*). Das sind also neben den Objektvariablen die Zeichen:

$$\in \quad \sqsubset \quad \neg \quad \wedge \quad \vee \quad \Rightarrow \quad \Leftrightarrow \quad \forall \quad \exists \quad \exists! \quad \exists!! \quad \iota = (\;)$$

Die Objektvariablen und die Zeichen $\in$, $\sqsubset$ sind für die Mengenlehre (Mathematik) die *fachspezifischen Grundbegriffe*, und Elementbeziehung, Stufenbeziehung und Identität, als Beziehungen zwischen Objekten, sind die drei *Grundbeziehungen*. (In der Mathematischen Logik zählt man neben den logischen Begriffen auch die Variablen mit zu den universellen Grundbegriffen einer Theorie.) Zur Vereinfachung der Schreibweise drückt man die Verneinung einer durch ein Symbol wiedergegebenen Beziehung auch mittels Durchstreichung des Symbols aus. Sind z. B. a, b Objektvariable, so schreibt man für

$$\neg\, a \in b, \quad \neg\, a \sqsubset b, \quad \neg\, a = b$$

auch einfacher:

$$a \notin b, \quad a \not\sqsubset b, \quad a \neq b$$

(gelesen: *a nicht Element* (*von*) *b* bzw. *a nicht stufenkleinergleich b* bzw. *a nicht gleich b*, *a verschieden b*, *a ungleich b*).

Aussagen bzw. *Kennzeichnungen* sind Zeichenreihen, welche Sachverhalt-Beschreibungen bzw. Ding-Bezeichnungen (Namen) sind, etwa „Die Erde dreht sich um die Sonne.", „Cäsar starb eines natürlichen Todes.", „$2+2=4$", „$3<1$" bzw. „Sonne", „der Mann im Mond", „4", „die größte Primzahl". Die Bedeutung einer Aussage ist ein eindeutig zugehöriger (wirklich vorliegender) Sachverhalt oder ein „nur gedachter Sachverhalt" (*wahre* oder *falsche Aussage*), die Bedeutung einer Kennzeichnung ist ein eindeutig zugehöriges (wirklich existierendes) Ding oder ein „nur gedachtes Ding" (*eigentliche* oder *uneigentliche Kennzeichnung*). *Aussageformen* bzw. *Kennzeichnungsformen* sind (für unsere Zwecke) Zeichenreihen **Z**, für die gilt: **Z** besitzt an Variablen höchstens Objektvariable, und es gibt Objektvariable, die derart in **Z** vorkommen, daß **Z** immer dann eine Aussage bzw. Kennzeichnung wird, wenn man jede dieser Variablen *festhält*, d. h. sich jede dieser Variablen als Bezeichnung (als Kennzeichnung) irgendeines fest ausgewählten Objektes denkt. (Jede einzelne dieser Variablen bezeichne natürlich an allen Stellen ihres Vorkommens in **Z** dasselbe Objekt, verschiedene dieser Variablen dürfen verschiedene Objekte bezeichnen.) Diese Variablen sind Parameter, eine Art Leerstellen, für Objekte und heißen die *freien Variablen* von **Z**. Alle anderen Variablen von **Z** (falls vorhanden) heißen die *gebundenen Variablen* von **Z**.

Beispiele. Sind a, b, m, x, y Variable für Objekte, so sind Aussageformen:

$\forall x(x \in m)$	(freie Variable m),
$\exists y(y = \iota m \forall x(x \in m \Leftrightarrow x \in a \vee x \in b))$	(freie Variablen a, b),
$\forall x(x \in m \Leftrightarrow x \in a \vee x \in b)$	(freie Variablen m, a, b),
$x \in m \Leftrightarrow x \in a \vee x \in b$	(freie Variablen x, m, a, b),
$x \in a \vee x \in b$	(freie Variablen x, a, b),
$x \in a$	(freie Variablen x, a)

und sind Kennzeichnungsformen die Variablen a, b, m, x, y selbst und:

$\iota m(x \in m)$	(freie Variable x),
$\iota m \forall x(x \in m \Leftrightarrow x \in a \vee x \in b)$	(freie Variablen a, b);

keine Aussageformen bzw. keine Kennzeichnungsformen sind:

$\neg \exists y(y = \iota m \forall x(x \in m))$,	$\iota m \forall x(x \in m)$,
$\forall a \forall b \exists m \forall x(x \in a \vee x \in b \Rightarrow x \in m)$,	$\iota m(x \in m \vee \exists x(x \in m))$.
$x \in a \wedge \exists x(x \in b)$,	

Aussagen bzw. Kennzeichnungen, die an Variablen höchsten Objektvariable besitzen, und Aussageformen bzw. Kennzeichnungsformen zusammen heißen *Ausdrücke* bzw. *Terme*. Nennt man naheliegend für Aussagen bzw. Kennzeich-

nungen **Z**, die an Variablen höchsten Objektvariable besitzen, alle auftretenden Variablen *gebundene Variable* von **Z**, so gilt für jeden Ausdruck bzw. Term **Z**, daß jede in **Z** auftretende Variable entweder frei oder gebunden in **Z** vorkommt. Aussagen bzw. Terme heißen auch *konstante Ausdrücke* bzw. *konstante Terme* und Aussageformen bzw. Kennzeichnungsformen auch *variable Ausdrücke* bzw. *variable Terme*, da letztere *von ihren freien Variablen abhängen* (im Hinblick auf die verschiedenen Möglichkeiten, durch die freien Variablen feste Objekte bezeichnen zu lassen). Die Bedeutung eines Ausdruckes bzw. Termes ist unabhängig von der speziellen Wahl der verwendeten Objektvariablen.
Aussagen, Aussageformen, Ausdrücke, Kennzeichnungen, Kennzeichungsformen, Terme, jeder dieser Begriffe mit dem Zusatz *der Mengenlehre* (*Mathematik*), sind solche Aussagen, Aussageformen, Ausdrücke, Kennzeichnungen, Kennzeichnungsformen, Terme, welche an Variablen höchstens Objektvariable enthalten und sich auch, nach Rückgängigmachung verwendeter Abkürzungen (und Absehen von sachlich überflüssigem umgangssprachlichen Ballast), allein mit Hilfe der Ausdrucksmittel (Grundbegriffe) der Mengenlehre formulieren lassen. Beispiele findet man später (ab §2) fortlaufend beim effektiven Aufbau unserer Mengentheorie.
Das zentrale Abkürzungsinstrument sind die mengentheoretischen Definitionen. Eine *Definition der Mengenlehre* (*Mathematik*) ist eine mengentheoretische Begriffsbestimmung mittels Abkürzung; d.h. eine Begriffsbestimmung, durch welche zum Zwecke der Übersichtlichkeit und des besseren Verständnisses mengentheoretischer Aussagen ein neuer (im allgemeinen kürzerer) mengentheoretischer Ausdruck bzw. Term als bedeutungsgleiche direkte Abkürzung für einen bereits bekannten mengentheoretischen Ausdruck bzw. Term eingeführt wird. Die ausschließlich aus Grundzeichen der Mengenlehre bestehenden Ausdrücke und Terme und ihre umgangssprachlichen Formulierungen sind dabei die ursprünglichsten bekannten mengentheoretischen Ausdrücke und Terme. Bei Numerierung von Definitionen werden oft mehrere sachlich zusammengehörige Definitionen unter einer Definitionsnummer zusammengefaßt. In jeder einzelnen Definition heißt die linke, zu definierende, Zeichenreihe das *Definiendum* und die rechte, definierende, Zeichenreihe das *Definiens*. Zwischen Definiendum und Definiens setzt man bei Ausdrucks- bzw. Termdefinitionen oft das *Definitionszeichen* $\Leftrightarrow_{\mathrm{Df}}$ (gelesen: (*ist*) *definitionsäquivalent* (*mit*)) bzw. $=_{\mathrm{Df}}$ (gelesen: (*ist*) *definitionsgleich* (*mit*)) oder das *Definitionszeichen* $:\Leftrightarrow$ bzw. $:=$ oder einfach $\Leftrightarrow$ bzw. $=$. Wir werden $\Leftrightarrow$, $=$ bevorzugen und auch umgangssprachlich „genau-dann-wenn“ und „gleich“ verwenden, wobei wir außerdem verabreden, für „genau-dann-wenn“ auch vereinfachend „wenn“ oder „falls“ zu sagen (mit der Bedeutung von „genau-dann-wenn“). Definiens

und Definiendum einer Definition besitzen stets dieselben freien Variablen. Die bloße Einführung abkürzender Variabler ist also noch keine Definition. Sind als Beispiel a, b, c, m, x Objektvariable und setzt man abkürzend

$$c = \iota m \forall x(x \in m \Leftrightarrow x \in a \wedge x \in b),$$

so ist dies keine Definition, auch wenn man meistens bequemerweise von einer „Definition" spricht. Es liegt nur eine Prämisse in Gleichungsgestalt vor. Da die Bedeutung mittels Objektvariabler formulierter Ausdrücke und Terme unabhängig von der speziellen Wahl der verwendeten Objektvariablen ist, sind mit jeder Definition automatisch alle diejenigen weiteren Abkürzungsmöglichkeiten zwischen bekannten und neu eingeführten mengentheoretischen Ausdrücken und Termen gegeben, welche man dadurch erhält, daß man im Definiens und Definiendum der betreffenden Definition an Stelle der auftretenden Variablen sinngerecht irgendwelche anderen Objektvariablen verwendet. Termdefinitionen werden prinzipiell nur so vorgenommen, daß das von dem definierenden Term (bei Festhalten seiner eventuellen freien Variablen) bezeichnete wirkliche oder nur gedachte Objekt auch wirklich existiert.

Die *Begriffe der Mengenlehre* (*Mathematik*) sind die Grundbegriffe (Grundzeichen) der Mengenlehre, für Objektvariable a, b die Ausdrücke $a \in b$, $a \sqsubset b$, $a = b$, wobei man auch andere Paare verschiedener Objektvariabler verwenden darf, und alle durch mengentheoretische Definitionen eingeführten Ausdrücke und Terme, wobei man in denselben auch sinngerecht andere Objektvariable verwenden darf (und freie Variable und nebensächliche Hilfswörter auch weglassen kann). Welche Begriffe definiert werden, ist eine reine Zweckmäßigkeitsfrage. Man vermeide Überschneidungen entweder gänzlich oder halte bei Begriffen, welche in verschiedenem Zusammenhang verschiedene Bedeutung haben, diese Bedeutungen stets auseinander! Redeweisen über Begriffe beziehen sich oft auf die Bedeutungen dieser Begriffe und nicht auf diese Begriffe als Zeichenreihen. Gemäß dem verabredeten Gebrauch mengentheoretischer Definitionen entsteht jeder mengentheoretische Ausdruck, jeder von den Objektvariablen verschiedene mengentheoretische Term und damit auch jeder von den Grundbegriffen verschiedene mengentheoretische Begriffe, sieht man von umgangssprachlichen Formulierungen ab, für Objektvariable a, b aus den Ausdrücken $a \in b$, $a \sqsubset b$, $a = b$ heraus durch fortlaufende rein logische Zusammensetzung; d.h. durch Komposition bereits bekannter mengentheoretischer Ausdrücke (angefangen mit $a \in b$, $a \sqsubset b$, $a = b$) mit Hilfe der logischen Funktoren (und der Objektvariablen und Klammern) und durch Einsetzen bereits bekannter mengentheoretischer Terme in gewisse freie Variable bereits bekannter mengentheoretischer Ausdrücke und Terme. In diesem Sinne entstehen alle mengentheoretischen Ausdrücke, Terme und (von den Grundbegriffen verschiedenen) Begriffe durch logische Zusammensetzung aus den fachspezifischen mengentheoretischen Grundbegriffen heraus.

Die *Sätze* (auch *Lehrsätze, Theoreme, Gesetze*) *der Mengenlehre* (*Mathematik*) sind die wahren mengentheoretischen Aussagen. Die bereits als wahr erkannten mengentheoretischen Sätze sind die *Ergebnisse der Mengenlehre* (*Mathematik*).

1.6. Axiomatische Mengenlehre

Zur systematischen Vermeidung logischer Widersprüche, die in der ursprünglichen CANTORschen *naiven* (d.h. unaxiomatischen) *Mengenlehre* auftraten, wurde die naive Mengenlehre unter Zugrundelegung kritischerer Anschauungen über den Mengenbegriff, abgelöst von der heute üblichen *axiomatischen Mengenlehre*. Bei einem präzisierten Aussagebegriff wird ein Axiomensystem an die Spitze der Theorie gestellt und wird zur Gewinnung neuer Sätze nur das logische Schließen aus den Axiomen zugelassen. Es gibt heute zahlreiche Axiomensysteme der Mengenlehre. Die drei klassischen Grundtypen sind die Systeme von

(a) RUSSELL (*Typentheorie*),
(b) ZERMELO-FRAENKEL (ZF-*Mengentheorie*),
(c) von NEUMANN-BERNAYS-GÖDEL (*Klassenkalkül*).

Wir legen der Mengenlehre in unserem Buch ein Axiomensystem zugrunde (das elementare Axiomensystem von §2 und seine Erweiterung in Kapitel VI), welches sachlich und technisch eine möglichst unkomplizierte Darstellung der Mathematik gewährleistet, indem es die drei Systeme (a), (b), (c) miteinander verschmilzt. Die inhaltliche Grundlage für unser zunächst elementares Axiomensystem des §2 bilden die in §1.3 entwickelten Anschauungen über die *Elementbeziehung* $\in$ und *Stufenbeziehung* $\sqsubset$ zwischen den (elementaren) *Objekten* in bezug auf einen vorgegebenen Urbereich $\mathbf{U}$, und auf der in §1.5 entwickelten sprachlichen Grundlage (mit der dortigen Terminologie) ist unsere *axiomatische Mengenlehre* (in bezug auf das elementare wie später das erweiterte Axiomensystem) durch folgende drei Tatsachen gekennzeichnet:

(1) Man präzisiert mit Hilfe vorgegebener *Ausdrucksmittel* (*Grundbegriffe*) *der Mengenlehre* (*Mathematik*), nämlich *fachspezifischer* und *logischer* Grundbegriffe, die zulässigen (einschlägigen) *Aussagen der Mengenlehre* (*Mathematik*) und läßt innerhalb der Mengenlehre (und der Mathematik) nur diese mengen-

theoretischen Aussagen zur Untersuchung zu. Mittels der *Definitionen der Mengenlehre* (*Mathematik*) entstehen alle mengentheoretischen Aussagen und, als Bestandteile derselben, auch alle *Begriffe der Mengenlehre* (*Mathematik*) durch logische Zusammensetzung aus den fachspezifischen Grundbegriffen. Die Ausdrucksmittel sind innerhalb der axiomatischen Mengenlehre die undefinierten Grundbegriffe, aus denen heraus alle weiteren Begriffe definiert und alle Aussagen formuliert werden. Mit (1) erzielt man einen kontrollierten Sprachgebrauch, der keine *semantischen Antinomien* entstehen läßt (d.h. Antinomien durch unsachgemäßen Sprachgebrauch wie die *Antinomie des Lügners*: „Der Satz, den ich eben spreche, ist falsch."; dieser Satz wäre gleichzeitig wahr und falsch).

(2) Man stellt an die Spitze der Mengenlehre gewisse, möglichst wenige, mengentheoretische Aussagen, deren Richtigkeit man auf Grund kritischer anschaulicher Vorstellungen über den Mengenbegriff und gesammelter Erfahrungen im Umgang mit diesen Aussagen (ihre angenommene Gültigkeit führte u.a. bis heute noch nicht zu einem logischen Widerspruch) möglichst leicht anerkennt und die genügend ausdrucksstark sind, so daß sich mit der unter (3) geschilderten Methode brauchbare mengentheoretische Sätze herleiten lassen. Diese an der Spitze gestellten wahren Aussagen heißen die *Axiome der Mengenlehre* (*Mathematik*). Die Gesamtheit der Axiome heißt ein *Axiomensystem der Mengenlehre* (*Mathematik*).

(3) Die Methode der Gewinnung von *Sätzen* (d.h. wahren Aussagen) *der Mengenlehre* (*Mathematik*) ist, als exaktestes Hilfsmittel, das *Ableiten* (die *Deduktion*) mengentheoretischer Aussagen durch (jedermann geläufiges) rein *logisches Schließen* (logisches Schlußfolgern, logisches Denken) aus dem Axiomensystem, wobei die Axiome selbst als aus dem Axiomensystem abgeleitete Aussagen betrachtet werden. Der Nachweis der Richtigkeit einer mengentheoretischen Aussage kann also nur durch Angabe eines *Beweises der Mengenlehre* (*Mathematik*) erfolgen, d.h. durch Angabe einer solchen Kette von mittels schon bekannter Sätze durch rein logische Schlüsse sukzessiv aufeinander folgenden mengentheoretischen Ausdrücken, welche als letztes Glied die gewünschte Aussage enthält (die ursprünglichsten bekannten Sätze sind die Axiome). Auf die Vermutung von Sätzen und ihrer Beweise wird man durch die anschaulichen Vorstellungen geführt, welche man über die in den Sätzen ausgedrückten Sachverhalte besitzt. Diese heuristischen anschaulichen Vorstellungen sind für die Theorie von primärer Bedeutung, dürfen aber natürlich nicht als Beweisschritte benutzt werden, da sie keine logischen Schlüsse sind. Sie geben lediglich wegweisende Anleitungen zur Durchführung von Beweisen. Mit (2) und (3) werden *syntaktische Antinomien* verhindert (d.h. Antinomien beim

logischen Ableiten von Sätzen aus schon bekannten Sätzen wie die RUSSELL*sche Antinomie* der Menge R aller Mengen, die sich nicht selbst als Element enthalten; aus der Existenz von R würde $R \in R \wedge R \notin R$ folgen).
Ein Axiomensystem der Mengenlehre bedarf im allgemeinen im Laufe der Weiterentwicklung von Mengenlehre und Mathematik einer fortwährenden Ergänzung durch Hinzunahme immer neuer Axiome (gegebenenfalls unter Zugrundelegung neuer Intuitionen über den Mengenbegriff) und ist also stets nur ein Axiomensystem in bezug auf den jeweils erreichten Stand der Forschung.
Damit sind alle Vorbereitungen für den Ablauf unserer axiomatischen Mengentheorie getroffen.

§ 2. Die elementaren Axiome

2.1. Vorbemerkungen

Die in diesem §2 im folgenden aufgeführten Axiome (die Axiome I–V) heißen die *elementaren Axiome der Mengenlehre* (*Mathematik*). Ihre Gesamtheit bildet das *elementare Axiomensystem der Mengenlehre* (*Mathematik*).
Von jetzt an seien die kleinen und großen lateinischen Buchstaben

$$a, b, c, \ldots, \; x, y, z \quad \text{und} \quad A, B, C, \ldots, \; X, Y, Z$$

und alle daraus durch Anfügen von (aus dem Zusammenhang der Betrachtungen jeweils ersichtlichen) Indizes entstehenden Zeichen, wie z. B.

$$a_0, a_3, c_{0012}, k', \bar{z}, p_4^*, {}^*y, B_2^1, L^+, E'', X^*,$$

Variable für Objekte. Mengen werden, im Falle gleichzeitiger Betrachtung ihrer Elemente, vorwiegend mit großen Buchstaben bezeichnet, ihre Elemente vorwiegend mit kleinen (wobei natürlich große wie kleine Buchstaben nach wie vor Variable für Objekte sind).

2.2. Die Stufenaxiome

Wir stellen zunächst in Definition 1 die aus den Grundbeziehungen $\in, \sqsubset, =$ unmittelbar folgenden Begriffsbildungen zusammen.
Definition 1. Für Objekte a, b sei

$$a \Box b \Leftrightarrow a \sqsubset b \wedge b \sqsubset a, \quad a \ulcorner b \Leftrightarrow a \sqsubset b \wedge a \not\Box b$$

(gelesen: a *stufengleich* b bzw. a *stufenkleiner* b). a ist ein *Element* von b, falls $a \in b$ gilt. a ist *stufenkleinergleich* b bzw. b ist *stufengrößergleich* a, falls $a \sqsubset b$ gilt. a ist *gleich* (oder ist *identisch* mit) b, falls $a = b$ gilt. a ist *stufengleich* mit b, falls $a \Box b$ gilt. a ist *stufenkleiner* als b bzw. b ist *stufengrößer* als a, falls $a \ulcorner b$ gilt. ∎

Die durch $\Box$ bzw. $\ulcorner$ ausgedrückte Beziehung zwischen Objekten heißt die *Stufengleichheit* (*Stufengleichbeziehung*) bzw. die *Stufenkleinerbeziehung*.

Mit den Begriffen $\in$, $\sqsubset$, $\ulcorner$ lassen sich jetzt die Stufenaxiome formulieren.

Axiome I: Stufenaxiome.

(1) $\forall a \forall b \forall c (a \sqsubset b \wedge b \sqsubset c \Rightarrow a \sqsubset c)$,

(2) $\forall a \forall b (a \sqsubset b \vee b \sqsubset a)$,

(3) $\forall A (\exists x (x \in A) \Rightarrow \exists x (x \in A \wedge \forall y (y \in A \Rightarrow x \sqsubset y)))$,

(4) $\forall a \forall A (a \in A \Rightarrow a \ulcorner A)$,

(5) $\forall A \forall B (\exists x (x \ulcorner B) \wedge \forall x (x \in A \Rightarrow x \ulcorner B) \Rightarrow A \sqsubset B)$. ∎

Diese Axiome resultieren aus den in §1.3 entwickelten anschaulichen Vorstellungen über die Stufenbeziehung. I(1) und I(2) sind unmittelbar einsichtig. I(3) bringt zum Ausdruck, daß es in jeder nichtleeren Menge A ein stufenkleinstes Element x gibt, I(4), daß sämtliche Elemente einer Menge A stufenkleiner als A sind, und I(5), daß die Stufe einer jeden Menge A die kleinste Mengenstufe ist, welche größer als alle Stufen der Elemente von A ist. In I(5) ist der Zusatz $\exists x (x \ulcorner B)$ deshalb nicht entbehrlich, da sonst für jedes Urelement B und die leere Menge A aus I(5) $A \sqsubset B$ folgen würde im Gegensatz dazu, daß die leere Menge eine höhere Stufe als die Urelemente hat.

Die Axiome I(1) und I(2) ergeben den

Satz 1. *Für beliebige Objekte a, b, c gilt:*

$$a \sqsubset b \Leftrightarrow a \ulcorner b \vee a \Box b, \quad a \ulcorner b \Leftrightarrow a \sqsubset b \wedge a \not\Box b,$$

$a \Box a$ (*Reflexivität* (*der Stufengleichheit*)),

$a \Box b \Rightarrow b \Box a$ (*Symmetrie*),

$a \Box b \wedge b \Box c \Rightarrow a \Box c$ (*Transitivität*),

$a \sqsubset a$ (*Reflexivität* (*der Stufenbeziehung*)),

$a \sqsubset b \wedge b \sqsubset c \Rightarrow a \sqsubset c$ (*Transitivität*),

$a \sqsubset b \wedge b \sqsubset a \Rightarrow a \Box b$,

$a \sqsubset b \vee b \sqsubset a$,

$a \not\ulcorner a$ (*Irreflexivität* (*der Stufenkleinerbeziehung*)),

$a \ulcorner b \wedge b \ulcorner c \Rightarrow a \ulcorner c$ (*Transitivität*),

$a \ulcorner b \Rightarrow b \not\ulcorner a,$

$a \ulcorner b \vee a \square b \vee b \ulcorner a,$

$a \sqsubset b \wedge b \square c \Rightarrow a \sqsubset c,$ $a \square b \wedge b \sqsubset c \Rightarrow a \sqsubset c,$

$a \ulcorner b \wedge b \square c \Rightarrow a \ulcorner c,$ $a \square b \wedge b \ulcorner c \Rightarrow a \ulcorner c,$

$a \ulcorner b \wedge b \sqsubset c \Rightarrow a \ulcorner c,$ $a \sqsubset b \wedge b \ulcorner c \Rightarrow a \ulcorner c,$

$a \ulcorner b \Leftrightarrow a \sqsubset b \wedge b \not\sqsubset a,$ $a \square b \Leftrightarrow a \sqsubset b \wedge b \sqsubset a,$

$a \ulcorner b \Leftrightarrow a \not\square b \wedge b \not\ulcorner a,$ $a \square b \Leftrightarrow a \not\ulcorner b \wedge b \not\ulcorner a,$

$a \sqsubset b \Leftrightarrow b \not\ulcorner a.$

Beweis. a, b, c seien beliebig fest ausgewählte Objekte. Aus Definition 1 folgt

(1) $a \square b \Leftrightarrow a \sqsubset b \wedge b \sqsubset a,$ (2) $a \ulcorner b \Leftrightarrow a \sqsubset b \wedge a \not\square b.$

Mit (2) folgt $a \square b$ aus $a \sqsubset b \wedge a \not\ulcorner b$, also

$a \sqsubset b \Rightarrow a \ulcorner b \vee a \square b;$

umgekehrt folgt mit (2), (1) $a \sqsubset b$ sowohl aus $a \ulcorner b$ als auch aus $a \square b$, also

$a \ulcorner b \vee a \square b \Rightarrow a \sqsubset b.$

Hiermit gilt insgesamt

(3) $a \sqsubset b \Leftrightarrow a \ulcorner b \vee a \square b.$

Aus Axiom I(2) folgt $a \sqsubset a \vee a \sqsubset a$, also $a \sqsubset a$. (1) und die Axiome I(1), I(2) ergeben damit:

(4) $a \square a,$

(5) $a \square b \Rightarrow b \square a,$

(6) $a \square b \wedge b \square c \Rightarrow a \square c,$

(7) $a \sqsubset a,$

(8) $a \sqsubset b \wedge b \sqsubset c \Rightarrow a \sqsubset c,$

(9) $a \sqsubset b \wedge b \sqsubset a \Rightarrow a \square b,$

(10) $a \sqsubset b \vee b \sqsubset a.$

Aus (2), (4) folgt

(11) $a \not\ulcorner a.$

Aus $a \ulcorner b \square c$ folgt nach (2), (1) $a \sqsubset b \sqsubset c$ und $a \not\square b$, $b \square c$, also nach (8) (1) $c \not\sqsubset b$; wäre $a \not\ulcorner c$, so nach (2) $a \square c$, also mit (1) $c \sqsubset a \sqsubset b$, also nach (8) $c \sqsubset b$ im Widerspruch zu $c \not\sqsubset b$; damit gilt

(12) $a \ulcorner b \wedge b \ulcorner c \Rightarrow a \ulcorner c.$

Im Falle $a \ulcorner b \wedge b \ulcorner a$ wäre nach (12) $a \ulcorner a$ im Widerspruch zu (11); also gilt

$$(13)\ a \ulcorner b \Rightarrow b \not\ulcorner a\,.$$

Aus (10), (3) (5) folgt

$$(14)\ a \ulcorner b \vee a \Box b \vee b \ulcorner a\,.$$

Aus (1), (8) folgt

$$(15)\ a \sqsubset b \wedge b \Box c \Rightarrow a \sqsubset c\,, \qquad (16)\ a \Box b \wedge b \sqsubset c \Rightarrow a \sqsubset c\,.$$

Aus $a \ulcorner b \Box c$ folgt nach (2), (1) $a \sqsubset b \sqsubset c$ und $a \not\Box b$, $b \Box c$, also nach (8) $a \sqsubset c$ und $a \not\Box b \Box c$; wäre $a \Box c$, so nach (5), (6) auch $a \Box b$ im Widerspruch zu $a \not\Box b$; damit gilt $a \Box c \wedge a \not\Box c$, also nach (2) $a \ulcorner c$; es gilt somit

$$(17)\ a \ulcorner b \wedge b \Box c \Rightarrow a \ulcorner c\,.$$

Aus $a \Box b \ulcorner c$ folgt nach (1), (2) $a \sqsubset b \sqsubset c$ und $b \not\Box c$, $a \Box b$, also nach (8) $a \sqsubset c$ und $a \Box b \not\Box c$; wäre $a \Box c$, so nach (5), (6) auch $b \Box c$ im Widerspruch zu $b \not\Box c$; damit gilt $a \sqsubset c \wedge a \not\Box c$, also nach (2) $a \ulcorner c$; es gilt somit

$$(18)\ a \Box b \wedge b \ulcorner c \Rightarrow a \ulcorner c\,.$$

Aus (3), (12), (17), (18) folgt

$$(19)\ a \ulcorner b \wedge b \sqsubset c \Rightarrow a \ulcorner c\,, \qquad (20)\ a \sqsubset b \wedge b \ulcorner c \Rightarrow a \ulcorner c\,.$$

Aus (1) folgt

$$a \sqsubset b \wedge a \not\Box b \Leftrightarrow a \sqsubset b \wedge b \not\sqsubset a$$

und damit über (2)

$$(21)\ a \ulcorner b \Leftrightarrow a \sqsubset b \wedge b \not\sqsubset a\,.$$

Aus $a \ulcorner b$ folgt nach (2) $a \not\Box b$ und nach (13) $b \not\ulcorner a$; damit gilt

$$a \ulcorner b \Rightarrow a \not\Box b \wedge b \not\ulcorner a\,;$$

aus (14) folgt auch die Umkehrung

$$a \not\Box b \wedge b \not\ulcorner a \Rightarrow a \ulcorner b\,;$$

also gilt insgesamt

$$(22)\ a \ulcorner b \Leftrightarrow a \not\Box b \wedge b \not\ulcorner a\,.$$

Aus $a \Box b$ folgt nach (2), (5) $a \not\ulcorner b$ und $b \not\ulcorner a$; damit gilt

$$a \Box b \Rightarrow a \not\ulcorner b \wedge b \not\ulcorner a\,;$$

aus (14) folgt auch die Umkehrung

$$a \mathrel{\ulcorner\!\!\dagger} b \wedge b \mathrel{\ulcorner\!\!\dagger} a \Rightarrow a \Box b\,;$$

also gilt insgesamt

$$(23)\quad a \Box b \Leftrightarrow a \mathrel{\ulcorner\!\!\dagger} b \wedge b \mathrel{\ulcorner\!\!\dagger} a\,.$$

Aus $a \sqsubset b$ folgt nach (2), (9), (5) $b \mathrel{\ulcorner\!\!\dagger} a$; damit gilt $a \sqsubset b \Rightarrow b \mathrel{\ulcorner\!\!\dagger} a$; aus (14), (3) folgt auch die Umkehrung $b \mathrel{\ulcorner\!\!\dagger} a \Rightarrow a \sqsubset b$; also gilt insgesamt

$$(24)\quad a \sqsubset b \Leftrightarrow b \mathrel{\ulcorner\!\!\dagger} a\,.$$

Damit gelten (1)–(24) für unsere fest ausgewählten Objekte *a*, *b*, *c*. Da die Auswahl der *a*, *b*, *c* beliebig sein durfte, gelten schließlich (1)–(24) für alle *a*, *b*, *c*. ∎

2.3. Das Extensionalitätsaxiom

In Definition 2 werden die in § 1 im anschaulichen Sinne verwendeten Urelemente und Mengen als mengentheoretische Begriffe präzisiert. Für die Festlegung der Urelemente ist die Vorstellung maßgebend, daß die leere Menge die auf die Stufe der Urelemente nächstfolgende Stufe besitzt.

Definition 2. Ein Objekt *a* ist ein *Urelement*, falls

$$\exists X\,\bigl(a \mathrel{\ulcorner} X \wedge \neg \exists x\,(x \in X)\bigr)$$

gilt. *a* ist eine *Menge*, falls *a* kein Urelement ist. ∎

Satz 2. *Für beliebige Objekte a gilt:*

$$a \textit{ Urelement} \vee a \textit{ Menge}, \qquad a \textit{ Urelement} \Leftrightarrow \neg\, a \textit{ Menge}\,.$$

Beweis. Die Behauptungen folgen unmittelbar aus Definition 2. ∎

Mit dem Mengenbegriff läßt sich jetzt das Extensionalitätsaxiom formulieren.

Axiom II: Extensionalitätsaxiom.

$$\forall A\, \forall B\, (A \textit{ Menge} \wedge B \textit{ Menge} \wedge \forall x\, (x \in A \Leftrightarrow x \in B) \Rightarrow A = B)\,. \quad ∎$$

Dieses Axiom bringt die in § 1.2 ausgesprochene Extensionalität des Mengenbegriffes zum Ausdruck.

2.4. Die Mengenbildungsaxiome

Aus der in § 1.3 entwickelten Anschauung über den Stufenaufbau der Objekte resultiert für jedes Objekt a die Existenz aller möglichen Mengen von Objekten x mit $x \sqsubset a$, also speziell auch aller solchen Mengen von Objekten $x \sqsubset a$, welche durch einen mengentheoretischen Ausdruck beschreibbar, charakterisierbar sind.

Axiome III: Mengenbildungsaxiome (Komprehensionsaxiome).

$$(\forall)\forall a \,\exists A \left(A \textit{ Menge} \wedge \forall x (x \in A \Leftrightarrow x \sqsubset a \wedge \mathbf{H}(x))\right).$$

Dabei sei $\mathbf{H}(x)$ ein Ausdruck der Mengenlehre, in dem die Variable x frei vorkommt, die Variable a nicht gebunden vorkommt und die Variable A nicht vorkommt. $(\forall)$ bedeutet für den Fall, daß in dem auf $(\forall)$ folgenden Ausdruck gewisse freie Variablen $y, z, \ldots$ vorkommen, die Zeichenreihe $\forall y \forall z \ldots$ ■

Der Ausdruck $\mathbf{H}(x)$ ist inhaltlich (bei Festhalten der von x verschiedenen freien Variablen) eine mengentheoretische Eigenschaftsbeschreibung für Objekte x. Die Variable A darf deshalb nicht in $\mathbf{H}(x)$ auftreten, weil die Menge A durch den Ausdruck $\mathbf{H}(x)$ erst definiert werden soll. Die Axiome des Axiomenschemas III – jeder zugelassene Ausdruck $\mathbf{H}(x)$ ergibt ein Axiom – heißen auch Komprehensionsaxiome, da sie die Möglichkeit der Zusammenfassung von Objekten zu Mengen postulieren. (Die Bezeichnung $\mathbf{H}$ für Ausdrücke kann man sich aus dem „h" von „Komprehension" herleiten.)

Unter Verwendung von Axiom II ist jede Menge A, deren Existenz mit einem der Mengenbildungsaxiome III nachgewiesen wurde, sogleich (bei Festhalten der in dem zugehörigen Ausdruck $x \sqsubset a \wedge \mathbf{H}(x)$ von x verschiedenen freien Variablen) *diejenige* Menge A, für deren Elemente x und nur für deren Elemente x gilt: $x \sqsubset a \wedge \mathbf{H}(x)$. Denn Axiom II ergibt

$$(\forall)\forall a \,\exists! A \left(A \textit{ Menge} \wedge \forall x (x \in A \Leftrightarrow x \sqsubset a \wedge \mathbf{H}(x))\right),$$

woraus mit den Axiomen III schließlich folgt:

$$(\forall)\forall a \,\exists!! A \left(A \textit{ Menge} \wedge \forall x (x \in A \Leftrightarrow x \sqsubset a \wedge \mathbf{H}(x))\right).$$

Definitionen 3. $\{x \mid \mathbf{H}(x)\}$

(gelesen: *Menge aller x mit* $\mathbf{H}(x)$) sei die Menge

$$\iota A \left(A \textit{ Menge} \wedge \forall x (x \in A \Leftrightarrow \mathbf{H}(x))\right).$$

Dabei sei $\mathbf{H}(x)$ ein Ausdruck der Mengenlehre, in dem die Variable x frei und die Variable A nicht vorkommt. ∎

Die Definitionen 3 bilden eine Definitionsschema, welches für jeden zugelassenen Ausdruck $\mathbf{H}(x)$ eine mengentheoretische Definition liefert. Dabei werden wir die Definitionen 3 immer nur für solche Ausdrücke $\mathbf{H}(x)$ verwenden, für welche die eindeutige Existenz der Menge A gesichert ist. Die Axiome III liefern für vorgegebenes Objekt a und jeden mengentheoretischen Ausdruck $\mathbf{H}(x)$, in dem die Variable x frei und die Variable a nicht gebunden vorkommt, die Existenz der Menge

$$\{x \mid x \sqsubset a \wedge \mathbf{H}(x)\}.$$

Speziell für $x \in a$ statt $x \sqsubset a$ erhält man die

Sätze 3 (Aussonderungsprinzip).

$$(\forall)\forall M \exists A\,(A \text{ Menge} \wedge \forall x\,(x \in A \Leftrightarrow x \in M \wedge \mathbf{H}(x))).$$

Dabei sei $\mathbf{H}(x)$ ein Ausdruck der Mengenlehre, in dem die Variable x frei vorkommt, die Variable M nicht gebunden vorkommt und die Variable A nicht vorkommt.

Beweise. Für jeden zugelassenen Ausdruck $\mathbf{H}(x)$ gilt nach den Axiomen III

$$(\forall)\forall M \exists A\,(A \text{ Menge} \wedge \forall x\,(x \in A \Leftrightarrow x \sqsubset M \wedge \mathbf{H}^*(x))) \quad (+)$$

für den Ausdruck $(x \in M \wedge \mathbf{H}(x))$ als $\mathbf{H}^*(x)$. Axiom I (4) ergibt für beliebige x, M:

$$x \sqsubset M \wedge x \in M \Leftrightarrow x \in M.$$

Hieraus folgt:

$$(\forall)\,(x \sqsubset M \wedge x \in M \wedge \mathbf{H}(x) \Leftrightarrow x \in M \wedge \mathbf{H}(x))),$$
$$(\forall)\,(x \sqsubset M \wedge \mathbf{H}^*(x) \Leftrightarrow x \in M \wedge \mathbf{H}(x)),$$

was mit (+) ergibt:

$$(\forall)\forall M \exists A\,(A \text{ Menge} \wedge \forall x\,(x \in A \Leftrightarrow x \in M \wedge \mathbf{H}(x))). \quad ∎$$

Die Sätze 3 bilden ein Satzschema, welches für jeden zugelassenen Ausdruck $\mathbf{H}(x)$ einen mengentheoretischen Satz liefert. Ebenso verhält es sich mit den geführten Beweisen. Unter Verwendung von Axiom II ergeben die Sätze 3 wieder

$$(\forall)\forall M \exists!!A\,(A \text{ Menge} \wedge \forall x\,(x \in A \Leftrightarrow x \in M \wedge \mathbf{H}(x))).$$

Definitionen 4. $\{x \in M \mid \mathbf{H}(x)\}$

(gelesen: *Menge aller* $x \in M$ *mit* $\mathbf{H}(x)$) sei die Menge

$$\{x \mid x \in M \wedge \mathbf{H}(x)\}.$$

Dabei sei $\mathbf{H}(x)$ ein Ausdruck der Mengenlehre, in dem die Variable x frei vorkommt und die Variable M nicht gebunden vorkommt. ∎

Die Sätze 3 sichern für eine vorgegebene Menge M (sogar für ein vorgegebenes Objekt M) und jeden mengentheoretischen Ausdruck $\mathbf{H}(x)$, in dem die Variable x frei und die Variable M nicht gebunden vorkommt, die Existenz der Menge

$$\{x \in M \mid \mathbf{H}(x)\}.$$

Das Aussonderungsprinzip erweist sich damit als eine besonders wichtige Folgerung aus den Mengenbildungsaxiomen. Denn mit ihm kann man für jede bereits bekannte Menge M mittels vorgegebener mengentheoretischer Eigenschaftsbeschreibungen $\mathbf{H}(x)$ ganz beliebig Elemente $x \in M$ zu neuen Mengen zusammenfassen, ganz beliebig neue Mengen aus M aussondern.

Die Definitionen 3 und 4 führen die allgemeinen beschreibenden Mengenbezeichnungen ein, die Mengenbezeichnungen durch Eigenschaftsbeschreibung.

2.5. Das Unendlichkeitsaxiom

Für die Formulierung des Unendlichkeitsaxiomes verwenden wir den Begriff des Grenzbereiches.

Definition 5. Ein *Grenzbereich* ist ein Objekt G mit

$$\exists x (x \in G) \wedge \forall x \exists y (x \in G \Rightarrow x \sqsubset y \in G).$$ ∎

Axiom IV: Unendlichkeitsaxiom.

$$\exists a (a = a) \wedge \forall a \exists G (G \textit{ Grenzbereich} \wedge a \in G).$$ ∎

Die Forderung $\exists a (a = a)$ besagt, daß mindestens ein Objekt existiert. Gemäß der in § 1.3 entwickelten Anschauung über den Stufenaufbau der Objekte sind die Mengen der Stufen ω, $\omega 2$, $\omega 3$,... die Grenzbereiche, und jedes Objekt a ist Element etwa des aus den Elementen

$$a, \ \{a\}, \ \{\{a\}\}, \ \{\{\{a\}\}\}, \ldots$$

bestehenden Grenzbereiches G. Jeder Grenzbereich besteht anschaulich aus unendlich vielen Elementen. Axiom IV fordert nicht nur schlechthin die Existenz mindestens eines Grenzbereiches, sondern gestattet – zum Vorteil eines symmetrischen Ablaufes der Theorie – die Einbettung jedes Objektes in einen Grenzbereich.
Aus der durch das Unendlichkeitsaxiom mit gewährleisteten Existenz mindestens eines Objektes folgt jetzt die Existenz der leeren Menge und der Menge aller Urelemente.

Satz 4.

(*a*) $\exists!!A\,(A \text{ Menge} \wedge \neg \exists x(x \in A))$, (b) $\exists A(A = \{x \mid x \text{ Urelement}\})$.

Beweis. (a) Ist $\mathbf{H}(x)$ der Ausdruck $x \neq x$, so gilt nach den Axiomen III

$$\forall a \exists A\,(A \text{ Menge} \wedge \forall x(x \in A \Leftrightarrow x \sqsubset a \wedge x \neq x)).$$

Wegen stets $x = x$ gilt für beliebige a, x:

$$x \sqsubset a \wedge x \neq x \Leftrightarrow x \neq x,$$

also

$$\forall a \exists A\,(A \text{ Menge} \wedge \forall x(x \in A \Leftrightarrow x \neq x)).$$

Da ein a existiert, existiert somit auch eine Menge A mit

$$\forall x(x \in A \Leftrightarrow x \neq x),$$

also wegen stets $x = x$ eine Menge A mit $\neg \exists x(x \in A)$. Für Mengen A, B, welche keine Elemente enthalten, gilt schließlich

$$\forall x(x \in A \Leftrightarrow x \in B),$$

woraus mit Axiom II $A = B$ folgt. Also existiert auch nur höchstens eine Menge A mit $\neg \exists x(x \in A)$. Es gilt somit insgesamt

$$\exists!!A\,(A \text{ Menge} \wedge \neg \exists x(x \in A)).$$

(b) Für jedes Urelement x und jedes nach Definition 2 existierende X mit $x \ulcorner X$ und $\neg \exists y(y \in X)$ ist X eine Menge. Denn wäre X ein Urelement, so gäbe es ein Y mit $X \ulcorner Y$ und $\neg \exists y(y \in Y)$, woraus insgesamt

$$x \ulcorner X \wedge \forall y(y \in Y \Rightarrow y \ulcorner X)$$

folgt, also nach Axiom I(5) $Y \sqsubset X$, also wegen $X \ulcorner Y \sqsubset X$ nach Satz 1 $X \ulcorner X$ im Widerspruch zu $X \not\ulcorner X$. Nach (a) gibt es weiterhin genau eine Menge B mit

$\neg \exists y(y \in B)$, so daß für diese jetzt gilt:

$$\forall x(x \text{ Urelement} \Leftrightarrow x \sqsubset B). \quad (+)$$

Ist $\mathbf{H}(x)$ der Ausdruck $x \sqsubset a$, so existiert nach den Axiomen III (und II) für jedes a die Menge $\{x \mid x \sqsubset a \wedge x \sqsubset a\}$, welche wegen $x \sqsubset a \wedge x \sqsubset a \Leftrightarrow x \sqsubset a$ mit der Menge $\{x \mid x \sqsubset a\}$ identisch ist. Wählt man hierbei schließlich für a die Menge B ohne Elemente, so erhält man über $(+)$ die Existenz der Menge

$$\{x \mid x \sqsubset B\} = \{x \mid x \text{ Urelement}\}.$$

Hiermit gilt

$$\exists A(A = \{x \mid x \text{ Urelement}\}). \quad \blacksquare$$

Definition 6. Ein Objekt a heißt *leer* bzw. *nichtleer*, falls $\neg \exists x(x \in a)$ bzw. $\exists x(x \in a)$ gilt. Die Menge

$$\emptyset = \iota A(A \text{ Menge} \wedge \neg \exists x(x \in A))$$

(gelesen: *leere Menge*) heißt die *leere Menge* oder die *Leermenge*. Die Menge

$$\mathbf{U} = \{x \mid x \text{ Urelement}\}$$

der Urelemente heißt der *Urbereich* oder *Urelementebereich*. ■
Für Objekte a und Mengen A gilt auch:

$$a \text{ leer} \Leftrightarrow \forall x(x \notin a), \qquad a \text{ nichtleer} \Leftrightarrow \neg \forall x(x \notin a),$$
$$A \text{ leer} \Leftrightarrow A = \emptyset, \qquad A \text{ nichtleer} \Leftrightarrow A \neq \emptyset.$$

Satz 5. *Für beliebige Objekte a gilt:*

(a) $\exists x(a \in x), \qquad \exists x(a \sqsubset x),$

(b) $a \in \mathbf{U} \Leftrightarrow a \sqsubset \emptyset \Leftrightarrow \forall x(a \sqsubset x) \wedge a \neq \emptyset \Leftrightarrow \forall x(x \notin a) \wedge a \neq \emptyset,$

(c) $a \notin \mathbf{U} \Leftrightarrow \emptyset \sqsubset a \Leftrightarrow \exists x(x \sqsubset a) \vee a = \emptyset \Leftrightarrow \exists x(x \in a) \vee a = \emptyset$
$\Leftrightarrow a \text{ Menge}.$

Beweis. (a) Aus den Axiomen III folgt für jedes a die Existenz einer Menge x mit $a \in x$, nämlich

$$x = \{y \mid y \sqsubset a \wedge y = a\}.$$

Es gilt ja nach Satz 1 $a \sqsubset a$ und damit $a \sqsubset a \wedge a = a$, also $a \in x$. Axiom I(4) ergibt weiter $a \sqsubset x$.
(b) Mit $(+)$ aus dem Beweis zu Satz 4 gilt für jedes a:

$$a \in \mathbf{U} \Leftrightarrow a \sqsubset \emptyset.$$

Ist $x \sqsubset a$ für gewisse Objekte x, a, so ist $\emptyset \sqsubset a$ nach Axiom I(5). Also folgt über Satz 1 und Axiom I(4) für jedes a:

$$a \sqsubset \emptyset \Rightarrow \forall x(a \sqsubset x) \wedge a \neq \emptyset \Rightarrow \forall x(x \notin a) \wedge a \neq \emptyset .$$

Schließlich gilt für jedes a:

$$\forall x(x \notin a) \wedge a \neq \emptyset \Rightarrow a \in \mathbf{U} .$$

Denn $\emptyset$ ist die einzige Menge, welche kein Element besitzt.
(c) folgt aus Satz 2 und durch Kontraposition von (b) unter Verwendung von Satz 1. ∎

Nach der ersten Behauptung von Satz 5(a) sind alle Objekte Elemente von Objekten. Man kann deshalb die Objekte auch als *Elemente* schlechthin bezeichnen. Die zweite Behauptung von Satz 5(a) besagt die *Unbeschränktheit* des Bereiches der Objekte in bezug auf die Stufen(kleiner)beziehung. Satz 5(b) rechtfertigt die Bezeichnung „Urelement“. Durch Definition 6 werden die in § 1 im anschaulichen Sinne verwendeten Mengen $\emptyset$ und $\mathbf{U}$ als mengentheoretische Begriffe eingeführt, und Satz 5(b) ergibt $\emptyset \notin \mathbf{U}$. Nach Satz 5(b) sind die leeren Objekte die Urelemente und $\emptyset$. Aus Satz 5(b) und Satz 1 folgt bei $\mathbf{U} \neq \emptyset$ für beliebige a:

$$a \in \mathbf{U} \Leftrightarrow \forall x(a \sqsubset x), \qquad a \notin \mathbf{U} \Leftrightarrow \exists x(x \sqsubset a) .$$

Denn für Urelemente u und Objekte a mit $a \sqsubset x$ für alle x gilt $a \sqsubset u \sqsubset \emptyset$, also $a \sqsubset \emptyset$, womit a ein Urelement ist. Satz 5(c) und Satz 1 ergeben im Falle $\mathbf{U} = \emptyset$ für beliebige a:

$$a = \emptyset \Leftrightarrow \forall x(a \sqsubset x), \qquad a \neq \emptyset \Leftrightarrow \exists x(x \sqsubset a) .$$

Mit Satz 5(c) ist jeder Grenzbereich eine Menge, und für Mengen G gilt:

$$G \textit{ Grenzbereich} \Leftrightarrow G \neq \emptyset \wedge \forall x \exists y(x \in G \Rightarrow x \sqsubset y \in G) .$$

2.6. Das Auswahlaxiom

Wir benötigen zur Formulierung des Auswahlaxioms einige neue Begriffe. Zunächst führen wir die Inklusion ein.

Definition 7. (a) A, B seien Mengen:

$$A \subseteq B \Leftrightarrow \forall x(x \in A \Rightarrow x \in B), \qquad A \subset B \Leftrightarrow A \subseteq B \wedge A \neq B$$

(gelesen: *A Teilmenge (von) B* bzw. *A echte Teilmenge (von) B*),

$$B \supseteq A \Leftrightarrow A \subseteq B, \qquad B \supset A \Leftrightarrow A \subset B$$

(gelesen: *B Obermenge (von) A* bzw. *B echte Obermenge (von) A*). Für $A \subseteq B$ sagt man auch: *A* ist *enthalten* in *B*, *B enthält A*, *B umfaßt A*, *B schließt A ein*. Für $A \subset B$ sagt man auch: *A* ist *echt enthalten* in *B*, *B enthält echt A*, *B umfaßt echt A*, *B schließt A echt ein*.
(b) *B* sei eine Menge und *A* ein beliebiges Objekt:
A ist eine *Teilmenge* oder eine *Untermenge* von *B* bzw. eine *echte Teilmenge* oder eine *echte Untermenge* von *B*, falls

$$A \text{ Menge} \wedge A \subseteq B \qquad \text{bzw.} \qquad A \text{ Menge} \wedge A \subset B$$

gilt. *A* ist eine *Obermenge* von *B* bzw. eine *echte Obermenge* von *B*, falls

$$A \text{ Menge} \wedge B \subseteq A \qquad \text{bzw.} \qquad A \text{ Menge} \wedge B \subset A$$

gilt. ∎
Für Mengen *A*, *B* gilt natürlich sofort:

$$A \text{ Teilmenge von } B \Leftrightarrow A \subseteq B, \quad A \text{ echte Teilmenge von } B \Leftrightarrow A \subset B,$$
$$A \text{ Obermenge von } B \Leftrightarrow B \subseteq A, \quad A \text{ echte Obermenge von } B \Leftrightarrow B \subset A.$$

Das Zeichen $\subset$ (auch innerhalb $\subseteq$) ist das stilisierte „c“ aus dem lateinischen Wort „continere“ für „enthalten“. Die durch $\subseteq$ bzw. $\subset$ ausgedrückte Beziehung (Relation) zwischen Mengen heißt die *Enthaltenseinsbeziehung* (auch *Teilmengenbeziehung*) oder *Inklusion* (Einschließung) bzw. die *echte Enthaltenseinsbeziehung* (auch *echte Teilmengenbeziehung*) oder *echte Inklusion*. Man beachte den unterschiedlichen Gebrauch des Begriffes „enthalten“, einmal bei der Elementbeziehung $\in$, ein andermal bei der Inklusion $\subseteq$!

Satz 6. *Für Mengen A, B, C gilt:*

$$A \subseteq B \Leftrightarrow \forall x (x \in A \Rightarrow x \in B), \qquad A \nsubseteq B \Leftrightarrow \exists x (x \in A \wedge x \notin B),$$
$$A = B \Leftrightarrow \forall x (x \in A \Leftrightarrow x \in B) \Leftrightarrow A \subseteq B \wedge B \subseteq A,$$
$$A \neq B \Leftrightarrow \exists x (x \in A \wedge x \notin B) \vee \exists x (x \in B \wedge x \notin A),$$

$$A \subseteq B \Leftrightarrow A \subset B \vee A = B, \qquad A \subset B \Leftrightarrow A \subseteq B \wedge A \neq B,$$
$$A \subset B \Leftrightarrow A \subseteq B \wedge B \nsubseteq A \Leftrightarrow A \subseteq B \wedge \exists x (x \in B \wedge x \notin A),$$

$$A \subseteq A \qquad (\textit{Reflexivität (der Inklusion)}),$$
$$A \subseteq B \wedge B \subseteq C \Rightarrow A \subseteq C \qquad (\textit{Transitivität}),$$
$$A \subseteq B \wedge B \subseteq A \Rightarrow A = B \qquad (\textit{Antisymmetrie}),$$

$$A \not\subset A \qquad (\textit{Irreflexivität (der echten Inklusion)}),$$

$$A \subset B \wedge B \subset C \Rightarrow A \subset C \qquad (\textit{Transitivität}),$$
$$A \subset B \Rightarrow B \not\subset A \qquad (\textit{Asymmetrie}),$$

$$A \subset B \subseteq C \vee A \subseteq B \subset C \Rightarrow A \subset C,$$
$$A \subset B \Rightarrow B \nsubseteq A, \qquad A \subseteq B \Rightarrow B \not\subset A,$$
$$A \not\subset \emptyset \subseteq A,\ A \subseteq \emptyset \Leftrightarrow A = \emptyset,\ \emptyset \subset A \Leftrightarrow A \neq \emptyset \Leftrightarrow \exists x(x \in A).$$

Beweis. Die Behauptungen folgen unmittelbar aus den entsprechenden Definitionen und Axiom II. ∎
Wir führen nun Mengensysteme, Vereinigungen, Durchschnitte und den Disjunktheitsbegriff ein.

Definition 8. Ein *Mengensystem* ist eine Menge M mit

$$\forall X (X \in M \Rightarrow X \ \textit{Menge}). \ ∎$$

Die Mengensysteme sind also die Mengen von Mengen.

Satz 7. *Für Mengen A, B und Mengensysteme M existieren die Mengen*

$$\{x \mid x \in A \vee x \in B\}, \qquad \{x \mid x \in A \wedge x \in B\},$$
$$\{x \mid \exists X (X \in M \wedge x \in X)\}.$$

Für Mengensysteme $M \neq \emptyset$ existiert die Menge

$$\{x \mid \forall X (X \in M \Rightarrow x \in X)\}.$$

Beweis. A, B seien vorgegebene Mengen. Aus Axiom I(2) folgt $A \sqsubset B$ oder $B \sqsubset A$. Also existiert ein a mit $A \sqsubset a$ und $B \sqsubset a$ (nämlich $a = B$ oder $a = A$), und für jedes x folgt über Axiom I(4) und Satz 1:

$$x \in A \vee x \in B \Leftrightarrow x \sqsubset a \wedge (x \in A \vee x \in B),$$
$$x \in A \wedge x \in B \Leftrightarrow x \sqsubset a \wedge (x \in A \wedge x \in B).$$

Die Axiome III führen somit zur Existenz der Mengen

$$\{x \mid x \sqsubset a \wedge (x \in A \vee x \in B)\} = \{x \mid x \in A \vee x \in B\},$$
$$\{x \mid x \sqsubset a \wedge (x \in A \wedge x \in B)\} = \{x \mid x \in A \wedge x \in B\}.$$

Für jedes Mengensystem M und jedes x mit $x \in X$ für ein $X \in M$ gilt über Axiom I(4) und Satz 1 $x \sqsubset M$, also auch:

$$\exists X (X \in M \wedge x \in X) \Leftrightarrow x \sqsubset M \wedge \exists X (X \in M \wedge x \in X)$$

und im Falle $M \neq \emptyset$:

$$\forall X (X \in M \Rightarrow x \in X) \Leftrightarrow x \sqsubset M \wedge \forall X (X \in M \Rightarrow x \in X).$$

Aus den Axiomen III folgt somit die Existenz der Menge

$$\{x \mid x \sqsubset M \wedge \exists X (X \in M \wedge x \in X)\} = \{x \mid \exists X (X \in M \wedge x \in X)\}$$

und im Falle $M \neq \emptyset$ auch die Existenz der Menge

$$\{x \mid x \sqsubset M \wedge \forall X (X \in M \Rightarrow x \in X)\} = \{x \mid \forall X (X \in M \Rightarrow x \in X)\}. \blacksquare$$

Man entnimmt dem Beweis, daß die in Satz 7 angegebenen vier Mengen auch für beliebige Objekte A, B, M existieren würden, sofern bei der vierten Menge $\exists X (X \in M)$ statt $M \neq \emptyset$ gefordert wird. Da man diese Mengen aber nur für Mengen A, B und Mengensysteme M braucht, wurde Satz 7 gleich mit diesen Voraussetzungen formuliert. Ähnliche Bemerkungen treffen auf viele Sätze zu.

Definition 9. Für Mengen A, B heißt die Menge

$$A \cup B = \{x \mid x \in A \vee x \in B\} \quad \text{bzw.} \quad A \cap B = \{x \mid x \in A \wedge x \in B\}$$

(gelesen: *A vereinigt B* bzw. *A geschnitten B*) die *Vereinigung* von A, B bzw. der *Durchschnitt* von A, B. Für jedes Mengensystem M heißt die Menge

$$\bigcup M = \{x \mid \exists X (X \in M \wedge x \in X)\}$$

(gelesen: *Vereinigung M*) die *Vereinigung* von M. Für jedes nichtleere Mengensystem M heißt die Menge

$$\bigcap M = \{x \mid \forall X (X \in M \Rightarrow x \in X)\}$$

(gelesen: *Durchschnitt M*) der *Durchschnitt* von M. $\blacksquare$

Die durch $\cup$, $\cap$, $\bigcup$, $\bigcap$ ausgedrückten Verknüpfungen (Operationen) für Mengen bzw. Mengensysteme sind wegen des engen Zusammenhanges mit den logischen Begriffen $\vee$, $\wedge$, $\exists$, $\forall$ – deshalb wurden auch die Zeichen $\cup$, $\cap$ als abgerundete $\vee$, $\wedge$ gewählt – für die Mengenlehre von grundlegender Bedeutung. Die Vereinigung $A \cup B$ ist die Menge aller Objekte, die in wenigstens einer der Mengen A, B gelegen sind. Der Durchschnitt $A \cap B$ ist die Menge aller Objekte, die gleichzeitig in beiden Mengen A, B gelegen sind. Die Vereinigung $\bigcup M$ ist die Menge aller Objekte, die in wenigstens einer der Mengen X des Mengensystems M gelegen sind. Der Durchschnitt $\bigcap M$ ist die Menge aller Objekte, die gleichzeitig in allen Mengen X des Mengensystems M gelegen sind. Für die Existenz der Menge $D = \bigcap M$ braucht man die Voraussetzung

$M \neq \emptyset$, da sonst D bei $M = \emptyset$ aus allen Objekten bestehen müßte, woraus speziell $D \in D$ folgt, also $D \sqsubset D$ über Axiom I(4) im Widerspruch zu Satz 1.

Definition 10. A, B seien Mengen, und M sei ein Mengensystem:
A, B sind *disjunkt* (oder *(elemente)fremd*), falls $A \cap B = \emptyset$ gilt. M ist *disjunkt* oder *die Mengen von M sind paarweise disjunkt* (*paarweise* (*elemente*)*fremd*), falls

$$\forall X \forall Y (X, Y \in M \wedge X \neq Y \Rightarrow X \cap Y = \emptyset)$$

gilt. ∎

Disjunkte Mengen A, B sind also Mengen A, B ohne gemeinsame Elemente. Disjunkte Mengensysteme sind Mengensysteme, deren Mengen paarweise keine gemeinsamen Elemente besitzen.

Mit den eingeführten Begriffen können wir nun das Auswahlaxiom formulieren. Für jedes Mengensystem M, dessen Mengen nichtleer und paarweise disjunkt sind, existieren anschaulich zahlreiche sogenannte Auswahlmengen A von M, welche von jeder Menge X aus M jeweils genau ein ausgewähltes Element $x \in X$ enthalten und sonst weiter keine Elemente. Die Existenz solcher Auswahlen A kann erfahrungsgemäß mit den bisherigen Axiomen nicht nachgewiesen werden, ist aber für zahlreiche mathematische Untersuchungen erforderlich. Das Auswahlaxiom wird diese Existenz gewährleisten.

Definition 11. M sei ein Mengensystem:

Eine *Auswahl* oder *Auswahlmenge* von M ist eine Menge A mit

$$A \subseteq \bigcup M \wedge \forall X (X \in M \Rightarrow \exists!! x (x \in A \cap X)). \quad ∎$$

Axiom V: Auswahlaxiom.

$\forall M \exists A$ (*M Mengensystem* $\wedge$ *M disjunkt* $\wedge\ \emptyset \notin M \Rightarrow A$ *Auswahl von M*). ∎

Das Auswahlaxiom stammt von E. ZERMELO. Der Spezialfall $M = \emptyset$ des Auswahlaxioms ist trivial beweisbar, da $A = \emptyset$ eine Auswahl von $M = \emptyset$ ist. Für nicht disjunkte Mengensysteme M mit $\emptyset \notin M$ braucht es keine Auswahl zu geben; denn für Objekte a, b, c mit $a \neq b$ ist $M = \{\{a,b\}, \{a\}, \{b\}\}$ (vgl. §2.7) ein Mengensystem ohne Auswahl.

2.7. Einermengen, Zweiermengen, Dreiermengen, ...

Mengen aus endlich vielen vorgegebenen Objekten haben wir, wie eben in §2.6, schon oft mit Vorteil durch Aufzählung dieser Objekte innerhalb geschweifter Klammern bezeichnet. Die Mengenbildungsaxiome liefern jetzt den exakten Existenznachweis für derartige endliche Mengen vorgegebener Objekte. Zunächst ergibt sich für jeweils endlich viele vorgegebene Objekte a; a, b; a, b, c; ... durch (im allgemeinen mehrmalige) Anwendung von Axiom I(2) die Existenz mindestens eines der jeweils vorgegebenen Objekte y mit $x \sqsubset y$ für alle jeweils vorgegebenen Objekte x. Über die Axiome III existieren damit sukzessiv die Mengen

$$\{x \mid x = a\}, \quad \{x \mid x = a \vee x = b\}, \quad \{x \mid x = a \vee x = b \vee x = c\}, \ldots .$$

Definitionen 12. Für Objekte $a, b, c, \ldots$ heißen die Mengen

$$\begin{aligned} \{a\} &= \{x \mid x = a\}, \\ \{a, b\} &= \{x \mid x = a \vee x = b\}, \\ \{a, b, c\} &= \{x \mid x = a \vee x = b \vee x = c\}, \\ &\vdots \end{aligned}$$

(gelesen wie in §1.2) der Reihe nach die *Einermenge von a* oder die *Menge von a*, die *Zweiermenge von a, b* oder die *Menge von a, b*, die *Dreiermenge von a, b, c* oder die *Menge von a, b, c,...* . Ein Objekt A heißt eine *Einermenge*, *Zweiermenge*, *Dreiermenge,...*, falls es Objekte $a, b, c, \ldots$ gibt mit bzw.

$$A = \{a\}, \quad A = \{a, b\}, \quad A = \{a, b, c\}, \ldots . \quad \blacksquare$$

Manchmal fordert man für die Begriffe der Zweiermenge, Dreiermenge,... noch die Verschiedenheit (genauer: paarweise Verschiedenheit) der zusammengefaßten Objekte $a, b, c, \ldots$; d.h. $a \neq b$ bzw. $a \neq b, a \neq c, b \neq c$ bzw.... . Wir halten uns an die Definitionen 12 und sprechen bei Verschiedenheit der aufgezeichneten Objekte höchstens von einer *echten Zweiermenge*, *echten Dreiermenge,...* . Eine Einermenge, echte Zweiermenge, echte Dreiermenge, ... besteht also aus einem, zwei, drei,... Elementen (auch: besitzt (genau) ein, zwei, drei,... Elemente, ist eine einelementige, zweielementige, dreielementige, ...Menge), während eine Zweiermenge, Dreiermenge, ...aus mindestens einem und höchstens zwei, drei, ...Elementen besteht. Spricht man ebenso ohne Zusatz von zwei Objekten a, b bzw. drei Objekten a, b, c bzw. ..., so (sind zwar die verwendeten Variablen jeweils verschieden, aber es) müssen die jeweils bezeichneten Objekte nicht notwendig verschieden sein.

Mit den Begriffsbildungen der Definitionen 12 existiert zu jeweils endlich vielen aufgezählten Objekten $a, \ldots, b$ stets diejenige Menge

$$\{a, \ldots, b\} \quad \text{(gelesen: } \textit{Menge (von) } a, \ldots, b\text{)},$$

welche genau die aufgezählten Objekte als Elemente besitzt. Diese Menge bezeichnet man dadurch, daß man die (Bezeichnungen der) aufgezählten Objekte in geschweifte Klammern setzt (Mengenbezeichnung durch Aufzählung). Es besteht sofort Unabhängigkeit der eingeführten Mengen von der Reihenfolge ihrer aufgezählten Elemente; d.h. für Objekte $a, b, c, \ldots$ erhält man nacheinander die Sätze:

$$\{a, b\} = \{b, a\},$$
$$\{a, b, c\} = \{a, c, b\} = \{b, a, c\} = \{b, c, a\} = \{c, a, b\} = \{c, b, a\},$$
$$\vdots$$

Darüber hinaus gelten für Objekte $a, b, c, d, \ldots$ und Mengen A unmittelbar die folgenden Sätze:

$$a \neq \{a\}, \qquad a \in A \Leftrightarrow \{a\} \subseteq A,$$
$$\{a, a\} = \{a\}, \quad \{a, a, a\} = \{a\}, \{a, a, a, a\} = \{a\}, \ldots,$$

$$\{a, b\} = \{a\} \cup \{b\},$$
$$\{a, b, c\} = \{a, b\} \cup \{c\},$$
$$\{a, b, c, d\} = \{a, b, c\} \cup \{d\},$$
$$\vdots \qquad .$$

§ 3. Stufenaufbau

3.1. Allmengen, Allbereiche

Wir wollen in diesem § 3 die (neben den Sätzen 1 und 5 aus § 2) weiteren Grundeigenschaften der Stufung der Objekte systematisch zusammenstellen. Zunächst besteht der

Satz 1. *Für Objekte a, b, c und Mengen A, B gilt:*

(a) $a \in \mathbf{U} \wedge b \in \mathbf{U} \Rightarrow a \sqsubset\!\sqsupset b,$

(b) $a \sqsubset b \wedge b \in \mathbf{U} \Rightarrow a \in \mathbf{U},$

$a \sqsubset b \wedge a \notin \mathbf{U} \Rightarrow b \notin \mathbf{U}, \quad a \in \mathbf{U} \wedge b \notin \mathbf{U} \Rightarrow a \sqsubset b,$

(c) $a \sqsubset b \Rightarrow b \notin \mathbf{U},$

(d) $a \sqsupset\!\sqsubset b . \Rightarrow . a \in \mathbf{U} \Leftrightarrow b \in \mathbf{U} . \wedge . a \notin \mathbf{U} \Leftrightarrow b \notin \mathbf{U}$,

(e) $a \in b \Rightarrow a \sqsubset\!\!\!- b, \quad a \in b \sqsubset c \Rightarrow a \sqsubset\!\!\!- c, \quad c \sqsubset a \in b \Rightarrow c \sqsubset\!\!\!- b$,

(f) $a \sqsubset b \Rightarrow b \notin a, \quad a \notin a$,

$a \in b \Rightarrow b \notin a, \quad a \in b \sqsubset c \Rightarrow c \notin a, \quad c \sqsubset a \in b \Rightarrow b \notin c$,

(g) $\forall x (x \in A \Rightarrow x \sqsubset\!\!\!- B) \Rightarrow A \sqsubset B, \quad A \subseteq B \Rightarrow A \sqsubset B, \quad \mathbf{U} \sqsupset\!\sqsubset \emptyset \sqsubset A$,

(h) $A \neq \emptyset \Rightarrow \exists x (x \in A \wedge \forall y (y \in A \Rightarrow x \sqsubset y))$ (*Minimumbedingung*),

$A \neq \emptyset \Rightarrow \exists x (x \in A \wedge \forall y (y \in A \Rightarrow y \notin x))$ (*Fundierungseigenschaft*).

Beweis. Übung. ∎

Gemäß der in § 1.3 anschaulich entwickelten Stufung der Objekte läßt sich der Gesamtbereich der Objekte vom Urbereich **U** her approximativ ausschöpfen durch diejenigen Mengen A, welche in bezug auf $\sqsubset\!\!\!-$ jeweils alle Objekte unterhalb einer vorgegebenen Menge M enthalten. Die Mengen A sind dabei nur abhängig von der Stufe von M, und wir nennen sie deshalb „Allmengen". Ihre Wichtigkeit beruht darauf, daß sie den über **U** in Stufen fortschreitenden Mengenbildungsprozeß jeweils bis zu einer bestimmten Stufe einfangen und damit genau die unserem Aufbau der Mengenlehre zugrunde liegende Vorstellung einer vom Urbereich ausgehenden schrittweisen Erweiterung des Bereiches der zulässigen Mengen widerspiegeln.

Definition 1. Eine *Allmenge* ist eine Menge A mit

$$\exists M (M \text{ } Menge \wedge \forall x (x \in A \Leftrightarrow x \sqsubset\!\!\!- M)). \quad ∎$$

Satz 2. *Für Objekte A, a, b gilt:*

(a) $A \text{ } Allmenge \Leftrightarrow \exists M (M \text{ } Menge \wedge \forall x (x \in A \Leftrightarrow x \sqsubset\!\!\!- M))$,

(b) $\exists X (X = \{x \mid x \sqsubset\!\!\!- a\}), \quad a \text{ } Menge \Leftrightarrow a \sqsupset\!\sqsubset \{x \mid x \sqsubset\!\!\!- a\}$,

$a \sqsupset\!\sqsubset b \Leftrightarrow \{x \mid x \sqsubset\!\!\!- a\} = \{x \mid x \sqsubset\!\!\!- b\}$,

(c) $A \text{ } Allmenge \Leftrightarrow \exists M (M \text{ } Menge \wedge A = \{x \mid x \sqsubset\!\!\!- M\})$,

$A \text{ } Allmenge \Leftrightarrow A \text{ } Menge \wedge \forall x (x \in A \Leftrightarrow x \sqsubset\!\!\!- A) \Leftrightarrow A = \{x \mid x \sqsubset\!\!\!- A\}$.

Für Objekte a, Allmengen A, B und Mengen M von Allmengen gilt:

(d) $\exists X (X \text{ } Allmenge \wedge a \in X)$,

(e) $\mathbf{U}$ *Allmenge*, $\quad \mathbf{U} \subseteq A$,

(f) $A \sqsupset\!\sqsubset B \Leftrightarrow A = B \Leftrightarrow A \sqsubset B \sqsubset A, \quad A \sqsubset B \Leftrightarrow A \subseteq B$

$A \sqsubset\!\!\!- B \Leftrightarrow A \subset B \Leftrightarrow A \in B$,

(g) $A \subseteq B \vee B \subseteq A$ (*Vergleichbarkeit*),

(h) $M \neq \emptyset \Rightarrow \exists X(X \in M \wedge \forall Y(Y \in M \Rightarrow X \subseteq Y))$ (*Minimumbedingung*),

(i) $\exists X(X \textit{ Allmenge} \wedge A \subset X)$ (*Unbeschränktheit*).

Beweis. Übung. ∎

Aus Satz 2(e) folgt $A \neq \emptyset$ für jede Allmenge $A \neq \mathbf{U}$. Das Gesetz der Vergleichbarkeit in Satz 2(g) besagt, daß die Allmengen hinsichtlich der Inklusion (paarweise) vergleichbar sind. Es gilt für Allmengen A, B auch

$$A \subset B \vee A = B \vee B \subset A,$$

und diese drei Fälle schließen sich nach Satz 6, §2 gegenseitig aus. Das Gesetz der Unbeschränktheit in Satz 2(i) besagt, daß der Bereich der Allmengen in bezug auf die (echte) Inklusion unbeschränkt ist. Aus der Minimumbedingung von Satz 2(h) folgt für Mengen M von Allmengen auch

$$M \neq \emptyset \Rightarrow \exists!!X(X \in M \wedge \forall Y(Y \in M \Rightarrow X \subseteq Y)).$$

Denn ist ganz allgemein M irgendein Mengensystem, für welches es ein Element $X \in M$ gibt mit $X \subseteq Y$ für alle $Y \in M$ bzw. mit $Y \subseteq X$ für alle $Y \in M$, so gilt

$$\exists!!X(X \in M \wedge \forall Y(Y \in M \Rightarrow X \subseteq Y))$$

bzw.

$$\exists!!X(X \in M \wedge \forall Y(Y \in M \Rightarrow Y \subseteq X)).$$

Sind nämlich jeweils X_1, X_2 solche Mengen X, so gilt $X_1 \subseteq X_2 \subseteq X_1$, also $X_1 = X_2$, womit X eindeutig bestimmt ist.

Definition 2. Ist M ein Mengensystem und gibt es ein $X \in M$ mit $X \subseteq Y$ für alle $Y \in M$, so heißt die Menge

$$\min M = \iota X(X \in M \wedge \forall Y(Y \in M \Rightarrow X \subseteq Y))$$

(gelesen: *Minimum M*) das *kleinste* (*erste*) *Element* von M oder das *Minimum* von M. Ist M ein Mengensystem und gibt es ein $X \in M$ mit $Y \subseteq X$ für alle $Y \in M$, so heißt die Menge

$$\max M = \iota X(X \in M \wedge \forall Y(Y \in M \Rightarrow Y \subseteq X))$$

(gelesen: *Maximum M*) das *größte* (*letzte*) *Element* von M oder das *Maximum* von M. ∎

Für jedes Mengensystem M, welches die erste bzw. zweite Bedingung aus Definition 2 erfüllt, gilt sofort:

$$\min M = \bigcap M \qquad \text{bzw.} \qquad \max M = \bigcup M.$$

Das Gesetz der Minimumbedingung aus Satz 2 besagt jetzt, daß für jedes nichtleere Mengensystem M von Allmengen das erste Element $\min M$ existiert. Satz 2(e) ergibt $\mathbf{U} = \min M$ für jedes Allmengensystem M mit $\mathbf{U} \in M$.
Wir wollen uns einen abschließenden Überblick über die Aufeinanderfolge der Allmengen verschaffen (Satz 4(p)) und definieren hierfür zunächst die Potenzmengen, den Nachfolgerbegriff und die Allbereiche.

Satz 3. (a) *Für jede Menge A existiert die Menge*

$$\{X \mid X \textit{ Menge} \wedge X \subseteq A\}$$

aller Teilmengen von A.
(b) *Für jede Allmenge A existiert genau eine Allmenge X mit*

$$A \subset X \wedge \forall Y (Y \textit{ Allmenge} \wedge A \subset Y \Rightarrow X \subseteq Y).$$

Beweis. (a) Für jede Menge A gilt nach Satz 1(g) $X \sqsubset A$ für jede Teilmenge $X \subseteq A$. Damit existiert über die Axiome III die Menge

$$\{X \mid X \sqsubset A \wedge X \textit{ Menge} \wedge X \subseteq A\} = \{X \mid X \textit{ Menge} \wedge X \subseteq A\}.$$

(b) A sei eine Allmenge, B nach Satz 2(i) eine Allmenge mit $A \subset B$ und P nach (a) die Menge der Teilmengen von B. Nach dem Aussonderungsprinzip (Sätze 3, §2) existiert das Mengensystem

$$\begin{aligned} M &= \{Y \in P \mid Y \textit{ Allmenge} \wedge A \subset Y\} \\ &= \{Y \mid Y \textit{ Allmenge} \wedge A \subset Y \subseteq B\} \neq \emptyset. \end{aligned}$$

Nach Satz 2(h) existiert $\min M$. Für $X = \min M$ ist dann X eine Allmenge mit

$$A \subset X \wedge \forall Y (Y \textit{ Allmenge} \wedge A \subset Y \Rightarrow X \subseteq Y). \quad (+)$$

Denn für jede Allmenge Y mit $A \subset Y$ gilt nach Satz 2(g) $Y \subseteq B$ oder $B \subseteq Y$, also $Y \in M$ oder $Z \subseteq Y$ für alle $Z \in M$, also in beiden Fällen $X \subseteq Y$. Es gibt schließlich auch höchstens eine Allmenge X mit $(+)$. Sind nämlich X_1, X_2 solche Allmengen, so muß $X_1 \subseteq X_2 \subseteq X_1$ gelten, also $X_1 = X_2$. Damit existiert insgesamt genau eine Allmenge X mit $(+)$. ∎

Definition 3. Ist A eine Menge, so heißt die Menge

$$\mathfrak{P}(A) = \{X \mid X \textit{ Menge} \wedge X \subseteq A\}$$

(gelesen: *Potenz von A* oder einfach: *𝔓 von A*) die *Potenzmenge* oder *Potenz* von A. ∎

Die Bezeichnung „Potenz" erklärt sich daraus, wenn wir den Zahlbegriff vorwegnehmen, daß für endliche Mengen A mit n Elementen die Menge $\mathfrak{P}(A)$ gerade 2^n Elemente besitzt. Definition 3 ergibt für Mengen A, B und Objekte a über Satz 6, §2 sofort:

$$\emptyset, A \in \mathfrak{P}(A), \qquad A \subseteq B \Leftrightarrow \mathfrak{P}(A) \subseteq \mathfrak{P}(B),$$
$$a \in A \Leftrightarrow \{a\} \in \mathfrak{P}(A), \qquad A = B \Leftrightarrow \mathfrak{P}(A) = \mathfrak{P}(B),$$
$$A \subset B \Leftrightarrow \mathfrak{P}(A) \subset \mathfrak{P}(B).$$

Definition 4. A sei eine Allmenge:

$$A' = \iota X(X \textit{ Allmenge} \wedge A \subset X \wedge \forall Y(Y \textit{ Allmenge} \wedge A \subset Y \Rightarrow X \subseteq Y))$$

(gelesen: *Nachfolger A* oder einfach: *A Strich*) heißt der *Nachfolger* von A. Ein *Vorgänger* von A ist eine Allmenge B mit $B' = A$. ∎

Definition 5. Ein *Allbereich* ist eine Allmenge, die ein Grenzbereich ist. ∎

Nach der in §1.3 entwickelten Anschauung über die Stufung der Objekte sind die Allbereiche die Allmengen der Stufen ω, $\omega 2$, $\omega 3, \dots$, also diejenigen Mengen dieser Stufen, welche jeweils aus allen Objekten sämtlicher vorhergehender Stufen bestehen.

Satz 4. *Für Allmengen A, B gilt:*

(a) $A' = \iota X(X \textit{ Allmenge} \wedge A \subset X \wedge \neg \exists Y(Y \textit{ Allmenge} \wedge A \subset Y \subset X))$,

(b) $A' = \{x \mid x \sqsubset A\}$,

(c) $A' = B' \Leftrightarrow A = B, \quad A' \subset B' \Leftrightarrow A \subset B, \quad A' \subseteq B' \Leftrightarrow A \subseteq B$.

Für Objekte A, B, a gilt:

(d) $A \textit{ Grenzbereich} \Leftrightarrow \exists x(x \sqsubset A) \wedge \forall x \exists y(x \sqsubset A \Rightarrow x \sqsubset y \sqsubset A)$,

(e) $A \sqsubset B . \Rightarrow . A \textit{ Grenzbereich} \Leftrightarrow B \textit{ Grenzbereich}$,

(f) $A \textit{ Allbereich} \Leftrightarrow \exists G(G \textit{ Grenzbereich} \wedge A = \{x \mid x \sqsubset G\})$,

(g) $\exists X(X \textit{ Allbereich} \wedge a \in X)$.

Für Allmengen A gilt:

(h) $A \textit{ Allbereich} \Leftrightarrow A \neq \mathbf{U} \wedge \forall X(X \textit{ Allmenge} \wedge X \in A \Rightarrow X' \in A)$,

$A \textit{ Allbereich} \Leftrightarrow A \neq \mathbf{U} \wedge \neg \exists X(X \textit{ Allmenge} \wedge X' = A)$,

$A \textit{ Allbereich} \Leftrightarrow A \neq \mathbf{U} \wedge \neg \exists X(X = \max\{Y \mid Y \textit{ Allmenge} \wedge Y \subset A\})$,

(i) $A \notin \mathbf{U} \subset A', \quad A = \max\{Y \mid Y \textit{ Allmenge} \wedge Y \subset A'\}$,

(j) $A = \mathbf{U} \vee \exists X (X \textit{ Allmenge} \wedge X' = A) \vee A \textit{ Allbereich}$.

Für Allbereiche A gilt:

(k) *A ist diejenige Allmenge X mit*
$\forall Y (Y \textit{ Allmenge} \wedge Y \in A \Rightarrow Y \subset X) \wedge$
$\forall Z (Z \textit{ Allmenge} \wedge \forall Y (Y \textit{ Allmenge} \wedge Y \in A \Rightarrow Y \subset Z) \Rightarrow X \subseteq Z)$.

Für Allbereiche A, B und Mengen M von Allbereichen gilt:

(l) $A \subseteq B \vee B \subseteq A$ (*Vergleichbarkeit*),

(m) $M \neq \emptyset \Rightarrow \exists X (X \in M \wedge \forall Y (Y \in M \Rightarrow X \subseteq Y))$ (*Minimumbedingung*),

(n) $\exists X (X \textit{ Allbereich} \wedge A \subset X)$ (*Unbeschränktheit*).

Für Mengen M von Allmengen, Mengen N von Allbereichen, Allmengen A und Allbereiche B gilt:

(o) $M \neq \emptyset \Rightarrow \bigcup M \textit{ Allmenge}, \quad N \neq \emptyset \Rightarrow \bigcup N \textit{ Allbereich}$,

(p) $A' = A \cup \mathfrak{P}(A), \quad B = \bigcup \{X \mid X \textit{ Allmenge} \wedge X \subset B\}$.

Beweis. Übung. ∎

3.2. Stufen

Gemäß der in §1.3 anschaulich entwickelten Stufung der Objekte ist der Bereich der Objekte in lauter Mengen S zerlegbar, welche jeweils aus allen mit einem vorgegebenen Objekt a gleichstufigen Objekten bestehen. Das charakteristische gemeinsame Merkmal, also die Menge, aller Objekte, welche zu einem Objekt a gleichstufig sind, ist offenbar die Stufe von a.

Definition 6. Eine *Stufe* ist eine Menge S mit

$$\exists a \forall x (x \in S \Leftrightarrow x \square a). \blacksquare$$

Definition 7. (a) A sei eine Menge:

Eine *Zerlegung* (oder *Partition, Klasseneinteilung*) *von A* ist ein Mengensystem M mit

$$\emptyset \notin M, \quad M \textit{ disjunkt}, \quad \bigcup M = A.$$

Eine *Zerlegung* (oder *Partition, Klasseneinteilung*) ist ein Objekt M, zu dem es eine Menge X gibt, so daß M eine Zerlegung von X ist (d.h. M ist Zerlegung irgendeiner Menge).
(b) M sei eine Zerlegung und K ein Objekt:
K heißt eine *Komponente* (oder *Klasse*) von M, falls $K \in M$ gilt. ∎
Zu jeder Zerlegung M einer Menge A ist diese Menge A als $\bigcup M$ eindeutig bestimmt. Jedes Mengensystem M ist also Zerlegung von höchstens einer Menge A, nämlich von $A = \bigcup M$. Für jedes Objekt M gilt:

$$M \textit{ Zerlegung} \Leftrightarrow M \textit{ Mengensystem} \wedge M \textit{ disjunkt} \wedge \emptyset \notin M\,.$$

Satz 5. *Für Objekte S, a, b gilt:*

(a) $S \textit{ Stufe} \Leftrightarrow \exists y \forall x (x \in S \Leftrightarrow x \sqsupset\!\!\sqsubset y)$,

(b) $\exists X (X = \{x \mid x \sqsupset\!\!\sqsubset a\})$, $\{a\} \sqsupset\!\!\sqsubset \{x \mid x \sqsupset\!\!\sqsubset a\} \sqsupset\!\!\sqsubset \{x \mid x \sqsubset a\} = \{x \mid x \sqsubset \{a\}\}$,
$a \sqsupset\!\!\sqsubset b \Leftrightarrow \{x \mid x \sqsupset\!\!\sqsubset a\} = \{x \mid x \sqsupset\!\!\sqsubset b\}$,

(c) $S \textit{ Stufe} \Leftrightarrow \exists y (S = \{x \mid x \sqsupset\!\!\sqsubset y\})$,
$S \textit{ Stufe} \Leftrightarrow S \textit{ Menge} \wedge S \neq \emptyset \wedge \forall y (y \in S \Rightarrow S = \{x \mid x \sqsupset\!\!\sqsubset y\})$.

Für Objekte a, Stufen S, T und Mengen M von Stufen gilt:

(d) $\exists X (X \textit{ Stufe} \wedge a \in X)$,

(e) $\mathbf{U} \textit{ Stufe} \Leftrightarrow \mathbf{U} \neq \emptyset$, $\mathbf{U} \sqsubset S$,

(f) $S \sqsupset\!\!\sqsubset T \Leftrightarrow S = T \Leftrightarrow S \sqsubset T \sqsubset S \Leftrightarrow S \cap T \neq \emptyset$,

(g) $S \sqsubset T \vee T \sqsubset S$ (*Vergleichbarkeit*),

(h) $M \neq \emptyset \Rightarrow \exists X (X \in M \wedge \forall Y (Y \in M \Rightarrow X \sqsubset Y))$ (*Minimumbedingung*),

(i) $\exists X (X \textit{ Stufe} \wedge S \sqsubset X)$ (*Unbeschränktheit*).

Für jede Allmenge A, Stufe S und die Mengen

$$M = \{X \in \mathfrak{P}(A) \mid X \textit{ Stufe}\}, \quad N = \{X \in A \mid X \textit{ Stufe}\}$$

gilt:

(j) $N \subseteq M$, $M = N \Leftrightarrow A = \emptyset \vee A \textit{ Allbereich}$,

(k) $A = \bigcup M$, $M \textit{ Zerlegung von } A$,

(l) $A \in S \Rightarrow A' = A \cup S \wedge A \cap S = \emptyset$.

Beweis. Übung. ∎

Abschließend stellen wir noch fest:

Satz 6. *Es existieren nicht die Menge M aller Mengen, die Menge O aller Objekte, die Menge A aller Allmengen, die Menge B aller Allbereiche und die Menge S aller Stufen.*

Beweis. Würde M existieren, so wäre $M \in M$ im Widerspruch zu Satz 1 (f). Würde O existieren, so wäre wieder $O \in O$. Würde A existieren, so wäre nach Satz 2(d) $A \in X \in A$ für ein X im Widerspruch zu Satz 1 (f). Würde B oder S existieren, so wäre nach den Sätzen 4(g) und 5(d) wieder $B \in X \in B$ oder $S \in X \in S$ für ein X. ∎

Satz 6 besagt, daß die im anschaulichen Sinne genommenen Bereiche (Gesamtheiten) aller bzw. Mengen, Objekte, Allmengen, Allbereiche, Stufen nicht als mengentheoretische Objekte existieren und damit außermathematische Objekte sind (vgl. am Ende von § 1.3).

3.3. Schlußbemerkung

Wir beenden hiermit die Ausführungen über den Stufenaufbau der Objekte. Von nun an ist unsere Mengenlehre frei von Stufentechnik, und von den beiden Beziehungen $\in$, $\sqsubset$ wird stets $\in$ als die Kernbeziehung der Mengenlehre in Vordergrund stehen. Man hat aber von vornherein die Stufung, vor allem in Form der Allmengen, stets zur Verfügung, wenn man sie mit Vorteil verwenden kann (wie der weitere Verlauf der Theorie zeigt). Die Allmengen mit ihren Eigenschaften bilden ein bequemes Rahmenskelett der Mengenlehre, in welchem Mathematik stattfindet.

KAPITEL II

Mengenalgebra, Abbildungs- und Relationentheorie

§ 4. Elementare Mengenoperationen

4.1. Allgemeine Mengenbezeichnungen

Wir wollen in Erweiterung der Definitionen 3 und 4 aus §2 noch einige abkürzende Mengenbezeichnungen einführen.

Definitionen 1. $\{\mathbf{T}(x,\ldots) \mid \mathbf{H}(x,\ldots)\}$

(gelesen: *Menge aller* $\mathbf{T}(x,\ldots)$ *mit* $\mathbf{H}(x,\ldots)$) sei die Menge

$$\{z \mid \exists x \ldots (H(x,\ldots) \wedge z = \mathbf{T}(x,\ldots))\}.$$

Dabei sei $\mathbf{T}(x,\ldots)$ ein Term der Mengenlehre, in dem genau die in Klammern angegebenen Variablen $x,\ldots$ frei vorkommen, sei $\mathbf{H}(x,\ldots)$ ein Ausdruck der Mengenlehre, in dem wenigstens die Variablen $x,\ldots$ frei vorkommen und keine freie Variable von $\mathbf{H}(x,\ldots)$ in $\mathbf{T}(x,\ldots)$ gebunden vorkommt, und komme die Variable z weder in $\mathbf{H}(x,\ldots)$ noch in $\mathbf{T}(x,\ldots)$ vor. ∎

Definitionen 2. $\{\mathbf{T}(x,\ldots) \in M \mid \mathbf{H}(x,\ldots)\}$

(gelesen: *Menge aller* $\mathbf{T}(x,\ldots) \in M$ *mit* $\mathbf{H}(x,\ldots)$) sei die Menge

$$\{\mathbf{T}(x,\ldots) \mid \mathbf{T}(x,\ldots) \in M \wedge \mathbf{H}(x,\ldots)\}.$$

Dabei seien $\mathbf{T}, \mathbf{H}$ wie in den Definitionen 1 gegeben, und die Variable M komme nicht in $\mathbf{T}$ und nicht gebunden in $\mathbf{H}$ vor. ∎

Als Beispiele existieren für Mengen A, B, C die Mengen

$$\{\{x_1, x_2, x_3\} \mid x_1 \in A \wedge x_2 \in B \wedge x_3 \in C\}$$
$$= \{z \mid \exists x_1 \exists x_2 \exists x_3 (x_1 \in A \wedge x_2 \in B \wedge x_3 \in C \wedge z = \{x_1, x_2, x_3\})\},$$
$$\{\{x_1, x_2, x_3\} \in A \mid x_1 \in A \wedge x_2 \in B \wedge x_3 \in C\}.$$

Man kann nach dem Muster der Definitionen 2 erforderlichenfalls weitere abkürzende Mengenbezeichnungen einführen, indem man an Stelle von $\in$ andere Relationszeichen verwendet wie $\sqsubset$, $\sqsubseteq$, $\ulcorner$, $\subseteq$.
Soll bei den in den Definitionen 1 und 2 mittels geschweifter Klammern erklär-

ten Mengenbezeichnungen die Mengenbildung nicht über alle freien Variablen von **T** vollzogen werden, so drücke man dies nach den folgenden beiden Beispielen dadurch aus, daß man die gebundenen Mengenbildungsvariablen angibt (also diejenigen freien Variablen von **T**, über welche die Mengenbildung vollzogen wird): Will man etwa für Mengen A, B bilden die Menge D_1 aller Dreiermengen $\{x_1, x_2, B\}$ mit $x_1 \in A$, $x_2 \in B$ und die Menge D_2 derjenigen dieser Dreiermengen, welche noch Element von A sind, so erhält man zunächst für D_1 und D_2 die Bezeichnungen

$$\{\{x_1, x_2, B'\} \mid B' = B \wedge x_1 \in A \wedge x_2 \in B\},$$
$$\{\{x_1, x_2, B'\} \in A \mid B' = B \wedge x_1 \in A \wedge x_2 \in B\},$$

wofür man einfach schreibe:

$$\{\{x_1, x_2, B\} \underset{(x_1, x_2)}{\mid} x_1 \in A \wedge x_2 \in B\},$$

$$\{\{x_1, x_2, B\} \in A \underset{(x_1, x_2)}{\mid} x_1 \in A \wedge x_2 \in B\}.$$

Ist im Zusammenhang der Betrachtungen klar, welche Variablen die gebundenen Mengenbildungsvariablen sind, so kann man diese nachträglich unter | wieder weglassen.
Die im folgenden behandelten Mengenoperationen (ihre Definition und Gesetze) kann man sich geometrisch durch EULER-VENN-*Diagramme* veranschaulichen, indem man die zugrunde liegenden Mengen symbolisch durch (im anschaulichen Sinne genommene) Flächen der Zeichenebene (etwa durch Kreisscheiben) darstellt, deren Punkte den Elementen der dargestellten Mengen entsprechen mögen.

4.2. Vereinigung, Durchschnitt, Differenz

Für Mengen A, B gilt nach Definition 9, §2:

$$A \cup B = \{x \mid x \in A \vee x \in B\}, \quad A \cap B = \{x \mid x \in A \wedge x \in B\}.$$

Satz 1. *Für Mengen A, B, C gilt:*

$$A \cup B = B \cup A \qquad (\textit{Kommutativität (der Vereinigung)}),$$
$$(A \cup B) \cup C = A \cup (B \cup C) \qquad (\textit{Assoziativität}),$$
$$\left.\begin{array}{l} A \subseteq C \Rightarrow A \cup B \subseteq C \cup B \\ B \subseteq C \Rightarrow A \cup B \subseteq A \cup C \end{array}\right\} \qquad (\textit{Monotonie}),$$

$$A \cap B = B \cap A \qquad (\textit{Kommutativität (des Durchschn.)}),$$

$$(A \cap B) \cap C = A \cap (B \cap C) \qquad (\textit{Assoziativität}),$$

$$\left.\begin{array}{l} A \subseteq C \Rightarrow A \cap B \subseteq C \cap B \\ B \subseteq C \Rightarrow A \cap B \subseteq A \cap C \end{array}\right\} \qquad (\textit{Monotonie}),$$

$$\left.\begin{array}{l} A \cup (B \cap C) = (A \cup B) \cap (A \cup C) \\ (B \cap C) \cup A = (B \cup A) \cap (C \cup A) \\ A \cap (B \cup C) = (A \cap B) \cup (A \cap C) \\ (B \cup C) \cap A = (B \cap A) \cup (C \cap A) \end{array}\right\} \qquad (\textit{Distributivität}),$$

$$\left.\begin{array}{l} A \cup A = A \\ A \cap A = A \end{array}\right\} (\textit{Idempotenz}), \qquad \left.\begin{array}{l} A \cup (A \cap B) = A \\ A \cap (A \cup B) = A \end{array}\right\} (\textit{Absorption}),$$

$$A \cup \emptyset = A, \qquad A \cap \emptyset = \emptyset,$$

$$A = \emptyset \wedge B = \emptyset \Leftrightarrow A \cup B = \emptyset, \qquad A = \emptyset \vee B = \emptyset \Rightarrow A \cap B = \emptyset,$$

$$A \subseteq B \Leftrightarrow A \cup B = B \Leftrightarrow A \cap B = A, \quad A \cap B \subseteq A \cup B,$$

$$A, B \subseteq A \cup B \wedge \forall X\, (X \textit{ Menge} \wedge A, B \subseteq X \Rightarrow A \cup B \subseteq X),$$

$$A \cap B \subseteq A, B \wedge \forall X\, (X \textit{ Menge} \wedge X \subseteq A, B \Rightarrow X \subseteq A \cap B).$$

Beweis. Die Behauptungen folgen unmittelbar aus den entsprechenden Definitionen (unter Verwendung des Extensionalitätsaxioms). ∎

Für Mengen A, B, C, D,... definiert man – mittels *kanonischer* (d.h. normaler, natürlicher) *Klammerung* – sukzessiv die *mehrstelligen Vereinigungen* und *Durchschnitte*:

$$\begin{array}{rr} A \cup B \cup C = (A \cup B) \cup C, & A \cap B \cap C = (A \cap B) \cap C, \\ A \cup B \cup C \cup D = (A \cup B \cup C) \cup D, & A \cap B \cap C \cap D = (A \cap B \cap C) \cap D, \\ \vdots & \vdots \quad . \end{array}$$

Eine solche klammerfreie Schreibweise ist immer dann besonders zweckmäßig, wenn auf Grund herrschender Assoziativität beliebig geklammert werden darf. Aus zahlreichen zweistelligen Gesetzen folgen naheliegend sukzessiv mehrstellige Sätze. Jeweils sukzessiv ausgesprochene mehrstellige Definitionen und Gesetze (nicht nur bei Vereinigung und Durchschnitt) lassen sich später (in Kapitel III) nach Einführung der Funktionen und natürlichen Zahlen simultan für eine beliebige endliche Stellenzahl n formulieren und beweisen (n irgendeine von Null verschiedene natürliche Zahl).

Wie die Identität = zwischen Mengen und die in §2 eingeführten Begriffe $\subseteq$, $\cup$, $\cap$, $\bigcup$, $\bigcap$ das mengentheoretische Analogon der logischen Begriffe $\Leftrightarrow$, $\Rightarrow$, $\vee$, $\wedge$, $\exists$, $\forall$ sind, so ist die Differenz von Mengen (vor allem als Komplement bei fester Bezugsmenge) das Analogon zur Negation $\neg$ und die symmetrische Differenz das Analogon zur Disjunktion „entweder-oder". Für Mengen A, B existiert nach dem Aussonderungsprinzip die Menge

$$\{x \mid x \in A \wedge x \notin B\} = \{x \in A \mid x \notin B\}.$$

Definition 3. Für Mengen A, B heißt die Menge

$$A \setminus B = \{x \mid x \in A \wedge x \notin B\}$$

(gelesen: *A minus B*) die *Differenz* (oder die *Mengendifferenz*) von A, B, heißt die Menge

$$A \triangle B = (A \setminus B) \cup (B \setminus A)$$

(gelesen: *A Delta B*) die *symmetrische Differenz* (oder der *Überschuß*, die *Diskrepanz*) von A, B und heißt im Falle $A \subseteq B$ die Menge

$$\bar{A}^B = B \setminus A \qquad \text{bzw.} \qquad {}^B\mathbf{C}A = B \setminus A$$

(beides gelesen: *Komplement A bzgl. B* oder einzeln einfach: *A quer bzgl. B* bzw. **C**, *A bzgl. B*) das *Komplement* von A bzgl. B. ∎

Die Bezeichnung „Differenz" ist dadurch gerechtfertigt, wenn man den Zahlbegriff vorwegnimmt, daß für endliche Mengen A bzw. B mit n bzw. m Elementen die Menge $A \setminus B$ im Falle $B \subseteq A$ gerade $n - m$ Elemente besitzt. Für Differenzbildung sagt man auch „Subtraktion". Sind keine Verwechslungen zu befürchten, so läßt man die Indexvariable (die Bezugsmenge) B an den Zeichen $^-$ und **C** auch weg.

Satz 2. *Für Mengen A, B, C gilt:*

$$A \setminus B \subseteq A \subseteq (A \setminus B) \cup B, \qquad (A \setminus B) \cap B = \emptyset,$$

$$A \setminus B = A \Leftrightarrow A \cap B = \emptyset \Leftrightarrow B \setminus A = B,$$

$$A \setminus A = \emptyset, \qquad A \setminus \emptyset = A, \qquad \emptyset \setminus A = \emptyset,$$

$$A \subseteq B \Leftrightarrow A \setminus B = \emptyset \Leftrightarrow (B \setminus A) \cup A = B,$$

$$\left.\begin{aligned}(A \cup B) \setminus C &= (A \setminus C) \cup (B \setminus C)\\ (A \cap B) \setminus C &= (A \setminus C) \cap (B \setminus C)\end{aligned}\right\} \quad (\textit{Distributivität}),$$

$$\left.\begin{aligned}A \setminus (B \cup C) &= (A \setminus B) \cap (A \setminus C)\\ A \setminus (B \cap C) &= (A \setminus B) \cup (A \setminus C)\end{aligned}\right\} \quad (\text{De Morgan}\textit{sche Regeln}),$$

$$A \subseteq B \Rightarrow A \setminus C \subseteq B \setminus C \qquad (\textit{Monotonie}),$$

$$A \subseteq B \Rightarrow C \setminus A \supseteq C \setminus B \qquad (\textit{Antimonotonie}),$$

$$A \triangle B = (A \cup B) \setminus (A \cap B) = \{x \mid \textit{entweder } x \in A \textit{ oder } x \in B\},$$

$$A \triangle B = A \cup B \Leftrightarrow A \cap B = \emptyset,$$
$$A \triangle B = B \triangle A \qquad (\textit{Kommutativität}),$$
$$(A \triangle B) \triangle C = A \triangle (B \triangle C) \qquad (\textit{Assoziativität}),$$
$$A \cap (B \triangle C) = (A \cap B) \triangle (A \cap C) \qquad (\textit{Distributivität}),$$
$$A \triangle A = \emptyset, \qquad A \triangle \emptyset = A, \qquad A \triangle (A \triangle B) = B,$$
$$\exists!! X (X \textit{ Menge} \wedge A \triangle X = B).$$

Für Mengen A, B, E mit A, B ⊆ E gilt (bei E als Bezugsmenge für das Komplement; „E“ aus dem französischen „ensemble“ für „Menge“):

$$A \cup \bar{A} = E, \quad A \cap \bar{A} = \emptyset, \quad \bar{\bar{A}} = A, \quad \bar{\emptyset} = E, \quad \bar{E} = \emptyset,$$
$$\left.\begin{array}{l} \overline{A \cup B} = \bar{A} \cap \bar{B} \\ \overline{A \cap B} = \bar{A} \cup \bar{B} \end{array}\right\} \qquad (\text{De Morgan}\textit{sche Regeln}),$$
$$A = B \Leftrightarrow \bar{A} = \bar{B}, \quad A \subseteq B \Leftrightarrow \bar{B} \subseteq \bar{A}, \quad A \subset B \Leftrightarrow \bar{B} \subset \bar{A},$$
$$A \cup B = E \Leftrightarrow \bar{A} \subseteq B \Leftrightarrow \bar{B} \subseteq A, \qquad A \cap B = \emptyset \Leftrightarrow A \subseteq \bar{B} \Leftrightarrow B \subseteq \bar{A},$$
$$A \cup B = \overline{\bar{A} \cap \bar{B}}, \qquad A \setminus B = \overline{\bar{A} \cup B} = A \cap \bar{B},$$
$$A \cap B = \overline{\bar{A} \cup \bar{B}}, \qquad A \triangle B = (A \cap \bar{B}) \cup (B \cap \bar{A}) = \bar{A} \triangle \bar{B}.$$

Beweis. Aus den Definitionen. Für Mengen A, B ist $A \triangle B$ die eindeutig bestimmte Menge X mit $A \triangle X = B$. ∎

4.3. Vereinigung und Durchschnitt von Mengensystemen

Nach Definition 9, §2 gilt für Mengensysteme M und die $\cup$ und $\cap$ verallgemeinernden Operationen $\bigcup$ und $\bigcap$:

$$\bigcup M = \{x \mid \exists X (X \in M \wedge x \in X)\},$$
$$M \neq \emptyset \Rightarrow \bigcap M = \{x \mid \forall X (X \in M \Rightarrow x \in X)\}.$$

Bei Relativierung auf eine Bezugsmenge E kann man auch $M = \emptyset$ zulassen:

Definition 4. Ist E eine Menge und M ein Mengensystem mit $M \subseteq \mathfrak{P}(E)$, so heißt die Menge

$$^{E}\bigcap M = \{x \in E \mid \forall X (X \in M \Rightarrow x \in X)\}$$

(gelesen: *Durchschnitt M bzgl. E*) der *Durchschnitt* von M bzgl. E. ∎
Sind Verwechslungen ausgeschlossen, so läßt man die Indexvariable E an dem Zeichen $\bigcap$ auch weg. Der relativierte Durchschnittsbegriff findet Anwendung,

wenn man sich ausschließlich für die Teilmengen einer fest vorgegebenen Grundmenge E interessiert (wie der Menge E der reellen Zahlen oder der Punktmenge E eines topologischen Raumes).

Satz 3. *Für Mengen A, B und Mengensysteme M, N gilt:*

$$A = \bigcup\{A\}, \quad A \cup B = \bigcup\{A, B\}, \quad A = \bigcap\{A\}, \quad A \cap B = \bigcap\{A, B\},$$
$$\bigcup(M \cup N) = \bigcup M \cup \bigcup N, \quad M, N \neq \emptyset \Rightarrow \bigcap(M \cup N) = \bigcap M \cap \bigcap N,$$
$$\bigcup(M \cap N) \subseteq \bigcup M \cap \bigcup N, \quad M \cap N \neq \emptyset \Rightarrow \bigcap(M \cap N) \supseteq \bigcap M \cup \bigcap N,$$
$$M \subseteq N \Rightarrow \bigcup M \subseteq \bigcup N, \qquad \emptyset \neq M \subseteq N \Rightarrow \bigcap N \subseteq \bigcap M,$$
$$M = \emptyset \vee M = \{\emptyset\} \Leftrightarrow \bigcup M = \emptyset, \quad \emptyset \in M \Rightarrow \bigcap M = \emptyset.$$
$$\bigcup M = \bigcup(M \setminus \{\emptyset\}), \qquad M \neq \emptyset \Rightarrow \bigcap M \subseteq \bigcup M,$$
$$\exists X\,(X = \max M) \Leftrightarrow \bigcup M \in M \Leftrightarrow \bigcup M = \max M,$$
$$M \neq \emptyset .\Rightarrow. \exists X\,(X = \min M) \Leftrightarrow \bigcap M \in M \Leftrightarrow \bigcap M = \min M,$$
$$\forall X\,(X \in M \Rightarrow X \subseteq \bigcup M) \wedge \forall Y (Y \notin \mathbf{U} \wedge \forall X\,(X \in M \Rightarrow X \subseteq Y) \Rightarrow \bigcup M \subseteq Y),$$
$$M \neq \emptyset \Rightarrow$$
$$\forall X\,(X \in M \Rightarrow \bigcap M \subseteq X) \wedge \forall Y (Y \notin \mathbf{U} \wedge \forall X\,(X \in M \Rightarrow Y \subseteq X) \Rightarrow Y \subseteq \bigcap M).$$

Für Mengen E und Mengensysteme $M, N \subseteq \mathfrak{P}(E)$ gilt (bei E als Bezugsmenge für den Durchschnitt):

$$\bigcap M = \bigcap(M \setminus \{E\}) \subseteq E, \quad \bigcup M = \bigcup(M \setminus \{\emptyset\}) \subseteq E,$$
$$M \subseteq N \Rightarrow \bigcap N \subseteq \bigcap M,$$
$$M = \emptyset \vee M = \{E\} \Leftrightarrow \bigcap M = E, \quad E \in M \Rightarrow \bigcup M = E,$$
$$\bigcap(M \cup N) = \bigcap M \cap \bigcap N \subseteq \bigcap M \cup \bigcap N \subseteq \bigcap(M \cap N),$$
$$\exists X\,(X = \min M) \Leftrightarrow \bigcap M \in M \Leftrightarrow \bigcap M = \min M,$$
$$\forall X\,(X \in M \Rightarrow \bigcap M \subseteq X) \wedge \forall Y (Y \in \mathfrak{P}(E) \wedge \forall X\,(X \in M \Rightarrow Y \subseteq X) \Rightarrow Y \subseteq \bigcap M),$$

$$\bigcap M = \max\,\{Y \in \mathfrak{P}(E) \mid \forall X\,(X \in M \Rightarrow Y \subseteq X)\},$$
$$\bigcup M = \min\,\{Y \in \mathfrak{P}(E) \mid \forall X\,(X \in M \Rightarrow X \subseteq Y)\}.$$

Beweis. Aus den Definitionen. ∎

Weitere Rechengesetze für $\bigcup$ und $\bigcap$ liefern später die allgemeineren Ausführungen von §6, wo eine flexiblere Bezeichnungsweise für $\bigcup$, $\bigcap$ zur Verfügung steht, welche überhaupt erst eine zweckmäßige Formulierung weiterer Rechengesetze ermöglicht. Die Rechenoperationen $\cup$, $\cap$, $\setminus$, $\triangle$, $\overline{}$ für Mengen und $\bigcup$, $\bigcap$ für Mengensysteme (einschließlich des relativierten Durchschnittes) und Mengenfamilien (vgl. §6) heißen die BOOLE*schen Operationen*, zu Ehren von G. BOOLE, des Begründers der Algebra der Logik. Das Studium der BOOLEschen Operationen ist die *Mengenalgebra.*

§ 5. Korrespondenzen, Relationen, Abbildungen

5.1. Paare, Tupel, Mengenprodukt

Für die Mathematik sind Zuordnungen von grundlegender Bedeutung. Unter Vorwegnahme der Tatsache, daß die reellen Zahlen Objekte unserer Mengenlehre sind, entsteht als Beispiel durch die Zuordnungsvorschrift, jeder reellen Zahl x die reelle Zahl $y = \sin x$ zuzuordnen, die Zuordnung sin, und durch die Vorschrift, jeder reellen Zahl x mit $-1 \leqq x \leqq 1$ alle reellen Zahlen y mit $x = \sin y$ zuzuordnen, entsteht die Zuordnung Arcsin. Nach dem Vorbild von L. DIRICHLET braucht aber eine Zuordnung nicht durch eine Vorschrift gegeben zu sein. Man denke etwa an alle möglichen Zuordnungen f, welche jeweils jeder reellen Zahl x eine eindeutig bestimmte reelle Zahl $y = f(x)$ zuordnen, unabhängig von irgendeiner konkreten Zuordnungsvorschrift. Eine Zuordnung F („F" wie „Funktion") läßt sich ganz allgemein durch eine (zumindest gedachte) *Wertetabelle* charakterisieren (Abb. 2). In der linken Spalte

x	y
•	•
•	•
•	•
⋮	⋮

Abb. 2

werden diejenigen Objekte x (durch • angedeutet) untereinander aufgezeichnet (eventuell mehrmals), denen durch F etwas zugeordnet wird. In der rechten Spalte werden die durch F zugeordneten Objekte y (durch • angedeutet) untereinander aufgezeichnet (eventuell mehrmals). Die jeweils auf Zeile nebeneinandergeschriebenen x- und y-Objekte bilden genau alle Objektepaare (x,y), wo x ein Objekt ist, dem durch F etwas zugeordnet wird, und wo y ein dem x durch

F zugeordnetes Objekt, ein Wert von x bzgl. F, ist. Besonders anschaulich lassen sich Zuordnungen F im Falle endlich vieler einander zugeordneter Objekte graphisch (zeichnerisch) durch *Pfeildiagramme* wiedergeben. Man stellt die Objekte, denen durch F etwas zugeordnet wird oder die durch F zugeordnet werden, in der Zeichenebene als Punkte dar und verbindet jeweils einen Punkt x mit einem Punkt y durch einen Pfeil von x nach y genau dann, wenn dem Objekt x mittels F das Objekt y zugeordnet ist. Ist F irgendeine Zuordnung und sind Objekte x, y vermittels F einander zugeordnet (dem x ist das y zugeordnet), so sagt man in bezug auf F auch, daß sich x, y einander entsprechen (sie korrespondieren) oder daß x auf y abgebildet wird (man denke an die Pfeildiagramme). Schließlich bringt eine Zuordnung eine Art Wirksamkeit (Tätigkeit, Funktion) zum Ausdruck, auf Grund deren Objekte in Objekte überführt werden. Von den verschiedenen in der Literatur praktizierten Terminologien übernehmen wir die folgende: Man nennt beliebige Zuordnungen „Korrespondenzen", während man unter „Abbildungen" oder „Funktionen" eindeutige Korrespondenzen versteht, d.h. solche, die jedem Objekt x, dem etwas zugeordnet wird, genau ein (also ein eindeutig bestimmtes) Objekt y zuordnen. Die Abbildungen sind die für die Mathematik wichtigsten Zuordnungen. Die Bezeichnung „Funktion" geht auf G. W. LEIBNIZ zurück.

Die Charakterisierbarkeit jeder Korrespondenz durch eine Wertetabelle eröffnet uns die Möglichkeit der exakten mengentheoretischen Definition des bisher nur anschaulich entwickelten Zuordnungsbegriffes. Man kann ja eine Korrespondenz einfach auffassen als das charakteristische gemeinsame Merkmal, also die Menge, aller Objektepaare (x,y) aus der Wertetabelle dieser Korrespondenz. Eine Korrespondenz erweist sich somit als eine Menge von Objektepaaren, und es ist nur noch der Paarbegriff mengentheoretisch zu präzisieren. Dabei muß ein solches Paar (x,y) die Zusammenfassung der Objekte x,y zu einem einheitlichen Ganzen unter Berücksichtigung der Reihenfolge von x, y sein (die geordnete Zusammenfassung, der geordnete Inbegriff von x,y); d.h. für solche Paare (x_1, y_1) und (x_2, y_2) muß gelten:

$$(x_1, y_1) = (x_2, y_2) \Leftrightarrow x_1 = x_2 \wedge y_1 = y_2 . \quad (+)$$

Denn genau diese Vorstellung haben wir intuitiv vom Paarbegriff, wenn wir von den Objektepaaren der Wertetabelle einer Korrespondenz sprechen. Zweiermengen $\{x, y\}$ besitzen nicht die Eigenschaft (+), da stets $\{x, y\} = \{y, x\}$ gilt. Die Zweiermenge $\{x, y\}$ ist die Zusammenfassung von x, y ohne Berücksichtigung der Reihenfolge. (x,y) muß also, im Vergleich zu $\{x,y\}$, eine Zusammenfassung von x, y höherer Art werden, die nicht einfach aus den Elementen x,y besteht. Da für den Umgang mit Paaren die Bedingung (+) die ausschlaggebende Eigenschaft ist, braucht schließlich (x, y) lediglich als eine Menge definiert zu werden, welche $(+)$ erfüllt. Jede derartige Menge (x, y) ist dann eine inhaltlich gerechtfertigte Präzisierung des anschaulichen Paarbegriffes. Durch folgende Vorstellung gelangt man zu einem Definitionsansatz für (x, y): Man gewinnt vielleicht aus der ungeordneten Zusammenfassung $\{x, y\}$ von x, y eine geordnete Zusammenfassung (x, y) von x, y, wenn man eines der Elemente von $\{x, y\}$, etwa x, noch besonders hervorhebt. Denn dadurch entsteht eine Auszeichnung eines der zunächst in $\{x, y\}$ gleichberechtigt enthaltenen Elemente x, y und damit vielleicht eine Ordnung zwischen x, y. Der unter diesen Gesichtspunkten einfachste Ansatz wäre also

$$(x, y) = \{\{x, y\}, x\},$$

der auch bereits das Gewünschte leistet. Wir definieren somit in Anlehnung an den auf K. KURATOWSKI zurückgehenden Paarbegriff $(x, y) = \{\{x, y\}, \{x\}\}$:

Definition 1. Für Objekte a, b heißt die Menge

$$(a, b) = \{\{a, b\}, a\}$$

(gelesen: *Paar (von) a, b*) das *Paar von a, b* oder auch das *geordnete Paar von a, b*. Ein Objekt p ist ein (*geordnetes*) *Paar*, falls es Objekte a, b gibt mit $p = (a, b)$. ■

Satz 1 (Satz vom geordneten Paar). *Für Objekte a_1, b_1, a_2, b_2 gilt:*

$$(a_1, b_1) = (a_2, b_2) \Leftrightarrow a_1 = a_2 \wedge b_1 = b_2 .$$

Beweis. $(\Leftarrow)$ ist trivial. $(\Rightarrow)$ Für beliebige Objekte x_1, y_1, x_2, y_2 gilt:

$$\begin{aligned}\{x_1, y_1\} = \{x_2, y_2\} &\Leftrightarrow \{x_1, y_1\} \subseteq \{x_2, y_2\} \wedge \{x_2, y_2\} \subseteq \{x_1, y_1\}\\ &\Leftrightarrow (x_1 = x_2 \vee x_1 = y_2) \wedge (y_1 = x_2 \vee y_1 = y_2)\\ &\wedge\ (x_2 = x_1 \vee x_2 = y_1) \wedge (y_2 = x_1 \vee y_2 = y_1)\\ &\Leftrightarrow (x_1 = x_2 \wedge y_1 = y_2) \vee (x_1 = y_2 \wedge y_1 = x_2).\end{aligned}$$

Zu zeigen ist für Objekte a_1, b_1, a_2, b_2:

$$\{\{a_1, b_1\}, a_1\} = \{\{a_2, b_2\}, a_2\} \Rightarrow a_1 = a_2 \wedge b_1 = b_2 ,$$

also zu zeigen:

(1) $\{a_1, b_1\} = \{a_2, b_2\} \wedge a_1 = a_2 \Rightarrow a_1 = a_2 \wedge b_1 = b_2 ,$

(2) $\{a_1, b_1\} = a_2 \wedge a_1 = \{a_2, b_2\} \Rightarrow a_1 = a_2 \wedge b_1 = b_2 .$

Beide Aussagen (1) und (2) gelten aber sofort. (2) ist richtig, weil die Prämisse falsch ist. Denn wäre $\{a_1, b_1\} = a_2$ und $a_1 = \{a_2, b_2\}$, so wäre $a_1 \in a_2 \in a_1$ im Widerspruch zu Satz 1 (f), §3, wonach $a_2 \notin a_1$ aus $a_1 \in a_2$ folgt. ∎

Nach Satz 1 gilt für jedes Paar p:

$$\exists!!x\exists y(p=(x,y)), \qquad \exists!!y\exists x(p=(x,y)),$$

und wir können definieren:

Definition 2. Für jedes Paar p heißt

$$\mathrm{pr}_1(p) = \iota x\exists y(p=(x,y)) \quad \text{bzw.} \quad \mathrm{pr}_2(p) = \iota y\exists x(p=(x,y))$$

(gelesen: *Projektion* 1 *von p* bzw. *Projektion* 2 *von p*) die *erste* bzw. *zweite Projektion* (oder *Koordinate*, *Komponente*) von p oder das *erste* bzw. *zweite Element* von p. ∎

Die Bezeichnungen der Definition 2 erklären sich im folgenden aus der geometrischen Veranschaulichung des Mengenproduktes.

Für Objekte a, b, c, d,... definiert man sukzessiv die *Tupel* (auch *geordneten Tupel*):

$$\begin{aligned}(a,b) &= (a,b),\\ (a,b,c) &= ((a,b),c),\\ (a,b,c,d) &= ((a,b,c),d),\\ &\vdots\end{aligned}\quad,$$

nämlich die *Zweitupel*, *Dreitupel* (*Tripel*), *Viertupel* (*Quadrupel*), ... Mit Satz 1 folgt der Reihe nach für Objekte $a_1, b_1, c_1, d_1, \ldots, a_2, b_2, c_2, d_2, \ldots$:

$$\begin{aligned}(a_1,b_1) = (a_2,b_2) &\Leftrightarrow a_1 = a_2 \wedge b_1 = b_2,\\ (a_1,b_1,c_1) = (a_2,b_2,c_2) &\Leftrightarrow a_1 = a_2 \wedge b_1 = b_2 \wedge c_1 = c_2,\\ (a_1,b_1,c_1,d_1) = (a_2,b_2,c_2,d_2) &\Leftrightarrow a_1 = a_2 \wedge b_1 = b_2 \wedge c_1 = c_2 \wedge d_1 = d_2,\\ &\vdots\end{aligned}\quad,$$

und man erhält für Dreitupel bzw. Viertupel bzw. ... t die Existenz ihrer *ersten, zweiten, dritten, vierten,... Projektionen* (*Koordinaten, Komponenten, Elemente*) $\mathrm{pr}_1(t)$, $\mathrm{pr}_2(t)$, $\mathrm{pr}_3(t)$, bzw. $\mathrm{pr}_1(t)$, $\mathrm{pr}_2(t)$, $\mathrm{pr}_3(t)$, $\mathrm{pr}_4(t)$ bzw.....

Nach dem Aussonderungsprinzip existiert für Mengen A, B die Menge

$$\{(a,b)\,|\,a\in A \wedge b\in B\} = \{(a,b)\in\mathfrak{P}(\mathfrak{P}(A\cup B)\cup A)\,|\,a\in A\wedge b\in B\}$$

aller Paare (a, b) mit $a \in A$ und $b \in B$; denn für $a \in A$ und $b \in B$ gilt $\{a, b\} \subseteq A \cup B$ und damit

$$(a,b) = \{\{a,b\},a\} \subseteq \mathfrak{P}(A\cup B)\cup A.$$

Definition 3. Sind A, B Mengen, so heißt die Menge

$$A \times B = \{(a, b) \mid a \in A \wedge b \in B\}$$

(gelesen: *A Kreuz B*) das *Produkt* (oder das *Mengenprodukt*, *Kreuzprodukt*, *kartesische Produkt*, die *Produktmenge*) von A, B und heißen A, B die *Komponenten* (*Faktoren*) von $A \times B$. ∎

Die Bezeichnung „Produkt" ist dadurch gerechtfertigt, wenn man den Zahlbegriff vorwegnimmt, daß für endliche Mengen A bzw. B mit n bzw. m Elementen die Menge $A \times B$ gerade $n \cdot m$ Elemente besitzt. Für Produktbildung sagt man auch „Multiplikation". Nach dem Vorbild der rechtwinkligen kartesischen Koordinatensysteme der Ebene (deshalb „kartesisches Produkt") veranschaulicht man sich eine Produktmenge $A \times B$ geometrisch derart, daß man die Mengen A, B in der Zeichenebene symbolisch durch zueinander senkrechte Strecken („Koordinatenachsen") darstellt, deren Punkte den Elementen von A und B entsprechen mögen, und daß man $A \times B$ symbolisch als das von den Strecken A und B erzeugte Rechteck (die Rechtecksfläche) auffaßt (Abb. 3). Die

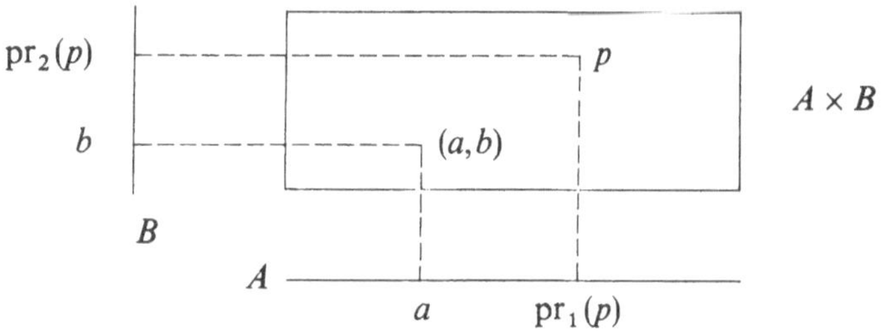

Abb. 3

Punkte dieses Rechteckes entsprechen dann den Elementen von $A \times B$, und zwar entspricht der Punkt mit der (in bezug auf die Koordinatenachsen A, B genommenen) Abszisse a und der Ordinate b dem Element (a, b) von $A \times B$. Im Falle $B = A$ erhält man für $A \times A$ ein darstellendes Quadrat.

Für Mengen A, B, C, D,... definiert man sukzessiv die *mehrstelligen Produkte* mit ihren *Komponenten* (*Faktoren*):

$$\begin{aligned} A \times B \times C &= (A \times B) \times C, \\ A \times B \times C \times D &= (A \times B \times C) \times D, \\ &\vdots \quad . \end{aligned}$$

Es gelten dann u. a. die folgenden Sätze:

$$A \times B \times C = \{(a,b,c) | a \in A \wedge b \in B \wedge c \in C\},$$
$$A \times B \times C \times D = \{(a,b,c,d) | a \in A \wedge b \in B \wedge c \in C \wedge d \in D\},$$
$$\vdots$$

Für $A \times A$, $A \times A \times A$, $A \times A \times A \times A, \ldots$ schreibt man abkürzend auch $A^2, A^3, A^4, \ldots$ (gelesen: *A hoch* 2 (oder *A Quadrat*) bzw. *A hoch* 3 bzw. *A hoch* 4 bzw....).

5.2. Korrespondenzen

Gemäß der in §5.1 entwickelten Anschauung über den Korrespondenzbegriff kann man jetzt definieren:

Definition 4. Eine *Korrespondenz* (oder eine *Zuordnung*) ist eine Menge geordneter Paare. ∎

Beispiele für Korrespondenzen:

(1) Die Korrespondenz F, welche jeder Allmenge X eines fest vorgegebenen Mengensystems M von Allmengen ihren Nachfolger X' zuordnet. Ist dabei B ein Allbereich mit $M \in B$ und damit $M \subseteq B$, so gilt $X' \in B$ für jedes $X \in M$, und über das Aussonderungsprinzip ergibt sich F als die Menge

$$F = \{(X, X') | X \in M\} = \{(X, X') \in B \times B | X \in M\}.$$

(2) Die Korrespondenz F, welche jeder Menge x eines vorgegebenen Mengensystems M alle ihre Teilmengen $y \subseteq x$ zuordnet; d.h. die Menge

$$F = \{(x,y) | x \in M \wedge y \in \mathfrak{P}(x)\} = \{(x,y) \in M \times \mathfrak{P}(\bigcup M) | y \subseteq x\}.$$

(3) Für jeweils endlich viele Objekte $a_1, a_2, \ldots$ und $b_1, b_2, \ldots$ existiert die Korrespondenz F, welche den $a_1, a_2, \ldots$ der Reihe nach die $b_1, b_2, \ldots$ zuordnet, nämlich

$$F = \{(a_1, b_1), (a_2, b_2), \ldots\}.$$

Die leere Menge $\emptyset$ ist eine Korrespondenz, die *leere Korrespondenz* oder *Leerkorrespondenz*.

(4) Unter Vorwegnahme der Tatsache, daß die reellen Zahlen und reellen Funktionen und Korrespondenzen in unserer Mengenlehre darstellbar sind, bilden die üblichen Funktionen (wie sin) und Korrespondenzen (wie Arcsin) der Analysis weitere Beispiele für Korrespondenzen.

Aus den Mengenbildungsaxiomen folgt für jede Korrespondenz F die Existenz der Menge

$$\{x \mid \exists y((x,y) \in F)\} = \{x \mid x \sqsubset F \wedge \exists y((x,y) \in F)\}$$

aller Objekte x, denen mittels F etwas zugeordnet wird, und die Existenz der Menge

$$\{y \mid \exists x((x,y) \in F)\} = \{y \mid y \sqsubset F \wedge \exists x((x,y) \in F)\}$$

aller Objekte y, die mittels F zugeordnet werden; denn offenbar ist $x, y \sqsubset (x,y)$. Wir definieren naheliegend:

Definition 5. (a) F sei eine Korrespondenz, und a, b seien Objekte:

Im Falle $(a, b) \in F$ sagt man auch, *a und b sind durch F einander zugeordnet* oder *durch F ist dem Element a das Element b zugeordnet*, und es heißt b ein *Bild(element)* oder *Wert* von a bzgl. F (auch: bei F) oder ein *Wert von F an der Stelle a*, und es heißt a ein *Urbild(element)* oder *Argument* von b bzgl. F (auch: bei F) oder ein *Argument von F an der Stelle b*. Die Menge

$$\mathrm{Db}(F) = \{x \mid \exists y((x,y) \in F)\}$$

(gelesen: *Definitionsbereich von F*) heißt der *Argument-*, *Urbild-*, *Definitions-*, *Wirkungs-* oder *Vorbereich* von F, seine Elemente sind die *Argumente* oder *Urbilder* von F. Die Menge

$$\mathrm{Wb}(F) = \{y \mid \exists x((x,y) \in F)\}$$

(gelesen: *Wertebereich von F*) heißt der *Werte-*, *Bild-*, *Ziel-*, *Gegen-* oder *Nachbereich* von F (auch der *Wertevorrat* von F), seine Elemente sind die *Werte* oder *Bilder* von F. Die Menge

$$\mathrm{Fd}(F) = \mathrm{Db}(F) \cup \mathrm{Wb}(F)$$

(gelesen: *Feld von F*) heißt das *Feld* von F.

(b) F sei eine Korrespondenz, und A, B seien Mengen:

F ist *aus A in B* $\Leftrightarrow \mathrm{Db}(F) \subseteq A \wedge \mathrm{Wb}(F) \subseteq B$,

F ist *von A in B* $\Leftrightarrow \mathrm{Db}(F) = A \wedge \mathrm{Wb}(F) \subseteq B$,

F ist *aus A auf B* $\Leftrightarrow \mathrm{Db}(F) \subseteq A \wedge \mathrm{Wb}(F) = B$,

F ist *von A auf B* $\Leftrightarrow \mathrm{Db}(F) = A \wedge \mathrm{Wb}(F) = B$,

F ist *über A* oder ist *auf* (oder *über*) *A definiert* $\Leftrightarrow \mathrm{Db}(F) = A$. ∎

An Stelle von „bzgl. F" oder „von F" in Definition 5(a) läßt sich auch „F-" vor-

schalten. Man erhält so u.a. die Begriffe *F-Wert* von a, *F-Argument* von b, *F-Definitionsbereich*, *F-Wertebereich*, *F-Feld*, *F-Urbild*, *F-Bild*. Ähnlich verfährt man ganz allgemein bei allen Definitionen mit relativierenden Bestandteilen. Jede Korrespondenz F aus einer Menge A in eine Menge B erscheint anschaulich als Teilbereich des $A \times B$ darstellenden Rechteckes (vgl. §5.1). $\mathrm{Db}(F)$ bzw. $\mathrm{Wb}(F)$ erscheint dabei als Projektion von F auf A bzw. auf B.
Über das Aussonderungsprinzip existieren alle Mengen der folgenden Definition, da für Korrespondenzen F, Paare $(x, y) \in F$ und Mengen Z von Werten oder Argumenten von F gilt $x, y \in \mathrm{Fd}(F)$ und $Z \in \mathfrak{P}(\mathrm{Fd}(F))$.

Definition 6. (a) F sei eine Korrespondenz, A eine Menge und a ein Objekt:

Die Menge

$$F\langle A\rangle = \{y \mid \exists x(x \in A \wedge (x,y) \in F)\} \quad \text{bzw.} \quad \{x \mid \exists y(y \in A \wedge (x,y) \in F)\}$$

(die erste gelesen: *F von A*) heißt das *Bild* von A bzgl. F (auch: bei F) bzw. das *Urbild* von A bzgl. F (auch: bei F). Die Menge

$$F\langle\langle a\rangle\rangle = \{y \mid (a,y) \in F\} \quad \text{bzw.} \quad \{x \mid (x,a) \in F\}$$

(die erste gelesen: *F von a*) heißt das *volle Bild* von a bzgl. F (auch: bei F) bzw. das *volle Urbild* von a bzgl. F (auch: bei F).
(b) Ist F eine Korrespondenz, so heißt die Menge

$$\mathrm{Bs}(F) = \{Y \mid \exists x(x \in \mathrm{Db}(F) \wedge Y = \textit{volles Bild von } x \textit{ bei } F)\}$$

(gelesen: *Bildsystem von F*) das *Bildsystem* von F und die Menge

$$\{X \mid \exists y(y \in \mathrm{Wb}(F) \wedge X = \textit{volles Urbild von } y \textit{ bei } F)\}$$

das *Urbildsystem* von F. ∎
Die Verwendung der Umkehrkorrespondenz (Definition 7) ermöglicht die Zurückführung der Begriffe „Urbild", „volles Urbild" und „Urbildsystem" auf die Begriffe „Bild", „volles Bild" und „Bildsystem", so daß die Bezeichnungen $F\langle A\rangle$, $F\langle\langle a\rangle\rangle$ und $\mathrm{Bs}(F)$ für alle Fälle ausreichen. Gelegentlich vereinbart man für $F\langle A\rangle$ und $F\langle\langle \mathrm{a}\rangle\rangle$ auch andere Schreibweisen wie $F(A)$ und $F(a)$ (wobei die Verwendung großer und kleiner Buchstaben A, a zur Unterscheidung dient) oder bei $F = \mathrm{Arcsin}$: $\mathrm{Arcsin}\langle\langle x\rangle\rangle = \mathrm{Arcsin}\, x$. Wir verwenden in der Allgemeinen Mengenlehre ausschließlich die Schreibweise der Definition 6.
Man nennt bekanntlich die Korrespondenz Arcsin die Umkehrung der Funktion sin. Es ist dabei Arcsin die Menge aller Paare (y, x) reeller Zahlen x, y mit $y = \sin x$, also

$$\mathrm{Arcsin} = \{(y,x) \mid x,y \textit{ reelle Zahl} \wedge y = \sin x\} = \{(y,x) \mid (x,y) \in \sin\}\,.$$

In Verallgemeinerung dieses Beispiels führen wir für beliebige Korrespondenzen F die Umkehrkorrespondenz ein. Wegen $(y,x) \in \mathrm{Fd}(F) \times \mathrm{Fd}(F)$ für $(x,y) \in F$ existiert die Menge F^{-1} der folgenden Definition. Weiterhin führt die aus der Analysis bekannte Einsetzung von Funktionen in Funktionen zum Produkt von Korrespondenzen. Setzt man etwa in die Funktion sin die für alle reellen Zahlen $x \geqq 0$ definierte Wurzelfunktion $\sqrt{}$ ein, so entsteht die für alle reellen $x \geqq 0$ definierte Funktion H mit $H(x) = \sin\sqrt{x}$ für jedes $x \geqq 0$, also

$$\begin{aligned} H &= \{(x,y) \mid x,y \textit{ reelle Zahl} \wedge x \geqq 0 \wedge y = \sin\sqrt{x}\} \\ &= \{(x,y) \mid x,y \textit{ reelle Zahl} \wedge x \geqq 0 \wedge \exists z(\sqrt{x} = z \wedge \sin z = y)\} \\ &= \{(x,y) \mid \exists z\big((x,z) \in \sqrt{} \wedge (z,y) \in \sin\big)\}\,. \end{aligned}$$

In Verallgemeinerung dieses Beispiels führen wir für beliebige Korrespondenzen F, G die durch Einsetzen von F in G entstehende Korrespondenz H (das Produkt von F, G) ein. Wegen $(x,y) \in \mathrm{Db}(F) \times \mathrm{Wb}(G)$ für $(x,z) \in F$ und $(z,y) \in G$ existiert die Menge $G \circ F$ der folgenden Definition. Die Korrespondenzenmultiplikation besitzt mit den identischen Korrespondenzen – sie ordnen Objekte einander selbst zu – neutrale Elemente, welche dieselbe Rolle spielen wie die Zahl 1 bei der Zahlenmultiplikation.

Definition 7. (a) F sei eine Korrespondenz, A eine Menge und a ein Objekt:

Die Korrespondenz

$$F^{-1} = \{(y,x) \mid (x,y) \in F\}$$

(gelesen: *F hoch minus* 1) heißt die *Umkehrkorrespondenz* (oder die *Inversion*, die *inverse, konverse, reziproke, duale, entgegengesetzte Korrespondenz*) von F. $F^{-1}\langle A\rangle$ heißt auch das *inverse* (*konverse*,...) *Bild* von A bzgl. F (auch: bei F) und $F^{-1}\langle\langle a\rangle\rangle$ das *inverse* (*konverse*,...) *volle Bild* von a bzgl. F (auch: bei F).

(b) F, G seien Korrespondenzen:
Die Korrespondenz

$$G \circ F = \{(x,y) \mid \exists z\big((x,z) \in F \wedge (z,y) \in G\big)\}$$

(gelesen: *G mal F* oder *G verkettet F* oder *G Ringel F*) heißt das *Produkt* (oder das *Korrespondenzenprodukt*, die *Verkettung*, *Hintereinanderausführung*, *Zusammensetzung*, *Komposition*, *Produktkorrespondenz*) von F, G oder die *Einsetzung* von F in G. F bzw. G heißt die *innere* bzw. *äußere Korrespondenz* der aus F, G gebildeten *mittelbaren Korrespondenz* $G \circ F$.

(c) Ist A eine Menge, so heißt die Korrespondenz

$$\mathrm{id}_A = \{(x,x) \mid x \in A\}$$

(gelesen: *Identität über A*) die *Identität* über A oder die *identische Korrespondenz* über A, die *Diagonale* von $A \times A$. ∎

Die Bezeichnung „Produkt" in Definition 7(b) stammt daher, daß man nach dem Vorbild der Gruppentheorie zweistellige Verknüpfungen zwischen Objekten ganz allgemein gern als Produktbildungen (Multiplikationen) bezeichnet. Sind Verwechslungen ausgeschlossen, so läßt man die Indexvariable A an dem Zeichen id auch weg. Eine Korrespondenz F aus einer Menge A in dieselbe Menge A (etwa $A = \mathrm{Fd}(F)$) erscheint anschaulich als Teilbereich des $A \times A$ darstellenden Quadrates. Dann erscheint auch die Umkehrkorrespondenz F^{-1} als Teilbereich dieses Quadrates, und der Teilbereich zu F^{-1} entsteht aus dem Teilbereich zu F durch Spiegelung an der Diagonalen (von links unten nach rechts oben). Die Identität über A erscheint als diese Diagonale. Das Korrespondenzenprodukt veranschaulicht man sich am besten durch ein Pfeildiagramm bei endlichen F, G, indem man zunächst die Pfeildiagramme für F, G zeichnet.

Für Korrespondenzen $F, G, H, I, K, \ldots$ definiert man sukzessiv die *mehrstelligen Produkte*:

$$\begin{aligned} H \circ G \circ F &= H \circ (G \circ F), \\ I \circ H \circ G \circ F &= I \circ (H \circ G \circ F), \\ K \circ I \circ H \circ G \circ F &= K \circ (I \circ H \circ G \circ F), \\ &\vdots \end{aligned}$$

Oft erweist es sich als nützlich, vorgegebene Korrespondenzen nur in einem Teil ihres Definitionsbereiches oder Wertebereiches zu betrachten. Um sämtliche Werte der Sinusfunktion sin zu erfassen, genügt es z. B., diese Funktion nur über der Menge A aller reellen Zahlen x mit $-\frac{\pi}{2} \leqq x \leqq \frac{\pi}{2}$ zu betrachten, also die auf A vorbeschränkte Korrespondenz sin:

$$\begin{aligned} H &= \{(x,y) \mid x, y \textit{ reelle Zahl} \wedge y = \sin x \wedge x \in A\} \\ &= \{(x,y) \mid (x,y) \in \sin \wedge x \in A\} = \sin \cap \big(A \times \mathrm{Wb}(\sin)\big). \end{aligned}$$

Soll jeder reellen Zahl x mit $-1 \leqq x \leqq 1$ nur genau eine reelle Zahl y mit $x = \sin y$ zugeordnet werden, also ein eindeutig bestimmtes Element $y \in \mathrm{Arcsin}\, x = \mathrm{Arcsin}\langle\langle x \rangle\rangle$, so betrachtet man die auf die Menge A aller reellen y mit $-\frac{\pi}{2} \leqq y \leqq \frac{\pi}{2}$ nachbeschränkte Korrespondenz Arcsin:

$$\begin{aligned} H &= \{(x,y) \mid x, y \textit{ reelle Zahl} \wedge x = \sin y \wedge y \in A\} \\ &= \{(x,y) \mid (x,y) \in \mathrm{Arcsin} \wedge y \in A\} = \mathrm{Arcsin} \cap \big(\mathrm{Db}(\mathrm{Arcsin}) \times A\big). \end{aligned}$$

Diese Funktion H ist der Hauptzweig arcsin von Arcsin. In Übertragung auf beliebige Korrespondenzen entstehen die folgenden Begriffe.

Definition 8. (a) F sei eine Korrespondenz und A eine Menge:

Die Korrespondenz

$$F \upharpoonleft A = F \cap (A \times \mathrm{Wb}(F)) \qquad \text{oder} \qquad F|A = F \cap (A \times \mathrm{Wb}(F))$$

(gelesen: F *vorbeschränkt* (*auf*) A oder F (*eingeschränkt*) *auf* A) heißt die *Vorbeschränkung* von F auf A oder die *Einschränkung* (*Restriktion*) von F auf A, die Korrespondenz

$$F \upharpoonright A = F \cap (\mathrm{Db}(F) \times A)$$

(gelesen: F *nachbeschränkt* (*auf*) A) die *Nachbeschränkung* von F auf A und die Korrespondenz

$$F \uparrow A = F \cap (A \times A) \qquad \text{oder} \qquad F \| A = F \cap (A \times A)$$

(gelesen: F *beschränkt* (*auf*) A oder F (*total eingeschränkt*) *auf* A) die *Beschränkung* von F auf A oder die *totale Einschränkung* (*totale Restriktion*) von F auf A. $F|A$ heißt auch die *Einschränkung* (*Restriktion*, *Relativierung*, *Spur*) *der Korrespondenz F auf A* oder die *durch F in A induzierte* (*erzeugte*) *Korrespondenz*.
(b) Für Korrespondenzen F, G mit $G = F|\mathrm{Db}(G)$ heißt G eine *Einschränkung* (*Restriktion*) von F und F eine *Erweiterung* (*Extension*, *Fortsetzung*, *Ergänzung*) von G. ∎

Die Zusammensetzung reeller Funktionen mittels arithmetischer Operationen ergibt leicht reelle Funktionen mehrerer Variabler, wie etwa die dreistellige Funktion F, welche jedem Tripel (x, y, z) reeller x, y, z die Zahl

$$F(x, y, z) = (\sin^2 x + \cos^2 y) \cdot z$$

zuordnet, also

$$F = \{(x, y, z, (\sin^2 x + \cos^2 y) \cdot z) | x, y, z \textit{ reelle Zahl}\}.$$

Man definiert allgemein:

Definitionen 9. F sei ein Objekt und A eine Menge:

F ist eine *einstellige, zweistellige, dreistellige,... Korrespondenz aus A* oder eine *Korrespondenz einer, zweier, dreier,... Variabler aus A*, falls F eine Korrespondenz ist mit bzw. $\mathrm{Db}(F) \subseteq A, \mathrm{Db}(F) \subseteq A^2, \mathrm{Db}(F) \subseteq A^3, \ldots$. ∎

Die Grundeigenschaften der eingeführten Begriffe stellen wir in folgendem Satz zusammen.

Satz 2. *Für Mengen A, B, C, D, Korrespondenzen F, G, H und Objekte a gilt:*

$$A \times B = \emptyset \Leftrightarrow A = \emptyset \vee B = \emptyset,$$

$$F \subseteq A \times B \Leftrightarrow \mathrm{Db}(F) \subseteq A \wedge \mathrm{Wb}(F) \subseteq B,$$

$$F \subseteq \mathrm{Db}(F) \times \mathrm{Wb}(F) \subseteq \mathrm{Fd}(F) \times \mathrm{Fd}(F),$$

$$F = G \Leftrightarrow \mathrm{Db}(F) = \mathrm{Db}(G) \wedge \forall x \big(x \in \mathrm{Db}(F) \Rightarrow F\langle\langle x\rangle\rangle = G\langle\langle x\rangle\rangle\big)$$

(*Wertverlaufsbestimmtheit von Korrespondenzen*),

$$\left.\begin{aligned} F\langle A \cup B\rangle &= F\langle A\rangle \cup F\langle B\rangle \\ (F \cup G)\langle A\rangle &= F\langle A\rangle \cup G\langle A\rangle \end{aligned}\right\} \quad (\textit{Vereinigungstreue}),$$

$$F\langle A \cap B\rangle \subseteq F\langle A\rangle \cap F\langle B\rangle, \qquad F\langle A \setminus B\rangle \supseteq F\langle A\rangle \setminus F\langle B\rangle,$$

$$(F \cap G)\langle A\rangle \subseteq F\langle A\rangle \cap G\langle A\rangle, \qquad (F \setminus G)\langle A\rangle \supseteq F\langle A\rangle \setminus G\langle A\rangle,$$

$$\left.\begin{aligned} A \subseteq B &\Rightarrow F\langle A\rangle \subseteq F\langle B\rangle \\ F \subseteq G &\Rightarrow F\langle A\rangle \subseteq G\langle A\rangle \end{aligned}\right\} \quad (\textit{Monotonie}),$$

$$(F \cup G)\langle\langle a\rangle\rangle = F\langle\langle a\rangle\rangle \cup G\langle\langle a\rangle\rangle \quad (\textit{Vereinigungstreue}),$$

$$(F \cap G)\langle\langle a\rangle\rangle = F\langle\langle a\rangle\rangle \cap G\langle\langle a\rangle\rangle \quad (\textit{Durchschnittstreue}),$$

$$(F \setminus G)\langle\langle a\rangle\rangle = F\langle\langle a\rangle\rangle \setminus G\langle\langle a\rangle\rangle \quad (\textit{Differenztreue}),$$

$F^{-1}\langle A\rangle =$ *Urbild von A bzgl. F*, $F^{-1}\langle\langle a\rangle\rangle =$ *volles Urbild von a bzgl. F*,

$\mathrm{Bs}(F^{-1}) =$ *Urbildsystem von F*,

$$\mathrm{Db}(F^{-1}) = \mathrm{Wb}(F), \quad \mathrm{Wb}(F^{-1}) = \mathrm{Db}(F), \quad \mathrm{Fd}(F^{-1}) = \mathrm{Fd}(F),$$

$$(F^{-1})^{-1} = F, \quad (A \times B)^{-1} = B \times A,$$

$$(F \cup G)^{-1} = F^{-1} \cup G^{-1} \quad (\textit{Vereinigungstreue}),$$

$$(F \cap G)^{-1} = F^{-1} \cap G^{-1} \quad (\textit{Durchschnittstreue}),$$

$$(F \setminus G)^{-1} = F^{-1} \setminus G^{-1} \quad (\textit{Differenztreue}),$$

$$F \subseteq G \Leftrightarrow F^{-1} \subseteq G^{-1}, \quad F = G \Leftrightarrow F^{-1} = G^{-1}, \quad F \subset G \Leftrightarrow F^{-1} \subset G^{-1},$$

$$\bigcup \mathrm{Bs}(F) = \mathrm{Wb}(F), \qquad \bigcup \mathrm{Bs}(F^{-1}) = \mathrm{Db}(F),$$

$$F \subseteq A \times B \wedge G \subseteq C \times D \Rightarrow G \circ F \subseteq A \times D,$$

$$G \circ F \subseteq \mathrm{Db}(F) \times \mathrm{Wb}(G), \qquad G \circ F = \emptyset \Leftrightarrow \mathrm{Wb}(F) \cap \mathrm{Db}(G) = \emptyset,$$

$$\mathrm{Wb}(F) \subseteq \mathrm{Db}(G) \Rightarrow \mathrm{Db}(G \circ F) = \mathrm{Db}(F),$$

$$\mathrm{Db}(G) \subseteq \mathrm{Wb}(F) \Rightarrow \mathrm{Wb}(G \circ F) = \mathrm{Wb}(G),$$

$$(G \circ F)\langle A\rangle = G\langle F\langle A\rangle\rangle \quad (\textit{Einsetzungseigenschaft}),$$

$$(G \circ F)^{-1} = F^{-1} \circ G^{-1} \quad (\textit{Inversionsregel}),$$

$$H \circ (G \circ F) = (H \circ G) \circ F \quad (\textit{Assoziativität}),$$

$$(\mathrm{id}_A)^{-1} = \mathrm{id}_A, \qquad \mathrm{id}_A \circ \mathrm{id}_A = \mathrm{id}_A,$$

$$F \subseteq A \times B \Rightarrow F \circ \mathrm{id}_A = \mathrm{id}_B \circ F = F,$$

$$F|A = \{(x,y) \in F | x \in A\} \subseteq F, \qquad F||A = \{(x,y) \in F | x,y \in A\} \subseteq F,$$
$$(F|A)|B = F|(A \cap B) = (F|B)|A,$$
$$(F||A)||B = F||(A \cap B) = (F||B)||A,$$
$$A \subseteq B \Rightarrow F|A = (F|B)|A, \qquad A \subseteq B \Rightarrow F||A = (F||B)||A,$$
$$F^{-1}||A = (F||A)^{-1}.$$

Beweis. Aus den Definitionen. ∎

5.3. Relationen

Mit den Paaren als geordneten Objektezusammenfassungen läßt sich der Relationsbegriff präzisieren. Als Beispiel ist $x \leqq y$ für beliebige reelle Zahlen x, y erklärt. Die Kleinergleichbeziehung R zwischen reellen Zahlen läßt sich dann offenbar auffassen als das charakteristische gemeinsame Merkmal, die Menge, aller Paare (x, y) reeller x, y mit $x \leqq y$. Ebenso erhält man die Kleinerbeziehung S zwischen reellen Zahlen als die Menge aller Paare (x, y) reeller x, y mit $x < y$. Wir definieren deshalb allgemein:

Definition 10. Eine *Relation* (oder eine *Beziehung*) ist eine Menge geordneter Paare. ∎

Rein mengentheoretisch fallen also die Relationen mit den Korrespondenzen zusammen, womit sich alle Begriffsbildungen und Ergebnisse im Zusammenhang mit Korrespondenzen auf Relationen anwenden lassen und umgekehrt. Trotzdem wird beim Gebrauch der Begriffe „Korrespondenz" und „Relation" oft der eine vor dem anderen bevorzugt, je nachdem, welche anschauliche Interpretation den Vorrang hat, die Interpretation als Zuordnung oder die Interpretation als Beziehung. So spricht man von den Korrespondenzen sin und Arcsin, aber von den Relationen $\leqq$ und $<$. Für die relationentheoretische Interpretation einer Menge geordneter Paare definieren wir zusätzlich:

Definition 11. (a) R sei ein Objekt und A eine Menge:

$$R \text{ ist eine } \textit{Relation in } A \Leftrightarrow R \text{ Relation} \wedge R \subseteq A \times A.$$

(b) R, S seien Relationen, p, a, b seien Objekte, und A sei eine Menge:
Im Falle $p \in R$ sagt man auch, *R trifft auf p zu.* Im Falle $(a, b) \in R$ sagt man auch, *a und b stehen in der Relation R*, und es heißt a ein *Vorderglied* von b bzgl. R (auch: bei R) und b ein *Hinterglied* von a bzgl. R (auch: bei R).

$$aRb \Leftrightarrow (a,b) \in R, \qquad R[a,b] \Leftrightarrow (a,b) \in R$$

(gelesen: a, R, b bzw. R, a, b).

$$\mathrm{Vb}(R) = \mathrm{Db}(R), \qquad \mathrm{Nb}(R) = \mathrm{Wb}(R)$$

(gelesen: *Vorbereich von R* bzw. *Nachbereich von R*). Das volle Bild $R\langle\langle a\rangle\rangle$ heißt der *Rest* von a bzgl. R (auch: bei R) und

$$\mathrm{Rs}(R) = \mathrm{Bs}(R)$$

(gelesen: *Restsystem von R*) das *Restsystem* von R. Die Inversion R^{-1} heißt die *Umkehrrelation* (oder die *inverse, konverse, reziproke, duale, entgegengesetzte Relation*) von R, das Produkt $S \circ R$ das *Relationenprodukt* (oder die *Produktrelation*) von R, S und die Identität id_A die *identische Relation* in A. Die totale Einschränkung $R \| A$ heißt die *Einschränkung* (*Restriktion, Relativierung, Spur*) *der Relation R auf A* oder die *durch R in A induzierte* (*erzeugte*) *Relation.* ∎

Beispiele für Relationen:

(1) Für jede Menge A ist die Menge

$$R = \{(x,y) \in A^2 \mid x = y\} = \mathrm{id}_A$$

eine Relation in A, die als mengentheoretisches Objekt existierende Gleichheitsbeziehung in A. Die Gleichheitsbeziehung zwischen beliebigen Objekten, d.h. der im anschaulichen Sinne genommene Bereich aller Objektepaare (x,x), ist dagegen ein außermathematisches Objekt (vgl. §1.3), da die Menge R aller Objektepaare (x,x) nicht existiert (es wäre sonst $R \ulcorner (R,R) \in R$, also $R \ulcorner R$). Ebenso entstehen – mit denselben Bemerkungen wie eben über die Gleichheitsbeziehung – Relationen in der Menge A, wenn man statt $=$ verwendet: $\in$, $\sqsubset$, $\sqsupset$, $\ulcorner$, $\subseteq$, $\subset$ (wobei A in den Fällen $\subseteq$, $\subset$ ein Mengensystem sei).

(2) Für jede Menge A ist $R = A \times A$ eine Relation in A, die *Allrelation* oder *Totalrelation* in A. Ebenso ist in jeder Menge A die leere Menge $\emptyset$ eine Relation, die *leere Relation* oder *Leerrelation.*

(3) Unter Vorwegnahme der Zahlbegriffe sei A die Menge der reellen Zahlen. Dann sind

$$R = \{(x,y) \in A^2 \mid x \leqq y\}, \qquad S = \{(x,y) \in A^2 \mid x < y\}$$

Relationen in A, die Kleinergleich- und Kleinerbeziehung im Zahlbereich A. Wählt man A bzw. als Menge der natürlichen, ganzen, rationalen Zahlen, so sind R und S die entsprechenden Ordnungsbeziehungen in diesen Zahlbereichen.

Man erhält leicht mehrstellige Beziehungen, wie etwa die vierstellige Beziehung

R im Bereich A der reellen Zahlen, welche auf ein Quadrupel (x_1, x_2, x_3, x_4) reeller x_1, x_2, x_3, x_4 genau dann zutrifft, wenn $x_1 < x_2 < x_3 < x_4$ gilt, also

$$R = \{(x_1, x_2, x_3, x_4) \in A^4 \mid x_1 < x_2 < x_3 < x_4\}.$$

Eigenschaften lassen sich als einstellige Beziehungen auffassen.

Definitionen 12. R sei ein Objekt und A eine Menge:

R ist eine *Eigenschaft* oder *einstellige* (*unäre*), eine *zweistellige* (*binäre*), *dreistellige* (*ternäre*), *vierstellige* (*quaternäre*),... *Relation in* A, falls R eine Menge ist mit bzw. $R \subseteq A$, $R \subseteq A^2$, $R \subseteq A^3$, $R \subseteq A^4$,.... ∎

Die wichtigsten mindestens zweistelligen Relationen sind die binären Relationen. Sie werden vorwiegend untersucht. Das Studium der BOOLEschen Operationen und von $^{-1}$, $\circ$, id im Bereich der (binären) Relationen ist die *Relationenalgebra.*

Gelegentlich nennt man noch für Mengen $A, B, C,$... die Teilmengen von bzw. $A \times B$, $A \times B \times C$,... die *Relationen zwischen* A, B bzw. *zwischen* A, B, C bzw..... Sie fallen unter die zweistelligen, dreistelligen, ... Relationen in V, wenn V die Vereinigung der kartesischen Produktkomponenten ist, also $V = A \cup B$, $V = A \cup B \cup C$,.... Mit den Relationen zwischen Mengen will man einen auf Mengen relativierten Relationsbegriff zur Verfügung haben, der auch Beziehungen zwischen den Elementen ganz verschiedenartiger Komponentenmengen A, B, C,... zu bilden gestattet, ohne daß man die Komponenten vereinigen muß. Wir verwenden in der Allgemeinen Mengenlehre ausschließlich die Terminologie der Definitionen 10–12.

5.4. Abbildungen, Funktionen

Nach der in §5.1 entwickelten Anschauung über den Abbildungsbegriff sind die Abbildungen oder Funktionen die eindeutigen Korrespondenzen, welche also jedem Argument genau einen Wert zuordnen.

Definition 13. (a) F sei eine Korrespondenz:

F heißt *eindeutig* (*nacheindeutig*, *rechtseindeutig*), falls

$$\forall x \exists! y \, ((x, y) \in F)$$

gilt, *voreindeutig* (*linkseindeutig*, *umkehrbar eindeutig*), falls

$$\forall y \exists! x \, ((x, y) \in F)$$

gilt, und *eineindeutig*, falls F nach- und voreindeutig ist. F heißt *mehrdeutig* (*nachmehrdeutig*, *rechtsmehrdeutig*), falls F nicht eindeutig ist, und *vormehrdeutig* (*linksmehrdeutig*, *umkehrbar mehrdeutig*), falls F nicht voreindeutig ist. ∎

(b) Eine *Abbildung* oder *Funktion* ist eine eindeutige Korrespondenz. Ist f eine Funktion und $x \in \mathrm{Db}(f)$, so heißt das Objekt

$$f(x) = \iota y\,((x,y) \in f)$$

(gelesen: *f von x*) der *Funktionswert* (oder *Wert*) *von f an der Stelle x*. ∎

Die reellen Korrespondenzen sin, Arcsin, arcsin sind als Beispiele der Reihe nach eindeutig und vormehrdeutig, voreindeutig und mehrdeutig, eineindeutig. Oft vereinbart man für $f(x)$ auch andere Schreibweisen wie in den Fällen $f = \sin$, $f = \arcsin$, $f = \sqrt{\ }$:

$$\sin(x) = \sin x, \quad \arcsin(x) = \arcsin x, \quad \sqrt{\ }(x) = \sqrt{x}.$$

Abbildungen sind spezielle Korrespondenzen, womit sich alle Begriffsbildungen und Ergebnisse im Zusammenhang mit Korrespondenzen auf Abbildungen anwenden lassen. Abbildungen werden vorwiegend mit kleinen Buchstaben $f, g, \ldots$ bezeichnet und Korrespondenzen, wie bisher, vorwiegend mit großen Buchstaben $F, G, \ldots$. Sind A, B Mengen und ist F eine eindeutige bzw. voreindeutige Korrespondenz aus A in B, so erscheint F als ein schlicht über der Menge A bzw. B liegender Teilbereich des $A \times B$ darstellenden Rechteckes; d.h. es gibt keine zwei Punkte von F mit derselben Abszisse bzw. Ordinate. Abb. 4 veranschaulicht eine Abbildung f aus A in B und führt die Bedeutung des Termes $f(x)$ vor Augen.

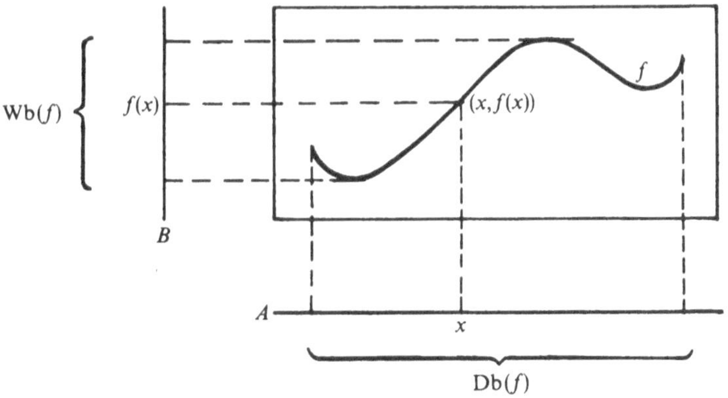

Abb. 4

Satz 3. *Für Korrespondenzen F, G und Mengen A gilt:*

$$\begin{aligned}
F \textit{ eindeutig} &\Leftrightarrow \forall x \forall y_1 \forall y_2 \big((x, y_1) \in F \wedge (x, y_2) \in F \Rightarrow y_1 = y_2\big) \\
&\Leftrightarrow \forall x \big(x \in \mathrm{Db}(F) \Rightarrow \exists!!\, y\, ((x, y) \in F)\big), \\
F \textit{ voreindeutig} &\Leftrightarrow \forall x_1 \forall x_2 \forall y \big(x_1, y) \in F \wedge (x_2, y) \in F \Rightarrow x_1 = x_2\big) \\
&\Leftrightarrow \forall y \big(y \in \mathrm{Wb}(F) \Rightarrow \exists!!\, x\, ((x, y) \in F)\big), \\
F^{-1} \textit{ eindeutig (voreindeutig)} &\Leftrightarrow F \textit{ voreindeutig (eindeutig)}, \\
F^{-1} \textit{ eineindeutig} &\Leftrightarrow F \textit{ eineindeutig}, \\
F \textit{ eineindeutig} &\Leftrightarrow F \textit{ eindeutig} \wedge F^{-1} \textit{ eindeutig}, \\
F, G \textit{ eindeutig (voreindeutig)} &\Rightarrow G \circ F \textit{ eindeutig (voreindeutig)}, \\
F, G \textit{ eineindeutig} &\Rightarrow G \circ F \textit{ eineindeutig}, \\
F \subseteq G \wedge G \textit{ eindeutig (voreindeutig)} &\Rightarrow F \textit{ eindeutig (voreindeutig)}, \\
F \subseteq G \wedge G \textit{ eineindeutig} &\Rightarrow F \textit{ eineindeutig}, \\
F \textit{ eindeutig (voreindeutig)} &\Rightarrow F|A, F\|A \textit{ eindeutig (voreindeutig)}, \\
F \textit{ eineindeutig} &\Rightarrow F|A, F\|A \textit{ eineindeutig}.
\end{aligned}$$

Beweis. Aus den Definitionen. ▮

Definition 14. (a) Ist f eine Abbildung, deren Inversion f^{-1} ebenfalls eine Abbildung ist, so heißt f^{-1} die *Umkehrabbildung* (*Umkehrfunktion*) (oder die *inverse*, *konverse*, *reziproke*, *duale*, *entgegengesetzte Abbildung* (*Funktion*)) von f.
(b) f, g seien Abbildungen, A sei eine Menge und a ein Objekt:
Das Produkt $g \circ f$ heißt das *Abbildungsprodukt* (*Funktionenprodukt*) (oder die *Produktabbildung* (*Produktfunktion*)) von f, g. f bzw. g heißt die *innere* bzw. *äußere Abbildung* (*Funktion*) der aus f, g gebildeten *mittelbaren Abbildung* (*Funktion*) $g \circ f$. Die Identität id_A heißt die *identische Abbildung* (*Funktion*) über A. Die Einschränkung $f|A$ heißt die *Einschränkung* (*Restriktion*, *Relativierung*, *Spur*) *der Abbildung* (*Funktion*) *f auf A* oder die *durch f in A induzierte* (*erzeugte*) *Abbildung* (*Funktion*).

$$\begin{aligned}
f \text{ ist } \textit{umkehrbar} &\Leftrightarrow f^{-1} \textit{ eindeutig}, \\
f \text{ ist } \textit{konstant} &\Leftrightarrow \forall x \forall y \big(x, y \in \mathrm{Db}(f) \Rightarrow f(x) = f(y)\big),
\end{aligned}$$

a heißt ein *Fixpunkt* (*Fixelement*) von f oder *invariant* (eine *Invariante*) bzgl. f, falls $a \in \mathrm{Db}(f) \wedge f(a) = a$ gilt.
(c) Ein Objekt f heißt eine 1–1-*Abbildung* (1–1-*Funktion*, 1–1-*Korrespondenz*), falls f eine eineindeutige Korrespondenz ist. ▮

Eine Funktion ist also umkehrbar genau dann, wenn sie umkehrbar eindeutig ist, genau dann, wenn sie eineindeutig ist, und genau dann, wenn ihre Inversion wieder eine Funktion ist.

Beispiele für Abbildungen:

(1) Für jede Menge A ist die identische Funktion id_A eine eineindeutige Abbildung von A auf A. Die leere Menge $\emptyset$ ist eine eineindeutige Abbildung von $\emptyset$ auf $\emptyset$, die *leere Abbildung* (*Funktion*) oder *Leerabbildung* (*Leerfunktion*).
(2) Zu jeder Korrespondenz F existiert die Abbildung

$$f = \{(x, F\langle\langle x\rangle\rangle) \mid x \in \mathrm{Db}(F)\}$$

von $\mathrm{Db}(F)$ in $\mathfrak{P}(\mathrm{Wb}(F))$, welche jedem Argument x das volle F-Bild von x zuordnet, also

$$\forall x (x \in \mathrm{Db}(f) \Rightarrow f(x) = F\langle\langle x\rangle\rangle).$$

Umgekehrt existiert zu jeder Abbildung f, deren Wertebereich $\mathrm{Wb}(f)$ ein Mengensystem ist mit $\emptyset \notin \mathrm{Wb}(f)$, die Korrespondenz

$$F = \{(x, y) \mid x \in \mathrm{Db}(f) \wedge y \in f(x)\}$$

von $\mathrm{Db}(f)$ in $\bigcup \mathrm{Wb}(f)$, welche jedem Argument x alle Elemente des f-Bildes von x zuordnet, also

$$\forall x \big(x \in \mathrm{Db}(F) \Rightarrow F\langle\langle x\rangle\rangle = f(x)\big).$$

(3) Die üblichen Funktionen der Analysis.

Satz 4. *Für Abbildungen f, g, Objekte a, b und Mengen A, B gilt:*

$$(a, b) \in f \Leftrightarrow a \in \mathrm{Db}(f) \wedge b = f(a), \quad a \in \mathrm{Db}(f) \Rightarrow f\langle\langle a\rangle\rangle = \{f(a)\},$$

$$f|A \text{ Abbildung}, \qquad g \circ f \text{ Abbildung},$$

$$f = \{(x, f(x)) \mid x \in \mathrm{Db}(f)\}, \qquad f|A = \{(x, f(x)) \mid x \in A \cap \mathrm{Db}(f)\},$$

$$\mathrm{Wb}(f) = \{f(x) \mid x \in \mathrm{Db}(f)\}, \qquad f\langle A\rangle = \{f(x) \mid x \in A \cap \mathrm{Db}(f)\},$$

$$f^{-1}\langle A\rangle = \{x \in \mathrm{Db}(f) \mid f(x) \in A\}, \quad f^{-1}\langle\langle a\rangle\rangle = \{x \in \mathrm{Db}(f) \mid f(x) = a\},$$

$$f^{-1}\langle A \cup B\rangle = f^{-1}\langle A\rangle \cup f^{-1}\langle B\rangle \quad (\textit{Vereinigungstreue}),$$

$$f^{-1}\langle A \cap B\rangle = f^{-1}\langle A\rangle \cap f^{-1}\langle B\rangle \quad (\textit{Durchschnittstreue}),$$

$$f^{-1}\langle A \setminus B\rangle = f^{-1}\langle A\rangle \setminus f^{-1}\langle B\rangle \quad (\textit{Differenztreue}),$$

$$f = g \Leftrightarrow \mathrm{Db}(f) = \mathrm{Db}(g) \wedge \forall x \big(x \in \mathrm{Db}(f) \Rightarrow f(x) = g(x)\big)$$

(*Wertverlaufsbestimmtheit von Abbildungen* (*Funktionen*)),

$$\begin{aligned}
f \subseteq g &\Leftrightarrow f = g \mid \mathrm{Db}(f),\\
a \in \mathrm{Db}(g \circ f) &\Rightarrow (g \circ f)(a) = g\big(f(a)\big) \\
\mathrm{Wb}(f) \subseteq \mathrm{Db}(g) &\Rightarrow g \circ f = \{\big(x, g(f(x))\big) \mid x \in \mathrm{Db}(f)\} \quad \Big\}\ (\textit{Einsetzungseigenschaft}),\\
f\ \textit{umkehrbar} &\Leftrightarrow \forall x_1 \forall x_2 \big(x_1, x_2 \in \mathrm{Db}(f) \wedge f(x_1) = f(x_2) \Rightarrow x_1 = x_2\big),\\
A \subseteq \mathrm{Wb}(f) &\Rightarrow f\langle f^{-1}\langle A\rangle\rangle = A,\\
f\ \textit{umkehrbar} \wedge A \subseteq \mathrm{Db}(f) &\Rightarrow f^{-1}\langle f\langle A\rangle\rangle = A,\\
f\ \textit{umkehrbar} \wedge (a,b) \in f &\Rightarrow f^{-1}\big(f(a)\big) = a \wedge f\big(f^{-1}(b)\big) = b.
\end{aligned}$$

Beweis. Aus den Definitionen. ∎

Die in der folgenden Definition auftretenden Beziehungen zwischen Abbildungen f und Mengen A, B kommen in den einzelnen mathematischen Disziplinen sehr häufig vor. Man führt deshalb noch besondere suggestive Bezeichnungen ein:

Definition 15. f sei ein Objekt, und A, B seien Mengen:

f ist eine *Abbildung von A nach B* $\Leftrightarrow$ *f Abbildung von A in B*,

$$f\colon A \to B \Leftrightarrow f \text{ Abbildung von } A \text{ in } B$$

(gelesen: *f* (*Abbildung*) *von A nach* (auch *in*) *B*),

f ist eine *Injektion* (ist *injektiv*) *von A nach* (auch *in*) *B*

$$\Leftrightarrow f\colon A \to B \wedge f \text{ umkehrbar},$$

f ist eine *Surjektion* (ist *surjektiv*) *von A nach* (auch *auf*) *B*

$$\Leftrightarrow f\colon A \to B \wedge \mathrm{Wb}(f) = B,$$

f ist eine *Bijektion* (ist *bijektiv*) *von A nach* (auch *auf*) *B*

$$\Leftrightarrow f\colon A \to B \wedge f \text{ umkehrbar} \wedge \mathrm{Wb}(f) = B. \quad ∎$$

Ist im Zusammenhang der Betrachtungen klar, um welche Bezugsmengen A, B es sich handelt, so läßt man bei den Begriffen der Definition 15 den Bestandteil „von A nach B" auch weg. Möchte man (wie in der Kategorientheorie) die Information, von welcher Menge A in welche Menge B eine Abbildung f stattfindet, mit in die Abbildungsdefinition einbeziehen, so erhält man als neue „Abbildungen" die Tripel $f^* = (A, f, B)$, wobei A, B Mengen sind und wobei f eine bisherige Abbildung von A in B ist, die auch der *Graph* von f^* heißt. Eine solche „Abbildung" $f^* = (A, f, B)$ heißt dann eine „Injektion", „Surjektion", „Bijektion", wenn dies gemäß Definition 15 in bezug auf f, A, B gilt. Wir verwenden in der Allgemeinen Mengenlehre ausschließlich den bisherigen Abbildungsbegriff.

Satz 5. *Für Mengen A, B sind Abbildungen $f: A \to B$ und $g: B \to A$ mit*

$$g \circ f = \mathrm{id}_A, \quad \textit{also } g(f(x)) = x \textit{ für jedes } x \in A,$$

und

$$f \circ g = \mathrm{id}_B, \quad \textit{also } f(g(y)) = y \textit{ für jedes } y \in B,$$

stets Bijektionen (von A auf B bzw. von B auf A) mit

$$g = f^{-1}, \qquad f = g^{-1}.$$

Beweis. Übung. ∎

Mengen, die sich eineindeutig aufeinander abbilden lassen, besitzen offenbar dieselbe „Elementeanzahl", was später für die Definition der natürlichen Zahlen und Kardinalzahlen von Wichtigkeit ist.

Definition 16. A, B seien Mengen, und g sei ein Objekt:

$$A \sim B \Leftrightarrow \exists f (f \textit{ eineindeutige Abbildung von } A \textit{ auf } B)$$

(gelesen: *A gleichmächtig B*). A, B heißen *gleichmächtig* (oder *äquivalent*), falls $A \sim B$ gilt.

$$A \underset{g}{\sim} B \Leftrightarrow g \textit{ eineindeutige Abbildung von } A \textit{ auf } B$$

(gelesen: *A gleichmächtig B mittels g*). A, B heißen *gleichmächtig* (oder *äquivalent*) *mittels g*, falls $A \underset{g}{\sim} B$ gilt. ∎

Satz 6. *Für Mengen A, B, C und Abbildungen f, g gilt:*

$$A \underset{\mathrm{id}_A}{\sim} A, \qquad A \underset{f}{\sim} B \Rightarrow B \underset{f^{-1}}{\sim} A, \qquad A \underset{f}{\sim} B \wedge B \underset{g}{\sim} C \Rightarrow A \underset{g \circ f}{\sim} C,$$

$A \sim A$ (*Reflexivität*),

$A \sim B \Rightarrow B \sim A$ (*Symmetrie*),

$A \sim B \wedge B \sim C \Rightarrow A \sim C$ (*Transitivität*).

Beweis. Aus den Definitionen. ∎

Beispiele für gleichmächtige Mengen:

(1) Für jede eineindeutige Abbildung f ist

$$\mathrm{Db}(f) \underset{f}{\sim} \mathrm{Wb}(f).$$

(2) Für jede Abbildung f ist

$$\mathrm{Db}(f) \underset{g}{\sim} f, \qquad \mathrm{Db}(f) \underset{h}{\sim} f^{-1}$$

für die auf $\mathrm{Db}(f)$ definierten Funktionen g, h mit $g(x) = (x, f(x))$ bzw. $h(x) = (f(x), x)$ für jedes $x \in \mathrm{Db}(f)$.

(3) Für Mengen A, B, X und Abbildungen f gilt:

$$X \subseteq A \underset{f}{\sim} B \Rightarrow X \underset{f|X}{\sim} f\langle X\rangle \subseteq B.$$

(4) Für Mengen A, B entsteht durch *Indizierung* der Elemente von B mit A, d.h. indem man statt der Elemente $x \in B$ die Paare (A, x) – die mit A indizierten Elemente x – betrachtet, eine zu A disjunkte und mit B gleichmächtige Menge C. Denn es ist $A \cap C = \emptyset$ und $B \underset{f}{\sim} C$ für

$$C = \{(A,x) \mid x \in B\} = \{A\} \times B, \qquad f = \{(x,(A,x)) \mid x \in B\}.$$

Außerhalb jeder Menge A gibt es stets mindestens so viele Objekte, wie irgendeine Menge B enthält.

(5) Unter Vorwegnahme der reellen Zahlen seien a, b, c, d reelle Zahlen mit $a < b$ und $c < d$ und seien I_1, I_2 die zugehörigen abgeschlossenen Intervalle

$$I_1 = \{x \mid x \textit{ reelle Zahl} \wedge a \leqq x \leqq b\}, \; I_2 = \{x \mid x \textit{ reelle Zahl} \wedge c \leqq x \leqq d\}.$$

Dann ist $I_1 \underset{f}{\sim} I_2$ für die Funktion f über I_1 mit

$$f(x) = c + \frac{x-a}{b-a} \cdot (d-c) \qquad \text{für alle } x \in I_1.$$

Jedes noch so kleine Intervall I_1 besitzt dieselbe Anzahl reeller Zahlen wie jedes noch so große Intervall I_2.

Die eineindeutigen Abbildungen einer Menge auf sich selbst haben die Bedeutung von Umordnungen, Permutationen, dieser Menge.

Definition 17. Für jede Menge A ist eine *Transformation* oder *Permutation* von A eine umkehrbar eindeutige Abbildung von A auf A. ∎

Satz 7. *Für Mengen A und Transformationen r, s, t von A gilt* (bei A als Bezugsmenge für die Identität):

$s \circ t$, id, t^{-1} *Transformation von* A,

$(r \circ s) \circ t = r \circ (s \circ t)$,

$t \circ \mathrm{id} = \mathrm{id} \circ t = t, \qquad t \circ t^{-1} = t^{-1} \circ t = \mathrm{id}$,

$$\exists!!x\,(x\ \textit{Transformation von}\ A \wedge s \circ x = t),$$
$$\exists!!x\,(x\ \textit{Transformation von}\ A \wedge x \circ s = t).$$

Beweis. Aus früheren Sätzen. Für die letzten beiden Behauptungen wähle man $x = s^{-1} \circ t$ bzw. $x = t \circ s^{-1}$. ∎

In §5.2 deuteten wir an, in welcher Vielzahl mehrstellige Funktionen in der Mathematik vorhanden sind.

Definitionen 18. f sei ein Objekt und A eine Menge:

f ist eine *einstellige, zweistellige, dreistellige,... Abbildung (Funktion) aus A* oder eine *Abbildung (Funktion) einer, zweier, dreier,... Variabler aus A*, falls f eine Abbildung ist mit bzw. $\mathrm{Db}(f) \subseteq A$, $\mathrm{Db}(f) \subseteq A^2$, $\mathrm{Db}(f) \subseteq A^3, \ldots$. ∎

Man vereinbart für mehrstellige Funktionen folgende Bezeichnung der Funktionswerte: Ist f eine zweistellige, dreistellige,... Funktion und sind x, y, $z, \ldots$ Objekte mit bzw. $(x, y) \in \mathrm{Db}(f)$, $(x, y, z) \in \mathrm{Db}(f), \ldots$, so schreibt man

$$f(x, y),\quad f(x, y, z), \ldots \quad \text{für} \quad f((x, y)),\quad f((x, y, z)), \ldots$$

(gelesen: *f von x, y* bzw. *f von x, y, z* bzw. ...).

5.5. Operationen

Mit den Abbildungen läßt sich der Operationsbegriff präzisieren. Als Beispiel ist für beliebige reelle Zahlen x, y die Summe $x + y$ erklärt. Die Summenbildung oder Addition(soperation) für reelle Zahlen läßt sich dann auffassen als die eindeutige Zuordnung, die Abbildung, welche jedem Paar (x, y) reeller x, y ihre Summe $x + y$ zuordnet. Ebenso erhält man die Produktbildung oder Multiplikation(soperation) für reelle Zahlen als die Abbildung, welche jedem Paar (x, y) reeller x, y ihr Produkt $x \cdot y$ zuordnet. Wir definieren deshalb allgemein:

Definition 19. o sei ein Objekt und A eine Menge:

o ist eine *Operation* (oder eine *Verknüpfung*) *in A*, falls o eine Abbildung von $A \times A$ in A ist. o ist eine *Operation* (oder eine *Verknüpfung*), falls es eine Menge X gibt, so daß o eine Operation in X ist. ∎

Zu jeder Operation o gibt es genau eine Menge A, so daß o Operation in A ist. Denn ist o eine Operation in den Mengen A, B, so ist

$$A \times A = \mathrm{Db}(o) = B \times B,$$

und hieraus folgt $A = B$ wegen für beliebige Objekte x:

$$x \in A \Leftrightarrow (x, x) \in A \times A \Leftrightarrow (x, x) \in B \times B \Leftrightarrow x \in B.$$

Operationen sind spezielle Abbildungen, so daß sich alle Begriffsbildungen und Ergebnisse im Zusammenhang mit Abbildungen auf Operationen anwenden lassen. Man definiert zusätzlich:

Definition 20. (a) o sei eine Operation, und p, a, b seien Objekte mit $p, (a, b) \in \mathrm{Db}(o)$:
Der Funktionswert $o(p)$ heißt das *Resultat* (das *Ergebnis*, der *Operationswert*) von o für p.

$$aob = o(a,b).$$

(b) o sei eine Operation und X eine Menge mit $X \subseteq A$:

X ist *gegenüber o abgeschlossen* (oder ist *o-stabil*)
$\Leftrightarrow \forall x \forall y\,(x, y \in X \Rightarrow xoy \in X)$.

Ist X gegenüber o abgeschlossen, so heißt die Einschränkung $o|(X \times X)$ die *Einschränkung* (*Restriktion*, *Relativierung*, *Spur*) *der Operation o auf X* oder die *durch o in X induzierte* (*erzeugte*) *Operation.* ∎

Beispiele für Operationen:

(1) Für jede Menge A ist die Menge

$$o = \{(X, Y, X \cup Y) \mid X, Y \in \mathfrak{P}(A)\}$$

die Abbildung von $\mathfrak{P}(A) \times \mathfrak{P}(A)$, welche beliebigen Teilmengen $X, Y \subseteq A$ ihre Vereinigung $o(X,Y) = X \cup Y$ zuordnet. o ist also eine Operation in $\mathfrak{P}(A)$, die als mengentheoretisches Objekt existierende Vereinigungsoperation in $\mathfrak{P}(A)$. Die Vereinigungsoperation für beliebige Mengen, d.h. der im anschaulichen Sinne genommene Bereich aller Mengentripel $(X,Y,X \cup Y)$, ist dagegen ein außermathematisches Objekt (vgl. § 1.3), da die Menge o aller Tripel $(X,Y,X \cup Y)$ bei beliebigen Mengen X,Y nicht existiert (es wäre sonst $o \sqsubset (o,o,o) \in o$, also $o \sqsubset o$). Ebenso entstehen – mit denselben Bemerkungen wie eben über die Vereinigungsoperation – Operationen in $\mathfrak{P}(A)$, wenn man statt $\cup$ verwendet: $\cap$, $\setminus$, $\triangle$. Allgemeiner ergibt sich in jedem Mengensystem M, welches gegenüber $\cup$ abgeschlossen ist, also $X \cup Y \in M$ für alle $X, Y \in M$ gilt, die Vereinigungsoperation

$$o = \{(X, Y, X \cup Y) \mid X, Y \in M\}.$$

Analog für $\cap$, $\setminus$, $\triangle$. Man erkennt an diesen Beispielen den präzisen Umgang mit dem Operationsbegriff, während man umgangssprachlich oft alle möglichen (ein- und mehrstelligen) Verbindungen von Objekten zu irgendwelchen neuen Objekten Operationen nennt und oft auch Operationen und Operationsresultate mit demselben Namen belegt („Vereinigung" der Mengen A, B und Kommutativität der „Vereinigung").

(2) Unter Vorwegnahme der Zahlbegriffe sei A die Menge der reellen Zahlen. Dann sind

$$s = \{(x, y, x + y) \mid x, y \in A\}, \qquad p = \{(x, y, x \cdot y) \mid x, y \in A\}$$

Operationen in A, die Addition und die Multiplikation in A. Wählt man A bzw. als Menge der natürlichen, ganzen, rationalen, komplexen Zahlen, so sind s und p die entsprechenden Additionen und Multiplikationen in diesen Zahlbereichen.

Man erhält leicht mehrstellige Operationen wie etwa die vierstellige Operation o im Bereich A der reellen Zahlen, welche jedem Quadrupel $(x_1, x_2, x_3, x_4) \in A^4$ zuordnet die reelle Zahl $(x_1 + x_2) \cdot x_3 - x_4$, also

$$o = \{(x_1, x_2, x_3, x_4, (x_1 + x_2) \cdot x_3 - x_4) \mid x_1, x_2, x_3, x_4 \in A\}.$$

Funktionen lassen sich als einstellige Verknüpfungen auffassen.

Definitionen 21. o sei ein Objekt und A eine Menge:

o ist eine *einstellige* (*unäre*), *zweistellige* (*binäre*), *dreistellige* (*ternäre*),... *Operation in A*, falls o eine Abbildung von bzw. $A, A^2, A^3, \ldots$ in A ist. ∎

Die Bezugsmenge A in den Definitionen 21 ist durch o wieder eindeutig bestimmt. Die wichtigsten mindestens zweistelligen Operationen sind die binären Operationen. Sie werden vorwiegend untersucht (in der Algebra).

In den einzelnen Teilgebieten der Mathematik verwendet man gelegentlich den Operationsbegriff auch in einer allgemeineren Form. Man nennt etwa für Mengen A, B, C jede Abbildung von $A \times B$ in C bereits eine *Operation*, spricht von *inneren Operationen in B*, falls $A = B = C$ ist, und von *äußeren Operationen in B*, falls $A = B$ ist (z.B. die skalare Multiplikation von Vektoren) oder $B = C$ ist (z.B. die Multiplikation einer reellen Zahl mit einem Vektor). Eine Abbildung aus $A \times A$ in A heißt auch eine *partielle* oder *beschränkt ausführbare Operation in A* (z.B. die Division reeller Zahlen), wobei dann unsere bisherigen Operationen in A als die *unbeschränkt ausführbaren Operationen in A* erscheinen. Ganz allgemein sieht man also gegebenenfalls für Mengen A_1, A_2, $A_3, \ldots$, B alle Abbildungen von oder aus bzw. $A_1, A_1 \times A_2, A_1 \times A_2 \times A_3, \ldots$ in B als unbeschränkt oder beschränkt ausführbare einstellige, zweistellige, dreistellige,... Operationen in bezug auf die notierten Mengen an. Wir verwenden in der Allgemeinen Mengenlehre ausschließlich die Terminologie der Definitionen 19–21.

5.6. Auswahlsätze, Produkt von Mengensystemen

Wir hatten in §2.6 eine Auswahl oder Auswahlmenge des Mengensystems M als eine Menge A definiert, die aus jeder Menge $X \in M$ genau ein Element $x \in X$ auswählt, für die also gilt:

$$A \subseteq \bigcup M \wedge \forall X\,(X \in M \Rightarrow \exists!!x\,(x \in A \cap X)).$$

Man kann auch mittels einer „Auswahlfunktion" f über M aus jedem $X \in M$ ein Element $f(X) = x \in X$ auswählen. Schließlich kann man mittels einer „Auswahlfunktion" f über dem Definitionsbereich $\mathrm{Db}(F)$ einer Korrespondenz F aus jedem vollen Bild $F\langle\langle x\rangle\rangle$ (bei $x \in \mathrm{Db}(F)$) ein Element $f(x) \in F\langle\langle x\rangle\rangle$ auswählen.

Definition 22. M sei ein Mengensystem und F eine Korrespondenz:

Eine *Auswahlfunktion* von (dem *Mengensystem*) M ist eine Funktion f mit

$$\mathrm{Db}(f) = M \wedge \forall X\,(X \in M \Rightarrow f(X) \in X).$$

Eine *Auswahlfunktion* von (der *Korrespondenz*) F ist eine Funktion f mit

$$\mathrm{Db}(f) = \mathrm{Db}(F) \wedge f \subseteq F. \;\blacksquare$$

Nach dem Auswahlaxiom existiert zu jedem disjunkten Mengensystem M mit $\emptyset \notin M$ eine Auswahl von M. Satz 8 gibt zwei elementare äquivalente Formulierungen des Auswahlaxioms. Die darin enthaltenen Folgerungen aus dem Auswahlaxiom sind die für die Mathematik wichtigen Auswahlsätze.

Satz 8.

$$\forall M \exists A\,(M \textit{ disjunktes Mengensystem} \wedge \emptyset \notin M \Rightarrow A \textit{ Auswahl von } M)$$

(a) $\Leftrightarrow \forall F \exists f\,(F \textit{ Korrespondenz} \Rightarrow f \textit{ Auswahlfunktion von } F),$

(b) $\Leftrightarrow \forall M \exists f\,(M \textit{ Mengensystem} \wedge \emptyset \notin M \Rightarrow f \textit{ Auswahlfunktion von } M).$

Beweis. (a) ($\Rightarrow$) Für jede Korrespondenz F ist

$$M = \{\{x\} \times F\langle\langle x\rangle\rangle \mid x \in \mathrm{Db}(F)\} = \{\{x\} \times F\langle\langle x\rangle\rangle \in \mathfrak{P}(F) \mid x \in \mathrm{Db}(F)\}$$

ein disjunktes Mengensystem mit $\emptyset \notin M$. Also existiert nach Voraussetzung eine Auswahl A von M. $f = A$ ist dann eine Auswahlfunktion der Korrespondenz F. ($\Leftarrow$) Für jedes disjunkte Mengensystem M mit $\emptyset \notin M$ und die Korrespondenz F von M in $\bigcup M$ mit $F\langle\langle X \rangle\rangle = X$ für jedes $X \in M$ existiert nach Voraussetzung eine Auswahlfunktion f der Korrespondenz F. $A = \mathrm{Wb}(f)$ ist dann eine Auswahl von M.
(b) ($\Rightarrow$) Für jedes Mengensystem M mit $\emptyset \notin M$ existiert nach Voraussetzung und (a) zu der Korrespondenz F von M in $\bigcup M$ mit $F\langle\langle X \rangle\rangle = X$ für jedes $X \in M$ eine Auswahlfunktion f. f ist dann auch eine Auswahlfunktion von M. ($\Leftarrow$) Für jedes disjunkte Mengensystem M mit $\emptyset \notin M$ existiert nach Voraussetzung eine Auswahlfunktion f von M. $A = \mathrm{Wb}(f)$ ist dann eine Auswahl von M. ∎

Der Begriff der Auswahlfunktion eines Mengensystems ermöglicht die Übertragung der Produktoperation $\times$ auf Mengensysteme. Denn die Auswahlfunktionen f eines Mengensystems M sind in einem erweiterten Sinne geordnete Zusammenfassungen (sozusagen „M-Tupel") von aus den einzelnen $X \in M$ ausgewählten Elementen $x = f(X)$, da nach der Wertverlaufsbestimmtheit von Funktionen für Auswahlfunktionen f_1, f_2 von M gilt:

$$f_1 = f_2 \Leftrightarrow \forall X \big(X \in M \Rightarrow f_1(X) = f_2(X)\big).$$

Nach dem Aussonderungsprinzip existiert die Menge $\mathsf{X}M$ der folgenden Definition, da jede Auswahlfunktion f eines Mengensystems M Element von $\mathfrak{P}(M \times \bigcup M)$ ist.

Definition 23. Für jedes Mengensystem M heißt die Menge

$$\mathsf{X}M = \{f \mid f \text{ Auswahlfunktion von } M\}$$

(gelesen: *Produkt M* oder: *Kreuz M*) das *Produkt* (oder das *Mengenprodukt*, *Kreuzprodukt*, *kartesische Produkt*, *die Produktmenge*) von M und heißen die Elemente von M die *Komponenten* (*Faktoren*) von $\mathsf{X}M$. ∎

Die Bezeichnung „Produkt" ist dadurch gerechtfertigt, wenn man den Zahlbegriff vorwegnimmt, daß für endliche Systeme M endlicher Mengen $X_1, \ldots, X_k$ (in bezug auf die Indizes $1, \ldots, k$ alle (paarweise) verschieden) mit den Elementeanzahlen $n_1, \ldots, n_k$ die Menge $\mathsf{X}M$ gerade $n_1 \cdot \ldots \cdot n_k$ Elemente besitzt. Mit dem Auswahlaxiom und Satz 8(b) gilt für Mengensysteme M:

$$\mathsf{X}M = \emptyset \Leftrightarrow \emptyset \in M.$$

Darüber hinaus gilt $\mathsf{X}\emptyset = \{\emptyset\}$, und für Mengen A, B mit $A \neq B$ gilt $A \times B \underset{F}{\sim} \mathsf{X}\{A, B\}$ für die Abbildung F über $A \times B$, durch welche jedem Paar $(a, b) \in A \times B$ die Auswahlfunktion f von $\{A, B\}$ zugeordnet wird mit $f(A) = a$, $f(B) = b$.

5.7. Äquivalenzrelationen

Die Äquivalenzrelationen besitzen unter den Relationen eine besondere Bedeutung, da sie mit dem in der Mathematik oft verwendeten Abstraktionsprinzip und mit den Zerlegungen von Mengen in engem Zusammenhang stehen.

Definition 24. (a) R sei eine Relation und A eine Menge:

$$\begin{aligned} R \text{ ist } \textit{reflexiv in } A &\Leftrightarrow R \subseteq A \times A \wedge \forall x (x \in A \Rightarrow xRx), \\ R \text{ ist } \textit{reflexiv} &\Leftrightarrow \exists X\, (X \textit{ Menge} \wedge R \textit{ reflexiv in } X), \\ R \text{ ist } \textit{symmetrisch} &\Leftrightarrow \forall x \forall y\, (xRy \Rightarrow yRx), \\ R \text{ ist } \textit{transitiv} &\Leftrightarrow \forall x \forall y \forall z\, (xRy \wedge yRz \Rightarrow xRz). \end{aligned}$$

(b) R sei ein Objekt und A eine Menge:
R heißt eine *Äquivalenzrelation* (oder eine *Äquivalenz*) *in* A, falls R eine Relation ist, welche reflexiv in A, symmetrisch und transitiv ist. R heißt eine *Äquivalenzrelation* (oder eine *Äquivalenz*), falls es eine Menge X gibt, so daß R eine Äquivalenzrelation in X ist.
(c) R sei eine Äquivalenzrelation, und a, b seien Objekte:

$$a \underset{(R)}{\sim} b \Leftrightarrow aRb$$

(gelesen: *a äquivalent b modulo R*). a, b heißen *äquivalent modulo R* (statt *modulo R* auch *nach R, bzgl. R*), falls $a \underset{(R)}{\sim} b$ gilt. ∎

An Stelle von $a \underset{(R)}{\sim} b$ schreibt man oft auch:

$$a \underset{(R)}{\equiv} b, \qquad a \sim b \bmod R, \qquad a \equiv b \bmod R$$

(gelesen: *a kongruent b modulo R* bzw. *a äquivalent b modulo R* bzw. *a kongruent b modulo R*). Sind Verwechslungen ausgeschlossen, so läßt man die geklammerte Variable (R) unter den Zeichen $\sim$, $\equiv$ auch weg. Für jede in einer Menge A reflexive Relation R, speziell für jede Äquivalenzrelation R in einer Menge A, gilt sofort:

$$\mathrm{Vb}(R) = \mathrm{Nb}(R) = \mathrm{Fd}(R) = A\,.$$

Für jede Relation R existiert also höchstens eine Menge A, so daß R reflexiv in A ist, nämlich $A = \mathrm{Fd}(R)$ (oder $A = \mathrm{Vb}(R)$ bzw. $A = \mathrm{Nb}(R)$). Damit gilt für jede Relation R, daß R reflexiv ist genau dann, wenn R reflexiv in $\mathrm{Fd}(R)$ ist, d. h. auch genau dann, wenn für beliebige Objekte a, b gilt: $aRb \Rightarrow aRa \wedge bRb$. Für Mengen A und Relationen $R \subseteq A \times A$ ist gemäß Definition 24 R eine Äquivalenzrelation in A genau dann, wenn für jedes $a, b, c \in A$ gilt:

$$aRb \qquad (\textit{Reflexivität}),$$
$$aRb \Rightarrow bRa \qquad (\textit{Symmetrie}),$$
$$aRb \wedge bRc \Rightarrow aRc \qquad (\textit{Transitivität}).$$

Eine Äquivalenzrelation ist also eine abgeschwächte Identität =. Die Identität hat noch zusätzlich die Eigenschaft, daß gleiche Dinge in jedem Zusammenhang nach Belieben durcheinander ersetzt werden können (LEIBNIZ*sche Ersetzbarkeit*).

Beispiele für Äquivalenzrelationen:

(1) In jeder Menge A entsteht durch die Gleichheitsbeziehung = eine Äquivalenzrelation; d.h.

$$R = \{(x, y) \in A^2 \mid x = y\} = \mathrm{id}_A$$

ist eine Äquivalenzrelation in A. Denn es gilt für beliebige x, y, z:

$$x = x, \qquad x = y \Rightarrow y = x, \qquad x = y \wedge y = z \Rightarrow x = z,$$

also erst recht für beliebige $x, y, z \in A$. Da die aufgeführten Eigenschaften der Identität für beliebige Objekte x, y, z gelten, sagt man auch, daß die (im anschaulichen Sinne genommene) Gleichheitsbeziehung = eine „Äquivalenzrelation im Bereich der Objekte" bildet, obwohl die Gesamtheit aller Objektepaare (x, x) ein außermathematisches Objekt ist (vgl. Beispiel (1) für Relationen in §5.3). Ebenso entsteht – mit denselben Bemerkungen wie eben über die Gleichheitsbeziehung als Äquivalenzrelation – eine Äquivalenzrelation in der Menge A, wenn man statt = die Stufengleichheit $\sqsubset$ verwendet; ist A ein Mengensystem, so läßt sich an Stelle von = auch die Gleichmächtigkeit $\sim$ verwenden. Denn es gilt für beliebige x, y, z und beliebige Mengen X, Y, Z:

$$x \sqsubset x, \qquad x \sqsubset y \Rightarrow y \sqsubset x, \qquad x \sqsubset y \wedge y \sqsubset z \Rightarrow x \sqsubset z,$$
$$X \sim X, \qquad X \sim Y \Rightarrow Y \sim X, \qquad X \sim Y \wedge Y \sim Z \Rightarrow X \sim Z.$$

(2) Für jede Menge A ist neben der identischen Relation id_A auch die Totalrelation $A \times A$ eine Äquivalenzrelation in A. $\emptyset$ ist eine Äquivalenzrelation in $\emptyset$. Sind A, B Mengen mit $B \subseteq A$ und ist R eine Äquivalenzrelation in A, so ist die durch R in B induzierte Relation $R \| B$ eine Äquivalenzrelation in B, die *durch R in B induzierte* (*erzeugte*) *Äquivalenzrelation.*

(3) Für jede Abbildung f über einer Menge A ist

$$R = \{(x, y) \in A^2 \mid f(x) = f(y)\} = f^{-1} \circ f$$

eine Äquivalenzrelation in A, die *Bildgleichheit* in A bzgl. f oder die *durch f in A induzierte (erzeugte) Äquivalenzrelation.*
(4) Die Division ganzer Zahlen mit Rest ist unter Vorwegnahme der ganzen Zahlen ein Standardbeispiel für Äquivalenzrelationen. Ist A die Menge der ganzen Zahlen (mit dem Teilbereich der natürlichen Zahlen) und m eine von Null verschiedene natürliche Zahl, so gibt es für jedes $a \in A$ ein eindeutig bestimmtes Paar $(q, r) \in A^2$ mit $a = m \cdot q + r$ bei $0 \leqq r < m$ (Division von a durch m mit Rest). Es heißen dann bei festem m ganze Zahlen a, b *kongruent modulo* m, falls sie bei Division durch m denselben Rest r besitzen, und man schreibt $a \equiv b \bmod m$. Diese Restgleichheit $\equiv$ ist bei festem m eine Äquivalenzrelation in A; d.h.

$$R = \{(x, y) \in A^2 \mid x \equiv y \bmod m\}$$

ist eine Äquivalenzrelation in A. Die hierbei übliche „kongruent-modulo"-Ausdrucksweise gab Anlaß zu entsprechenden Ausdrucksweisen für beliebige Äquivalenzrelationen.
(5) Die Äquivalenzrelationen der Differenzengleichheit, Quotientengleichheit und Grenzwertgleichheit sind in Kapitel III beim Aufbau des Zahlensystems der ganzen, rationalen und reellen Zahlen von fundamentaler Bedeutung, und mit Hilfe der Gleichmächtigkeit werden vorher die natürlichen Zahlen (Anzahlen) endlicher Mengen eingeführt. Kardinal- und Ordinalzahlen werden in Kapitel V mit Hilfe der Äquivalenzrelationen der Gleichmächtigkeit von Mengen und der Isomorphie wohlgeordneter Mengen eingeführt.
(6) Es sei **U** ein Urbereich, welcher sämtliche derzeitigen Schüler einer bestimmten Schule mit umfasse. Für die Menge A dieser Schüler ist dann die Relation R in A mit für beliebige dieser Schüler x, y:

$$x R y \Leftrightarrow x \text{ und } y \text{ gehen in dieselbe Klasse}$$

(zwar, ebenso wie A, nicht mengentheoretisch definiert, aber auf Grund anschaulicher Argumentation offenbar) eine Äquivalenzrelation in A gemäß Definition 24, womit sich alle theoretischen Begriffsbildungen und Ergebnisse im Zusammenhang mit Äquivalenzrelationen auf R anwenden lassen. Auf analoge Weise erzeugen anschauliche Beziehungen zwischen materiellen Dingen wie „gleichlang", „gleichschwer", „gleichalt" Äquivalenzrelationen in der Menge der jeweils betrachteten Dinge.
Für das Abstraktionsprinzip definieren wir zunächst die benötigten Begriffe.

Definition 25. (a) R sei eine Äquivalenzrelation, a und K seien Objekte, und M sei eine Zerlegung:

Im Falle $a \in \mathrm{Fd}(R)$ heißt die Menge

$$[a]_R = \{x \mid a \underset{(R)}{\sim} x\} = R\langle\langle a\rangle\rangle$$

(gelesen: *Restklasse (von) a modulo R*) die *Äquivalenzklasse* oder *Restklasse (Abstraktionsklasse, Klasse) von a* modulo R (auch: nach R, bzgl. R). K heißt eine *Äquivalenzklasse* oder *Restklasse (Abstraktionsklasse, Klasse)* modulo R (auch: nach R, von R), falls $K = [x]_R$ für ein $x \in \mathrm{Fd}(R)$ ist. Die Abbildung

$$\{(x, [x]_R) \mid x \in \mathrm{Fd}(R)\} \qquad \text{bzw.} \qquad \{(x, X) \mid x \in X \in M\}$$

heißt die *kanonische Abbildung* von (der *Äquivalenzrelation*) R bzw. von (der *Zerlegung*) M.

(b) R sei eine Äquivalenzrelation in der Menge A:
Das Mengensystem

$$A/R = \{[x]_R \mid x \in A\} = \mathrm{Rs}(R)$$

(gelesen: *A nach R*) heißt der *Quotient* (die *Faktormenge, Zerlegung, Klasseneinteilung*) von A nach R (auch: modulo R). ∎

Sind Verwechslungen ausgeschlossen, so läßt man in Definition 25 bei $[a]_R$ den Index R auch weg. Die Bezeichnung „Restklasse" rührt von obigem Beispiel (4) her, die Bezeichnung „Abstraktionsklasse" geht auf das Abstraktionsprinzip von Satz 9 zurück. Die Bezeichnungen „Quotient", „Faktormenge", „Zerlegung", „Klasseneinteilung" rechtfertigen sich mit Satz 10. Grundlegende Eigenschaften der Äquivalenzklassen beinhaltet folgender

Satz 9. *Für Äquivalenzrelationen R in einer Menge A und Elemente $a, b \in A$ gilt:*

(a) $[a] = [b] \Leftrightarrow a \sim b$ (*Abstraktionsprinzip*),

(b) $a \in [b] \Leftrightarrow [a] = [b] \Leftrightarrow b \in [a]$, $[a] = \{x \in A \mid [x] = [a]\}$,

(c) $a \in [a] \neq \emptyset$, $[a] \neq [b] \Leftrightarrow [a] \cap [b] = \emptyset$,
$a \sim b \Leftrightarrow \exists x (x \in A \wedge a, b \in [x])$,

(d) $\exists!! X (X \in A/R \wedge a \in X)$, $[a] = \iota X (X \in A/R \wedge a \in X)$,
$a \sim b \Leftrightarrow \exists X (X \in A/R \wedge a, b \in X)$ $R = \bigcup \{X \times X \mid X \in A/R\}$.

Beweis. (b)–(d) folgen unmittelbar aus den Definitionen und aus (a). Nun zu (a). Es sei R eine Äquivalenzrelation in der Menge A und $a, b \in A$. Ist $[a] = [b]$, so gilt $b \in [b]$ wegen $b \sim b$, also auch $b \in [a]$, also $a \sim b$. Ist umgekehrt $a \sim b$, so gilt für jedes x:

$$x \in [a] \Leftrightarrow a \sim x \Leftrightarrow a \sim b \wedge a \sim x \Leftrightarrow b \sim a \wedge a \sim x$$
$$\Leftrightarrow a \sim b \wedge b \sim x \Leftrightarrow b \sim x \Leftrightarrow x \in [b];$$

damit ist $[a] = [b]$. ∎

Satz 9(a) eröffnet die Möglichkeit, in bezug auf eine Äquivalenzrelation R in einer Menge A für jedes $a \in A$ ein solches Objekt $\mathbf{T}(a)$ zu definieren, nämlich die Restklasse $\mathbf{T}(a) = [a]$, daß für Elemente $a, b \in A$ stets

$$\mathbf{T}(a) = \mathbf{T}(b) \Leftrightarrow a \sim b$$

gilt. D.h. die den Elementen $a \in A$ zugeordneten Objekte $\mathbf{T}(a)$ *identifizieren* modulo R äquivalente Elemente aus A und abstrahieren damit gerade von allen Unterschieden zwischen in der Relation R stehenden Elementen von A, und das Objekt $\mathbf{T}(a)$ symbolisiert auf diese Weise das allen mit a in der Relation R stehenden Elementen von A charakteristische gemeinsame Merkmal (eben mit a in der Relation R zu stehen). Die Bezeichnung „Abstraktionsprinzip" weist auf diese Abstraktion hin. Man versteht ganz allgemein unter dem *Abstraktionsprinzip* (oder dem *Prinzip der Definition durch Abstraktion*) in bezug auf eine Äquivalenzrelation R in einer Menge A die Methode, durch einen mengentheoretischen Term $\mathbf{T}(a)$ für jedes $a \in A$ ein Objekt $\mathbf{T}(a)$ derart zu definieren, daß für Elemente $a, b \in A$ stets

$$\mathbf{T}(a) = \mathbf{T}(b) \Leftrightarrow a \sim b$$

gilt. Die definierten Objekte $\mathbf{T}(a)$ *identifizieren* wieder modulo R äquivalente Elemente aus A. Ist das Abstraktionsprinzip in bezug auf eine Äquivalenzrelation R in einer Menge A mittels gewisser für die $a \in A$ definierter Objekte $\mathbf{T}(a)$ realisiert, so ist es auf unendlich viele weitere Arten realisierbar, indem man etwa von den Objekten $\mathbf{T}(a)$ durch *Indizierung* mit irgendeinem für alle $a \in A$ festen Element e zu den neuen Objekten $\mathbf{T}^*(a) = (e, \mathbf{T}(a))$ übergeht. Satz 9(a) sichert die Realisierbarkeit des Abstraktionsprinzips in bezug auf Äquivalenzrelationen in Mengen. Wir haben darüber hinaus in unserer Mengenlehre unter Zuhilfenahme der Allmengen sogar die Möglichkeit, beim Abstraktionsprinzip die zugrunde liegende Äquivalenzrelation und ihr Feld als außermathematische Objekte zuzulassen, wenn sie nur mittels mengentheoretischer Ausdrücke beschreibbar sind. Man spricht auch dann wieder vom *Abstraktionsprinzip* (oder *Prinzip der Definition durch Abstraktion*), allerdings jetzt in bezug auf eine „Äquivalenzrelation in einem Objektebereich". Die Realisierung erfolgt im wesentlichen wie in Satz 9(a) und genauer: durch Relativierung der „Äquivalenzklassen" auf kleinstmögliche Allmengen (damit Mengen entstehen). Als Beispiele verfolge man später die Definition der

Kardinal- und Ordinalzahlen. Mit dem Abstraktionsprinzip (in bezug auf Äquivalenzrelationen in Mengen oder „Äquivalenzrelationen in Objektebereichen") werden in der Mathematik grundlegende Begriffsbildungen vorgenommen. So sind in Kapitel III die ganzen, rationalen und reellen Zahlen im wesentlichen als die Abstraktionsklassen der Äquivalenzrelationen Differenzengleichheit, Quotientengleichheit und Grenzwertgleichheit definiert (also mit einem Abstraktionsprinzip) und werden die natürlichen Zahlen (Anzahlen) endlicher Mengen mit dem Abstraktionsprinzip in bezug auf die Gleichmächtigkeit im Bereich der endlichen Mengen eingeführt. In Kapitel V werden die Kardinal- und Ordinalzahlen mit dem Abstraktionsprinzip in bezug auf die Gleichmächtigkeit im Bereich der Mengen bzw. in bezug auf die Isomorphie im Bereich der wohlgeordneten Mengen eingeführt. Die Grundidee bei der Anwendung des Abstraktionsprinzips ist, für die definierten identifizierenden Objekte $\mathbf{T}(a)$ etwa Relationen und Operationen derart einzuführen, daß jede mit deren Hilfe formulierte und gültige Aussage über fest vorgegebene identifizierende Objekte T in praktischer Abkürzung eine zugehörige Gesetzmäßigkeit für eine ganze Schar von Elementen x wiedergibt, nämlich für alle Repräsentanten der vorgegebenen Objekte T, d.h. für alle Elemente x mit $\mathbf{T}(x)=T$ (vgl. Definition 26 und die anschließende Bemerkung). Wie eine derart abkürzende repräsentantenfreie Kommunikation im Einzelfall bewerkstelligt wird, ist den jeweiligen Anwendungen zu entnehmen.
Ist R eine Äquivalenzrelation und K eine Restklasse von R, so repräsentieren genau die Elemente $x \in K$ diese Restklasse im Sinne von $[x] = K$. Man definiert daher:

Definition 26. Ist R eine Äquivalenzrelation, $K \in \mathrm{Rs}(R)$ und x ein Objekt, so heißt x ein *Repräsentant* von K modulo R oder x *repräsentiert* K modulo R (auch: nach R, bzgl. R), falls $x \in \mathrm{Fd}(R)$ und $[x]_R = K$ gilt. Ist R eine Äquivalenzrelation, so heißen die Auswahlmengen von $\mathrm{Rs}(R)$ die *Repräsentantensysteme* modulo R (auch: nach R, von R). ∎
Über das Auswahlaxiom existiert zu jeder Äquivalenzrelation R stets ein Repräsentantensystem. Allgemein heißen auch bei jedem Abstraktionsprinzip mit den definierten identifizierenden Objekten $\mathbf{T}(a)$ für jedes Objekt T, zu dem es ein a mit $\mathbf{T}(a)=T$ gibt, genau diejenigen x mit $\mathbf{T}(x)=T$ die *Repräsentanten* von T modulo der zugrunde liegenden Äquivalenzrelation bzw. „Äquivalenzrelation".
Wir wenden uns abschließend dem Zusammenhang der Äquivalenzrelationen mit den Zerlegungen zu. Wir erinnern uns (Definition 7, §3): Eine Zerlegung (Partition, Klasseneinteilung) der Menge A ist ein Mengensystem M mit

$$\emptyset \notin M, \quad M \text{ disjunkt}, \quad \bigcup M = A.$$

Satz 10 (Hauptsatz über Äquivalenzrelationen). (a) *Für jede Äquivalenzrelation R in einer Menge A ist der Quotient A/R eine Zerlegung von A.*

(b) *Zu jeder Zerlegung M einer Menge A gibt es genau eine Äquivalenzrelation R in A mit $M = A/R$, nämlich*

$$R = \bigcup\{X \times X \mid X \in M\},$$

also diejenige Relation R in A mit für beliebige $x, y \in A$:

$$xRy \Leftrightarrow \exists X(X \in M \wedge x, y \in X).$$

(c) *Für jede Äquivalenzrelation R in einer Menge A, die nach* (a) *zu R gehörige Zerlegung M von A und die nach* (b) *zu M gehörige Äquivalenzrelation R' in A ist $R = R'$. Für jede Zerlegung M einer Menge A, die nach* (b) *zu M gehörige Äquivalenzrelation R in A und die nach* (a) *zu R gehörige Zerlegung M' von A ist $M = M'$.*

Beweis. (a) Für jede Äquivalenzrelation R in einer Menge A und für $M = A/R = \{[x] \mid x \in A\}$ ist trivial $\bigcup M \subseteq A$; wegen $x \in [x] \in M$ für jedes $x \in A$ ist auch $A \subseteq \bigcup M$; also gilt $\bigcup M = A$. Satz 9(c) liefert schließlich $\emptyset \notin M$ und die Disjunktheit von M. Damit ist M eine Zerlegung von A.
(b) Für jede Zerlegung M einer Menge A ist sofort

$$R = \bigcup\{X \times X \mid X \in M\}$$

eine Äquivalenzrelation in A mit $M = A/R$. Sind S, T Äquivalenzrelationen in A mit $M = A/S = A/T$, so gilt nach Satz 9(d):

$$S = \bigcup\{X \times X \mid X \in A/S\} = \bigcup\{X \times X \mid X \in A/T\} = T.$$

(c) folgt unmittelbar aus (a) und (b). ∎

Da nach Satz 10(a) für jede Äquivalenzrelation R in einer Menge A das Mengensystem A/R eine Zerlegung (Klasseneinteilung) von A ist, die Äquivalenzklassen also alle disjunkt und A ausschöpfend nebeneinander liegen, sind auch die Bezeichnungen „Quotient“ und „Faktormenge“ für A/R gerechtfertigt. Man denke dabei an eine endliche Menge A von n Elementen und eine Zerlegung M von A in p Klassen derselben Elementeanzahl m. Dann ergibt sich die Elementeanzahl p von M gerade als der Quotient $p = n:m$, und die Elementeanzahl $n = m \cdot p$ von A entsteht durch Multiplikation von m mit dem Faktor p.

§6. Verallgemeinerte Mengenoperationen

6.1. Familien

Eine besonders anschauliche Schreibweise für Abbildungen oder Funktionen f, bei der f als eine Art Familie seiner Funktionswerte erscheint, welche in Abhängigkeit ihrer über den Definitionsbereich $I = \mathrm{Db}(f)$ variierenden Argumente aufgereiht werden, ist:

$$(f_i)_{i \in I},$$

wobei in Indexschreibweise f_i für $f(i)$ steht (analog bei Verwendung anderer Variabler). Ist allgemeiner $\mathbf{T}_i$ irgendein den Wert $f(i)$ bezeichnender Term, so schreibt man in Familienauffassung für f ebenfalls

$$(\mathbf{T}_i)_{i \in I}.$$

Zum Beispiel läßt sich die auf der Menge A der reellen Zahlen definierte Funktion, welche jeder reellen Zahl x ihr Quadrat x^2 zuordnet, jetzt auch anschaulich schreiben als

$$(x^2)_{x \in A}.$$

Wir wollen die üblichen Begriffsbildungen einführen im Zusammenhang mit dieser Index- und Termschreibweise für Abbildungen, der Familienschreibweise. Sie finden im folgenden bei der Behandlung der verallgemeinerten Mengenoperationen Verwendung.

Definition 1. (a) Ist f eine Abbildung und $i \in \mathrm{Db}(f)$, so sei in Indexschreibweise

$$f_i = f(i)$$

(gelesen: *f Index i* oder kurz: f, i). Eine *Familie* ist eine Abbildung. Eine *Mengenfamilie* ist eine Abbildung, deren Werte Mengen sind. Ist f eine Familie bzw. Mengenfamilie und $i \in \mathrm{Db}(f)$, so heißt f_i das *i-te Element* bzw. die *i-te Menge* von f.
(b) f sei eine Familie, und i, j seien Objekte:
Für $(i, j) \in f$ sagt man auch, *durch f ist j mit i indiziert*, und i heißt ein *Index* von j bzgl. f (auch: bei f). Das Paar (i, j) heißt allgemein das *mit i indizierte Objekt j*.
(c) f sei eine Familie:
Der Definitionsbereich $\mathrm{Db}(f)$ heißt der *Indexbereich* oder *Träger* oder die *Indexmenge* von f. Die Elemente von $\mathrm{Db}(f)$ bzw. $\mathrm{Wb}(f)$ sind die *Indizes* bzw.

die *Elemente* von f. f ist *ohne Wiederholung* oder *die Elemente von f sind* (*paarweise*) *verschieden*, falls

$$\forall i \forall j \big(i, j \in \mathrm{Db}(f) \wedge i \neq j \Rightarrow f_i \neq f_j\big)$$

gilt (falls also f eineindeutig ist). Eine *Teilfamilie* von f ist eine Einschränkung $f|J$ auf eine Menge $J \subseteq \mathrm{Db}(f)$.

(d) f sei eine Mengenfamilie:

Die Elemente von $\mathrm{Wb}(f)$ sind die *Mengen* von f. *Die Mengen von f sind* (*paarweise*) *verschieden*, falls f ohne Wiederholung ist. f ist *disjunkt* oder *die Mengen von f sind paarweise disjunkt* (*paarweise* (*elemente*) *fremd*), falls

$$\forall i \forall j \big(i, j \in \mathrm{Db}(f) \wedge i \neq j \Rightarrow f_i \cap f_j = \emptyset\big)$$

gilt.

(e) I sei ein Objekt:

Eine *Familie* bzw. *Mengenfamilie über I* ist eine Familie bzw. Mengenfamilie f mit $\mathrm{Db}(f) = I$. ∎

Für jede Familie f existiert genau ein Objekt I, so daß f eine Familie über I ist, nämlich die Menge $I = \mathrm{Db}(f)$. Während es für eine Menge sinnlos ist, davon zu sprechen, daß irgendwelche Elemente mehrmals in ihr enthalten sind, können Familien bzw. Mengenfamilien f Elemente bzw. Mengen mehrmals enthalten im Sinne einer nicht umkehrbaren Eindeutigkeit von f, also im Sinne

$$\exists i \exists j \big(i, j \in \mathrm{Db}(f) \wedge i \neq j \wedge f_i = f_j\big).$$

Für die Disjunktheit einer Mengenfamilie f und die Disjunktheit des Mengensystems $\mathrm{Wb}(f)$ gilt:

$$f \textit{ disjunkt} \Rightarrow \mathrm{Wb}(f) \textit{ disjunkt},$$

$$f \textit{ disjunkt} \wedge \exists!\, i \big(i \in \mathrm{Db}(f) \wedge f_i = \emptyset\big) \Leftrightarrow f \textit{ eineindeutig} \wedge \mathrm{Wb}(f) \textit{ disjunkt}.$$

Definitionen 2. Ist $\mathbf{T}_i$ ein mengentheoretischer Term, in dem die Variable i frei vorkommt und die Variable I nicht gebunden (und wobei im folgenden i die einzige gebundene Mengenbildungsvariable ist), so sei in Termschreibweise

$$(\mathbf{T}_i)_{i \in I} = \{(i, \mathbf{T}_i) \mid i \in I\} \quad \text{bzw.} \quad \{\mathbf{T}_i\}_{i \in I} = \{\mathbf{T}_i \mid i \in I\}$$

(gelesen: *Familie* (auch *Abbildung, Funktion*) $\mathbf{T}_i$ *für* $i \in I$ bzw. *Menge aller* $\mathbf{T}_i$ *für* $i \in I$). ∎

Ist f eine Familie über I und $\mathbf{T}_i$ ein für jedes $i \in I$ den Wert $f(i)$ bezeichnender mengentheoretischer Term, also

$$\forall i(i \in I \Rightarrow f(i) = \mathbf{T}_i),$$

so existieren die Mengen der Definitionen 2, und die für sie eingeführten Abkürzungen erweisen sich als besonders anschauliche Bezeichnungen für f und $\mathrm{Wb}(f)$:

$$f = (\mathbf{T}_i)_{i \in I}, \qquad \mathrm{Wb}(f) = \{\mathbf{T}_i\}_{i \in I}.$$

Wählt man speziell $f(i)$ oder f_i für $\mathbf{T}_i$, so erhält man für Familien f über I:

$$f = (f(i))_{i \in I} = (f_i)_{i \in I}, \qquad \mathrm{Wb}(f) = \{f(i)\}_{i \in I} = \{f_i\}_{i \in I},$$

dabei:

$$I = \emptyset \Rightarrow (f_i)_{i \in I} = \{f_i\}_{i \in I} = \emptyset.$$

Weiter ergibt sich etwa für jede Menge A und die identische Abbildung $f = \mathrm{id}_A$:

$$\mathrm{id}_A = (\mathrm{id}_A(a))_{a \in A} = (a)_{a \in A}, \qquad A = \mathrm{Wb}(\mathrm{id}_A) = \{\mathrm{id}_A(a)\}_{a \in A} = \{a\}_{a \in A}.$$

Für jede Mengenfamilie f über I gilt:

$$(f_i)_{i \in I} \textit{ disjunkt} \Leftrightarrow \forall i \forall j (i, j \in I \wedge i \neq j \Rightarrow f_i \cap f_j = \emptyset).$$

Redeweisen wie „$(f_i)_{i \in I}$ sei eine Familie", „$(f_i)_{i \in I}$ sei eine Familie über I", „Für alle Mengenfamilien $(f_i)_{i \in I}$ gilt...", „Es gibt eine Menge I, so daß für jede Familie $(f_i)_{i \in I}$ gilt..." sollen einfach bedeuten: „f sei eine Familie über I", „f sei eine Familie über I", „Für jedes I und jede Mengenfamilie f über I gilt...", „Es gibt eine Menge I, so daß für jede Familie f über I gilt:...". Neben der in den Definitionen 2 angegebenen Termschreibweise $(\mathbf{T}_i)_{i \in I}$ für eine Familie f über I sind auch gebräuchlich Termschreibweisen für f wie:

$$(\mathbf{T}_i \mid i \in I), \quad \mathbf{T}_i(i \in I), \quad (i \mapsto \mathbf{T}_i \mid i \in I), \quad i \mapsto \mathbf{T}_i(i \in I), \quad (I \ni i \mapsto \mathbf{T}_i).$$

Sind Mißverständnisse ausgeschlossen, so läßt man den Indexbereich I nachträglich wieder weg und erhält für f auch einfach:

$$(\mathbf{T}_i), \quad \mathbf{T}_i, \quad (i \mapsto \mathbf{T}_i), \quad i \mapsto \mathbf{T}_i.$$

Unter die Schreibweisen $\mathbf{T}_i$, $i \mapsto \mathbf{T}_i$ (letztere gelesen: *i Pfeil* $\mathbf{T}_i$) fallen dann Funktionsbeschreibungen wie „die reelle Funktion x^2", „die Funktion $x \mapsto x^2$", „die Funktion $f(x)$". Wir verwenden in der Allgemeinen Mengenlehre von allen Termschreibweisen für Familien ausschließlich die ursprüngliche Schreibweise $(\mathbf{T}_i)_{i \in I}$. Man darf dabei an Stelle von $i \in I$ auch andere gleichwertige Formulierungen (mengentheoretische Ausdrücke) $\mathbf{H}(i)$ setzen wie z. B. (A, B seien Mengen)

$i \in A, i \in B$	an Stelle von	$i \in A \cap B$,
$i \in A \vee i \in B$ $i \neq \emptyset$	an Stelle von	$i \in (A \cup B) \setminus \{\emptyset\}$.

Derartige Schreibweisen sind unmittelbar verständlich; man muß nur immer wissen bzw. hinzufügen, welches die gebundene Variable (hier i) ist.
Ähnlich den mehrstelligen Abbildungen definiert man die mehrstelligen Familien und Mengenfamilien.

Definitionen 3. Eine *einstellige, zweistellige, dreistellige,... Familie* bzw. *Mengenfamilie* ist eine Familie bzw. Mengenfamilie, deren Definitionsbereich aus Objekten, Zweitupeln, Dreitupeln,... besteht. ∎
Man spricht auch von *einfachen Familien, zweifachen Familien* oder *Doppelfamilien, dreifachen Familien,...*. Die obige einstellige Index- und Termschreibweise der Definitionen 1 und 2 (einschließlich der an diese Definitionen anschließenden Bemerkungen und weiteren Verabredungen) überträgt man unmittelbar mehrstellig. Ist also etwa f eine zweistellige Familie und ist $(i,j) \in \mathrm{Db}(f)$ (das Paar (i,j) ist dann ein *zweifacher Index* oder *Doppelindex* von f mit dem *ersten Index i* und dem *zweiten Index j*), so sei in Indexschreibweise

$$f_{ij} = f(i,j) \quad \text{(nötigenfalls auch mit Komma: } f_{i,j}\text{)},$$

und ist $\mathbf{T}_{ij}$ ein mengentheoretischer Term, in dem die Variablen i,j frei vorkommen und die Variable I nicht gebunden (und wobei im folgenden i,j die einzigen gebundenen Mengenbildungsvariablen sind), so sei in Termschreibweise

$$(\mathbf{T}_{ij})_{(i,j)\in I} = \{(i,j,\mathbf{T}_{ij}) \mid (i,j) \in I\}, \quad \{\mathbf{T}_{ij}\}_{(i,j)\in I} = \{\mathbf{T}_{ij} \mid (i,j) \in I\}.$$

Eine Redeweise wie „$(f_{ij})_{(i,j)\in I}$ sei eine Familie (über I)" soll wieder bedeuten: „f sei eine zweistellige Familie über I".
Zur Vermeidung von Weitläufigkeiten bei Definitionen vereinbaren wir, daß Begriffsbildungen im Zusammenhang mit einstelligen Familien (wie in §6.2 $\bigcup, \bigcap, \mathsf{X}$ für Mengenfamilien) automatisch auf mehrstellig geschriebene mehrstellige Familien übertragen seien, indem man diese mehrstelligen Familien einstellig schreibt. Für eine etwa zweistellige Mengenfamilie $(A_{ij})_{(i,j)\in I}$ hat man ja

$$A = (A_{ij})_{(i,j)\in I} = (A_k)_{k\in I},$$

und es sei, etwa hinsichtlich $\bigcup, \bigcap, \mathsf{X}$ (bei $I \neq \emptyset$ für $\bigcap$), definiert:

$$\bigcup_{(i,j)\in I} A_{ij} = \bigcup_{k\in I} A_k, \quad \bigcap_{(i,j)\in I} A_{ij} = \bigcap_{k\in I} A_k, \quad \mathop{\mathsf{X}}_{(i,j)\in I} A_{ij} = \mathop{\mathsf{X}}_{k\in I} A_k.$$

Ebenfalls zur Vermeidung von Weitläufigkeiten der Definitionstechnik vereinbaren wir schließlich, daß man bei Definitionen im Zusammenhang mit einstelligen, zweistelligen,... Familien f (man denke an die Beispiele $\bigcup$, $\bigcap$, $\mathbf{X}$) automatisch an Stelle auftretender Bezeichnungen für die Funktionswerte $f(i)$, $f(i,j)$,... (wie f_i, f_{ij},... oder $f(i)$, $f(i,j)$,... selbst) beliebige, die Werte $f(i)$, $f(i,j)$,... bezeichnende mengentheoretische Terme $\mathbf{T}_i$, $\mathbf{T}_{ij}$,... setzen darf (Termschreibweise). An Stelle von $i \in I, (i,j) \in I$,... dürfen darüber hinaus stets gleichwertige Formulierungen $\mathbf{H}(i)$, $\mathbf{H}(i,j)$,... verwendet werden.

6.2. Allgemeine Mengenoperationen

Vereinigung $\bigcup M$, Durchschnitt $\bigcap M$ und Produkt $\mathbf{X} M$ von Mengensystemen M lassen sich unter Verwendung von Mengenfamilien $(A_i)_{i \in I}$ an Stelle der Mengensysteme M unmittelbar verallgemeinern zu den in der Mathematik fortlaufend gebrauchten *allgemeinen* (oder *verallgemeinerten*) *Mengenoperationen.* Über das Aussonderungsprinzip existieren für jede Mengenfamilie $(A_i)_{i \in I}$ die Mengen

$$\{x \mid \exists i(i \in I \wedge x \in A_i)\} = \{x \in \bigcup \mathrm{Wb}(A) \mid \exists i(i \in I \wedge x \in A_i)\},$$
$$\{f \mid f \textit{ Funktion über } I \wedge \forall i(i \in I \Rightarrow f_i \in A_i)\}$$
$$\{f \in \mathfrak{P}(I \times \bigcup \mathrm{Wb}(A)) \mid f \textit{ Funktion über } I \wedge \forall i(i \in I \Rightarrow f_i \in A_i)\},$$

existiert im Falle $I \neq \emptyset$ die Menge

$$\{x \mid \forall i(i \in I \Rightarrow x \in A_i)\} = \{x \in \bigcap \mathrm{Wb}(A) \mid \forall i(i \in I \Rightarrow x \in A_i)\}$$

und existiert für jede Menge E die Menge

$$\{x \in E \mid \forall i(i \in I \Rightarrow x \in A_i)\}.$$

Definition 4. Für jede Mengenfamilie $(A_i)_{i \in I}$ heißt die Menge

$$\bigcup_{i \in I} A_i = \{x \mid \exists i(i \in I \wedge x \in A_i)\}$$

(gelesen: *Vereinigung A_i für $i \in I$*) die (*allgemeine*) *Vereinigung* von $(A_i)_{i \in I}$ (auch: ... der A_i für $i \in I$; ebenso beim Durchschnitt und Produkt), heißt im Falle $I \neq \emptyset$ die Menge

$$\bigcap_{i \in I} A_i = \{x \mid \forall i(i \in I \Rightarrow x \in A_i)\}$$

(gelesen: *Durchschnitt A_i für $i \in I$*) der (*allgemeine*) *Durchschnitt* von $(A_i)_{i \in I}$, heißt für jede Menge E mit $A_i \subseteq E$ für alle $i \in I$ die Menge

$$\overset{E}{\bigcap_{i \in I}} A_i = \{x \in E \mid \forall i (i \in I \Rightarrow x \in A_i)\}$$

(gelesen: *Durchschnitt* A_i *für* $i \in I$ *bzgl.* E) der (*allgemeine*) *Durchschnitt* von $(A_i)_{i \in I}$ bzgl. E und heißt die Menge

$$\bigtimes_{i \in I} A_i = \{f \mid f \textit{ Funktion über } I \wedge \forall i (i \in I \Rightarrow f_i \in A_i)\}$$

(gelesen: *Produkt* A_i *für* $i \in I$ oder: *Kreuz* A_i *für* $i \in I$) das (*allgemeine*) *Produkt* (oder das (*allgemeine*) *Mengenprodukt*, *Kreuzprodukt*, *kartesische Produkt*, die (*allgemeine*) *Produktmenge*) von $(A_i)_{i \in I}$ und heißen die Mengen A_i (für $i \in I$) die *Komponenten* (*Faktoren*) von $\bigtimes_{i \in I} A_i$. ∎

Sind Verwechslungen ausgeschlossen, so läßt man die Indexvariable E an dem Zeichen $\bigcap$ auch weg. Die Bezeichnung „Produkt" ist auch wieder dadurch gerechtfertigt, wenn man den Zahlbegriff vorwegnimmt, daß für Mengenfamilien $(A_i)_{i \in I}$ mit der endlichen Menge I der natürlichen Zahlen i zwischen 1 und $k \geqq 1$ als Indexmenge und mit endlichen Mengen A_i der Elementeanzahlen n_i die Menge $\bigtimes_{i \in I} A_i$ gerade $n_1 \cdot \ldots \cdot n_k$ Elemente besitzt. Für beliebige Mengenfamilien $(A_i)_{i \in I}$ sind die Funktionen $f \in \bigtimes_{i \in I} A_i$, in Verallgemeinerung der Auswahlfunktionen von Mengensystemen, die (*allgemeinen*) *Auswahlfunktionen* von $(A_i)_{i \in I}$. Sie sind in einem erweiterten Sinne geordnete Zusammenfassungen (sozusagen „I-Tupel") von aus den einzelnen A_i (für $i \in I$) ausgewählten Elementen $x = f(i)$, da nach der Wertverlaufsbestimmtheit von Funktionen für $f, g \in \bigtimes_{i \in I} A_i$ gilt:

$$f = g \Leftrightarrow \forall i (i \in I \Rightarrow f_i = g_i).$$

Die alten $\bigcup$, $\bigcap$, $\bigtimes$ für Mengensysteme sind unter Vermittlung der identischen Abbildung Spezialfälle der Definition 4; denn für Mengensysteme M und Mengen E gilt:

$$\bigcup M = \bigcup_{i \in M} \mathrm{id}_M(i) = \bigcup_{X \in M} X, \quad M \neq \emptyset \Rightarrow \bigcap M = \bigcap_{i \in M} \mathrm{id}_M(i) = \bigcap_{X \in M} X,$$

$$M \subseteq \mathfrak{P}(E) \Rightarrow \overset{E}{\bigcap} M = \overset{E}{\bigcap_{i \in M}} \mathrm{id}_M(i) = \overset{E}{\bigcap_{X \in M}} X, \; \bigtimes M = \bigtimes_{i \in M} \mathrm{id}_M(i) = \bigtimes_{X \in M} X.$$

Ebenso gilt für Mengen A_1, A_2, eine beliebige Indexfamilie $I = \{i_1, i_2\}$ bei $i_1 \neq i_2$ und die Mengenfamilie $(A_i)_{i \in I}$ mit $A_{i_1} = A_1, A_{i_2} = A_2$:

$$A_1 \cup A_2 = \bigcup_{i \in I} A_i, \quad A_1 \cap A_2 = \bigcap_{i \in I} A_i, \quad A_1 \times A_2 \underset{F}{\sim} \bigtimes_{i \in I} A_i,$$

wo F die Abbildung über $A_1 \times A_2$ ist, durch welche jedem Paar $(a_1, a_2) \in A_1 \times A_2$ die allgemeine Auswahlfunktion f über I zugeordnet wird mit $f_{i_1} = a_1$, $f_{i_2} = a_2$.
Es liegt nahe, für Mengenfamilien $(A_i)_{i \in I}$, deren Mengen A_i alle gleich einer festen Menge M sind, das allgemeine Produkt $\mathsf{X}_{i \in I} A_i$ als die Potenz M^I aufzufassen. M^I ist dann die Menge aller Funktionen f von I in M. Nach dem Aussonderungsprinzip existiert für beliebige Mengen A, B die Menge

$$\{f \mid f \text{ Funktion von } B \text{ in } A\} = \{f \in \mathfrak{P}(B \times A) \mid f \text{ Funktion von } B \text{ in } A\},$$

und man definiert:

Definition 5. Für Mengen A, B heißt die Menge

$$A^B = \{f \mid f \text{ Funktion von } B \text{ in } A\} = \mathsf{X}_{i \in B} A$$

(gelesen: *A hoch B*) die *Mengenpotenz* oder *Potenz* von A, B und heißen die Elemente von A^B auch die *Belegungen* von B mit A. ∎
Die Bezeichnung „Potenz“ ist auch dadurch gerechtfertigt, wenn man den Zahlbegriff vorwegnimmt, daß für endliche Mengen A, B mit den Elementeanzahlen n, m die Menge A^B gerade n^m Elemente besitzt. Der Begriff der charakteristischen Funktionen vermittelt einen Zusammenhang zwischen Potenzmengen und Mengenpotenzen.

Definition 6. Für Mengen A, X und Objekte a, b mit $X \subseteq A$ und $a \neq b$ heißt die Funktion f über A mit für jedes $x \in A$:

$$f(x) = \begin{cases} a, \text{ falls } x \in X \\ b, \text{ falls } x \notin X \end{cases}$$

die *charakteristische Funktion* von X bzgl. A, a, b. ∎
Für a, b wählt man meistens die Zahlen 1, 0 und spricht dann von der *charakteristischen Funktion* von X bzgl. A.

Satz 1. *Für jede Menge A und Objekte a, b mit $a \neq b$ ist die Abbildung*
$F = \{(X, f) \mid X \in \mathfrak{P}(A), f$ *charakteristische Funktion von X bzgl. $A, a, b\}$, welche jeder Teilmenge $X \subseteq A$ ihre charakteristische Funktion $F(X)$ bzgl. A, a, b zuordnet, eine umkehrbar eindeutige Abbildung von $\mathfrak{P}(A)$ auf $\{a, b\}^A$, also*

$$\mathfrak{P}(A) \underset{F}{\sim} \{a, b\}^A.$$

Beweis. Unter den Voraussetzungen des Satzes ist F sofort eine Abbildung von $\mathfrak{P}(A)$ in $\{a, b\}^A$. F ist auch eine Abbildung auf $\{a, b\}^A$; denn für jedes

$f \in \{a, b\}^A$ ist $f = F(X)$ für die Menge X aller $x \in A$ mit $f(x) = a$. Schließlich erweist sich F als eineindeutig. Denn für beliebige Teilmengen $X_1, X_2 \subseteq A$ mit $F(X_1) = F(X_2)$ gilt (wegen $a \neq b$) für jedes $x \in A$:

$$x \in X_1 \Leftrightarrow F(X_1)(x) = a \Leftrightarrow F(X_2)(x) = a \Leftrightarrow x \in X_2,$$

woraus $X_1 = X_2$ folgt. ∎

6.3 Rechengesetze

Von den zahlreichen Rechengesetzen für die verallgemeinerten Mengenoperationen (die man sich im Bedarfsfall selbst überlegen und beweisen kann), geben wir eine systematische Zusammenstellung der zentralen Gesetze. Man erhält daraus rückwirkend auch weitere Rechengesetze für Vereinigung, Durchschnitt und Produkt von Mengensystemen M, nämlich unter Vermittlung der identischen Familien $(X)_{X \in M}$. Wir beginnen mit den Gesetzen für $\bigcup, \bigcap$.

Satz 2. *Für Mengen I, K, M, Abbildungen f von K auf I und Mengenfamilien $(A_i)_{i \in I}$, $(B_i)_{i \in I}$ gilt:*

$$\bigcup_{i \in I} A_i = \bigcup_{k \in K} A_{f(k)}, \quad I = \emptyset \Rightarrow \bigcup_{i \in I} A_i = \emptyset, \quad \bigcup_{i \in I} A_i = \bigcup_{i \in I,\, A_i \neq 0} A_i,$$

$$I \neq \emptyset \Rightarrow \bigcap_{i \in I} A_i = \bigcap_{k \in K} A_{f(k)},$$

$$I \neq \emptyset \Rightarrow \bigcap_{i \in I} A_i \subseteq \bigcup_{i \in I} A_i, \qquad I \neq \emptyset \Rightarrow \bigcup_{i \in I} M = \bigcap_{i \in I} M = M,$$

$$\forall i (i \in I \Rightarrow A_i = \emptyset) \Leftrightarrow \bigcup_{i \in I} A_i = \emptyset, \quad \exists i (i \in I \wedge A_i = \emptyset) \Rightarrow \bigcap_{i \in I} A_i = \emptyset,$$

$$\left.\begin{aligned} \forall i (i \in I \Rightarrow A_i \subseteq B_i) &\Rightarrow \bigcup_{i \in I} A_i \subseteq \bigcup_{i \in I} B_i \\ I \neq \emptyset \wedge \forall i (i \in I \Rightarrow A_i \subseteq B_i) &\Rightarrow \bigcap_{i \in I} A_i \subseteq \bigcap_{i \in I} B_i \end{aligned}\right\} \text{(Allgemeine Monotonie)},$$

$$\left.\begin{aligned} K \subseteq I &\Rightarrow \bigcup_{i \in K} A_i \subseteq \bigcup_{i \in I} A_i \\ \emptyset \neq K \subseteq I &\Rightarrow \bigcap_{i \in I} A_i \subseteq \bigcap_{i \in K} A_i \end{aligned}\right\} \text{(Monotonie bzw. Antimonotonie in bezug auf den Indexbereich)},$$

$$\forall j (j \in I \Rightarrow A_j \subseteq \bigcup_{i \in I} A_i) \wedge \forall X (X \notin \mathbf{U} \wedge \forall j (j \in I \Rightarrow A_j \subseteq X) \Rightarrow \bigcup_{i \in I} A_i \subseteq X),$$

$$I \neq \emptyset \Rightarrow$$
$$\forall j (j \in I \Rightarrow \bigcap_{i \in I} A_i \subseteq A_j) \wedge \forall X (X \notin \mathbf{U} \wedge \forall j (j \in I \Rightarrow X \subseteq A_j) \Rightarrow X \subseteq \bigcap_{i \in I} A_i).$$

Ist noch $A_i, B_i \subseteq E$ für eine Menge E und alle $i \in I$, so gilt für den auf E relativier-

ten Durchschnitt:

$$\bigcap_{i\in I} A_i = \bigcap_{k\in K} A_{f(k)},\quad I=\emptyset \Rightarrow \bigcap_{i\in I} A_i = E,\quad \bigcap_{i\in I} A_i = \bigcap_{i\in I,\, A_i \neq E} A_i,$$
$$\forall i(i\in I \Rightarrow A_i = E) \Leftrightarrow \bigcap_{i\in I} A_i = E,\quad \exists i(i\in I \wedge A_i = E) \Rightarrow \bigcup_{i\in I} A_i = E,$$
$$\forall i(i\in I \Rightarrow A_i \subseteq B_i) \Rightarrow \bigcap_{i\in I} A_i \subseteq \bigcap_{i\in I} B_i \qquad (\textit{Allgemeine Monotonie}),$$
$$K\subseteq I \Rightarrow \bigcap_{i\in I} A_i \subseteq \bigcap_{i\in K} A_i \quad (\textit{Antimonotonie in bezug auf den Indexbereich}),$$
$$\bigcap_{i\in I} A_i = \max\{X\in \mathfrak{P}(E) \mid \forall i(i\in I \Rightarrow X\subseteq A_i)\} \subseteq E,$$
$$\bigcup_{i\in I} A_i = \min\{X\in \mathfrak{P}(E) \mid \forall i(i\in I \Rightarrow A_i\subseteq X)\} \subseteq E.$$

Beweis. Aus den Definitionen. ∎

Satz 2 ergibt auch die *allgemeinen Kommutativgesetze* für $\bigcup$, $\bigcap$: Für Mengenfamilien $(A_i)_{i\in I}$ und Permutationen p von I gilt:

$$\bigcup_{i\in I} A_i = \bigcup_{i\in I} A_{p(i)},\qquad I\neq\emptyset \Rightarrow \bigcap_{i\in I} A_i = \bigcap_{i\in I} A_{p(i)}.$$

Ist noch $A_i\subseteq E$ für eine Menge E und alle $i\in I$, so entfällt für den auf E relativierten Durchschnitt die Voraussetzung $I\neq\emptyset$. Der nächste Satz bringt die *allgemeinen Assoziativgesetze* für $\bigcup$, $\bigcap$ (vgl. J. Schmidt, *Mengenlehre* I).

Satz 3. (a) *Für Relationen* K, *Mengenfamilien* $(A_{ij})_{(i,j)\in K}$ *und* $I=\mathrm{Vb}(K)$, $J=\mathrm{Nb}(K)$ *gilt:*

$$\bigcup_{i\in I}\Big(\bigcup_{(i,j)\in K} A_{ij}\Big) = \bigcup_{(i,j)\in K} A_{ij} = \bigcup_{j\in J}\Big(\bigcup_{(i,j)\in K} A_{ij}\Big)$$

(wobei in der linken i-ten Klammer die Variable j und in der rechten j-ten Klammer die Variable i die gebundene Vereinigungsvariable ist),

$$K\neq\emptyset \Rightarrow \bigcap_{i\in I}\Big(\bigcap_{(i,j)\in K} A_{ij}\Big) = \bigcap_{(i,j)\in K} A_{ij} = \bigcap_{j\in J}\Big(\bigcap_{(i,j)\in K} A_{ij}\Big).$$

Ist noch $A_{ij}\subseteq E$ für eine Menge E und alle $(i,j)\in K$, so entfällt für den auf E relativierten Durchschnitt die Voraussetzung $K\neq\emptyset$.
(b) *Für Mengenfamilien* $(J_i)_{i\in I}$, $V=\bigcup_{i\in I} J_i$ *und Mengenfamilien* $(A_j)_{j\in V}$ *über* V *gilt:*

$$\bigcup_{j\in V} A_j = \bigcup_{i\in I}\Big(\bigcup_{j\in J_i} A_j\Big),\quad I\neq\emptyset \wedge \forall i(i\in I \Rightarrow J_i\neq\emptyset) \Rightarrow \bigcap_{j\in V} A_j = \bigcap_{i\in I}\Big(\bigcap_{j\in J_i} A_j\Big).$$

Ist noch $A_j\subseteq E$ für eine Menge E und alle $j\in V$, so entfallen für den auf E relativierten Durchschnitt die Voraussetzungen $I, J_i\neq\emptyset$.

Beweis. Aus den Definitionen. (b) folgt auch aus (a). ∎

Der nächste Satz beinhaltet die *allgemeinen Distributivgesetze* im Zusammenhang mit $\bigcup$, $\bigcap$ und die *allgemeinen* DE MORGAN*schen Regeln* für Differenz und Komplement.

Satz 4. (a) *Für Mengenfamilien* $(A_i)_{i\in I}$, $(B_j)_{j\in J}$ *und Mengen M gilt:*

$$M\cap\bigcup_{i\in I}A_i=\bigcup_{i\in I}(M\cap A_i),\quad I\neq\emptyset\Rightarrow M\cup\bigcap_{i\in I}A_i=\bigcap_{i\in I}(M\cup A_i),$$

$$\left.\begin{array}{l} I\neq\emptyset\Rightarrow M\setminus\bigcup_{i\in I}A_i=\bigcap_{i\in I}(M\setminus A_i)\\ I\neq\emptyset\Rightarrow M\setminus\bigcap_{i\in I}A_i=\bigcup_{i\in I}(M\setminus A_i)\end{array}\right\}\ \text{(Allgemeine DE MORGANsche Regeln)},$$

$$\bigcup_{i\in I}A_i\setminus M=\bigcup_{i\in I}(A_i\setminus M),\quad I\neq\emptyset\Rightarrow\bigcap_{i\in I}A_i\setminus M=\bigcap_{i\in I}(A_i\setminus M),$$

$$M\times\bigcup_{i\in I}A_i=\bigcup_{i\in I}(M\times A_i),\quad I\neq\emptyset\Rightarrow M\times\bigcap_{i\in I}A_i=\bigcap_{i\in I}(M\times A_i),$$

$$\bigcup_{i\in I}A_i\times M=\bigcup_{i\in I}(A_i\times M),\quad I\neq\emptyset\Rightarrow\bigcap_{i\in I}A_i\times M=\bigcap_{i\in I}(A_i\times M),$$

$$\bigcup_{i\in I}A_i\cap\bigcup_{j\in J}B_j=\bigcup_{i\in I,j\in J}(A_i\cap B_j),$$

$$I,J\neq\emptyset\Rightarrow\bigcap_{i\in I}A_i\cup\bigcap_{j\in J}B_j=\bigcap_{i\in I,j\in J}(A_i\cup B_j),$$

$$\bigcup_{i\in I}A_i\times\bigcup_{j\in J}B_j=\bigcup_{i\in I,j\in J}(A_i\times B_j),$$

$$I,J\neq\emptyset\Rightarrow\bigcap_{i\in I}A_i\times\bigcap_{j\in J}B_j=\bigcap_{i\in I,j\in J}(A_i\times B_j),$$

$$I=J\neq\emptyset\Rightarrow\bigcap_{i\in I}A_i\times\bigcap_{i\in I}B_i=\bigcap_{i\in I}(A_i\times B_i).$$

(b) *Für Mengenfamilien* $(A_i)_{i\in I}$ *und Mengen E mit* $A_i\subseteq E$ *für alle* $i\in I$ *gilt* (bei E als Bezugsmenge für Komplement und Durchschnitt):

$$\left.\begin{array}{l}\overline{\bigcup_{i\in I}A_i}=\bigcap_{i\in I}\overline{A_i}\\ \overline{\bigcap_{i\in I}A_i}=\bigcup_{i\in I}\overline{A_i}\end{array}\right.\quad\text{(Allgemeine DE MORGANsche Regeln).}$$

(c) *Für Relationen K, Mengenfamilien* $(A_{ij})_{(i,j)\in K}$ *und* $I=\mathrm{Vb}(K)$, $P=\mathop{\mathsf{X}}_{i\in I}K\langle\langle i\rangle\rangle$ *gilt:*

$$\bigcup_{i\in I}\Big(\bigcap_{(i,j)\in K}A_{ij}\Big)=\bigcap_{f\in P}\Big(\bigcup_{i\in I}A_{i,f(i)}\Big),\quad K\neq\emptyset\Rightarrow\bigcap_{i\in I}\Big(\bigcup_{(i,j)\in K}A_{ij}\Big)=\bigcup_{f\in P}\Big(\bigcap_{i\in I}A_{i,f(i)}\Big).$$

Ist noch $A_{ij}\subseteq E$ *für eine Menge E und alle* $(i,j)\in K$, *so entfällt für den auf E relativierten Durchschnitt die Voraussetzung* $K\neq\emptyset$.

(d) *Für Mengenfamilien* $(J_i)_{i\in I}$, $K=\bigcup_{i\in I}(\{i\}\times J_i)$, $P=\mathop{\mathsf{X}}_{i\in I}J_i$ *und Mengenfami-*

lien $(A_{ij})_{(i,j)\in K}$ *über K gilt:*

$$\forall i(i\in I \Rightarrow J_i \neq \emptyset) \Rightarrow \bigcup_{i\in I}\Big(\bigcap_{j\in J_i} A_{ij}\Big) = \bigcap_{f\in P}\Big(\bigcup_{i\in I} A_{i,f(i)}\Big),$$

$$I\neq\emptyset \Rightarrow \bigcap_{i\in I}\Big(\bigcup_{j\in J_i} A_{ij}\Big) = \bigcup_{f\in P}\Big(\bigcap_{i\in I} A_{i,f(i)}\Big).$$

Ist noch $A_{ij}\subseteq E$ *für eine Menge E und alle* $(i,j)\in K$, *so entfallen für den auf E relativierten Durchschnitt die Voraussetzungen* J_i, $I\neq\emptyset$.

Beweis. Übung. In (c) ist $P\neq\emptyset$ nach Satz 6. (d) folgt auch aus (c). ∎

Der nächste Satz beinhaltet (bis auf die behauptete Inklusion) die Gesetze der *allgemeinen Vereinigungs-* und *Durchschnittstreue* bei Korrespondenzen.

Satz 5. *Für Korrespondenzen F und Mengenfamilien* $(A_i)_{i\in I}$ *gilt:*

$$F\langle\bigcup_{i\in I} A_i\rangle = \bigcup_{i\in I} F\langle A_i\rangle, \qquad I\neq\emptyset \Rightarrow F\langle\bigcap_{i\in I} A_i\rangle \subseteq \bigcap_{i\in I} F\langle A_i\rangle,$$

$$I\neq\emptyset \wedge F \text{ eindeutig} \Rightarrow F^{-1}\langle\bigcap_{i\in I} A_i\rangle = \bigcap_{i\in I} F^{-1}\langle A_i\rangle.$$

Beweis. Aus den Definitionen. ∎

Wir wenden uns nun den Gesetzen für **X** zu.

Satz 6. *Für Mengen I, M und Mengenfamilien* $(A_i)_{i\in I}$, $(B_i)_{i\in I}$ *gilt:*

$$I=\emptyset \Rightarrow \mathop{\mathsf{X}}_{i\in I} A_i = \{\emptyset\}, \qquad \mathop{\mathsf{X}}_{i\in I} A_i = \emptyset \Leftrightarrow \exists i(i\in I \wedge A_i=\emptyset),$$

$$\forall i(i\in I \Rightarrow A_i\subseteq B_i) \Rightarrow \mathop{\mathsf{X}}_{i\in I} A_i \subseteq \mathop{\mathsf{X}}_{i\in I} B_i \qquad (\textit{Allgemeine Monotonie}),$$

$$\emptyset \neq \mathop{\mathsf{X}}_{i\in I} A_i \subseteq \mathop{\mathsf{X}}_{i\in I} B_i \Rightarrow \forall i(i\in I \Rightarrow A_i\subseteq B_i),$$

$$\emptyset \neq \mathop{\mathsf{X}}_{i\in I} A_i = \mathop{\mathsf{X}}_{i\in I} B_i \Rightarrow \forall i(i\in I \Rightarrow A_i = B_i) \Rightarrow (A_i)_{i\in I} = (B_i)_{i\in I},$$

$$\bigcup_{i\in I} A_i \subseteq M \Rightarrow \mathop{\mathsf{X}}_{i\in I} A_i \subseteq M^I \subseteq \mathfrak{P}(I\times M).$$

Beweis. Aus den Definitionen. Für ($\Rightarrow$) der zweiten Behauptung sei $(A_i)_{i\in I}$ eine Mengenfamilie mit $A_i\neq\emptyset$ für alle $i\in I$. Zu zeigen ist die Existenz einer Funktion f über I mit $f_i\in A_i$ für jedes $i\in I$. Man bilde hierzu $F=\bigcup_{i\in I}(\{i\}\times A_i)$, und es sei f eine über das Auswahlaxiom und Satz 8(b), §5 existierende Auswahlfunktion der Korrespondenz F. f ist dann eine gewünschte Funktion. ∎

Satz 7. (a) *Für Mengenfamilien* $(A_i)_{i\in I}$, *Mengen K und eineindeutige Abbildungen p von K auf I ist*

$$\mathop{\mathsf{X}}_{i\in I} A_i \underset{F}{\sim} \mathop{\mathsf{X}}_{k\in K} A_{p(k)} \quad \textit{für die Abbildung} \quad F = \{(f, f\circ p) \mid f \in \mathop{\mathsf{X}}_{i\in I} A_i\}\,.$$

(b) *Für Relationen K, Mengenfamilien* $(A_{ij})_{(i,j)\in K}$ *und* $I = \mathrm{Vb}(K)$, $J = \mathrm{Nb}(K)$ ist

$$\mathop{\mathsf{X}}_{(i,j)\in K} A_{ij} \underset{F_1}{\sim} \mathop{\mathsf{X}}_{i\in I}\Big(\mathop{\mathsf{X}}_{(i,j)\in K} A_{ij}\Big), \qquad \mathop{\mathsf{X}}_{(i,j)\in K} A_{ij} \underset{F_2}{\sim} \mathop{\mathsf{X}}_{j\in J}\Big(\mathop{\mathsf{X}}_{(i,j)\in K} A_{ij}\Big)$$

für die Abbildungen F_1, F_2 *über* $\mathop{\mathsf{X}}_{(i,j)\in K} A_{ij}$ *mit für jedes* $f \in \mathop{\mathsf{X}}_{(i,j)\in K} A_{ij}$:

$$F_1(f) = \big((f_{ij})_{(i,j)\in K}\big)_{i\in I}, \qquad F_2(f) = \big((f_{ij})_{(i,j)\in K}\big)_{j\in J}\,.$$

(c) *Für Mengenfamilien* $(A_i)_{i\in I}$, $(B_i)_{i\in I}$ *gilt:*

$$\mathop{\mathsf{X}}_{i\in I} A_i \cup \mathop{\mathsf{X}}_{i\in I} B_i \subseteq \mathop{\mathsf{X}}_{i\in I} (A_i \cup B_i), \quad I \neq \emptyset \Rightarrow \mathop{\mathsf{X}}_{i\in I} (A_i \setminus B_i) \subseteq \mathop{\mathsf{X}}_{i\in I} A_i \setminus \mathop{\mathsf{X}}_{i\in I} B_i\,,$$
$$\mathop{\mathsf{X}}_{i\in I} A_i \cap \mathop{\mathsf{X}}_{i\in I} B_i = \mathop{\mathsf{X}}_{i\in I} (A_i \cap B_i), \qquad \mathop{\mathsf{X}}_{i\in I} A_i \times \mathop{\mathsf{X}}_{i\in I} B_i \sim \mathop{\mathsf{X}}_{i\in I} (A_i \times B_i)\,.$$

(d) *Für Mengen I, J und Mengenfamilien* $(A_{ij})_{(i,j)\in I\times J}$ *gilt:*

$$\bigcup_{i\in I}\Big(\mathop{\mathsf{X}}_{j\in J} A_{ij}\Big) \subseteq \mathop{\mathsf{X}}_{j\in J}\Big(\bigcup_{i\in I} A_{ij}\Big), \quad I \neq \emptyset \Rightarrow \bigcap_{i\in I}\Big(\mathop{\mathsf{X}}_{j\in J} A_{ij}\Big) = \mathop{\mathsf{X}}_{j\in J}\Big(\bigcap_{i\in I} A_{ij}\Big).$$

(e) *Für Relationen K, Mengenfamilien* $(A_{ij})_{(i,j)\in K}$ *und* $I = \mathrm{Vb}(K)$, $P = \mathop{\mathsf{X}}_{i\in I} K\langle\langle i\rangle\rangle$ *gilt:*

$$\mathop{\mathsf{X}}_{i\in I}\Big(\bigcup_{(i,j)\in K} A_{ij}\Big) = \bigcup_{f\in P}\Big(\mathop{\mathsf{X}}_{i\in I} A_{i,f(i)}\Big), \quad \mathop{\mathsf{X}}_{i\in I}\Big(\bigcap_{(i,j)\in K} A_{ij}\Big) = \bigcap_{f\in P}\Big(\mathop{\mathsf{X}}_{i\in I} A_{i,f(i)}\Big).$$

Beweis. Übung. ∎

Satz 7(a) ergibt auch das *allgemeine Kommutativgesetz* für **X**: Für Mengenfamilien $(A_i)_{i\in I}$ und Permutationen p von I gilt:

$$\mathop{\mathsf{X}}_{i\in I} A_i \sim \mathop{\mathsf{X}}_{i\in I} A_{p(i)}\,.$$

Satz 7(b) beinhaltet das *allgemeine Assoziativgesetz* für **X**. Satz 7 (c), (d), (e) gibt (bis auf die behaupteten Inklusionen) die *allgemeinen Distributivgesetze* im Zusammenhang mit **X**.

Wir kommen abschließend zu den Rechengesetzen der Mengenpotenz.

Satz 8. (a) *Für Mengen A, B, M, N gilt:*

$$A^{\emptyset} = \{\emptyset\}, \qquad A^M = \emptyset \Leftrightarrow A = \emptyset \wedge M \neq \emptyset,$$
$$M \neq \emptyset .\Rightarrow. A^M \subseteq B^M \Leftrightarrow A \subseteq B .\wedge. A^M = B^M \Leftrightarrow A = B,$$
$$A^M \cup B^M \subseteq (A \cup B)^M, \qquad M \neq \emptyset \Rightarrow (A \setminus B)^M \subseteq A^M \setminus B^M,$$
$$(A \cap B)^M = A^M \cap B^M, \qquad (A \times B)^M \sim A^M \times B^M,$$
$$M \cap N = \emptyset \Rightarrow A^{M\cup N} \sim A^M \times A^N,$$
$$(A^M)^N \sim A^{M\times N} \sim A^{N\times M} \sim (A^N)^M\,.$$

(b) *Für Mengenfamilien* $(A_i)_{i\in I}$ *und Mengen* M *gilt:*

$$\bigcup_{i\in I} A_i^M \subseteq (\bigcup_{i\in I} A_i)^M, \qquad I \neq \emptyset \Rightarrow (\bigcap_{i\in I} A_i)^M = \bigcap_{i\in I} A_i^M,$$

$$(\mathsf{X}_{i\in I} A_i)^M \sim \mathsf{X}_{i\in I} A_i^M,$$

$$(A_i)_{i\in I} \text{ disjunkt} \wedge V = \bigcup_{i\in I} A_i \Rightarrow M^V \sim \mathsf{X}_{i\in I} M^{A_i}.$$

Beweis. Übung. ∎

KAPITEL III

Natürliche Zahlen, endliche und unendliche Mengen

§ 7. Die natürlichen Zahlen

7.1. Definition und Axiome der natürlichen Zahlen

Die natürlichen Zahlen 0, 1, 2, 3, ... sind im täglichen Gebrauch sowohl Anzahlen (Elementeanzahlen, Grundzahlen, Kardinalzahlen) endlicher Mengen als auch Ordnungszahlen (Nummern, Durchnumerierungstypen, Abzähltypen, Anordnungstypen, Ordinalzahlen) endlicher (wiederholungsfrei) durchnumerierter Mengen. In dem Satz „Dieses Buch hat 200 Seiten." tritt z. B. die Zahl 200 als Anzahl auf; d. h. sie gibt die bloße Elementeanzahl der Menge B der Buchseiten wieder. In dem Satz „Auf Seite 100 dieses Buches befindet sich ein Bild." erscheint dagegen die Zahl 100 als Ordnungszahl, als Nummer; d. h. sie ist bei der üblichen (und mit 1 beginnenden) Durchnumerierung der Buchseiten die Nummer der hundertsten Seite, besagt also, daß die Menge H der ersten bis hundertsten Buchseite in bezug auf die vorliegende Elementeanordnung (Seitendurchnumerierung, Seitenabzählung) von demjenigen Typ ist, daß H bei Abzählung seiner Elemente gemäß deren Anordnung nach dem hundertsten Schritt ausgeschöpft ist. Offenbar ergibt jede beliebige (mit 1 beginnende) Durchnumerierung der Elemente von H denselben Anordnungstyp 100. Die Zahl 100 ist die Anzahl von H und gleichzeitig in bezug auf jede beliebige Durchnumerierung von H die Ordnungszahl von H. Die Anzahl einer endlichen durchnumerierten Menge A bestimmt also auch eindeutig die Ordnungszahl von A. Man braucht deshalb bei der Definition der natürlichen Zahlen nur den Anzahlaspekt zu erfassen. Anders liegen später (in Kapitel V) die Verhältnisse bei den Kardinal- und Ordinalzahlen unendlicher Mengen. Für unendliche Mengen besteht ein wesentlicher Unterschied zwischen diesen beiden Zahlenarten.

Wir überlegen uns jetzt einen Ansatz zur Definition der natürlichen Zahlen. Eine natürliche Zahl soll die Elementeanzahl einer im anschaulichen Sinne endlichen Menge sein. Ohne Verwendung des Zahlbegriffes ist der Begriff der Gleichzahligkeit als Gleichmächtigkeit mengentheoretisch exakt definierbar (Definition 16, § 5). Denn beliebige Mengen A, B besitzen anschaulich gleichviele Elemente genau dann, wenn sie gleichmächtig sind. Dann führt ein kurzer Weg zur Gewinnung der natürlichen Zahlen über die Auswahl von Vergleichsmengen. Man wählt aus allen endlichen Mengen jeweils gleichvieler Elemente eine Menge stellvertretend als Vergleichsmenge aus, nennt sie die natürliche Zahl (die Anzahl) jeder der mit ihr gleichzahligen Mengen und bestimmt die Anzahl irgendeiner vorgegebenen endlichen Menge durch Vergleich mit den ausgewählten Vergleichsmengen in bezug auf Gleichzahligkeit. Im täglichen Leben erfolgt das Ausmessen der Länge eines Gegenstandes nach einem ähnlichen Verfahren, indem man diese Länge durch Längenvergleich des Gegenstandes mit den auf einem Meterstab befindlichen Vergleichsgegenständen (den markierten Teilen des Meterstabes) vergleicht. Die Definition der natürlichen Zahlen funktioniert nun endgültig so: Für jede „Elementeanzahl" unter den „endlichen" Mengen wählt man stellvertretend eine Menge dieser Anzahl fest aus, nennt die ausgewählten Mengen natürliche Zahlen, definiert als endliche Mengen alle solchen Mengen, welche einer natürlichen Zahl gleichmächtig sind, und definiert schließlich als die natürliche Zahl (die Anzahl) einer vorgegebenen endlichen Menge die mit dieser Menge gleichmächtige natürliche Zahl. Nach J. von Neumann wählen wir als signifikante Vergleichsmengen sukzessiv die Mengen

$$X_0 = \emptyset, \quad X_1 = X_0 \cup \{X_0\}, \quad X_2 = X_1 \cup \{X_1\}, \quad X_3 = X_2 \cup \{X_2\}, \ldots,$$

welche offenbar hinsichtlich der Elementeanzahl alle anschaulich endlichen Mengen vertreten. Definiert man für Mengen X den Nachfolger $X^+ = X \cup \{X\}$, so kann man der Reihe nach definieren die einzelnen natürlichen Zahlen: $0 = \emptyset$, $1 = 0^+$, $2 = 1^+$, $3 = 2^+, \ldots$. Damit haben wir aber noch nicht den allgemeinen Begriff der natürlichen Zahl mengentheoretisch präzisiert. Denn dafür ist erforderlich eine Definition der Form:

$$n \textit{ natürliche Zahl} \Leftrightarrow \ldots,$$

während bisher nur eine Aufzählung gelingt:

$$n \textit{ natürliche Zahl} \Leftrightarrow n = 0 \vee n = 1 \vee n = 2 \vee n = 3 \vee \ldots,$$

die wegen der entstehenden unendlich langen Alternative sicher keine zulässige Definition ergibt. Es ist aber möglich, die Menge N aller einzelnen natürlichen Zahlen zu definieren, womit dann

$$n \textit{ natürliche Zahl} \Leftrightarrow n \in N$$

eine exakte Definition der natürlichen Zahl ist. Man zeigt zunächst die Existenz einer induktiven Menge M, d.h. einer Menge M mit

$$\emptyset \in M \wedge \forall X\,(X \textit{ Menge} \wedge X \in M \Rightarrow X^+ \in M).$$

In jeder induktiven Menge ist anschaulich die zu definierende Menge N der natürlichen Zahlen als Teilmenge enthalten, und N ist selbst eine induktive Menge. N erweist sich damit gerade als der „Durchschnitt" aller induktiven Mengen, d.h.

$$N = \{x \mid x \in M \textit{ für jede induktive Menge } M\}.$$

Dieser skizzierte Ansatz zur Definition der natürlichen Zahlen soll jetzt exakt durchgeführt werden.

Definition 1. Eine Menge A heißt *induktiv*, falls gilt:

$$\emptyset \in A \wedge \forall X\,(X \textit{ Menge} \wedge X \in A \Rightarrow X \cup \{X\} \in A). \quad ∎$$

Satz 1. *Es gibt eine induktive Menge.*

Beweis. Anschaulich vermutet man sofort die Induktivität jedes Allbereiches (Definition 5, § 3). Und dies gilt auch. Sei A hierzu ein Allbereich. Es gilt zunächst $\emptyset \in A$. Denn als Grenzbereich ist $A \neq \emptyset$, und für jedes $x \in A$ gibt es ein $X \in A$ mit $x \ulcorner X$, wobei X wegen $x \ulcorner X$ eine Menge ist. Also gibt es eine Menge $X \in A$, und es gilt $\emptyset \subseteq X \ulcorner A$, also $\emptyset \sqsubset X \ulcorner A$, $\emptyset \ulcorner A$, also schließlich $\emptyset \in A$, da A eine Allmenge ist. Ist $x \in A$ und $x \ulcorner X \in A$ für ein X, so gilt nach Satz 1(g), § 3 $\{x\} \sqsubset X \ulcorner A$, also $\{x\} \in A$. Hiermit ist A als Allbereich gegenüber Einermengenbildung abgeschlossen. A ist als Allmenge auch gegenüber Vereinigungsbildung abgeschlossen. Denn für Mengen $X, Y \in A$ mit etwa $X \sqsubset Y$ (analog bei $Y \sqsubset X$) gilt $x \ulcorner Y$ für jedes $x \in X \cup Y$, womit $X \cup Y \sqsubset Y \ulcorner A$ ist, also $X \cup Y \in A$. Damit ist A insgesamt induktiv. Schließlich gibt es nach dem Unendlichkeitsaxiom (§ 2, 5) mindestens einen Grenzbereich G, womit $A = \{x \mid x \ulcorner G\}$ nach Satz 4(f), § 3 ein Allbereich ist, also eine induktive Menge. ∎

Satz 1 und das Aussonderungsprinzip ergeben die Existenz der Menge aller Objekte, welche Element jeder induktiven Menge sind, und man definiert:

Definitionen 2. Es sei

$$\mathbf{N} = \{x \mid \forall X\,(X \textit{ induktive Menge} \Rightarrow x \in X)\}.$$

Die Elemente von $\mathbf{N}$ heißen die *natürlichen Zahlen.* Die *Nachfolgerfunktion* ist die Funktion

$$' = \{(x, x \cup \{x\}) \mid x \in \mathbf{N}\}$$

(gelesen: *Strich*). Für jedes $a \in \mathbf{N}$ ist der *Nachfolger* von a die Zahl $a' = {}'(a) =$

$= a \cup \{a\}$ und heißt jedes $x \in \mathbf{N}$ mit $x' = a$ ein *Vorgänger* von a. Die natürlichen Zahlen *Null*, *Eins*, *Zwei*, *Drei*, ... seien:

$$0 = \emptyset, \quad 1 = 0', \quad 2 = 1', \quad 3 = 2', \ldots . \quad \blacksquare$$

Satz 1 bildet also die grundlegende Voraussetzung zur Definition der natürlichen Zahlen. Damit erweist sich das Unendlichkeitsaxiom als das für die Existenz der Menge der natürlichen Zahlen ausschlaggebende Axiom. Man bemerkt außerdem die Nützlichkeit der Allmengen, speziell der Allbereiche. Die Menge $\mathbf{N}$ der natürlichen Zahlen ist ein Mengensystem von Mengensystemen und ist selbst induktiv (womit die Nachfolgerfunktion als Abbildung von $\mathbf{N}$ in $\mathbf{N}$ existiert). Denn ist M die Menge aller Mengensysteme $X \in \mathbf{N}$, so ist $M \subseteq \mathbf{N}$, und nach Definition von $\mathbf{N}$ gilt $\emptyset \in M$ und $X \cup \{X\} \in M$ für alle $X \in M$, womit M eine induktive Menge ist, also auch $\mathbf{N} \subseteq M$ gilt, also insgesamt $M = \mathbf{N}$. Das vom praktischen Umgang her geläufige *Zählen* ist in der Terminologie der Definitionen 2 der fortgesetzte Übergang vom Vorgänger zum Nachfolger.
Im Rahmen der Mengenlehre (und damit unter Zulassung sämtlicher mathematischen Hilfsmittel) erhält man erfahrungsgemäß alle (derzeitigen wesentlichen mathematischen) Ergebnisse über natürliche Zahlen aus fünf Grundaussagen über die Menge $\mathbf{N}$ der natürlichen Zahlen in Verbindung mit der Anfangszahl 0 und der Nachfolgerfunktion $'$. Diese fünf Grundaussagen gehen auf den italienischen Mathematiker G. PEANO zurück und heißen deshalb die PEANO*schen Axiome* (auch kurz die PEANO-*Axiome*) für die natürlichen Zahlen. Ihre Gesamtheit bildet das PEANO*sche Axiomensystem* der natürlichen Zahlen. Die PEANO-Axiome sind keine neuen Axiome für den axiomatischen Aufbau der Mengenlehre, sondern beweisbare Aussagen. Sie dienen der Theorie der natürlichen Zahlen nur insofern als Axiome, als man alle weiteren Eigenschaften der natürlichen Zahlen aus ihnen ableitet. Wir benötigen keine axiomatische Begründung der Theorie der natürlichen Zahlen, weshalb wir sie auch nicht konsequent befolgen, sondern neben Satz 2 zunächst auch von den Definitionen 2 Gebrauch machen. Die im PEANOschen Axiomensystem verwendeten Grundbegriffe sind die Menge $\mathbf{N}$, das Objekt 0 und die Funktionen $'$ über $\mathbf{N}$.

Satz 2. *Für* $\mathbf{N}, 0, '$ *gelten die fünf* PEANO*schen Axiome; d.h. für beliebige Objekte* n, m *und beliebige Mengen* $M \subseteq \mathbf{N}$ *gilt:*

(1) $0 \in \mathbf{N}$,

(2) $n \in \mathbf{N} \Rightarrow n' \in \mathbf{N}$,

(3) $n \in \mathbf{N} \Rightarrow n' \neq 0$,

(4) $n, m \in \mathbf{N} \wedge n' = m' \Rightarrow n = m$,

(5) $0 \in M \wedge \forall x (x \in M \Rightarrow x' \in M) \Rightarrow M = \mathbf{N}$.

Beweis. Es ist

$$\mathbf{N} = \{x \mid \forall X(X \textit{ induktive Menge} \Rightarrow x \in X)\}$$

und damit $\mathbf{N} \subseteq X$ für jede induktive Menge X. Es ist $0 = \emptyset$, und jedes $n \in \mathbf{N}$ ist ein Mengensystem mit $n' = n \cup \{n\}$. Eine Menge X heißt induktiv, falls gilt:

$$\emptyset \in X \wedge \forall x(x \textit{ Menge} \wedge x \in X \Rightarrow x \cup \{x\} \in X).$$

(1) Wegen $0 \in X$ für jede induktive Menge X ist $0 \in \mathbf{N}$. (2) Ist $n \in \mathbf{N}$, so ist $n \in X$ für jede induktive Menge X, also auch $n' \in X$ für jede induktive Menge X, also $n' \in \mathbf{N}$. (3) Ist $n \in \mathbf{N}$, so ist $n' = n \cup \{n\} \neq \emptyset = 0$. (4) Zunächst beweisen wir für beliebige x, y:

$$y \in x \in \mathbf{N} \Rightarrow y \subseteq x. \quad (*)$$

Es sei hierzu

$$X = \{x \in \mathbf{N} \mid \forall y(y \in x \Rightarrow y \subseteq x)\}.$$

Wegen (1) und $0 = \emptyset$ ist $0 \in X$. Ist $x \in X$, so ist

$$x \in \mathbf{N} \wedge \forall y(y \in x \Rightarrow y \subseteq x).$$

Dann gilt mit (2) auch $x' \in X$, d.h.

$$x' \in \mathbf{N} \wedge \forall y(y \in x' \Rightarrow y \subseteq x');$$

denn ist $y \in x' = x \cup \{x\}$ und dabei $y \in x$, so ist nach Voraussetzung $y \subseteq x \subseteq x'$, und ist $y = x$, so ist trivial $y = x \subseteq x'$. Insgesamt ist also X eine induktive Menge, womit $\mathbf{N} \subseteq X$ gilt und $(*)$ bewiesen ist. Sind nun n, $m \in \mathbf{N}$ mit $n' = m'$, so ist $n \cup \{n\} = m \cup \{m\}$, also gilt $n \in m$ oder $n = m$ und gleichzeitig $m \in n$ oder $m = n$, woraus nach $(*)$ $n \subseteq m$ und $m \subseteq n$ folgt, also $n = m$. (5) Ist M eine Teilmenge von $\mathbf{N}$ mit den Eigenschaften

$$0 \in M \wedge \forall x(x \in M \Rightarrow x' \in M),$$

so ist M eine induktive Menge, womit auch $\mathbf{N} \subseteq M$ gilt, also $M = \mathbf{N}$. ∎

Axiom (5) heißt auch das *Induktionsaxiom*, da es *Beweise durch vollständige Induktion* ermöglicht: Hat man eine (mengentheoretisch formulierbare) Behauptung $\mathbf{B}(n)$ über natürliche Zahlen n, etwa

$$\mathbf{B}(n) .\Leftrightarrow. n \neq 0 \Rightarrow \exists x(x \in \mathbf{N} \wedge x \neq n \wedge x' = n),$$

so ist als Beweis dafür, daß $\mathbf{B}(n)$ auf alle natürlichen Zahlen n zutrifft (daß $\mathbf{N}$ durch die $n \in \mathbf{N}$, auf welche $\mathbf{B}(n)$ zutrifft, vollständig ausgeschöpft wird), von der Menge

$$M = \{n \in \mathbf{N} \mid \mathbf{B}(n)\}$$

nach Axiom (5) nur

$$0 \in M \wedge \forall n(n \in M \Rightarrow n' \in M)$$

zu zeigen, also

$$\mathbf{B}(0) \wedge \forall n(n \in \mathbf{N} \wedge \mathbf{B}(n) \Rightarrow \mathbf{B}(n')).$$

Wir kommen nun zum Begriff der Elementeanzahl endlicher Mengen.

Satz 3. *Für beliebige* $n, m \in \mathbf{N}$ *gilt:*

(a) $n \neq 0 \Rightarrow \exists x(x \in \mathbf{N} \wedge x \neq n \wedge x' = n)$, (b) $n \sim m \Leftrightarrow n = m$.

Beweis. Übung. Vollständige Induktion über n. Man zeige also für (a) von der Menge

$$M = \{n \in \mathbf{N} \mid n \neq 0 \Rightarrow \exists x(x \in \mathbf{N} \wedge x \neq n \wedge x' = n)\},$$

daß $0 \in M$ und für jedes $n \in M$ auch $n' \in M$ gilt. Für (b) zeige man dies von der Menge

$$M = \{n \in \mathbf{N} \mid \forall m(m \in \mathbf{N} \wedge n \sim m \Rightarrow n = m)\}. \blacksquare$$

Definition 3. (a) Eine Menge A heißt *endlich* oder *finit*, falls

$$\exists n(n \in \mathbf{N} \wedge A \sim n)$$

gilt; andernfalls heißt A *unendlich* oder *transfinit*.
(b) Für jede endliche Menge A heißt die Zahl

$$\operatorname{card} A = \iota n(n \in \mathbf{N} \wedge A \sim n)$$

(gelesen: *Kardinalzahl* A) die *natürliche Zahl* (die *Anzahl*, *Elementeanzahl*, *Grundzahl*) *von* A oder die *Kardinalzahl von* A.
(c) n sei eine natürliche Zahl und A ein Objekt:
A ist ein *Repräsentant* von n oder A *repräsentiert* n, A *besteht aus* n *Elementen*, A *besitzt* (*genau*) n *Elemente*, A ist eine n*-elementige Menge*, falls A eine Menge ist mit $\operatorname{card} A = n$. ■

Mit Satz 3(b) folgt sofort für endliche Mengen A, B:

$$\operatorname{card} A = \operatorname{card} B \Leftrightarrow A \sim B.$$

Damit ist der Anzahlbegriff endlicher Mengen mit dem Abstraktionsprinzip in bezug auf die Gleichmächtigkeit $\sim$ im Bereich der endlichen Mengen ein-

geführt worden (vgl. § 5.7). Da die Theorie der natürlichen Zahlen und der Aufbau des Zahlensystems nicht zur Allgemeinen Mengenlehre gehören, werden die weiteren Entwicklungen nur skizziert und werden einige Sätze mit dem Hinweis „Ohne Beweis“ rein informativ wiedergegeben.
Neben den PEANOschen Axiomen ließe sich die Theorie der natürlichen Zahlen nach dem Vorgehen von ERHARD SCHMIDT auch auf einem die Größenanordnung der natürlichen Zahlen axiomatisierenden *ordnungstheoretischen Axiomensystem* begründen. Man definiert zunächst naheliegend für natürliche Zahlen n, m (wobei $\leqq$, $<$, $\geqq$, $>$ gelesen werden: *kleinergleich*, (*echt*) *kleiner*, *größergleich*, (*echt*) *größer*):

$$n \leqq m \Leftrightarrow n \subseteq m, \quad n < m \Leftrightarrow n \subset m, \quad m \geqq n \Leftrightarrow n \leqq m, \quad m > n \Leftrightarrow n < m.$$

$\leqq$, $<$, $\geqq$, $>$ seien auch gleichzeitig die entsprechenden Relationen in $\mathbf{N}$; d.h.:

$$\leqq\ = \{(x, y) \in \mathbf{N}^2 \mid x \leqq y\}, \qquad <\ = \{(x, y) \in \mathbf{N}^2 \mid x < y\},$$
$$\geqq\ = (\leqq)^{-1}, \qquad >\ = (<)^{-1}.$$

Für jede natürliche Zahl n heißt schließlich die Menge

$$\mathbf{N}(n) = \{x \in \mathbf{N} \mid x < n\}$$

der *Abschnitt* von n. Es gilt sofort für $n, m \in \mathbf{N}$:

$$n \leqq m \Leftrightarrow n < m \vee n = m, \qquad n < m \Leftrightarrow n \leqq m \wedge n \neq m.$$

Man beweist für $n, m \in \mathbf{N}$ und Mengen $M \subseteq \mathbf{N}$:

$$0 \subseteq n \subseteq \mathbf{N}, \qquad n \subset m \Leftrightarrow n \in m,$$
$$n \subset m \Leftrightarrow n' \subseteq m, \qquad n \subseteq m \vee m \subseteq n,$$
$$M \neq \emptyset \Rightarrow \exists x(x \in M \wedge \forall y(y \in M \Rightarrow x \subseteq y)).$$

Damit wird dann u.a.

$$0 = \iota x(x \in \mathbf{N} \wedge \forall y(y \in \mathbf{N} \Rightarrow x \leqq y)),$$

$\mathbf{N}(n) = n$ für jedes $n \in \mathbf{N}$ und, als ordnungstheoretische Rechtfertigung der Bezeichnung „Nachfolger“:

$$n' = \iota x(x \in \mathbf{N} \wedge n < x \wedge \forall y(y \in \mathbf{N} \wedge n < y \Rightarrow x \leqq y)).$$

Die im ordnungstheoretischen Axiomensystem der natürlichen Zahlen verwendeten Grundbegriffe sind die nichtleere Menge $\mathbf{N}$ und die Relation $\leqq$ in $\mathbf{N}$. Die übrigen in Satz 4 auftretenden Begriffe $<, 0, x'$ lassen sich wie eben durch $\leqq$ definieren.

Satz 4. *Für* $\mathbf{N}$, $\leqq$ *gelten sieben Ordnungsaxiome; d.h. für beliebige Elemente* n, $m, p \in \mathbf{N}$ *und beliebige Mengen* $M \subseteq \mathbf{N}$ *gilt:*

(1′)	$n \leqq n$	(*Reflexivität*),
(2′)	$n \leqq m \wedge m \leqq p \Rightarrow n \leqq p$	(*Transitivität*),
(3′)	$n \leqq m \wedge m \leqq n \Rightarrow n = m$	(*Antisymmetrie*),
(4′)	$n \leqq m \vee m \leqq n$	(*Linearität, Vergleichbarkeit*),
(5′)	$M \neq \emptyset \Rightarrow \exists x(x \in M \wedge \forall y(y \in M \Rightarrow x \leqq y))$	(*Minimumbedingung*),
(6′)	$\exists x(x \in \mathbf{N} \wedge n < x)$	(*Unbeschränktheit*),
(7′)	$n \neq 0 \Rightarrow \exists x(x \in \mathbf{N} \wedge x' = n)$	(*Existenz des Vorgängers*).

Beweis. Übung. ∎

Unter Vorwegnahme künftiger Terminologie der Ordnungstheorie (Kapitel IV) heißen die Eigenschaften (1′)–(5′) die *Wohlordnungsaxiome* für die Relation $\leqq$ in $\mathbf{N}$ und ist das Paar $(\mathbf{N}, \leqq)$ nach Satz 4 und wegen $\mathbf{N} \neq \emptyset$ insgesamt eine *nichtleere unbeschränkte wohlgeordnete Menge ohne Limeselemente.* Aus Satz 4 folgt sofort auch für $n, m, p \in \mathbf{N}$:

(1″)	$n \not< n$	(*Irreflexivität*),
(2″)	$n < m \wedge m < p \Rightarrow n < p$	(*Transitivität*),
(3″)	$n < m \Rightarrow m \not< n$	(*Asymmetrie*),
(4″)	$n < m \vee n = m \vee m < n$	(*Konnexität, Vergleichbarkeit*).

Axiom (5′) heißt auch das *Prinzip der kleinsten Zahl* und ergibt, parallel zum Induktionsaxiom des PEANOschen Axiomensystems, den folgenden *Induktionssatz.*

Satz 5 (Induktionssatz). *Für Mengen* $M \subseteq \mathbf{N}$ *gilt:*

$$\forall n(n \in \mathbf{N} \wedge \mathbf{N}(n) \subseteq M \Rightarrow n \in M) \Rightarrow M = \mathbf{N}.$$

Beweis. Übung, ∎

Satz 5 ermöglicht *Beweise durch ordnungstheoretische Induktion:* Hat man eine (mengentheoretisch formulierbare) Behauptung $\mathbf{B}(n)$ über natürliche Zahlen n, so ist als Beweis dafür, daß $\mathbf{B}(n)$ auf alle natürlichen Zahlen n zutrifft, von der Menge

$$M = \{n \in \mathbf{N} \mid \mathbf{B}(n)\}$$

nach Satz 5 nur

$$\forall n(n \in \mathbf{N} \wedge \mathbf{N}(n) \subseteq M \Rightarrow n \in M)$$

zu zeigen, also

$$\forall n\big(n \in \mathbf{N} \wedge \forall x(x \in \mathbf{N} \wedge x < n \Rightarrow \mathbf{B}(x)) \Rightarrow \mathbf{B}(n)\big).$$

Von nun an kann man für die Theorie der natürlichen Zahlen die Definitionen der Grundbegriffe $\mathbf{N}$, $'$, 0, $\leqq$ vergessen (bis auf Satz 12 (g) als Ausnahme) und braucht nur noch die Sätze 2 und 4 zu kennen und die vor Satz 4 notierten Definitionsmöglichkeiten für $<$, 0, n' aus $\leqq$. Wenn bisher von einer natürlichen Zahl n deren Mengeneigenschaft verwendet wurde (wie bei der Definition der endlichen Mengen und deren Elementeanzahl), so gebrauche man künftig auf Grund von $n = \mathbf{N}(n)$ statt der Zahl n ihren Abschnitt $\mathbf{N}(n)$. Satz 3(b) läßt sich jetzt, ohne Rückgang auf die Definition der natürlichen Zahlen, un-mittelbar in der Form $\mathbf{N}(n) \sim \mathbf{N}(m) \Leftrightarrow n = m$ beweisen.
Induktionsaxiom und Induktionssatz rechtfertigen die Beweisverfahren der vollständigen und ordnungstheoretischen Induktion im Bereich der natürlichen Zahlen. Sie heißen deshalb auch Rechtfertigungssatz für Beweise durch volständige bzw. ordnungstheoretische Induktion und gemeinsam die *Induktionssätze*. Parallel zu den beiden induktiven Beweisverfahren bestehen entsprechende induktive Definitionsverfahren. Bei induktiven Definitionen spricht man an Stelle von „Induktion" auch von „Rekursion". Rein anschaulich sind Existenz und eindeutige Bestimmtheit einer Funktion f über $\mathbf{N}$ dadurch gewährleistet, daß man den Wert $f(0)$ vorgibt und eine Vorschrift F angibt, welche für jede natürliche Zahl n gestattet, aus der Kenntnis von n und des Wertes $f(n)$ den Wert $f(n')$ zu bestimmen. Ebenso sind anschaulich Existenz und eindeutige Bestimmtheit einer Funktion f über $\mathbf{N}$ dadurch gewährleistet, daß man eine Vorschrift F angibt, welche für jede natürliche Zahl n gestattet, aus der Kenntnis von n und der Werte $f(x)$ für alle natürlichen Zahlen $x < n$ – d.h. aus der Kenntnis von $f | \mathbf{N}(n)$, der auf den Abschnitt $\mathbf{N}(n)$ eingeschränkten Funktion f – den Wert $f(n)$ zu bestimmen. Die folgenden beiden Rechtfertigungssätze, die *Rekursionssätze*, gehen im Ursprung auf R. DEDEKIND zurück und erbringen den exakten Existenzbeweis für die Funktion f. Satz 6 läßt sich aus den PEANO-Axiomen beweisen, Satz 7 aus den Ordnungsaxiomen der natürlichen Zahlen.

Satz 6 (Rechtfertigungssatz für Definitionen durch vollständige Induktion (Rekursion)). *Für Mengen B, Elemente $b \in B$ und Abbildung F von $\mathbf{N} \times B$ in B gibt es genau eine Funktion f von $\mathbf{N}$ in B mit für beliebige $n \in \mathbf{N}$:*

$$f(0) = b, \quad f(n') = F\big(n, f(n)\big) \quad (\textit{Rekursionsgleichungen für } f).$$

Beweis. Ohne Beweis. Außerdem ist Satz 6 nur ein Spezialfall von Satz 5, §12. ∎

Satz 7 (Rechtfertigungssatz für Definitionen durch ordnungstheoretische Induktion (Rekursion)). *Für Mengen B, die Menge*

$$G = \{g \mid \exists x (x \in \mathbf{N} \wedge g \textit{ Funktion von } \mathbf{N}(x) \textit{ in } B)\} = \bigcup_{x \in \mathbf{N}} B^{\mathbf{N}(x)}$$

und Abbildungen F von G in B gibt es genau eine Funktion f von **N** *in B mit für beliebige* $n \in \mathbf{N}$:

$$f(n) = F(f \mid \mathbf{N}(n)) \qquad (\textit{Rekursionsgleichung für } f).$$

Beweis. Ohne Beweis. Außerdem ist Satz 7 nur ein Spezialfall von Satz 4, §12. ∎

7.2. Arithmetische Operationen, Folgen, endliche Folgen

Unter *Arithmetik* versteht man ganz allgemein die Lehre von den (nicht notwendig nur natürlichen) Zahlen im Hinblick auf die Rechengesetze eingeführter Rechenoperationen. Die arithmetischen Operationen der natürlichen Zahlen werden mit dem Rechtfertigungssatz für Definitionen durch vollständige Rekursion über die gewünschten Rekursionsgleichungen eingeführt. Man zeigt mit Satz 6, daß es genau eine Operation □ in **N** gibt (□ sei *Variable für Objekte*, gelesen: *Quadrat*), welche für beliebige $a, n \in \mathbf{N}$ den Rekursionsgleichungen

$$a \,\square\, 0 = a, \qquad a \,\square\, (n') = (a \,\square\, n)'$$

genügt, und definiert diese eindeutig bestimmte Operation in **N** als die *Addition* + (gelesen: *plus*) in **N**. Auf dieselbe Weise definiert man als die *Multiplikation* · (gelesen: *mal*) in **N** die eindeutig bestimmte Operation □ in **N** mit den Rekursionsgleichungen

$$a \,\square\, 0 = 0, \qquad a \,\square\, (n') = (a \,\square\, n) + a$$

und als die *Potentiation* (oder *Potenzierung*) p in **N** die eindeutig bestimmte Operation □ in **N** mit den Rekursionsgleichungen

$$a \,\square\, 0 = 1, \qquad a \,\square\, (n') = (a \,\square\, n) \cdot a\,.$$

Für beliebige $a, b \in \mathbf{N}$ sei $a^b = a\mathrm{p}b$ (gelesen: *a hoch b*) und sei auch $ab = a \cdot b$; die Zahlen $a + b$, $a \cdot b$, a^b heißen die *Summe*, das *Produkt*, die *Potenz* von a, b. Das Zeichen + soll stärker trennen als das Zeichen ·, und + und · sollen stärker trennen als Variablenhochstellung (Exponentenschreibweise). Für natürliche Zahlen $a, b, c, d, \ldots$ definiert man sukzessiv die *mehrstelligen Summen* und *Produkte*:

$$a+b+c=(a+b)+c, \qquad a+b+c+d=(a+b+c)+d, \ldots,$$
$$a \cdot b \cdot c=(a \cdot b) \cdot c, \qquad a \cdot b \cdot c \cdot d=(a \cdot b \cdot c) \cdot d, \ldots$$

(wobei man $\cdot$ auch wieder wegläßt). Es gelten die üblichen Rechengesetze für die eingeführten drei Operationen, auch in Verbindung mit $\leqq$ und $<$. Dabei erhält man auch

$$a \leqq b \Leftrightarrow \exists x(x \in \mathbf{N} \wedge a+x=b), \quad a<b \Leftrightarrow \exists x(x \in \mathbf{N} \wedge x \neq 0 \wedge a+x=b)$$

für $a, b \in \mathbf{N}$, und im Falle $b \leqq a$ bzw. $\exists x(x \in \mathbf{N} \wedge b \cdot x=a \wedge b \neq 0)$ existiert genau ein $x \in \mathbf{N}$ mit $b+x=a$ bzw. $b \cdot x=a$, die *Differenz* $a-b$ (gelesen: *a minus b*) bzw. der *Quotient* $a:b$ (gelesen: *a durch b*) von a, b.
Da innerhalb $\mathbf{N}$ der sukzessive Übergang vom Vorgänger n zum Nachfolger $n'=n+1$ der von der Anschauung her geläufige Prozeß des Zählens und unmittelbaren Aufeinanderfolgens ist, nennt man Abbildungen über zusammenhängenden unendlichen bzw. endlichen Stücken (Intervallen) von $\mathbf{N}$ auch „(unendliche) Folgen" bzw. „endliche Folgen", die in der Mathematik eine wichtige Rolle spielen und die wir jetzt definieren wollen. Zunächst führt man für $a, b \in \mathbf{N}$ bei $a \leqq b$ die (*abgeschlossenen*, *offenen*, *rechtshalboffenen*, *linkshalboffenen* und *unbegrenzten*) *Intervalle* mit den *Endpunkten* oder *Randpunkten* a, b ein:

$$[a, b]=\{x \in \mathbf{N} \mid a \leqq x \leqq b\}, \qquad]a, b[=\{x \in \mathbf{N} \mid a<x<b\},$$
$$[a, b[=\{x \in \mathbf{N} \mid a \leqq x<b\}, \qquad]a, b]=\{x \in \mathbf{N} \mid a<x \leqq b\},$$
$$[a, \rightarrow[=\{x \in \mathbf{N} \mid a \leqq x\}, \qquad]a, \rightarrow[=\{x \in \mathbf{N} \mid a<x\}.$$

Definition 4. Eine (*unendliche*) *Folge* bzw. eine *endliche Folge* ist eine Abbildung a mit $\mathrm{Db}(a)=[k, \rightarrow[$ für ein $k \in \mathbf{N}$ bzw. mit $\mathrm{Db}(a)=[k, l]$ für gewisse $k, l \in \mathbf{N}$ bei $k \leqq l$ oder mit $\mathrm{Db}(a)=\emptyset$. Ist a eine Folge oder endliche Folge und $n \in \mathrm{Db}(a)$, so heißt a_n das *zum Index n gehörige Glied von a*. Eine Folge oder endliche Folge a ist *ohne Wiederholung*, oder *die Glieder von a sind* (*paarweise*) *verschieden*, falls

$$\forall n \forall m(n, m \in \mathrm{Db}(a) \wedge n \neq m \Rightarrow a_n \neq a_m)$$

gilt (falls also a eineindeutig ist). Für jedes Objekt I ist eine (*unendliche*) *Folge* bzw. *endliche Folge über I* eine Folge bzw. endliche Folge a mit $\mathrm{Db}(a)=I$. ∎

Ist A eine Menge, so nennt man eine Folge bzw. endliche Folge, deren Glieder

Elemente von A sind, auch eine (*unendliche*) *Folge* bzw. *endliche Folge* (*von Elementen*) *aus* A. Das von der Anschauung her geläufige endliche oder unbegrenzte Abzählen (Aufzählen, Durchnumerieren) einer Menge A bzw. der Elemente von A bedeutet in unserer Terminologie, die Menge A als wiederholungsfreie endliche oder unendliche Folge a darzustellen, d.h. $A = \mathrm{Wb}(a)$ für eine derartige Abbildung a. Folgen und endliche Folgen sind Familien über natürlichzahligen Intervallen, und es lassen sich somit alle Schreibweisen im Zusammenhang mit Familien anwenden. Für jede Folge a über $I = [k, \rightarrow[$ und endliche Folge b über $J = [k, l]$ (bei also $k \leqq l$) erhält man so (∞ lies: *unendlich*):

$$a = (a_i)_{i \in I} = (a_i)_{k \leqq i}, \qquad \text{bei } k = 0 \text{ auch } a = (a_i)_{i < \infty},$$
$$b = (b_i)_{i \in J} = (b_i)_{k \leqq i \leqq l}, \qquad \text{bei } k = 0 \text{ auch } b = (b_i)_{i \leqq l}.$$

Man schreibt auch

$$\langle b_k, \ldots, b_l \rangle, \ \{b_k, \ldots, b_l\} \quad \text{für} \quad (b_i)_{k \leqq i \leqq l}, \ \{b_i\}_{k \leqq i \leqq l}$$

(gelesen: *endliche Folge* (*von*) b_k *bis* b_l bzw. (*endliche*) *Menge* (*von*) b_k *bis* b_l). Für Mengenfolgen $(A_i)_{i \in [k, \rightarrow]}$ und endliche Mengenfolgen $(B_i)_{i \in [k, l]}$ schreibt man etwa auch

$$\bigcup_{i=k}^{\infty} A_i, \quad \bigcap_{i=k}^{\infty} A_i \quad \text{für} \quad \bigcup_{i \in [k, \rightarrow[} A_i, \quad \bigcap_{i \in [k, \rightarrow[} A_i$$

(gelesen: *Vereinigung* bzw. *Durchschnitt* A_i *für* $i = k$ *bis* ∞) und

$$\bigcup_{i=k}^{l} B_i, \ B_k \cup \ldots \cup B_l, \quad \bigcap_{i=k}^{l} B_i, \ B_k \cap \ldots \cap B_l \quad \text{für} \quad \bigcup_{i \in [k, l]} B_i, \quad \bigcap_{i \in [k, l]} B_i.$$

Folgen bzw. endliche Folgen über demselben Intervall haben auf Grund der Wertverlaufsbestimmtheit von Abbildungen mit den Tupeln die Eigenschaft gemeinsam, daß sie gleich sind genau dann, wenn sie gliedweise übereinstimmen. Man definiert deshalb neben den einzelnen Tupeln auch, in der Funktion naheliegender geordneter Objektezusammenfassungen, die einzelnen endlichen Folgen über den Standard-Intervallen $[1, l]$:

Definitionen 5. Für Objekte $a, b, c, \ldots$ heißen die endlichen Folgen

$$\langle a \rangle = \{(1, a)\},$$
$$\langle a, b \rangle = \{(1, a), (2, b)\},$$
$$\langle a, b, c \rangle = \{(1, a), (2, b), (3, c)\},$$
$$\vdots$$

der Reihe nach die *Einerfolge von a* oder die *endliche Folge von a*, die *Zweier-*

folge von a, b oder die *endliche Folge von a, b* die *Dreierfolge von a, b, c* oder die *endliche Folge von a, b, c,…* . Ein Objekt f heißt eine *Einerfolge, Zweierfolge, Dreierfolge,* … , falls es Objekte $a, b, c, \ldots$ gibt mit bzw.

$$f = \langle a \rangle, \quad f = \langle a, b \rangle, \quad f = \langle a, b, c \rangle, \ldots . \quad \blacksquare$$

Die Bezeichnungen $\langle a \rangle, \langle a, b \rangle, \langle a, b, c \rangle, \ldots$ der Definitionen 5 verwenden wir in der Bedeutung endlicher Folgen nur dann, wenn im Text ausdrücklich auf diese Bedeutung hingewiesen wird.

Nennt man eine Menge $M \subseteq \mathbf{N}$ *beschränkt*, falls es ein $n \in \mathbf{N}$ gibt mit $x \leqq n$ für alle $x \in M$, und andernfalls *unbeschränkt*, so gilt sofort:

$$M \text{ beschränkt} \Leftrightarrow M \text{ endlich}, \quad M \text{ unbeschränkt} \Leftrightarrow M \text{ unendlich}.$$

(Man zeige durch vollständige Induktion über n für jede natürliche Zahl n: Jede Menge $X \subseteq \mathbf{N}$ mit $X \subseteq \mathbf{N}(n)$ ist endlich, und jede Menge $X \subseteq \mathbf{N}$ mit $X \sim \mathbf{N}(n)$ ist beschränkt.) Speziell ist $\mathbf{N}$ unendlich und sind alle begrenzten Intervalle natürlicher Zahlen endlich. Für jedes endliche Intervall I und jede endliche Folge a heißt card I bzw. card $\mathrm{Db}(a)$ die *Länge* von I bzw. a. Für jede Menge $M \subseteq \mathbf{N}$ mit einem Element $x \in M$ mit $x \leqq y$ für alle $y \in M$ bzw. mit $y \leqq x$ für alle $y \in M$ heißt dieses (dann eindeutig bestimmte) Element x das *Minimum* min M bzw. das *Maximum* max M von M. Es bestehen das *Prinzip der kleinsten Zahl* (Satz 4(5')) und das *Prinzip der größten Zahl*; d.h. für Mengen $M \subseteq \mathbf{N}$ gilt:

$$M \neq \emptyset \Rightarrow \exists m (m = \min M), \quad M \neq \emptyset \wedge M \text{ beschränkt} \Rightarrow \exists m (m = \max M).$$

Jede unendliche Menge $M \subseteq \mathbf{N}$ ist mit $\mathbf{N}$ gleichmächtig; denn sie ist unbeschränkt, und man kann damit, indem man die Elemente von M der Größe nach abzählt, durch vollständige Rekursion (Satz 6) eine Folge $(m_i)_{i<\infty}$ natürlicher Zahlen definieren mit $M = \mathrm{Wb}(m)$, welche echt wächst (d.h. $m_i < m_j$ für $i < j$) und somit eineindeutig ist. Es gibt keine Folge $(n_i)_{k \leqq i}$ natürlicher Zahlen, welche echt fällt (d.h. $n_i > n_j$ für $i < j$).

7.3. Das Zahlensystem

Vom Zahlensystem der natürlichen, ganzen, rationalen, reellen und komplexen Zahlen ist bereits die Menge $\mathbf{N}$ der *natürlichen Zahlen* bekannt. Die übrigen Zahlbereiche werden auf der Grundlage der natürlichen Zahlen definiert. Für die Konstruktion des Zahlensystems braucht man von den natürlichen Zahlen nur wenige Eigenschaften der *Addition* $+$, der *Multiplikation* $\cdot$ und der *Ordnung* $\leqq$ zu kennen, die man als algebraische Grundlage des Zahlensystems an die

Spitze stellt und die gleichzeitig (neben der nachfolger- und ordnungstheoretischen) eine weitere Axiomatisierung der Theorie der natürlichen Zahlen ergeben, die algebraische Axiomatisierung. Auch die Theorien der übrigen Zahlenarten werden algebraisch axiomatisiert. Es lassen sich auf solche Weise die Gesetze der einzelnen Zahlbereiche auch ohne exakte Definition dieser Zahlen studieren. Man setzt einfach voraus, daß die betreffenden Zahlenmengen existieren und für sie gewisse an die Spitze gestellte Axiome gelten. Bei exakter Definition der Zahlen sind diese Axiome jeweils beweisbar und sind damit keine neuen Axiome für den axiomatischen Aufbau der Mengenlehre. Sowohl die Zahlenmenge **N** als auch das Quadrupel (**N**, +, ·, ≦) nennt man den *Bereich der natürlichen Zahlen.* **N** genügt in Verbindung mit +, ·, ≦ den *algebraischen Axiomen der natürlichen Zahlen*, oder anders ausgedrückt, das Quadrupel (**N**, +, ·, ≦) ist ein *vollgeordneter Halbring der natürlichen Zahlen.*
Mit den Abstraktionsklassen der Äquivalenzrelation „Differenzengleicheit" in der Menge **N** × **N** wird die Menge **Z** der *ganzen Zahlen* definiert. („**Z**" erinnere an „Zahlentheorie", da neben den natürlichen Zahlen vor allem die ganzen Zahlen mit ihren Kongruenzrelationen modulo natürlicher Zahlen den Ausgangspunkt zahlentheoretischer Untersuchungen bilden.) In **Z** werden repräsentantenweise die *Addition* +, die *Multiplikation* · und die *Ordnung* ≦ eingeführt. Sowohl **Z** als auch (**Z**, +, ·, ≦) heißt der *Bereich der ganzen Zahlen.* **Z** genügt in Verbindung mit +, ·, ≦ den *Axiomen der ganzen Zahlen*, oder das Quadrupel (**Z**, +, ·, ≦) ist ein *vollgeordneter Ring der ganzen Zahlen.* Es ist **N** ⊂ **Z**, und die natürlichzahligen +, ·, ≦ sind die Einschränkungen der ganzzahligen +, ·, ≦ auf **N**.
Mit den Abstraktionsklassen der Äquivalenzrelation „Quotientengleichheit" in der Menge **Z** × (**Z** \ {0}) wird die Menge **Q** der *rationalen Zahlen* definiert. („**Q**" erinnere an „Quotient") In **Q** werden repräsentantenweise die *Addition* +, die *Multiplikation* · und die *Ordnung* ≦ eingeführt. Sowohl **Q** als auch (**Q**, +, ·, ≦) heißt der *Bereich der rationalen Zahlen.* **Q** genügt in Verbindung mit +, ·, ≦ den *Axiomen der rationalen Zahlen*, oder das Quadrupel (**Q**, +, ·, ≦) ist ein *vollgeordneter Körper der rationalen Zahlen.* Es ist **Z** ⊂ **Q**, und die ganzzahligen +, ·, ≦ sind die Einschränkungen der rationalen +, ·, ≦ auf **Z**.
Mit den Abstraktionsklassen der Äquivalenzrelation „Grenzwertgleichheit" in der Menge aller rationalen Fundamentalfolgen (rationalen CAUCHY-Folgen) wird die Menge **R** der *reellen Zahlen* definiert. In **R** werden repräsentantenweise die *Addition* +, die *Multiplikation* · und die *Ordnung* ≦ eingeführt. Sowohl **R** als auch (**R**, +, ·, ≦) heißt der *Bereich der reellen Zahlen.* **R** genügt in Verbindung mit +, ·, ≦ den *Axiomen der reellen Zahlen*, oder das Quadrupel (**R**, +, ·, ≦) ist ein *vollgeordneter Körper der reellen Zahlen* oder ein *stetiger Körper.*

Auf Grund ihres stetigen (lückenlosen) Zusammenhanges nennt man die Menge **R** auch das *Kontinuum.* Es ist $\mathbf{Q} \subset \mathbf{R}$, und die rationalen $+, \cdot, \leqq$ sind die Einschränkungen der reellen $+, \cdot, \leqq$ auf **Q**.
In allen bisherigen Zahlbereichen wird natürlich für Zahlen a, b definiert: $a < b \Leftrightarrow a \leqq b \wedge a \neq b$.
Mit der Menge $\mathbf{R} \times \mathbf{R}$ wird die Menge **C** der *komplexen Zahlen* definiert. (Die Bezeichnung „komplex" weist darauf hin, daß jede komplexe Zahl die geordnete Zusammenfassung, der geordnete Komplex, ihres Real- und Imaginärteiles ist.) In **C** werden die *Addition* +, die *Multiplikation* · und die *imaginäre Einheit* i eingeführt. Sowohl **C** als auch $(\mathbf{C}, \mathbf{R}, \mathrm{i}, +, \cdot, \leqq)$ (wobei $\leqq$ die reelle Ordnung in **R** ist) heißt der *Bereich der komplexen Zahlen.* **C** genügt in Verbindung mit **R**, i, $+, \cdot, \leqq$ den *Axiomen der komplexen Zahlen*, oder das Sextupel $(\mathbf{C}, \mathbf{R}, \mathrm{i}, +, \cdot, \leqq)$ ist ein *Körper der komplexen Zahlen über einem stetigen Körper.* Es ist $\mathbf{R} \subset \mathbf{C}$, und die reellen $+, \cdot$ sind die Einschränkungen der komplexen $+, \cdot$ auf **R**.
Wir werden von nun an über das Rechnen in den einzelnen Zahlbereichen ohne Beweise verfügen. (Einen effektiv durchgeführten mengentheoretischen Aufbau des Zahlensystems findet man in A. Oberschelp, *Aufbau des Zahlensystems.* Göttingen 1976)

7.4. n-fache Begriffsbildungen

Wir haben bisher oft sukzessive Begriffsbildungen vorgenommen und haben vermerkt (§ 4. 2), daß man nach Einführung der Funktionen und natürlichen Zahlen alle ehemals nur sukzessiv für die einzelnen Stellenzahlen ausgesprochenen Definitionen und Gesetze simultan für eine beliebige endliche Stellenzahl n formulieren und beweisen kann. Dies wollen wir jetzt an einigen Beispielen durchführen. Zunächst werden die betreffenden Begriffe beliebig endlichstellig (endlichfach, n-stellig, n-fach) erklärt, was oft mittels rekursiver Definitionen geschieht.
Ohne Rekursion kommt man aus bei den endlichen Folgen und Mengen und den endlichstelligen Vereinigungen und Durchschnitten. Wir kennen ja bereits für Familien $(a_i)_{i \in I}$ und Mengenfamilien $(A_i)_{i \in I}$ die Begriffe

$$(a_i)_{i \in I}, \quad \{a_i\}_{i \in I}, \quad \bigcup_{i \in I} A_i, \quad \bigcap_{i \in I} A_i$$

und brauchen nur noch die speziellen Indexbereiche

$$I = [m, n] = \{i \in \mathbf{N} \mid m \leqq i \leqq n\} \quad \text{bei } m, n \in \mathbf{N},\ m \leqq n$$

zu wählen. Im Falle $m=1$ nennt man

$$\langle a_1,\dots,a_n\rangle,\quad \{a_1,\dots,a_n\},\quad A_1\cup\dots\cup A_n,\quad A_1\cap\dots\cap A_n$$

auch die *n-er-Folge* oder *n-gliedrige Folge* von a_1 bis a_n, die *n-er-Menge* von a_1 bis a_n, die *n-stellige* (*n-fache*) *Vereinigung* von A_1 bis A_n und den *n-stelligen* (*n-fachen*) *Durchschnitt* von A_1 bis A_n. Man hat sofort *Rekursionsgleichungen* und *Regeln der Indexverschiebung* zur Verfügung, etwa für das Beispiel $\bigcup$: Für endliche Mengenfolgen $(A_i)_{m\leqq i\leqq m}$ bzw. $(A_i)_{m\leqq i\leqq n+1}$ bestehen die Rekursionsgleichungen

$$\bigcup_{i=m}^{m} A_i = A_m,\quad \bigcup_{i=m}^{n+1} A_i = \bigcup_{i=m}^{n} A_i \cup A_{n+1},$$

und für endliche Mengenfolgen $(A_i)_{m\leqq i\leqq n}$ und natürliche Zahlen k bestehen die Regeln der Indexverschiebung

$$\bigcup_{i=m}^{n} A_i = \bigcup_{i=k}^{k+(n-m)} A_{m+(i-k)},$$

$$\bigcup_{i=m}^{n} A_i = \bigcup_{i=m+k}^{n+k} A_{i-k},\qquad k\leqq m \Rightarrow \bigcup_{i=m}^{n} A_i = \bigcup_{i=m-k}^{n-k} A_{i+k}.$$

Die Rekursionsgleichungen (etwa für $m=1$) gewährleisten, daß die früher für Mengen $A, B, C,\dots$ sukzessiv definierten Vereinigungen $A\cup B$, $A\cup B\cup C,\dots$ Spezialfalle der Vereinigung $\bigcup_{i=1}^{n} A_i$ für endliche Mengenfolgen $(A_i)_{1\leqq i\leqq n}$ sind, und es lassen sich jetzt ursprünglich nur sukzessiv formulierbare und beweisbare Gesetze simultan für eine beliebige Stellenzahl behandeln. So gilt etwa sofort für endliche Mengenfolgen $(A_i)_{1\leqq i\leqq n}$, $(A_i')_{1\leqq i\leqq n}$, $(B_j)_{1\leqq j\leqq m}$, Permutationen p von $[1,n]$ und endliche Folgen $(x_j)_{0\leqq j\leqq k}$ natürlicher Zahlen mit $k\geqq 1$, $x_0=0$, $x_k=n$ und $x_{j-1}<x_j$ für alle $j\in[1,k]$:

$$\bigcup_{i=1}^{n} A_i = \bigcup_{j=1}^{k}\Big(\bigcup_{i=x_{j-1}+1}^{x_j} A_i\Big),\qquad \bigcup_{i=1}^{n} A_i = \bigcup_{i=1}^{n} A_{p(i)}$$

(*Allgemeine Assoziativität*, Unabhängigkeit von der Zusammenfassung (Klammerung) der A_i, und *Allgemeine Kommutativität*, Unabhängigkeit von der Reihenfolge der A_i),

$$\bigcup_{i=1}^{n} A_i \cap \bigcup_{j=1}^{m} B_j = \bigcup_{i=1}^{n}\Big(\bigcup_{j=1}^{m}(A_i\cap B_j)\Big)\qquad (\textit{Allgemeine Distributivität}),$$

$$\forall i(i \in [1,n] \Rightarrow A_i \subseteq A_i') \Rightarrow \bigcup_{i=1}^{n} A_i \subseteq \bigcup_{i=1}^{n} A_i' \quad (\textit{Allgemeine Monotonie}).$$

Ähnliche Sachverhalte wie eben bei der endlichstelligen Vereinigung $\bigcup_{i=m}^{n} A_i$ liegen bei allen endlichstelligen Verallgemeinerungen ursprünglich nur sukzessiv definierter mehrstelliger Begriffsbildungen vor, ohne daß wir jedesmal alles vollständig notieren. Bei rekursiven Definitionen (wie im folgenden) kann man sich auf die Standard-Intervalle $[1,n]$ beschränken und hieraus durch Indexverschiebung die Begriffe auf beliebige Intervalle $[m,n]$ übertragen. Ebenso genügt es, Gesetze in bezug auf Standard-Intervalle $[1,n]$ zu beweisen, da $[1,n]$-Behauptungen durch Indexverschiebung unmittelbar entsprechende $[m,n]$-Behauptungen ergeben. Die jeweiligen Rekursionsgleichungen ermöglichen induktive Beweisführungen. Es seien von nun an auch die kleinen und großen griechischen Buchstaben

$$\alpha, \beta, \gamma, \ldots, \chi, \psi, \omega \quad \text{und} \quad A, B, \Gamma, \ldots, X, \Psi, \Omega,$$

die kleinen und großen deutschen Buchstaben (Frakturbuchstaben)

$$\mathfrak{a}, \mathfrak{b}, \mathfrak{c}, \ldots, \mathfrak{x}, \mathfrak{y}, \mathfrak{z} \quad \text{und} \quad \mathfrak{A}, \mathfrak{B}, \mathfrak{C}, \ldots, \mathfrak{X}, \mathfrak{Y}, \mathfrak{Z}$$

und alle daraus durch Anfügen von (aus dem Zusammenhang der Betrachtungen jeweils ersichtlichen) Indizes entstehenden Zeichen *Variable für Objekte.* Da sich die im folgenden vorzunehmenden induktiven Definitionen und Beweise auf abgeschlossene natürlichzahlige Intervalle beschränken, wollen wir zunächst auf Intervalle spezialisierte Rechtfertigungssätze formulieren. Man beweist sie unmittelbar mit den Induktions- und Rekursionssätzen (§ 7.1).

Satz 8. *Es sei I ein natürlichzahliges Intervall* $I = [m,n]$ $(m, n \in \mathbf{N}, m \leqq n)$ *oder* $I = [m, \rightarrow[$ $(m \in \mathbf{N})$, *und es sei* $I' = \{i \in I \mid i \neq \max I\}$, *also* $I' = [m,n[$ *oder* $I' = [m, \rightarrow[$.

(a) *Für Mengen $M \subseteq I$ gilt:*

$$m \in M \wedge \forall i(i \in M \wedge i \neq \max I \Rightarrow i+1 \in M) \Rightarrow M = I.$$

(b) *Für Mengen $M \subseteq I$ gilt:*

$$\forall i(i \in I \wedge [m,i[\subseteq M \Rightarrow i \in M) \Rightarrow M = I.$$

(c) *Für Mengen B, Elemente $b \in B$ und Abbildungen F von $I' \times B$ in B gibt es genau eine Funktion f von I in B mit für beliebige $i \in I$:*

$$f(m) = b, \qquad i \neq \max I \Rightarrow f(i+1) = F(i, f(i))$$

(*Rekursionsgleichungen für f*).

(d) *Für Mengen B, die Menge*

$$G = \{g \mid \exists i(i \in I \wedge g \text{ Funktion von } [m, i[\text{ in } B)\} = \bigcup_{i \in I} B^{[m,i[}$$

und Abbildungen F von G in B gibt es genau eine Funktion f von I in B mit für beliebige $i \in I$:

$$f(i) = F(f \mid [m, i[) \qquad (\textit{Rekursionsgleichung für } f).$$

Beweis. Übung. ∎

Wir wenden uns jetzt der Definition der n-Tupel und n-fachen kartesischen Produkte zu. Der Begriff des n-Tupels $(a_1, \dots, a_n)$ für endliche Folgen $(a_i)_{1 \leqq i \leqq n}$ soll den Rekursionsgleichungen genügen:

$$(a_1, \dots, a_1) = a_1, \quad (a_1, \dots, a_{n+1}) = ((a_1, \dots, a_n), a_{n+1}).$$

Um Satz 8(c) anwenden zu können, braucht man eine Menge B, in der alle Elemente a_i (für $i \in [1, n]$) enthalten sind und die gegenüber Paarbildung abgeschlossen ist. Hierfür eignen sich wieder Allmengen, speziell Allbereiche. Die endliche Folge $(a_i)_{1 \leqq i \leqq n}$ ist Element mindestens eines Allbereiches (Satz 4(g), § 3), und jeder Allbereich ist gegenüber Paarbildung abgeschlossen, da er gegenüber Einermengenbildung und Vereinigung abgeschlossen ist (vgl. den Beweis zu Satz 1). Also gibt es für $(a_i)_{1 \leqq i \leqq n}$ einen Allbereich A mit

$$\{a_1, \dots, a_n\} \subseteq A, \qquad A \times A \subseteq A.$$

Satz 9. *Für jede endliche Folge $(a_i)_{1 \leqq i \leqq n}$ existiert genau eine Funktion f über $[1, n]$ mit für jedes $i \in [1, n]$:*

$$f(1) = a_1, \qquad i < n \Rightarrow f(i+1) = (f(i), a_{i+1}).$$

Beweis. Eindeutigkeit. Nach Satz 8(a) erhält man durch vollständige Induktion über $i \in [1, n]$, daß es für die endliche Folge $(a_i)_{1 \leqq i \leqq n}$ höchstens eine gewünschte Funktion f über $[1, n]$ geben kann, da derartige Funktionen f_1, f_2 sofort wertverlaufsgleich sind.

Existenz. Es sei A eine für die endliche Folge $(a_i)_{1 \leqq i \leqq n}$ nach den obigen Erörterungen existierende Menge mit

$$\{a_1, \dots, a_n\} \subseteq A, \qquad A \times A \subseteq A,$$

und es sei F die Abbildung von $[1, n[\times A$ in A mit für jedes $i \in [1, n[$ und $x \in A$:

$$F(i, x) = (x, a_{i+1}).$$

Dann existiert nach Satz 8(c) die Funktion f von $[1,n]$ in A mit für jedes $i \in [1,n]$:

$$f(1) = a_1, \quad i < n \Rightarrow f(i+1) = F(i, f(i)) = (f(i), a_{i+1}). \quad \blacksquare$$

Definition 6. Für jede endliche Folge $(a_i)_{1 \leqq i \leqq n}$ und die Funktion f über $[1,n]$ mit

$$f(1) = a_1, \qquad i < n \Rightarrow f(i+1) = (f(i), a_{i+1})$$

für alle $i \in [1,n]$ heißt der Funktionswert

$$(a_1, \ldots, a_n) = f(n)$$

(gelesen: *Tupel* (*von*) a_1 *bis* a_n) das *n-Tupel von* a_1 *bis* a_n oder das *Tupel von* a_1 *bis* a_n. Ein Objekt t heißt für eine natürliche Zahl $n \geqq 1$ ein *n-Tupel*, falls es eine endliche Folge $(a_i)_{1 \leqq i \leqq n}$ gibt mit $t = (a_1, \ldots, a_n)$. Ein Objekt t heißt ein *Tupel*, falls es eine natürliche Zahl $n \geqq 1$ gibt, so daß t ein n-Tupel ist. $\blacksquare$

Satz 10. (a) *Für jede endliche Folge* $(a_i)_{1 \leqq i \leqq n}$ *gilt:*

$$n = 1 \Rightarrow (a_1, \ldots, a_1) = a_1, \quad n > 1 \Rightarrow (a_1, \ldots, a_n) = ((a_1, \ldots, a_{n-1}), a_n)$$

(*Rekursionsgleichungen des n-Tupels*).

(b) *Für endliche Folgen* $(a_i)_{1 \leqq i \leqq n}$ *und* $(b_i)_{1 \leqq i \leqq n}$ *gilt:*

$$(a_1, \ldots, a_n) = (b_1, \ldots, b_n) \Leftrightarrow \forall i (i \in [1,n] \Rightarrow a_i = b_i).$$

Beweis. (a) Sei f für die vorgegebene endliche Folge $(a_i)_{1 \leqq i \leqq n}$ die Funktion über $[1,n]$ mit für jedes $i \in [1,n]$:

$$f(1) = a_1, \qquad i < n \Rightarrow f(i+1) = (f(i), a_{i+1}).$$

Ist $n = 1$, so gilt nach Definition 6:

$$(a_1, \ldots, a_1) = f(1) = a_1.$$

Ist $n > 1$, so sei g die Funktion über $[1, n-1]$ mit für jedes $i \in [1, n-1]$:

$$g(1) = a_1, \qquad i < n-1 \Rightarrow g(i+1) = (g(i), a_{i+1}).$$

Es ist dann (mit den Eigenschaften von f und auf Grund der eindeutigen Bestimmtheit von g) $g = f | [1, n-1]$, womit nach Definition 6 gilt:

$$(a_1, \ldots, a_n) = f(n) = (f(n-1), a_n) = (g(n-1), a_n) = ((a_1, \ldots, a_{n-1}), a_n).$$

(b) ($\Leftarrow$) ist trivial. ($\Rightarrow$) Vollständige Induktion über $n \geqq 1$. Für $n = 1$ gilt:

$$a_1 = (a_1, \ldots, a_1) = (b_1, \ldots, b_1) = b_1 \Rightarrow a_1 = b_1.$$

Gilt die Behauptung für eine natürliche Zahl $n \geqq 1$ und alle endlichen Folgen a, b über $[1, n]$, so auch für $n+1$ und alle endlichen Folgen a, b über $[1, n+1]$. Denn dann gilt:

$$\begin{aligned} &((a_1, \ldots, a_n), a_{n+1}) = (a_1, \ldots, a_{n+1}) = (b_1, \ldots, b_{n+1}) = ((b_1, \ldots, b_n), b_{n+1}) \\ \Rightarrow\ &(a_1, \ldots, a_n) = (b_1, \ldots, b_n) \wedge a_{n+1} = b_{n+1} \\ \Rightarrow\ &\forall i (i \in [1, n] \Rightarrow a_i = b_i) \wedge a_{n+1} = b_{n+1} \Rightarrow \forall i (i \in [1, n+1] \Rightarrow a_i = b_i). \ \blacksquare \end{aligned}$$

Man definiert mittels Indexverschiebung schließlich für endliche Folgen $(a_i)_{m \leqq i \leqq n}$, ihre Länge $l = (n-m)+1$ und die Funktion $f = (m+(i-1))_{i \in [1, l]}$ das *Tupel von a_m bis a_n*:

$$(a_m, \ldots, a_n) = (a_{f(1)}, \ldots, a_{f(l)})$$

und auch:

$$\langle a_i \rangle_{i \in [m, n]} = (a_m, \ldots, a_n), \qquad \langle a_i \rangle_{m \leqq i \leqq n} = (a_m, \ldots, a_n).$$

Die n-Tupel führen sofort zu den n-stelligen kartesischen Produkten. Man zeigt durch vollständige Induktion über $n \geqq 1$ unter Verwendung des kartesischen Produktes für zwei Mengen, daß für jede endliche Mengenfolge $(A_i)_{1 \leqq i \leqq n}$ die Menge aller n-Tupel $(a_1, \ldots, a_n)$ existiert mit $a_i \in A_i$ für alle $i \in [1, n]$.

Definition 7. (a) Für jede endliche Mengenfolge $(A_i)_{1 \leqq i \leqq n}$ heißt die Tupelmenge

$$\mathop{{}^{\mathrm{T}}\!\!\times}_{i=1}^{n} A_i = \{(a_1, \ldots, a_n) \mid a \in \mathop{\times}_{i \in [1, n]} A_i\}$$

(gelesen: *Tupelprodukt* (oder *Tupelkreuz*) *A_i für $i = 1$ bis n*) das *n-stellige* (*n-fache*) *Produkt* (auch *Mengenprodukt*, *Kreuzprodukt*, *kartesische Produkt*, *Produktmenge*) von A_1 bis A_n.

(b) Für jede Menge A und $1 \leqq n \in \mathbf{N}$ heißt das Produkt

$$A^n = \{(a_1, \ldots, a_n) \mid a \in A^{[1, n]}\} = \mathop{{}^{\mathrm{T}}\!\!\times}_{i=1}^{n} A$$

die *n-te Potenz* von A. ∎

Man unterscheide für endliche Mengenfolgen $(A_i)_{1 \leqq i \leqq n}$ stets das *Tupelprodukt* $\mathop{{}^{\mathrm{T}}\!\!\times}_{i=1}^{n} A_i$ vom *Familienprodukt* $\mathop{\times}_{i \in [1, n]} A_i$. Ebenso verwechsle man für Mengen A, B und natürliche Zahlen $n \geqq 1$ die *Tupelpotenz* A^n, die Menge der *n-Tupel* (*von Elementen*) *aus* A, nicht mit der *Mengenpotenz* A^B. Mit Satz 10(a) gilt sofort für endliche Mengenfolgen $(A_i)_{1 \leqq i \leqq n}$:

$$n = 1 \Rightarrow \mathop{{}^{\mathrm{T}}\!\!\times}_{i=1}^{1} A_i = A_1, \qquad n > 1 \Rightarrow \mathop{{}^{\mathrm{T}}\!\!\times}_{i=1}^{n} A_i = \mathop{{}^{\mathrm{T}}\!\!\times}_{i=1}^{n-1} A_i \times A_n$$

(*Rekursionsgleichungen des n-fachen kartesischen Produktes*) und gilt damit speziell auch für Mengen A und natürliche Zahlen $n \geqq 1$:

$$A^1 = A, \qquad A^{n+1} = A^n \times A$$

(*Rekursionsgleichungen der n-ten Potenz*).

Tupelprodukt und Familienprodukt einer endlichen Mengenfolge $(A_i)_{1 \leqq i \leqq n}$ stimmen nicht überein, aber es existiert eine naheliegende eineindeutige Beziehung zwischen ihren Elementen. Es gilt nämlich sofort

$$\underset{i \in [1,n]}{\mathsf{X}} A_i \underset{F}{\simeq} {}^{\mathrm{T}}\overset{n}{\underset{i=1}{\mathsf{X}}} A_i$$

für die *kanonische Abbildung* F über $\underset{i \in [1,n]}{\mathsf{X}} A_i$ mit für jedes $a \in \underset{i \in [1,n]}{\mathsf{X}} A_i$:

$$F(a) = (a_1, \ldots, a_n).$$

Speziell gilt für natürliche Zahlen $n \geqq 1$, Mengen A, die Mengenpotenzen $A^{\mathbf{N}(n)}$, $A^{[1,n]}$ und die Tupelpotenz A^n:

$$A^{\mathbf{N}(n)} \sim A^{[1,n]} \sim A^n.$$

Es lassen sich somit (in § 8 bewiesene) Mächtigkeitsaussagen für Familienprodukte X mit endlichem Indexbereich unmittelbar auf Tupelprodukte ${}^{\mathrm{T}}\mathsf{X}$ übertragen. Ebenso bei Mengen- und Tupelpotenzen. Als Beispiel erhält man bei $1 \leqq n \in \mathbf{N}$ für den *n-dimensionalen* (*reellen*) *Zahlenraum* oder das *n-dimensionale Kontinuum* $\mathbf{R}^n$, welches für $n = 3$ geometrisch dem dreidimensionalen Anschauungsraum entspricht, über Satz 13(c), § 8:

$$\mathbf{R}^n \sim \mathbf{R}^{\mathbf{N}(n)} \sim \mathbf{R}.$$

Werden für mathematische Untersuchungen geordnete Zusammenfassungen jeweils endlich vieler Elemente benötigt, so kann man sowohl endliche Folgen $\langle a_1, \ldots, a_n \rangle$ und Familienprodukte $\underset{i \in [1,n]}{\mathsf{X}} A_i$ als auch Tupel $(a_1, \ldots, a_n)$ und Tupelprodukte ${}^{\mathrm{T}}\overset{n}{\underset{i=1}{\mathsf{X}}} A_i$ verwenden. Tupel und Tupelprodukte sind gegebenenfalls als die näherliegenden (nämlich die induktiven) Verallgemeinerungen des Paares und des kartesischen Produktes $A \times B$ vorzuziehen. So finden in der Analysis und Analytischen Geometrie $\mathbf{R}, \mathbf{R}^2, \mathbf{R}^3, \ldots$, allgemein $\mathbf{R}^n$, Verwendung und so werden im folgenden mit der Tupelpotenz n-stellige Begriffe definiert.

Definition 8. A sei eine Menge, $1 \leqq n \in \mathbf{N}$, und F, f, R, o seien Objekte:
F ist eine *n-stellige Korrespondenz* (*Korrespondenz von n Variablen*) *aus* A, falls F eine Korrespondenz ist mit $\mathrm{Db}(F) \subseteq A^n$. f ist eine *n-stellige Abbildung* (*Funktion*) (*Abbildung* (*Funktion*) *von n Variablen*) *aus* A, falls f eine Abbildung ist mit

$\mathrm{Db}(f) \subseteq A^n$. R ist eine *n-stellige* (auch *n-äre*) *Relation in A*, falls R eine Menge ist mit $R \subseteq A^n$. o ist eine *n-stellige* (auch *n-äre*) *Operation in A*, falls o eine Abbildung von A^n in A ist. Eine *n-stellige* (auch *n-fache*) *Familie* bzw. *Mengenfamilie* ist eine Familie bzw. Mengenfamilie, deren Definitionsbereich aus n-Tupeln besteht. ∎

Ist f eine n-stellige Funktion und $(x_1, \ldots, x_n) \in \mathrm{Db}(f)$, so schreibt man natürlich wieder

$$f(x_1, \ldots, x_n) \quad \text{für} \quad f\big((x_1, \ldots, x_n)\big)$$

und bei $(x_k, \ldots, x_l) \in \mathrm{Db}(f)$, $n = (l-k)+1$ allgemein

$$f(x_k, \ldots, x_l) \quad \text{für} \quad f\big((x_k, \ldots, x_l)\big).$$

Eine n-fache Familie a über $\mathrm{Db}(a) = {}^{\mathrm{T}}\!\mathop{\mathsf{X}}\limits_{i=1}^{n} [k_i, \rightarrow[$ (für eine endliche Folge $(k_i)_{1 \leqq i \leqq n}$ natürlicher Zahlen) heißt auch eine (*unendliche*) *n-fache Folge*. Im Falle $\mathrm{Db}(a) = {}^{\mathrm{T}}\!\mathop{\mathsf{X}}\limits_{i=1}^{n} [k_i, l_i]$ (für endliche Folgen $(k_i)_{1 \leqq i \leqq n}$, $(l_i)_{1 \leqq i \leqq n}$ natürlicher Zahlen mit stets $k_i \leqq l_i$) spricht man von einer *endlichen n-fachen Folge*. Schließlich definiert man mittels Indexverschiebung für endliche Mengenfolgen $(A_i)_{m \leqq i \leqq n}$, ihre Länge $l = (n-m)+1$ und die Funktion $f = \big(m + (i-1)\big)_{i \in [1,l]}$ das *Tupelprodukt* von A_m bis A_n:

$${}^{\mathrm{T}}\!\mathop{\mathsf{X}}\limits_{i=m}^{n} A_i = {}^{\mathrm{T}}\!\mathop{\mathsf{X}}\limits_{i=1}^{l} A_{f(i)}$$

und auch:

$${}^{\mathrm{T}}\!\mathop{\mathsf{X}}\limits_{i \in [m,n]} A_i = {}^{\mathrm{T}}\!\mathop{\mathsf{X}}\limits_{m \leqq i \leqq n} A_i = A_m \times \ldots \times A_n = {}^{\mathrm{T}}\!\mathop{\mathsf{X}}\limits_{i=m}^{n} A_i.$$

Unter Verwendung der Allbereiche (die gegenüber der Korrespondenzenmultiplikation $\circ$ abgeschlossen sind) erhält man über Satz 8(c) für jede endliche Korrespondenzenfolge $(F_i)_{1 \leqq i \leqq n}$ die eindeutige Existenz einer Funktion φ über $[1,n]$, deren Werte Korrespondenzen sind, mit für jedes $i \in [1,n]$:

$$\varphi(1) = F_1, \qquad i < n \Rightarrow \varphi(i+1) = F_{i+1} \circ \varphi(i).$$

Man kann dann, als weiteres Beispiel n-facher Begriffsbildungen, $\varphi(n)$ als das *n-stellige* (*n-fache*) *Korrespondenzenprodukt* $\mathop{\bigcirc}\limits_{i=1}^{n} F_i$ von F_1 bis F_n definieren, welches man mittels Indexverschiebung wieder auf endliche Korrespondenzenfolgen $(F_i)_{m \leqq i \leqq n}$ überträgt als *Korrespondenzenprodukt* $\mathop{\bigcirc}\limits_{i=m}^{n} F_i$ von F_m bis F_n.

Als letztes Beispiel n-facher Begriffsbildungen erhält man für jede Operation $\square$ in einer Menge A ($\square$ und $\square$ seien *Variable für Objekte*) über Satz 8(c) die eindeutige Existenz einer Funktion $\square$ von $E = \bigcup_{1 \leqq i \leqq n} A^{[1,n]}$ in A mit für alle $a \in E$ und alle $n \in \mathbf{N}$ bei $\mathrm{Db}(a) = [1, n]$:

$$n = 1 \Rightarrow \square(a) = a_1, \qquad n > 1 \Rightarrow \square(a) = \square(a|[1, n-1]) \,\square\, a_n.$$

Man erweitert $\square$ durch Indexverschiebung zur neuen Funktion $\square$ von $E^* = \bigcup_{\substack{m,n \in \mathbf{N} \\ m \leqq n}} A^{[m,n]}$ in A mit für jedes $a \in E^*$ bei $\mathrm{Db}(a) = [m, n]$:

$$\square(a) = \square\left((a_{m+(i-1)})_{1 \leqq i \leqq 1+(n-m)}\right).$$

Für $\square\left((a_i)_{m \leqq i \leqq n}\right)$ schreibt man anschaulicher $\mathop{\square}\limits_{i=m}^{n} a_i$ (gelesen: *(großes) Quadrat a_i für $i = m$ bis n*), und $\square$ ist die eindeutig bestimmte Funktion von E^* in A mit für jedes $a \in E^*$ bei $\mathrm{Db}(a) = [m, n]$:

$$n = m \Rightarrow \mathop{\square}\limits_{i=m}^{m} a_i = a_m, \qquad n > m \Rightarrow \mathop{\square}\limits_{i=m}^{n} a_i = \mathop{\square}\limits_{i=m}^{n-1} a_i \,\square\, a_n$$

(*Rekursionsgleichungen für* $\square$).

Man zeigt in der Algebra den

Satz 11. *Es sei A eine Menge, $\square$ eine Operation in A und $\square$ die Funktion von $E^* = \bigcup_{\substack{m,n \in \mathbf{N} \\ m \leqq n}} A^{[m,n]}$ in A mit für jede endliche Folge $(a_i)_{m \leqq i \leqq n} \in E^*$:*

$$n = m \Rightarrow \mathop{\square}\limits_{i=m}^{m} a_i = a_m, \qquad n > m \Rightarrow \mathop{\square}\limits_{i=m}^{n} a_i = \mathop{\square}\limits_{i=m}^{n-1} a_i \,\square\, a_n.$$

Dann gilt:

(a) *Ist $\square$ assoziativ, gilt also für $a, b, c \in A$ stets*

$$(a \,\square\, b) \,\square\, c = a \,\square\, (b \,\square\, c),$$

so ist $\square$ allgemein-assoziativ; d.h. für jede endliche Folge $(a_i)_{1 \leqq i \leqq n} \in E^*$ und jede endliche Folge $(x_j)_{0 \leqq j \leqq k}$ natürlicher Zahlen mit $k \geqq 1$, $x_0 = 0$, $x_k = n$ und $x_{j-1} < x_j$ für alle $j \in [1, k]$ ist

$$\mathop{\square}\limits_{i=1}^{n} a_i = \mathop{\square}\limits_{j=1}^{k} \Big(\mathop{\square}\limits_{i=x_{j-1}+1}^{x_j} a_i \Big).$$

(b) *Ist $\square$ assoziativ und kommutativ, gilt also für $a, b, c \in A$ stets*

$$(a \,\square\, b) \,\square\, c = a \,\square\, (b \,\square\, c), \qquad a \,\square\, b = b \,\square\, a,$$

so ist $\square$ allgemein-kommutativ; d.h. für jede endliche Folge $(a_i)_{1 \leqq i \leqq n} \in E^*$ und *jede Permutation p von* $[1, n]$ *ist*

$$\mathop{\Box}_{i=1}^{n} a_i = \mathop{\Box}_{i=1}^{n} a_{p(i)}.$$

Beweis. Ohne Beweis. ∎

Ist $\Box$ eine assoziative und kommutative Operation in der Menge A mit der zugehörigen Funktion $\Box$ von E^* in A, so läßt sich auf Grund der nach Satz 11(b) gültigen allgemeinen Kommutativität von $\Box$ für jede Familie $(a_i)_{i\in I}$ von Elementen $a_i \in A$ mit endlichem Indexbereich $I \neq \emptyset$ der Begriff

$$\mathop{\Box}_{i\in I} a_i = \mathop{\Box}_{i=1}^{n} a_{k(i)}$$

erklären, wo k bei $n = \operatorname{card} I$ irgendeine eineindeutige Abbildung von $[1, n]$ auf I ist. Wählt man als A speziell eine der Zahlenmengen **N**, **Z**. **Q**, **R**, **C** und als $\Box$ die jeweilige Addition $+$ bzw. Multiplikation $\cdot$ in A, so erhält man für endliche Zahlenfolgen $(a_i)_{m\leqq i\leqq n}$ aus A bzw. endliche Zahlenfamilien $(a_i)_{i\in I}$ aus A über endlichem $I \neq \emptyset$ speziell die *endlichen Summen* und *endlichen Produkte*:

$$\sum_{i=m}^{n} a_i = a_m + \ldots + a_n, \qquad \prod_{i=m}^{n} a_i = a_m \cdot \ldots \cdot a_n,$$

$$\sum_{i\in I} a_i, \quad \sum_{i\in\emptyset} a_i = 0, \qquad \prod_{i\in I} a_i, \quad \prod_{i\in\emptyset} a_i = 1.$$

(Die Zeichen $\sum$ und $\prod$ werden gelesen: *Summe* und *Produkt*, und sie sind die stilisierten griechischen „S“ und „P“.) Alle vorstehenden Betrachtungen über die Operationen $\Box$ in einer Menge A und die zugehörigen Funktionen $\Box$ lassen sich auch nicht-kanonisch geklammert durchführen, d. h. bei Zugrundelegung der Rekursionsgleichungen

$$n = m \Rightarrow \mathop{\Box}_{i=m}^{m} a_i = a_m, \qquad n > m \Rightarrow \mathop{\Box}_{i=m}^{n} a_i = a_n \Box \mathop{\Box}_{i=m}^{n-1} a_i.$$

Die bisherigen Entwicklungen überzeugen von der Nützlichkeit der Allmengen, speziell der Allbereiche. Dienten doch Allbereiche zum Existenznachweis der Menge der natürlichen Zahlen, der n-Tupel, und damit der n-fachen kartesischen Produkte und n-ten Potenzen, und der n-fachen Korrespondenzenprodukte. Stets beruhte die Anwendung der Allbereiche auf ihrer Abgeschlossenheit gegenüber gewissen mengentheoretischen Prozessen. Es sollen deshalb abschließend für den Gebrauch von Allbereichen systematisch deren Abgeschlossenheitseigenschaften zusammengestellt werden.

Satz 12. *Für Allbereiche* $\mathfrak{B}$, Objekte *a*, *b*, *Mengen A*, *B*, *Korrespondenzen F*, *G*, *Mengensysteme M*, *Mengenfamilien* $(C_i)_{i\in I}$, *endliche Folgen* $(c_i)_{m\leqq i\leqq n}$, *endliche Mengenfolgen* $(D_i)_{m\leqq i\leqq n}$ *und endliche Korrespondenzenfolgen* $(H_i)_{m\leqq i\leqq n}$ *gilt:*

(a) $\mathrm{U}\in\mathfrak{B},\quad \emptyset\in\mathfrak{B},$

(b) $a, b\in\mathfrak{B} \Rightarrow \{a\}, \{a,b\}, (a,b)\in\mathfrak{B},$

(c) $A\in\mathfrak{B} \Rightarrow A\subseteq\mathfrak{B},\quad B\subseteq A\in\mathfrak{B} \Rightarrow B\in\mathfrak{B},\quad A\in\mathfrak{B} \Rightarrow \mathfrak{P}(A)\in\mathfrak{B},$

$A, B\in\mathfrak{B} \Rightarrow A\cup B, A\cap B, A\setminus B, A\triangle B, A\times B, A^B\in\mathfrak{B},$

$\emptyset \neq A\times B\in\mathfrak{B} \Rightarrow A, B\in\mathfrak{B},$

(d) $F\in\mathfrak{B} \Leftrightarrow \mathrm{Db}(F)\in\mathfrak{B} \wedge \mathrm{Wb}(F)\in\mathfrak{B},$

$F\in\mathfrak{B} \Rightarrow F\langle A\rangle, \mathrm{Bs}(F), F|A, F\|A\in\mathfrak{B},$

$F, G, A\in\mathfrak{B} \Rightarrow \mathrm{id}_A, G\circ F, F^{-1}\in\mathfrak{B},$

$M\in\mathfrak{B} \Rightarrow \bigcup M, \mathsf{X}\, M\in\mathfrak{B},\qquad \bigcup M\in\mathfrak{B} \vee \emptyset \neq \mathsf{X}\, M\in\mathfrak{B} \Rightarrow M\in\mathfrak{B},$

(e) $A\subseteq\mathfrak{B} \wedge A$ *endlich* $\Rightarrow A\in\mathfrak{B},\qquad \mathfrak{B}$ *unendlich,*

F Abbildung aus $\mathfrak{B}$ *in* $\mathfrak{B} \wedge \mathrm{Db}(F)$ *endlich* $\Rightarrow F\in\mathfrak{B},$

I endlich $\wedge \{C_i\}_{i\in I}\subseteq\mathfrak{B} \Rightarrow \bigcup_{i\in I} C_i\in\mathfrak{B},$

$I\subseteq\mathfrak{B} \wedge I$ *endlich* $\wedge \{C_i\}_{i\in I}\subseteq\mathfrak{B} \Rightarrow \mathsf{X}_{i\in I}\, C_i\in\mathfrak{B},$

$\emptyset \neq \mathsf{X}_{i\in I}\, C_i\in\mathfrak{B} \Rightarrow I\in\mathfrak{B} \wedge \{C_i\}_{i\in I}\in\mathfrak{B},$

(f) $\mathbf{N}\subseteq\mathfrak{B},$

$\{c_i\}_{m\leqq i\leqq n}\subseteq\mathfrak{B} \Rightarrow \langle c_m,\dots,c_n\rangle, \{c_m,\dots,c_n\}, (c_m,\dots,c_n)\in\mathfrak{B},$

$\{D_i\}_{m\leqq i\leqq n}\subseteq\mathfrak{B} \Rightarrow {}^{\mathrm{T}}\mathsf{X}_{i=m}^{n}\, D_i\in\mathfrak{B},\qquad {}^{\mathrm{T}}\mathsf{X}_{i=m}^{n}\, D_i\in\mathfrak{B} \Leftrightarrow \mathsf{X}_{i\in[m,n]}\, D_i\in\mathfrak{B},$

$\{H_i\}_{m\leqq i\leqq n}\subseteq\mathfrak{B} \Rightarrow \bigcirc_{i=m}^{n} H_i\in\mathfrak{B},$

(g) $\exists X\,(X$ *Allbereich* $\wedge X\subset\mathfrak{B}) \Rightarrow \mathbf{N}, \mathbf{Z}, \mathbf{Q}, \mathbf{R}, \mathbf{C}\in\mathfrak{B},$

$\exists X\,(X$ *Allbereich* $\wedge X\subset\mathfrak{B}) \Leftrightarrow \mathbf{N}\in\mathfrak{B},$

Beweis. Übung. Der Beweis für $\mathbf{Z}, \mathbf{Q}, \mathbf{R}, \mathbf{C}\in\mathfrak{B}$ in (g) muß entfallen, da die Kenntnis der Definitionen dieser Zahlenmengen erforderlich wäre. ∎

§ 8. Endliche und unendliche Mengen

8.1. Endliche Mengen

Endliche und unendliche Mengen und die Elementeanzahl endlicher Mengen wurden folgendermaßen definiert (§7.1):

Definition 1. (a) A sei eine Menge:

$$A \textit{ endlich (finit)} \Leftrightarrow \exists n(n \in \mathbf{N} \wedge A \sim \mathbf{N}(n)),$$
$$A \textit{ unendlich (transfinit)} \Leftrightarrow \neg\, A \textit{ endlich}.$$

(b) A sei eine endliche Menge:

$$\operatorname{card} A = \iota n(n \in \mathbf{N} \wedge A \sim \mathbf{N}(n)). \quad \blacksquare$$

Für jede natürliche Zahl n ist sofort $\mathbf{N}(n)$ endlich mit $\operatorname{card} \mathbf{N}(n) = n$. Die Anordnungsbeziehungen und arithmetischen Operationen für natürliche Zahlen geben – die Zielvorstellung bei ihrer Definition – repräsentantenfrei die von der Anschauung her geläufige Größenanordnung endlicher Mengen und (als Grundlage der Kombinatorik) die üblichen Anzahlbestimmungen bei den Mengenoperationen endlicher Mengen wieder. Dies wollen wir jetzt systematisch zusammenstellen (Satz 4). Zuvor machen wir Endlichkeitsaussagen ohne den Anzahlbegriff (Satz 3). Die Größenanordnung von Mengen läßt sich offenbar mit dem Gleichmächtigkeitsbegriff $\sim$ folgendermaßen definieren:

Definition 2. A, B seien Mengen:

$$A \preceq B \Leftrightarrow \exists X(X \textit{ Menge} \wedge A \sim X \subseteq B), \qquad A \prec B \Leftrightarrow A \preceq B \wedge A \nsim B$$

(gelesen: *A kleinergleich B* bzw. *A (echt) kleiner B*),

$$B \succeq A \Leftrightarrow A \preceq B, \qquad B \succ A \Leftrightarrow A \prec B$$

(gelesen: *B größergleich A* bzw. *B (echt) größer A*). $\blacksquare$

Satz 1. *Für Mengen A, A′, B, B′, C und Abbildungen f gilt:*

$$A' \sim A \preceq B \sim B' \Rightarrow A' \preceq B', \qquad A' \sim A \prec B \sim B' \Rightarrow A' \prec B',$$
$$A \preceq B \Leftrightarrow A \prec B \vee A \sim B, \qquad A \prec B \Leftrightarrow A \preceq B \wedge A \nsim B,$$
$$A \preceq A, \qquad A \nprec A, \qquad A \preceq B \wedge B \preceq C \Rightarrow A \preceq C,$$
$$A \subseteq B \Rightarrow A \preceq B, \qquad \operatorname{Wb}(f) \preceq \operatorname{Db}(f).$$

Beweis. Übung. Für die letzte Behauptung verwende man eine Auswahlfunktion der Korrespondenz f^{-1}. ∎

Da die Endlichkeit von Mengen mittels $\sim$ auf Abschnitte natürlicher Zahlen bezogen ist, erweist sich der folgende Satz 2 für die Beweisführung der Sätze 3,4 als nützlich.

Satz 2. *Für Mengen A, A', B, B' mit $A \sim A'$, $B \sim B'$ und für Mengenfamilien $(C_i)_{i\in I}$, $(C'_i)_{i\in K}$, für die es eine eineindeutige Abbildung p von I auf K gibt mit $C_i \sim C'_{p(i)}$ für alle $i \in I$, gilt:*

(a) $A \cap B = A' \cap B' = \emptyset \Rightarrow A \cup B \sim A' \cup B'$,

(b) $A' \cap B' = \emptyset \Rightarrow A \cup B \precsim A' \cup B'$,

(c) $B \times A \sim A \times B \sim A' \times B'$, $A^B \sim A'^{B'}$, $\mathfrak{P}(A) \sim \mathfrak{P}(A')$,

(d) $(C_i)_{i\in I}$ *disjunkt* $\wedge$ $(C'_i)_{i\in K}$ *disjunkt* $\Rightarrow \bigcup_{i\in I} C_i \sim \bigcup_{i\in K} C'_i$,

(e) $(C'_i)_{i\in I}$ *disjunkt* $\Rightarrow \bigcup_{i\in I} C_i \precsim \bigcup_{i\in K} C'_i$,

(f) $\mathop{\times}_{i\in I} C_i \sim \mathop{\times}_{i\in K} C'_i$.

Beweis. Übung. ∎

Mit diesen Vorbereitungen beweist man nun die folgenden beiden Sätze.

Satz 3. *Für Mengen A, B, Objekte a und Abbildungen f gilt:*

(a) $A \sim B .\!\Rightarrow\!.$ A *endlich* $\Leftrightarrow$ B *endlich*,

(b) $A \subseteq B \wedge B$ *endlich* $\Rightarrow A$ *endlich*, $\quad A \subset B \wedge B$ *endlich* $\Rightarrow A \nsim B$,

(c) $A \precsim B \wedge B$ *endlich* $\Rightarrow A$ *endlich*,

$A \subseteq B \wedge B$ *endlich* $.\!\Rightarrow\!.\ A \subset B \Leftrightarrow A \prec B \Leftrightarrow A \nsim B .\!\wedge\!.\ A = B \Leftrightarrow A \sim B$,

B *endlich* $.\!\Rightarrow\!.\ A \prec B \Leftrightarrow \exists X\,(X$ *Menge* $\wedge A \sim X \subset B)$,

(d) $\emptyset$ *endlich*, $\quad A$ *endlich* $\Rightarrow A \cup \{a\}$ *endlich*,

(e) A, B *endlich* $\Leftrightarrow A \cup B$ *endlich*,

(f) A *endlich* $\Rightarrow A \cap B, A \setminus B$ *endlich*, $\quad A, B$ *endlich* $\Rightarrow A \triangle B$ *endlich*,

(g) A *endlich* $\Leftrightarrow \mathfrak{P}(A)$ *endlich*,

(h) A, B *endlich* $\Rightarrow A \times B$ *endlich*,

$A \times B$ *endlich* $\wedge A \times B \neq \emptyset \Rightarrow A, B$ *endlich*,

(i) A, B *endlich* $\Rightarrow A^B$ *endlich*, $\quad A^B$ *endlich* $\wedge B \neq \emptyset \Rightarrow A$ *endlich*,

A^B *endlich* $\wedge \exists x\, \exists y\,(x, y \in A \wedge x \neq y) \Rightarrow B$ *endlich*,

(j) $\mathrm{Db}(f)$ *endlich* $\Rightarrow \mathrm{Wb}(f)$ *endlich*.

Für Mengenfamilien $(A_i)_{i\in I}$ und Mengensysteme M gilt:

(k) I *endlich* $\wedge \forall i(i \in I \Rightarrow A_i$ *endlich*$) \Rightarrow \bigcup_{i\in I} A_i$ *endlich*,

$\bigcup_{i\in I} A_i$ *endlich* $\Rightarrow \forall i(i \in I \Rightarrow A_i$ *endlich*$)$,

$\bigcup_{i\in I} A_i$ *endlich* $\wedge A$ *eineindeutig* $\Rightarrow I$ *endlich*,

(l) M *endlich* $\wedge \forall X(X \in M \Rightarrow X$ *endlich*$) \Leftrightarrow \bigcup M$ *endlich*,

(m) I *endlich* $\wedge \forall i(i \in I \Rightarrow A_i$ *endlich*$) \Rightarrow \mathsf{X}_{i\in I} A_i$ *endlich*,

$\mathsf{X}_{i\in I} A_i$ *endlich* $\wedge \mathsf{X}_{i\in I} A_i \neq \emptyset \Rightarrow \forall i(i \in I \Rightarrow A_i$ *endlich*$)$,

$\mathsf{X}_{i\in I} A_i$ *endlich* $\wedge \forall i \exists x \exists y(i \in I \Rightarrow x, y \in A_i \wedge x \neq y) \Rightarrow I$ *endlich*,

(n) M *endlich* $\wedge \forall X(X \in M \Rightarrow X$ *endlich*$) \Rightarrow \mathsf{X} M$ *endlich*,

$\mathsf{X} M$ *endlich* $\wedge \mathsf{X} M \neq \emptyset \Rightarrow \forall X(X \in M \Rightarrow X$ *endlich*$)$,

$\mathsf{X} M$ *endlich* $\wedge \forall X \exists x \exists y(X \in M \Rightarrow x, y \in X \wedge x \neq y) \Rightarrow M$ *endlich.*

Beweis. Übung. ∎

Satz 4. *Für endliche Mengen A, B mit $n = \operatorname{card} A$, $m = \operatorname{card} B$, für Abbildungen f, Objekte a und Mengensysteme M gilt:*

(a) $A \sim B \Leftrightarrow n = m, \qquad A \preceq B \Leftrightarrow n \leqq m, \qquad A \prec B \Leftrightarrow n < m,$

(b) $A \subseteq B \Rightarrow n \leqq m,$

$A \subseteq B .\!\Rightarrow\!. A \subset B \Leftrightarrow n < m .\wedge. A = B \Leftrightarrow n = m,$

$\operatorname{Db}(f) = A \wedge \operatorname{Wb}(f) = B \Rightarrow m \leqq n,$

(c) $A = \emptyset \Leftrightarrow n = 0,$

$a \notin A \Rightarrow \operatorname{card}(A \cup \{a\}) = n + 1, \qquad a \in A \Rightarrow \operatorname{card}(A \setminus \{a\}) = n - 1,$

(d) $A \cap B = \emptyset \Rightarrow \operatorname{card}(A \cup B) = n + m, \quad B \subseteq A \Rightarrow \operatorname{card}(A \setminus B) = n - m,$

$\operatorname{card}(A \cup B) + \operatorname{card}(A \cap B) = n + m, \qquad \operatorname{card}(A \cup B) \leqq n + m,$

(e) $\operatorname{card}(A \times B) = n \cdot m, \quad \operatorname{card}(A^B) = n^m, \qquad \operatorname{card} \mathfrak{P}(A) = 2^n,$

(f) M *Zerlegung von* $A \wedge M \neq \emptyset \wedge \forall X(X \in M \Rightarrow \operatorname{card} X = m)$

$\Rightarrow \operatorname{card} M = n : m.$

Für Mengenfamilien $(A_i)_{i\in I}$ mit endlichem Indexbereich I und endlichen Mengen A_i (für $i \in I$), die zugehörige Familie $(n_i)_{i\in I}$ der Anzahlen $n_i = \operatorname{card} A_i$ und für endliche Mengensysteme M endlicher Mengen gilt:

(g) $(A_i)_{i\in I}$ *disjunkt* $\Rightarrow \operatorname{card} \bigcup_{i\in I} A_i = \sum_{i\in I} n_i, \qquad \operatorname{card} \bigcup_{i\in I} A_i \leqq \sum_{i\in I} n_i,$

(h) M *disjunkt* $\Rightarrow \operatorname{card} \bigcup M = \sum_{X \in M} \operatorname{card} X, \quad \operatorname{card} \bigcup M \leqq \sum_{X \in M} \operatorname{card} X,$

(i) $\operatorname{card} \mathop{\mathsf{X}}_{i \in I} A_i = \prod_{i \in I} n_i,$ (j) $\operatorname{card} \mathsf{X} M = \prod_{X \in M} \operatorname{card} X.$

Beweis. Übung. ∎

Da Tupel- und Familienprodukt von endlichen Mengenfolgen $(A_i)_{1 \leqq i \leqq k}$ gleichmächtig sind, folgt bei endlichen A_i und $n_i = \operatorname{card} A_i$ für $i \in [1,k]$ aus Satz 4(i) auch für das Tupelprodukt:

$$\operatorname{card} {}^{\mathrm{T}}\mathop{\mathsf{X}}_{i=1}^{k} A_i = \prod_{i=1}^{k} n_i .$$

Speziell gilt für jede Menge A und natürliche Zahl $k \geqq 1 : A^k \sim A^{[1,k]}$, so daß bei endlichem A und $n = \operatorname{card} A$ aus Satz 4(e) (oder 4(i)) auch für die Tupelpotenz folgt:

$$\operatorname{card} (A^k) = n^k .$$

8.2 Endlichkeitskriterien

Es gibt neben Definition 1(a) zahlreiche weitere Endlichkeitsdefinitionen. Wir stellen jetzt die wichtigsten davon zusammen. Alle diese Definitionen funktionieren ohne natürliche Zahlen (bis auf Satz 6(e)) und ergeben in Form von Endlichkeitskriterien nützliche Eigenschaften endlicher Mengen. In Kapitel IV wird noch eine auf dem Wohlordnungsbegriff fußende Endlichkeitsdefinition von E. Zermelo behandelt.
Die Endlichkeitsdefinition des Satzes 5 stammt von R. Dedekind.

Satz 5. *Für Mengen A gilt:*

$$A \text{ endlich} \Leftrightarrow \neg \exists X (X \text{ Menge} \wedge A \sim X \subset A).$$

Beweis. ($\Rightarrow$) folgt unmittelbar aus der zweiten Behauptung von Satz 3(b). ($\Leftarrow$) Man braucht nur zu zeigen, daß jede unendliche Menge A eine abzählbar unendliche Teilmenge besitzt; d.h. es existiert eine Menge $X \subseteq A$ mit $\mathbf{N} \sim X$. Denn für eine eineindeutige Abbildung f von $\mathbf{N}$ auf X ist dann die Funktion g über $\mathbf{N}$ mit $g(n) = f(n+1)$ für jedes $n \in \mathbf{N}$ eine eineindeutige Abbildung von $\mathbf{N}$ auf $X' = X \setminus \{f(0)\}$, womit $X \sim X'$ gilt, also auch

$$A = (A \setminus X) \cup X \sim (A \setminus X) \cup X' = X'',$$

so daß schließlich X'' wegen $X' \subset X$ eine Menge ist mit $A \sim X'' \subset A$. Die Existenz einer abzählbar unendlichen Teilmenge $X \subseteq A$ einer unendlichen Menge A liegt anschaulich auf der Hand. Man kann ja nacheinander und wiederholungsfrei Elemente $x_0, x_1, x_2, x_3, \ldots$ aus A auswählen, deren Folge f dann eine eineindeutige Abbildung von $\mathbf{N}$ auf die Menge X dieser Elemente ist. Wir beweisen die Existenz der Folge f exakt mit Satz 7, §7, dem Rechtfertigungssatz für Definitionen durch ordnungstheoretische Induktion.

A sei eine unendliche Menge. Es ist $A \setminus X \neq \emptyset$ für jede endliche Teilmenge $X \subseteq A$. Mit dem Auswahlaxiom und Satz 8(b), §5 existiert also eine Auswahlfunktion α des Mengensystems

$$M = \{A \setminus X \mid X \in \mathfrak{P}(A),\ X \text{ endlich}\}.$$

Nach Satz 3(j) ist weiterhin für jede natürliche Zahl n der Wertebereich $\mathrm{Wb}(g)$ jeder Funktion g von $\mathbf{N}(n)$ in A endlich, womit $A \setminus \mathrm{Wb}(g) \in M$ ist. Schließlich sei F die Abbildung von

$$G = \{g \mid \exists n\, (n \in \mathbf{N} \wedge g \text{ Funktion von } \mathbf{N}(n) \text{ in } A)\}$$

in A mit $F(g) = \alpha(A \setminus \mathrm{Wb}(g))$ für jedes $g \in G$. Nach Satz 7, §7 existiert genau eine Funktion f von $\mathbf{N}$ in A mit für alle $n \in \mathbf{N}$:

$$f(n) = F(f \mid \mathbf{N}(n)) = \alpha(A \setminus \{f_i\}_{i<n}).$$

f ist eineindeutig; denn für natürliche Zahlen m, n mit $m < n$ ist $f(n) \neq f(m)$ wegen

$$f(n) = \alpha(A \setminus \{f_i\}_{i<n}) \in A \setminus \{f_i\}_{i<n}.$$

Somit gilt schließlich $\mathbf{N} \sim X \subseteq A$ für $X = \mathrm{Wb}(f)$. ∎

Als Folgerung von Satz 5 ist erneut $\mathbf{N}$ unendlich wegen $\mathbf{N} \sim \mathbf{N} \setminus \{0\} \subset \mathbf{N}$. Mit Satz 5 erhält man insgesamt auch die Endlichkeitsdefinitionen des folgenden Satzes.

Satz 6. *Eine Menge A ist endlich*

(a) *genau dann, wenn für jede Abbildung f von A in A gilt:*

f *eineindeutig* $\Rightarrow \mathrm{Wb}(f) = A$.

(b) *genau dann, wenn für jede Abbildung f von A in A gilt:*

$\mathrm{Wb}(f) = A \Rightarrow f$ *eineindeutig*.

(c) *genau dann, wenn für jede Menge $X \sim A$ und jede Abbildung f von A in X gilt:*

f *eineindeutig* $\Leftrightarrow \mathrm{Wb}(f) = X$.

(d) *genau dann, wenn für jede Menge* $X \subseteq A$ *gilt:*

$$X \sim A \Leftrightarrow X = A\,.$$

(e) *genau dann, wenn* $A \prec \mathbf{N}$ *gilt.*

Beweis. Übung.

Nach B. RUSSELL, K. KURATOWSKI und A. TARSKI liefert die induktive Struktur der endlichen Mengen weitere Endlichkeitsdefinitionen (Satz 7). Zunächst die

Definition 3. M sei ein Mengensystem:

Ein *minimales* bzw. *maximales Element* von M ist ein Element $X \in M$, für welches es kein $Y \in M$ gibt mit $Y \subset X$ bzw. $X \subset Y$. ∎

Ein Objekt X ist ein minimales bzw. maximales Element des Mengensystems M genau dann, wenn $X \in M$ ist und für jedes $Y \in M$ gilt:

$$Y \subseteq X \Rightarrow Y = X \qquad \text{bzw.} \qquad X \subseteq Y \Rightarrow X = Y\,.$$

Für Mengensysteme M mit der Vergleichbarkeitseigenschaft

$$\forall X \forall Y (X, Y \in M \Rightarrow X \subseteq Y \vee Y \subseteq X)$$

– solche Mengensysteme heißen auch *Mengenketten* – fallen die minimalen Elemente mit min M und die maximalen Elemente mit max M zusammen.

Satz 7. *Eine Menge A ist endlich*

(a) *genau dann, wenn* $A \in M$ *ist für jedes Mengensystem* $M \subseteq \mathfrak{P}(A)$ *mit*

$$\emptyset \in M, \quad \forall X \forall x (X \in M \wedge x \in A \Rightarrow X \cup \{x\} \in M)\,.$$

(b) *genau dann, wenn es genau ein Mengensystem* $M \subseteq \mathfrak{P}(A)$ *gibt mit*

$$\emptyset \in M, \quad \forall X \forall x (X \in M \wedge x \in A \Rightarrow X \cup \{x\} \in M)\,.$$

(c) *genau dann, wenn* $A \in M$ *ist für jedes Mengensystem* $M \subseteq \mathfrak{P}(A)$ *mit*

$$\emptyset \in M, \quad \forall x (x \in A \Rightarrow \{x\} \in M), \quad \forall X \forall Y (X, Y \in M \Rightarrow X \cup Y \in M)\,.$$

(d) *genau dann, wenn es genau ein Mengensystem* $M \subseteq \mathfrak{P}(A)$ *gibt mit*

$$\emptyset \in M, \quad \forall x (x \in A \Rightarrow \{x\} \in M), \quad \forall X \forall Y (X, Y \in M \Rightarrow X \cup Y \in M)\,.$$

(e) *genau dann, wenn jedes Mengensystem* M *mit* $\emptyset \neq M \subseteq \mathfrak{P}(A)$ *ein minimales Element besitzt.*

(f) *genau dann, wenn jedes Mengensystem* M *mit* $\emptyset \neq M \subseteq \mathfrak{P}(A)$ *ein maximales Element besitzt.*

Beweis. Übung. Man zeige für (a), (b) durch vollständige Induktion über $n \in \mathbf{N}$ die Behauptung, daß für jede Menge $A \sim \mathbf{N}(n)$ und jedes Mengensystem $M \subseteq \mathfrak{P}(A)$ mit

$$\emptyset \in M, \quad \forall X \forall x (X \in M \wedge x \in A \Rightarrow X \cup \{x\} \in M)$$

gilt $M = \mathfrak{P}(A)$. Außerdem betrachte man für eine unendliche Menge A das System der endlichen Teilmenge von A. (c), (d) beweist man analog. Für (e), (f) zeigt man durch vollständige Induktion über $n \in \mathbf{N}$ die Behauptung, daß für jede Menge $A \sim \mathbf{N}(n)$ jedes Mengensystem M mit $\emptyset \neq M \subseteq \mathfrak{P}(\mathrm{A})$ ein minimales Element besitzt. ∎

Satz 7 gestattet ohne Verwendung natürlicher Zahlen *Beweise durch Induktion* für Behauptungen über alle endlichen Mengen. Das sind die folgenden Beweisprinzipien: Will man für alle endlichen Mengen A eine (mengentheoretisch formulierbare) Behauptung $\mathbf{B}(A)$ beweisen, etwa die Behauptung, daß die Potenzmenge $\mathfrak{P}(A)$ endlich ist, so ist als Beweis dafür, daß $\mathbf{B}(A)$ auf alle endlichen Mengen A zutrifft, nur eine der folgenden drei Gruppen von Aussagen zu beweisen:

(a) $\mathbf{B}(\emptyset), \quad \forall X \forall x \big(X \textit{ endliche Menge} \wedge \mathbf{B}(X) \Rightarrow \mathbf{B}(X \cup \{x\})\big)$;

(b) $\mathbf{B}(\emptyset), \quad \forall x \big(\mathbf{B}(\{x\})\big)$,
$\forall X \forall Y \big(X, Y \textit{ endliche Menge} \wedge \mathbf{B}(X) \wedge \mathbf{B}(Y) \Rightarrow \mathbf{B}(X \cup Y)\big)$;

(c) $\forall X \big(X \textit{ endliche Menge} \wedge \forall Y (Y \textit{ Menge} \wedge Y \subset X \Rightarrow \mathbf{B}(Y)) \Rightarrow \mathbf{B}(X)\big)$.

Es besteht für jede fest vorgegebene (mengentheoretisch formulierbare) Behauptung $\mathbf{B}(A)$ über endliche Mengen A die folgende Rechtfertigung dieser drei Beweisprinzipien. Gilt (a) für $\mathbf{B}$ und ist A eine endliche Menge und M die Menge aller Mengen $X \subseteq A$ mit $\mathbf{B}(X)$, so gilt nach (a):

$$\emptyset \in M, \quad \forall X \forall x (X \in M \wedge x \in A \Rightarrow X \cup \{x\} \in M),$$

womit nach Satz 7(a) $A \in M$ gilt, also $\mathbf{B}(A)$. Ebenso rechtfertigt sich das zweite Prinzip (b) unter Verwendung von Satz 7(c). Gilt schließlich (c) für $\mathbf{B}$ und wäre A eine endliche Menge mit nicht $\mathbf{B}(A)$, so ist $\emptyset \neq M \subseteq \mathfrak{P}(A)$ für das System M aller Teilmengen $X \subseteq A$ mit nicht $\mathbf{B}(X)$; nach Satz 7(e) existiert ein minimales Element X von M; dann gilt aber $\mathbf{B}(Y)$ für alle Mengen $Y \subset X$, womit nach (c) $\mathbf{B}(X)$ gilt im Widerspruch zu $X \in M$.

Aus den bisherigen Betrachtungen über endliche Mengen resultieren unmittelbar (Satz 8) auch einige allgemeine Aussagen für unendliche Mengen.

Satz 8. *Für Mengen A, B gilt:*

(a) $A \sim B .\Rightarrow. A$ *unendlich* $\Leftrightarrow B$ *unendlich*,

(b) $A \subseteq B \wedge A$ *unendlich* $\Rightarrow B$ *unendlich*,
$A \precsim B \wedge A$ *unendlich* $\Rightarrow B$ *unendlich*,

(c) A *unendlich* $\Leftrightarrow \exists X (X$ *Menge* $\wedge A \sim X \subset A)$,

(d) A *unendlich* $\Leftrightarrow \mathbf{N} \precsim A$,

(e) A *Grenzbereich* $\Rightarrow A$ *unendlich*.

Beweis. Übung. ∎

Nach Satz 8(d) ist eine Menge unendlich genau dann, wenn sie eine abzählbar unendliche Teilmenge besitzt (vgl. Definition 4). Satz 8(e) rechtfertigt die Formulierung des Unendlichkeitsaxioms (§2.5) und besätigt erneut die Unendlichkeit der Allbereiche.

8.3. Abzählbare Mengen

Ist eine Menge A gleichmächtig zum Abschnitt $\mathbf{N}(n)$ einer natürlichen Zahl n oder gleichmächtig zu $\mathbf{N}$, so lassen sich die Elemente von A mittels einer dann existierenden eineindeutigen endlichen oder unendlichen Folge a über $\mathbf{N}(n)$ oder über $\mathbf{N}$ ohne Wiederholung aufzählen, abzählen, d.h. mit natürlichen Zahlen durchnumerieren: $a_0, a_1, a_2, \ldots$. Man definiert deshalb naheliegend:

Definition 4. Eine Menge A heißt bzw. *abzählbar* (auch *höchstens abzählbar*), *abzählbar unendlich, überabzählbar*, falls A bzw. endlich oder $A \sim \mathbf{N}$ ist, $A \sim \mathbf{N}$ ist, A unendlich und $A \nsim \mathbf{N}$ ist. ∎

Satz 9. *Für Mengen A, B und Abbildungen f gilt:*

A *unendlich* $\Leftrightarrow \neg A$ *endlich*, $\quad A$ *überabzählbar* $\Leftrightarrow \neg A$ *abzählbar*,

$A \sim B .\Rightarrow. A$ *abzählbar* $\Leftrightarrow B$ *abzählbar*
$.\wedge. A$ *überabzählbar* $\Leftrightarrow B$ *überabzählbar*,

$A \sim B .\Rightarrow. A$ *abzählbar unendlich* $\Leftrightarrow B$ *abzählbar unendlich*,

A *endlich* $\Leftrightarrow A \prec \mathbf{N} \Leftrightarrow A \precsim \mathbf{N} \wedge A \nsim \mathbf{N}$,

A *unendlich* $\Leftrightarrow \mathbf{N} \precsim A \Leftrightarrow \mathbf{N} \prec A \vee \mathbf{N} \sim A$,

A *abzählbar* $\Leftrightarrow A \prec \mathbf{N} \vee A \sim \mathbf{N} \Leftrightarrow A \precsim \mathbf{N}$,

$$A \text{ abzählbar unendlich} \Leftrightarrow A \sim \mathbf{N} \Leftrightarrow A \preceq \mathbf{N} \preceq A \Leftrightarrow A \text{ abzählbar} \wedge A \text{ unendlich},$$

$$A \text{ überabzählbar} \Leftrightarrow \mathbf{N} \preceq A \wedge A \nsim \mathbf{N} \Leftrightarrow \mathbf{N} \prec A \Leftrightarrow \mathbf{N} \preceq A \wedge A \npreceq \mathbf{N},$$

$$\mathrm{Db}(f) \text{ abzählbar} \Rightarrow \mathrm{Wb}(f) \text{ abzählbar},$$

$$A \preceq B \prec \mathbf{N} \vee A \prec B \preceq \mathbf{N} \Rightarrow A \prec \mathbf{N}, \quad \mathbf{N} \preceq A \prec B \vee \mathbf{N} \prec A \preceq B \Rightarrow \mathbf{N} \prec B,$$

$$A \preceq \mathbf{N} \prec B \vee A \prec \mathbf{N} \preceq B \Rightarrow A \prec B.$$

Beweis. Die Behauptungen folgen unmittelbar aus den Definitionen und den Sätzen 1, 6(e), 8(d). ∎
(In Kapitel V werden wir ganz allgemein für Mengen A, B, C

$$A \preceq B \preceq A \Rightarrow A \sim B, \quad A \prec B \prec C \Rightarrow A \prec C, \quad A \preceq B \vee B \preceq A$$

beweisen.) Man nennt eine Familie f bzw. *endlich*, *unendlich*, *abzählbar*, *abzählbar unendlich*, *überabzählbar*, wenn ihr Indexbereich $\mathrm{Db}(f)$ die betreffende Eigenschaft hat. Diese Begriffe fallen sofort zusammen mit den entsprechenden Begriffen in bezug auf die Familie als Paarmenge; denn für Abbildungen f gilt $f \sim \mathrm{Db}(f)$. Aus (für Mengen A, B)

$$A \text{ abzählbar} \Leftrightarrow A \preceq \mathbf{N}, \qquad A \preceq B \preceq \mathbf{N} \Rightarrow A \preceq \mathbf{N}$$

folgt speziell:

$$A \subseteq B \wedge B \text{ abzählbar} \Rightarrow A \text{ abzählbar}.$$

Das heißt: Jede abzählbare Menge besitzt nur abzählbare Teilmengen. Aus

$$A \text{ überabzählbar} \Leftrightarrow \mathbf{N} \prec A, \qquad \mathbf{N} \prec A \preceq B \Rightarrow \mathbf{N} \prec B$$

folgt speziell:

$$A \subseteq B \wedge A \text{ überabzählbar} \Rightarrow B \text{ überabzählbar}.$$

Das heißt: Jede überabzählbare Menge besitzt nur überabzählbare Obermengen. Da eine Menge A unendlich ist genau dann, wenn $\mathbf{N} \preceq A$ gilt, sind die abzählbar unendlichen Mengen die kleinsten unendlichen Mengen. Sie sind außerdem die der Anschauung am einfachsten zugänglichen unendlichen Mengen, da sich ihre Elemente in einer Folge aufzählen lassen.
Wir zeigen jetzt einige Eigenschaften abzählbarer Mengen.

Satz 10. (a) $\quad \mathbf{N} \times \mathbf{N} \sim \mathbf{N}.$

Für Mengen A, B gilt:

(b) $\quad A, B \text{ abzählbar} \Rightarrow A \times B \text{ abzählbar},$

$\quad A \sim \mathbf{N} \wedge B \text{ abzählbar} \wedge B \neq \emptyset \Rightarrow A \times B \sim \mathbf{N}.$

Für Mengenfamilien $(A_i)_{i\in I}$, *Mengensysteme M und Mengen B, C gilt:*

(c) $$I \text{ abzählbar} \wedge \forall i(i \in I \Rightarrow A_i \text{ abzählbar}) \Rightarrow \bigcup_{i\in I} A_i \text{ abzählbar},$$
$$M \text{ abzählbar} \wedge \forall X(X \in M \Rightarrow X \text{ abzählbar}) \Rightarrow \bigcup M \text{ abzählbar},$$

(d) $$I \text{ endlich} \wedge \forall i(i \in I \Rightarrow A_i \text{ abzählbar}) \Rightarrow \mathop{\mathsf{X}}_{i\in I} A_i \text{ abzählbar},$$
$$M \text{ endlich} \wedge \forall X(X \in M \Rightarrow X \text{ abzählbar}) \Rightarrow \mathsf{X} M \text{ abzählbar},$$

(e) $$C \text{ endlich} \wedge B \text{ abzählbar} \Rightarrow B^C \text{ abzählbar}.$$

Für abzählbare Mengenfamilien $(A_i)_{i\in I}$ *abzählbarer Mengen, abzählbare Mengensysteme M abzählbarer Mengen und abzählbare Mengen B, C gilt:*

(f) $$\bigcup_{i\in I} A_i \sim \mathbf{N} \Rightarrow \exists i(i \in I \wedge A_i \sim \mathbf{N}) \vee I \sim \mathbf{N},$$
$$\exists i(i \in I \wedge A_i \sim \mathbf{N}) \vee (I \sim \mathbf{N} \wedge A \text{ eineindeutig}) \Rightarrow \bigcup_{i\in I} A_i \sim \mathbf{N},$$
$$\bigcup M \sim \mathbf{N} \Leftrightarrow \exists X(X \in M \wedge X \sim \mathbf{N}) \vee M \sim \mathbf{N},$$

(g) $$I \text{ endlich} \wedge \mathop{\mathsf{X}}_{i\in I} A_i \neq \emptyset .\Rightarrow. \mathop{\mathsf{X}}_{i\in I} A_i \sim \mathbf{N} \Leftrightarrow \exists i(i \in I \wedge A_i \sim \mathbf{N}),$$
$$M \text{ endlich} \wedge \mathsf{X} M \neq \emptyset .\Rightarrow. \mathsf{X} M \sim \mathbf{N} \Leftrightarrow \exists X(X \in M \wedge X \sim \mathbf{N}),$$

(h) $$C \text{ endlich} \wedge C \neq \emptyset .\Rightarrow. B^C \sim \mathbf{N} \Leftrightarrow B \sim \mathbf{N}.$$

Für Mengen A, B gilt:

(i) $$B \subseteq A \wedge B \text{ abzählbar} \wedge A \setminus B \text{ unendlich} \Rightarrow A \setminus B \sim A,$$
$$B \subseteq A \wedge B \text{ endlich} \wedge A \text{ unendlich} \Rightarrow A \setminus B \sim A,$$
$$B \subseteq A \wedge B \text{ abzählbar} \wedge A \text{ überabzählbar} \Rightarrow A \setminus B \sim A,$$

(j) $$A \text{ unendlich} \wedge B \text{ abzählbar} \Rightarrow A \cup B \sim A.$$

Beweis. (a) Anschaulich erhält man $\mathbf{N} \times \mathbf{N} \sim \mathbf{N}$ unmittelbar nach dem folgenden (CAUCHY*schen* oder *ersten* CANTOR*schen*) *Diagonalverfahren.* Man ordne alle Paare natürlicher Zahlen in einer unendlichen Matrix (einem unendlichen rechteckigen Schema) gemäß Abb. 5 an und durchlaufe diese Matrix von (0,0) an nach Diagonalen, etwa gemäß Abb. 6. Es entsteht eine kon-

$$\begin{matrix} (0,0) & (0,1) & (0,2) & \cdots \\ (1,0) & (1,1) & (1,2) & \cdots \\ (2,0) & (2,1) & (2,2) & \cdots \\ \vdots & \vdots & \vdots & \end{matrix}$$

Abb. 5

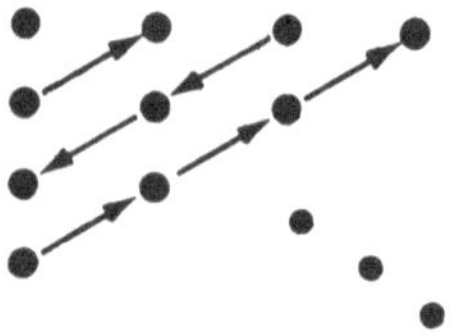

Abb. 6

struktive unendliche Abzählung aller Paare ohne Wiederholung, womit $\mathbf{N} \times \mathbf{N}$ abzählbar unendlich ist. Für den Beweis ist nicht unbedingt eine konstruktive Abzählung der Elemente von $\mathbf{N} \times \mathbf{N}$ erforderlich. Man bilde einfach für beliebige natürliche Zahlen n die Abschnittsprodukte $\mathbf{N}(n) \times \mathbf{N}(n)$ hintereinander auf disjunkte Stücke von $\mathbf{N}$ ab, woraus

$$\mathbf{N} \times \mathbf{N} = \bigcup_{n \in \mathbf{N}} (\mathbf{N}(n) \times \mathbf{N}(n)) \precsim \mathbf{N}$$

folgt. $\mathbf{N} \precsim \mathbf{N} \times \mathbf{N}$ gilt wegen $\mathbf{N} \sim \mathbf{N} \times \{0\} \subseteq \mathbf{N} \times \mathbf{N}$ trivial. Beides ergibt nach Satz 9 $\mathbf{N} \times \mathbf{N} \sim \mathbf{N}$. Nun zur exakten Durchführung des Beweises für $\mathbf{N} \times \mathbf{N} \precsim \mathbf{N}$.

Für jedes $n \in \mathbf{N}$ ist nach Satz 3(h) $\mathbf{N}(n) \times \mathbf{N}(n)$ endlich, und es sei (c die Funktion über $\mathbf{N}$ mit für jedes $n \in \mathbf{N}$)

$$c(n) = \operatorname{card}(\mathbf{N}(n) \times \mathbf{N}(n)).$$

Über Satz 6, §7 existiert die Funktion f von $\mathbf{N}$ in $\mathbf{N}$ mit für jedes $n \in \mathbf{N}$:

$$f(0) = c(0) = 0, \qquad f(n+1) = f(n) + c(n+1).$$

Es gilt stets $f(n) \leqq f(n+1)$, womit f monoton wächst (d.h. $f(n) \leqq f(m)$ für $n \leqq m$). Für die Mengen $A(n)$ mit (bei $n \in \mathbf{N}$)

$$A(0) = \emptyset, \qquad A(n+1) = \{x \in \mathbf{N} \mid f(n) \leqq x < f(n+1)\}$$

gilt sofort $\operatorname{card} A(n) = c(n)$, also

$$\mathbf{N}(n) \times \mathbf{N}(n) \sim A(n).$$

Die Mengen $A(n)$ sind dabei paarweise disjunkt. Denn ist für natürliche Zahlen n, m etwa $n < m$, so ist $n+1 \leqq m$, also $f(n+1) \leqq f(m)$, $A(n+1) \cap A(m+1) = \emptyset$; außerdem ist $A(0) = \emptyset$. Aus Satz 2(e) folgt somit schließlich

$$\mathbf{N} \times \mathbf{N} = \bigcup_{n \in \mathbf{N}} (\mathbf{N}(n) \times \mathbf{N}(n)) \precsim \bigcup_{n \in \mathbf{N}} A(n) \subseteq \mathbf{N}, \quad \mathbf{N} \times \mathbf{N} \precsim \mathbf{N}.$$

(b) Für Mengen $A, B \precsim \mathbf{N}$ existieren Mengen $X, Y \subseteq \mathbf{N}$ mit $A \sim X$, $B \sim Y$. Dann gilt nach Satz 2(c) $A \times B \sim X \times Y \subseteq \mathbf{N} \times \mathbf{N}$, also nach (a) $A \times B \precsim \mathbf{N} \times \mathbf{N} \sim \mathbf{N}$, $A \times B \precsim \mathbf{N}$. Ist darüber hinaus A unendlich und $B \neq \emptyset$, so ist $A \times B$ nach Satz 3(h) unendlich.

(c) Die zweite Behauptung folgt aus der ersten unter Vermittlung der Familie $A = \mathrm{id}_M$. Nun zur ersten Behauptung. Anschaulich erhält man für eine Mengenfamilie $(A_i)_{i \in I}$ mit abzählbaren $I, A_i (i \in I)$ die Abzählbarkeit von $\bigcup_{i \in I} A_i$ wieder nach einem obigen Diagonalverfahren, indem man die Elemente der Mengen A_i mit natürlichzahligen Doppelindizes (m, n) versieht – das Element

a_{mn} ist das n-te Element der Menge A_m – und dann die Matrix der a_{mn} (Zeilenindex m, Spaltenindex n) nach Diagonalen durchläuft, womit alle Elemente a_{mn} in einer endlichen oder unendlichen Folge aufzählbar sind. Der exakte Beweis ist kurz.
Sei also $(A_i)_{i\in I}$ eine Mengenfamilie. Ist stets $A_i \precsim \mathbf{N}$, so auch

$$A_i \precsim \{i\} \times \mathbf{N} = N_i$$

bei paarweise disjunkten N_i. Ist noch $I \precsim \mathbf{N}$, so gilt nach Satz 2(e) und nach (b) insgesamt:

$$\bigcup_{i\in I} A_i \precsim \bigcup_{i\in I} N_i = I \times \mathbf{N} \precsim \mathbf{N}.$$

(d) Die zweite Behauptung folgt wieder aus der ersten. Die erste Behauptung beweisen wir durch Induktion über den endlichen Indexbereich I (vgl. §8.2). Es sei $\mathbf{B}(I)$ für endliche Mengen I die Behauptung, daß $\mathsf{X}_{i\in I} A_i$ abzählbar ist für jede Mengenfamilie $(A_i)_{i\in I}$ mit abzählbaren A_i. Dann gilt $\mathbf{B}(\emptyset)$ wegen $\mathsf{X}_{i\in\emptyset} A_i = \{\emptyset\}$. Für endliche Mengen I mit $\mathbf{B}(I)$ und Objekte j ist bei $I' = I \cup \{j\}$ noch $\mathbf{B}(I')$ zu zeigen. Der Fall $j \in I$ ist wegen dann $I' = I$ trivial. Ist $(A_i)_{i\in I'}$ im Falle $j \notin I$ eine Mengenfamilie mit abzählbaren A_i, so gilt sofort

$$\mathsf{X}_{i\in I'} A_i \sim \mathsf{X}_{i\in I} A_i \times A_j,$$

womit $\mathsf{X}_{i\in I'} A_i$ nach (b) unter der Voraussetzung $\mathbf{B}(I)$ abzählbar ist. Damit folgt $\mathbf{B}(\mathrm{I}')$ aus $\mathbf{B}(\mathrm{I})$.
(e) folgt unter Vermittlung der Familie $A = (B)_{i\in I}$ aus (d). (f)–(h) folgen aus (c)–(e) und Satz 3.
(i) A und B seien Mengen. Für die erste Behauptung sei $B \subseteq A$, B abzählbar und $A \setminus B$ unendlich. Es existiert eine abzählbar unendliche Teilmenge $X \subseteq \mathrm{A} \setminus \mathrm{B}$; sei $Y = (A \setminus B) \setminus X$. Dann gilt

$$A \setminus B = X \cup Y, \quad A = (B \cup X) \cup Y \quad \text{bei} \quad X \cap Y = (B \cup X) \cap Y = \emptyset$$

und mit (c) $\mathbf{N} \sim X \precsim B \cup X \precsim \mathbf{N}$, also $B \cup X \sim \mathbf{N} \sim X$ nach Satz 9 und damit schließlich

$$A \setminus B = X \cup Y \sim (B \cup X) \cup Y = A.$$

Für die zweite Behauptung sei $B \subseteq A$, B endlich und A unendlich. Es ist $A \setminus B$ unendlich, da sonst nach Satz 3(e) $A = (A \setminus B) \cup B$ endlich wäre. Damit folgt $A \setminus B \sim A$ aus der ersten Behauptung. Für die dritte Behauptung sei $B \subseteq A$, B abzählbar und A überzählbar. Es ist $A \setminus B$ unendlich, da sonst nach (c)

$A = (A \setminus B) \cup B$ abzählbar wäre. Damit folgt $A \setminus B \sim A$ aus der ersten Behauptung.

(j) A sei eine unendliche und B eine abzählbare Menge. Ist A abzählbar unendlich, so nach (f) auch $A \cup B$, also $A \cup B \sim A$. Ist A überabzählbar, so nach Satz 9 auch $A \cup (B \setminus A)$ bei abzählbarer Differenz $B \setminus A$. Damit gilt nach (i)

$$A = [A \cup (B \setminus A)] \setminus (B \setminus A) \sim A \cup (B \setminus A) = A \cup B. \quad \blacksquare$$

Wir geben abschließend einige

Beispiele abzählbar unendlicher Mengen:

(1) **N**, **Z**, **Q** sind abzählbar unendlich; denn es gilt:

$$\mathbf{Z} = \{n - m \mid n, m \in \mathbf{N}\}, \qquad \mathbf{Q} = \{g : h \mid g, h \in \mathbf{Z}, h \neq 0\}.$$

Existierende Abbildungen f_1 von **Z** in $\mathbf{N} \times \mathbf{N}$ und f_2 von **Q** in $\mathbf{Z} \times \mathbf{Z}$ mit stets

$$f_1(g) = (n, m) \Rightarrow g = n - m, \qquad f_2(r) = (g, h) \Rightarrow h \neq 0 \wedge r = g : h$$

sind dann eineindeutig, also

$$\mathbf{N} \subseteq \mathbf{Z} \preceq \mathbf{N} \times \mathbf{N} \sim \mathbf{N}, \ \mathbf{Z} \sim \mathbf{N} \quad \text{und} \quad \mathbf{N} \sim \mathbf{Z} \subseteq \mathbf{Q} \preceq \mathbf{Z} \times \mathbf{Z} \sim \mathbf{N}, \ \mathbf{Q} \sim \mathbf{N}.$$

(2) Für jede abzählbare Menge A und natürliche Zahlen m, n mit $m \leqq n$ ist die Menge $A^{[m,n]}$ der endlichen Folgen $(a_i)_{m \leqq i \leqq n}$ aus A nach Satz 10(e) abzählbar. Ist A abzählbar unendlich, so nach Satz 10(h) auch $A^{[m,n]}$ abzählbar unendlich. Für jede Menge A ist bei festem $m \in \mathbf{N}$ die Vereinigung

$$F(m) = \bigcup_{m \leqq n} A^{[m,n]}$$

die Menge aller endlichen Folgen $(a_i)_{m \leqq i \leqq n}$ aus A für beliebiges $n \in \mathbf{N}$, $n \geqq m$ und ist

$$\mathfrak{F} = \{\emptyset\} \cup \bigcup_{m \in \mathbf{N}} F(m)$$

die Menge aller endlichen Folgen aus A. Ist dabei A abzählbar, so sind nach Satz 10(c) $F(m)$ für jedes $m \in \mathbf{N}$ und $\mathfrak{F}$ abzählbar. Ist A abzählbar unendlich, so sind diese Mengen nach Satz 10(f) abzählbar unendlich, also dann für jedes $m \in \mathbf{N}$:

$$\mathfrak{F} \sim F(m) \sim \mathbf{N} \sim A.$$

Für jede Menge A und jede natürliche Zahl $n \geqq 1$ gilt schließlich $A^n \sim A^{[1,n]}$. Ist also die Menge A abzählbar bzw. abzählbar unendlich, so für jedes natürliche $n \geqq 1$ auch die Menge A^n aller n-Tupel aus A und ebenso die Menge

$$T = \bigcup_{1 \leqq n} A^n$$

aller n-Tupel aus A für beliebiges $n \in \mathbf{N}$, $n \geqq 1$.

(3) Für jede Menge A und natürliche Zahl $n \geqq 1$ ist die Menge $E(n)$ der endlichen Teilmengen $X \subseteq A$ mit $n = \operatorname{card} X$ gleichmächtig einer Teilmenge von $A^{[1,n]}$. Man ordne einfach jedem $X \in E(n)$ eine eineindeutige endliche Folge $(x_i)_{1 \leqq i \leqq n}$ seiner Elemente zu. Ist A unendlich, so ist weiterhin A gleichmächtig einer Teilmenge von $E(n)$. Denn es gilt $A \sim E(1)$, und im Falle $n \geqq 2$ ist für eine feste eineindeutige endliche Folge $(a_i)_{2 \leqq i \leqq n}$ aus A nach Satz 10(i)

$$A' = A \setminus \{a_i\}_{2 \leqq i \leqq n} \sim A\,,$$

und man ordne jedem $x \in A'$ die Menge

$$X = \{x\} \cup \{a_i\}_{2 \leqq i \leqq n} \in E(n)$$

zu. Für unendliche Mengen A und natürliche Zahlen $n \geqq 1$ hat man also insgesamt $A \precsim E(n) \precsim A^{[1,n]}$, woraus für abzählbar unendliche Mengen A nach (2) $E(n) \sim \mathbf{N}$ folgt für alle natürlichen $n \geqq 1$, also nach Satz 10(f) auch

$$\mathfrak{E} = \{\emptyset\} \cup \bigcup_{1 \leqq n} E(n) \sim \mathbf{N} \sim A$$

für die Menge $\mathfrak{E}$ der endlichen Teilmengen von A. Jede abzählbar unendliche Menge A hat abzählbar unendlich viele endliche Teilmengen.

8.4. Überzählbare Mengen

Man kann die Elemente überabzählbarer Mengen nicht mehr innerhalb irgendeines Bezeichnungssystems bezeichnen, indem man jedem Element umkehrbar eindeutig eine kennzeichnende Zeichenreihe zuordnet. Denn jedes Bezeichnungssystem besitzt selbst theoretisch nur abzählbar unendlich viele verschiedene Zeichenreihen.

Cantor bewies die Existenz überabzählbarer Mengen mit einem Diagonalverfahren in folgendem

Satz 11 (Satz von Cantor). (a) *Für jede Menge A gilt:*

$$A \prec \mathfrak{P}(A)\,.$$

(b) *Für jede Mengenfamilie* $(A_i)_{i \in I}$, *deren Mengen* $A_i\,(i \in I)$ *je mindestens zwei*

Elemente besitzen, gilt:

$$I \prec \mathop{\mathsf{X}}_{i \in I} A_i \,.$$

Beweis. (a) Für jede Menge A ist zunächst $A \preceq \mathfrak{P}(A)$ wegen

$$A \sim \{\{x\} \mid x \in A\} \subseteq \mathfrak{P}(A)\,.$$

Es gilt auch $A \nsim \mathfrak{P}(A)$. Denn würde eine (eineindeutige) Abbildung F von A auf $\mathfrak{P}(A)$ existieren und wählt man mit dem (*zweiten* CANTOR*schen*) *Diagonalverfahren* die Menge

$$B = \{x \in A \mid x \notin F(x)\}\,,$$

so würde bei $B = F(x_0)$, $x_0 \in A$ gelten: $x_0 \in B \Leftrightarrow x_0 \notin B$, also gleichzeitig $x_0 \in B$ und $x_0 \notin B$, Widerspruch. (Die Verwednung von $x, F(x)$ bei der Definition von B führte zur Bezeichnung „Diagonalverfahren". Man braucht sich nur in Abhängigkeit von Indizes $x, y \in A$ eine Matrix vorzustellen, deren Element mit dem Zeilenindex x und dem Spaltenindex y die Zahl 1 oder 0 ist, je nachdem, ob $x \in F(y)$ gilt oder nicht; dann ist B die Menge aller $x \in A$, deren Hauptdiagonalzahl 0 ist.)
Man könnte (a) auch aus (b) ableiten. Denn nach (b) und Satz 1, §6 gilt für jede Menge A sofort:

$$A \prec \mathop{\mathsf{X}}_{x \in A} \{0,1\} = \{0,1\}^A \sim \mathfrak{P}(A)\,.$$

(b) Unter der Voraussetzung von (b) gibt es über die zweite Behauptung von Satz 6, §6 zwei Funktionen $f_1, f_2 \in \mathop{\mathsf{X}}_{i \in I} A_i$ mit $f_1(i) \neq f_2(i)$ für alle $i \in I$. Dann ist $I \preceq \mathop{\mathsf{X}}_{i \in I.} A_i$, da I gleichmächtig ist der Menge aller Funktionen $f \in \mathop{\mathsf{X}}_{i \in I} A_i$, für deren jede es ein $j \in I$ gibt mit für alle $i \in I$:

$$f(i) = \begin{cases} f_1(i) \text{ für } i = j \\ f_2(i) \text{ für } i \neq j. \end{cases}$$

$I \nsim \mathop{\mathsf{X}}_{i \in I} A_i$ folgt wieder mit dem obigen *Diagonalverfahren*. Wäre $I \sim \mathop{\mathsf{X}}_{i \in I} A_i$ und F eine (eineindeutige) Abbildung von I auf $\mathop{\mathsf{X}}_{i \in I} A_i$, so definiere man die Funktion f über I zu $f_i = F_i(i)$ für alle $i \in I$ und wähle noch eine Funktion $g \in \mathop{\mathsf{X}}_{i \in I} A_i$ mit stets $g_i \neq f_i$. Dann existiert kein Index j mit $F_j = g$ wegen sonst $F_j(j) = f_j \neq g_j = F_j(j)$. Also können I und $\mathop{\mathsf{X}}_{i \in I} A_i$ nicht gleichmächtig sein. (Die Verwendung der Werte $F_i(i)$ deutet wieder auf das Diagonalverfahren hin. Man braucht sich nur alle Werte $F_i(j)$ für beliebige $i, j \in I$ als Matrix aufgetragen vorzustellen (Zeilenindex i, Spaltenindex j); dann sind die $F_i(i)$ die Elemente der Hauptdiagonalen.) ∎

Aus dem Satz von CANTOR folgt unmittelbar die Existenz überabzählbarer Mengen. Denn ist A eine unendliche Menge, etwa $A = \mathbf{N}$, und damit $\mathbf{N} \preceq A$, so ist nach Satz 11(a) $\mathfrak{P}(A)$ überabzählbar, und ist $(A_i)_{i\in I}$ eine unendliche Mengenfamilie mit mindestens zweielementigen Mengen A_i, so ist nach Satz 11(b) $\mathsf{X}_{i\in I} A_i$ überabzählbar. Nach Satz 10(i) ergibt sich weiter für abzählbar unendliche Mengen A und die Menge $\mathfrak{E}$ der endlichen Teilmengen von A wegen $\mathbf{N} \sim \mathfrak{E} \subseteq \mathfrak{P}(A)$ und der Überabzählbarkeit von $\mathfrak{P}(A)$: $\mathfrak{P}(A)\setminus\mathfrak{E} \sim \mathfrak{P}(A)$. Jede abzählbar unendliche Menge A besitzt überabzählbar viele unendliche Teilmengen. Schließlich ist für jede mindestens zweielementige Menge A und jede unendliche Menge I speziell $A^I = \mathsf{X}_{i\in I} A$ überabzählbar, also auch für jede natürliche Zahl m die Menge $A^{[m,\rightarrow[}$, insbesondere $A^{\mathbf{N}}$, aller mit dem Index m beginnenden Folgen aus A, während bei abzählbarem A die Menge aller (mit dem Index m beginnenden oder beliebigen) endlichen Folgen aus A abzählbar ist.

Die Menge $\mathbf{R}$ der reellen Zahlen, das Kontinuum, ist ein besonders anschauliches Beispiel einer überabzählbaren Menge. Wir zeigen sogar, daß bereits die unendlichen Teilintervalle von $\mathbf{R}$ überabzählbar und mit $\mathbf{R}$ gleichmächtig sind. Alle von nun an in diesem §8 auftretenden Intervalle seien *reelle Intervalle* im Sinne der folgenden Festlegung bei $a, b \in \mathbf{R}$ und $a \leqq b$:

$$
\begin{aligned}
[a,b] &= \{x\in\mathbf{R} \mid a \leqq x \leqq b\}, &]a,b[&= \{x\in\mathbf{R} \mid a < x < b\},\\
[a,b[&= \{x\in\mathbf{R} \mid a \leqq x < b\}, &]a,b] &= \{x\in\mathbf{R} \mid a < x \leqq b\},\\
[a,\rightarrow[&= \{x\in\mathbf{R} \mid a \leqq x\}, &]a,\rightarrow[&= \{x\in\mathbf{R} \mid a < x\},\\
]\leftarrow,a] &= \{x\in\mathbf{R} \mid x \leqq a\}, &]\leftarrow,a[&= \{x\in\mathbf{R} \mid x < a\}.
\end{aligned}
$$

Wir entnehmen der Theorie der reellen Zahlen die *Systembruchentwicklung* der Zahlen des rechtshalboffenen Einheitsintervalles $[0,1[$ zur Basis g bei $2 \leqq g \in \mathbf{N}$: Für jedes $x \in [0,1[$ gibt es genau eine Folge $F(x) = (a_n)_{n<\infty}$ natürlicher Zahlen a_n mit $0 \leqq a_n \leqq g-1$ für alle $n \in \mathbf{N}$ und nicht $a_n = g-1$ für alle Indizes $n \geqq n_0$ von einer Stelle n_0 ab und mit

$$x = \sum_{n=0}^{\infty} \frac{a_n}{g^{n+1}} = 0, a_0 a_1 a_2 \ldots.$$

Bezeichnet $S(g)$ die Menge aller dieser natürlichzahligen Folgen, so ist F eine eineindeutige Abbildung von $[0,1[$ auf $S(g)$, und wir benötigen für die weiteren Betrachtungen nur diese Gleichmächtigkeit

$$[0,1[\sim S(g).$$

Satz 12. (a) *Für jede natürliche Zahl* $n \geqq 2$ *ist*

$$[0,1[\ \sim \mathbf{N}(n)^{\mathbf{N}} \sim \mathfrak{P}(\mathbf{N}).$$

(b) $[0,1[$ *ist überabzählbar.* (c) $[0,1[\ \sim \mathbf{R}$. (d) $[0,1[\ \sim \mathbf{N}^{\mathbf{N}}$.

Beweis. (a) Für jede natürliche Zahl $g \geqq 2$ ist $[0,1[\ \sim S(g)$ für die oben definierte Folgenmenge $S(g)$. $[0,1[$ ist unendlich wegen etwa $0 \leqq \frac{1}{n} < 1$ für alle natürlichen Zahlen $n \geqq 2$. Mit $[0,1[$ ist dann auch $S(g)$ unendlich. Die Menge $K(g)$ aller Folgen natürlicher Zahlen $(a_n)_{n<\infty}$ mit stets $0 \leqq a_n \leqq g-1$, die von einer Stelle n_0 an konstant gleich $g-1$ sind, ist abzählbar. Es sei hierzu $L(n_0)$ für jedes natürliche n_0 die Gesamtheit aller Folgen $(a_n)_{n<\infty} \in K(g)$, für welche $a_n = g-1$ für alle Indizes $n \geqq n_0$ ist. Unmittelbar ist

$$L(n_0) \sim \mathbf{N}(g)^{\mathbf{N}(n_0)},$$

also $L(n_0)$ nach Satz 3(i) endlich. Nach Satz 10(c) ist damit

$$K(g) = \bigcup_{n_0 \in \mathbf{N}} L(n_0)$$

abzählbar. Schließlich gilt nach Satz 10(j)

$$\mathbf{N}(g)^{\mathbf{N}} = S(g) \cup K(g) \sim S(g) \sim [0,1[,$$

also für natürliche Zahlen $n \geqq 2$:

$$[0,1[\ \sim \mathbf{N}(n)^{\mathbf{N}} \sim \mathbf{N}(2)^{\mathbf{N}} = \{0,1\}^{\mathbf{N}} \sim \mathfrak{P}(\mathbf{N}).$$

(b) Nach dem Satz von Cantor ist $\mathfrak{P}(\mathbf{N})$ überabzählbar und damit nach (a) auch $[0,1[$.

(c) Die Funktion f über $[\frac{1}{2},1[$ mit für jedes $x \in [\frac{1}{2},1[$ bzw. die Funktion g über $[0,\frac{1}{2}[$ mit für jedes $x \in [0,\frac{1}{2}[$:

$$f(x) = \frac{2x-1}{1-x} \quad \text{bzw.} \quad g(x) = \frac{4x}{2x-1}$$

ist eine eineindeutige Abbildung von $[\frac{1}{2},1[$ auf $[0,\rightarrow[$ bzw. von $[0,\frac{1}{2}[$ auf $]\leftarrow,0]$ bei $g(0)=0$. Damit gilt

$$]\leftarrow,0[\ \sim\ ]0,\tfrac{1}{2}[, \qquad [0,\rightarrow[\ \sim [\tfrac{1}{2},1[,$$

also

$$\mathbf{R} = \ ]\leftarrow,0[\ \cup [0,\rightarrow[\ \sim\ ]0,\tfrac{1}{2}[\ \cup [\tfrac{1}{2},1[\ = \ ]0,1[.$$

Da aus der Unendlichkeit von $[0,1[$ nach Satz 10(i) auch

$$]0,1[= [0,1[\setminus \{0\} \sim [0,1[$$

folgt, gilt damit insgesamt $[0,1[\sim \mathbf{R}$.

(d) Es ist $[0,1[\sim S(2)$. Für jede Folge $(a_n)_{n<\infty} \in S(2)$ gilt stets $a_n = 0$ oder $a_n = 1$, wobei nicht von einem Index n_0 an alle $a_n = 1$ sind. Für jeden Index n_0 gibt es also einen Index $n \geqq n_0$ mit $a_n = 0$. Die Menge der Indizes n mit $a_n = 0$ ist unbeschränkt, und diese Indizes bilden eine echt wachsende Folge f über $\mathbf{N}$ (d.h. $f(n) < f(m)$ für $n < m$), nämlich die mittels vollständiger Rekursion (Satz 6, §7) existierende Funktion f von $\mathbf{N}$ in $\mathbf{N}$ mit für jedes $n \in \mathbf{N}$:

$$f(0) = \min\{x \in \mathbf{N} \mid a_x = 0\}, \quad f(n+1) = \min\{x \in \mathbf{N} \mid f(n) < x \wedge a_x = 0\}.$$

Wir zeigen zunächst, daß die Abbildung F über $S(2)$, welche jedem $a \in S(2)$ diese Folge $f = F(a)$ zuordnet, eine eineindeutige Abbildung von $S(2)$ auf die Menge E aller echt wachsenden Folgen natürlicher Zahlen über $\mathbf{N}$ ist. F ist eine Abbildung auf E; denn für $f \in E$ ist $a \in S(2)$ mit $F(a) = f$ für die Folge a über $\mathbf{N}$ mit für jedes $n \in \mathbf{N}$:

$$a_n = \begin{cases} 0 \text{ für } n \in \mathrm{Wb}(f) \\ 1 \text{ für } n \notin \mathrm{Wb}(f). \end{cases}$$

F ist eineindeutig; denn ist $F(a) = f$, $a \in S(2)$, so ist a eindeutig durch f bestimmt als diejenige Folge $a \in S(2)$ mit für jedes $n \in \mathbf{N}$:

$$a_n = 0 \Leftrightarrow n \in \mathrm{Wb}(f).$$

Somit gilt $S(2) \sim E$. Wir müssen noch $\mathbf{N}^{\mathbf{N}} \sim E$ zeigen. Es läßt sich aber jeder Folge f natürlicher Zahlen über $\mathbf{N}$ die mittels vollständiger Rekursion (Satz 6, §7) existierende echt wachsende Summenfolge s über $\mathbf{N}$ zuordnen mit für jedes $n \in \mathbf{N}$:

$$s(0) = f(0), \qquad s(n+1) = s(n) + f(n+1) + 1.$$

Die Abbildung F, welche jedem $f \in \mathbf{N}^{\mathbf{N}}$ diese Folge $s = F(f) \in E$ zuordnet, ist eine eineindeutige Abbildung von $\mathbf{N}^{\mathbf{N}}$ auf E; denn für jedes $s \in E$ ist die Folge f über $\mathbf{N}$ mit für jedes $n \in \mathbf{N}$:

$$f(0) = s(0), \qquad f(n+1) = [s(n+1) - s(n)] - 1$$

die eindeutig bestimmte Folge $f \in \mathbf{N}^{\mathbf{N}}$ mit $F(f) = s$. Damit gilt $\mathbf{N}^{\mathbf{N}} \sim E$. ∎

Aus Satz 12(b), (c) folgt sofort für reelle $a < b$ die Überabzählbarkeit der Intervalle $[a,b]$, $]a,b[$, $[a,b[$, $]a,b]$ und ihre Gleichmächtigkeit mit $\mathbf{R}$; denn diese vier Intervalle sind unendlich und damit nach Satz 10(i) untereinander gleichmächtig, und die Funktion $f(x) = a + (b - a)x$ über $[0,1[$ ist eine eineindeutige Abbildung von $[0,1[$ auf $[a,b[$. Ebenso sind für reelle a die unbegrenzten Intervalle $[a,\rightarrow[$, $]a,\rightarrow[$, $]\leftarrow,a]$, $]\leftarrow,a[$ alle mit **R** gleichmächtig; denn mittels $f(x) = a + x$ bzw. $f(x) = a - x$ bzw. $f(x) = \frac{x}{1-x}$ ist $[0,\rightarrow[\sim [a,\rightarrow[$ bzw. $[0,\rightarrow[\sim]\leftarrow,a]$ bzw. $[0,1[\sim [0,\rightarrow[$. Auf Grund der Überabzählbarkeit von **R** nach Satz 12(b),(c) und der Abzählbarkeit von **Q** gilt $\mathbf{R} \setminus \mathbf{Q} \sim \mathbf{R}$, womit diese Menge der *irrationalen Zahlen* überabzählbar ist. Satz 12(a), (c) besagt u.a. $\mathbf{R} \sim \mathfrak{P}(\mathbf{N})$. Es gibt kontinuumviele Mengen natürlicher Zahlen. Die Frage nach Mächtigkeiten zwischen **N** und $\mathfrak{P}(\mathbf{N})$, also nach Mengen X mit $\mathbf{N} \prec X \prec \mathfrak{P}(\mathbf{N})$, stellt sich damit gleichwertig als *Kontinuumproblem*: Gibt es Mengen X mit

$$\mathbf{N} \prec X \prec \mathbf{R}\,?$$

Für endliche Mengen A mit mindestens zwei Elementen a_1, a_2 existieren immer Zwischenmengen X mit $A \prec X \prec \mathfrak{P}(A)$; man wähle etwa

$$X = \{\{x\} \mid x \in A\} \cup \{\{a_1, a_2\}\}.$$

Alle Versuche, für $A = \mathbf{N}$ die Existenz solcher Zwischenmengen nachzuweisen, sind bisher fehlgeschlagen. Man vermutet deshalb als *Kontinuumhypothese*: Es gibt keine Mächtigkeiten zwischen **N** und **R**. In Kapitel V gehen wir auf die Kontinuumhypothese und ihre Verallgemeinerung, die Alephhypothese, näher ein. Die *Alephhypothese* ist die Vermutung, daß für beliebige unendliche Mengen A keine Mächtigkeiten zwischen A und $\mathfrak{P}(A)$ existieren.
Satz 12 führt noch zu den folgenden interessanten Mächtigkeitsaussagen im Zusammenhang mit **R**.

Satz 13. *Für Mengenfamilien $(A_i)_{i \in I}$ mit $I \neq \emptyset$ und $A_i \sim \mathbf{R}$ für alle $i \in I$ und für Mengen B, C gilt:*

(a) I *abzählbar* $\wedge$ $(A_i)_{i \in I}$ *disjunkt* $\Rightarrow \bigcup_{i \in I} A_i \sim \mathbf{R}$,

(b) I *abzählbar* $\Rightarrow \mathop{\mathsf{X}}_{i \in I} A_i \sim \mathbf{R}$,

(c) $B \sim \mathbf{R} \wedge C$ *abzählbar* $\wedge\ C \neq \emptyset \Rightarrow B^C \sim \mathbf{R}$,

(d) $I \sim \mathbf{R} \wedge (A_i)_{i \in I}$ *disjunkt* $\Rightarrow \bigcup_{i \in I} A_i \sim \mathbf{R}$.

Beweis. (a) Für jede abzählbare Menge $I \neq \emptyset$ ist $I \sim \mathbf{N}$ oder $I \sim \mathbf{N}(n)$ für ein $n \in \mathbf{N}$, $n \neq 0$. Also gibt es eine wiederholungsfreie Abzählung i von I, d.h. eine eineindeutige Abbildung i über **N** oder über $\mathbf{N}(n)$ mit $I = \mathrm{Wb}(i)$. Dann ist

$$\bigcup_{j\in I} A_j = \bigcup_{\nu\in\mathbf{N}} A_{i(\nu)} \quad \text{oder} \quad \bigcup_{j\in I} A_j = \bigcup_{\nu\in\mathbf{N}(n)} A_{i(\nu)}$$

für jede Mengenfamilie $(A_j)_{j\in I}$, und bei $A_j \sim \mathbf{R}$ für alle $j \in I$ ist stets

$$A_{i(\nu)} \sim \mathbf{R} \sim [\nu, \nu+1[\,,$$

also bei Disjunktheit der A_j und damit der $A_{i(\nu)}$ und wegen der Disjunktheit der Intervalle $[\nu, \nu+1[$ schließlich nach Satz 2(d):

$$\bigcup_{\nu\in\mathbf{N}} A_{i(\nu)} \sim \bigcup_{\nu\in\mathbf{N}} [\nu, \nu+1[= [0, \rightarrow[\sim \mathbf{R}$$

oder

$$\bigcup_{\nu\in\mathbf{N}(n)} A_{i(\nu)} \sim \bigcup_{\nu\in\mathbf{N}(n)} [\nu, \nu+1[= [0, n[\sim \mathbf{R}\,.$$

(b) Es sei $(A_i)_{i\in I}$ eine Mengenfamilie mit abzählbarem $I \neq \emptyset$ und $A_i \sim \mathbf{R}$ für alle $i \in I$. Es ist wieder $I \sim \mathbf{N}$ oder $I \sim \mathbf{N}(n)$ für ein $n \in \mathbf{N}$, $n \neq 0$, und für eine eineindeutige Abbildung p von $\mathbf{N}$ bzw. $\mathbf{N}(n)$ auf I gilt nach Satz 7, §6:

$$\mathop{\mathsf{X}}_{i\in I} A_i \sim \mathop{\mathsf{X}}_{i\in\mathbf{N}} A_{p(i)} \quad \text{bzw.} \quad \mathop{\mathsf{X}}_{i\in I} A_i \sim \mathop{\mathsf{X}}_{i\in\mathbf{N}(n)} A_{p(i)}\,,$$

so daß wir von vornherein $I = \mathbf{N}$ oder $I = \mathbf{N}(n)$ annehmen dürfen. Wegen $A_i \sim \mathbf{R} \sim \{0,1\}^{\mathbf{N}}$ für jedes $i \in I$ existiert eine unendliche oder endliche Folge $(f_i)_{i\in I}$ von eineindeutigen Abbildungen f_i von A_i auf $\{0,1\}^{\mathbf{N}}$. Jedem $a \in \mathop{\mathsf{X}}_{i\in I} A_i$ ist dann zugeordnet die unendliche oder endliche Folgenfolge

$$F(a) = (f_i(a_i))_{i\in I}\,,$$

anschaulich als Matrix:

$$\begin{matrix} f_0(a_0) & \text{———} & b_{00} & b_{01} & b_{02} & \cdots \\ f_1(a_1) & \text{———} & b_{10} & b_{11} & b_{12} & \cdots \\ f_2(a_2) & \text{———} & b_{20} & b_{21} & b_{22} & \cdots \\ \vdots & & \vdots & \vdots & \vdots & . \end{matrix}$$

F ist eineindeutig; denn aus

$$F(a) = (f_i(a_i))_{i\in I} = (f_i(a'_i))_{i\in I} = F(a')$$

bei $a, a' \in \mathop{\mathsf{X}}_{i\in I} A_i$ folgt $a_i = a'_i$ für alle $i \in I$, also $a = a'$. Wir vermuten

$$\mathrm{Wb}(F) \sim \{0,1\}^{\mathbf{N}}\,, \quad (+)$$

da man offenbar einer obigen Matrix $(b_{ij})_{i\in I, j<\infty}$ umkehrbar eindeutig eine einfache Folge $(c_k)_{k<\infty}$ aller Elemente b_{ij} zuordnen kann, indem man die b_{ij} nach Diagonalen durchläuft. Mit (+) wäre dann insgesamt F eine eineindeutige Abbildung über $\bigtimes_{i\in I} A_i$ mit $\mathrm{Wb}(F) \sim \mathbf{R}$, also $\bigtimes_{i\in I} A_i \sim \mathbf{R}$. Es ist somit nur noch (+) zu zeigen. An Stelle des diagonalen Ablaufens der b_{ij} genügt irgendeine hinsichtlich der Indizes (i,j) eineindeutige Abzählung der b_{ij}. Es sei also nun q für die exakte Durchführung des Beweises zu (+) eine nach Satz 10(b) existierende eineindeutige Abbildung von $\mathbf{N}$ auf $I \times \mathbf{N}$. Jeder Doppelfamilie $b = (b_{ij})_{i\in I, j<\infty}$ aus lauter Zahlen 0 und 1 ordne man zu die Folge

$$G(b) = (b_{q(k)})_{k<\infty} \in \{0,1\}^{\mathbf{N}}.$$

Dann ist G eine eineindeutige Abbildung mit

$$\mathrm{Wb}(F) = \mathrm{Db}(G) \sim \mathrm{Wb}(G) = \{0,1\}^{\mathbf{N}}.$$

Damit ist (+) bewiesen.
(c) folgt aus (b) unter Vermittlung der Familie $A = (B)_{i\in C}$.
(d) Ist $(A_i)_{i\in I}$ eine Mengenfamilie, f eine eineindeutige Abbildung von I auf $\mathbf{R}$ und $A_i \sim \mathbf{R}$ für alle $i \in I$, so ist auch $A_i \sim \mathbf{R} \times \{f_i\}$, woraus bei Disjunktheit der A_i über (b) folgt:

$$\bigcup_{i\in I} A_i \sim \bigcup_{i\in I} (\mathbf{R} \times \{f_i\}) = \mathbf{R} \times \mathbf{R} \sim \mathbf{R}. \quad ∎$$

(In Kapitel V lernen wir allgemeinere Gesetze über das Rechnen mit $\sim, \precsim, \prec$ kennen, aus denen dann Sätze wie Satz 13, sogar ohne die in (a), (d) vorausgesetzte Disjunktheit, als Spezialfälle folgen.) Satz 13 (a), (b) ergibt speziell für Mengen A, B:

$$A \sim B \sim \mathbf{R} \wedge A \cap B = \emptyset \Rightarrow A \cup B \sim \mathbf{R}, \quad A \sim B \sim \mathbf{R} \Rightarrow A \times B \sim \mathbf{R}.$$

Damit wird $\mathbf{R} \times \mathbf{R} \sim \mathbf{R}$, also auch $\mathbf{C} \sim \mathbf{R}$; denn die Abbildung f über $\mathbf{C}$, welche jeder komplexen Zahl $z = x + \mathrm{i}y$ das geordnete Paar $f(z) = (x, y)$ aus Real- und Imaginärteil von z zuordnet, ist eine eineindeutige Abbildung von $\mathbf{C}$ auf $\mathbf{R} \times \mathbf{R}$. Aus Satz 13(c) folgt für natürliche Zahlen $n \geqq 1$:

$$\mathbf{R}^n \sim \mathbf{R}^{\mathbf{N}(n)} \sim \mathbf{R}.$$

Der n-dimensionale Zahlenraum, der für $n = 3$ geometrisch dem dreidimensionalen Anschauungsraum entspricht, enthält genau so viele Punkte wie jedes noch so kleine reelle Intervall $]a, b[\neq \emptyset$!
Wir geben abschließend noch eine Übersicht über die Mächtigkeitsbeziehungen bei Vereinigung, kartesischem Produkt und Mengenpotenz von Mengen abzählbar unendlicher Mächtigkeit oder der Mächtigkeit des Kontinuums (die beiden für den praktischen mathematischen Gebrauch innerhalb des Zahlensystems wichtigsten unendlichen Mächtigkeiten).

Satz 14. *Für Mengen A, B gilt:*

$$A \sim \mathbf{N} \wedge B \preceq \mathbf{N} \Rightarrow A \cup B \sim \mathbf{N}, \qquad A \sim \mathbf{N} \wedge \emptyset \neq B \preceq \mathbf{N} \Rightarrow A \times B \sim \mathbf{N},$$

$$A \sim \mathbf{R} \wedge B \preceq \mathbf{N} \Rightarrow A \cup B \sim \mathbf{R}, \qquad A \sim \mathbf{R} \wedge \emptyset \neq B \preceq \mathbf{N} \Rightarrow A \times B \sim \mathbf{R},$$

$$A \sim B \sim \mathbf{R} \wedge A \cap B = \emptyset \Rightarrow A \cup B \sim \mathbf{R}, \qquad A \sim B \sim \mathbf{R} \Rightarrow A \times B \sim \mathbf{R},$$

$$A \sim \mathbf{N} \wedge B \textit{ endlich} \wedge B \neq \emptyset \Rightarrow A^B \sim \mathbf{N},$$

$$\{0,1\} \preceq A \preceq \mathbf{N} \wedge B \sim \mathbf{N} \Rightarrow A^B \sim \mathbf{R}, \qquad A \sim \mathbf{R} \wedge \emptyset \neq B \preceq \mathbf{N} \Rightarrow A^B \sim \mathbf{R}.$$

Beweis. Die Behauptungen folgen unmittelbar aus den bisherigen Sätzen. ▮

KAPITEL IV

Ordnungstheorie

§ 9. Allgemeine ordnungstheoretische Vorbetrachtungen

9.1. Wohlordnungen

Als Wohlordnungen sollen diejenigen Anordnungsbeziehungen zwischen den Elementen einer Menge A bezeichnet werden, welche strukturell die durch Fortsetzung des üblichen Zählverfahrens (vgl. Definition 4, § 8) ins Transfinite entstehenden Abzählungen (im weiteren Sinne) sämtlicher Elemente von A erfassen. Wohlordnungen führen unmittelbar zum Ordinalzahlbegriff (§ 16) und besitzen mit ihren Eigenschaften (§ 11–§ 13) eine fundamentale Bedeutung für die Mengenlehre. Beispiele für Wohlordnungen liefern später die Größenanordnungen $\leqq$ der Kardinalzahlen, der Ordinalzahlen und der natürlichen Zahlen und die Inklusion $\subseteq$ zwischen Allmengen. Wir wollen uns zunächst die Anschauung Cantors vor Augen führen, wie sich Wohlordnungen, also die angedeuteten verallgemeinerten Elementeabzählungen beliebiger Mengen, exakt definieren lassen.

Es sei A eine beliebig vorgegebene Menge. Man wähle (falls $A \neq \emptyset$; entsprechend seien die weiteren Mengen, aus denen ein Element ausgewählt wird, nichtleer) irgendein Element $a_0 \in A$ als das erste Element von A in bezug auf die beabsichtigte Abzählung aus, dann irgendein Element $a_1 \in A \setminus \{a_0\}$ als das zweite Element von A, dann irgendein Element $a_2 \in A \setminus \{a_0, a_1\}$ als das dritte Element von A usw. Für endliches A bricht dieses Verfahren einmal ab, und man hat alle Elemente von A in einer gewissen Reihenfolge erschöpfend abgezählt. Für unendliches A bricht dieses (wegen der uns zur Verfügung stehenden endlichen Zeit natürlich nur gedachte) Zählverfahren nicht ab, und man erhält die nacheinander ausgewählten unendlich vielen Elemente $a_0, a_1, a_2, \ldots$, welche die Menge A_0 bilden mögen. Im Falle $A = A_0$ sind wieder alle Elemente von A erschöpfend abgezählt. Diese beiden Fälle (A endlich und A unendlich bei $A = A_0$) entsprechen dem üblichen Zählverfahren der wiederholungsfreien Abzählung sämtlicher Elemente einer (im Sinne von Definition 4, § 8) abzählbaren Menge durch eine endliche oder unendliche Folge. Im Falle $A \neq A_0$ (z. B. die Menge $A = \mathbf{N}$ der natürlichen Zahlen $0, 1, 2, 3, 4, \ldots$ und die Menge A_0 der aus A ausgewählten geraden Zahlen $0, 2, 4, \ldots$) ist A nach der Auswahl der Elemente a_0, a_1, a_2, ... noch nicht erschöpft, und es beginnt die Fortsetzung unseres Zählverfahrens ins Transfinite. Man wähle jetzt nacheinander Elemente $a_\omega \in A \setminus A_0$, $a_{\omega,1} \in A \setminus (A_0 \cup \{a_\omega\})$ usw. usw. Es bedeute dabei „usw. usw." ganz allgemein, daß man sukzessiv für jede bereits abgezählte Teilmenge $X \subseteq A$ (falls $A \setminus X \neq \emptyset$) ein beliebiges Element $x \in A \setminus X$ wählt und es hinter die Elemente von X setzt. Dieses Zählverfahren setze man so lange fort, bis die Menge A vollkommen ausgeschöpft ist, was anschaulich einmal eintreten muß. Denn würde von unserem Zählverfahren eine gewisse Restmenge B mit $\emptyset \neq B \subseteq A$ nicht erfaßt, so ließe sich doch wieder ein Element $b \in B$ auswählen und hinter alle Elemente von $A \setminus B$ setzen, womit das verwendete Zählverfahren, im Widerspruch zur Annahme, nicht nur $A \setminus B$ ausschöpfen würde. Das geschilderte allgemeine Zählverfahren liefert also anschaulich für jede Menge A eine erschöpfende Abzählung ihrer Elemente:

$$a_0, a_1, a_2, \ldots, a_\omega, a_{\omega,1}, \ldots \ldots .$$

Aus jeder *transfiniten Abzählung* einer Menge A (Abzählung im Sinne des verallgemeinerten Zählverfahrens, einschließlich der üblichen Abzählungen abzählbarer Mengen) resultiert eine zugehörige Anordnungsbeziehung R zwischen den Elemente von A – eine zugehörige Relation R in A –, wenn man für Elemente $a, b \in A$ festsetzt, daß aRb gilt genau dann, wenn durch die betrachtete transfinite Abzählung von A das Element a früher erfaßt wurde als das Element a (man sagt auch, daß a kleiner als b ist bzw. daß b größer als a ist) oder wenn $a = b$ ist. Die so entstandene (Kleinergleich-)Relation R in A besitzt dann anschaulich die folgenden Eigenschaften (1)–(5). Für Elemente $a, b, c \in A$ und Mengen $M \subseteq A$ gilt:

(1) $aRa,$

(2) $aRb \wedge bRc \Rightarrow aRc,$

(3) $aRb \wedge bRa \Rightarrow a = b,$

(4) $aRb \vee bRa,$

(5) $M \neq \emptyset \Rightarrow \exists x (x \in M \wedge \forall y (y \in M \Rightarrow xRy)).$

Umgekehrt ergibt jede beliebige Relation R in einer Menge A mit den Eigenschaften (1)–(5) eine zugehörige transfinite Abzählung von A. Zunächst gilt wegen (3), (5) für jede Menge $M \subseteq A$:

$$M \neq \emptyset \Rightarrow \exists !! \, x (x \in M \wedge \forall y (y \in M \Rightarrow xRy));$$

dieses Element x heiße das kleinste Element (das Minimum) von M (bzgl. R), bezeichnet mit: $\min M$. Die aus R resultierende transfinite Abzählung der Elemente von A erhält man nun folgendermaßen: Es sei $a_0 = \min A$, $a_1 =$

min $(A \setminus \{a_0\})$, $a_2 = \min(A \setminus \{a_0, a_1\})$ usw. Ist A_0 die Menge dieser Elemente $a_0, a_1, a_2, \ldots$, so sei $a_\omega = \min(A \setminus A_0)$, $a_{\omega,1} = \min(A \setminus (A_0 \cup \{a_\omega\}))$ usw. usw. Es bedeute dabei „usw. usw." ganz allgemein, daß man sukzessiv für jede bereits im Sinne von R abgezählte Teilmenge $X \subseteq A$ das $\min(A \setminus X)$ (falls $A \setminus X \neq \emptyset$) als das auf alle Elemente von X folgende Element wählt. Derart ergibt R anschaulich die transfinite Abzählung

$$a_0, a_1, a_2, \ldots, a_\omega, a_{\omega,1}, \ldots \ldots$$

sämtlicher Elemente von A. Denn würde von diesem Zählverfahren eine gewisse Restmenge B mit $\emptyset \neq B \subseteq A$ nicht erfaßt, so ließe sich doch wieder min B hinter die Elemente von $A \setminus B$ setzen, womit das Zählverfahren, im Widerspruch zur Annahme, nicht nur $A \setminus B$ ausschöpfen würde. Wir haben insgesamt erhalten, daß jede transfinite Abzählung

$$a_0, a_1, a_2, \ldots, a_\omega, a_{\omega,1}, \ldots \ldots$$

einer Menge A zu einer eindeutig bestimmten Relation R in A mit den Eigenschaften (1)–(5) führt und daß umgekehrt jede Relation R in A mit den Eigenschaften (1)–(5) zu einer eindeutig bestimmten transfiniten Abzählung

$$a_0, a_1, a_2, \ldots, a_\omega, a_{\omega,1}, \ldots \ldots$$

von A führt. Geht man dabei von einer transfiniten Abzählung der Menge A zur zugehörigen Relation R in A über, so ist die aus dieser Relation R gebildete transfinite Abzählung wieder die ursprüngliche transfinite Abzählung, und geht man von einer Relation R in A mit den Eigenschaften (1)–(5) zur zugehörigen transfiniten Abzählung von A über, so ist die aus dieser transfiniten Abzählung gebildete Relation wieder die ursprüngliche Relation R. Die transfiniten Abzählungen einer Menge A lassen sich somit anschaulich in umkehrbar eindeutiger Weise als die Relationen R in A mit den Eigenschaften (1)–(5) charakterisieren und damit exakt mengentheoretisch definieren.

Beschreibt man die einer transfiniten Abzählung einer Menge A zugehörige Anordnungsbeziehung (Relation) R zwischen den Elementen von A dahingehend, daß aRb für Elemente $a, b \in A$ genau dann gilt, wenn durch die betrachtete transfinite Abzählung das Element a früher erfaßt wird als das Element b, so kann man die transfiniten Abzählungen von A anschaulich charakterisieren und exakt mengentheoretisch definieren als die (Kleiner-)Relationen R in A mit den Eigenschaften (1′)–(5′). Für Elemente $a, b, c \in A$ und Mengen $M \subseteq A$ gilt:

(1′) $\neg\, aRa$,

(2′) $aRb \wedge bRc \Rightarrow aRc$,

(3′) $aRb \Rightarrow \neg\, bRa$,

(4′) $aRb \vee a = b \vee bRa$,

(5′) $M \neq \emptyset \Rightarrow \exists x\big(x \in M \wedge \forall y(y \in M \Rightarrow xRy \vee x = y)\big)$.

Die präzisierte Behandlung des transfiniten Abzählbegriffes für die Elemente beliebiger Mengen A zielt demnach auf das Studium der Relationen R in A mit den Eigenschaften (1)–(5) bzw. (1′)–(5′). Solche Relationen R nennen wir *reflexive* bzw. *irreflexive Wohlordnungen in A*. Unter Vermittlung der identischen Relation id_A wird dabei zwischen den reflexiven und irreflexiven Wohlordnungen einer Menge A ein derart enger Zusammenhang bestehen, daß beide Wohlordnungsarten praktisch dieselbe Bedeutung haben und zu derselben Theorie führen. Wir können uns somit auf die Behandlung einer der beiden Arten beschränken und bevorzugen die reflexiven Wohlordnungen, die dann einfach *Wohlordnungen* heißen.

9.2. Vollordnungen, Ordnungen

Es sind auch bereits Relationen R in einer Menge A mit den Eigenschaften (1)–(4) bzw. (1′)–(4′) wichtige und in der Mathematik häufig auftretende Ordnungsbeziehungen. Derartige Relationen wollen wir *reflexive* bzw. *irreflexive Vollordnungen in A* nennen. Fordert man von R nur (1)–(3) bzw. (1′)–(3′), so entstehen die *reflexiven* bzw. *irreflexiven Ordnungen in A*, ebenfalls grundlegende Ordnungsbeziehungen und gemeinsam als *Ordnungsrelationen* bezeichnet. Wir bevorzugen wieder die reflexiven Vollordnungen und Ordnungen, die dann *Vollordnungen* und *Ordnungen* genannt werden.

Wir systematisieren im folgenden das Studium der Wohlordnungen, indem wir vorher Ordnungen und Vollordnungen behandeln, die, wie erwähnt, außerdem selbständige Bedeutung besitzen. In diesem Sinne werden wir insgesamt mit den Grundbegriffen der Ordnungstheorie vertraut.

9.3. Ordnungsstrukturen, Isomorphie, Teilstrukturen

Unsere Ordnungsbetrachtungen finden in Grundmengen A mit zugehörigen reflexiven Ordnungsrelationen R in A statt. Ein solches Paar (A, R) heißt dann eine *Ordnungsstruktur* und speziell eine *geordnete, vollgeordnete* oder *wohlgeordnete Menge*, je nachdem, ob R eine Ordnung, Voll- oder Wohlordnung in A ist. Die entsprechenden Postulate aus (1)–(5) heißen jeweils die *Axiome* der

betreffenden Ordnungsstruktur. *Ordnungstheorie* ist die Theorie der Ordnungsstrukturen.
Wir erklären mit den nächsten drei Definitionen in Spezialisierung allgemeiner strukturtheoretischer Begriffsbildungen die für unsere Zwecke wichtigen Begriffe.

Definition 1. (a) Eine *durch eine Relation strukturierte* (oder *geregelte*) *Menge* ist ein Paar (A, R), wobei A eine Menge und R eine Relation in A ist.
(b) $\mathfrak{A} = (A, R)$ sei eine durch eine Relation strukturierte Menge:
A (d. h. genauer: $\mathrm{pr}_1(\mathfrak{A})$) heißt der *Träger* (die *Trägermenge*) oder die *Grundmenge* und R (d. h. genauer $\mathrm{pr}_1(\mathfrak{A})$) die (*definierende*) *Relation* oder die *Grundrelation* von $\mathfrak{A}$. $\mathfrak{A}$ heißt die *durch die Relation R strukturierte* (*geregelte*) *Menge A*. Die Elemente und die Teilmengen von A heißen die *Elemente* und die *Teilmengen* oder *Untermengen* von $\mathfrak{A}$. $\mathfrak{A}$ heißt *leer*, *nichtleer*, *endlich* (*finit*), *unendlich* (*transfinit*), falls A diese Eigenschaften besitzt. ∎

Ordnungsstrukturen sind spezielle durch eine Relation strukturierte Mengen.

Definition 2. $\mathfrak{A} = (A, R)$ und $\mathfrak{B} = (B, S)$ seien durch eine Relation strukturierte Mengen, und g sei ein Objekt:
Eine *Abbildung* oder *Funktion von* $\mathfrak{A}$ *auf* bzw. *in* $\mathfrak{B}$ ist eine Abbildung von A auf bzw. in B. Ein *Isomorphismus* (oder eine *isomorphe Abbildung*) *von* $\mathfrak{A}$ *auf* bzw. *in* $\mathfrak{B}$ ist eine eineindeutige Abbildung von A auf bzw. in B mit für alle $x, y \in A$:

$$xRy \Leftrightarrow f(x)\,S f(y) \qquad (\textit{Umkehrbare Relationstreue von } f \textit{ bzgl. } R, S).$$

$$\mathfrak{A} \simeq \mathfrak{B} \Leftrightarrow \exists f (f \textit{ Isomorphismus von } \mathfrak{A} \textit{ auf } \mathfrak{B})$$

(gelesen: $\mathfrak{A}$ *isomorph* $\mathfrak{B}$). $\mathfrak{A}$, $\mathfrak{B}$ heißen *isomorph*, oder $\mathfrak{B}$ heißt ein *isomorphes Bild* von $\mathfrak{A}$, falls $\mathfrak{A} \simeq \mathfrak{B}$ gilt.

$$\mathfrak{A} \underset{g}{\simeq} \mathfrak{B} \Leftrightarrow g \textit{ Isomorphismus von } \mathfrak{A} \textit{ auf } \mathfrak{B}$$

(gelesen: $\mathfrak{A}$ *isomorph* $\mathfrak{B}$ *mittels* g). $\mathfrak{A}$, $\mathfrak{B}$ heißen *isomorph mittels* g, falls $\mathfrak{A} \underset{g}{\simeq} \mathfrak{B}$ gilt. ∎

Für durch eine Relation strukturierte Mengen $\mathfrak{A} = (A, R)$ und $\mathfrak{B} = (B, S)$ bedeutet die Existenz eines Isomorphismus f von $\mathfrak{A}$ auf $\mathfrak{B}$ offenbar anschaulich, daß $\mathfrak{A}$ und $\mathfrak{B}$ denselben Strukturtyp besitzen – anders ausgedrückt: A und B besitzen in bezug auf R und S dieselben strukturellen Eigenschaften. Denn unter Vermittlung von f rechnet es sich mit den Elementen x, y von A in bezug auf R genau so wie mit den Elementen $x' = f(x)$, $y' = f(y)$ von B in bezug auf S.

Die Isomorphie von $\mathfrak{A}$ und $\mathfrak{B}$ kommt dann in entsprechenden Sätzen zum Ausdruck wie etwa dem Satz, daß $\mathfrak{A}$ eine geordnete (vollgeordnete, wohlgeordnete) Menge ist genau dann, wenn $\mathfrak{B}$ es ist. In diesem Sinne übertragen sich strukturelle Eigenschaften (etwa wie hier Ordnungseigenschaften), die man in einer durch eine Relation strukturierten Menge $\mathfrak{A}$ festgestellt hat, automatisch auf alle zu $\mathfrak{A}$ isomorphen durch eine Relation strukturierten Mengen $\mathfrak{B}$ – man sagt von solchen strukturellen Eigenschaften, sie seien *invariant gegenüber isomorphen Abbildungen* –, und isomorphe durch eine Relation strukturierte Mengen sind *strukturtheoretisch gleichwertig*. Mit dem Isomorphiebegriff werden später wichtige Erkenntnisse über wohlgeordnete Mengen gewonnen. Bei Ordnungsstrukturen sagt man gelegentlich für „isomorph" und „Isomorphismus" auch *ähnlich* und *Ähnlichkeitsabbildung*. In der Ordnungstheorie sind neben Isomorphismen auch homomorphe Abbildungen von Wichtigkeit. Man nennt sie jedoch vorwiegend monotone Funktionen, so daß wir auf den Terminus „homomorph" verzichten.

Satz 1. *Für durch eine Relation strukturierte Mengen* $\mathfrak{A} = (A, R)$, $\mathfrak{B}$, $\mathfrak{C}$ *und Abbildungen* f, g *gilt:*

$$\mathfrak{A} \underset{\mathrm{id}_A}{\simeq} \mathfrak{A}, \qquad \mathfrak{A} \underset{f}{\simeq} \mathfrak{B} \Rightarrow \mathfrak{B} \underset{f^{-1}}{\simeq} \mathfrak{A}, \qquad \mathfrak{A} \underset{f}{\simeq} \mathfrak{B} \wedge \mathfrak{B} \underset{g}{\simeq} \mathfrak{C} \Rightarrow \mathfrak{A} \underset{g \circ f}{\simeq} \mathfrak{C};$$

$$\mathfrak{A} \simeq \mathfrak{A} \qquad (\textit{Reflexivität}),$$

$$\mathfrak{A} \simeq \mathfrak{B} \Rightarrow \mathfrak{B} \simeq \mathfrak{A} \qquad (\textit{Symmetrie}),$$

$$\mathfrak{A} \simeq \mathfrak{B} \wedge \mathfrak{B} \simeq \mathfrak{C} \Rightarrow \mathfrak{A} \simeq \mathfrak{C} \qquad (\textit{Transitivität}).$$

Beweis. Aus den Definitionen. ∎

Die Gleichmächtigkeit $\sim$ bildet eine Äquivalenzrelation im Bereich aller Mengen (vgl. § 5.7), und parallel dazu bildet die Isomorphie $\simeq$ nach Satz 1 eine Äquivalenzrelation im Bereich aller durch eine Relation strukturierten Mengen. Das bedeutet exakt, für jedes Mengensystem $\mathfrak{M}$ durch eine Relation strukturierter Mengen ist die Relation

$$\mathfrak{R} = \{(X, Y) \in \mathfrak{M}^2 \mid X \simeq Y\}$$

eine Äquivalenzrelation in $\mathfrak{M}$.

Satz 2. *Für durch eine Relation strukturierte Mengen* (A, R), (B, S), *Abbildungen* f *und Teilmengen* $X \subseteq A$ *gilt:*

(a) $$(A, R) \underset{f}{\simeq} (B, S) \Rightarrow A \underset{f}{\sim} B,$$

$$A \underset{f}{\sim} B \wedge S = \{(x, y) \in B^2 \mid f^{-1}(x) R f^{-1}(y)\} \Rightarrow (A, R) \underset{f}{\simeq} (B, S),$$

$$(A, R) \underset{f}{\simeq} (B, S) \Rightarrow (X, R\|X) \underset{f|X}{\simeq} (f\langle X\rangle, S|f\langle X\rangle),$$

$$(A, R) \underset{f}{\simeq} (B, S) \Rightarrow (A, R^{-1}) \underset{f}{\simeq} (B, S^{-1}).$$

Ist noch f eine Abbildung von A in B, so gilt:

(b) *f Isomorphismus von* (A, R) *in* $(B, S) \Leftrightarrow (A, R) \underset{f}{\simeq} (f\langle A\rangle, S\|f\langle A\rangle)$.

Beweis. Aus den Definitionen. ■

Die Isomorphie als Strukturtypgleichheit führt im Hinblick auf Äquivalenzrelationen zu

Satz 3. *Für durch eine Relation strukturierte Mengen* $(A, R), (B, S)$ *gilt unter der Voraussetzung* $(A, R) \simeq (B, S)$:

R Äquivalenzrelation in A $\Leftrightarrow$ *S Äquivalenzrelation in B.*

Beweis. Es sei $(A, R) \simeq (B, S)$ für die durch eine Relation strukturierten Mengen (A, R), (B, S). Dann existiert ein Isomorphismus f von (A, R) auf (B, S), d.h. eine eineindeutige Abbildung f von A auf B mit für alle $x, y \in A$:

$$xRy \Leftrightarrow f(x)Sf(y). \quad (+)$$

Ist R eine Äquivalenzrelation in A und sind a', b', c' Elemente aus B, so sind

$$a = f^{-1}(a'), \quad b = f^{-1}(b'), \quad c = f^{-1}(c')$$

Elemente aus A mit den Eigenschaften:

$$a' = f(a), \quad b' = f(b), \quad c' = f(c),$$

$$aRa, \quad aRb \Rightarrow bRa, \quad aRb \wedge bRc \Rightarrow aRc.$$

Dies ergibt mit (+):

$$a'Sa', \quad a'Sb' \Rightarrow b'Sa', \quad a'Sb' \wedge b'Sc' \Rightarrow a'Sc'.$$

Somit ist auch S eine Äquivalenzrelation in B. Wegen $(A, R) \simeq (B, S)$ gilt nach Satz 1 auch $(B, S) \simeq (A, R)$, und aus dem eben Bewiesenen folgt sofort die Umkehrung, daß R Äquivalenzrelation in A ist, sofern S Äquivalenzrelation in B ist. ■

Definition 3. $\mathfrak{A} = (A, R)$ und $\mathfrak{B} = (B, S)$ seien durch eine Relation strukturierte Mengen:
$\mathfrak{A}$ ist eine *Teilstruktur* oder eine *Unterstruktur* von $\mathfrak{B}$, und $\mathfrak{B}$ ist eine *Oberstruk-*

tur von $\mathfrak{A}$, falls

$$A \subseteq B \wedge R = S \| A$$

gilt. ∎

In Definition 3 gilt im Falle der Reflexivität von R in A:

$$A \subseteq B \wedge R = S \| A \Leftrightarrow R = S \| A \Leftrightarrow \forall x \ \forall y (xRy \Leftrightarrow x, y \in A \wedge xSy).$$

Redewendungen über durch eine Relation strukturierte Mengen $\mathfrak{A} = (A, R)$, $\mathfrak{B} = (B, S), \ldots$ formuliert man oft anstatt „in Abhängigkeit von $\mathfrak{A}, \mathfrak{B}, \ldots$" auch „in Abhängigkeit von $A, B, \ldots$ bzgl. $R, S, \ldots$". So ist als Beispiel ein Isomorphismus von $\mathfrak{A}$ auf $\mathfrak{B}$ auch ein *Isomorphismus von A auf B bzgl. R, S*, und es ist *B zu A isomorph bzgl. S, R*, falls $\mathfrak{B}$ zu $\mathfrak{A}$ isomorph ist. Weitere Beispiele liefern in § 10 die Begriffsbildungen im Zusammenhang mit geordneten Mengen.

§ 10. Ordnungen und Vollordnungen

10.1. Definition und Beispiele

Man rekapituliere Definition 24, § 5, in der die Begriffe der reflexiven, symmetrischen und transitiven Relation erklärt wurden.

Definition 1. (a) R sei eine Relation und A eine Menge:

R ist *irreflexiv* $\Leftrightarrow \forall x (\neg\, xRx)$,

R ist *antisymmetrisch* (oder *identitiv*) $\Leftrightarrow \forall x \forall y (xRy \wedge yRx \Rightarrow x = y)$,

R ist *asymmetrisch* $\Leftrightarrow \forall x \forall y (xRy \Rightarrow \neg\, yRx)$,

R ist *linear in A* $\Leftrightarrow R \subseteq A \times A \wedge \forall x \forall y (x, y \in A \Rightarrow xRy \vee yRx)$,

R ist *konnex in A* $\Leftrightarrow R \subseteq A \times A \wedge \forall x \forall y (x, y \in A \Rightarrow xRy \vee x = y \vee yRx)$.

Die Elemente von A sind reflexiv bzw. *irreflexiv vergleichbar bzgl. R* oder *es besteht in A reflexive* bzw. *irreflexive Vergleichbarkeit bzgl. R*, falls R linear bzw. konnex in A ist. R ist *trichotom in A*, wenn $R \subseteq A \times A$ ist und für beliebige Elemente $x, y \in A$ von den drei Fällen

$$xRy, \quad x = y, \quad yRx$$

stets genau einer eintritt, d. h. wenn R konnex in A ist (es ist dann $R \subseteq A \times A$, und von den drei Fällen tritt mindestens einer ein) und wenn

$$xRy \Rightarrow x \neq y \wedge \neg yRx, \quad x = y \Rightarrow \neg xRy \wedge \neg yRx, \quad yRx \Rightarrow \neg xRy \wedge x \neq y$$

für beliebige Objekte x, y gilt (von den drei Fällen tritt höchstens einer ein).

(b) R sei ein Objekt und A eine Menge:
R ist eine (*reflexive*) *Ordnung in* A, falls R eine Relation ist, welche reflexiv in A, transitiv und antisymmetrisch ist. R ist eine (*reflexive*) *Ordnung*, falls es eine Menge X gibt, so daß R eine Ordnung in X ist. R ist eine *irreflexive* (oder *strikte*) *Ordnung*, falls R eine irreflexive, transitive und asymmetrische Relation ist. R ist eine *irreflexive* (oder *strikte*) *Ordnung in* A, falls R eine irreflexive Ordnung ist mit $R \subseteq A \times A$. R ist eine (*reflexive*) *Vollordnung in* A, falls R eine Ordnung in A und in A linear ist. R ist eine (*reflexive*) *Vollordnung*, falls es eine Menge X gibt, so daß R eine Vollordnung in X ist. R ist eine *irreflexive* (oder *strikte*) *Vollordnung in* A, falls R eine irreflexive Ordnung und in A konnex ist. R ist eine *irreflexive* (oder *strikte*) *Vollordnung*, falls es eine Menge X gibt, so daß R eine irreflexive Vollordnung in X ist. ∎

Für „Ordnung“ bzw. „Vollordnung“ sagt man in der Literatur oft auch *Halbordnung* oder *partielle* (auch *teilweise*) *Ordnung* bzw. *totale* (oder *vollständige*) *Ordnung* oder *Ordnung* (jeweils wieder mit dem Zusatz *reflexiv* und *irreflexiv*), und die reflexiven bzw. irreflexiven Vollordnungen heißen auch *lineare* bzw. *konnexe Ordnungen*. Wir verwenden ausschließlich die Terminologie von Definition 1. Reflexive und irreflexive Ordnungen bzw. Vollordnungen heißen gemeinsam *Ordnungsrelationen* bzw. *Vollordnungsrelationen*.
Zu einer in einer Menge A reflexiven Relation R, also auch zu einer Ordnung R in einer Menge A, ist die Menge A eindeutig bestimmt durch (vgl. § 5.7)

$$A = \mathrm{Fd}(R) = \mathrm{Vb}(R) = \mathrm{Nb}(R).$$

Zu einer irreflexiven Vollordnung R in einer Menge A, wobei A mindestens zwei Elemente enthalte, ist A eindeutig bestimmt durch $A = \mathrm{Fd}(R)$. $\emptyset$ ist eine irreflexive Vollordnung in $\emptyset$ und in jeder Einermenge $\{a\}$ und eine Vollordnung in $\emptyset$. Für Relationen R in einer Menge A ist nach Definition 1 R eine Ordnung bzw. Vollordnung in A genau dann, wenn für alle $a, b, c \in A$ gilt:

(1) aRa (*Reflexivität*),

(2) $aRb \wedge bRc \Rightarrow aRc$ (*Transitivität*),

(3) $aRb \wedge bRa \Rightarrow a = b$ (*Antisymmetrie*)

bzw. wenn für alle $a, b, c \in A$ gilt: (1), (2), (3) und noch

(4) $aRb \vee bRa$ (*Linearität, Vergleichbarkeit*);

R ist eine irreflexive Ordnung bzw. irreflexive Vollordnung in A genau dann, wenn für alle $a, b, c \in A$ gilt:

(1′) $\neg\, aRa$ (*Irreflexivität*),

(2′) $aRb \wedge bRc \Rightarrow aRc$ (*Transitivität*),

(3′) $aRb \Rightarrow \neg\, bRa$ (*Asymmetrie*)

bzw. wenn für alle $a, b, c \in A$ gilt: (1′), (2′), (3′) und noch

(4′) $aRb \vee a = b \vee bRa$ (*Konnexität, Vergleichbarkeit*).

Die Forderungen (1)–(3) bzw. (1)–(4) heißen die *Ordnungsaxiome* oder die *Axiome der (reflexiven) Ordnung* bzw. die *Vollordnungsaxiome* oder die *Axiome der (reflexiven) Vollordnung*, die Forderungen (1′)–(3′) bzw. (1′)–(4′) die *Axiome der irreflexiven Ordnung* bzw. die *Axiome der irreflexiven Vollordnung*. Axiom (1) folgt auch aus (4) und (3′) auch aus (1′) und (2′). (1) und (3) lassen sich zusammenfassen zu der Forderung $aRb \wedge bRa \Leftrightarrow a = b$ und (1′) und (3′) zu der Forderung, daß von den drei Fällen aRb, $a = b$, bRa stets höchstens einer eintritt. Aus (1′), (3′), (4′) folgt die Trichotomie in A jeder irreflexiven Vollordnung in einer Menge A.

Unter Vermittlung der Identität id_A besteht zwischen reflexiven und irreflexiven Ordnungen in einer Menge A ein unmittelbarer Zusammenhang. Ist nämlich R eine reflexive bzw. irreflexive Ordnung in A, so ist die Relation

$$R' = R \setminus \mathrm{id}_A, \quad \text{bzw.} \quad R^* = R \cup \mathrm{id}_A,$$

also diejenige Relation R' bzw. R^* in A mit für alle $x, y \in A$:

$$xR'y \Leftrightarrow xRy \wedge x \neq y \quad \text{bzw.} \quad xR^*y \Leftrightarrow xRy \vee x = y,$$

eine irreflexive bzw. reflexive Ordnung in A, die *zu R gehörige irreflexive* bzw. *reflexive Ordnung in A*, und es ist stets $(R')^* = R$ bzw. $(R^*)' = R$. Reflexive wie irreflexive Ordnungen führen damit zur selben Theorie, und man kann sich auf die Behandlung einer der beiden Arten beschränken. Wir bevorzugen die reflexiven Ordnungen, da sich mit ihnen besser rechnen läßt. Derselbe unmittelbare Zusammenhang besteht auch bei Vollordnungsrelationen; denn für jede reflexive bzw. irreflexive Vollordnung R in einer Menge A ist $R' = R \setminus \mathrm{id}_A$ bzw. $R^* = R \cup \mathrm{id}_A$ wieder eine irreflexive bzw. reflexive Vollordnung in A, die *zu R gehörige irreflexive* bzw. *reflexive Vollordnung in A*.

Man erhält die folgenden

Beispiele für Ordnungs- und Vollordnungsrelationen:

(1) Es sei A eine der Zahlenmengen **N**, **Z**, **Q**, **R**. Dann ist die übliche Kleinergleichbeziehung $\leqq$ bzw. Kleinerbeziehung $<$ eine reflexive bzw. irreflexive

Vollordnung in A; d.h. die Relation R bzw. S in A mit für jedes $x, y \in A$:

$$xRy \Leftrightarrow x \leqq y \quad \text{bzw.} \quad xSy \Leftrightarrow x < y.$$

S ist dabei die zu R gehörige irreflexive Vollordnung in A und R die zu S gehörige reflexive Vollordnung in A.

(2) $\subseteq$ bzw. $\subset$ bildet eine reflexive bzw. irreflexive Ordnung im Bereich aller Mengen. Exakt bedeutet dies, daß für jedes Mengensystem $\mathfrak{M}$ die Relation

$$R = \{(X, Y) \in \mathfrak{M}^2 \mid X \subseteq Y\} \quad \text{bzw.} \quad S = \{(X, Y) \in \mathfrak{M}^2 \mid X \subset Y\}$$

eine reflexive bzw. irreflexive Ordnung in $\mathfrak{M}$ ist. R und S sind einander zugehörige Ordnungsrelationen.

(3) Für jede in einer Menge A reflexive bzw. irreflexive Ordnung R und jede Teilmenge $U \subseteq A$ ist die auf U eingeschränkte Relation

$$R' = R \| U = R \cap (U \times U)$$

wieder eine reflexive bzw. irreflexive Ordnung in U, die *durch R in U induzierte (reflexive) Ordnung* bzw. *irreflexive Ordnung*. Dasselbe gilt für Vollordnungsrelationen, und R' heißt dann die *durch R in U induzierte (reflexive) Vollordnung* bzw. *irreflexive Vollordnung*.

(4) Für jede in einer Menge A reflexive bzw. irreflexive Ordnung R ist R^{-1} wieder eine reflexive bzw. irreflexive Ordnung in A, die *zu R duale (reflexive) Ordnung* bzw. *irreflexive Ordnung*. Dasselbe gilt für Vollordnungsrelationen, und R^{-1} heißt dann die *zu R duale (reflexive) Vollordnung* bzw. *irreflexive Vollordnung*. Die Beispiele (1) und (2) liefern damit gleichzeitig die reflexiven Vollordnungen $\geqq$ und Ordnungen $\supseteq$ bzw. die irreflexiven Vollordnungen $>$ und Ordnungen $\supset$. Für jedes Mengensystem $\mathfrak{M}$ sei

$$\underset{(\mathfrak{M})}{\subseteq} = \{(X, Y) \in \mathfrak{M}^2 \mid X \subseteq Y\}, \qquad \underset{(\mathfrak{M})}{\supseteq} = (\underset{(\mathfrak{M})}{\subseteq})^{-1},$$
$$\underset{(\mathfrak{M})}{\subset} = \{(X, Y) \in \mathfrak{M}^2 \mid X \subset Y\}, \qquad \underset{(\mathfrak{M})}{\supset} = (\underset{(\mathfrak{M})}{\subset})^{-1},$$

wobei man den Index $(\mathfrak{M})$ auch wegläßt, wenn Mißverständnisse ausgeschlossen sind.

Die bekannten Symbole $\leqq$ und $<$ für die Anordnungsbeziehungen der einzelnen Zahlbereiche (vgl. Beispiel (1)) haben sich auch als signifikante *Ordnungsschreibweise* für beliebige Ordnungsrelationen eingebürgert.

Definition 2. R sei eine (reflexive) Ordnung in der Menge A:

$$\underset{R}{\leqq} = R, \quad \underset{R}{<} = R \setminus \mathrm{id}_A, \quad \underset{R}{\geqq} = (\underset{R}{\leqq})^{-1}, \quad \underset{R}{>} = (\underset{R}{<})^{-1}$$

(gelesen: *kleinergleich bzgl. R, (echt) kleiner bzgl. R, größergleich bzgl. R, (echt) größer bzgl. R*). ▮

Da jede Ordnung R in einer Menge A diese Menge eindeutig bestimmt, etwa als $A = \mathrm{Fd}(R)$, ist auch $\underset{R}{\leq}$ in Abhängigkeit von R eindeutig definiert. Sind Verwechslungen ausgeschlossen, so läßt man die Variable R unter den Zeichen $\leqq$, $<$, $\geqq$, $>$ auch weg. Die Ordnungs- bzw. Vollordnungsaxiome ergeben mit der neuen Schreibweise und als strukturelle Grundlage der Ordnungstheorie bzw. der Theorie der vollgeordneten Mengen den

Satz 1. (a) *Für Mengen A, Ordnungen R in A und beliebige Elemente $a, b, c \in A$ gilt:*

$$a \leqq b \Leftrightarrow a < b \vee a = b, \qquad a < b \Leftrightarrow a \leqq b \wedge a \neq b,$$

$$\begin{array}{ll} a \leqq a & (\textit{Reflexivität}), \\ a \leqq b \wedge b \leqq c \Rightarrow a \leqq c & (\textit{Transitivität}), \\ a \leqq b \wedge b \leqq a \Rightarrow a = b & (\textit{Antisymmetrie}), \\ a \nless a & (\textit{Irreflexivität}), \\ a < b \wedge b < c \Rightarrow a < c & (\textit{Transitivität}), \\ a < b \Rightarrow b \nless a & (\textit{Asymmetrie}), \end{array}$$

$$a < b \leqq c \vee a \leqq b < c \Rightarrow a < c, \quad a < b \Rightarrow b \nleqq a, \quad a \leqq b \Rightarrow b \nless a.$$

(b) *Für Mengen A, Vollordnungen R in A und beliebige Elemente $a, b, c \in A$ gelten die Eigenschaften von* (a) *und noch:*

$$\begin{array}{ll} a \leqq b \vee b \leqq a & (\textit{Linearität, Vergleichbarkeit}), \\ a < b \vee a = b \vee b < a & (\textit{Konnexität, Vergleichbarkeit}), \\ a < b \Leftrightarrow b \nleqq a, \quad a \leqq b \Leftrightarrow b \nless a. & \end{array}$$

Beweis. Aus den Definitionen. ▮

Dieselbe Praxis der *Ordnungsschreibweise* entsteht, wenn man die Zeichen $\leqq$, $<$, $\geqq$, $>$ (evtl. noch mit Indizes versehen) als *Variable für Objekte* wählt und sie folgendermaßen verwendet: Ist $\leqq$ als Objektvariable gewählt und eine Ordnung $\leqq$ in einer Menge A vorgegeben, so seien automatisch auch $<$, $\geqq$, $>$ als Objektvariable gewählt, und es gelte

$$< \,=\, \leqq \setminus \mathrm{id}_A, \quad \geqq \,=\, (\leqq)^{-1}, \quad > \,=\, (<)^{-1}.$$

Unter Verwendung der Objektvariablen $\leqq$ lautet dann etwa Satz 1: *Für*

Mengen A, Ordnungen bzw. Vollordnungen $\leqq$ in A und beliebige Elemente a, b, $c \in A$ gilt: .... Dabei ist jetzt $<$ ebenfalls Objektvariable, und es sei $< \, = \, \leqq \setminus \mathrm{id}_A$.

10.2. Geordnete, vollgeordnete Mengen, Isomorphie, Monotonie

Nach den allgemeinen Ausführungen von § 9.3 definieren wir:

Definition 3. Ist A eine Menge und $\leqq$ eine Ordnung bzw. Vollordnung in A, so heißt das Paar $(A, \leqq)$ die *durch $\leqq$ geordnete* bzw. *vollgeordnete Menge A*. Eine *geordnete* bzw. *vollgeordnete Menge* ist ein Paar $(A, \leqq)$, wo A eine Menge und $\leqq$ eine Ordnung bzw. Vollordnung in A ist. ∎

Geordnete bzw. vollgeordnete Mengen heißen auch *Ordnungsstrukturen* bzw. *Vollordnungsstrukturen*. Ein *geordnetes Mengensystem* ist ein Paar $(\mathfrak{M}, \subseteq)$, in welchem $\mathfrak{M}$ ein Mengensystem und $\subseteq$ – genauer: $\underset{(\mathfrak{M})}{\subseteq}$ – die Inklusion in $\mathfrak{M}$ ist; entsprechend ist ein *entgegengesetzt geordnetes Mengensystem* $(\mathfrak{M}, \supseteq)$ definiert; ist darüber hinaus $\subseteq$ bzw. $\supseteq$ eine Vollordnung in $\mathfrak{M}$, so spricht man von einem *vollgeordneten Mengensystem* $(\mathfrak{M} \subseteq)$ bzw. einem *entgegengesetzt vollgeordneten Mengensystem* $(\mathfrak{M}, \supseteq)$. Für jede geordnete Menge $\mathfrak{A} = (A, \leqq)$ und jede Teilmenge $U \subseteq A$ ist die Teilstruktur $\mathfrak{U} = (U, \leqq \| U)$ (vgl. Definition 3, § 9) wieder eine geordnete Menge (vgl. Beispiel 3 in § 10.1), eine *geordnete Untermenge* (*Teilmenge*) von $\mathfrak{A}$; ist $\mathfrak{U}$ sogar eine vollgeordnete Menge (wenn etwa $\mathfrak{A}$ eine vollgeordnete Menge ist), so spricht man von einer *vollgeordneten Untermenge* (*Teilmenge*) von $\mathfrak{A}$.
Nach Definition 2, § 9 ist der Isomorphiebegriff auch für geordnete Mengen $\mathfrak{A} = (A, R)$, $\mathfrak{B} = (B, S)$ festgelegt. Ein *Isomorphismus* (eine *isomorphe Abbildung*) *von* $\mathfrak{A}$ *auf* bzw. *in* $\mathfrak{B}$ ist eine eineindeutige Abbildung f von A auf bzw. in B mit für alle $x, y \in A$:

$$x \underset{R}{\leqq} y \Leftrightarrow f(x) \underset{S}{\leqq} f(y) \quad (\textit{Umkehrbare Relationstreue von } f \textit{ bzgl. } R, S),$$

oder kurz:

$$x \leqq y \Leftrightarrow f(x) \leqq f(y).$$

Jeder Isomorphismus f von $(A, \underset{R}{\leqq})$ auf bzw. in $(B, \underset{S}{\leqq})$ ist wegen seiner Eineindeutigkeit gleichzeitig Isomorphismus von $(A, \underset{R}{<})$ auf bzw. in $(B, \underset{S}{<})$; d. h. es gilt auch für alle $x, y \in A$:

$$x < y \Leftrightarrow f(x) < f(y).$$

Es gilt $\mathfrak{A} \simeq \mathfrak{B}$ ($\mathfrak{A}$ *isomorph* $\mathfrak{B}$) genau dann, wenn es einen Isomorphismus f von $\mathfrak{A}$ auf $\mathfrak{B}$ gibt. Es gilt $\mathfrak{A} \underset{f}{\simeq} \mathfrak{B}$ ($\mathfrak{A}$ *isomorph* $\mathfrak{B}$ *mittels* f) genau dann, wenn f Isomorphismus von $\mathfrak{A}$ auf $\mathfrak{B}$ ist. Über Satz 1, § 9 bildet die Isomorphie $\simeq$ auch eine Äquivalenzrelation im Bereich aller geordneten bzw. aller vollgeordneten Mengen. Die Isomorphie als Strukturtypgleichheit führt zu

Satz 2. *Für durch eine Relation strukturierte Mengen* (A, R), (B, S) *gilt unter der Voraussetzung* $(A, R) \simeq (B, S)$:

$$R \text{ irreflexive Ordnung in } A \Leftrightarrow S \text{ irreflexive Ordnung in } B,$$
$$R \text{ irreflexive Vollordnung in } A \Leftrightarrow S \text{ irreflexive Vollordnung in } B,$$
$$(A, R) \text{ geordnete Menge} \Leftrightarrow (B, S) \text{ geordnete Menge},$$
$$(A, R) \text{ vollgeordnete Menge} \Leftrightarrow (B, S) \text{ vollgeordnete Menge}.$$

Beweis. Die Behauptungen folgen wie Satz 3, § 9. ▮

Ordnungsstrukturen $(A, \leqq)$ besitzen keine reicheren strukturellen Eigenschaften als die durch die Inklusion strukturierten Mengensysteme, da sie sich nach Satz 3(b) isomorph darstellen lassen als geordnete Mengensysteme $(\mathfrak{M}, \subseteq)$.

Satz 3 (Darstellungssatz für geordnete Mengen). *Für geordnete Mengen* $(A, \leqq)$ *gilt:*

(a) $(A, \leqq) \simeq (\mathrm{Rs}(\leqq), \supseteq)$,

(b) $(A, \leqq) \simeq (\mathrm{Rs}(\geqq), \subseteq)$.

Beweis. (a) Es sei $\leqq$ eine Ordnung in der Menge A und $\mathfrak{R} = \mathrm{Rs}(\leqq)$ das Restsystem von $\leqq$ (Definitionen 6, 11 aus § 5), also die Menge aller Reste

$$f(a) = \leqq \langle\langle a \rangle\rangle = \{x \in A \mid a \leqq x\}$$

für beliebiges $a \in A$. Die Funktion f ist eine eineindeutige Abbildung von A auf $\mathfrak{R}$. Hierfür ist noch die Umkehrbarkeit von f zu zeigen. Ist aber $f(a) = f(b)$ für gegebene $a, b \in A$, so gilt $b \in f(a)$ und $a \in f(b)$ wegen $b \leqq b$ (und damit $b \in f(b)$) und $a \leqq a$ (und damit $a \in f(a)$); also gilt $a \leqq b$ und $b \leqq a$, also $a = b$. f ist schließlich trivial umkehrbar relationstreu bzgl. $\leqq$, $\supseteq$, d. h. für alle $a, b \in A$ gilt:

$$a \leqq b \Leftrightarrow f(a) \supseteq f(b).$$

Somit ist f ein Isomorphismus von $(A, \leqq)$ auf $(\mathfrak{R}, \supseteq)$.

(b) Sind (A, R), (B, S) durch eine Relation strukturierte Mengen, so gilt nach Satz 2, § 9:

$$(A, R) \simeq (B, S) \Rightarrow (A, R^{-1}) \simeq (B, S^{-1}),$$

womit über (a) $(A, \geqq) \simeq (\mathrm{Rs}(\leqq), \subseteq)$ folgt und hieraus durch Dualisierung (d. h. Übergang von $\leqq$ zu $\geqq$; denn $\geqq$ ist ebenfalls eine Ordnung in A):

$$(A, \leqq) \simeq (\mathrm{Rs}(\geqq), \subseteq). \quad \blacksquare$$

Die monotonen Funktionen oder monotonen Abbildungen stellen einen wichtigen Abbildungstyp zwischen Ordnungsstrukturen dar.

Definition 4. $\mathfrak{A} = (A, R)$ und $\mathfrak{B} = (B, S)$ seien geordnete Mengen, und f sei eine Funktion von A in B:
f heißt (*monoton*) *wachsend* (oder *isoton*, *synton*) bzgl. $\mathfrak{A}, \mathfrak{B}$ – auch: ... von $\mathfrak{A}$ in $\mathfrak{B}$ (analog bei den weiteren Begriffsbildungen von Definition 4) –, wenn

$$x \leqq y \Rightarrow f(x) \leqq f(y) \qquad (\textit{Relationstreue von } f \textit{ bzgl. } \underset{R}{\leqq}, \underset{S}{\leqq})$$

für alle $x, y \in A$ gilt; entsprechend heißt f (*monoton*) *fallend* (oder *antiton*) bzgl. $\mathfrak{A}, \mathfrak{B}$, wenn stets

$$x \leqq y \Rightarrow f(x) \geqq f(y) \qquad (\textit{Relationstreue von } f \textit{ bzgl. } \underset{R}{\leqq}, \underset{S}{\geqq})$$

gilt; f ist *monton* bzgl. $\mathfrak{A}, \mathfrak{B}$, falls f bzgl. $\mathfrak{A}, \mathfrak{B}$ wächst oder fällt. f heißt *echt* (*monoton*) *wachsend* (oder *strikt wachsend*, *streng isoton*, *streng synton*) bzgl. $\mathfrak{A}, \mathfrak{B}$, wenn

$$x < y \Rightarrow f(x) < f(y) \qquad (\textit{Relationstreue von } f \textit{ bzgl. } \underset{R}{<}, \underset{S}{<})$$

für alle $x, y \in A$ gilt; entsprechend heißt f *echt* (*monton*) *fallend* (oder *strikt fallend*, *streng antiton*) bzgl. $\mathfrak{A}, \mathfrak{B}$, wenn stets

$$x < y \Rightarrow f(x) > f(y) \qquad (\textit{Relationstreue von } f \textit{ bzgl. } \underset{R}{<}, \underset{S}{>})$$

gilt; f ist *echt monoton* (oder *strikt monoton*, *streng monoton*) bzgl. $\mathfrak{A}, \mathfrak{B}$, falls f bzgl. $\mathfrak{A}, \mathfrak{B}$ echt wächst oder echt fällt. $\blacksquare$

Sind Verwechslungen ausgeschlossen, so kann man bei den Begriffsbildungen der Definition 4 relativierende Bestandteile wie „bzgl. $\mathfrak{A}, \mathfrak{B}$", „von A in B bzgl. R, S" (vgl. die Bemerkungen am Ende von § 9, 3) oder „bzgl. R, S" auch weglassen. Dieselbe Bemerkung gilt in analoger Form für die relativierenden Bestandteile beliebiger Begriffsbildungen.

Die Analysis liefert zahlreiche Beispiele monotoner und echt monotoner Funktionen. Es ist dabei $\mathfrak{A} = (A, \leqq \| A)$ eine vollgeordnete Untermenge von $\mathfrak{B} = (\mathbf{R}, \leqq)$ ($\leqq$ sei die übliche Anordnung der reellen Zahlen). „Wachsend" und „fallend" sind duale Begriffe in folgendem Sinne: Sind (A, R), (B, S) geordnete Mengen, und ist f eine Funktion von A in B, so wächst f bzgl. (A, R), (B, S) genau dann, wenn f bzgl. (A, R^{-1}), (B, S) fällt, und genau dann, wenn f bzgl. (A, R), (B, S^{-1}) fällt; hierbei läßt sich noch „wächst" und „fällt" ersetzen durch „echt wächst" und „echt fällt"; außerdem sind in allen Fällen „wächst" und „fällt" miteinander vertauschbar. Im Zusammenhang mit Umkehrbarkeit, Monotonie und Isomorphie besteht der

Satz 4. *Für geordnete Mengen $\mathfrak{A} = (A, R)$, $\mathfrak{B} = (B, S)$ und Abbildungen f von A in B gilt:*

(a) f *wachsend bzw. fallend bzgl.* $\mathfrak{A}, \mathfrak{B} \wedge f$ *umkehrbar*
$\Rightarrow f$ *echt wachsend bzw. echt fallend bzgl.* $\mathfrak{A}, \mathfrak{B}$.

(b) f *Isomorphismus von* $\mathfrak{A}$ *auf* $\mathfrak{B} \Leftrightarrow f$ *umkehrbar* $\wedge \mathrm{Wb}(f) = B$
$\wedge f$ *wachsend bzgl.* $\mathfrak{A}, \mathfrak{B} \wedge f^{-1}$ *wachsend bzgl.* $\mathfrak{B}, \mathfrak{A}$.

Ist zusätzlich noch $\mathfrak{A} = (A, R)$ eine vollgeordnete Menge, so gilt:

(c) f *wachsend bzw. fallend bzgl.* $\mathfrak{A}, \mathfrak{B} \wedge f$ *umkehrbar*
$\Leftrightarrow f$ *echt wachsend bzw. echt fallend bzgl.* $\mathfrak{A}, \mathfrak{B}$.

(d) f *Isomorphismus von* $\mathfrak{A}$ *in* $\mathfrak{B} \Leftrightarrow f$ *echt wachsend bzgl.* $\mathfrak{A}, \mathfrak{B}$
$\Leftrightarrow f$ *umkehrbar* $\wedge \forall x \forall y (x, y \in A \wedge x \leqq y \Rightarrow f(x) \leqq f(y))$.

Beweis. Aus den Definitionen. ∎

Die Monotoniebegriffe der Definition 4 überträgt man naheliegend auf Mengenfamilien $(A_i)_{i \in I}$, sofern eine Ordnung $\leqq$ im Indexbereich I gegeben ist: $(A_i)_{i \in I}$ heißt *wachsend, fallend,* ... bzgl. $\leqq$, falls die Funktion A diese Eigenschaften in bezug auf $(I, \leqq)$, $(\mathfrak{P}(\bigcup_{i \in I} A_i), \subseteq)$ hat. Ebenso überträgt man Definition 4 auf unendliche und endliche Folgen $(a_n)_{n \in I}$ von Elementen geordneter Mengen (A, R): $(a_n)_{n \in I}$ heißt *wachsend, fallend,* ... bzgl. (A, R), falls die Funktion a diese Eigenschaften in bezug auf $(I, \leqq \| I)$, (A, R) hat ($\leqq$ sei die übliche Ordnung in $\mathbf{N}$). Im Falle $I = [k, \rightarrow[$ oder $I = [k, l]$ (bei $k, l \in \mathbf{N}$, $k \leqq l$) ist $(a_n)_{n \in I}$ wachsend, echt wachsend, fallend, echt fallend genau dann (wie man mittels vollständiger Induktion beweist), wenn für alle $n \in [k, \rightarrow[$ oder alle $n \in [k, l[$ bzw. gilt:

$$a_n \leqq a_{n+1}, \quad a_n < a_{n+1}, \quad a_n \geqq a_{n+1}, \quad a_n > a_{n+1}.$$

10.3. Extremale Elemente, Extrema

Wir stellen in den Abschnitten §10.3–6 wichtige ordnungstheoretische Grundbegriffe bereit.

Definition 5. Es sei $\mathfrak{A} = (A, \leqq)$ eine geordnete Menge und $U \in \mathfrak{P}(A)$:
(a) Ein *minimales* bzw. *maximales Element* von $\mathfrak{A}$ ist ein Element $a \in A$ mit

$$\forall x(x \in A \Rightarrow x \nless a) \quad \text{bzw.} \quad \forall x(x \in A \Rightarrow a \nless x).$$

Ein *minimales* bzw. *maximales Element* von U in $\mathfrak{A}$ ist ein minimales bzw. maximales Element der geordneten Untermenge $\mathfrak{U} = (U, \leqq \| U)$ von $\mathfrak{A}$, also ein Element $a \in U$ mit

$$\forall x(x \in U \Rightarrow x \nless a) \quad \text{bzw.} \quad \forall x(x \in U \Rightarrow a \nless x).$$

Minimale und maximale Elemente heißen gemeinsam *extremale Elemente.*
(b) Ein *Minimum* bzw. *Maximum* von $\mathfrak{A}$ ist ein Element $a \in A$ mit

$$\forall x(x \in A \Rightarrow a \leqq x) \quad \text{bzw.} \quad \forall x(x \in A \Rightarrow x \leqq a).$$

Ein *Minimum* bzw. *Maximum* von U in $\mathfrak{A}$ ist ein Minimum bzw. Maximum der geordneten Untermenge $\mathfrak{U} = (U, \leqq | U)$ von $\mathfrak{A}$, also ein Element $a \in U$ mit

$$\forall x(x \in U \Rightarrow a \leqq x) \quad \text{bzw.} \quad \forall x(x \in U \Rightarrow x \leqq a).$$

Existiert ein Minimum bzw. Maximum von $\mathfrak{A}$, so ist es (auf Grund der Antisymmetrie von $\leqq$) eindeutig bestimmt, und es heißt

$$\min \mathfrak{A} = \min_{\leqq} A = \iota a\big(a \in A \wedge \forall x(x \in A \Rightarrow a \leqq x)\big)$$

das *Minimum* von $\mathfrak{A}$ bzw.

$$\max \mathfrak{A} = \max_{\leqq} A = \iota a\big(a \in A \wedge \forall x(x \in A \Rightarrow x \leqq a)\big)$$

das *Maximum* von $\mathfrak{A}$.
Existiert ein Minimum bzw. Maximum von U in $\mathfrak{A}$, so heißt

$$\min_{\mathfrak{A}} U = \iota a\big(a \in U \wedge \forall x(x \in U \Rightarrow a \leqq x)\big)$$

das *Minimum* von U in $\mathfrak{A}$ bzw.

$$\max_{\mathfrak{A}} U = \iota a\big(a \in U \wedge \forall x(x \in U \Rightarrow x \leqq a)\big)$$

das *Maximum* von U in $\mathfrak{A}$. Für „Minimum" bzw. „Maximum" sagt man auch *kleinstes* (*erstes*) *Element* bzw. *größtes* (*letztes*) *Element.* Minimum und Maximum heißen gemeinsam *Extrema.* ∎

Sind Verwechslungen ausgeschlossen, so läßt man die Indexvariablen $\leqq, \mathfrak{A}$ unter den Zeichen min und max auch weg. Aus Definition 5 folgt für geordnete Mengen $\mathfrak{A} = (A, R)$, Objekte a und Teilmengen $U \subseteq A$ sofort: a ist minimales bzw. maximales Element von U in $\mathfrak{A}$ genau dann, wenn gilt:

$$a \in U \wedge \forall x(x \in U \wedge x \leqq a \Rightarrow x = a) \text{ bzw. } a \in U \wedge \forall x(x \in U \wedge a \leqq x \Rightarrow a = x).$$

Ist $\mathfrak{M}$ ein Mengensystem, so ist ein Objekt X minimales bzw. maximales Element von $(\mathfrak{M}, \subseteq)$ genau dann, wenn X im Sinne der Definition 3, § 8 minimales bzw. maximales Element von $\mathfrak{M}$ ist. Existiert ein Minimum bzw. Maximum von $(\mathfrak{M}, \subseteq)$, so fällt das Minimum $\min_{\subseteq} \mathfrak{M}$ bzw. das Maximum $\max_{\subseteq} \mathfrak{M}$ mit dem Minimum $\min \mathfrak{M}$ bzw. dem Maximum $\max \mathfrak{M}$ von $\mathfrak{M}$ im Sinne von Definition 2, § 3 zusammen. Für jedes Mengensystem $\mathfrak{M}$ existiert $\min \mathfrak{M}$ bzw. $\max \mathfrak{M}$ genau dann, wenn $\mathfrak{M} \neq \emptyset$ ist und $\bigcap \mathfrak{M} \in \mathfrak{M}$ bzw. $\bigcup \mathfrak{M} \in \mathfrak{M}$ gilt, und im Existenzfall ist

$$\min \mathfrak{M} = \bigcap \mathfrak{M} \quad \text{bzw.} \quad \max \mathfrak{M} = \bigcup \mathfrak{M}.$$

Verwendet man ganz allgemein für ein Mengensystem $\mathfrak{M}$ ordnungstheoretische Begriffsbildungen ohne Angabe der zugrunde liegenden Ordnung, so ist stets die Inklusion $\subseteq \; = \; \subseteq_{(\mathfrak{M})}$ in $\mathfrak{M}$ gemeint.

„Minimal" und „maximal" und ebenso „min" und „max" sind duale Begriffe: Ist $(A, \leqq)$ eine geordnete Menge und $U \in \mathfrak{P}(A)$, so ist ein Objekt a minimales bzw. maximales Element von U in $(A, \leqq)$ genau dann, wenn a maximales bzw. minimales Element von U in $(A, \geqq)$ ist. Ebenso existiert das Minimum bzw. Maximum von U in $(A, \leqq)$ genau dann, wenn das Maximum bzw. Minimum von U in $(A, \geqq)$ existiert, und im Existenzfall ist

$$\min_{(A, \leqq)} U = \max_{(A, \geqq)} U \quad \text{bzw.} \quad \max_{(A, \leqq)} U = \min_{(A, \geqq)} U.$$

Die Extremal- und Extremumeigenschaften sind invariant gegenüber Isomorphismen, übertragen sich also bei isomorpher Abbildung: Sind $\mathfrak{A} = (A, R)$ und $\mathfrak{B} = (B, S)$ geordnete Menge, ist f ein Isomorphismus von $\mathfrak{A}$ auf $\mathfrak{B}$ und $X \in \mathfrak{P}(A)$, so ist ein Element $x \in A$ minimales bzw. maximales Element von X in $\mathfrak{A}$ genau dann, wenn $f(x)$ minimales bzw. maximales Element von $f\langle X \rangle$ in $\mathfrak{B}$ ist. Ebenso existiert das Minimum bzw. Maximum von X in $\mathfrak{A}$ genau dann, wenn das Minimum bzw. Maximum von $f\langle X \rangle$ in $\mathfrak{B}$ existiert, und im Existenzfall ist

$$f(\min_{\mathfrak{A}} X) = \min_{\mathfrak{B}} f\langle X \rangle \quad \text{bzw.} \quad f(\max_{\mathfrak{A}} X) = \max_{\mathfrak{B}} f\langle X \rangle.$$

Ähnliche Dualitäts- und Invarianzeigenschaften bestehen im folgenden bei allen weiteren Begriffsbildungen dieses § 10, ohne daß wir jedesmal gesondert darauf hinweisen werden.

Das Minimum bzw. Maximum einer geordneten Menge ist im Falle seiner Existenz gleichzeitig das einzige minimale bzw. maximale Element. Umgekehrt führen existierende minimale bzw. maximale Element nicht notwendig zur Existenz des Minimums bzw. Maximums. Besteht z. B. die Menge A aus den drei (verschiedenen) Elementen a, b, c und ist

$$\leqq \; = \{(a,c),(b,c)\} \cup \mathrm{id}_A,$$

so sind zwar a, b minimale Elemente von $(A, \leqq)$, aber A besitzt kein Minimum; für $\geqq$ sind a, b maximale Elemente, und A besitzt kein Maximum. In allen Teilmengen jedoch, deren Elemente vergleichbar sind, fallen die extremalen Elemente mit dem entsprechenden Extremum zusammen. Es sei hierfür zunächst definiert:

Definition 6. $\mathfrak{A} = (A, \leqq)$ sei eine geordnete Menge:
Elemente $a, b \in A$ heißen *vergleichbar* (oder *komparabel*) in $\mathfrak{A}$, wenn

$$a \leqq b \vee b \leqq a \qquad \text{(gleichwertig: } a < b \vee a = b \vee b < a)$$

gilt, andernfalls *unvergleichbar* (oder *inkomparabel*) in $\mathfrak{A}$. Eine *Kette* von $\mathfrak{A}$ ist eine Teilmenge $K \subseteq A$, deren Elemente in $\mathfrak{A}$ vergleichbar sind, d. h.

$$\forall x \, \forall y (x, y \in K \Rightarrow x \leqq y \vee y \leqq x). \quad ■$$

Die Ketten einer geordneten Menge $\mathfrak{A} = (A, \leqq)$ sind anschaulich die hinsichtlich Anordnung auf Linie liegenden (also die in diesem Sinne linearen oder zusammenhängenden, konnexen) Teilmengen von A. Die Ketten von $\mathfrak{A}$ sind diejenigen Teilmengen $K \subseteq A$, für welche $(K, \leqq \| K)$ eine vollgeordnete Teilmenge von $\mathfrak{A}$ ist. Ist K eine Kette von $\mathfrak{A}$, so bestätigt man sofort, daß jedes minimale bzw. maximale Element von K gleichzeitig das Minimum bzw. Maximum von K ist. Eine *Mengenkette* ist ein Mengensystem $\mathfrak{K}$, dessen Mengen in bezug auf $\subseteq$ vergleichbar sind, d. h.

$$\forall X \, \forall Y (X, Y \in \mathfrak{K} \Rightarrow X \subseteq Y \vee Y \subseteq X).$$

Eine *Kette* eines Mengensystems $\mathfrak{M}$ ist ein Teilsystem $\mathfrak{K} \subseteq \mathfrak{M}$, welches eine Mengenkette ist.

Unendliche geordnete (und vollgeordnete) Mengen müssen nicht notwendig extremale Elemente besitzen (man denke an die Zahlenmengen **Z**, **Q**, **R** mit ihrer üblichen Anordnung $\leqq$). Man vermutet aber anschaulich, daß jede nichtleere endliche geordnete Menge $(A, \leqq)$ minimale und maximale Elemente besitzt. Denn existiert kein minimales bzw. maximales Element von A und ist $a \in A$, so gibt es unendlich viele Elemente $a_1, a_2, a_3, \ldots$ aus A mit

$$\ldots < a_3 < a_2 < a_1 < a \quad \text{bzw.} \quad a < a_1 < a_2 < a_3 < \ldots .$$

Es gilt entsprechend der

Satz 5. (a) *Für geordnete Mengen* $(A, \leqq)$ *mit endlichem* $A \neq \emptyset$ *gilt:*

$$\exists a (a \text{ minimales Element von } A \text{ bzgl. } \leqq),$$
$$\exists a (a \text{ maximales Element von } A \text{ bzgl. } \leqq).$$

(b) *Für vollgeordnete Mengen* $(A, \leqq)$ *und Teilmengen* $M \subseteq A$ *gilt:*

$$M \neq \emptyset \wedge M \text{ endlich} \Rightarrow \exists m (m = \min M) \wedge \exists m (m = \max M).$$

Beweis. (a) Die beiden Behauptungen von (a) sind für geordnete Mengen $(A, \leqq)$ zueinander dual. Denn ein Objekt a ist minimales bzw. maximales Element von A bzgl. $\leqq$ genau dann, wenn es maximales bzw. minimales Element von A bzgl. $\geqq$ ist. Es ist also nur eine der beiden Behauptungen zu beweisen, etwa die zweite (denn besitzt eine Menge A in bezug auf jede Ordnung $\leqq$ in A ein maximales Element, so besitzt sie auch für jede Ordnung $\leqq$ in A in bezug auf $\geqq$ ein maximales Element, und dieses ist dann minimales Element in bezug auf $\leqq$).
Wir beweisen nun für geordnete Mengen $(A, \leqq)$ mit endlicher Grundmenge $A \neq \emptyset$ die Existenz eines maximalen Elementes durch Induktion über A (gemäß § 8.2), indem wir für endliche Mengen A die folgende Behauptung $\mathbf{B}(A)$ beweisen: Ist $A \neq \emptyset$, so gibt es in bezug auf jede Ordnung $\leqq$ in A ein maximales Element von A. Wir haben hierfür zu zeigen:

$$\mathbf{B}(\emptyset), \qquad \forall A \, \forall a \big(A \text{ endliche Menge} \wedge \mathbf{B}(A) \Rightarrow \mathbf{B}(A \cup \{a\})\big).$$

Es gilt trivial $\mathbf{B}(\emptyset)$. Sei A eine endliche Menge, a ein beliebiges Objekt und gelte $\mathbf{B}(A)$. Zu zeigen ist $\mathbf{B}(A \cup \{a\})$, also wegen $A \cup \{a\} \neq \emptyset$: Für jede Ordnung $\leqq$ in $A \cup \{a\}$ gibt es ein maximales Element von $A \cup \{a\}$. Im Falle $A = \emptyset$ ist a selbst maximales Element von $\{a\}$ bzgl. $\leqq$. Im Falle $A \neq \emptyset$ existiert unter der Voraussetzung $\mathbf{B}(A)$ ein maximales Element b von A bzgl. $\leqq \| A$. Es gilt also $b \in A$, und für kein $x \in A$ ist $b < x$. Dann ist a oder b maximales Element von $A \cup \{a\}$ bzgl. $\leqq$, je nachdem, ob $b < a$ gilt oder nicht.
(b) folgt aus (a) und der Tatsache, daß für Ketten die extremalen Elemente mit den entsprechenden Extrema zusammenfallen. ∎

10.4. Schranken, Grenzen

Die für die spezielle geordnete Menge $(\mathbf{R}, \leqq)$ der reellen Zahlen geläufigen Begriffe der Schranken und Grenzen von Zahlenmengen überträgt man unmittelbar auf beliebige geordnete Mengen $(A, \leqq)$.

Definition 7. (a) Es sei $\mathfrak{A} = (A, \leqq)$ eine geordnete Menge und $U \in \mathfrak{P}(A)$: Eine *untere Schranke* (oder *Minorante*) bzw. eine *obere Schranke* (oder *Majorante*) von U in $\mathfrak{A}$ ist ein Element $a \in A$ mit

$$\forall x (x \in U \Rightarrow a \leqq x) \quad \text{bzw.} \quad \forall x (x \in U \Rightarrow x \leqq a).$$

Untere und obere Schranken heißen gemeinsam *Schranken.* U heißt *nach unten beschränkt* bzw. *nach oben beschränkt* in $\mathfrak{A}$, wenn eine untere bzw. obere Schranke von U in $\mathfrak{A}$ existiert, andernfalls *nach unten unbeschränkt* bzw. *nach oben unbeschränkt* in $\mathfrak{A}$. U heißt *beschränkt* in $\mathfrak{A}$, falls U in $\mathfrak{A}$ nach unten und nach oben beschränkt ist, andernfalls *unbeschränkt* in $\mathfrak{A}$.
(b) Es sei $\mathfrak{A} = (A, \leqq)$ eine geordnete Menge, $U \in \mathfrak{P}(A)$, und $\underline{S}$ bzw. $\overline{S}$ sei die Menge der unteren bzw. oberen Schranken von U in $\mathfrak{A}$:
Eine *untere Grenze* oder ein *Infimum* von U in $\mathfrak{A}$ ist ein Maximum von $\underline{S}$ in $\mathfrak{A}$.
Eine *obere Grenze* oder ein *Supremum* von U in $\mathfrak{A}$ ist ein Minimum von $\overline{S}$ in $\mathfrak{A}$.
Existiert ein Infimum bzw. Supremum von U in A, so heißt

$$\inf_{\mathfrak{A}} U = \max_{\mathfrak{A}} \underline{S} \quad \text{bzw.} \quad \sup_{\mathfrak{A}} U = \min_{\mathfrak{A}} \overline{S}$$

(gelesen: *Infimum U bzgl.* $\mathfrak{A}$ bzw. *Supremum U bzgl.* $\mathfrak{A}$) die *untere Grenze* oder das *Infimum* von U in $\mathfrak{A}$ bzw. die *obere Grenze* oder das *Supremum* von U in $\mathfrak{A}$. Untere und obere Grenze heißen gemeinsam *Grenzen.* ∎

Sind Verwechslungen ausgeschlossen, so läßt man die Indexvariable $\mathfrak{A}$ unter den Zeichen inf und sup auch weg. In der Theorie der reellen Zahlen existiert als Beispiel für jede nichtleere und nach unten bzw. oben beschränkte Menge reeller Zahlen das Infimum bzw. Supremum. Ist weiterhin $(\mathfrak{M}, \subseteq)$ ein geordnetes Mengensystem, so gilt für jedes Teilsystem $\mathfrak{U} \subseteq \mathfrak{M}$:

$$\mathfrak{U} \neq \emptyset \wedge \bigcap \mathfrak{U} \in \mathfrak{M} \Rightarrow \bigcap \mathfrak{U} = \inf \mathfrak{U}, \quad \bigcup \mathfrak{U} \in \mathfrak{M} \Rightarrow \bigcup \mathfrak{U} = \sup \mathfrak{U}.$$

Für jedes Mengensystem $\mathfrak{M}$ von Teilmengen einer Menge A existieren in $(\mathfrak{P}(A), \subseteq)$ Infimum und Supremum, und es gilt:

$$\inf \mathfrak{M} = {}^{A}\bigcap \mathfrak{M}, \qquad \sup \mathfrak{M} = \bigcup \mathfrak{M}.$$

In vollgeordneten Mengen erhält man für Infimum und Supremum die Kriterien des folgenden Satzes.

Satz 6. *Für vollgeordnete Mengen* $(A, \leqq)$, *Teilmengen* $M \subseteq A$ *und Elemente* $a \in A$ *gilt:*

(a) $a = \inf M \Leftrightarrow$

$$a \text{ unter Schranke von } M \wedge \forall x \, \exists y (x \in A \wedge a < x \Rightarrow y \in M \wedge a \leqq y < x),$$

(b) $a = \sup M \Leftrightarrow$

$$a \textit{ obere Schranke von } M \wedge \forall x \exists y (x \in A \wedge x < a \Rightarrow y \in M \wedge x < y \leqq a).$$

Beweis. Übung. ∎

Als eine wichtige Eigenschaft geordneter Mengen erweist sich die untere bzw. obere Beschränktheit aller ihrer Ketten, weil unter dieser Voraussetzung nach dem ZORNschen Lemma (Satz 6, § 13) minimale bzw. maximale Elemente existieren.

Definition 8. $\mathfrak{A}$ sei eine geordnete Menge:
$\mathfrak{A}$ ist *linksinduktiv* bzw. *rechtsinduktiv*, wenn jede Kette von $\mathfrak{A}$ nach unten bzw. nach oben beschränkt in $\mathfrak{A}$ ist. $\mathfrak{A}$ ist *induktiv*, wenn $\mathfrak{A}$ links- oder rechtsinduktiv ist. ∎

$\emptyset$ ist Kette jeder geordneten Menge $\mathfrak{A} = (A, \leqq)$, und untere oder obere Beschränktheit von $\emptyset$ besagt lediglich, daß A nichtleer ist. Links- bzw. Rechtsinduktivität von $\mathfrak{A}$ besteht also auch genau dann, wenn $A \neq \emptyset$ ist und jede Kette $K \neq \emptyset$ von $\mathfrak{A}$ nach unten bzw. nach oben beschränkt in $\mathfrak{A}$ ist. Man nennt ein Mengensystem schlechthin *links-* bzw. *rechtsinduktiv* bzw. *induktiv*, wenn dies in bezug auf $\subseteq$ gilt. Ein Mengensystem $\mathfrak{M}$ ist links- bzw. rechtsinduktiv, sofern $\mathfrak{M} \neq \emptyset$ ist und $\bigcap \mathfrak{K} \in \mathfrak{M}$ bzw. $\bigcup \mathfrak{K} \in \mathfrak{M}$ für jede Kette $\mathfrak{K} \neq \emptyset$ von $\mathfrak{M}$ gilt. Speziell ist ein Mengensystem $\mathfrak{M}$ rechtsinduktiv, sofern $\bigcup \mathfrak{K} \in \mathfrak{M}$ für jede beliebige Kette $\mathfrak{K}$ von $\mathfrak{M}$ gilt.
Die bisherigen Begriffe der Beschränktheit, Unbeschränktheit, der Schranken, Grenzen, extremalen Elemente und Extrema überträgt man naheliegend auf Korrespondenzen F und geordnete Mengen $\mathfrak{A} = (A, \leqq)$ mit $\mathrm{Wb}(F) \subseteq A$, indem man diese Begriffe auf $\mathrm{Wb}(F)$ bezieht: Als Beispiel heißt F *nach unten beschränkt* in $\mathfrak{A}$, wenn $\mathrm{Wb}(F)$ in $\mathfrak{A}$ nach unten beschränkt ist, und ein Objekt a ist das *Supremum* von F in $\mathfrak{A}$, falls a das Supremum von $\mathrm{Wb}(F)$ in $\mathfrak{A}$ ist. Für Abbildungen f bedient man sich gemäß der Familienschreibweise $(f(x))_{x \in \mathrm{Db}(f)}$ noch der folgenden Bezeichnungen:

Definition 9. Für Abbildungen f über $D = \mathrm{Db}(f)$ und geordnete Mengen $\mathfrak{A} = (A, \leqq)$ mit $\{f(x)\}_{x \in D} = \mathrm{Wb}(f) \subseteq A$ sei im Falle der Existenz des jeweils bezeichneten Objektes:

$$\min_{x \in D}^{\mathfrak{A}} f(x) = \min_{\mathfrak{A}} \{f(x)\}_{x \in D}, \qquad \max_{x \in D}^{\mathfrak{A}} f(x) = \max_{\mathfrak{A}} \{f(x)\}_{x \in D},$$

$$\inf_{x \in D}^{\mathfrak{A}} f(x) = \inf_{\mathfrak{A}} \{f(x)\}_{x \in D}, \qquad \sup_{x \in D}^{\mathfrak{A}} f(x) = \sup_{\mathfrak{A}} \{f(x)\}_{x \in D}. \quad ∎$$

Die Indexvariable $\mathfrak{A}$ wird wieder weggelassen, wenn Mißverständnisse nicht möglich sind.

10.5. Koinitial, konfinal

Der Sachverhalt, daß eine Menge A in bezug auf eine Ordnung $\leqq$ in A mit einer Teilmenge $U \subseteq A$ denselben Anfang bzw. dasselbe Ende nimmt, wird in folgender Definition präzisiert.

Definition 10. $(A, \leqq)$ sei eine geordnete Menge und $U \in \mathfrak{P}(A)$:

$$A \underset{\leqq}{\mathrm{ci}}\, U \Leftrightarrow \forall a \, \exists u (a \in A \Rightarrow u \in U \wedge u \leqq a),$$

$$A \underset{\leqq}{\mathrm{cf}}\, U \Leftrightarrow \forall a \, \exists u (a \in A \Rightarrow u \in U \wedge a \leqq u)$$

(gelesen: *A koinitial U bzgl.* $\leqq$ bzw. *A konfinal U bzgl.* $\leqq$). A heißt *koinitial* bzw. *konfinal* mit U bzgl. $\leqq$, falls $A \underset{\leqq}{\mathrm{ci}}\, U$ bzw. $A \underset{\leqq}{\mathrm{cf}}\, U$ gilt. ∎

Sind Verwechslungen ausgeschlossen, läßt man die Indexvariable $\leqq$ an den Zeichen ci und cf auch weg. Als Beispiel ist für $(\mathbf{N}, \leqq)$ die Menge $\mathbf{N}$ koinitial mit $\{0\}$ und konfinal mit einer Teilmenge X genau dann, wenn X unendlich (unbeschränkt) ist. Für geordnete Mengen $(A, \leqq)$, welche ein erstes Element $m = \min A$ bzw. ein letztes Element $m = \max A$ besitzen, gilt $A \,\mathrm{ci}\, \{m\}$ bzw. $A \,\mathrm{cf}\, \{m\}$ und gilt allgemein für beliebige Teilmengen X:

$$A \,\mathrm{ci}\, X \Leftrightarrow m \in X \quad \text{bzw.} \quad A \,\mathrm{cf}\, X \Leftrightarrow m \in X.$$

Ein Studium der Koinitialität bzw. Konfinalität innerhalb $(A, \leqq)$ ist dann überflüssig.

Für jede geordnete Menge $(A, \leqq)$ sind nach Satz 7 die Relationen Q_1, Q_2 in $\mathfrak{P}(A)$ mit für beliebige Teilmengen $X, Y \subseteq A$:

$$X Q_1 Y \Leftrightarrow Y \subseteq X \wedge X \underset{\leqq \| X}{\mathrm{ci}} Y, \qquad X Q_2 Y \Leftrightarrow Y \subseteq X \wedge X \underset{\leqq \| X}{\mathrm{cf}} Y$$

Ordnungen in $\mathfrak{P}(A)$.

Satz 7. *Für geordnete Mengen (A, R), Mengen B, C mit $C \subseteq B \subseteq A$ und $S = R \| B$ gilt:*

$$A \underset{R}{\mathrm{ci}} A, \qquad A \underset{R}{\mathrm{ci}} B \wedge B \underset{S}{\mathrm{ci}} C \Rightarrow A \underset{R}{\mathrm{ci}} C,$$

$$A \underset{R}{\mathrm{cf}} A, \qquad A \underset{R}{\mathrm{cf}} B \wedge B \underset{S}{\mathrm{cf}} C \Rightarrow A \underset{R}{\mathrm{cf}} C.$$

Beweis. Übung. ∎

10.6. Intervalle, Nachbarn

Der Intervallbegriff aus der Theorie der natürlichen oder der reellen Zahlen überträgt sich unmittelbar auf beliebige geordnete Mengen.

Definition 11. $\mathfrak{A} = (A, \leqq)$ sei eine geordnete Menge:
Für Elemente $a, b \in A$ mit $a \leqq b$ heißen die Mengen

$$\begin{aligned}
[a,b]_{\mathfrak{A}} &= \{x \in A \mid a \leqq x \leqq b\}, &]a,b[_{\mathfrak{A}} &= \{x \in A \mid a < x < b\},\\
[a,b[_{\mathfrak{A}} &= \{x \in A \mid a \leqq x < b\}, &]a,b]_{\mathfrak{A}} &= \{x \in A \mid a < x \leqq b\},\\
[a,\rightarrow[_{\mathfrak{A}} &= \{x \in A \mid a \leqq x\}, &]a,\rightarrow[_{\mathfrak{A}} &= \{x \in A \mid a < x\},\\
]\leftarrow,b]_{\mathfrak{A}} &= \{x \in A \mid x \leqq b\}, &]\leftarrow,b[_{\mathfrak{A}} &= \{x \in A \mid x < b\}
\end{aligned}$$

(gelesen wie die folgenden Terme) der Reihe nach das *abgeschlossene*, *offene*, *rechtshalboffene*, *linkshalboffene Intervall von a bis b* in $\mathfrak{A}$, das *abgeschlossene*, *offene Intervall von a bis (plus) unendlich* (auch ... *Intervall a Pfeil*) in $\mathfrak{A}$ und das *abgeschlossene*, *offene Intervall von b bis minus unendlich* (auch: ... *Intervall Pfeil b*) in $\mathfrak{A}$. In allen Fällen heißen die jeweils auftretenden Elemente a, b die *Endpunkte* oder *Randpunkte* des betreffenden Intervalles. Ein *Intervall* von $\mathfrak{A}$ ist irgendeines der aufgeführten Intervalle oder A selbst (das *Totalintervall* in $\mathfrak{A}$). Die Intervalle der ersten vier Typen heißen die *begrenzten*, alle anderen die *unbegrenzten Intervalle* in $\mathfrak{A}$. ∎

Sind Verwechslungen nicht möglich, läßt man die Indexvariable $\mathfrak{A}$ an den Klammern] und [auch weg.
Für wohlgeordnete Mengen sind Intervalle der Form $]\leftarrow, a[$ und die gegenüber solchen Intervallen abgeschlossenen Mengen von Bedeutung. Man definiert daher:

Definition 12. $\mathfrak{A} = (A, \leqq)$ sei eine geordnete Menge:
Ein *Anfangsstück* (auch *Anfang*) oder *Segment* bzw. ein *Endstück* (auch *Ende*) von $\mathfrak{A}$ ist eine Teilmenge $S \subseteq A$ mit

$$\forall x (x \in S \Rightarrow]\leftarrow, x]_{\mathfrak{A}} \subseteq S) \quad \text{bzw.} \quad \forall x (x \in S \Rightarrow [x, \rightarrow[_{\mathfrak{A}} \subseteq S)$$

oder gleichwertig mit

$$\forall x \forall y (x \in S \wedge y \in A \wedge y \leqq x \Rightarrow y \in S)$$

bzw.

$$\forall x \forall y (x \in S \wedge y \in A \wedge x \leqq y \Rightarrow y \in S).$$

Für jedes $a \in A$ heißt das Intervall

$$\mathrm{Ab}_{\mathfrak{A}}\, a =]\leftarrow, a[_{\mathfrak{A}} \quad \text{bzw.} \quad \mathrm{Re}_{\mathfrak{A}}\, a =]a, \rightarrow[_{\mathfrak{A}}$$

(gelesen: *Abschnitt a bzgl.* $\mathfrak{A}$ bzw. *Restschnitt a bzgl.* $\mathfrak{A}$) der *Abschnitt von a* in $\mathfrak{A}$ bzw. der *Restschnitt von a* in $\mathfrak{A}$. Ein *Abschnitt* bzw. *Restschnitt* von $\mathfrak{A}$ ist eine Teilmenge $S \subseteq A$ mit

$$S = \mathrm{Ab}_{\mathfrak{A}}\, a \quad \text{bzw.} \quad S = \mathrm{Re}_{\mathfrak{A}}\, a$$

für ein $a \in A$. ∎

Sind Verwechslungen nicht möglich, läßt man die Indexvariable $\mathfrak{A}$ an den Zeichen Ab und Re auch weg. Abschnitte bzw. Restschnitte einer geordneten Menge $(A, \leqq)$ sind auch Anfangs- bzw. Endstücke von $(A, \leqq)$. $\emptyset$ und A sind Anfangs- und Endstücke von $(A, \leqq)$; A ist weder Abschnitt noch Restschnitt. Jedes Anfangsstück T eines Anfangsstückes S von A (d.h. T ist Anfangsstück von $(S, \leqq \| S)$ und S Anfangsstück von $(A, \leqq)$) ist Anfangsstück von A; ebenso bei Endstücken, Abschnitten und Restschnitten. Ist $\mathfrak{S}$ ein System von Anfangs- bzw. Endstücken von A, so sind $\bigcup \mathfrak{S}$ und (der auf A relativierte Durchschnitt) $\bigcap \mathfrak{S}$ ebenfalls Anfangs- bzw. Endstücke von A. Anfangsstücke und Endstücke lassen sich in vollgeordneten Mengen auch mittels Konvexität, Koinitialität und Konfinalität charakterisieren. Man definiert dabei in Analogie zur geometrischen Konvexität von Punktmengen:

Definition 13. $\mathfrak{A} = (A, \leqq)$ sei eine geordnete Menge und $S \in \mathfrak{P}(A)$:

$$S \text{ ist } \textit{konvex} \text{ in } \mathfrak{A} \Leftrightarrow \forall a \forall b (a, b \in S \wedge a \leqq b \Rightarrow [a, b]_{\mathfrak{A}} \subseteq S). \quad ∎$$

Als Beispiele sind $\emptyset$, A und alle Intervalle konvex. Die konvexen Teilmengen einer geordneten Menge $\mathfrak{A}$ heißen auch *Stücke* von $\mathfrak{A}$.

Satz 8. *Für vollgeordnete Mengen $(A, \leqq)$ und Teilmengen $S \subseteq A$ mit $S \neq \emptyset$ gilt:*

(a) *S Anfangsstück von A* $\Leftrightarrow$ *S konvex* $\wedge$ A ci S,

(b) *S Endstück von A* $\Leftrightarrow$ *S konvex* $\wedge$ A cf S.

Beweis. Übung. ∎

Schließlich besitzen Anfangs- und Endstücke, Abschnitte und Restschnitte in vollgeordneten Mengen die Eigenschaften der folgenden beiden Sätze.

Satz 9. *Für vollgeordnete Mengen $(A, \leqq)$ und Teilmengen $S, T \subseteq A$ gilt:*

(a) *T Anfangsstück (Endstück) von S* $\wedge$ *S Anfangsstück (Endstück) von A* $\Leftrightarrow$ *T, S Anfangsstück (Endstück) von A* $\wedge$ $T \subseteq S$,

(b) S, T *Anfangsstück* (*Endstück*) *von* $A \Rightarrow S \subseteq T \vee T \subseteq S$,

(c) T *Abschnitt* (*Restschnitt*) *von* $S \wedge S$ *Abschnitt* (*Restschnitt*) *von* A
$\Leftrightarrow T, S$ *Abschnitt* (*Restschnitt*) *von* $A \wedge T \subset S$,

(d) S, T *Abschnitt* (*Restschnitt*) *von* $A \Rightarrow S \subseteq T \vee T \subseteq S$.

Beweis. Übung. ∎

Satz 10. *Für vollgeordnete Mengen* $(A, \leqq)$, *Teilmengen* $S \subseteq A$, *das System* $\mathfrak{A}$ *aller Abschnitte von* A, *das System* $\mathfrak{R}$ *aller Restschnitte von* A, *die Abbildung* f *von* A *auf* $\mathfrak{A}$ *und die Abbildung* g *von* A *auf* $\mathfrak{R}$ *mit* $f(x) = \mathrm{Ab}\,x$, $g(x) = \mathrm{Re}\,x$ *für alle* $x \in A$ *gilt:*

(a) S *Abschnitt von* $A \Rightarrow \exists!!a(a \in A \wedge S = \mathrm{Ab}\,a)$,
S *Restschnitt von* $A \Rightarrow \exists!!a(a \in A \wedge S = \mathrm{Re}\,a)$.

(b) $(A, \leqq) \underset{f}{\simeq} (\mathfrak{A}, \subseteq)$, $\quad (A, \leqq) \underset{g}{\simeq} (\mathfrak{R}, \supseteq)$.

Beweis. Übung. ∎

Die in der geordneten Menge $(\mathbf{N}, \leqq)$ der natürlichen Zahlen auftretenden Begriffe des Nachfolgers und Vorgängers sind auch für beliebige wohlgeordnete Mengen von Wichtigkeit.

Definition 14. $\mathfrak{A} = (A, \leqq)$ sei eine geordnete Menge:
Elemente $a, b \in A$ heißen *benachbart* (auch *konsekutiv*) oder *Nachbarn voneinander* in $\mathfrak{A}$, wenn

$$a < b \wedge]a, b[_{\mathfrak{A}} = \emptyset$$

gilt. Für jedes Element $b \in A$ ist ein (*unmittelbarer*) *Vorgänger* oder *vorderer Nachbar* von b in $\mathfrak{A}$ ein Element $a \in A$, für welches a, b in $\mathfrak{A}$ benachbart sind. Für jedes Element $a \in A$ ist ein (*unmittelbarer*) *Nachfolger* oder *hinterer Nachbar* von a in $\mathfrak{A}$ ein Element $b \in A$, für welches a, b in $\mathfrak{A}$ benachbart sind. Ist $a \in A$ und besitzt a in $\mathfrak{A}$ genau einen Nachfolger bzw. genau einen Vorgänger, so heißt dieser, nämlich

$$a'^{\mathfrak{A}} = \iota x(x \in A \wedge a < x \wedge]a, x[_{\mathfrak{A}} = \emptyset)$$

(gelesen: *Nachfolger a bzgl.* $\mathfrak{A}$ oder einfach: *a Strich bzgl.* $\mathfrak{A}$) bzw.

$$^{\mathfrak{A}\prime}a = \iota x(x \in A \wedge x < a \wedge]x, a[_{\mathfrak{A}} = \emptyset)$$

(gelesen: *Vorgänger a bzgl.* $\mathfrak{A}$ oder einfach: *a links Strich bzgl.* $\mathfrak{A}$), der *Nachfolger* bzw. der *Vorgänger* von a in $\mathfrak{A}$. ∎

Sind Verwechslungen ausgeschlossen, läßt man den Index $\mathfrak{A}$ auch weg und schreibt einfach a', $'a$. Für vollgeordnete Mengen $(A, \leqq)$ und Elemente $a \in A$ gilt sofort:

$$\exists! x(x \textit{ Vorgänger von } a), \qquad \exists! x(x \textit{ Nachfolger von } a).$$

Beispiele für Vorgänger und Nachfolger:

(1) Ist A eine Menge, $x \in X \in \mathfrak{P}(A)$ und $y \in A \setminus X$, so ist die Menge $X \setminus \{x\}$ ein Vorgänger und die Menge $X \cup \{y\}$ ein Nachfolger von X in $(\mathfrak{P}(A), \subseteq)$.
(2) In $\mathbf{N}$ besitzt (in bezug auf die übliche Anordnung $\leqq$) jedes $a \in \mathbf{N}$ den Nachfolger $a' = a + 1$ und im Falle $a \neq 0$ den Vorgänger $'a = a - 1$. In $\mathbf{Z}$ existiert zu jedem $a \in \mathbf{Z}$ der Nachfolger $a' = a + 1$ und der Vorgänger $'a = a - 1$.
(3) $\mathbf{Q}$ und $\mathbf{R}$ besitzen keine benachbarten Elemente, da es für Zahlen a, b aus $\mathbf{Q}$ bzw. $\mathbf{R}$ mit $a < b$ stets Zwischenzahlen x gibt mit $a < x < b$.
(4) Für jeden Allbereich $\mathfrak{B}$ und das System $\mathfrak{A}$ aller Allmengen $X \in \mathfrak{B}$ existiert nach Satz 4(h), § 3 innerhalb $(\mathfrak{A}, \subseteq)$ für jedes $X \in \mathfrak{A}$ der Nachfolger X', der natürlich mit dem Nachfolger X' der Definition 4, § 3 übereinstimmt. Eine Allmenge $X \in \mathfrak{A}$ besitzt genau dann keinen Vorgänger, wenn sie der Urbereich oder ein Allbereich ist.
Wie in Beispiel (4) unterscheidet man in beliebigen wohlgeordneten Mengen die beiden Fälle, ob ein Vorgänger existiert oder nicht. Wir definieren deshalb allgemein für vollgeordnete Mengen, in denen ja Vorgänger und Nachfolger eindeutig bestimmt sind:

Definition 15. $\mathfrak{A} = (A, \leqq)$ sei eine vollgeordnete Menge:
Ein *isoliertes Element* von $\mathfrak{A}$ ist ein Element $a \in A$, für welches erstens $a = \min A$ ist oder der Vorgänger $'a$ existiert und zweitens $a = \max A$ ist oder der Nachfolger a' existiert. Ein *Limeselement* von $\mathfrak{A}$ ist ein Element $a \in A$, welches kein isoliertes Element von $\mathfrak{A}$ ist. ∎

§ 11. Wohlordnungen

11.1. Definition und Beispiele

Wohlordnungen sind die Vollordnungen mit Minimumbedingung. Wir definieren hierfür:

Definition 1. (a) R sei eine Relation und A eine Menge:
R erfüllt die *reflexive* bzw. *irreflexive Minimumbedingung in A*, wenn

$$\forall M(\emptyset \neq M \in \mathfrak{P}(A) \Rightarrow \exists m(m \in M \wedge \forall x(x \in M \Rightarrow mRx)))$$

bzw.

$$\forall M(\emptyset \neq M \in \mathfrak{P}(A) \Rightarrow \exists m(m \in M \wedge \forall x(x \in M \Rightarrow mRx \vee m = x)))$$

gilt.
(b) R sei ein Objekt und A eine Menge:
R ist eine *(reflexive) Wohlordnung in A*, falls R eine Vollordnung in A ist und die reflexive Minimumbedingung in A erfüllt. R ist eine *(reflexive) Wohlordnung*, falls es eine Menge X gibt, so daß R eine Wohlordnung in X ist. R ist eine *irreflexive* (oder *strikte*) *Wohlordnung in A*, falls R eine irreflexive Vollordnung in A ist und die irreflexive Minimumbedingung in A erfüllt. R ist eine *irreflexive* (oder *strikte*) *Wohlordnung*, falls es eine Menge X gibt, so daß R eine irreflexive Wohlordnung in X ist. ∎

Reflexive und irreflexive Wohlordnungen heißen gemeinsam *Wohlordnungsrelationen*. Sie sind spezielle Vollordnungs- und damit auch Ordnungsrelationen.
$\emptyset$ ist eine irreflexive Wohlordnung in $\emptyset$ und in jeder Einermenge $\{a\}$ und ist eine Wohlordnung in $\emptyset$. Für Relationen R in einer Menge A ist nach Definition 1 R eine Wohlordnung in A genau dann, wenn für alle $a, b, c \in A$ und alle Teilmengen $M \subseteq A$ gilt:

(1) aRa (*Reflexivität*),
(2) $aRb \wedge bRc \Rightarrow aRc$ (*Transitivität*),
(3) $aRb \wedge bRa \Rightarrow a = b$ (*Antisymmetrie*),
(4) $aRb \vee bRa$ (*Linearität, Vergleichbarkeit*),
(5) $M \neq \emptyset \Rightarrow \exists m(m \in M \wedge \forall x(x \in M \Rightarrow mRx))$ (*Minimumbedingung*);

R ist eine irreflexive Wohlordnung in A genau dann, wenn für alle $a, b, c \in A$ und alle Teilmengen $M \subseteq A$ gilt:

(1′) $\neg aRa$ (*Irreflexivität*),
(2′) $aRb \wedge bRc \Rightarrow aRc$ (*Transitivität*),
(3′) $aRb \Rightarrow \neg bRa$ (*Asymmetrie*),
(4′) $aRb \vee a = b \wedge bRa$ (*Konnexität, Vergleichbarkeit*),
(5′) $M \neq \emptyset \Rightarrow \exists m(m \in M \wedge \forall x(x \in M \Rightarrow mRx \vee m = x))$ (*Minimumbedingung*).

Die Forderungen (1)–(5) heißen die *Wohlordnungsaxiome* oder die *Axiome der (reflexiven) Wohlordnung*, die Forderungen (1')–(5') die *Axiome der irreflexiven Wohlordnung*. Derselbe durch die Identität vermittelte enge Zusammenhang wie zwischen reflexiven und irreflexiven Ordnungen und Vollordnungen besteht auch für Wohlordnungsrelationen. Denn ist R eine reflexive bzw. irreflexive Wohlordnung in der Menge A, so ist wieder

$$R' = R \setminus \mathrm{id}_A \quad \text{bzw.} \quad R^* = R \cup \mathrm{id}_A$$

eine irreflexive bzw. reflexive Wohlordnung in A, die *zu R gehörige irreflexive* bzw. *reflexive Wohlordnung in A*.

Aus den Wohlordnungsaxiomen resultiert in Ordnungsschreibweise (vgl. §10.1) und als strukturelle Grundlage der Theorie der wohlgeordneten Mengen der

Satz 1. *Für Mengen A, Wohlordnungen $\leqq$ in A, beliebige Elemente $a, b, c \in A$ und Teilmengen $M \subseteq A$ gilt* (bei $< \; = \; \leqq \setminus \mathrm{id}_A$):

$$a \leqq b \Leftrightarrow a < b \vee a = b, \qquad a < b \Leftrightarrow a \leqq b \wedge a \neq b,$$

$$\begin{aligned}
&a \leqq a && (\textit{Reflexivität}),\\
&a \leqq b \wedge b \leqq c \Rightarrow a \leqq c && (\textit{Transitivität}),\\
&a \leqq b \wedge b \leqq a \Rightarrow a = b && (\textit{Antisymmetrie}),\\
&a \leqq b \vee b \leqq a && (\textit{Linearität, Vergleichbarkeit}),\\
&M \neq \emptyset \Rightarrow \exists m (m \in M \wedge \forall x (x \in M \Rightarrow m \leqq x)) && (\textit{Minimumbedingung}),
\end{aligned}$$

$$\begin{aligned}
&a \nless a && (\textit{Irreflexivität}),\\
&a < b \wedge b < c \Rightarrow a < c && (\textit{Transitivität}),\\
&a < b \Rightarrow b \nless a && (\textit{Asymmetrie}),\\
&a < b \vee a = b \vee b < a && (\textit{Konnexität, Vergleichbarkeit}),\\
&M \neq \emptyset \Rightarrow \exists m (m \in M \wedge \forall x (x \in M \Rightarrow m < x \vee m = x)) && \\
& && (\textit{Minimumbedingung}),
\end{aligned}$$

$$a < b \leqq c \vee a \leqq b < c \Rightarrow a < c, \quad a < b \Leftrightarrow b \nleqq a, \quad a \leqq b \Leftrightarrow b \nless a.$$

Beweis. Aus Satz 1, §10 und Definition 1. ∎

Auf Grund von Antisymmetrie und Minimumbedingung einer Wohlordnung $\leqq$ in einer Menge A existiert für jede nichtleere Teilmenge $M \subseteq A$ (speziell für A selbst, falls $A \neq \emptyset$) das kleinste Element $\min M$. Eine Wohlordnung in A ist also eine Vollordnung in A mit Existenz des ersten Elementes für jede nichtleere

Teilmenge von A. Diese Existenz konnte man bei Vollordnungen nach Satz 5 (b), § 10 nur für nichtleere endliche Teilmengen beweisen. Für jede Wohlordnung $\leqq$ in einer Menge A besitzt nach Satz 5(b), § 10 jede endliche nichtleere Teilmenge M von A auch ein letztes Element $\max M$. Dies gilt jedoch nicht allgemein für beliebige nichtleere Teilmengen M, wie das Beispiel $(\mathbf{N}, \leqq)$ mit $M = \mathbf{N}$ zeigt (vgl. Beispiel (1)). Eine Wohlordnung erfüllt also nicht notwendig die zur Minimumbedingung duale Maximumbedingung. Der Wohlordnungsbegriff ist in seiner Struktur einseitig gerichtet.
Die Minimumbedingung einer Vollordnung ergibt sich nach Satz 2 bereits aus der auf Abschnitte relativierten Minimumbedingung, d.h. aus der Voraussetzung, daß die Abschnitte wohlgeordnet sind.

Satz 2. *Für Mengen A und Vollordnungen $\leqq$ in A gilt:*

$$\leqq \textit{Wohlordnung in } A \Leftrightarrow$$

$$\forall a \forall M (a \in A \wedge \emptyset \neq M \in \mathfrak{P}(\mathrm{Ab}\, a) \Rightarrow \exists m (m \in M \wedge \forall x (x \in M \Rightarrow m \leqq x))).$$

Beweis. ($\Rightarrow$) folgt trivial aus Definition 1. ($\Leftarrow$) Es sei $\leqq$ eine Vollordnung in der Menge A mit der aufgeführten relativierten Minimumbedingung, und es sei $\emptyset \neq M \in \mathfrak{P}(A)$ und $a \in M$. Für $a = \min M$ ist bereits $m = a$ das Minimum von M. Für $a \neq \min M$ gilt $\emptyset \neq M' \subseteq \mathrm{Ab}\, a$ für die Menge

$$M' = \{x \in M \mid x < a\},$$

womit in M' nach Voraussetzung ein erstes Element m existiert. m ist dann auch das Minimum von M, da $a \leqq x$ für alle $x \in M \setminus M'$ gilt. Also existiert generell $\min M$, und $\leqq$ ist eine Wohlordnung in A. ∎

Man erhält die folgenden

Beispiele für Wohlordnungsrelationen:

(1) Die übliche Anordnungsbeziehung $\leqq$ bzw. $<$ in der Menge $\mathbf{N}$ der natürlichen Zahlen ist nach Satz 4, § 7 eine reflexive bzw. irreflexive Wohlordnung in $\mathbf{N}$. $\mathbf{N}$ ist in bezug auf $\leqq$ unbeschränkt und besitzt somit kein letztes Element. Demnach sind $\geqq$ und $>$ Vollordnungsrelationen in $\mathbf{N}$, welche keine Wohlordnungsrelationen sind. Für eine Wohlordnung R muß R^{-1} nicht wieder Wohlordnung sein.
(2) Die üblichen Anordnungsbeziehungen $\leqq$ und $<$ in den Zahlbereichen $\mathbf{Z}$, $\mathbf{Q}$, $\mathbf{R}$ sind keine Wohlordnungsrelationen, da diese Zahlbereiche nach unten unbeschränkt sind, also kein erstes Element besitzen. Innerhalb $\mathbf{Q}$, $\mathbf{R}$ sind alle

offenen Intervalle $]a, b[$ bei $a < b$ beschränkte nichtleere Mengen ohne erstes (und ohne letztes) Element.
(3) $\sqsubset$ bzw. $\sqsubseteq$ bildet nach den Sätzen aus §3 eine reflexive bzw. irreflexive Wohlordnung im Bereich der Allmengen und im Bereich der Stufen. $\subseteq$ bzw. $\subset$ bildet eine reflexive bzw. irreflexive Wohlordnung im Bereich der Allmengen. (Zur exakten Interpretation dieser Redeweisen vgl. das Beispiel (1) aus §10.1.)
(4) Für jede geordnete Menge $(A, \leqq)$ und alle endlichen Ketten K von A ist die induzierte Ordnung $\leqq \| K$ nach Satz 5(b), §10 eine Wohlordnung in K. Jede Vollordnung $\leqq$ in einer endlichen Menge ist also eine Wohlordnung. Der Wohlordnungsbegriff kommt damit erst für unendliche Mengen zum Tragen.
(5) Für jede reflexive bzw. irreflexive Wohlordnung R in einer Menge A und jede Teilmenge $U \subseteq A$ von A ist die auf U eingeschränkte Relation

$$R' = R \| U = R \cap (U \times U)$$

wieder eine reflexive bzw. irreflexive Wohlordnung in U, die *durch R in U induzierte (reflexive) Wohlordnung* bzw. *irreflexive Wohlordnung*.

11.2. Wohlgeordnete Mengen, Isomorphie

Nach den allgemeinen Ausführungen von §9.3 definieren wir:

Definition 2. Ist A eine Menge und $\leqq$ eine Wohlordnung in A, so heißt das Paar $(A, \leqq)$ die *durch $\leqq$ wohlgeordnete Menge A*. Eine *wohlgeordnete Menge* ist ein Paar $(A, \leqq)$, wo A eine Menge und $\leqq$ eine Wohlordnung in A ist. ∎

Wohlgeordnete Mengen heißen auch *Wohlordnungsstrukturen*. Sie sind spezielle Vollordnungs- und damit auch Ordnungsstrukturen.

Beispiele für wohlgeordnete Mengen:

(1) Die reflexiven Fälle der Beispiele (1), (3)–(5) aus §11.1 ergeben sofort wohlgeordnete Mengen, wenn man jeweils die Grundmengen und Wohlordnungen zu Paaren zusammenfaßt. Ein *wohlgeordnetes Mengensystem* ist ein geordnetes Mengensystem $(\mathfrak{M}, \subseteq)$, dessen Inklusion $\subseteq$ eine Wohlordnung in $\mathfrak{M}$ ist; entsprechend ist ein *entgegengesetzt wohlgeordnetes Mengensystem* $(\mathfrak{M}, \supseteq)$ definiert.
(2) Für jede wohlgeordnete Menge $\mathfrak{A} = (A, \leqq)$ und jede Teilmenge $U \subseteq A$ ist nach Beispiel (1) die Teilstruktur $\mathfrak{U} = (U, \leqq \| U)$ wieder eine wohlgeordnete Menge, eine *wohlgeordnete Untermenge (Teilmenge)* von $\mathfrak{A}$.
Die Isomorphie als Strukturtypgleichheit ergibt den

Satz 3. *Für durch eine Relation strukturierte Mengen $(A, R), (B, S)$ gilt unter der Voraussetzung $(A, R) \simeq (B, S)$:*

$$R \text{ irreflexive Wohlordnung in } A \Leftrightarrow S \text{ irreflexive Wohlordnung in } B,$$
$$(A, R) \text{ wohlgeordnete Menge} \Leftrightarrow (B, S) \text{ wohlgeordnete Menge.}$$

Beweis. Die Behauptungen folgen wie Satz 3, § 9. ∎

Für wohlgeordnete Mengen (A, R) und (B, S) gilt stets (Satz 2(a), § 9)

$$(A, R) \simeq (B, S) \Rightarrow A \sim B.$$

Dagegen gilt die Umkehrung

$$A \sim B \Rightarrow (A, R) \simeq (B, S)$$

nicht allgemein, wie die beiden wohlgeordneten Mengen der Abb. 7, 8 zeigen.

Abb. 7

Abb. 8

Die wohlgeordnete Menge (A, R) von Abb. 7 ist $(\mathbf{N}, \leqq)$, also die hinsichtlich der üblichen Anordnung $\leqq$ wohlgeordnete Menge der natürlichen Zahlen. Für die wohlgeordnete Menge (B, S) von Abb. 8 ist

$$S = (\leqq \| B_1) \cup (\leqq \| B_2) \cup (B_1 \times B_2)$$

bei

$$B_1 = \{2n \mid n \in \mathbf{N}\}, \quad B_2 = \{2n + 1 \mid n \in \mathbf{N}\}, \quad B = B_1 \cup B_2 = \mathbf{N}.$$

Es gilt dann $A = B$, aber nicht $(A, R) \simeq (B, S)$, da A bzgl. R nur isolierte Elemente und B bzgl. S das Limeselement 1 besitzt und die Isoliertheit bei isomorpher Abbildung f von (A, R) auf (B, S) vom Argument $x \in A$ auf $f(x)$ übertragen wird. Die Anschauung weist jedoch auf die Isomorphie endlicher wohlgeordneter (vollgeordneter) Mengen, deren Träger gleichmächtig sind. Dies führt zu

Satz 4. *Für endliche vollgeordnete Mengen (A, R) und (B, S) gilt:*

$$(A, R) \simeq (B, S) \Leftrightarrow A \sim B.$$

Beweis. Es ist $(\Leftarrow)$ zu zeigen. Der Beweis wird durch Induktion über die endliche Menge A geführt. Wir beweisen für endliche Mengen A die folgende Behauptung $\mathbf{B}(A)$: Für endliche Mengen B und Vollordnungen R in A und S in B gilt:

$$A \sim B \Rightarrow (A, R) \simeq (B, S).$$

Nach §8.2 (im Anschluß an den dortigen Satz 7) haben wir zu zeigen:

$$\forall A\,(A \text{ endliche Menge} \wedge \forall X\,(X \text{ Menge} \wedge X \subset A \Rightarrow \mathbf{B}(X)) \Rightarrow \mathbf{B}(A)).$$

Es seien also (A, R) und (B, S) endliche vollgeordnete Mengen mit $A \sim B$. Zu beweisen ist $(A, R) \simeq (B, S)$ unter der Voraussetzung, daß $\mathbf{B}(X)$ für alle echten Teilmengen $X \subset A$ gilt. Im Falle $A = \emptyset$ ist wegen $A \sim B$ auch $B = \emptyset$ und damit $R = S = \emptyset$, also sogar

$$(A, R) = (\emptyset, \emptyset) = (B, S).$$

Im Falle $A \neq \emptyset$ ist auch $B \neq \emptyset$, und nach Satz 5(b), §10 besitzt A bzgl. R ein Maximum m und B bzgl. S ein Maximum n. Es gilt dann $X \sim Y$ für die Mengen

$$X = A \setminus \{m\}, \qquad Y = B \setminus \{n\}.$$

Denn ist f eine eineindeutige Abbildung von A auf B mit $f(m) = n$, so ist $f|X$ eine eineindeutige Abbildung von X auf Y, und ist $f(p) = n$ bei $p \in A \setminus \{m\}$, so ist die Funktion g mit

$$g(x) = \begin{cases} f(x) & \text{für } x \in X \setminus \{p\} \\ f(m) & \text{für } x = p \end{cases}$$

eine eineindeutige Abbildung von X auf Y. $R^* = R \| X$ ist eine Vollordnung in X und $S^* = S \| Y$ eine Vollordnung in Y. Wegen $X \subset A$ gilt schließlich $\mathbf{B}(X)$, woraus mit den bewiesenen Eigenschaften von X, Y, R^*, S^* folgt:

$$(X, R^*) \simeq (Y, S^*).$$

Es existiert also eine eineindeutige Abbildung h von X auf Y mit

$$aR^*b \Rightarrow h(a)S^*h(b)$$

für alle $a, b \in X$. Dann ist die Funktion h' mit

$$h'(x) = \begin{cases} h(x) & \text{für } x \in A \setminus \{m\} \\ n & \text{für } x = m \end{cases}$$

eine eineindeutige Abbildung von A auf B mit

$$aRb \Rightarrow h'(a)Sh'(b)$$

für alle $a, b \in A$; denn m und n sind gerade die letzten Elemente. Nach Satz 4(d), §10 ist h' ein Isomorphismus, womit $(A, R) \simeq (B, S)$ gilt. ∎

Nach Satz 4 werden sich später Kardinal- und Ordinalzahlen erst für unendliche Mengen wesentlich unterscheiden, während sie für endliche Mengen mit den natürlichen Zahlen übereinstimmen.

11.3. Segmente, Abschnitte

Die Abschnitte einer geordneten Menge $(A, \leqq)$ sind auch Segmente. A ist Segment, aber kein Abschnitt. Selbst in vollgeordneten Mengen muß ein von der Grundmenge verschiedenes Segment nicht notwendig Abschnitt sein, wie die vollgeordnete Menge $(A, \leqq)$ der Abb. 9 zeigt ($\mathbf{N} \setminus \{0\}$ ist entgegengesetzt angeordnet und 0 als erstes Element davorgesetzt). Es ist in Abb. 9 $A = \mathbf{N}$, und man wähle das Segment $S = \{0\}$. Für wohlgeordnete Mengen besteht aber der

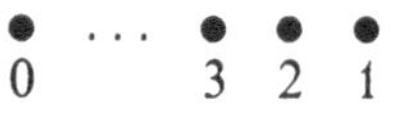

Abb. 9

Satz 5. *Für wohlgeordnete Mengen $(A, \leqq)$ und Teilmengen $S \subseteq A$ gilt:*

$$S \text{ Segment von } A \wedge S \neq A \Rightarrow S \text{ Abschnitt von } A.$$

Beweis. Ist unter den Voraussetzungen des Satzes S ein Segment von A mit $S \neq A$, so ist $A \setminus S \neq \emptyset$, und es sei a das existierende kleinste Element von $A \setminus S$. Es gilt dann $S = \mathrm{Ab}\, a$. Ist nämlich $x \in S$ und wäre $a \leqq x$, so wäre $a \in S$, da S Segment ist, im Widerspruch zu $a \in A \setminus S$; also ist $x < a$, $x \in \mathrm{Ab}\, a$ und hiermit $S \subseteq \mathrm{Ab}\, a$. Ist umgekehrt $x \in \mathrm{Ab}\, a$ und wäre $x \in A \setminus S$, so wäre $a \leqq x$, da a kleinstes Element von $A \setminus S$ ist, im Widerspruch zu $x < a$; also ist $x \in S$ und hiermit $\mathrm{Ab}\, a \subseteq S$. ∎

Aus Satz 5 folgt für wohlgeordnete Mengen $(A, \leqq)$ und Teilmengen $S \subseteq A$:

$$S \text{ Segment} \Leftrightarrow S \text{ Abschnitt} \vee S = A, \quad S \text{ Abschnitt} \Leftrightarrow S \text{ Segment} \wedge S \neq A.$$

Dabei existiert nach Satz 10(a), §10 zu jedem Abschnitt S ein eindeutig bestimmtes Element $a \in A$ mit

$$S = \mathrm{Ab}\, a =]\leftarrow, a[= [\min A, a[.$$

Abschnitte und Segmente wohlgeordneter Mengen bilden nach Satz 6 hinsichtlich der Inklusion wohlgeordnete Mengensysteme.

Satz 6. *Für wohlgeordnete Mengen $(A, \leqq)$, das System $\mathfrak{A}$ aller Abschnitte von A, die Abbildung f von A auf $\mathfrak{A}$ mit $f(x) = \mathrm{Ab}\, x$ für jedes $x \in A$ und das System $\mathfrak{S} = \mathfrak{A} \cup \{A\}$ aller Segmente von A gilt:*

(a) $(A, \leqq) \underset{f}{\simeq} (\mathfrak{A}, \subseteq)$.

(b) $(\mathfrak{A}, \subseteq)$ *und* $(\mathfrak{S}, \subseteq)$ *sind wohlgeordnete Mengensysteme.*

Beweis. (a) ist unter den Voraussetzungen des Satzes ein Spezialfall von Satz 10(b), §10.
(b) Ist $(A, \leqq)$ eine wohlgeordnete Menge, so nach (a) und Satz 3 auch $(\mathfrak{A}, \subseteq)$. Weiterhin gilt $X \subset A$ für alle $X \in \mathfrak{A}$, womit $(\mathfrak{S}, \subseteq)$ eine geordnete Menge ist mit dem Maximum A und der Eigenschaft, daß der Abschnitt $\mathfrak{A}$ dieses Maximums durch $\subseteq$ wohlgeordnet wird. Damit ist $(\mathfrak{S}, \subseteq)$ eine wohlgeordnete Menge. ∎

11.4. Nachfolger, Suprema

Jedes Element a einer vollgeordneten Menge $(A, \leqq)$ besitzt (vgl. §10.6) höchstens einen Vorgänger und höchstens einen Nachfolger. Der Vorgänger von a ist im Existenzfall das eindeutig bestimmte Element $x \in A$ mit $x' = a$. In wohlgeordneten Mengen $(A, \leqq)$ existiert nach Satz 7 für jedes nicht letzte Element der Nachfolger und existiert für jede nach oben beschränkte Menge das Supremum. Das Supremum der Gesamtmenge A braucht nicht zu existieren, wie das Beispiel $(\mathbf{N}, \leqq)$ zeigt. Nichtleere nach oben beschränkte Mengen brauchen kein Maximum zu haben, wie die wohlgeordnete Menge $(A, \leqq)$ der Abb. 10 zeigt ($\mathbf{N} \setminus \{0\}$ ist wie üblich angeordnet und 0 noch als letztes Element dahintergesetzt). In wohlgeordneten Mengen $(A, \leqq)$ besitzt auf Grund der Minimumbedingung jede nichtleere Menge ihr Minimum. Ist dabei $A \neq \emptyset$, so ist jede Menge durch $\min A$ nach unten beschränkt. Also ist eine Teilmenge $M \subseteq A$ beschränkt genau dann, wenn sie nach oben beschränkt ist.

Abb. 10

Satz 7. *Für wohlgeordnete Mengen $(A, \leqq)$, Elemente $a \in A$ und Teilmengen $M \subseteq A$ gilt:*

(a) *Ist $a \neq \max A$, so existiert der Nachfolger a', und es ist*

$$a' = \min\,]a, \rightarrow[\,.$$

(b) *Ist M beschränkt, so existiert das Supremum $\sup M$, und es ist*

$$\sup M = \min\{x \in A \mid x \text{ obere Schranke von } M\}.$$

Beweis. $(A, \leqq)$ sei eine wohlgeordnete Menge.
(a) Ist $a \in A$ und $a \neq \max A$, so gibt es ein $x \in A$ mit $a < x$ (gleichgültig, ob $\max A$ existiert oder nicht). Damit ist $]a, \rightarrow[\, \neq \emptyset$, und nach der Minimumbedingung existiert $n = \min]a, \rightarrow[$. Es ist n der Nachfolger von a.
(b) Für jede beschränkte Teilmenge $M \subseteq A$ gibt es eine obere Schranke von M. Die Menge S der oberen Schranken von M ist also nichtleer. Das existierende Minimum $s = \min S$ ist nach Definition der oberen Grenze das Supremum von M. ∎

Für die beschränkte Menge M aus Satz 7(b) gilt offenbar:

$$\sup M \in M \Leftrightarrow \exists m(m = \max M) \Leftrightarrow \sup M = \max M.$$

Im Falle $\sup M \notin M$ kann $\sup M$ der (*unmittelbare*) *Nachfolger der Menge M* genannt werden.
Die transfiniten Abzählungen einer Menge A lassen sich nach § 9.1 als Wohlordnungen $\leqq$ in A präzisieren. Die damals erzeugte transfinite Abzählung

$$\begin{aligned} a_0 &= \min A, \quad a_1 = \min(A \setminus \{a_0\}), \quad a_2 = \min(A \setminus \{a_0, a_1\}), \ldots, \\ a_\omega &= \min(A \setminus A_0) \quad \text{bei } A_0 = \{a_0, a_1, a_2, \ldots\}, \\ a_{\omega,1} &= \min\big(A \setminus (A_0 \cup \{a_\omega\})\big), \ldots \ldots \end{aligned}$$

der Elemente einer wohlgeordneten Menge $(A, \leqq)$ ist jetzt unter Verwendung der Existenzaussagen des Satzes 7 die folgende anschauliche transfinite Abzählung:

$$a_0 = \min A, \quad a_1 = a_0', \quad a_2 = a_1', \ldots, \quad a_\omega = \sup A_0, \quad a_{\omega,1} = a_\omega', \ldots \ldots .$$

Der folgende Satz lehrt, daß man auch wirklich alle Elemente einer wohlgeordneten Menge, ausgehend vom ersten Element, durch sukzessive Nachfolger- und Supremumbildung erhält.

Satz 8. *Für wohlgeordnete Mengen* $(A, \leqq)$ *und Teilmengen* $M \subseteq A$ *gilt* $M = A$ *unter den Voraussetzungen* (wobei alle Begriffe in bezug auf $(A, \leqq)$ zu verstehen sind):

(1) $\min A \in M$,

(2) $\forall a(a \in M \wedge a \neq \max A \Rightarrow a' \in M)$,

(3) $\forall X\big(X \in \mathfrak{P}(M) \wedge X \textit{ beschränkt} \Rightarrow \sup M \in M\big)$.

Beweis. Es sei $(A, \leqq)$ eine wohlgeordnete Menge und M eine Teilmenge von A mit den Eigenschaften (1), (2), (3). Wäre $A \setminus M \neq \emptyset$, so sei a das kleinste Element von $A \setminus M$. Nach (1) ist $a \neq \min A$. Nach (2) besitzt a auch keinen Vorgänger, muß also (vgl. auch Satz 9) ein Limeselement sein. Wegen $\mathrm{Ab}\,a \subseteq M$ wäre dann nach (3) $a = \sup \mathrm{Ab}\,a \in M$ im Widerspruch zu $a \notin M$. Damit gilt $A \subseteq M$. ∎

Für Vorgänger, Nachfolger, isolierte Elemente und Limeselemente wohlgeordneter Mengen bestehen die Grundbeziehungen des folgenden Satzes.

Satz 9. *Für wohlgeordnete Mengen* $(A, \leqq)$ *und Elemente* $a \in A$ *gilt:*

(a)
$$a \textit{ isoliertes Element} \Leftrightarrow a = \min A \vee a \textit{ besitzt einen Vorgänger},$$
$$a \textit{ besitzt einen Vorgänger} \Leftrightarrow a \neq \min A \wedge a \textit{ isoliertes Element},$$
$$a \textit{ besitzt einen Nachfolger} \Leftrightarrow a \neq \max A,$$

(b)
$$a \textit{ Limeselement} \Leftrightarrow \neg\, a \textit{ isoliertes Element}$$
$$\Leftrightarrow a \neq \min A \wedge a \textit{ besitzt keinen Vorgänger},$$
$$a \textit{ besitzt keinen Vorgänger} \Leftrightarrow a = \min A \vee a \textit{ Limeselement},$$
$$a = \min A \vee a \textit{ besitzt einen Vorgänger} \vee a \textit{ Limeselement}$$
(*und diese drei Fälle schließen sich gegenseitig aus*),

(c)
$$a \textit{ isoliertes Element} \Leftrightarrow \mathrm{Ab}\,a = \emptyset \vee \max \mathrm{Ab}\,a \textit{ existiert},$$
$$a \neq \max A \Rightarrow a = \max \mathrm{Ab}(a'),$$

(d)
$$a \textit{ Limeselement} \Leftrightarrow \mathrm{Ab}\,a \neq \emptyset \wedge \max \mathrm{Ab}\,a \textit{ existiert nicht}$$
$$\Leftrightarrow \mathrm{Ab}\,a \neq \emptyset \wedge \forall x (x \in A \wedge x < a \Rightarrow x' < a),$$
$$a \textit{ Limeselement} \Leftrightarrow a \neq \min A \wedge a = \sup \mathrm{Ab}\,a,$$
$$a = \sup \mathrm{Ab}\,a \Leftrightarrow a = \min A \vee a \textit{ Limeselement}.$$

Beweis. Aus den entsprechenden Definitionen. Die Behauptung über die Nachfolgerexistenz folgt aus Satz 7(a). ∎

Speziell besitzt in unbeschränkten wohlgeordneten Mengen $(A, \leqq)$, d.h. $\max A$ existiert nicht, nach Satz 9(a) jedes Element einen Nachfolger.

Allmengen und natürliche Zahlen liefern die folgenden

Beispiele für Nachfolger und Suprema:

(1) Für jeden Allbereich $\mathfrak{B}$ und das System $\mathfrak{A}$ aller Allmengen $X \in \mathfrak{B}$ ist $(\mathfrak{A}, \subseteq)$ ein wohlgeordnetes Mengensystem. Es gilt $\mathbf{U} = \min \mathfrak{A}$. $\mathfrak{A}$ ist unbeschränkt, und jedes Element $X \in \mathfrak{A}$ besitzt somit einen Nachfolger $X' \in \mathfrak{A}$. Die Limeselemente von $\mathfrak{A}$ sind genau die Allbereiche $B \in \mathfrak{A}$; für sie ist dann

$$B = \sup \mathrm{Ab}\,B = \bigcup \mathrm{Ab}\,B.$$

Für den kleinsten Allbereich $\mathfrak{B}$ sind alle Elemente von $\mathfrak{A}$ isolierte Elemente.
(2) Die wohlgeordnete Menge $(\mathbf{N}, \leqq)$ der natürlichen Zahlen besitzt nur isolierte Elemente. Es gilt $0 = \min \mathbf{N}$. $\mathbf{N}$ ist unbeschränkt, und jede natürliche Zahl besitzt somit einen Nachfolger.

11.5. Doppeltwohlordnungen

Mit einer Wohlordnung R ist nicht notwendig auch R^{-1} eine Wohlordnung.

Definition 3. R sei ein Objekt und A eine Menge:
R ist eine *Doppeltwohlordnung in A*, falls R und R^{-1} Wohlordnungen in A sind.
R ist eine *Doppeltwohlordnung*, falls R und R^{-1} Wohlordnungen sind. ∎

Ist A eine Menge, so versteht man gelegentlich unter einer *Gegenwohlordnung* (*in A*) eine Relation R (in A), für die R^{-1} eine Wohlordnung (in A) ist. Wir sagen dafür einfach, daß R^{-1} eine Wohlordnung (in A) ist.
Eine Doppeltwohlordnung $\leqq$ in einer Menge A ist nach Definition 3 eine Vollordnung in A mit Existenz des ersten und letzten Elementes für jede nichtleere Teilmenge $M \subseteq A$.

Definition 4. Ist A eine Menge und $\leqq$ eine Doppeltwohlordnung in A, so heißt das Paar $(A, \leqq)$ die *durch $\leqq$ doppeltwohlgeordnete Menge A*. Eine *doppeltwohlgeordnete Menge* ist ein Paar $(A, \leqq)$, wo A eine Menge und $\leqq$ eine Doppeltwohlordnung in A ist. ∎

Doppeltwohlgeordnete Mengen $(A, \leqq)$ besitzen durch Anwendung der für wohlgeordnete Mengen gültigen Sätze auf die beiden wohlgeordneten Mengen $(A, \leqq)$ und $(A, \geqq)$ symmetrische Eigenschaften. So existiert für jedes $a \in A$ im Falle $a \neq \min A$ der Vorgänger $'a$ und im Falle $a \neq \max A$ der Nachfolger a'.
Eine vollgeordnete Menge $(A, \leqq)$ ist doppeltwohlgeordnet genau dann, wenn für jedes $a \in A$ und alle Mengen M_1, M_2 mit

$$\emptyset \neq M_1 \subseteq \mathrm{Ab}\,a, \qquad \emptyset \neq M_2 \subseteq \mathrm{Re}\,a$$

das erste Element $\min M_1$ und das letzte Element $\max M_2$ existiert.
Die Bedeutung der Doppeltwohlordnungen liegt vor allem darin, daß sie eine neue Definition der endlichen Mengen ermöglichen. Anschaulich vermutet man nämlich, daß eine Menge A endlich ist genau dann, wenn es eine Doppeltwohlordnung $\leqq$ in A gibt. Denn für jede endliche Menge A lassen sich die Elemente von A in einer nach endlich vielen Schritten abbrechenden Abzählung auf-

zählen:

$$a_0, a_1, a_2, \dots, a_n.$$

Die hierdurch in A erzeugte Anordnungsbeziehung $\leqq$ ist offenbar eine Doppeltwohlordnung. Zählt man umgekehrt die Elemente einer Menge A im Sinne einer in A vorliegenden Doppeltwohlordnung $\leqq$ auf:

$$a_0, a_1, a_2, \dots, a_\omega, a_{\omega,1}, \dots \dots,$$

so bricht diese transfinite Abzählung bereits nach endlich vielen Schritten ab, da sonst $\geqq$ keine Wohlordnung in A wäre (die Menge der $a_0, a_1, a_2, \dots$ besäße kein letztes Element). Diese Anschauung wird durch die auf E. ZERMELO zurückgehende Endlichkeitsdefinition des folgenden Satzes bestätigt.

Satz 10. *Für Mengen A gilt:*

$$A \text{ endlich} \Leftrightarrow \exists R\,(R \text{ Doppeltwohlordnung in } A).$$

Beweis. ($\Rightarrow$) Für die leere Menge $A = \emptyset$ ist $R = \emptyset$ eine Doppeltwohlordnung in A. Für jede endliche Menge A mit einer Doppeltwohlordnung R in A und jedes beliebige Objekt $a \notin A$ ist

$$R' = R \cup (A \times \{a\}) \cup \{(a,a)\}$$

(wodurch also a einfach hinter alle Elemente von A gesetzt wird) eine Doppeltwohlordnung in $A \cup \{a\}$. Damit haben wir induktiv über A gezeigt, daß in jeder endlichen Menge A eine Doppeltwohlordnung R existiert.
($\Leftarrow$) Aus der Existenz einer Doppeltwohlordnung R in der Menge A ist die Endlichkeit von A zu zeigen. Zunächst sind alle Abschnitte von A bzgl. R endlich. Denn würde ein unendlicher Abschnitt existieren und wäre b das kleinste Element von A mit unendlichem Abschnitt $\mathrm{Ab}\,b$, so wäre $b \neq \min A$ (da $\mathrm{Ab}\min A = \emptyset$ endlich ist), und für den dann existierenden Vorgänger a von b wäre

$$\mathrm{Ab}\,b = \mathrm{Ab}\,a \cup \{a\}.$$

Es wäre also mit $\mathrm{Ab}\,a$ auch $\mathrm{Ab}\,b$ endlich im Widerspruch zur Unendlichkeit von $\mathrm{Ab}\,b$. Damit sind alle Abschnitte von A endlich. Im Falle $A = \emptyset$ ist A trivial endlich. Im Falle $A \neq \emptyset$ existiert das Maximum von A, und wegen $A = \mathrm{Ab}\,a \cup \{a\}$ ist A mit $\mathrm{Ab}\,a$ endlich. ∎

Die Doppeltwohlordnungen fallen nach den Sätzen 10 und 11 zusammen mit den Vollordnungen in endlichen Mengen. Sie brauchen also, außer im Zusammenhang mit dem Endlichkeitsbegriff, nicht gesondert untersucht zu werden.

Satz 11. *Für endliche Mengen A und Relationen R gilt:*

$$R \text{ Vollordnung in } A \Leftrightarrow R \text{ Wohlordnung in } A,$$
$$R \text{ Vollordnung in } A \Leftrightarrow R \text{ Doppeltwohlordnung in } A,$$
$$R \text{ Vollordnung in } A \Rightarrow \forall x (x \in A \Rightarrow x \text{ isoliertes Element von } A \text{ bzgl. } R).$$

Beweis. Die ersten beiden Behauptungen ergeben sich aus Satz 5(b), §10. Ist weiterhin R eine Vollordnung in der endlichen Menge A, so auch eine Doppeltwohlordnung in A. Für jedes $x \in A$ existiert dann im Falle $x \neq \min A$ der Vorgänger und im Falle $x \neq \max A$ der Nachfolger, womit x isoliertes Element von A ist. ∎

Aus Satz 11 folgt auch, daß der Abschnitt jedes Limeselementes einer wohlgeordneten Menge unendlich ist.
Eine bemerkenswerte Eigenschaft monotoner Abbildungen zwischen wohlgeordneten Mengen bringt Satz 12 zum Ausdruck.

Satz 12. *Für wohlgeordnete Mengen (A, R) und (B, S) und Abbildungen f von A in B gilt:*

(a) f *fallend* $\Rightarrow \mathrm{Wb}(f)$ *endlich,*

(b) f *echt fallend* $\Rightarrow A, \mathrm{Wb}(f), f$ *endlich.*

Beweis. (a) Unter den Voraussetzungen des Satzes sei f fallend; d.h. für jedes $x, y \in A$ gilt:

$$x \leqq y \Rightarrow f(x) \geqq f(y).$$

Für die Endlichkeit von $\mathrm{Wb}(f)$ ist nach Satz 10 zu zeigen, daß die induzierte Wohlordnung $S' = S \| \mathrm{Wb}(f)$ eine Doppeltwohlordnung in $\mathrm{Wb}(f)$ ist, daß also jede nichtleere Teilmenge von $\mathrm{Wb}(f)$ ein Maximum bzgl. S' besitzt. Ist aber $\emptyset \neq X' \subseteq \mathrm{Wb}(f)$ für eine Menge X' und ist $X = f^{-1}\langle X' \rangle$ die Menge aller $x \in A$ mit $f(x) \in X'$, so ist $\emptyset \neq X \subseteq A$, und X besitzt bzgl. R das Minimum m mit also $m \leqq x$ für alle $x \in X$. Nach Voraussetzung gilt dann $f(m) \geqq f(x)$ für alle $x \in X$, also $m' \geqq x'$ für $m' = f(m)$ und alle $x' \in X'$. Damit ist m' das Maximum von X' bzgl. S'.
(b) Ist f echt fallend, so ist nach (a) und Satz 4(c), §10 $\mathrm{Wb}(f)$ endlich und f umkehrbar, also wegen dann $A \sim \mathrm{Wb}(f)$ auch A endlich und wegen $f \subseteq A \times \mathrm{Wb}(f)$ schließlich f endlich. ∎

Nach Satz 12(a) ist speziell jede fallende Folge $(a_n)_{k \leqq n}$ von Elementen einer wohlgeordneten Menge (A, R) von einem Index an konstant und nach Satz 12(b) existiert keine echt fallende Folge $(a_n)_{k \leqq n}$ von Elementen aus (A, R). Und derart lassen sich nach Satz 13 sogar die Wohlordnungen unter den Vollordnungen charakterisieren. Man definiert zunächst:

Definition 5. Eine Folge a heißt *stationär*, wenn es einen Index $m \in \mathrm{Db}(a)$ gibt mit $a_m = a_n$ für alle Indizes $n \in \mathrm{Db}(a)$ mit $m \leqq n$. ∎

Satz 13. *Für Mengen A, Vollordnungen R in A und natürliche Zahlen k gilt:*

(a) *R Wohlordnung in $A \Leftrightarrow$ jede fallende Folge $(a_n)_{k \leqq n}$ aus A ist stationär.*

(b) *R Wohlordnung in $A \Leftrightarrow$ es gibt keine echt fallende Folge $(a_n)_{k \leqq n}$ aus A.*

Beweis. Es sei R eine Wohlordnung in der Menge A und $a = (a_n)_{k \leqq n}$ eine fallende Folge von Elementen aus A; d.h. also fallend bzgl. $([k, \rightarrow[, \leqq), (A, R)$, wobei $\leqq$ die übliche Wohlordnung in dem natürlichzahligen Intervall $[k, \rightarrow[$ ist. Wäre a nicht stationär, so gäbe es zu jedem Index $m \geqq k$ einen Index $n > m$ mit $a_m \neq a_n$, also mit $a_m > a_n$; sei $\mu(m)$ der kleinste solche Index n. Durch vollständige Induktion (Satz 8(c), §7) definiere man die Funktion φ von $[k, \rightarrow[$ in $\mathbf{N}$ mit für jeden Index $n \geqq k$:

$$\varphi(k) = k, \qquad \varphi(n+1) = \mu(\varphi(n)).$$

Wegen

$$a_{\varphi(n)} > a_{\mu(\varphi(n))} = a_{\varphi(n+1)}$$

für alle $n \in [k, \rightarrow[$ ist die Folge $(a_{\varphi(n)})_{k \leqq n}$ echt fallend, womit ihr Wertebereich $\{a_{\varphi(n)}\}_{k \leqq n}$ kein Minimum besitzt im Widerspruch zur Minimumbedingung von R. Also ist a stationär.

Ist R eine Vollordnung in der Menge A und ist jede fallende Folge $(a_n)_{k \leqq n}$ aus A stationär, so existiert keine echt fallende Folge $(a_n)_{k \leqq n}$ aus A.

Schließlich sei R eine Vollordnung in der Menge A, und es gebe keine echt fallende Folge $(a_n)_{k \leqq n}$ aus A. Zu beweisen ist noch, daß R eine Wohlordnung in A ist, daß also die Minimumbedingung gilt. Für jede nichtleere Teilmenge M von A ohne Minimum gibt es aber zu jedem $x \in M$ ein $y \in M$ mit $y < x$ (genauer: $y \underset{R}{<} x$). Ist

$$F = \{(x, y) \in M^2 \mid y < x\}$$

und f eine Auswahlfunktion der Korrespondenz F (Satz 8(a), §5 und Auswahlaxiom), so ist $\mathrm{Db}(f) = M$ und $f(x) < x$ für alle $x \in M$. Für ein festes $a_0 \in M$ definiere man durch vollständige Induktion die Funktion a von $[k, \rightarrow[$ in M mit für jede natürliche Zahl $n \geqq k$:

$$a(k) = a_0, \qquad a(n+1) = f(a(n)).$$

Wegen

$$a(n) > f(a(n)) = a(n+1)$$

für alle $n \in [k, \rightarrow[$ ist $(a_n)_{k \leqq n}$ eine echt fallende Folge aus A im Widerspruch zur Voraussetzung. Damit existiert in jeder nichtleeren Teilmenge von A das erste Element. ∎

Die Beweisführung zu Satz 13 ermöglicht auch allgemeiner den

Satz 14. *Für Mengen A, Ordnungen R in A und natürliche Zahlen k gilt:*

(a) $\forall M(\emptyset \neq M \in \mathfrak{P}(A) \Rightarrow \exists m(m$ *minimales Element von* A *bzgl.* $R))$
$\Leftrightarrow$ *jede fallende Folge* $(a_n)_{k \leqq n}$ *aus* A *ist stationär*
$\Leftrightarrow$ *es gibt keine echt fallende Folge* $(a_n)_{k \leqq n}$ *aus* A.

(b) $\forall M(\emptyset \neq M \in \mathfrak{P}(A) \Rightarrow \exists m(m$ *maximales Element von* A *bzgl.* $R))$
$\Leftrightarrow$ *jede wachsende Folge* $(a_n)_{k \leqq n}$ *aus* A *ist stationär*
$\Leftrightarrow$ *es gibt keine echt wachsende Folge* $(a_n)_{k \leqq n}$ *aus* A.

Beweis. Analog zum Beweis von Satz 13. ∎

11.6. Zermelosches Lemma

Aus dem einfachen, aber grundlegenden Zermeloschen Lemma folgen wichtige Eigenschaften wohlgeordneter Mengen.

Satz 15 (Zermelosches Lemma). *Für wohlgeordnete Mengen $(A, \leqq)$, Segmente S von A (insbesondere $S = A$) und echt wachsende Abbildungen f von S in A gilt:*

$$\forall x(x \in S \Rightarrow x \leqq f(x)).$$

Beweis. Unter den Voraussetzungen des Satzes existiere ein $x \in S$ mit $f(x) < x$, und es sei

$$M = \{x \in S \mid f(x) < x\}.$$

Wegen $\emptyset \neq M \subseteq A$ existiert das Minimum m von M. Für m gilt $f(m) < m$ wegen $m \in M$, und es ist auch $f(m) \in S$, da S Segment und $m \in S$ ist. Da f echt wächst (bzgl. $(S, \leqq \| S)$, $(A, \leqq)$), folgt $f(f(m)) < f(m)$ aus $f(m), m \in S$ und $f(m) < m$, also $f(m) \in M$, also $m \leqq f(m)$ wegen $m = \min M$ im Widerspruch zu $f(m) < m$. Damit existiert kein $x \in S$ mit $f(x) < x$, und es gilt $x \leqq f(x)$ für alle $x \in S$. ∎

Nach Satz 4(d), §10 sind die echt wachsenden Abbildungen von S in A aus Satz 15 die Isomorphismen von S in A (bzgl. $\leqq \| S, \leqq$).
Wir wenden uns jetzt den wichtigen Folgerungen aus dem ZERMELOschen Lemma zu.

Satz 16. *Für wohlgeordnete Mengen $(A, \leqq)$ und echt wachsende Abbildungen f von A in A gilt bei $B = f\langle A \rangle$:*

$$f = \mathrm{id}_A \Leftrightarrow B = A \Leftrightarrow B \text{ Segment von } A.$$

Beweis. Ist unter den Voraussetzungen des Satzes f die identische Abbildung über A, so gilt trivial $B = A$. Aus $B = A$ folgt, daß B ein Segment von A ist. Es sei nun B ein Segment von A. Nach Satz 15 gilt $x \leqq f(x)$ für alle $x \in A$, also auch $x \in B$ für alle $x \in A$, da $f(x) \in B$ und B Segment ist. Damit gilt $B = A$. Da f echt wächst, ist f umkehrbar und f^{-1} wieder echt wachsend von A in A. Nach Satz 15 gilt also auch $x \leqq f^{-1}(x)$ für alle $x \in A$. Für beliebiges $x \in A$ gilt somit insgesamt:

$$x \leqq f(x), \quad x \leqq f^{-1}(x), \quad f(x) \leqq f(f^{-1}(x)) = x,$$

also schließlich $x \leqq f(x) \leqq x$, $f(x) = x$. f ist die Identität über A. ∎

Satz 17. *Für wohlgeordnete Mengen (A, R), (B, S) gilt:*

(a) $\exists! f(f$ *Isomorphismus von* (A, R) *auf* $(B, S))$,

(b) $(A, R) \simeq (B, S) \Rightarrow \exists!! f(f$ *Isomorphismus von* (A, R) *auf* $(B, S))$,

(c) $\exists!! f(f$ *Isomorphismus von* (A, R) *auf* $(A, R))$,
$\mathrm{id}_A = \iota f(f$ *Isomorphismus von* (A, R) *auf* $(A, R))$.

Beweis. (A, R) und (B, S) seien wohlgeordnete Mengen.

(a) Für Isomorphismen f, g von A auf B (bzgl. R, S) ist $h = g^{-1} \circ f$ nach Satz 1, §9 ein Isomorphismus von A auf A, also eine echt wachsende Abbildung von A in A mit $h\langle A \rangle = A$, woraus nach Satz 16 $h = \mathrm{id}_A$ folgt, also schließlich:

$$g^{-1} \circ f = \mathrm{id}_A = g^{-1} \circ g, \qquad f = g.$$

(b) folgt direkt aus (a); ebenso (c), weil id_A Isomorphismus von A auf A ist. ∎

Am Beispiel der vollgeordneten Menge $(\mathbf{R}, \leqq)$ der reellen Zahlen erkennt man, daß vollgeordnete Mengen im allgemeinen mehrere Isomorphismen auf sich besitzen. Es sind alle Funktionen $f(x) = x + c$ über $\mathbf{R}$ bei beliebig konstantem

$c \in \mathbf{R}$ Isomorphismen von $\mathbf{R}$ auf sich. Ist weiterhin (B, S) eine zu $(\mathbf{R}, \leqq)$ isomorphe geordnete Menge mit dem festen Isomorphismus g von $\mathbf{R}$ auf B, so sind alle Abbildungen $h = g \circ f$ Isomorphismen von $\mathbf{R}$ auf B, sofern f alle Isomorphismen von $\mathbf{R}$ auf sich durchlaufe. Man wähle etwa das reelle Intervall

$$B =]-1, 1[, \qquad S = \leqq \| B$$

und über $\mathbf{R}$ die Funktion g mit für beliebige $x \in \mathbf{R}$:

$$g(x) = \frac{x}{1+x} \quad \text{für} \quad x \geqq 0, \qquad g(x) = \frac{x}{1-x} \quad \text{für} \quad x \leqq 0.$$

Satz 18. *Für wohlgeordnete Mengen $(A, \leqq)$, Elemente $a, b \in A$ und Segmente S, T von A gilt:*

(a) $\neg \exists x \exists X (x \in A \wedge X \in \mathfrak{P}(\mathrm{Ab}x) \wedge (A, \leqq) \simeq (X, \leqq \| X))$,

(b) $(A, \leqq) \not\simeq (\mathrm{Ab}a, \leqq \| \mathrm{Ab}a)$,

(c) $(A, \leqq) \simeq (S, \leqq \| S) \Leftrightarrow S = A$,

(d) $(\mathrm{Ab}a, \leqq \| \mathrm{Ab}a) \simeq (\mathrm{Ab}b, \leqq \| \mathrm{Ab}b) \Leftrightarrow a = b \Leftrightarrow \mathrm{Ab}a = \mathrm{Ab}b$,

(e) $(S, \leqq \| S) \simeq (T, \leqq \| T) \Leftrightarrow S = T$.

Beweis. Die Voraussetzungen des Satzes seien erfüllt.

(a) Für jeden Isomorphismus f von A auf eine Teilmenge $X \subseteq \mathrm{Ab}x$ für ein $x \in A$ wäre nach Satz 15 $x \leqq f(x)$ im Widerspruch zu $f(x) < x$ wegen $f(x) \in X$.
(b) ist ein Spezialfall von (a). (c) folgt aus (b) und Satz 5.
(d) Nach Satz 10(a), §10 gilt:

$$\mathrm{Ab}a = \mathrm{Ab}b \Leftrightarrow a = b.$$

Es ist noch zu beweisen, daß $a = b$ aus der Isomorphie von $\mathrm{Ab}a$ mit $\mathrm{Ab}b$ folgt. Wäre aber $a < b$ (analog bei $b < a$), so wäre $\mathrm{Ab}a \subset \mathrm{Ab}b$ (vgl. auch Satz 10(b), §10), also $\mathrm{Ab}a$ ein Abschnitt von $\mathrm{Ab}b$ (vgl. auch Satz 9(c), §10). Im Widerspruch zu (b) wäre $\mathrm{Ab}a$ mit $\mathrm{Ab}b$ isomorph wegen

$$\leqq \| \mathrm{Ab}a = (\leqq \| \mathrm{Ab}b) \| \mathrm{Ab}a$$

(vgl. Satz 2, § 5) und damit

$$(\mathrm{Ab}a, (\leqq \| \mathrm{Ab}b) \| \mathrm{Ab}a) = (\mathrm{Ab}a, \leqq \| \mathrm{Ab}a) \simeq (\mathrm{Ab}b, \leqq \| \mathrm{Ab}b).$$

(e) folgt aus (d), (b) und Satz 5. ∎

Satz 19. *Wohlgeordnete Mengen (A, R) und (B, S) sind isomorph genau dann, wenn gilt:*

$$\forall x \exists y (x \in A \Rightarrow y \in B \wedge (\mathrm{Ab}\,x, R \| \mathrm{Ab}\,x) \simeq (\mathrm{Ab}\,y, S \| \mathrm{Ab}\,y))$$

und

$$\forall y \exists x (y \in B \Rightarrow x \in A \wedge (\mathrm{Ab}\,x, R \| \mathrm{Ab}\,x) \simeq (\mathrm{Ab}\,y, S \| \mathrm{Ab}\,y)).$$

Beweis. (A, R) und (B, S) seien wohlgeordnete Mengen.

($\Rightarrow$) Für jeden Isomorphismus f von A auf B (bzgl. R, S) ist f^{-1} nach Satz 1, §9 ein Isomorphismus von B auf A, und die Invarianz des Abschnittsbegriffes gegenüber isomorphen Abbildungen ergibt nach Satz 2, §9 für jedes $x \in A$ und jedes $y \in B$:

$$(\mathrm{Ab}\,x, R \| \mathrm{Ab}\,x) \underset{f|\mathrm{Ab}\,x}{\simeq} (\mathrm{Ab}\,f(x), S \| \mathrm{Ab}\,f(x)),$$

$$(\mathrm{Ab}\,y, S \| \mathrm{Ab}\,y) \underset{f^{-1}|\mathrm{Ab}\,y}{\simeq} (\mathrm{Ab}\,f^{-1}(y), R \| \mathrm{Ab}\,f^{-1}(y)).$$

($\Leftarrow$) Existiert zu jedem Abschnitt von A ein isomorpher Abschnitt von B und umgekehrt, so existiert nach Satz 18(d) auch jeweils genau ein solcher isomorpher Abschnitt. Jeder Abschnitt ist außerdem Abschnitt genau eines Elementes, so daß man die Funktion f von A auf B definieren kann mit

$$f(x) = \iota y (y \in B \wedge (\mathrm{Ab}\,x, R \| \mathrm{Ab}\,x) \simeq (\mathrm{Ab}\,y, S \| \mathrm{Ab}\,y))$$

für jedes $x \in A$. f ist dann ein Isomorphismus von A auf B, wofür wir nach Satz 4(d), §10 noch

$$x_1 < x_2 \Rightarrow f(x_1) < f(x_2)$$

für alle $x_1, x_2 \in A$ zeigen müssen. Ist aber $x_1 < x_2$ für gewisse $x_1, x_2 \in A$ und

$$(\mathrm{Ab}\,x_2, R \| \mathrm{Ab}\,x_2) \underset{\varphi}{\simeq} (\mathrm{Ab}\,f(x_2), S \| \mathrm{Ab}\,f(x_2)),$$

so gilt

$$\mathrm{Ab}\,x_1 \cup \{x_1\} \subseteq \mathrm{Ab}\,x_2, \qquad \mathrm{Ab}\,\varphi(x_1) \cup \{\varphi(x_1)\} \subseteq \mathrm{Ab}\,f(x_2),$$

$$(\mathrm{Ab}\,x_1, (R \| \mathrm{Ab}\,x_2) \| \mathrm{Ab}\,x_1) \underset{\varphi|\mathrm{Ab}\,x_1}{\simeq} (\mathrm{Ab}\,\varphi(x_1), (S \| \mathrm{Ab}\,f(x_2)) \| \mathrm{Ab}\,\varphi(x_1)),$$

$$(\mathrm{Ab}\,x_1, R \| \mathrm{Ab}\,x_1) \simeq (\mathrm{Ab}\,\varphi(x_1), S \| \mathrm{Ab}\,\varphi(x_1)),$$

also $f(x_1) = \varphi(x_1) < f(x_2)$ nach Definition von f. ∎

11.7. Hauptsatz der Wohlordnungstheorie

Mit dem folgenden Hauptsatz der Wohlordnungstheorie werden wir später tiefer liegende Wohlordnungseigenschaften der Ordinalzahlen beweisen (Vergleichbarkeit, Minimumbedingung; vgl. §16) und läßt sich auch (in Verbindung mit dem Wohlordnungssatz) die Wohlordnung der Kardinalzahlen beweisen (vgl. § 14).

Satz 20 (Hauptsatz der Wohlordnungstheorie). *Für wohlgeordnete Mengen* (A, R) *und* (B, S) *gilt:*

$$\exists Y\,(Y \textit{ Segment von } B \wedge (A, R) \simeq (Y, S \| Y))$$

oder

$$\exists X\,(X \textit{ Segment von } A \wedge (B, S) \simeq (X, R \| X)).$$

Beweis. Die Beweisidee ist folgende: Sind (A, R) und (B, S) wohlgeordnete Mengen und sind

$$a_0, a_1, a_2, \ldots, a_\omega, a_{\omega,1}, \ldots\ldots \quad \text{bzw.} \quad b_0, b_1, b_2, \ldots, b_\omega, b_{\omega,1}, \ldots\ldots$$

die Elemente von A in der Reihenfolge bzgl. R bzw. die Elemente von B in der Reihenfolge bzgl. S, so bilde man anschaulich die Funktion F, welche der Reihe nach den Elementen a die nebenstehenden Elemente b zuordnet, wobei man das Zuordnungsverfahren so lange fortsetze wie möglich, d.h. so lange, bis alle Elemente von A oder alle Elemente von B aufgebraucht sind. Für die Mengen

$$X_0 = \mathrm{Db}(F), \qquad Y_0 = \mathrm{Wb}(F)$$

ist F anschaulich ein Isomorphismus von $(X_0, R \| X_0)$ auf $(Y_0, S \| Y_0)$, wobei X_0 ein Segment von A und Y_0 ein Segment von B ist. Im Falle $X_0 = A$ gilt also

$$(A, R) \simeq (Y_0, S \| Y_0),$$

und im Falle $X_0 \subset A$ ist anschaulich $Y_0 = B$, also

$$(B, S) \simeq (X_0, R \| X_0).$$

Die Abbildung F ist anschaulich die Vereinigung aller (nach Satz 17(b) eindeutig bestimmten) isomorphen Abbildungen f von Segmenten X von A auf Segmente Y von B. Diese Beweisidee wollen wir nun in einen exakten Beweis umsetzen.

Es seien also (A, R) und (B, S) wohlgeordnete Mengen und

$$\mathfrak{F} = \{f \mid \exists X\, \exists Y\,(X \textit{ Segment von } A \wedge Y \textit{ Segment von } B \wedge (X, R \| X) \underset{f}{\simeq} (Y, S \| Y))\},$$

$$F = \bigcup \mathfrak{F}, \qquad X_0 = \mathrm{Db}(F), \qquad Y_0 = \mathrm{Wb}(F).$$

Hilfssatz 1. *Für beliebige* $f_1, f_2 \in \mathfrak{F}$ *ist* $f_1 \subseteq f_2$ *oder* $f_2 \subseteq f_1$.

Beweis. Es sei f_1 Isomorphismus des Segmentes X_1 von A auf das Segment Y_1 von B und f_2 Isomorphismus des Segmentes X_2 von A auf das Segment Y_2

von B. Nach Satz 9(b), § 10 gilt $X_1 \subseteq X_2$ oder $X_2 \subseteq X_1$. Wir brauchen damit nur zu zeigen:

$$f_1(x) = f_2(x) \quad \text{für alle } x \in X_1 \cap X_2.$$

Wäre dies falsch, so sei x_0 das in bezug auf R kleinste $x \in X_1 \cap X_2$ mit $f_1(x) \neq f_2(x)$; es wäre dann $f_1(x_0) \neq f_2(x_0)$, also

$$f_1(x_0) < f_2(x_0) \vee f_2(x_0) < f_1(x_0)$$

in bezug auf S. Da die Y_2, Y_1 Segmente von B sind, gilt weiter

$$f_1(x_0), f_2(x_0) \in Y_2 \vee f_2(x_0), f_1(x_0) \in Y_1.$$

Es existiert also ein $x \in X_2$ mit $f_1(x_0) = f_2(x)$ oder ein $x \in X_1$ mit $f_2(x_0) = f_1(x)$. Dann wäre insgesamt

$$f_2(x) < f_2(x_0) \vee f_1(x) < f_1(x_0),$$

also $x < x_0$, da f_2, f_1 Isomorphismen sind. Da die X_1, X_2 Segmente von A sind, folgt $x \in X_1 \cap X_2$ aus $x < x_0$ und $x_0 \in X_1 \cap X_2$. Nach Definition von x_0 folgt $f_1(x) = f_2(x)$ aus $x \in X_1 \cap X_2$ und $x < x_0$, womit schließlich

$$f_1(x_0) = f_2(x) = f_1(x) \vee f_2(x_0) = f_1(x) = f_2(x)$$

gilt, also $x_0 = x$ im Widerspruch zu $x < x_0$. Hilfssatz 1 ist somit bewiesen.

Hilfssatz 2.

$$(X_0, R \| X_0) \underset{F}{\simeq} (Y_0, S \| Y_0).$$

Beweis. F ist eineindeutig. Denn für $(x, y_1), (x, y_2) \in F$ bei $(x, y_1) \in f_1$ und $(x, y_2) \in f_2$ für gewisse $f_1, f_2 \in \mathfrak{F}$ gilt nach Hilfssatz 1 $f_1 \subseteq f_2$ oder $f_2 \subseteq f_1$, also

$$(x, y_1), (x, y_2) \in f \quad \text{für} \quad f = f_1 \cup f_2 \in \mathfrak{F},$$

also $y_1 = y_2$, da f eindeutig ist. Also ist F eindeutig. Ebenso ergibt sich die Voreindeutigkeit von F aus der Voreindeutigkeit der Funktionen $f \in \mathfrak{F}$, und F ist insgesamt eineindeutig. F ist auch umkehrbar relationstreu. Denn für

$$x_1, x_2 \in X_0, \quad y_1 = F(x_1), \qquad y_2 = F(x_2)$$

ist wieder $(x_1, y_1) \in f_1$ und $(x_2, y_2) \in f_2$ für gewisse $f_1, f_2 \in \mathfrak{F}$ und damit

$$(x_1, y_1), (x_2, y_2) \in f \quad \text{für} \quad f = f_1 \cup f_2 \in \mathfrak{F},$$

woraus

$$x_1 \leqq x_2 \Leftrightarrow y_1 \leqq y_2$$

folgt, da f Isomorphismus ist. Hilfssatz 2 ist somit bewiesen.

Hilfssatz 3. *X_0 ist ein Segment von A, Y_0 ein Segment von B, und es gilt:*

$$X_0 = A \vee Y_0 = B.$$

Beweis. Ist $x \in X_0$, $u \in A$, $u \leqq x$, $(x, y_1) \in f$ und f Isomorphismus des Segmentes X von A auf das Segment Y von B, so gilt mit $x \in X$ auch $u \in X$, also $(u, y_2) \in f$ für ein y_2, also $u \in X_0$. Damit ist X_0 ein Segment von A. Ist $y \in Y_0$, $v \in B$, $v \leqq y$, $(x_1, y) \in f$ und f Isomorphismus des Segmentes X von A auf das Segment Y von B, so gilt mit $y \in Y$ auch $v \in Y$, also $(x_2, v) \in f$ für ein x_2, also $v \in Y_0$. Damit ist Y_0 ein Segment von B. Wäre nicht $X_0 = A$ und nicht $Y_0 = B$, so sei

$$x = \min(A \setminus X_0), \qquad y = \min(B \setminus Y_0).$$

Dann ist $X = X_0 \cup \{x\}$ ein Segment von A, $Y = Y_0 \cup \{y\}$ ein Segment von B und $f = F \cup \{(x, y)\}$ ein Isomorphismus von X auf Y, also $f \in \mathfrak{F}$ und damit $x \in X_0$, $y \in Y_0$ im Widerspruch zur Konstruktion von x, y. Hilfssatz 3 ist somit bewiesen.
Aus den Hilfssätzen 2, 3 folgt schließlich

$$(A, R) \underset{F}{\simeq} (Y_0, S \| Y_0) \vee (B, S) \underset{F^{-1}}{\simeq} (X_0, R \| X_0),$$

wobei Y_0 und X_0 Segmente sind. ∎

In Satz 20 ist das Segment Y bzw. X nach Satz 18(e) eindeutig bestimmt. Beide Isomorphien des Satzes 20 bedeuten über das Zermelosche Lemma nach Satz 21 Isomorphie von A und B.

Satz 21. *Wohlgeordnete Mengen (A, R) und (B, S) sind isomorph genau dann, wenn gilt:*

$$\exists Y \, (Y \text{ Segment von } B \wedge (A, R) \simeq (Y, S \| Y))$$

und

$$\exists X \, (X \text{ Segment von } A \wedge (B, S) \simeq (X, R \| X)).$$

Beweis. (A, R) und (B, S) seien wohlgeordnete Mengen.

($\Rightarrow$) gilt trivial, da B und A Segmente von sich selbst sind.
($\Leftarrow$) Es sei f Isomorphismus von (A, R) auf $(Y, S \| Y)$ und g Isomorphismus von (B, S) auf $(X, R \| X)$, wobei Y bzw. X ein Segment von B bzw. A ist. Nach den Sätzen 1, 2 aus § 9 ist die Abbildung

$$h = (g | Y) \circ f$$

ein Isomorphismus von (A, R) auf $(g\langle Y \rangle, R \| g\langle Y \rangle)$, wobei $g\langle Y \rangle$ nach der Invarianz des Segmentbegriffes gegenüber isomorphen Abbildungen ein Segment von A ist. Aus Satz 16 folgt dann $g\langle Y\rangle = A$ wegen $g\langle Y\rangle = h\langle A\rangle = A$, also auch $X = A$ wegen $g\langle Y\rangle \subseteq X \subseteq A$. g ist somit ein Isomorphismus von (B, S) auf (A, R), und (A, R) und (B, S) sind isomorph. ∎

Aus Satz 20 folgt über das Zermelosche Lemma nach Satz 22 die Isomorphie jeder Teilmenge einer wohlgeordneten Menge mit einem Segment.

Satz 22. *Für wohlgeordnete Mengen $(A, \leqq)$ und Teilmengen $U \subseteq A$ gilt:*

$$\exists S\,(S \text{ Segment von } A \wedge (U, \leqq \| U) \simeq (S, \leqq \| S)).$$

Beweis. Würde unter den Voraussetzungen des Satzes kein solches Segment S von A existieren, so wäre A nach Satz 20 mit einem Segment X von U isomorph, und es wäre $X \neq U$, da man sonst $S = A$ wählen könnte. Es ist also

$$X = \underset{(U, \leqq \| U)}{\mathrm{Ab}}\, a \subseteq \underset{(A, \leqq)}{\mathrm{Ab}}\, a \quad \text{für ein } a \in U$$

und $(A, R) \simeq (X, \leqq \| X)$ im Widerspruch zu Satz 18(a). ∎

Das Segment S in Satz 22 ist nach Satz 18(e) zur vorgegebenen Teilmenge U eindeutig bestimmt.

11.8. Vereinigungen wohlgeordneter Mengen

Vereinigungs- und Produktbildungen wohlgeordneter Mengen sind später in der Arithmetik der Ordinalzahlen von ausschlaggebender Bedeutung. Die in den Sätzen 23 und 24 beschriebene Vereinigung geordneter Mengen nennt man auch deren *Komposition.* Im folgenden ist natürlich etwa unter einer disjunkten Familie $(A_i, \varrho_i)_{i \in I}$ geordneter Mengen exakt zu verstehen, daß $(A_i)_{i \in I}$ eine disjunkte Mengenfamilie, $(\varrho_i)_{i \in I}$ eine Familie von Ordnungen ϱ_i in A_i und daß

$$(A_i, \varrho_i)_{i \in I} = ((A_i, \varrho_i))_{i \in I}$$

sein soll.

Eine erste Kompositionsmöglichkeit besteht in folgendem

Satz 23. *Für disjunkte Familien $(A_i, \varrho_i)_{i \in I}$ geordneter Mengen mit geordnetem Indexbereich (I, τ) und*

$$V = \bigcup_{i \in I} A_i, \qquad R = \bigcup_{i \in I} \varrho_i \cup \bigcup_{\substack{i,j \in I \\ i < j}} (A_i \times A_j),$$

wobei also für die Relation R in V

$$xRy \Leftrightarrow \exists i \exists j (i \tau j \wedge x \in A_i \wedge y \in A_j . \wedge . i = j \Rightarrow x \varrho_i y)$$

für alle $x, y \in V$ *ist, gilt:*

(a) (V, R) *ist eine geordnete Menge.*
(b) *Sind die* ϱ_i $(i \in I)$ *und* τ *Vollordnungen, so ist* (V, R) *eine vollgeordnete Menge.*
(c) *Sind die* ϱ_i $(i \in I)$ *und* τ *Wohlordnungen, so ist* (V, R) *eine wohlgeordnete Menge.*

Beweis. Aus den Definitionen. ∎

Von der Ordnung R in V aus Satz 23 werden für $i \in I$ die Elemente einer jeden geordneten Menge (A_i, ϱ_i) in ihrer ursprünglichen Ordnung ϱ_i belassen und werden die verschiedenen Mengen A_i noch hinsichtlich der Ordnung τ nebeneinandergesetzt. Es gilt für alle Indizes $i \in I$:

$$R \| A_i = \varrho_i .$$

Für alle Elemente $x, y \in V$ und die eindeutig zugehörigen Indizes $i, j \in I$ mit $x \in A_i$, $y \in A_j$ gilt:

$$x \underset{R}{\leqq} y \Leftrightarrow (i = j \wedge x \underset{\varrho_i}{\leqq} y) \vee i \underset{\tau}{<} j \Leftrightarrow i \underset{\tau}{\leqq} j \wedge (i = j \Rightarrow x \underset{\varrho_i}{\leqq} y),$$
$$x \underset{R}{<} y \Leftrightarrow (i = j \wedge x \underset{\varrho_i}{<} y) \vee i \underset{\tau}{<} j \Leftrightarrow i \underset{\tau}{\leqq} j \wedge (i = j \Rightarrow x \underset{\varrho_i}{<} y).$$

Satz 23 gilt speziell (unter Vermittlung des Indexbereiches $I = \{1, 2\}$ mit der üblichen Anordnung τ) für zwei disjunkte geordnete Mengen (A, ϱ), (B, σ); es ist dann

$$V = A \cup B, \qquad R = \varrho \cup \sigma \cup (A \times B).$$

Eine zweite Kompositionsmöglichkeit besteht in folgendem

Satz 24. *Für Familien* $(A_i, \varrho_i)_{i \in I}$ *geordneter Mengen und*

$$V = \bigcup_{i \in I} A_i, \qquad R = \bigcup_{i \in I} \varrho_i$$

mit

$$A_i \subseteq A_j \wedge \varrho_i = \varrho_j \| A_i . \vee . A_j \subseteq A_i \wedge \varrho_j = \varrho_i \| A_j$$

für alle $i, j \in I$*, wonach also stets* (A_i, ϱ_i) *geordnete Untermenge von* (A_j, ϱ_j) *ist oder umgekehrt, gilt:*

(a) $$\exists !! X \, (X \text{ Relation in } V \wedge \forall i (i \in I \Rightarrow X \| A_i = \varrho_i)),$$
$$R = \iota X \, (X \text{ Relation in } V \wedge \forall i (i \in I \Rightarrow X \| A_i = \varrho_i)).$$

(b) *(V, R) ist eine geordnete Menge.*
(c) *Sind die ϱ_i $(i \in I)$ Vollordnungen, so ist (V, R) eine vollgeordnete Menge.*
(d) *Sind die ϱ_i $(i \in I)$ Wohlordnungen und gilt*

$$A_i \subseteq A_j \wedge \varrho_i = \varrho_j \| A_i \wedge A_i \text{ Segment von } (A_j, \varrho_j)$$

oder

$$A_j \subseteq A_i \wedge \varrho_j = \varrho_i \| A_j \wedge A_j \text{ Segment von } (A_i, \varrho_i)$$

für alle $i, j \in I$, so ist (V, R) eine wohlgeordnete Menge.

Beweis. (a) Es sei unter den Voraussetzungen des Satzes X eine Relation in V mit $X \| A_i = \varrho_i$ für alle $i \in I$. Dann gilt

$$\varrho_i = X \cap (A_i \times A_i) \subseteq X$$

für jedes $i \in I$, also

$$R = \bigcup_{i \in I} \varrho_i \subseteq X.$$

Ist umgekehrt $(x, y) \in X$, so sind x, y Elemente von V, und auf Grund der Vergleichbarkeit der A_i existiert ein Index $i \in I$ mit $x, y \in A_i$, also

$$(x, y) \in X \cap (A_i \times A_i) = \varrho_i;$$

damit gilt auch

$$X \subseteq \bigcup_{i \in I} \varrho_i = R.$$

Es ist also höchstens R eine solche Relation X. Schließlich ist R eine Relation in V mit

$$R \| A_i = \bigcup_{j \in I} \varrho_j \cap (A_i \times A_i) = \varrho_i$$

für jedes $i \in I$. Denn aus

$$(x, y) \in \varrho_j \cap (A_i \times A_i)$$

und der Voraussetzung

$$\varrho_i = \varrho_j \| A_i \vee \varrho_j = \varrho_i \| A_j$$

folgt $(x, y) \in \varrho_i$, womit $R \| A_i \subseteq \varrho_i$ gilt; $\varrho_i \subseteq R \| A_i$ ist trivial. (a) ist somit bewiesen.
(b) und (c) folgen ohne Schwierigkeiten.
(d) Nach (c) haben wir noch die Minimumbedingung für R in V zu beweisen, wobei für $i \in I$ stets ϱ_i Wohlordnung in A_i ist und

$$A_i \subseteq A_j \wedge \varrho_i = \varrho_j \| A_i \wedge A_i \text{ Segment von } (A_j, \varrho_j)$$

oder

$$A_j \subseteq A_i \wedge \varrho_j = \varrho_i \| A_j \wedge A_j \textit{ Segment von } (A_i, \varrho_i)$$

für alle $i, j \in I$ gilt. Es sei $\emptyset \neq M \in \mathfrak{P}(V)$. Es existiert ein Index i mit $M \cap A_i \neq \emptyset$, und $M \cap A_i$ besitzt in bezug auf ϱ_i das Minimum m. Wir zeigen, daß m auch das Minimum von M in bezug auf R ist. Trivial ist $m \in M$. Wäre $x \in M$ und $x \underset{R}{<} m$, so gäbe es einen Index j mit $(x, m) \in \varrho_j$ und $x \neq m$, also mit $x, m \in A_j$ und $x \underset{\varrho_j}{<} m$. Für $k = j$ im Falle $A_i \subseteq A_j$ und $k = i$ im Falle $A_j \subset A_i$ gilt nach obiger Voraussetzung:

$$x, m \in M \cap A_k, \quad A_i \subseteq A_k, \quad \varrho_i = \varrho_k \| A_i, \quad A_i \textit{ Segment von } (A_k, \varrho_k), \quad x \underset{\varrho_k}{<} m.$$

Da A_i ein Segment von (A_k, ϱ_k) ist, folgt $x \in A_i$ aus $m \in A_i$ und $x \underset{\varrho_k}{<} m$. Aus $x, m \in A_i$, $x \underset{\varrho_k}{<} m$ und $\varrho_i = \varrho_k \| A_i$ folgt $x \underset{\varrho_i}{<} m$. Schließlich ist $x \in M \cap A_i$ und $x \underset{\varrho_i}{<} m$ ein Widerspruch dazu, daß m das erste Element von $M \cap A_i$ in bezug auf ϱ_i ist. Also gilt $m \underset{R}{\leqq} x$ für alle $x \in M$, und m ist das gewünschte Minimum. ∎

Als Ergänzung zu Satz 24(d) besteht noch der

Satz 25. *Unter den Voraussetzungen von* Satz 24(d) *gilt für jedes $i \in I$ und Objekte S, a:*

(a) S *Segment von* $(A_i, \varrho_i) \Rightarrow S$ *Segment von* (V, R),

(b) $a \in A_i \Rightarrow \underset{(A_i, \varrho_i)}{\mathrm{Ab}}\, a = \underset{(V,R)}{\mathrm{Ab}}\, a.$

Beweis. (a) Auf Grund der Bemerkungen hinter Definition 12, § 10 ist wegen $\varrho_i = R \| A_i$ (für $i \in I$) nur zu zeigen, daß A_i ein Segment von V bzgl. R ist. Ist aber $x \in A_i$ und $y \in V$ mit $y \underset{R}{\leqq} x$, so existiert ein $j \in I$ mit $y \underset{\varrho_j}{\leqq} x$ und damit $x, y \in A_j$, und nach Voraussetzung ist A_j ein Segment von A_i oder umgekehrt. In beiden Fällen ist unmittelbar $y \in A_i$.
(b) Für $a \in A_i$ ist trivial der linke Abschnitt Teilmenge des rechten. Es besteht auch die umgekehrte Inklusion. Hierzu ist für jedes $x \in V$ mit $x \underset{R}{<} a$ wegen $\varrho_i = R \| A_i$ zu zeigen $x \in A_i$. Ist $x \underset{\varrho_j}{<} a$ bei $x, a \in A_j$, so ist wieder A_j Segment von A_i oder umgekehrt, und in beiden Fällen ist unmittelbar $x \in A_i$. ∎

Die geordnete Menge (V, R) von Satz 23 bzw. 24 heißt auch die *geordnete Vereinigung* von $(A_i, \varrho_i)_{i \in I}$ bzgl. τ bzw. von $(A_i, \varrho_i)_{i \in I}$, und es heißt R die *Vereinigungsordnung* von $(\varrho_i)_{i \in i}$ bzgl. τ bzw. von $(\varrho_i)_{i \in I}$. Wie man an Satz 4(d), § 8 erkennt, führen disjunkte Vereinigungen endlicher Mengen A und B zu einer repräsentantenweisen Definition der Summe zweier natürlicher Zahlen. Von derselben Wichtigkeit werden später ganz allgemein disjunkte Vereinigungen von Mengenfamilien für die Definition der Summe von Kardinalzahlfamilien sein und wohlgeordnete disjunkte Vereinigungen von Familien wohlgeordneter Mengen über wohlgeordnetem Indexbereich für die Definition der Summe von Ordinalzahlfamilien.

11.9. Produkte wohlgeordneter Mengen

Der folgende Satz vollzieht die einfachste Produktbildung geordneter Mengen.

Satz 26. *Für Familien $(A_i, \varrho_i)_{i\in I}$ geordneter Mengen und*

$$P = \mathop{\mathsf{X}}_{i\in I} A_i, \qquad R = \{(x,y)\in P^2 \,|\, \forall i(i\in I \Rightarrow x_i \leqq_{\varrho_i} y_i)\}$$

ist (P, R) eine geordnete Menge.

Beweis. Aus den Definitionen. ∎

Die Produktbildung des Satzes 26 liefert im allgemeinen kein wohlgeordnetes Produkt wohlgeordneter Mengen. Satz 26 gilt speziell (unter Verwendung des Indexbereiches $I = \{1, 2\}$ und von Paaren $(x, y) \in A \times B$ an Stelle von Funktionen $x \in \mathop{\mathsf{X}}_{i\in I} A_i$) für zwei geordnete Mengen (A, ϱ), (B, σ); es ist dann

$$P = A\times B, \quad R \subseteq P\times P, \quad (a,b)\,R(a',b') \Leftrightarrow a \leqq_{\varrho} a' \wedge b \leqq_{\sigma} b'.$$

Man nennt die geordnete Menge (P, R) von Satz 26 auch das *geordnete Produkt* von $(A_i, \varrho_i)_{i\in I}$ und R die *Produktordnung* von $(\varrho_i)_{i\in I}$.
Man gewinnt eine weitere Möglichkeit der Produktbildung, indem man die alphabetische oder entgegengesetzt alphabetische Reihenfolge der Wörter in einem Lexikon nachahmt. Das ergibt die folgenden drei Sätze.

Satz 27. *Für Familien $(A_i, \varrho_i)_{i\in I}$ geordneter Mengen mit vollgeordnetem Indexbereich (I, τ), $P = \mathop{\mathsf{X}}_{i\in I} A_i$ und die Relation R in P mit*

$$xRy \Leftrightarrow x = y \vee \exists k\big(k\in I \wedge x_k <_{\varrho_k} y_k \wedge \forall i(i <_{\tau} k \Rightarrow x_i = y_i)\big)$$

für alle $x, y \in P$, wobei der „kritische Index“ k von x, y im Existenzfall eindeutig als

$$k = \min\{i\in I \,|\, x_i \neq y_i\}$$

bestimmt ist, gilt:

(a) *(P, R) ist eine geordnete Menge.*
(b) *Sind die ϱ_i $(i \in I)$ Vollordnungen und ist τ eine Wohlordnung, so ist (P, R) eine vollgeordnete Menge.*
(c) *Sind die ϱ_i $(i \in I)$ Wohlordnungen und ist I endlich, so ist (P, R) eine wohlgeordnete Menge.*

Beweis. (a) Unter den Voraussetzungen des Satzes ist R sofort reflexiv in P. Ist xRy und yRz, so gilt in den Fällen $x = y$ oder $y = z$ trivial xRz. Im Falle $x \neq y$ und $y \neq z$ existieren Indizes $k_1, k_2 \in I$ mit

$$x_{k_1} < y_{k_1} \wedge \forall i (i < k_1 \Rightarrow x_i = y_i), \quad y_{k_2} < z_{k_2} \wedge \forall i (i < k_2 \Rightarrow y_i = z_i).$$

Da τ Vollordnung in I ist, gilt $k_1 \leqq k_2$ oder $k_2 \leqq k_1$. Wählt man $k = k_1$, falls $k_1 \leqq k_2$ gilt, und $k = k_2$, falls $k_2 \leqq k_1$ gilt, so ist

$$x_k < z_k \wedge \forall i (i < k \Rightarrow x_i = z_i),$$

also xRz. R ist damit transitiv. Schließlich ist R antisymmetrisch. Denn gilt xRy und yRx und wäre $x \neq y$, so existieren wieder zugehörige kritische Indizes k_1, k_2, welche beide der kleinste Index k mit $x_k \neq y_k$ sind, also $k_1 = k_2 = k$, woraus der Widerspruch $x_k < y_k$ und $y_k < x_k$ folgt.
(b) Unter den zusätzlichen Voraussetzungen hat man nach (a) noch die Linearität von R in P zu beweisen. Für $x, y \in P$ und $x = y$ gilt trivial xRy oder yRx. Ist $x \neq y$, so existiert ein Index i mit $x_i \neq y_i$, und da τ Wohlordnung ist, existiert der kleinste Index k mit $x_k \neq y_k$. Da ϱ_k Vollordnung ist, gilt schließlich

$$x_k < y_k \vee y_k < x_k \,.\wedge.\, \forall i (i < k \Rightarrow x_i = y_i)$$

und damit xRy oder yRx.
(c) Unter den zusätzlichen Voraussetzungen ist τ eine Wohlordnung, und nach (b) hat man noch die Minimumbedingung für R in P zu beweisen. Wir führen Induktion über die endliche Menge I gemäß § 8.2. $\mathbf{B}(I)$ sei für jede endliche Menge I die Behauptung, daß für jede Vollordnung τ in I, jede Familie $(A_i, \varrho_i)_{i \in I}$ wohlgeordneter Mengen, für $P = \mathop{\mathsf{X}}_{i \in I} A_i$ und die Relation R in P mit für alle $x, y \in P$:

$$xRy \Leftrightarrow x = y \vee \exists k \big(k \in I \wedge x_k < y_k \wedge \forall i (i < k \Rightarrow x_i = y_i)\big)$$

jede Menge M mit $\emptyset \neq M \subseteq P$ ein Minimum in bezug auf R besitzt. Wir müssen zeigen:

$$\mathbf{B}(\emptyset), \qquad \forall I \forall j \big(I \textit{ endliche Menge} \wedge \mathbf{B}(I) \Rightarrow \mathbf{B}(I \cup \{j\})\big).$$

Trivial gilt $\mathbf{B}(\emptyset)$; denn für $I = \emptyset$ ist $P = \{\emptyset\}$, $R = \{(\emptyset, \emptyset)\}$, und bei $\emptyset \neq M \in \mathfrak{P}(P)$ kann nur $M = P = \{\emptyset\}$ sein, womit dann $\emptyset$ das erste Element von M bzgl. R ist.

Es gelte nun $\mathbf{B}(I)$ für eine endliche Menge I, und es sei j ein Objekt mit $j \notin I$ (im Falle $j \in I$ ist $I \cup \{j\} = I$). Zu zeigen ist $\mathbf{B}(I')$ für $I' = I \cup \{j\}$. Sei also τ' eine Vollordnung in I', $(A_i, \varrho_i)_{i \in I'}$ eine Familie wohlgeordneter Mengen über I', $P' = \mathop{\mathsf{X}}\limits_{i \in I'} A_i$, R' die Relation in P' mit für alle $x, y \in P'$:

$$xR'y \Leftrightarrow x = y \vee \exists k\big(k \in I' \wedge x_k < y_k \wedge \forall i(i < k \Rightarrow x_i = y_i)\big)$$

und sei $\emptyset \neq M' \in \mathfrak{P}(P')$. Behauptet wird die Existenz des Minimums von M' in bezug auf R'. Es ist $\tau = \tau' \| I$ eine Vollordnung in I, $(A_i, \varrho_i)_{i \in I}$ eine Familie wohlgeordneter Mengen über I, und die Relation R in $P = \mathop{\mathsf{X}}\limits_{i \in I} A_i$ mit für alle $x, y \in P$:

$$xRy \Leftrightarrow x = y \vee \exists k\big(k \in I \wedge x_k < y_k \wedge \forall i(i < k \Rightarrow x_i = y_i)\big)$$

erfüllt wegen $\mathbf{B}(I)$ die Minimumbedingung. Zur Menge M' mit $\emptyset \neq M' \subseteq P'$ bilden wir die Menge M_1 der Einschränkungen $f' | I$ aller Funktionen $f' \in M'$ auf I. Es ist $\emptyset \neq M_1 \subseteq P$, womit M_1 bzgl. R das Minimum f_1 besitzt. z_0 sei in A_j bzgl. ϱ_j das kleinste der Elemente $z \in A_j$, für die ein $f' \in M'$ existiert mit

$$\forall i\big(i \in I \wedge i < j \Rightarrow f'(i) = f_1(i)\big) \wedge f'(j) = z.$$

Schließlich sei M_2 die Menge der Einschränkungen $f' | I$ aller derjenigen Funktionen $f' \in M'$ mit

$$\forall i\big(i \in I \wedge i < j \Rightarrow f'(i) = f_1(i)\big) \wedge f'(j) = z_0.$$

Es ist $\emptyset \neq M_2 \subseteq P$, womit M_2 bzgl. R das Minimum f_2 besitzt. Dann ist die Funktion g' über I' mit für jedes $i \in I'$:

$$g'(i) = \begin{cases} f_1(i), & \text{falls } i < j \\ z_0, & \text{falls } i = j \\ f_2(i), & \text{falls } i > j \end{cases}$$

das Minimum von M' in bezug auf R'. Nach Konstruktion von g' ist zunächst $g' \in M'$. Ist $f' \in M'$ und $g' \neq f'$, so existiert ein hinsichtlich τ' kleinster Index $i_0 \in I'$ mit $g'(i_0) \neq f'(i_0)$. In allen drei Fällen $i_0 < j$, $i_0 = j$, $i_0 > j$ ergibt sich dann $g'(i_0) < f'(i_0)$ nach Konstruktion von f_1, z_0, f_2, womit also stets $g' R' f'$ gilt. ∎

Satz 28. *Für Familien $(A_i, \varrho_i)_{i \in I}$ geordneter Mengen mit vollgeordnetem Indexbereich (I, τ), $P = \mathop{\mathsf{X}}\limits_{i \in I} A_i$ und die Relation R in P mit*

$$xRy \Leftrightarrow x = y \vee \exists k\big(k \in I \wedge x_k \underset{\varrho_k}{<} y_k \wedge \forall i(k \underset{\tau}{<} i \Rightarrow x_i = y_i)\big)$$

für alle $x, y \in P$, wobei der „kritische Index" k von x, y im Existenzfall eindeutig als

$$k = \max\{i \in I \mid x_i \neq y_i\}$$

bestimmt ist, gilt:

(a) *(P, R) ist eine geordnete Menge.*
(b) *Sind die ϱ_i $(i \in I)$ Vollordnungen und ist τ^{-1} eine Wohlordnung, so ist (P, R) eine vollgeordnete Menge.*
(c) *Sind die ϱ_i $(i \in I)$ Wohlordnungen und ist I endlich, so ist (P, R) eine wohlgeordnete Menge.*

Beweis. Die Behauptungen folgen durch Dualisierung, d.h. hier Übergang von τ zu τ^{-1}, unmittelbar aus Satz 27. ∎

Die Sätze 27(c) und 28(c) erbringen ebenfalls keine Wohlordnung des Produktes wohlgeordneter Mengen über beliebigem wohlgeordneten Indexbereich. Es gilt aber schließlich der

Satz 29. *$(A_i, \varrho_i)_{i \in I}$ sei eine Familie wohlgeordneter Mengen mit vollgeordnetem Indexbereich (I, τ), und es sei*

$$P = \{x \in \mathop{\mathsf{X}}_{i \in I} A_i \mid \{i \in I \mid x_i \neq \min A_i\} \text{ ist endlich}\}.$$

(a) *Ist τ eine Wohlordnung, so ist die Relation R in P mit für alle $x, y \in P$:*

$$xRy \Leftrightarrow x = y \vee \exists k \big(k \in I \wedge x_k \mathop{<}_{\varrho_k} y_k \wedge \forall i (k \mathop{<}_{\tau} i \Rightarrow x_i = y_i)\big)$$

eine Wohlordnung in P.
(b) *Ist τ^{-1} eine Wohlordnung, so ist die Relation R in P mit für alle $x, y \in P$:*

$$xRy \Leftrightarrow x = y \vee \exists k \big(k \in I \wedge x_k \mathop{<}_{\varrho_k} y_k \wedge \forall i (i \mathop{<}_{\tau} k \Rightarrow x_i = y_i)\big)$$

eine Wohlordnung in P.

Beweis. (b) folgt durch Übergang von τ zu τ^{-1} aus (a). Nun zu (a). Unter den Voraussetzungen ist (P, R) nach Satz 28(a) eine geordnete Menge. R ist auch eine Vollordnung in P. Denn für $x, y \in P$ und $x \neq y$ existiert ein Index i mit $x_i \neq y_i$, und wegen der Endlichkeit der Menge der $i \in I$ mit $x_i \neq y_i$ (nach Definition von P) existiert der größte Index k mit $x_k \neq y_k$, für den schließlich

$$x_k < y_k \vee y_k < x_k \,.\wedge.\, \forall i (k < i \Rightarrow x_i = y_i)$$

gilt, also xRy oder yRx.
Zur Minimumbedingung von R ist nach Satz 13(b) zu beweisen, daß es bzgl. R keine echt fallende Folge über $\mathbf{N}$ von Elementen aus P gibt. Für jede solche

echt fallende Folge $(x(n))_{n<\infty}$ aus P existiert der kleinste Index $\kappa \in I$ mit

$$x(n)_i = x(m)_i \quad \text{für alle } n, m \in \mathbf{N} \text{ und alle } i \in I \text{ mit } \kappa < i;$$

denn wegen $x(1) < x(0)$ existiert ein Index $j \in I$ mit $x(0)_j \neq \min A_j$, und für den größten derartigen Index j gilt dann

$$x(n)_i = x(m)_i = \min A_i \quad \text{für alle } n, m \in \mathbf{N} \text{ und alle } i \in I \text{ mit } j < i.$$

Für unsere festen x und κ ist die Menge

$$B = \{x(n)_\kappa\}_{n<\infty}$$

endlich. Denn andernfalls ergibt sich rekursiv eine Teilfolge $(z(n))_{n<\infty}$ von $(x(n))_{n<\infty}$ mit

$$z(n)_\kappa \neq z(m)_\kappa \quad \text{für alle } n, m \in \mathbf{N} \text{ mit } n \neq m;$$

mit x fällt z echt in P bzgl. R, so daß auch die Folge

$$(z(n)_\kappa)_{n<\infty}$$

in A_κ bzgl. ϱ_κ echt fällt im Widerspruch zu Satz 13(b). Die Endlichkeit von B liefert die Existenz eines $b \in B$ mit

$$x(n)_\kappa = b \quad \text{für unendlich viele } n \in \mathbf{N},$$

und wegen $B \subseteq A_\kappa$ existiert somit in A_κ bzgl. ϱ_κ das Minimum a mit

$$x(n)_\kappa = a \quad \text{für unendlich viele } n \in \mathbf{N}.$$

Ist N die Menge der $\nu \in \mathbf{N}$ mit $x(\nu)_\kappa = a$ und $(\nu_n)_{n<\infty}$ die (mittels vollständiger Rekursion existierende) echt wachsende Abzählung von N, so ist

$$(y(n))_{n<\infty} = (x(\nu_n))_{n<\infty}$$

eine Teilfolge von x, die damit wieder echt fällt. Für den existierenden kleinsten Index $\lambda \in I$ mit

$$y(n)_i = y(m)_i \quad \text{für alle } n, m \in \mathbf{N} \text{ und alle } i \in I \text{ mit } \lambda < i$$

gilt jetzt $\lambda < \kappa$; denn wegen $y(1) < y(0)$ existiert ein Index $j < \kappa$ mit $y(0)_j \neq \min A_j$, und für den größten derartigen Index $j < \kappa$ gilt dann

$$y(n)_i = y(m)_i = \min A_i \quad \text{für alle } n, m \in \mathbf{N} \text{ und alle } i \in I \text{ mit } j < i < \kappa$$

und damit insgesamt

$$y(n)_i = y(m)_i \quad \text{für alle } n, m \in \mathbf{N} \text{ und alle } i \in I \text{ mit } j < i.$$

Es sei nun F die zweistellige Funktion, die jeder bzgl. R echt fallenden Folge $x = (x(n))_{n<\infty}$ aus P mit dem oben ausgezeichneten Index κ die eben konstruierte echt fallende Teilfolge y mit ihrem ausgezeichneten Index λ zuordnet, also

$$F(x, \kappa) = (y, \lambda).$$

Für eine fest vorgegebene bzgl. R echt fallende Folge $x_0 = (x_0(n))_{n<\infty}$ aus P mit zugehörigem ausgezeichneten Index κ_0 existiert dann (mittels vollständiger Rekursion) die Funktion f über $\mathbf{N}$ mit für jedes $n \in \mathbf{N}$:

$$f(0) = (x_0, \kappa_0), \qquad f(n+1) = F(f(n)).$$

Ist dabei

$$f(n) = (x, \kappa), \qquad f(n+1) = (y, \lambda)$$

für eine natürliche Zahl n, so gilt $\lambda < \kappa$ innerhalb I bzgl. τ. Die Folge $(i_n)_{n<\infty}$ aus I mit

$$i_n = \iota\kappa \exists x((x, \kappa) = f(n))$$

ist also echt fallend im Widerspruch zu Satz 13(b). Somit gibt es bzgl. R keine echt fallende Folge x_0 von Elementen aus P. ∎

Von den Sätzen 27, 28, 29 liefert nur Satz 29(a) ein wohlgeordnetes Produkt beliebiger Familien wohlgeordneter Mengen über wohlgeordnetem Indexbereich. Die Sätze 27, 28, 29 gelten speziell für zwei geordnete Mengen (A, ϱ), (B, σ) (unter Zugrundelegung von $A \times B$); es ist dann

$$P = A \times B, \qquad R \in \mathfrak{P}(P \times P)$$

und für alle $a, a' \in A$ und alle $b, b' \in B$:

$$(a, b)\, R(a', b') \Leftrightarrow (a = a' \wedge b \underset{\sigma}{\leqq} b') \vee a \underset{\varrho}{<} a' \quad (\textit{lexikographisch})$$

bzw.

$$(a, b)\, R(a', b') \Leftrightarrow (b = b' \wedge a \underset{\varrho}{\leqq} a') \vee b \underset{\sigma}{<} b' \quad (\textit{antilexikographisch}).$$

Die geordnete Menge (P, R) von Satz 27 bzw. 28 nennt man auch das *lexikographisch* bzw. *antilexikographisch geordnete Produkt* der betreffenden Familie $(A_i, \varrho_i)_{i\in I}$ bzgl. τ und die Relation R die *lexikographische* bzw. *antilexikographische Produktordnung* von $(\varrho_i)_{i\in I}$ bzgl. τ oder die *lexikographische* bzw. *antilexikographische Ordnung* in P (hinsichtlich $(\varrho_i)_{i\in I}$, τ). Bei Satz 29 spricht man von „wohlgeordnet" und „Wohlordnung" statt „geordnet" und „Ordnung". Für „lexikographisch" bzw. „antilexikographisch" sagt man auch *nach ersten* bzw. *nach zweiten Differenzstellen* (*gebildet*). Wie man an Satz 4(e), § 8 erkennt, führen Kreuzprodukte endlicher Mengen A und B zu einer repräsentantenweisen Definition des Produktes zweier natürlicher Zahlen. Von derselben Wichtigkeit werden später ganz allgemein Produkte von Mengenfamilien für die Definition des Produktes von Kardinalzahlfamilien sein und antilexikographisch wohlgeordnete Produkte für die Definition des Produktes von Ordinalzahlfamilien. Damit ist der Name „Produkt" erneut gerechtfertigt.

§ 12. Transfinite Induktion

12.1. Beweise durch transfinite Induktion

Wir hatten in §7 für die wohlgeordnete Menge $(\mathbf{N}, \leqq)$ der natürlichen Zahlen und (bei $m, n \in \mathbf{N}, m \leqq n$) für wohlgeordnete natürlichzahlige Intervalle $([m,n], \leqq \| [m,n])$, $([m,\rightarrow[, \leqq \| [m,\rightarrow[)$ induktive Beweis- und Definitionsverfahren kennengelernt. In Verallgemeinerung auf beliebige wohlgeordnete Mengen $(A, \leqq)$ bestehen entsprechende *Beweis-* und *Definitionsprinzipien der transfiniten Induktion.*

Satz 1 (Rechtfertigungssatz für Beweise durch transfinite ordnungstheoretische Induktion). *Für wohlgeordnete Mengen* $(A, \leqq)$ *und Teilmengen* $M \subseteq A$ *gilt:*

$$\forall a (a \in A \wedge \mathrm{Ab}\, a \subseteq M \Rightarrow a \in M) \Rightarrow M = A.$$

Beweis. Würde unter den Voraussetzungen des Satzes und der Prämisse

$$\forall a (a \in A \wedge \mathrm{Ab}\, a \subseteq M \Rightarrow a \in M)$$

ein $x \in A$ existieren mit $x \notin M$, so sei a das kleinste derartige x von A. Es wäre dann $\mathrm{Ab}\, a \subseteq M$, also $a \in M$ nach obiger Prämisse im Widerspruch zur Definition von a. Somit gilt $A \subseteq M$. ∎

Satz 1 ermöglicht *Beweise durch transfinite ordnungstheoretische Induktion*: Hat man eine (mengentheoretisch formulierbare) Behauptung $\mathbf{B}(a)$ über die Elemente a einer fest vorgegebenen wohlgeordneten Menge $(A, \leqq)$, so ist als Beweis dafür, daß $\mathbf{B}$ auf alle $a \in A$ zutrifft, von der Menge

$$M = \{a \in A \mid \mathbf{B}(a)\}$$

nach Satz 1 nur

$$\forall a (a \in A \wedge \mathrm{Ab}\, a \subseteq M \Rightarrow a \in M)$$

zu zeigen, also

$$\forall a\,(a \in A \wedge \forall x(x \in A \wedge x < a \Rightarrow \mathbf{B}(x)) \Rightarrow \mathbf{B}(a))\,;$$

d. h. wenn die Behauptung **B** auf alle $x \in A$ zutrifft, die kleiner als ein vorgegebenes $a \in A$ sind, so muß sie auch auf das Element a zutreffen. Der Nachweis von

$$\forall x\,(x \in A \wedge x < a \Rightarrow \mathbf{B}(x)) \Rightarrow \mathbf{B}(a)$$

für beliebig vorgegebenes $a \in A$ heißt der *Induktionsschritt* oder *Induktionsschluß*, die Voraussetzung

$$\forall x\,(x \in A \wedge x < a \Rightarrow \mathbf{B}(x))$$

ist die *Induktionsvoraussetzung* und die Behauptung $\mathbf{B}(a)$ die *Induktionsbehauptung.*

Satz 1 ermöglicht auch *Beweise durch Induktion* für Behauptungen über alle wohlgeordneten Mengen: Will man für alle wohlgeordneten Mengen $\mathfrak{A}$ eine (mengentheoretisch formulierbare) Behauptung $\mathbf{B}(\mathfrak{A})$ beweisen, so braucht man nur für jede wohlgeordnete Menge $(A, \leqq)$ zu zeigen, wobei $\mathbf{B}(A, \leqq)$ gleich $\mathbf{B}((A, \leqq))$ sei:

$$\forall a\,(a \in A \Rightarrow \mathbf{B}(\mathrm{Ab}\,a, \leqq \| \mathrm{Ab}\,a)) \Rightarrow \mathbf{B}(A, \leqq)\,;$$

denn für jede wohlgeordnete Menge $(A, \leqq)$ und die Menge M aller $a \in A$ mit $\mathbf{B}(\mathrm{Ab}\,a, \leqq \| \mathrm{Ab}\,a)$ gilt dann sofort

$$\forall a\,(a \in A \wedge \mathrm{Ab}\,a \subseteq M \Rightarrow a \in M)\,,$$

woraus $M = A$ folgt und damit $\mathbf{B}(A, \leqq)$ gilt.

Man erhält zwei weitere Formulierungsmöglichkeiten für Satz 1, wenn man die Elemente einer wohlgeordneten Menge in erstes Element, die Nachfolger und die Limeselemente unterteilt.

Satz 2 (Rechtfertigungssatz für Beweise durch transfinite vollständige Induktion). *Für wohlgeordnete Mengen* $(A, \leqq)$, $o = \min A$, *die Menge* L *der Limeselemente von* A *und Teilmengen* $M \subseteq A$ *gilt:*

$$o \in M \wedge L \subseteq M \wedge \forall a\,(a \in M \wedge a \neq \max A \Rightarrow a' \in M) \Rightarrow M = A\,.$$

Beweis. Unter den Voraussetzungen gilt

$$\forall a\,(a \in A \wedge \mathrm{Ab}\,a \subseteq M \Rightarrow a \in M)\,,$$

womit nach Satz 1 $M = A$ ist. ∎

Satz 2 ermöglicht *Beweise durch transfinite vollständige Induktion*: Eine (mengentheoretisch formulierbare) Behauptung $\mathbf{B}(a)$ über die Elemente a einer wohlgeordneten Menge $(A, \leqq)$ gilt für alle $a \in A$, wenn man zeigen kann, daß $\mathbf{B}$ auf das erste Element o und alle Limeselemente zutrifft und daß $\mathbf{B}$ auf den Nachfolger a' zutrifft, sofern $\mathbf{B}$ auf a zutrifft bei $a \neq \max A$. Der Nachweis von

$$\mathbf{B}(o) \wedge \forall a\,(a \text{ Limeselement von } A \Rightarrow \mathbf{B}(a))$$

heißt *Anfangsschritt* der Induktion oder *Induktionsanfang*, der Nachweis von

$$\mathbf{B}(a) \Rightarrow \mathbf{B}(a')$$

für beliebig vorgegebenes $a \in A$ mit $a \neq \max A$ heißt *Induktionsschritt* oder *Induktionsschluß*, die Voraussetzung $\mathbf{B}(a)$ ist die *Induktionsvoraussetzung* und die Behauptung $\mathbf{B}(a')$ die *Induktionsbehauptung*.

Satz 3 (Rechtfertigungssatz für Beweise durch transfinite gemischte Induktion). *Für wohlgeordnete Mengen* $(A, \leqq)$, $o = \min A$, *die Menge L der Limeselemente von A und Teilmengen* $M \subseteq A$ *gilt:*

$$o \in M \wedge \forall a(a \in M \wedge a \neq \max A \Rightarrow a' \in M)$$
$$\wedge \forall a(a \in L \wedge \mathrm{Ab}a \subseteq M \Rightarrow a \in M) \Rightarrow M = A\,.$$

(wobei Abschnitte in bezug auf $(A, \leqq)$ zu verstehen sind).

Beweis. Unter den Voraussetzungen gilt

$$\forall a(a \in A \wedge \mathrm{Ab}a \subseteq M \Rightarrow a \in M),$$

womit nach Satz 1 $M = A$ ist. ∎

Satz 3 ermöglicht *Beweise durch transfinite gemischte Induktion*: Eine (mengentheoretisch formulierbare) Behauptung $\mathbf{B}(a)$ über die Elemente a einer wohlgeordneten Menge $(A, \leqq)$ gilt für alle $a \in A$, wenn man zeigen kann, daß $\mathbf{B}$ auf das erste Element o zutrifft, daß $\mathbf{B}$ auf den Nachfolger a' zutrifft, sofern $\mathbf{B}$ auf a zutrifft bei $a \neq \max A$, und daß $\mathbf{B}$ auf ein Limeselement a zutrifft, sofern $\mathbf{B}$ auf alle Elemente x vor a zutrifft. Man spricht wieder vom *Anfangsschritt* der Induktion oder *Induktionsanfang* (Nachweis von $\mathbf{B}(o)$) und zwei *Induktionsschritten* oder *Induktionsschlüssen* mit je einer zugehörigen *Induktionsvoraussetzung* und *Induktionsbehauptung*, der zweite Induktionsschritt auch *Limesschritt* oder *Limesschluß* genannt.

Die drei Beweisverfahren der transfiniten ordnungstheoretischen, vollständigen und gemischten Induktion für Behauptungen $\mathbf{B}(a)$ bleiben auch erhalten, wenn eine nicht mehr als mengentheoretisches Objekt existierende Wohlordnung $\leqq$ in einem gewissen Objektebereich vorliegt (wie $\subseteq$ im Bereich der

Allmengen oder später $\leqq$ im Bereich der Kardinal- bzw. Ordinalzahlen), sofern nur alle Abschnitte als Mengen existieren. Die Sätze 1, 2, 3 sind einfach für jedes Objekt a des betreffenden Objektebereiches auf den Abschnitt von a anzuwenden, also auf die Menge A aller Bereichsobjekte x mit $x < a$.

12.2. Definitionen durch transfinite Induktion

Parallel zu den drei behandelten Beweisverfahren der transfiniten Induktion, den *transfiniten Induktionsprinzipien*, bestehen die drei Definitionsverfahren der transfiniten Induktion, die *transfiniten Rekursionsprinzipien.* Die zugehörigen Rechtfertigungssätze für Beweise bzw. Definitionen durch transfinite Induktion heißen die *transfiniten Induktions-* bzw. *Rekursionssätze.*

Satz 4 (Rechtfertigungssatz für Definitionen durch transfinite ordnungstheoretische Induktion (Rekursion)). *Für wohlgeordnete Mengen* $(A, \leqq)$, *Mengen* B, *die Menge*

$$G = \{g \mid \exists x (x \in A \wedge g \text{ Funktion von } \mathrm{Ab}\, x \text{ in } B)\} = \bigcup_{x \in A} B^{\mathrm{Ab}\, x}$$

und Abbildungen F *von* G *in* B *gibt es genau eine Funktion* f *von* A *in* B *mit für beliebige* $a \in A$:

$$f(a) = F(f \mid \mathrm{Ab}\, a).$$

Beweis. Unter den Voraussetzungen des Satzes besteht zunächst

Eindeutigkeit. Es existiert höchstens eine derartige Funktion f. Denn sind f_1, f_2 solche Funktionen und gilt für ein Element $a \in A$:

$$\forall x \left(x < a \Rightarrow f_1(x) = f_2(x)\right),$$

so gilt für dieses a auch:

$$f_1(a) = F(f_1 \mid \mathrm{Ab}\, a) = F(f_2 \mid \mathrm{Ab}\, a) = f_2(a).$$

Damit haben wir durch transfinite ordnungstheoretische Induktion (Satz 1) $f_1(a) = f_2(a)$ für alle $a \in A$ bewiesen, also $f_1 = f_2$.

Existenz. Wir beweisen durch transfinite ordnungstheoretische Induktion, daß für jeden Abschnitt Aba eine gewünschte (nur auf Aba definierte) Funktion f existiert mit also

$$f(x) = F(f \mid \mathrm{Ab}\, x)$$

für alle Elemente $x < a$ und setzen diese Abschnittsfunktionen f zu einer gewünschten Funktion f für ganz A zusammen.

Hilfssatz 1. *Für jedes $a \in A$ gibt es genau eine Funktion f von* Aba *in B mit für beliebige $x < a$:*

$$f(x) = F(f|\mathrm{Ab}x).$$

Beweis. Es existiert zunächst für jedes $a \in A$ höchstens eine derartige Funktion f. Denn sind f_1, f_2 solche Funktionen in bezug auf a und gilt für ein $b < a$:

$$\forall x \left(x < b \Rightarrow f_1(x) = f_2(x)\right),$$

so gilt auch:

$$f_1(b) = F(f_1|\mathrm{Ab}b) = F(f_2|\mathrm{Ab}b) = f_2(b).$$

Damit ist durch transfinite ordnungstheoretische Induktion, angewandt auf den wohlgeordneten Abschnitt $(\mathrm{Ab}a, \leqq \| \mathrm{Ab}a)$, $f_1(x) = f_2(x)$ für alle $x < a$ bewiesen, also $f_1 = f_2$. Wir kommen nun zur Existenz einer gewünschten Funktion f mittels transfiniter ordnungstheoretischer Induktion über a. Es sei $a \in A$ ein festes Element, und für jedes $x < a$ möge eine – nach dem eben Bewiesenen eindeutig bestimmte – Funktion $\langle x \rangle$ von Abx in B existieren mit für beliebige $y < x$:

$$\langle x \rangle(y) = F(\langle x \rangle|\mathrm{Ab}y).$$

Dann ist die Funktion f über Aba mit

$$f(x) = F(\langle x \rangle)$$

für jedes $x < a$ eine Funktion von Aba in B mit für beliebige $x < a$:

$$f(x) = F(f|\mathrm{Ab}x).$$

Hierfür hat man noch für jedes $x < a$ zu zeigen:

$$\langle x \rangle = f|\mathrm{Ab}x.$$

Für beliebige $x, y \in A$ mit $y < x < a$ folgt aber zunächst $\langle y \rangle = \langle x \rangle|\mathrm{Ab}y$ aus der eindeutigen Bestimmtheit von $\langle y \rangle$ und der Tatsache, daß auch $g = \langle x \rangle|\mathrm{Ab}y$ eine Funktion von Aby in B ist mit für jedes $z < y$:

$$\begin{aligned} g(z) = (\langle x \rangle|\mathrm{Ab}y)(z) = \langle x \rangle(z) &= F(\langle x \rangle|\mathrm{Ab}z) \\ &= F\big((\langle x \rangle|\mathrm{Ab}y)|\mathrm{Ab}z\big) = F(g|\mathrm{Ab}z). \end{aligned}$$

Aus $\langle y\rangle = \langle x\rangle|\mathrm{Ab}\,y$ folgt dann

$$\langle x\rangle(y) = F(\langle x\rangle|\mathrm{Ab}\,y) = F(\langle y\rangle) = f(y) = (f|\mathrm{Ab}\,x)(y)$$

und somit schließlich $\langle x\rangle = f|\mathrm{Ab}\,x$.

Hilfssatz 2. *Es gibt eine Funktion f von A in B mit für beliebige $a \in A$:*

$$f(a) = F(f|\mathrm{Ab}\,a).$$

Beweis. Nach Hilfssatz 1 existiert für jedes $a \in A$ die Funktion $\langle a\rangle$ von $\mathrm{Ab}\,a$ in B mit für beliebige $x < a$:

$$\langle a\rangle(x) = F(\langle a\rangle|\mathrm{Ab}\,x).$$

Es sei jetzt die Funktion f über A definiert durch die Festsetzung: Für jedes $a \in A$ sei

$$f(a) = F(\langle a\rangle).$$

f ist dann eine Funktion von A in B mit für beliebige $a \in A$:

$$f(a) = F(f|\mathrm{Ab}\,a).$$

Hierzu hat man für jedes $a \in A$ zu zeigen:

$$\langle a\rangle = f|\mathrm{Ab}\,a.$$

Es gilt aber (vgl. den Beweis zu Hilfssatz 1) $\langle x\rangle = \langle a\rangle|\mathrm{Ab}\,x$ für alle $x < a$, woraus sofort

$$\langle a\rangle(x) = F(\langle a\rangle|\mathrm{Ab}\,x) = F(\langle x\rangle) = f(x) = (f|\mathrm{Ab}\,a)(x)$$

folgt und damit schließlich $\langle a\rangle = f|\mathrm{Ab}\,a$. ∎

Satz 4 ermöglicht *Definitionen durch transfinite ordnungstheoretische Induktion* (*Rekursion*): Existenz und eindeutige Bestimmtheit einer Funktion f über einer wohlgeordneten Menge $(A, \leqq)$ sind gewährleistet, wenn man eine Vorschrift F angibt, nach welcher für jedes Element $a \in A$ aus der Kenntnis der Werte $f(x)$ für alle Elemente $x < a$ – d.h. aus der Kenntnis der auf den Abschnitt $\mathrm{Ab}\,a$ eingeschränkten Funktion f – der Wert $f(a)$ bestimmt werden kann. Die Gleichung

$$f(a) = F(f|\mathrm{Ab}\,a)$$

in Satz 4 heißt die *Rekursionsgleichung* (auch das *Rekursionsschema*) der durch sie *rekursiv definierten* Funktion f, und die Abbildung F heißt die *Rekursionsvorschrift* für f.

Man erhält wieder zwei weitere Formulierungsmöglichkeiten für Satz 4.

Satz 5 (Rechtfertigungssatz für Definitionen durch transfinite vollständige Induktion (Rekursion)). *Für wohlgeordnete Mengen* $(A, \leqq)$, *Mengen* B, $o = \min A$, *die Menge* L *der Limeselemente von* A, *die Menge* A' *aller nichtletzten Elemente von* A, *Elemente* $b \in B$, *Abbildungen* E *von* L *in* B *und Abbildungen* F *von* $A' \times B$ *in* B *gibt es genau eine Funktion* f *von* A *in* B *mit für beliebige* $a \in A$:

$$f(o) = b, \quad a \in L \Rightarrow f(a) = E(a), \quad a \neq \max A \Rightarrow f(a') = F(a, f(a)).$$

Beweis. Unter den Voraussetzungen existiert zunächst höchstens eine derartige Funktion f. Denn für solche Funktionen f_1, f_2 mit $f_1 \neq f_2$ gäbe es ein kleinstes $a \in A$ mit $f_1(a) \neq f_2(a)$ im Widerspruch zu den für f_1, f_2 geltenden Bedingungen (Fallunterscheidung für a: $a = o$, $a \in L$, a besitzt einen Vorgänger). Die Existenz einer gewünschten Funktion f beweist man nun mit Satz 4. Es sei hierfür G die Menge aller Funktionen g, die auf den Abschnitten von A definiert sind mit Werten aus B, und F^* sei die Abbildung von G in B mit für alle $g \in G$ bei $\mathrm{Db}(g) = \mathrm{Ab}\, a$:

$$F^*(g) = \begin{cases} b, & \text{falls } a = 0 \\ E(a), & \text{falls } a \in L \\ F(x, g(x)), & \text{falls } a = x'. \end{cases}$$

Dann existiert nach Satz 4 eine Funktion f von A in B mit für jedes $a \in A$:

$$f(a) = F^*(f|\mathrm{Ab}\, a),$$

also mit:

$$f(o) = F^*(f|\mathrm{Ab}\, o) = b, \quad a \in L \Rightarrow f(a) = F^*(f|\mathrm{Ab}\, a) = E(a),$$
$$a \neq \max A \Rightarrow f(a') = F^*(f|\mathrm{Ab}\, a') = F(a, (f|\mathrm{Ab}\, a')(a)) = F(a, f(a)). \quad \blacksquare$$

Satz 5 ermöglicht *Definitionen durch transfinite vollständige Induktion* (*Rekursion*): Existenz und eindeutige Bestimmtheit einer Funktion f über einer wohlgeordneten Menge $(A, \leqq)$ sind gewährleistet, wenn man die Werte $f(a)$ für das erste Element $a = o$ und alle Limeselemente $a \in L$ vorgibt und noch eine Vorschrift F angibt, nach welcher für jedes Element $a \in A$ mit $a \neq \max A$ aus der Kenntnis von a und des Wertes $f(a)$ der Wert $f(a')$ bestimmt werden kann. Die Gleichungen

$$f(o) = b, \quad f(a) = E(a), \quad f(a') = F(a, f(a))$$

in Satz 5 heißen die *Rekursionsgleichungen* (auch das *Rekursionsschema*) der durch sie *rekursiv definierten* Funktion f, die Abbildung F heißt die *Rekursions-*

vorschrift für f, und die Werte b und $E(a)$ (für beliebiges $a \in L$) bilden den *Rekursionsanfang.*

Satz 6 (Rechtfertigungssatz für Definitionen durch transfinite gemischte Induktion (Rekursion)). *Für wohlgeordnete Mengen* $(A, \leqq)$, *Mengen* B, $o = \min A$, *die Menge* L *der Limeselemente von* A, *die Menge* A' *aller nichtletzten Elemente von* A, *die Menge*

$$G = \{g \mid \exists x(x \in L \wedge g \textit{ Funktion von } \mathrm{Ab}\, x \textit{ in } B)\} = \bigcup_{x \in L} B^{\mathrm{Ab}\, x}$$

(wobei Abschnitte in bezug auf $(A, \leqq)$ zu verstehen sind), *Elemente* $b \in B$, *Abbildungen* F_1 *von* $A' \times B$ *in* B *und Abbildungen* F_2 *von* G *in* B *gibt es genau eine Funktion* f *von* A *in* B *mit für beliebige* $a \in A$:

$$f(o) = b, \quad a \neq \max A \Rightarrow f(a') = F_1\big(a, f(a)\big), \quad a \in L \Rightarrow f(a) = F_2(f \mid \mathrm{Ab}\, a).$$

Beweis. Unter den Voraussetzungen existiert zunächst wieder höchstens eine derartige Funktion f. Zum Existenznachweis einer gewünschten Funktion f sei G^* die Menge aller Funktionen g, die auf den Abschnitten von A definiert sind mit Werten aus B, und sei F^* die Abbildung von G^* in B mit für alle $g \in G^*$ bei $\mathrm{Db}(g) = \mathrm{Ab}\, a$:

$$F^*(g) = \begin{cases} b, & \text{falls } a = o \\ F_1\big(x, g(x)\big), & \text{falls } a = x' \\ F_2(g), & \text{falls } a \in L. \end{cases}$$

Dann existiert nach Satz 4 eine Funktion f von A in B mit für jedes $a \in A$:

$$\begin{aligned} f(o) &= F^*(f \mid \mathrm{Ab}\, o) = b, \\ a \neq \max A \Rightarrow f(a') &= F^*(f \mid \mathrm{Ab}\, a') = F_1\big(a, (f \mid \mathrm{Ab}\, a')(a)\big) = F_1\big(a, f(a)\big), \\ a \in L \Rightarrow f(a) &= F^*(f \mid \mathrm{Ab}\, a) = F_2(f \mid \mathrm{Ab}\, a). \quad \blacksquare \end{aligned}$$

Satz 6 ermöglicht *Definitionen durch transfinite gemischte Induktion* (*Rekursion*): Existenz und eindeutige Bestimmtheit einer Funktion f über einer wohlgeordneten Menge $(A, \leqq)$ sind gewährleistet, wenn man den Wert $f(o)$ für das erste Element o vorgibt, eine Vorschrift F_1 angibt, nach welcher für jedes Element $a \in A$ mit $a \neq \max A$ aus der Kenntnis von a und des Wertes $f(a)$ der Wert $f(a')$ bestimmt werden kann, und eine Vorschrift F_2 angibt, nach welcher für jedes Limeselement $a \in L$ aus der Kenntnis der Werte $f(x)$ für alle Elemente $x < a$ der Wert $f(a)$ bestimmt werden kann. Man spricht in Satz 6 wieder von den drei *Rekursionsgleichungen* (auch dem *Rekursionsschema*) der durch sie

rekursiv definierten Funktion f, den beiden *Rekursionsvorschriften* F_1, F_2 und dem *Rekursionsanfang* b.
Für induktive Definitionen und Beweise im Zusammenhang mit den arithmetischen Operationen der Ordinalzahlen werden später vor allem die Sätze 6 und 3 Anwendung finden.

§ 13. Verwandte Sätze zum Auswahlaxiom

13.1 Wohlordnungssatz

Tiefer liegende äquivalente Formulierungen des Auswahlaxiomes sind Wohlordnungssatz, ZORNsches Lemma, Maximalmengensatz und Maximalkettensatz. Für uns ist natürlich nur wichtig, daß die angegebenen und für die Mathematik grundlegenden Sätze aus den mengentheoretischen Axiomen beweisbar sind. Und nur diese Beweise werden wir führen.
ZERMELO gab mit Hilfe des Auswahlaxiomes zwei Beweise des Wohlordnungssatzes (1904 und 1908), die in modifizierter Form den folgenden Sätzen 2 und 1 zugrunde liegen.

Satz 1 (Wohlordnungssatz oder Satz von ZERMELO).

$$\forall A \exists R (A \textit{ Menge} \Rightarrow R \textit{ Wohlordnung in } A).$$

Beweis. Dem Beweis liegt folgende Idee zugrunde: Ist A eine vorgegebene Menge, so erzeugt jede Abbildung f von $\mathfrak{P}(A)$ in A mit $f(X) \notin X$ für alle echten Teilmengen $X \subset A$ die anschauliche transfinite Abzählung

$$f(\emptyset) = a_0, \qquad f(\{a_0\}) = a_1, \qquad f(\{a_0, a_1\}) = a_2, \ldots,$$
$$f(A_0) = a_\omega \text{ bei } A_0 = \{a_0, a_1, a_2, \ldots\}, \qquad f(A_0 \cup \{a_\omega\}) = a_{\omega,1}, \ldots\ldots$$

von A (vgl. §9.1) mit den Argumentmengen

$$M_0 = \emptyset, \qquad M_1 = \{a_0\}, \qquad M_2 = \{a_0, a_1\}, \ldots,$$
$$M_\omega = A_0, \qquad M_{\omega,1} = A_0 \cup \{a_\omega\}, \ldots\ldots,$$

für welche gilt:

$$M_1 = M_0 \cup \{f(M_0)\}, \qquad M_2 = M_1 \cup \{f(M_1)\}, \ldots,$$
$$M_\omega = \bigcup \{M_0, M_1, M_2, \ldots\}, \qquad M_{\omega,1} = M_\omega \cup \{f(M_\omega)\}, \ldots\ldots.$$

Es sei $\mathfrak{M}$ das Mengensystem aller dieser Argumentmengen M. Dann gilt $A \in \mathfrak{M}$, die transfinite Abzählung

$$a_0, a_1, a_2, \ldots, a_\omega, a_{\omega,1}, \ldots \ldots$$

von A läuft ohne Wiederholung nur bis unterhalb derjenigen Stelle a, von der ab alle Mengen M gleich A sind, und es ist zu vermuten, daß $\mathfrak{M}$ von $\subseteq$ wohlgeordnet wird und $g = f|(\mathfrak{M} \setminus \{A\})$ eine eineindeutige Abbildung von $\mathfrak{M} \setminus \{A\}$ auf A ist, womit es mittels g sofort auch eine Wohlordnung R in A gibt, nämlich gerade

$$a_0 < a_1 < a_2 < \ldots < a_\omega < a_{\omega,1} < \ldots \ldots .$$

Wir wollen nun diese Beweisidee exakt durchführen.
Es sei A eine Menge. Im Falle $A = \emptyset$ ist $R = \emptyset$ eine Wohlordnung in A und der Satz bewiesen. Im Falle $A \neq \emptyset$ sei ein Element $a \in A$ fest herausgegriffen. Nach dem Auswahlaxiom und Satz 8(b), §5 existiert eine Auswahlfunktion f'' des Mengensystems $\mathfrak{P}(A) \setminus \{\emptyset\}$ mit also $f''(X) \in X$ für jede nichtleere Teilmenge X von A. Man bilde die Funktion

$$f'(X) = \begin{cases} f''(X), & \text{falls } X \neq \emptyset \\ a, & \text{falls } X = \emptyset \end{cases}$$

über $\mathfrak{P}(A)$ und schließlich die Funktion

$$f(X) = f'(A \setminus X)$$

über $\mathfrak{P}(A)$. Es ist dann $f(X) \notin X$ für alle echten Teilmengen $X \subset A$. Ein Teilmengensystem $\mathfrak{G} \subseteq \mathfrak{P}(A)$ heiße *gesättigt*, wenn gilt:

(1) $\quad \forall X (X \in \mathfrak{G} \Rightarrow X \cup \{f(X)\} \in \mathfrak{G})$,

(2) $\quad \forall \mathfrak{X} (\mathfrak{X} \in \mathfrak{P}(\mathfrak{G}) \Rightarrow \bigcup \mathfrak{X} \in \mathfrak{G})$.

$\mathfrak{P}(A)$ ist gesättigt. Für jedes gesättigte System $\mathfrak{G} \subseteq \mathfrak{P}(\mathrm{A})$ gilt wegen $\emptyset \subseteq \mathfrak{G}$ und (2) sofort $\emptyset \in \mathfrak{G}$. Ebenso gilt $A \in \mathfrak{G}$, da sonst wegen $\mathfrak{G} \subseteq \mathfrak{G}$ und (2) $\bigcup \mathfrak{G} \in \mathfrak{G} \setminus \{A\}$ wäre, also $\bigcup \mathfrak{G} \in \mathfrak{G}$ und $\bigcup \mathfrak{G} \subset A$, woraus $f(\bigcup \mathfrak{G}) \in \bigcup \mathfrak{G}$ nach (1) und $f(\bigcup \mathfrak{G}) \notin \bigcup \mathfrak{G}$ nach Definition von f folgt. Es sei

$$\mathfrak{M} = \bigcap \{\mathfrak{G} \mid \mathfrak{G} \in \mathfrak{P}(\mathfrak{P}(A)) \wedge \mathfrak{G} \textit{ gesättigt}\}$$

der Durchschnitt aller gesättigten Teilsysteme von $\mathfrak{P}(A)$. $\mathfrak{M}$ ist gesättigt, ist also das kleinste gesättigte Teilsystem von $\mathfrak{P}(A)$ (und damit anschaulich gerade das eingangs konstruierte Mengensystem $\mathfrak{M}$ aller, von $\emptyset$ ausgehend, sukzessiv mittels f und Vereinigungsbildung aus A ausgewählten Teilmengen $M_0, M_1, M_2, \ldots, M_\omega, M_{\omega,1}, \ldots \ldots$). Es gilt zunächst folgender (der eingangs entwickelten Anschauung entsprechende)

Hilfssatz 1. *Für beliebige* $X, Y \in \mathfrak{M}$ *gilt:*

(a) $X \subseteq Y \vee Y \subseteq X$, (b) $X \subseteq Y \vee Y \cup \{f(Y)\} \subseteq X$.

Beweis. Man bilde das Mengensystem

$$\mathfrak{R} = \{Y \in \mathfrak{M} \mid \forall X (X \in \mathfrak{M} \Rightarrow X \subseteq Y \vee Y \subseteq X)\}$$

und für jedes $Y \in \mathfrak{R}$ das Mengensystem

$$\langle Y \rangle = \{X \in \mathfrak{M} \mid X \subseteq Y \vee Y \cup \{f(Y)\} \subseteq X\}.$$

Kann man zeigen, daß $\mathfrak{R}$ gesättigt ist und für jedes $Y \in \mathfrak{R}$ auch $\langle Y \rangle$, so ist $\mathfrak{M} = \mathfrak{R} = \langle Y \rangle$ nach Definition von $\mathfrak{M}$, und die Behauptungen (a) und (b) sind bewiesen. Wir beweisen als erstes

$$\forall Y (Y \in \mathfrak{R} \Rightarrow \langle Y \rangle \textit{ gesättigt}). \quad (*)$$

Für jedes feste $Y \in \mathfrak{R}$ ist wegen $\langle Y \rangle \subseteq \mathfrak{M}$ trivial $\langle Y \rangle \subseteq \mathfrak{P}(A)$.
Es ist zu zeigen:

(1′) $\forall X (X \in \langle Y \rangle \Rightarrow X \cup \{f(X)\} \in \langle Y \rangle)$,

(2′) $\forall \mathfrak{X} (\mathfrak{X} \in \mathfrak{P}(\langle Y \rangle) \Rightarrow \bigcup \mathfrak{X} \in \langle Y \rangle)$.

(1′) Aus $X \in \langle Y \rangle$ folgt $X \in \mathfrak{M}$, also, da $\mathfrak{M}$ gesättigt ist, nach (1) $X \cup \{f(X)\} \in \mathfrak{M}$; für $X \cup \{f(X)\} \in \langle Y \rangle$ ist dann noch zu zeigen:

$$X \cup \{f(X)\} \subseteq Y \vee Y \cup \{f(Y)\} \subseteq X \cup \{f(X)\}.$$

Wegen $X \in \langle Y \rangle$ gilt aber

$$X \subseteq Y \vee Y \cup \{f(Y)\} \subseteq X.$$

In den beiden Fällen $X = Y$ und $Y \cup \{f(Y)\} \subseteq X$ ist die Behauptung trivial. Im Falle $X \subset Y$ gilt $X \cup \{f(X)\} \subseteq Y$; denn wegen $Y \in \mathfrak{R}$ ist

$$X \cup \{f(X)\} \subseteq Y \vee Y \subseteq X \cup \{f(X)\},$$

und für $Y \subset X \cup \{f(X)\}$ wäre $X \subset Y \subset X \cup \{f(X)\}$, womit $X \cup \{f(X)\}$ mindestens zwei nicht in X enthaltene Elemente besäße.
(2′) Aus $\mathfrak{X} \in \mathfrak{P}(\langle Y \rangle)$ folgt $\mathfrak{X} \in \mathfrak{P}(\mathfrak{M})$, also nach (2) $\bigcup \mathfrak{X} \in \mathfrak{M}$; für $\bigcup \mathfrak{X} \in \langle Y \rangle$ ist dann noch zu zeigen:

$$\bigcup \mathfrak{X} \subseteq Y \vee Y \cup \{f(Y)\} \subseteq \bigcup \mathfrak{X}.$$

Für jedes $X \in \mathfrak{X}$ ist $X \in \langle Y \rangle$, also

$$X \subseteq Y \vee Y \cup \{f(Y)\} \subseteq X.$$

Gilt $X \subseteq Y$ für alle $X \in \mathfrak{X}$, so ist $\bigcup \mathfrak{X} \subseteq Y$; gilt $Y \cup \{f(Y)\} \subseteq X$ für ein $X \in \mathfrak{X}$, so ist $Y \cup \{f(Y)\} \subseteq \bigcup \mathfrak{X}$. Damit gilt (*). Nun beweisen wir

$$\mathfrak{K} \textit{ ist gesättigt.} \quad (**)$$

Wegen $\mathfrak{K} \subseteq \mathfrak{M}$ ist sofort $\mathfrak{K} \subseteq \mathfrak{P}(A)$. Es ist zu zeigen:

(1″) $\quad \forall Y(Y \in \mathfrak{K} \Rightarrow Y \cup \{f(Y)\} \in \mathfrak{K})$,

(2″) $\quad \forall \mathfrak{Y}(\mathfrak{Y} \in \mathfrak{P}(\mathfrak{K}) \Rightarrow \bigcup \mathfrak{Y} \in \mathfrak{K})$.

(1″) Aus $Y \in \mathfrak{K}$ folgt $Y \in \mathfrak{M}$ und damit nach (1) $Y \cup \{f(Y)\} \in \mathfrak{M}$; für $Y \cup \{f(Y)\} \in \mathfrak{K}$ ist dann noch zu zeigen:

$$\forall X(X \in \mathfrak{M} \Rightarrow X \subseteq Y \cup \{f(Y)\} \vee Y \cup \{f(Y)\} \subseteq X).$$

Wegen $Y \in \mathfrak{K}$ ist $\langle Y \rangle$ nach (*) gesättigt, also gilt $\mathfrak{M} = \langle Y \rangle$; für jedes $X \in \mathfrak{M}$ gilt damit

$$X \subseteq Y \vee Y \cup \{f(Y)\} \subseteq X,$$

woraus sofort die Behauptung folgt.
(2″) Aus $\mathfrak{Y} \in \mathfrak{P}(\mathfrak{K})$ folgt $\mathfrak{Y} \subseteq \mathfrak{M}$ und damit nach (2) $\bigcup \mathfrak{Y} \in \mathfrak{M}$; für $\bigcup \mathfrak{Y} \in \mathfrak{K}$ ist dann noch zu zeigen:

$$\forall X(X \in \mathfrak{M} \Rightarrow X \subseteq \bigcup \mathfrak{Y} \vee \bigcup \mathfrak{Y} \subseteq X).$$

Für jedes $X \in \mathfrak{M}$ und jedes $Y \in \mathfrak{Y}$ gilt aber

$$X \subseteq Y \vee Y \subseteq X,$$

woraus sofort die Behauptung folgt. Damit gilt (**), und Hilfssatz 1 ist bewiesen.

Hilfssatz 2. $(\mathfrak{M}, \subseteq)$ *ist ein wohlgeordnetes Mengensystem.*

Beweis. Nach Hilfssatz 1 (a) ist $\mathfrak{M}$ eine Kette. Wir haben noch für jedes Mengensystem $\mathfrak{N}$ mit $\emptyset \neq \mathfrak{N} \subseteq \mathfrak{M}$ die Existenz des Minimums (bzgl. $\subseteq$) zu beweisen. Es sei hierfür

$$\mathfrak{X} = \{X \in \mathfrak{M} \mid \forall Y(Y \in \mathfrak{N} \Rightarrow X \subset Y)\}.$$

Es ist $\mathfrak{X} \subseteq \mathfrak{M}$, also $\bigcup \mathfrak{X} \in \mathfrak{M}$ nach (2) und außerdem

$$\forall Y(Y \in \mathfrak{N} \Rightarrow \bigcup \mathfrak{X} \subseteq Y).$$

Gilt $\bigcup \mathfrak{X} \in \mathfrak{N}$, so ist bereits $\bigcup \mathfrak{X}$ das Minimum von $\mathfrak{N}$. Ist $\bigcup \mathfrak{X} \notin \mathfrak{N}$, so gilt

$$\forall Y(Y \in \mathfrak{N} \Rightarrow \bigcup \mathfrak{X} \subset Y),$$

woraus wegen $\bigcup\mathfrak{X} \in \mathfrak{M}$ nach Hilfssatz 1 (b) folgt:

$$\forall Y(Y \in \mathfrak{N} \Rightarrow \bigcup\mathfrak{X} \cup \{f(\bigcup\mathfrak{X})\} \subseteq Y). \quad (\overset{**}{*})$$

Wir zeigen, daß dann $\bar{X} = \bigcup\mathfrak{X} \cup \{f(\bigcup\mathfrak{X})\}$ Element von $\mathfrak{N}$ und damit das Minimum von $\mathfrak{N}$ ist. Wegen $\bigcup\mathfrak{X} \in \mathfrak{M}$ ist nach (1) $\bar{X} \in \mathfrak{M}$. Wäre also $\bar{X} \notin \mathfrak{N}$, so wäre $\bar{X} \in \mathfrak{X}$ nach ($\overset{**}{*}$) und Definition von $\mathfrak{X}$, also $f(\bigcup\mathfrak{X}) \in \bigcup\mathfrak{X}$ im Widerspruch zur Definition von f und $\bigcup\mathfrak{X} \subset A$; denn wegen $\mathfrak{N} \neq \emptyset$ existiert ein $Y \in \mathfrak{N}$ mit dann $\bigcup\mathfrak{X} \subset Y \subseteq A$. Damit ist Hilfssatz 2 bewiesen.

Hilfssatz 3. $g = f|(\mathfrak{M}\setminus\{A\})$ *ist eine eineindeutige Abbildung von* $\mathfrak{M}\setminus\{A\}$ *auf* A.

Beweis. g ist eine Abbildung von $\mathfrak{M}\setminus\{A\}$ in A. g ist umkehrbar; denn für Mengen $X, Y \in \mathfrak{M}$ mit $X, Y \subset A$ und $X \neq Y$ gilt nach Hilfssatz 1 (a)

$$X \subset Y \vee Y \subset X,$$

also nach Hilfssatz 1 (b)

$$X \cup \{g(X)\} \subseteq Y \vee Y \cup \{g(Y)\} \subseteq X$$

und damit

$$g(X) \in Y \wedge g(Y) \notin Y .\vee.\, g(Y) \in X \wedge g(X) \notin X,$$

also stets $g(X) \neq g(Y)$. Für jedes $x \in A$ existiert schließlich ein $X \in \mathfrak{M}$ mit $X \subset A$ und $g(X) = x$. Hierzu bilde man für $x \in A$ die Menge

$$\mathfrak{X} = \{X \in \mathfrak{M} \mid x \notin X\}.$$

Nach (2) ist $X = \bigcup\mathfrak{X} \in \mathfrak{M}$, und wegen $x \notin X$ ist $X \subset A$. Es gilt $g(X) = x$, da sonst $x \notin X \cup \{g(X)\} \in \mathfrak{M}$ wäre, also $X \cup \{g(X)\} \in \mathfrak{X}$, also $g(X) \in \bigcup\mathfrak{X} = X$ im Widerspruch zu $g(X) \notin X$. Damit ist Hilfssatz 3 bewiesen.

Aus Hilfssatz 3 und Satz 2, §9 folgt für die Relation R in A mit für alle $x, y \in A$:

$$xRy \Leftrightarrow g^{-1}(x) \subseteq g^{-1}(y),$$

daß die Abbildung g ein Isomorphismus von $\mathfrak{M}\setminus\{A\}$ auf A bzgl. $\subseteq$ und R ist, also

$$(\mathfrak{M}\setminus\{A\}, \subseteq) \simeq (A, R).$$

Damit ist nach Hilfssatz 2 und Satz 3, §11 (A, R) eine wohlgeordnete Menge, also R eine Wohlordnung in A und der Wohlordnungssatz bewiesen. ∎

Nach §9.1 und Satz 1 lassen sich die Elemente einer jeden Menge transfinit aufzählen. Im weiteren Verlauf unserer Theorie lernen wir Anwendungen des Wohlordnungssatzes innerhalb der Allgemeinen Mengenlehre kennen.

Satz 1 wurde mit dem Auswahlaxiom bewiesen. Umgekehrt folgt das Auswahlaxiom unmittelbar aus Satz 1. Denn für jedes disjunkte Mengensystem $\mathfrak{M}$ mit $\emptyset \notin \mathfrak{M}$ und für eine nach Satz 1 in $M = \bigcup \mathfrak{M}$ existierende Wohlordnung $\leqq$ ist die Funktion

$$f(X) = \min_{(M,\leqq)} X$$

über $\mathfrak{M}$ eine Auswahlfunktion von $\mathfrak{M}$ und $A = \mathrm{Wb}(f)$ eine Auswahl von $\mathfrak{M}$. Auswahlaxiom und Wohlordnungssatz sind äquivalent.

13.2. Zornsches Lemma

Nicht jede unendliche geordnete Menge $(A, \leqq)$ besitzt extremale Elemente. Es läßt sich aber die Existenz maximaler Elemente unter der Voraussetzung vermuten, daß jede durch $\leqq$ wohlgeordnete Menge $X \subseteq A$ – d.h. die induzierte Ordnung $\leqq \| X$ ist eine Wohlordnung in X – eine obere Schranke $s(X)$ in A besitzt. Würde dann nämlich kein maximales Element existieren, so gäbe es zu jedem $x \in A$ ein $f(x) \in A$ mit $x < f(x)$, und für die Menge M aller sukzessiv aus A ausgewählten Elemente

$$a_0 = f(s(\emptyset)), \quad a_1 = f(s(\{a_0\})), \quad a_2 = f(s(\{a_0, a_1\})), \ldots,$$
$$a_\omega = f(s(A_0)) \text{ bei } A_0 = \{a_0, a_1, a_2, \ldots\}, \; a_{\omega,1} = f(s(A_0 \cup \{a_\omega\})), \ldots\ldots$$

hätte man anschaulich:

$$a_0 < a_1 < a_2 < \ldots < a_\omega < a_{\omega,1} < \ldots\ldots,$$

d.h. M wird von $\leqq$ wohlgeordnet. Man könnte weiter das Element $f(s(M))$ auswählen, welches dann aber größer als alle Elemente von M ist, also nicht zu M gehört im Widerspruch dazu, daß M alle nach dem angegebenen Verfahren aus A sukzessiv ausgewählten Elemente enthalten soll. Die Bestätigung unserer Vermutung erfolgt durch den auf K. Kuratowski und M. Zorn zurückgehenden

Satz 2 (Zornsches Lemma). *Für geordnete Mengen $(A, \leqq)$ gilt:*

(a) $\forall X (X \in \mathfrak{P}(A) \wedge \leqq \| X$ *Wohlordnung* $\Rightarrow X$ *nach oben beschränkt in* $A)$ $\Rightarrow \exists x (x$ *maximales Element von* $A)$,

(b) $\forall X (X \in \mathfrak{P}(A) \wedge (\leqq \| X)^{-1}$ *Wohlordnung* $\Rightarrow X$ *nach unten beschränkt in* $A)$ $\Rightarrow \exists x (x$ *minimales Element von* $A)$.

Beweis. (a) und (b) gehen auseinander durch Dualisierung, d.h. Übergang von $\leqq$ zu $\geqq$, hervor, sind also gleichwertig. Wir beweisen (a). Dem Beweis liegt folgende Idee zugrunde: Existiert unter den Voraussetzungen kein maximales Element, so wähle man aus A nach dem obigen Verfahren mit Hilfe der Funktionen s und f die Elemente

$$a_0 < a_1 < a_2 < \ldots < a_\omega < a_{\omega,1} < \ldots\ldots$$

aus. Die Argumentmengen

$$N_0 = \emptyset, \qquad N_1 = \{a_0\}, \qquad N_2 = \{a_0, a_1\}, \ldots,$$
$$N_\omega = A_0 \text{ bei } A_0 = \{a_0, a_1, a_2, \ldots\}, \quad N_{\omega,1} = A_0 \cup \{a_\omega\}, \ldots\ldots$$

werden einzeln durch $\leqq$ wohlgeordnet und lassen sich folgendermaßen beschreiben, wobei N irgendeine dieser Mengen sei:

$$\forall x \left(x \in N \Rightarrow f(s(\underset{(N,\leqq\|N)}{\mathrm{Ab}} x)) = x\right).$$

Die Menge M aller ausgewählten Elemente a stimmt offenbar mit der Vereinigung sämtlicher Argumentmengen N überein. M wird wieder von $\leqq$ wohlgeordnet, und es gilt $m = f(s(M)) \notin M$, was ein Widerspruch zur Vereinigungsdefinition von M ist und der Tatsache, daß auch $M \cup \{m\}$ eine Argumentmenge N ist. Wir wollen nun diese Beweisidee exakt durchführen
Es sei $(A, \leqq)$ eine geordnete Menge, alle durch $\leqq$ wohlgeordneten Teilmengen von A seien nach oben beschränkt, und $\mathfrak{W}$ sei das System der durch $\leqq$ wohlgeordneten Teilmengen $X \subseteq A$, also

$$\mathfrak{W} = \{X \in \mathfrak{P}(A) | \quad \leqq \| X \text{ } Wohlordnung\}.$$

Für jedes $X \in \mathfrak{W}$ ist dann die Menge

$$S(X) = \{x \in A \mid x \text{ } obere\ Schranke\ von \text{ } X\}$$

nichtleer, so daß über das Auswahlaxiom und Satz 8(a), §5 eine Auswahlfunktion s der über $\mathfrak{W}$ definierten Korrespondenz

$$G = \{(X, x) | X \in \mathfrak{W} \wedge x \in S(X)\}$$

existiert. Für jedes $X \in \mathfrak{W}$ ist somit $s(X)$ eine obere Schranke von X. Man nehme an, es existiere kein maximales Element von A. Dann hat die Korrespondenz

$$F = \{(x, y) \in A^2 | x < y\}$$

den Definitionsbereich A, und eine wieder existierende Auswahlfunktion f von F ordnet jedem Element $x \in A$ ein Element $f(x) \in A$ zu mit $x < f(x)$. Es heiße jetzt eine Teilmenge $N \subseteq A$ *normal*, wenn gilt:

$$N \in \mathfrak{W} \wedge \forall x \left(x \in N \Rightarrow f(s(\underset{(N, \leqq \| N)}{\mathrm{Ab}} x)) = x\right),$$

und es sei

$$M = \bigcup \{N \mid N \in \mathfrak{P}(A) \wedge N \textit{ normal}\}$$

die Vereinigung aller normalen Teilmengen von A.

Hilfssatz 1. *Für normale Mengen $N_1, N_2 \subseteq A$ gilt:*

$$N_1 \textit{ Segment von } (N_2, \leqq \| N_2) \vee N_2 \textit{ Segment von } (N_1, \leqq \| N_1).$$

Beweis. Die Vereinigung

$$V = \bigcup \{X \mid X \textit{ Segment von } (N_1, \leqq \| N_1) \textit{ und von } (N_2, \leqq \| N_2)\}$$

der gemeinsamen Segmente von N_1 und N_2 ist selbst gemeinsames Segment von N_1 und N_2 (vgl. im Anschluß an Definition 12, §10). In den Fällen $V = N_1$ oder $V = N_2$ ist also N_1 Segment von N_2 oder umgekehrt. Wir müssen noch zeigen, daß nicht gleichzeitig $V \neq N_1$ und $V \neq N_2$ sein kann. Wäre dies jedoch der Fall, so wäre V nach Satz 5, §11 Abschnitt sowohl von N_1 als von N_2. Es existieren dann Elemente $n_1 \in N_1$ und $n_2 \in N_2$ mit

$$V = \underset{(N_1, \leqq \| N_1)}{\mathrm{Ab}} n_1 = \underset{(N_2, \leqq \| N_2)}{\mathrm{Ab}} n_2.$$

Wegen der Normalität von N_1, N_2 gilt

$$n_1 = f\left(s(\underset{(N_1, \leqq \| N_1)}{\mathrm{Ab}} n_1)\right) = f\left(s(V)\right) = f\left(s(\underset{(N_2, \leqq \| N_2)}{\mathrm{Ab}} n_2)\right) = n_2.$$

Setzt man $n = n_1 = n_2$, so ist $n \in N_1 \cap N_2$ und $V \cup \{n\}$ ein gemeinsames Segment von N_1 und N_2, also $V \cup \{n\} \subseteq V$, also $n \in V$ im Widerspruch zu $n \notin V$. Damit ist Hilfssatz 1 bewiesen.

Hilfssatz 2. *M ist normal.*

Beweis. Es sei I die Menge aller normalen Teilmengen von A, und es sei für jedes $i \in I$:

$$N_i = i, \qquad \varrho_i = \leqq \| N_i.$$

Nach Hilfssatz 1 gilt dann stets

$$N_i \subseteq N_j \wedge \varrho_i = \varrho_j \| N_i \wedge N_i \textit{ Segment von } (N_j, \varrho_j)$$

oder

$$N_j \subseteq N_i \wedge \varrho_j = \varrho_i || N_j \wedge N_j \text{ Segment von } (N_i, \varrho_i)$$

und gilt stets

$$M = \bigcup_{i \in I} N_i, \qquad (\leqq || M) || N_i = \varrho_i .$$

$(M, \leqq || M)$ ist somit nach Satz 24(a), (d), §11 eine wohlgeordnete Menge, also $M \in \mathfrak{W}$. Weiterhin gilt für jedes $x \in M$ und eine dann existierende normale Menge N_i mit $x \in N_i$ nach Satz 25(b), §11:

$$f(s(\underset{(M, \leqq || M)}{\mathrm{Ab}} x)) = f(s(\underset{(N_i, \varrho_i)}{\mathrm{Ab}} x)) = f(s(\underset{(N_i, \leqq || N_i)}{\mathrm{Ab}} x)) = x .$$

Damit ist M insgesamt normal und Hilfssatz 2 bewiesen.
Man betrachte nun das Element $m = f(s(M))$; nach Hilfssatz 2 ist ja M ein Argument von s. Es gilt

$$x \leqq s(M) < f(s(M)) = m$$

für alle $x \in M$. Damit ist $m \notin M$, und $M' = M \cup \{m\}$ wird von $\leqq$ wohlgeordnet. M' ist schließlich auch normal; denn es gilt

$$f(s(\underset{(M', \leqq || M')}{\mathrm{Ab}} m)) = f(s(M)) = m,$$

und M ist nach Hilfssatz 2 normal. Die Normalität von M' ergibt $M' \subseteq M$, also $m \in M$ im Widerspruch zu $m \notin M$. Unsere Annahme, es existiere kein maximales Element von A, ist hiermit zum Widerspruch geführt. ∎
Über die Funktion f aus dem Beweis zu Satz 2 erhält man die Gleichwertigkeit des ZORNschen Lemmas mit dem auf N. BOURBAKI und H. KNESER zurückgehenden

Satz 3 (BOURBAKIscher Fixpunktsatz). *Für geordnete Mengen $(A, \leqq)$ und Abbildungen f von A in A gilt:*

(a) $\forall X (X \in \mathfrak{P}(A) \wedge \leqq || X \text{ Wohlordnung} \Rightarrow X \text{ nach oben beschränkt in } A)$
$\wedge \forall x (x \in A \Rightarrow x \leqq f(x)) \Rightarrow \exists x (x \in A \wedge f(x) = x)$,

(b) $\forall X (X \in \mathfrak{P}(A) \wedge (\leqq || X)^{-1} \text{ Wohlordnung} \Rightarrow X \text{ nach unten beschränkt in } A)$
$\wedge \forall x (x \in A \Rightarrow f(x) \leqq x) \Rightarrow \exists x (x \in A \wedge f(x) = x)$.

Beweis. (a) und (b) gehen durch Dualisierung auseinander hervor. (a) folgt aus Satz 2(a), da $f(x) = x$ für jedes maximale Element x von A gelten muß. ∎
Satz 2(a) folgt umgekehrt aus Satz 3(a), weil das Auswahlaxiom unter der Annahme, es gäbe keine maximalen Elemente von A, eine Abbildung f von A

in A liefert mit stets $x < f(x)$ im Widerspruch zur Existenz eines Fixpunktes von f.

Für eine Formulierung des ZORNschen Lemmas mittels Rechts- und Linksinduktivität (vgl. Definition 8, § 10) zeigen wir zunächst mit dem Wohlordnungssatz, daß jede vollgeordnete Menge mit einer wohlgeordneten Teilmenge konfinal ist (vgl. Definition 10, § 10):

Satz 4. *Für jede vollgeordnete Menge (A, R) gilt:*

(a) $\exists X (X \in \mathfrak{P}(A) \wedge R \| X$ *Wohlordnung* $\wedge\, A \operatorname{cf} X)$,

(b) $\exists X (X \in \mathfrak{P}(A) \wedge (R \| X)^{-1}$ *Wohlordnung* $\wedge\, A \operatorname{ci} X)$.

Beweis. (b) folgt aus (a) durch Dualisierung. (a) Dem Beweis liegt folgende Idee zugrunde: Man betrachtet für die vollgeordnete Menge (A, R) eine nach dem Wohlordnungssatz existierende Wohlordnung S in A und spekuliert, daß die Menge X folgender Elemente eine gewünschte wohlgeordnete Teilmenge von A mit $A \operatorname{cf} X$ ist:

$$x_0 = \min_{(A,S)} A,\ x_1 = \min_{(A,S)} \{x \in A \mid x_0 \underset{R}{<} x\},\ x_2 = \min_{(A,S)} \{x \in A \mid x_1 \underset{R}{<} x\}, \ldots,$$
$$x_\omega = \min_{(A,S)} \{x \in A \mid \forall y (y \in X_0 \Rightarrow y \underset{R}{<} x)\} \text{ bei } X_0 = \{x_0, x_1, x_2, \ldots\},$$
$$x_{\omega,1} = \min_{(A,S)} \{x \in A \mid x_\omega \underset{R}{<} x)\}, \ldots\ldots.$$

Die aus A ausgewählten Elemente x lassen sich anschaulich beschreiben als diejenigen $x \in A$ mit

$$\forall y (y \underset{S}{\leqq} x \Rightarrow y \underset{R}{\leqq} x).$$

Diese Beweisidee soll nun in einen exakten Beweis überführt werden.

Es sei (A, R) eine vollgeordnete Menge, S eine nach Satz 1 in A existierende Wohlordnung und

$$X = \{x \in A \mid \forall y (y \underset{S}{\leqq} x \Rightarrow y \underset{R}{\leqq} x)\}.$$

X wird dann von R wohlgeordnet; denn wir beweisen $R \| X = S \| X$. Es seien hierzu $x, y \in X$. Ist $x \underset{R}{\leqq} y$, so gilt nach Definition von X nicht $y \underset{S}{<} x$, also ist $x \underset{S}{\leqq} y$; ist umgekehrt $x \underset{S}{\leqq} y$, so ist $x \underset{R}{\leqq} y$ nach Definition von X. Somit gilt $R \| X = S \| X$. Schließlich ist A bzgl. R mit X konfinal. Andernfalls gäbe es ein $y \in A$ mit $x \underset{R}{<} y$ für alle $x \in X$; sei y_0 das bzgl. S kleinste derartige y. Wegen $y_0 \notin X$ existiert ein y mit $y \underset{S}{\leqq} y_0$ und $y_0 \underset{R}{<} y$. Wegen $y_0 \underset{R}{<} y$ gilt auch $x \underset{R}{<} y$ für alle $x \in X$, womit $y_0 \underset{S}{\leqq} y$ ist nach Definition von y_0, woraus mit $y \underset{S}{\leqq} y_0$ zusammen $y_0 = y$ folgt im Widerspruch zu $y_0 \underset{R}{<} y$. Also ist A bzgl. R mit X konfinal. ∎

Satz 4 ist eine Teilbehauptung des Satzes von HAUSDORFF (Satz 11, §17).

Satz 5. *Für geordnete Mengen* $(A, \leqq)$ *gilt:*

(a) $(A, \leqq)$ *rechtsinduktiv* $\Leftrightarrow$
$\forall X (X \in \mathfrak{P}(A) \wedge \leqq \| X$ *Wohlordnung* $\Rightarrow X$ *nach oben beschränkt in* $A)$,

(b) $(A, \leqq)$ *linksinduktiv* $\Leftrightarrow$
$\forall X (X \in \mathfrak{P}(A) \wedge (\leqq \| X)^{-1}$ *Wohlordnung* $\Rightarrow X$ *nach unten beschränkt in* $A)$.

Beweis. (a) und (b) gehen durch Dualisierung auseinander hervor. (a) Ist die geordnete Menge $(A, \leqq)$ rechtsinduktiv, so ist jede Kette von A nach oben beschränkt, also erst recht jede durch $\leqq$ wohlgeordnete Teilmenge von A. Ist umgekehrt jede wohlgeordnete Teilmenge von A nach oben beschränkt und K eine Kette von A, so existiert nach Satz 4(a) in bezug auf die vollgeordnete Menge $(K, \leqq \| K)$ eine Teilmenge $X \subseteq K$ mit

$$(\leqq \| K) \| X \text{ Wohlordnung} \wedge K \underset{\leqq \| K}{\text{cf}} X .$$

Hierbei gilt natürlich $(\leqq \| K) \| X = \leqq \| X$, womit X auch eine durch $\leqq$ wohlgeordnete Teilmenge von A ist und es nach Voraussetzung eine obere Schranke $s \in A$ von X gibt. Weiter existiert für jedes $x \in K$ wegen der Konfinalität von K mit X ein $y \in X$ mit $x \leqq y \leqq s$, so daß s schließlich eine obere Schranke für K ist. Damit ist $(A, \leqq)$ rechtsinduktiv. ∎

Mit Satz 5 läßt sich im ZORNschen Lemma und BOURBAKIschen Fixpunktsatz die Beschränktheitsvoraussetzung gleichwertig durch Rechts- bzw. Linksinduktivität ersetzen. Es besteht u.a. die für die Anwendungen des ZORNschen Lemmas meistgebräuchliche und wohlordnungsfreie Formulierung:

Satz 6 (ZORNsches Lemma). *Für geordnete Mengen* $(A, \leqq)$ *gilt:*

(a) $(A, \leqq)$ *rechtsinduktiv* $\Rightarrow \exists m$ *(m maximales Element von A)*,

(b) $(A, \leqq)$ *linksinduktiv* $\Rightarrow \exists m$ *(m minimales Element von A)*.

Beweis. Unmittelbare Folgerung (ohne Auswahlaxiom) aus Satz 2. ∎

Satz 6 ist u.a. für Algebra und Topologie von großer Bedeutung. In der Allgemeinen Mengenlehre werden wir den Vergleichbarkeitssatz für Mengen

(Satz 7, §14) und den Satz von HESSENBERG (Satz 15, §15) mit dem ZORNschen Lemma beweisen.

Satz 6 läßt sich unmittelbar verschärfen zu

Satz 7. *Für geordnete Mengen* $(A, \leqq)$ *und Elemente* $a \in A$ *gilt:*

(a) $(A, \leqq)$ *rechtsinduktiv* $\Rightarrow \exists m (a \leqq m \wedge m$ *maximales Element von* $A)$,

(b) $(A, \leqq)$ *linksinduktiv* $\Rightarrow \exists m (m \leqq a \wedge m$ *minimales Element von* $A)$.

Beweis. (a) und (b) gehen durch Dualisierung auseinander hervor. (a) Ist die geordnete Menge $(A, \leqq)$ rechtsinduktiv, $a \in A$ und B die Menge aller $x \in A$ mit $a \leqq x$, so ist auch $(B, \leqq \| B)$ rechtsinduktiv, besitzt also nach Satz 6(a) ein maximales Element m, welches gleichzeitig maximales Element von $(A, \leqq)$ ist. Wegen $m \in B$ ist auch $a \leqq m$. ∎

13.3. Maximalmengensatz, Maximalkettensatz

Aus dem ZORNschen Lemmas folgt der auf O. TEICHMÜLLER und J. TUKEY zurückgehende

Satz 8 (Maximalmengensatz). *Für Mengen* A, *Teilmengensysteme* $\mathfrak{M} \subseteq \mathfrak{P}(A)$ *mit*

$$\forall X (X \in \mathfrak{M} \Leftrightarrow X \in \mathfrak{P}(A) \wedge \forall Y (Y \in \mathfrak{P}(X) \wedge Y \text{ endlich} \Rightarrow Y \in \mathfrak{M}))$$

– *d.h.* $\mathfrak{M}$ *ist in bezug auf die Teilmengen von* A *eine „Eigenschaft von endlichem Charakter" – und für Elemente* $M \in \mathfrak{M}$ *gilt:*

$$\exists X (X \text{ maximales Element von } \mathfrak{M} \wedge M \subseteq X).$$

Beweis. Nach Satz 7 ist unter den Voraussetzungen unseres Satzes für das Mengensystem $\mathfrak{M}$ Rechtsinduktivität zu beweisen. Dafür genügt es zu zeigen, daß die Vereinigung $\bigcup \mathfrak{K}$ jeder Kette $\mathfrak{K}$ von $\mathfrak{M}$ Element von $\mathfrak{M}$ ist. Für jede Kette $\mathfrak{K}$ von $\mathfrak{M}$ ist $\bigcup \mathfrak{K} \subseteq A$, und auf Grund des endlichen Charakters von $\mathfrak{M}$ hat man für $\bigcup \mathfrak{K} \in \mathfrak{M}$ noch zu zeigen:

$$\forall Y (Y \in \mathfrak{P}(\bigcup \mathfrak{K}) \wedge Y \text{ endlich} \Rightarrow Y \in \mathfrak{M}).$$

Im Falle $Y = \emptyset$ ist trivial $Y \in \mathfrak{M}$, da $\emptyset$ eine endliche Teilmenge von M ist und dann mit $M \in \mathfrak{M}$ ebenfalls zu $\mathfrak{M}$ gehört. Im Falle $\emptyset \neq Y \subseteq \bigcup \mathfrak{K}$ für eine Menge Y gibt es nach dem Auswahlaxiom und Satz 8(a), §5 eine Auswahlfunktion f der

Korrespondenz

$$F = \{(y, K) \mid y \in Y \wedge y \in K \in \mathfrak{K}\}$$

von Y in $\mathfrak{K}$. Für $\mathfrak{L} = \mathrm{Wb}(f)$ ist $\emptyset \neq \mathfrak{L} \subseteq \mathfrak{K}$, also $\mathfrak{L}$ eine nichtleere Mengenkette. Wegen $\mathrm{Db}(f) = Y$ ist nach Satz 3(j), §8 mit Y auch $\mathfrak{L}$ endlich. Insgesamt besitzt damit $\mathfrak{L}$ nach Satz 5(b), §10 ein letztes Element L, und nach Definition von f und $\mathfrak{L}$ gilt $Y \subseteq L$. $L \in \mathfrak{M}$ und die Endlichkeit von Y ergibt schließlich $Y \in \mathfrak{M}$. Damit ist jede endliche Teilmenge Y von $\bigcup \mathfrak{K}$ Element von $\mathfrak{M}$. ∎

Eine direkte Konsequenz des Maximalmengensatzes ist der von G. Birkhoff und F. Hausdorff stammende

Satz 9 (Maximalkettensatz). *Für geordnete Mengen $(A, \leqq)$, das System $\mathfrak{K}$ aller Ketten von A und Elemente $K \in \mathfrak{K}$ gilt:*

$$\exists X\,(X \text{ maximales Element von } \mathfrak{K} \wedge K \subseteq X)\,.$$

Beweis. Nach Satz 8 haben wir unter den Voraussetzungen unseres Satzes zu beweisen, daß $\mathfrak{K}$ eine Eigenschaft von endlichem Charakter ist. Trivial ist $\mathfrak{K} \subseteq \mathfrak{P}(A)$; also ist noch zu zeigen:

$$\forall X\,(X \in \mathfrak{K} \Leftrightarrow X \in \mathfrak{P}(A) \wedge \forall Y (Y \in \mathfrak{P}(X) \wedge Y \text{ endlich} \Rightarrow Y \in \mathfrak{K}))\,.$$

Für jedes $X \in \mathfrak{K}$ gilt $Y \in \mathfrak{K}$ für alle Mengen $Y \subseteq X$, also erst recht für alle endlichen Mengen $Y \subseteq X$. Gilt umgekehrt für eine Menge $X \subseteq A$, daß jede endliche Menge $Y \subseteq X$ Element von $\mathfrak{K}$ ist, so ist für beliebige $x, y \in X$ die endliche Menge $Y = \{x, y\}$ Element von $\mathfrak{K}$, womit $x \leqq y$ oder $y \leqq x$ gilt; also ist $X \in \mathfrak{K}$. ∎

KAPITEL V

Kardinalzahl- und Ordinalzahltheorie

§ 14. Kardinalzahlen und ihre Wohlordnung

14.1. Vorbemerkungen

Es sollen in Kapitel V zum Vorteil repräsentantenfreier Kommunikation die Kardinalzahlen mit dem Abstraktionsprinzip in bezug auf die Gleichmächtigkeit $\sim$ im Bereich aller Mengen und die Ordinalzahlen mit dem Abstraktionsprinzip in bezug auf die Isomorphie $\simeq$ im Bereich aller wohlgeordneten Mengen eingeführt werden. Die Theorie der Kardinal- und Ordinalzahlen wurde von CANTOR begründet. Diese Zahlen führen – abgesehen von dem prinzipiellen theoretischen Interesse an ihnen – in Kapitel VI zur Erkenntnis der exorbitanten Größe der Universen bei der noch vorzunehmenden Erweiterung des elementaren Axiomensystems der Mengenlehre aus Kapitel I. Kardinalzahlen werden vorwiegend mit kleinen deutschen Buchstaben, Ordinalzahlen vorwiegend mit kleinen griechischen Buchstaben bezeichnet.

14.2. Der Kardinalzahlbegriff

Die Kardinalzahl (Anzahl, Grundzahl) einer Menge soll anschaulich die Elementeanzahl dieser Menge sein. Der Begriff der Elementeanzahlgleichheit von Mengen A, B ist dabei als Gleichmächtigkeit, nämlich $A \sim B$, bereits vorhanden. Wir suchen also ein in Abhängigkeit von der Menge A definiertes mengentheoretisches Objekt $\mathbf{T}(A)$ derart, daß für beliebige Mengen A, B gilt:

$$\mathbf{T}(A) = \mathbf{T}(B) \Leftrightarrow A \sim B.$$

Für endliche Mengen A ist mit der natürlichen Zahl card A ein solches Objekt $\mathbf{T}(A)$ schon früher definiert worden (vgl. §7.1). Für beliebige Mengen A bedienen wir uns jetzt der folgenden Methode. Die Gleichmächtigkeit $\sim$ bildet eine Äquivalenzrelation im Bereich der Mengen. Für nichtleere Mengen A existiert allerdings die „Äquivalenzklasse"

$$[A] = \{X \mid X \textit{ Menge} \wedge X \sim A\},$$

die als naheliegendes $\mathbf{T}(A)$ verwendet werden könnte, nicht mehr als mengentheoretisches Objekt. Denn für jedes Objekt a wäre auch $\{a\} \times A \sim A$ und damit

$$a \in (a, x) \in \{a\} \times A \in [A] \text{ für jedes } x \in A .$$

Unter der Voraussetzung $A \neq \emptyset$ wäre also $a \sqsubset [A]$ für jedes Objekt a, und $[A]$ kann damit kein mengentheoretisches Objekt sein. Relativieren wir aber $[A]$ auf eine feste Allmenge, etwa auf die kleinste Allmenge K, welche als Element eine mit A gleichmächtige Menge X enthält, so ergibt sich sofort ein einwandfrei definiertes Objekt

$$\mathbf{T}(A) = \{X \in K \mid X \textit{ Menge} \wedge X \sim A\} .$$

Wir ersetzen schließlich noch $\mathbf{T}(A)$ für endliche Mengen A durch die natürliche Zahl von A, wodurch die natürlichen Zahlen in den Bereich aller Kardinalzahlen eingebettet werden, und bezeichnen danach die Kardinalzahl einer beliebigen Menge A mit card A. Um bei der Einbettung der natürlichen Zahlen Überschneidungen zu vermeiden, werden die $\mathbf{T}(A)$ für unendliche Mengen A noch mit $\mathbf{N}$ indiziert.

Satz 1. *Für jede Menge A existiert die in bezug auf* $\subseteq$ *kleinste Allmenge K mit*

$$\exists X (X \textit{ Menge} \wedge X \in K \wedge X \sim A) .$$

Beweis. Jede Menge A ist Element einer Allmenge B (Satz 2(d), §3), und B ist damit eine Allmenge, welche eine mit A gleichmächtige Menge X als Element enthält, nämlich $X = A$. Für das Mengensystem

$$\mathfrak{B} = \{Y \mid Y \textit{ Allmenge} \wedge Y \subseteq B \wedge \exists X (X \textit{ Menge} \wedge X \in Y \wedge X \sim A)\}$$

existiert nach der Minimumbedingung für Allmengen (Satz 2(h), §3) das Minimum

$$K = \min \mathfrak{B} .$$

K ist wegen der Vergleichbarkeit der Allmengen die gewünschte kleinste Allmenge K mit also

$$\exists X (X \textit{ Menge} \wedge X \in K \wedge X \sim A)$$

und

$$\exists X (X \textit{ Menge} \wedge X \in Y \wedge X \sim A) \Rightarrow K \subseteq Y$$

für beliebige Allmengen Y. ∎

Definition 1. (a) A sei eine Menge und K die kleinste Allmenge mit $X \in K$ für eine Menge $X \sim A$:
Das Objekt

$$\operatorname{card} A = \begin{cases} \iota n(n \in \mathbf{N} \wedge A \sim \mathbf{N}(n)), & \text{falls } A \text{ endlich} \\ (\mathbf{N}, \{X \in K \mid X \; Menge \wedge X \sim A\}), & \text{falls } A \text{ unendlich} \end{cases}$$

(gelesen: *Kardinalzahl* A) heißt die *Kardinalzahl* (*Anzahl, Elementeanzahl, Grundzahl*) *von* A oder die *Mächtigkeit von* A.
(b) $\mathfrak{a}$ sei ein Objekt:

$$\operatorname{cz} \mathfrak{a} \Leftrightarrow \exists X (X \; Menge \wedge \mathfrak{a} = \operatorname{card} X)$$

(gelesen: *Kardinalzahl* $\mathfrak{a}$). $\mathfrak{a}$ ist eine *Kardinalzahl* (eine *Mächtigkeit*), falls $\operatorname{cz} \mathfrak{a}$ gilt.
(c) $\mathfrak{a}$ sei eine Kardinalzahl und A ein Objekt:
A ist ein *Repräsentant* von $\mathfrak{a}$ oder *A repräsentiert* $\mathfrak{a}$, *A besteht aus* $\mathfrak{a}$ *Elementen*, *A besitzt* (*genau*) $\mathfrak{a}$ *Elemente*, A ist eine $\mathfrak{a}$-*elementige Menge*, falls A eine Menge ist mit $\operatorname{card} A = \mathfrak{a}$. ∎
Für card A gebraucht man auch die Bezeichnung $|A|$ oder nach CANTOR $\overline{\overline{A}}$. Wir verwenden card A. Die natürlichen Zahlen sind die Kardinalzahlen der endlichen und auch nur der endlichen Mengen; denn für eine unendliche Menge A ist stets $\mathbf{N} \in \operatorname{card} A$, so daß nicht $\operatorname{card} A \in \mathbf{N}$ gelten kann.

Satz 2. *Für Mengen A, B und Kardinalzahlen $\mathfrak{a}, \mathfrak{b}$ gilt:*

(a) $\operatorname{card} A = \operatorname{card} B \Leftrightarrow A \sim B$,

(b) $\mathfrak{a} = \mathfrak{b} \Leftrightarrow \forall X \forall Y (X, Y \; Menge \wedge \mathfrak{a} = \operatorname{card} X \wedge \mathfrak{b} = \operatorname{card} Y \Rightarrow X \sim Y)$,
$\mathfrak{a} = \mathfrak{b} \Leftrightarrow \exists X \exists Y (X, Y \; Menge \wedge \mathfrak{a} = \operatorname{card} X \wedge \mathfrak{b} = \operatorname{card} Y \wedge X \sim Y)$.

Beweis. (a) A, B seien Mengen. Sind A, B endlich, so ist die Behauptung von den natürlichen Zahlen her bekannt (vgl. Satz 4(a), §8). Ist A endlich und B unendlich, so ist $A \nsim B$ und wegen $\operatorname{card} A \in \mathbf{N} \in \operatorname{card} B$ auch $\operatorname{card} A \neq \operatorname{card} B$. Analog bei unendlichem A und endlichem B. Für unendliche A, B mit den zugehörigen kleinsten Allmengen K, L ist

$$\operatorname{card} A = (\mathbf{N}, \{X \in K \mid X \; Menge \wedge X \sim A\}),$$
$$\operatorname{card} B = (\mathbf{N}, \{X \in L \mid X \; Menge \wedge X \sim B\}).$$

Aus $\operatorname{card} A = \operatorname{card} B$ und der Nichtleerheit der zweiten Elemente dieser Paare folgt $A \sim B$. Aus $A \sim B$ folgt umgekehrt $K = L$ und damit $\operatorname{card} A = \operatorname{card} B$.
(b) folgt unmittelbar aus (a). ∎

Nach Satz 2(a) wurde der Kardinalzahlbegriff für beliebige Mengen mit dem Abstraktionsprinzip in bezug auf die Gleichmächtigkeit $\sim$ im Bereich aller Mengen eingeführt. Satz 2 bildet fast ausschließlich die Grundlage für den Umgang mit dem Kardinalzahlbegriff.
Zwischen Allbereichen und Kardinalzahlen besteht folgender Zusammenhang:

Satz 3. *Für Allbereiche* $\mathfrak{B}$, *Kardinalzahlen* $\mathfrak{a}$ *und Mengen* A *gilt:*

(a) $\mathfrak{a} \in \mathfrak{B} \Rightarrow \exists X\,(X \textit{ Menge} \wedge X \in \mathfrak{B} \wedge \mathfrak{a} = \operatorname{card} X)$,

(b) $\mathbf{N}, A \in \mathfrak{B} \Rightarrow \operatorname{card} A \in \mathfrak{B}$.

Beweis. (a) $\mathfrak{B}$ sei ein Allbereich und $\mathfrak{a}$ eine Kardinalzahl. Für eine natürliche Zahl $\mathfrak{a}$ ist $\mathfrak{a} = \operatorname{card} \mathbf{N}(\mathfrak{a})$ bei endlichem $\mathbf{N}(\mathfrak{a}) \subseteq \mathbf{N} \subseteq \mathfrak{B}$ und damit $\mathbf{N}(\mathfrak{a}) \in \mathfrak{B}$ nach Satz 12(e), §7. Ist $\mathfrak{a} \in \mathfrak{B}$ und $\mathfrak{a}$ keine natürliche Zahl, so existiert nach Definition 1 ein Repräsentant X mit $X \sqsubset \mathfrak{a}$, also mit $X \in \mathfrak{B}$.
(b) $\mathfrak{B}$ sei ein Allbereich und A eine Menge mit $\mathbf{N}, A \in \mathfrak{B}$. Für endliches A gilt $\operatorname{card} A \in \mathbf{N} \subseteq \mathfrak{B}$. Für unendliches A ist

$$\operatorname{card} A = (\mathbf{N}, \{X \in K \mid X \textit{ Menge} \wedge X \sim A\})$$

für die kleinste Allmenge K mit $X \in K$ für eine Menge $X \sim A$. Aus Satz 12(c), §7 folgt $A \in \mathfrak{P}(A) \in \mathfrak{B}$. Für die Allmenge L aller Objekte $x \sqsubset \mathfrak{P}(A)$ gilt $A \in L \subseteq \mathfrak{B}$ und sogar $L \subset \mathfrak{B}$ wegen $\mathfrak{P}(A) \in \mathfrak{B} \setminus L$. Damit ist $K \subseteq L \subset \mathfrak{B}$, also $K \in \mathfrak{B}$, also (mit Satz 12, §7)

$$\mathbf{N} \in \mathfrak{B}, \quad \{X \in K \mid X \textit{ Menge} \wedge X \sim A\} \in \mathfrak{B}, \quad \operatorname{card} A \in \mathfrak{B}. \quad \blacksquare$$

14.3. Anordnung

Wir kennen bereits aus Definition 2, §8 die reflexive und irreflexive Anordnungsbeziehung $\preceq$ und $\prec$ für Mengen A, B:

$$A \preceq B \Leftrightarrow \exists X\,(X \textit{ Menge} \wedge A \sim X \subseteq B), \quad A \prec B \Leftrightarrow A \preceq B \wedge A \nsim B.$$

Außerdem sei an Satz 1, §8 erinnert, der im folgenden laufend verwendet wird. Für Mengen A und endliche Mengen B gilt nach Satz 3(c), §8 auch

$$A \prec B \Leftrightarrow \exists X\,(X \textit{ Menge} \wedge A \sim X \subset B).$$

Für unendliche Mengen B existiert dagegen nach Satz 5, §8 stets eine Menge X mit $B \sim X \subset B$, so daß dann für $A = B$ zwar $\exists X\,(X \textit{ Menge} \wedge A \sim X \subset B)$ gilt, aber nicht $A \prec B$. Man hat noch den

Satz 4. *Für Mengen A, B gilt:*

(a) $A \precsim B \Leftrightarrow \exists f(f \textit{ eineindeutige Abbildung von } A \textit{ in } B)$,

(b) $A \precsim B \Leftrightarrow \exists f(f \textit{ Abbildung von } B \textit{ auf } A) \vee A = \emptyset$.

Beweis. (a) ist trivial nach Definition von $\precsim$. (b) ($\Rightarrow$) Ist $A \precsim B$ und $A \sim X \subseteq B$ für Mengen A, B, X, so existiert eine eineindeutige Abbildung f' von X auf A. Ist weiterhin $A \neq \emptyset$ und $a \in A$, so ist die Abbildung f über B mit

$$f(x) = \begin{cases} f'(x) \text{ für } x \in X \\ a \quad\quad \text{ für } x \in B \setminus X \end{cases}$$

eine Abbildung von B auf A. ($\Leftarrow$) Im Falle $A = \emptyset$ gilt trivial $A \precsim \mathrm{B}$ für jede Menge B. Existiert eine Abbildung f von der Menge B auf die Menge A, so gilt nach Satz 1, §8

$$A = \mathrm{Wb}(f) \precsim \mathrm{Db}(f) = B. \quad \blacksquare$$

$A \precsim B$ bzw. $A \prec B$ bedeutet für die Mengen A, B inhaltlich, daß die Elementeanzahl von A kleinergleich der von B bzw. kleiner als die von B ist, so daß man für Kardinalzahlen sofort definieren kann:

Definition 2. (a) $\mathfrak{a}$, $\mathfrak{b}$ seien Kardinalzahlen:

$$\mathfrak{a} \leqq \mathfrak{b} \Leftrightarrow \forall X \forall Y(X, Y \textit{ Menge} \wedge \mathfrak{a} = \operatorname{card} X \wedge \mathfrak{b} = \operatorname{card} Y \Rightarrow X \precsim Y),$$
$$\mathfrak{a} < \mathfrak{b} \Leftrightarrow \forall X \forall Y(X, Y \textit{ Menge} \wedge \mathfrak{a} = \operatorname{card} X \wedge \mathfrak{b} = \operatorname{card} Y \Rightarrow X \prec Y),$$
$$\mathfrak{b} \geqq \mathfrak{a} \Leftrightarrow \mathfrak{a} \leqq \mathfrak{b}, \qquad \mathfrak{b} > \mathfrak{a} \Leftrightarrow \mathfrak{a} < \mathfrak{b}.$$

Es ist $\mathfrak{a}$ *kleinergleich* $\mathfrak{b}$, falls $\mathfrak{a} \leqq \mathfrak{b}$ gilt, und $\mathfrak{a}$ (*echt*) *kleiner* als $\mathfrak{b}$, falls $\mathfrak{a} < \mathfrak{b}$ gilt. Es ist $\mathfrak{b}$ *größergleich* $\mathfrak{a}$, falls $\mathfrak{b} \geqq \mathfrak{a}$ gilt, und $\mathfrak{b}$ (*echt*) *größer* als $\mathfrak{a}$, falls $\mathfrak{b} > \mathfrak{a}$ gilt.
(b) $\mathfrak{a}$ sei eine Kardinalzahl und A ein Objekt:
A besteht aus mindestens bzw. *höchstens $\mathfrak{a}$ Elementen, A besitzt mindestens* bzw. *höchstens $\mathfrak{a}$ Elemente*, A ist eine *mindestens* bzw. *höchstens $\mathfrak{a}$-elementige Menge*, falls A eine Menge ist mit $\operatorname{card} A \geqq \mathfrak{a}$ bzw. $\operatorname{card} A \leqq \mathfrak{a}$. $\blacksquare$
$\mathfrak{a} \leqq \mathfrak{b}$ bzw. $\mathfrak{a} < \mathfrak{b}$ wird bereits durch ein einzeln herausgegriffenes Repräsentantenpaar (X, Y) entschieden:

Satz 5. *Für Mengen A, B und Kardinalzahlen $\mathfrak{a}, \mathfrak{b}$ gilt:*

(a) $\operatorname{card} A \leqq \operatorname{card} B \Leftrightarrow A \precsim B, \qquad \operatorname{card} A < \operatorname{card} B \Leftrightarrow A \prec B$,

(b)
$$\mathfrak{a} \leqq \mathfrak{b} \Leftrightarrow \forall X \forall Y(X, Y \textit{ Menge} \wedge \mathfrak{a} = \operatorname{card} X \wedge \mathfrak{b} = \operatorname{card} Y \Rightarrow X \precsim Y),$$
$$\mathfrak{a} \leqq \mathfrak{b} \Leftrightarrow \exists X \exists Y(X, Y \textit{ Menge} \wedge \mathfrak{a} = \operatorname{card} X \wedge \mathfrak{b} = \operatorname{card} Y \wedge X \precsim Y),$$
$$\mathfrak{a} < \mathfrak{b} \Leftrightarrow \forall X \forall Y(X, Y \textit{ Menge} \wedge \mathfrak{a} = \operatorname{card} X \wedge \mathfrak{b} = \operatorname{card} Y \Rightarrow X \prec Y),$$
$$\mathfrak{a} < \mathfrak{b} \Leftrightarrow \exists X \exists Y(X, Y \textit{ Menge} \wedge \mathfrak{a} = \operatorname{card} X \wedge \mathfrak{b} = \operatorname{card} Y \wedge X \prec Y).$$

Beweis. (a) folgt aus (b), und für (b) ist nach Satz 2(a) für beliebige Mengen X, X', Y, Y' mit $X \sim X'$ und $Y \sim Y'$ zu beweisen:

$$X \preceq Y \Leftrightarrow X' \preceq Y', \qquad X \prec Y \Leftrightarrow X' \prec Y'.$$

Dies ist aber eine unmittelbare Folgerung aus Satz 1, §8. ∎

Die Sätze 2(a) und 5(a) ergeben (wie auch Satz 1, §8) für Mengen A, A', B, B' mit $A \sim A'$ und $B \sim B'$:

$$A \preceq B \Leftrightarrow A' \preceq B', \qquad A \prec B \Leftrightarrow A' \prec B'.$$

Die Beziehungen $\leqq$ und $<$ fallen innerhalb **N** mit der üblichen $\leqq$- und $<$-Beziehung der natürlichen Zahlen zusammen (vgl. Satz 4(a), §8) und bilden also in **N** eine reflexive bzw. irreflexive Wohlordnung. Es wird im folgenden repräsentantenweise gezeigt, daß $\leqq$ und $<$ auch im Gesamtbereich aller Kardinalzahlen eine reflexive bzw. irreflexive Wohlordnung bilden. Aus Satz 1, §8 resultiert bereits für Mengen A, B, C:

$$A \preceq B \Leftrightarrow A \prec B \vee A \sim B, \qquad A \prec B \Leftrightarrow A \preceq B \wedge A \not\sim B,$$
$$A \preceq A, \qquad A \preceq B \wedge B \preceq C \Rightarrow A \preceq C, \qquad A \not\prec A.$$

Der folgende Satz geht auf G. Cantor, E. Schröder und F. Bernstein zurück.

Satz 6 (Cantor-Schröder-Bernsteinscher Äquivalenzsatz). *Für Mengen A, B gilt:*

$$A \preceq B \wedge B \preceq A \Rightarrow A \sim B.$$

Beweis. Es seien A, B Mengen. Für

(1) $\qquad A \preceq B \wedge B \preceq A \Rightarrow A \sim B$

genügt es zu beweisen, daß für beliebige Mengen A_1, A_2, A gilt:

(2) $\qquad A_1 \subseteq A_2 \subseteq A \wedge A_1 \sim A \Rightarrow A_2 \sim A.$

Denn ist (2) bewiesen und gilt $A \preceq B$ und $B \preceq A$ für Mengen A, B, so existieren Mengen X, Y mit $A \sim X \subseteq B$ und $B \sim Y \subseteq A$; wegen $X \subseteq B \sim Y$ ist $X \sim Z \subseteq Y$ für eine Menge Z, und wegen $Z \sim X \sim A$ ist $Z \sim A$, also insgesamt $Z \subseteq Y \subseteq A$ und $Z \sim A$, womit nach (2) $Y \sim A$ gilt, also wegen $Y \sim B$ schließlich $A \sim B$. Für (2) genügt es zu beweisen, daß für paarweise disjunkte Mengen A, B, C (d.h. $A \cap B = A \cap C = B \cap C = \emptyset$) gilt:

(3) $\qquad A \cup B \cup C \sim A \Rightarrow A \cup B \cup C \sim A \cup B.$

Denn ist (3) bewiesen und gilt $A_1 \subseteq A_2 \subseteq A$ und $A_1 \sim A$ für Mengen A_1, A_2, A, so setze man $X = A_1$, $Y = A_2 \setminus A_1$, $Z = A \setminus A_2$; dann sind X, Y, Z paarweise disjunkt, und es ist $X = A_1 \sim A = X \cup Y \cup Z$, womit nach (3) $A_2 = X \cup Y \sim X \cup Y \cup Z = A$ gilt.

Man braucht also nur noch (3) zu zeigen. Die Beweisidee ist folgende: Für Mengen A, B, C entsteht aus einer eineindeutigen Abbildung f von $A \cup B \cup C$ auf A eine Abbildung g von $A \cup B \cup C$ in $A \cup B$, indem man für eine feste Menge X mit $C \subseteq X \subseteq A \cup B \cup C$ bei beliebigem $x \in A \cup B \cup C$ definiert:

$$g(x) = \begin{cases} f(x), & \text{falls } x \in X \\ x, & \text{falls } x \notin X . \end{cases}$$

Denn es gilt $g(x) = f(x) \in A$ für $x \in X$ und $g(x) = x \in A \cup B$ für $x \notin X$. g wird eineindeutig, wenn man noch $f\langle X \rangle \subseteq X$ fordert; denn f ist eineindeutig, und im Falle $f\langle X \rangle \subseteq X$ kann nicht $g(x_1) = g(x_2)$ für Elemente $x_1 \in X, x_2 \notin X$ gelten. Der Wertebereich von g erfaßt wahrscheinlich um so mehr Elemente von $A \cup B$, je kleiner die Menge X ist (im Falle $X = C$ z. B. wäre sofort $\mathrm{Wb}(g) = A \cup B$). Man versucht also zu beweisen, daß die kleinste Menge X mit $C \subseteq X \subseteq A \cup B \cup C$ und $f\langle X \rangle \subseteq X$ existiert (indem man etwa den Durchschnitt aller dieser Mengen X bildet und zeigt, daß er ebenfalls eine solche Menge X ist) und daß für diese kleinste Menge X, etwa mit A' bezeichnet, die Abbildung g von $A \cup B \cup C$ in $A \cup B$ mit

$$g(x) = \begin{cases} f(x), & \text{falls } x \in A' \\ x, & \text{falls } x \notin A' \end{cases}$$

eine eineindeutige Abbildung von $A \cup B \cup C$ auf $A \cup B$ ist. Diese Beweisidee wollen wir nun in einen exakten Beweis umsetzen.

Es seien A, B, C paarweise disjunkte Mengen, f sei eine eineindeutige Abbildung von $A \cup B \cup C$ auf A, und es sei

$$\mathfrak{X} = \{X \mid X \text{ } Menge \wedge C \subseteq X \subseteq A \cup B \cup C \wedge f\langle X \rangle \subseteq X\} .$$

Wegen $A \cup B \cup C \in \mathfrak{X}$ ist $\mathfrak{X} \neq \emptyset$; es sei

$$A' = \bigcap \mathfrak{X}, \qquad A^* = f\langle A' \rangle .$$

Für jedes X gilt:

(a) $\qquad X \in \mathfrak{X} \Rightarrow C \cup f\langle X \rangle \in \mathfrak{X}$.

Denn aus $X \in \mathfrak{X}$ folgt $C \subseteq X \subseteq A \cup B \cup C$ und $f\langle X \rangle \subseteq X$, also

$$C \subseteq C \cup f\langle X \rangle \subseteq A \cup B \cup C, \qquad C \cup f\langle X \rangle \subseteq X ;$$

aus $C \cup f\langle X\rangle \subseteq X$ folgt

$$f\langle C \cup f\langle X\rangle\rangle \subseteq f\langle X\rangle \subseteq C \cup f\langle X\rangle;$$

also insgesamt $C \cup f\langle X\rangle \in \mathfrak{X}$. Weiterhin gilt:

(b) $\quad A' \in \mathfrak{X}$.

Denn trivial ist $C \subseteq \bigcap \mathfrak{X} \subseteq A \cup B \cup C$ und $f\langle \bigcap \mathfrak{X}\rangle \subseteq \bigcap \mathfrak{X}$. Schließlich gilt:

(c) $\quad C \cup A^* = A'$.

Denn aus (a), (b) folgt $C \cup A^* \in \mathfrak{X}$, also $A' = \bigcap \mathfrak{X} \subseteq C \cup A^*$; aus (b) folgt $C \subseteq A'$ und $A^* = f\langle A'\rangle \subseteq A'$, also auch $C \cup A^* \subseteq A'$.
Wir beweisen jetzt, daß die über $A \cup B \cup C$ definierte Abbildung

$$g(x) = \begin{cases} f(x), & \text{falls } x \in C \cup A^* \\ x, & \text{falls } x \notin C \cup A^* \end{cases}$$

eine eineindeutige Abbildung von $A \cup B \cup C$ auf $A \cup B$ ist. g ist eine Abbildung von $A \cup B \cup C$ in $A \cup B$, da $\mathrm{Wb}(f) \subseteq A$ gilt und für $x \notin C \cup A^*$ stets $x \notin C$ ist und damit $x \in A \cup B$ unter der Voraussetzung $x \in A \cup B \cup C$. g ist eine Abbildung auf $A \cup B$. Es sei hierzu $y \in A \cup B$. Ist $y \notin C \cup A^*$, so gilt $g(y) = y$; ist $y \in C \cup A^*$, so gilt wegen $A \cap C = B \cap C = \emptyset$ und wegen (c) $y \in A^* = f\langle A'\rangle = f\langle C \cup A^*\rangle$, also $g(x) = f(x) = y$ für ein $x \in C \cup A^*$. Schließlich ist g auch umkehrbar. Denn für Elemente $x_1, x_2 \in A \cup B \cup C$ gilt im Falle $x_1, x_2 \in C \cup A^*$ oder $x_1, x_2 \notin C \cup A^*$:

$$g(x_1) = g(x_2) \Rightarrow f(x_1) = f(x_2) \vee x_1 = x_2 \Rightarrow x_1 = x_2,$$

da f umkehrbar ist, und im Falle $x_1 \in C \cup A^*, x_2 \notin C \cup A^*$:

$$g(x_1) = f(x_1) \neq x_2 = g(x_2),$$

da $f(x_1) \in f\langle A'\rangle = A^*$ und $x_2 \notin A^*$ ist. ∎
Satz 6 ergibt umgekehrt für Mengen A, B, C:

$$A \cup B \cup C \sim A \Rightarrow A \cup B \cup C \sim A \cup B.$$

Denn es gilt $A \cup B \preceq A \cup B \cup C$ wegen $A \cup B \subseteq A \cup B \cup C$, und mit $A \cup B \cup C \sim A$ gilt $A \cup B \cup C \preceq A \cup B$ wegen $A \preceq A \cup B$, so daß insgesamt aus $A \cup B \cup C \sim A$ und Satz 6 $A \cup B \cup C \sim A \cup B$ folgt. Damit sind auch die Aussagen (1), (2), (3) im Beweis zu Satz 6 alle gleichwertig, wobei die paarweise Disjunktheit der Mengen von (3) sogar entbehrlich ist. Über Satz 6 gilt für Mengen A, B, C auch:

$$A \prec B \wedge B \prec C \Rightarrow A \prec C, \qquad A \prec B \Rightarrow B \nprec A,$$
$$A \prec B \preceq C \vee A \preceq B \prec C \Rightarrow A \prec C,$$
$$A \prec B \Rightarrow B \npreceq A, \qquad A \preceq B \Rightarrow B \nprec A.$$

Denn aus $A \prec B \prec C$ folgt $A \preceq B \preceq C$, also $A \preceq C$, und wäre $A \sim C$, so wäre etwa $A \preceq B \preceq A$, also nach Satz 6 $A \sim B$ im Widerspruch zu $A \prec B$.

Satz 7 (Vergleichbarkeitssatz für Mengen). *Für Mengen A, B gilt:*

$$A \preceq B \vee B \preceq A.$$

Beweis. Nach Satz 4(a) gilt für Mengen A, B:

$$A \preceq B \Leftrightarrow \exists f\,(f \textit{ eineindeutige Abbildung von } A \textit{ in } B).$$

Das Mengensystem

$$\mathfrak{F} = \{f \mid f \textit{ eineindeutige Abbildung aus } A \textit{ in } B\}$$

ist rechtsinduktiv (für jede Kette $\mathfrak{K} \subseteq \mathfrak{F}$ ist $\bigcup \mathfrak{K} \in \mathfrak{F}$), so daß es nach dem ZORNschen Lemma (Satz 6, § 13) ein maximales Element f von $\mathfrak{F}$ gibt, d. h. ein $f \in \mathfrak{F}$ mit $f \not\subset g$ für jedes $g \in \mathfrak{F}$. f ist eine eineindeutige Abbildung aus A in B, womit u. a. $\mathrm{Db}(f) \subseteq A$ und $\mathrm{Wb}(f) \subseteq B$ gilt. Ist $\mathrm{Db}(f) = A$, so ist f eine eineindeutige Abbildung von A in B, gilt also $A \preceq B$. Ist $\mathrm{Wb}(f) = B$, so ist f^{-1} eine eineindeutige Abbildung von B in A, gilt also $B \preceq A$. Der Fall $\mathrm{Db}(f) \subset A$ und $\mathrm{Wb}(f) \subset B$ ist schließlich nicht möglich; denn für ein $x \in A \setminus \mathrm{Db}(f)$ und ein $y \in B \setminus \mathrm{Wb}(f)$ wäre $g = f \cup \{(x,y)\} \in \mathfrak{F}$ bei $f \subset g$ im Widerspruch zur Maximalität von f. Somit gilt stets $\mathrm{Db}(f) = A$ oder $\mathrm{Wb}(f) = B$, also $A \preceq B$ oder $B \preceq A$. ∎

Über Satz 7 gilt für Mengen A, B auch:

$$A \prec B \vee A \sim B \vee B \prec A,$$
$$A \prec B \Leftrightarrow B \npreceq A, \qquad A \preceq B \Leftrightarrow B \nprec A,$$

und die drei Fälle der ersten Zeile schließen sich gegenseitig aus.

Satz 8. *Für Mengensysteme $\mathfrak{M}$ gilt:*

$$\mathfrak{M} \neq \emptyset \Rightarrow \exists M\,(M \in \mathfrak{M} \wedge \forall X\,(X \in \mathfrak{M} \Rightarrow M \preceq X)).$$

Beweis. Aus dem Hauptsatz der Wohlordnungstheorie folgt zunächst für wohlgeordnete Mengen $(A, \leqq)$ und Mengen X:

$$X \prec A \Rightarrow \exists a\,(a \in A \wedge X \sim \mathrm{Ab}\,a). \quad (*)$$

Denn gilt $X \sim U \subseteq A$ und $U \neq A$ für eine Menge U, so existiert nach Satz 22, §11 ein Segment S von A mit $(U, \leqq \| U) \simeq (S, \leqq \| S)$, also mit $U \sim S$ bei $S \neq A$ wegen $U \neq A$; damit ist S ein Abschnitt, also $S = \mathrm{Ab}\,a$ für ein $a \in A$, und es ist $X \sim U \sim \mathrm{Ab}\,a$.

Es sei nun $\mathfrak{M}$ ein nichtleeres Mengensystem, $A \in \mathfrak{M}$ und $\leqq$ eine nach dem Wohlordnungssatz (Satz 1, §13) existierende Wohlordnung in A, und es sei

$$B = \{a \in A \mid \exists X (X \in \mathfrak{M} \wedge X \sim \mathrm{Ab}\,a)\}.$$

Es ist $B \subseteq A$. Im Falle $B = \emptyset$ gilt nach (*) $X \prec A$ für kein $X \in \mathfrak{M}$; damit gilt über Satz 7 $M \preceq X$ für $M = A$ und alle $X \in \mathfrak{M}$. Im Falle $B \neq \emptyset$ sei b innerhalb $(A, \leqq)$ das Minimum von B. Nach Definition von B gibt es ein $M \in \mathfrak{M}$ mit $M \sim \mathrm{Ab}\,b$. Dann gilt $M \preceq X$ für alle $X \in \mathfrak{M}$. Wäre nämlich $X \prec M$ für ein $X \in \mathfrak{M}$, so wäre $X \prec M \sim \mathrm{Ab}\,b$, also $X \prec \mathrm{Ab}\,b$, womit es nach (*) – angewandt auf den wohlgeordneten Abschnitt $(\mathrm{Ab}\,b, \leqq \| \mathrm{Ab}\,b)$ – ein $c \in \mathrm{Ab}\,b$ gibt mit $X \sim \mathrm{Ab}\,c$; dann wäre $c \in B$ bei $c < b$ im Widerspruch zur Minimumeigenschaft von b. ∎

Man erhält alle Ergebnisse (die wir möglichst ohne Wohlordnungstheorie beweisen wollten) auch simultan aus dem Wohlordnungssatz und dem Hauptsatz der Wohlordnungstheorie, was jetzt noch gezeigt werden soll.

Satz 9. *Für Mengen A, B, C und Mengensysteme $\mathfrak{M}$ gilt:*

$$A \preceq A, \qquad A \preceq B \wedge B \preceq C \Rightarrow A \preceq C,$$
$$A \preceq B \wedge B \preceq A \Rightarrow A \sim B, \qquad A \preceq B \vee B \preceq A,$$
$$\mathfrak{M} \neq \emptyset \Rightarrow \exists M (M \in \mathfrak{M} \wedge \forall X (X \in \mathfrak{M} \Rightarrow M \preceq X)).$$

Beweis. Wir führen den Beweis nach „N. BOURBAKI, *Théorie des ensembles*". Es genügt, die Behauptungen für die Elemente A, B, C und die Teilmengen $\mathfrak{M}$ eines beliebig vorgegebenen Mengensystems $\mathfrak{N}$ zu beweisen. Es sei $\mathfrak{N}$ ein Mengensystem. Nach dem Wohlordnungssatz gibt es eine Wohlordnung $\leqq$ in der Vereinigung $V = \bigcup \mathfrak{N}$, und nach dem Hauptsatz der Wohlordnungstheorie gibt es (über Satz 22, §11) für jede Menge $X \subseteq V$ ein Segment S von V (bzgl. $\leqq$) mit

$$(X, \leqq \| X) \simeq (S, \leqq \| S), \qquad X \sim S.$$

Das Mengensystem $\mathfrak{S}$ aller Segmente von V wird durch $\subseteq$ wohlgeordnet (Satz 6(b), §11). Also existiert für jede Menge $X \subseteq V$ das kleinste Segment $S(X)$ von V mit $X \sim S(X)$. Für beliebige Mengen $X, Y \subseteq V$ gilt:

$$X \sim Y \Leftrightarrow S(X) = S(Y), \qquad X \preceq Y \Leftrightarrow S(X) \subseteq S(Y). \quad (*)$$

Denn aus $X \precsim Y$ folgt $X \sim Z \subseteq Y \sim S(Y)$ für eine Menge Z, also auch $X \sim Z \subseteq S(Y)$ für eine Menge Z, und Z ist (nach Satz 22, § 11, auf das wohlgeordnete Segment $(S(Y), \leqq \| S(Y))$ angewandt) mit einem Segment T von $S(Y)$ gleichmächtig, womit $X \sim T$ und T Segment von V ist, also $S(X) \subseteq T \subseteq S(Y)$.
Das Teilsystem $\mathfrak{S}'$ von $\mathfrak{S}$ aller $S(X)$ für $X \in \mathfrak{N}$ wird schließlich ebenfalls durch $\subseteq$ wohlgeordnet, und hieraus folgen über (*) die Behauptungen unseres Satzes für die Elemente $A, B, C \in \mathfrak{N}$ und die Teilmengen $\mathfrak{M} \subseteq \mathfrak{N}$. ∎
Im Rahmen unserer früheren Existenzaussagen für überabzählbare Mengen in § 8.4 ergab sich für Mengen A und mindestens zweielementige Mengen B der Satz von CANTOR:

$$A \prec \mathfrak{P}(A), \qquad A \prec B^A.$$

Jede dieser Aussagen führt zu

Satz 10. *Für Mengen A und Mengensysteme $\mathfrak{M}$ gilt:*

$$\exists X (X \textit{ Menge} \wedge A \prec X), \qquad \exists X (X \textit{ Menge} \wedge \forall Y (Y \in \mathfrak{M} \Rightarrow Y \prec X)).$$

Beweis. Es ist noch die zweite Behauptung zu beweisen. Für jedes Mengensystem $\mathfrak{M}$ und seine Vereinigung $V = \bigcup \mathfrak{M}$ existiert eine Menge X mit $V \prec X$, woraus für jedes $Y \in \mathfrak{M}$ wegen $Y \subseteq V$ und damit $Y \precsim V$ folgt: $Y \prec X$. ∎
Aus der zweiten Behauptung von Satz 10 erhält man die CANTOR*sche Antinomie* der Menge aller Mengen; d. h. einen Widerspruch zur Annahme, es existiere die Menge $\mathfrak{M}$ aller Mengen. Für die Menge $\mathfrak{M}$ müßte es ja wiederum eine Menge X geben mit $Y \prec X$ für alle $Y \in \mathfrak{M}$, woraus speziell $X \prec X$ folgt, Widerspruch. Die Menge aller Mengen existiert nicht (vgl. auch Satz 6, § 3).
Der Satz von CANTOR und die bewiesenen Eigenschaften von $\precsim, \prec$ ergeben auch den folgenden

Satz 11. *Für Allmengen A, B gilt:*

$$A \sim B \Leftrightarrow A = B, \quad A \precsim B \Leftrightarrow A \subseteq B, \quad A \prec B \Leftrightarrow A \subset B \Leftrightarrow A \in B,$$
$$A \sim B \Leftrightarrow A \sqsubset\!\!\sqsupset B, \quad A \precsim B \Leftrightarrow A \sqsubset B, \quad A \prec B \Leftrightarrow A \ulcorner B \Leftrightarrow A \in B.$$

Beweis. A, B seien Allmengen. Nach Satz 2(f), § 3 und der gegenseitigen Definierbarkeit von $\precsim, \prec$ haben wir noch

$$A \precsim B \Leftrightarrow A \subseteq B$$

zu beweisen. Aus $A \subseteq B$ folgt trivial $A \precsim B$. Gilt umgekehrt $A \precsim B$ und wäre nicht $A \subseteq B$, so wäre $B \subset A$ wegen der Vergleichbarkeit der Allmengen, also

$B \sqsubset A$ und damit auch $X \sqsubset A$ für alle Teilmengen $X \subseteq B$. Es wäre somit $X \in A$ für alle $X \in \mathfrak{P}(B)$, also $\mathfrak{P}(B) \subseteq A$, also $B \prec \mathfrak{P}(B) \preceq A, B \prec A$ im Widerspruch zu $A \preceq B$. ∎

Aus den Eigenschaften von $\preceq, \prec$ folgt für Kardinalzahlen der

Satz 12. *Für Kardinalzahlen* $\mathfrak{a}, \mathfrak{b}, \mathfrak{c}$ *und Mengen M von Kardinalzahlen gilt:*

$$\mathfrak{a} \leqq \mathfrak{b} \Leftrightarrow \mathfrak{a} < \mathfrak{b} \vee \mathfrak{a} = \mathfrak{b}, \qquad \mathfrak{a} < \mathfrak{b} \Leftrightarrow \mathfrak{a} \leqq \mathfrak{b} \wedge \mathfrak{a} \neq \mathfrak{b},$$

$$\mathfrak{a} \leqq \mathfrak{a}, \qquad \mathfrak{a} \nless \mathfrak{a},$$

$$\mathfrak{a} \leqq \mathfrak{b} \wedge \mathfrak{b} \leqq \mathfrak{c} \Rightarrow \mathfrak{a} \leqq \mathfrak{c}, \qquad \mathfrak{a} < \mathfrak{b} \wedge \mathfrak{b} < \mathfrak{c} \Rightarrow \mathfrak{a} < \mathfrak{c},$$

$$\mathfrak{a} \leqq \mathfrak{b} \wedge \mathfrak{b} \leqq \mathfrak{a} \Rightarrow \mathfrak{a} = \mathfrak{b}, \qquad \mathfrak{a} < \mathfrak{b} \Rightarrow \mathfrak{b} \nless \mathfrak{a},$$

$$\mathfrak{a} \leqq \mathfrak{b} \vee \mathfrak{b} \leqq \mathfrak{a}, \qquad \mathfrak{a} < \mathfrak{b} \vee \mathfrak{a} = \mathfrak{b} \vee \mathfrak{b} < \mathfrak{a},$$

$$\mathfrak{a} < \mathfrak{b} \leqq \mathfrak{c} \vee \mathfrak{a} \leqq \mathfrak{b} < \mathfrak{c} \Rightarrow \mathfrak{a} < \mathfrak{c},$$

$$\mathfrak{a} < \mathfrak{b} \Leftrightarrow \mathfrak{b} \nleqq \mathfrak{a}, \qquad \mathfrak{a} \leqq \mathfrak{b} \Leftrightarrow \mathfrak{b} \nless \mathfrak{a},$$

$$M \neq \emptyset \Rightarrow \exists \mathfrak{m}(\mathfrak{m} \in M \wedge \forall \mathfrak{x}(\mathfrak{x} \in M \Rightarrow \mathfrak{m} \leqq \mathfrak{x})),$$

$$\exists \mathfrak{x}(\mathrm{cz}\,\mathfrak{x} \wedge \mathfrak{a} < \mathfrak{x}), \qquad \exists \mathfrak{x}(\mathrm{cz}\,\mathfrak{x} \wedge \forall \mathfrak{y}(\mathfrak{y} \in M \Rightarrow \mathfrak{y} < \mathfrak{x})).$$

Beweis. Die Behauptungen folgen über die Sätze 2(a) und 5(a) repräsentantenweise direkt aus den in diesem Abschnitt §14.3 bewiesenen entsprechenden Sätzen über $\preceq, \prec$. Für die drittletzte und letzte Behauptung muß man sich dabei zunächst eine Funktion F über der Kardinalzahlmenge M verschaffen, welche jedem $\mathfrak{x} \in M$ einen Repräsentanten $F(\mathfrak{x})$ von $\mathfrak{x}$ zuordnet. Dann wende man die Sätze 8 und 10 auf den Wertebereich $\mathfrak{M}$ von F an. F gewinnt man folgendermaßen: Man nehme eine Auswahlfunktion f des Mengensystems $\mathfrak{M}'$ aller Mengensysteme $\mathfrak{X}$ mit $(\mathbf{N}, \mathfrak{X}) \in M$ (und damit $(\mathbf{N}, \mathfrak{X}) \in M \setminus \mathbf{N}$) und definiere:

$$F(\mathfrak{x}) = \begin{cases} \mathbf{N}(\mathfrak{x}) \text{ für } \mathfrak{x} \in M \cap \mathbf{N} \\ f(\mathfrak{X}) \text{ für } \mathfrak{x} = (\mathbf{N}, \mathfrak{X}) \in \mathrm{M} \setminus \mathbf{N}. \end{cases}$$ ∎

Satz 12 bringt zum Ausdruck, daß $\leqq$ und $<$ in jeder Menge von Kardinalzahlen einander zugehörige reflexive bzw. irreflexive Wohlordnungen erzeugen. Der Gesamtbereich der Kardinalzahlen ist unbeschränkt; es existiert keine größte Kardinalzahl. Dagegen ist jede Menge M von Kardinalzahlen beschränkt; es existiert eine Kardinalzahl, welche sogar größer als alle Zahlen von M ist. Diese letzte Eigenschaft ergibt die CANTOR*sche Antinomie* der Menge aller Kardinalzahlen; d.h. einen Widerspruch zur Annahme, es existiere die Menge M aller Kardinalzahlen. Für M müßte es ja wiederum eine

Kardinalzahl $\mathfrak{x}$ geben mit $\mathfrak{y} < \mathfrak{x}$ für alle $\mathfrak{y} \in M$, woraus speziell $\mathfrak{x} < \mathfrak{x}$ folgt, Widerspruch. Die Menge aller Kardinalzahlen existiert nicht. Aber es besteht der

Satz 13. *Für jede Kardinalzahl* $\mathfrak{a}$ *existiert die Menge aller Kardinalzahlen* $\mathfrak{x}$ *mit* $\mathfrak{x} \leqq \mathfrak{a}$.

Beweis. Es seien $\mathfrak{a}, \mathfrak{x}$ Kardinalzahlen mit Repräsentanten A, X, und es sei $\mathfrak{x} \leqq \mathfrak{a}$; also

$$\mathfrak{a} = \operatorname{card} A, \qquad \mathfrak{x} = \operatorname{card} X, \qquad X \precsim A.$$

Für unendliches X folgt aus Definition 1:

$$\mathfrak{x} = (\mathbf{N}, \{Y \in K \mid Y \textit{ Menge} \wedge Y \sim X\}),$$

wobei K die kleinste Allmenge ist mit $Y \in K$ für eine Menge $Y \sim X$. Für eine feste Allmenge L mit $A \in L$ existiert wegen $X \precsim A$ eine Menge $Y \subseteq A$ mit $Y \sim X$, also eine Menge $Y \in L$ mit $Y \sim X$, woraus $K \subseteq L$ folgt, also $\mathfrak{x} \in \{\mathbf{N}\} \times \mathfrak{P}(L)$. Für festes $\mathfrak{a}$ und festes L gilt also für beliebige Kardinalzahlen $\mathfrak{x}$:

$$\mathfrak{x} \leqq \mathfrak{a} \Leftrightarrow \mathfrak{x} \in \mathbf{N} \cup (\{\mathbf{N}\} \times \mathfrak{P}(\mathrm{L})) \wedge \mathfrak{x} \leqq \mathfrak{a}.$$

Hiermit existiert die Menge

$$\{\mathfrak{x} \mid \mathrm{cz}\,\mathfrak{x} \wedge \mathfrak{x} \leqq \mathfrak{a}\} = \{\mathfrak{x} \in \mathbf{N} \cup (\{\mathbf{N}\} \times \mathfrak{P}(L)) \mid \mathrm{cz}\,\mathfrak{x} \wedge \mathfrak{x} \leqq \mathfrak{a}\}. \quad \blacksquare$$

Nach Satz 13 existiert für jede Kardinalzahl $\mathfrak{a}$ auch die Menge aller Kardinalzahlen $\mathfrak{x}$ mit $\mathfrak{x} < \mathfrak{a}$, und man definiert:

Definition 3. Für jede Kardinalzahl $\mathfrak{a}$ heißt die Menge

$$\mathbf{C}(\mathfrak{a}) = \{\mathfrak{x} \mid \mathrm{cz}\,\mathfrak{x} \wedge \mathfrak{x} < \mathfrak{a}\}$$

der *Abschnitt* von $\mathfrak{a}$. ∎

Für jede Menge C von Kardinalzahlen sei abkürzend:

$$\underset{(C)}{\leqq} = \{(\mathfrak{x}, \mathfrak{y}) \in C^2 \mid \mathfrak{x} \leqq \mathfrak{y}\}, \qquad \underset{(C)}{\geqq} = (\underset{(C)}{\leqq})^{-1},$$

$$\underset{(C)}{<} = \{(\mathfrak{x}, \mathfrak{y}) \in C^2 \mid \mathfrak{x} < \mathfrak{y}\}, \qquad \underset{(C)}{>} = (\underset{(C)}{<})^{-1},$$

wobei man den Index (C) auch wegläßt, wenn Mißverständnisse ausgeschlossen sind. Nach Satz 12 ist $\underset{(C)}{\leqq}$ bzw. $\underset{(C)}{<}$ für jede Kardinalzahlmenge C eine reflexive bzw. irreflexive Wohlordnung in C. Für jede Kardinalzahl $\mathfrak{a}$ ist $(\mathbf{C}(\mathfrak{a}), \leqq)$ der wohlgeordnete Abschnitt von $\mathfrak{a}$, auf welchen man dann alle ordnungstheoretischen Begriffe und alle Sätze der Wohlordnungstheorie anwenden darf. Für Kardinalzahlen $\mathfrak{a}, \mathfrak{b}$ mit $\mathfrak{a} < \mathfrak{b}$ ist $\mathbf{C}(\mathfrak{a})$ auch der Abschnitt von $\mathfrak{a}$ innerhalb $(\mathbf{C}(\mathfrak{b}), \leqq)$.

Wir definieren schließlich noch Minimum und Maximum von Kardinalzahlmengen und die Kardinalzahlintervalle.

Definition 4. M sei eine Menge von Kardinalzahlen:

Ist $M \neq \emptyset$, so heißt

$$\min M = \iota\mathfrak{m}(\mathfrak{m} \in M \wedge \forall \mathfrak{x}(\mathfrak{x} \in M \Rightarrow \mathfrak{m} \leqq \mathfrak{x}))$$

das *kleinste* (*erste*) *Element* oder die *kleinste* (*erste*) (*Kardinal*-)*Zahl* oder das *Minimum* von M. Gibt es ein $\mathfrak{m} \in M$ mit $\mathfrak{x} \leqq \mathfrak{m}$ für alle $\mathfrak{x} \in M$, so heißt

$$\max M = \iota\mathfrak{m}(\mathfrak{m} \in M \wedge \forall \mathfrak{x}(\mathfrak{x} \in M \Rightarrow \mathfrak{x} \leqq \mathfrak{m}))$$

das *größte* (*letzte*) *Element* oder die *größte* (*letzte*) (*Kardinal*-)*Zahl* oder das *Maximum* von M. ∎

Für Mengen M von Kardinalzahlen und Kardinalzahlen $\mathfrak{b}$ mit $M \subseteq \mathbf{C}(\mathfrak{b})$ ist im Existenzfall $\min M$ bzw. $\max M$ gleichzeitig das Minimum bzw. Maximum von M in $(\mathbf{C}(\mathfrak{b}), \leqq)$; für endliches $M \neq \emptyset$ existiert nach Satz 5(b), §10 stets $\max M$. Für Familien $(\mathfrak{a}_i)_{i \in I}$ von Kardinalzahlen sei im Existenzfall:

$$\min_{i \in I} \mathfrak{a}_i = \min\{\mathfrak{a}_i\}_{i \in I}, \qquad \max_{i \in I} \mathfrak{a} = \max\{\mathfrak{a}_i\}_{i \in I}$$

Definition 5. $\mathfrak{a}, \mathfrak{b}$ seien Kardinalzahlen mit $\mathfrak{a} \leqq \mathfrak{b}$:

$$[\mathfrak{a}, \mathfrak{b}] = \{\mathfrak{x} \mid cz\,\mathfrak{x} \wedge \mathfrak{a} \leqq \mathfrak{x} \leqq \mathfrak{b}\}, \quad]\mathfrak{a}, \mathfrak{b}[= \{\mathfrak{x} \mid cz\,\mathfrak{x} \wedge \mathfrak{a} < \mathfrak{x} < \mathfrak{b}\},$$
$$[\mathfrak{a}. \mathfrak{b}[= \{\mathfrak{x} \mid cz\,\mathfrak{x} \wedge \mathfrak{a} \leqq \mathfrak{x} < \mathfrak{b}\}, \quad]\mathfrak{a}, \mathfrak{b}] = \{\mathfrak{x} \mid cz\,\mathfrak{x} \wedge \mathfrak{a} < \mathfrak{x} \leqq \mathfrak{b}\}. \ ∎$$

Für Kardinalzahlen $\mathfrak{a}, \mathfrak{b}, \mathfrak{c}$ mit $\mathfrak{a} \leqq \mathfrak{b} < \mathfrak{c}$ sind die definierten Intervalle mit den Endpunkten $\mathfrak{a}, \mathfrak{b}$ gleichzeitig die entsprechenden Intervalle innerhalb $(\mathbf{C}(\mathfrak{c}), \leqq)$.

14.4. Nachfolger, Suprema

Aus Satz 12 folgt für jede mengentheoretisch formulierte Eigenschaft $\mathbf{H}(\mathfrak{x})$ von Kardinalzahlen $\mathfrak{x}$ die Existenz der kleinsten Kardinalzahl $\mathfrak{x}$ mit $\mathbf{H}(\mathfrak{x})$, sofern es überhaupt eine Kardinalzahl $\mathfrak{x}_0$ mit $\mathbf{H}(\mathfrak{x}_0)$ gibt. Denn gilt $\mathbf{H}(\mathfrak{x}_0)$ und ist $\mathfrak{a}$ eine Kardinalzahl mit $\mathfrak{x}_0 < \mathfrak{a}$, so ist die Menge

$$M = \{\mathfrak{x} \in \mathbf{C}(\mathfrak{a}) \mid \mathbf{H}(\mathfrak{x})\}$$

nichtleer und besitzt das Minimum $\mathfrak{m} = \min M$, welches dann die kleinste Kardinalzahl $\mathfrak{x}$ mit $\mathbf{H}(\mathfrak{x})$ ist; d.h. es gilt $\mathbf{H}(\mathfrak{m})$, und für jede Kardinalzahl $\mathfrak{x}$ mit $\mathbf{H}(\mathfrak{x})$ gilt $\mathfrak{m} \leqq \mathfrak{x}$. Speziell existiert die kleinste Kardinalzahl, nämlich die natürliche Zahl 0; denn es ist $0 = \operatorname{card} \emptyset$, und für jede Kardinalzahl $\mathfrak{a}$ mit dem Repräsentanten A gilt $\emptyset \preceq A$, also $0 \leqq \mathfrak{a}$.
Aus Satz 12 folgt für jede Kardinalzahl $\mathfrak{a}$ die Existenz einer größeren Zahl $\mathfrak{x} > \mathfrak{a}$ und für jede Menge M von Kardinalzahlen die Existenz einer oberen Schranke, d.h. einer Kardinalzahl $\mathfrak{x}$ mit $\mathfrak{y} \leqq \mathfrak{x}$ für alle $\mathfrak{y} \in M$. Es existiert dann in beiden Fällen auch jeweils die kleinste derartige Kardinalzahl $\mathfrak{x}$, und man definiert:

Definition 6. Für jede Kardinalzahl $\mathfrak{a}$ heißt die Zahl

$$\mathfrak{a}' = \textit{kleinste Kardinalzahl } \mathfrak{x} \textit{ mit } \mathfrak{a} < \mathfrak{x}$$

der *Nachfolger* von $\mathfrak{a}$. Für jede Menge M von Kardinalzahlen heißt die Zahl

$$\sup M = \textit{kleinste Kardinalzahl } \mathfrak{x} \textit{ mit } \forall \mathfrak{y} (\mathfrak{y} \in M \Rightarrow \mathfrak{y} \leqq \mathfrak{x})$$

die *obere Grenze* oder das *Supremum* von M. ∎
Für Kardinalzahlen $\mathfrak{a}, \mathfrak{b}$ mit $\mathfrak{a} < \mathfrak{b}$ und

$$\exists \mathfrak{x} (\operatorname{cz} \mathfrak{x} \wedge \mathfrak{a} < \mathfrak{x} < \mathfrak{b})$$

ist $\mathfrak{a}'$ gleichzeitig der Nachfolger von $\mathfrak{a}$ in $(\mathbf{C}(\mathfrak{b}), \leqq)$. Für Mengen M von Kardinalzahlen und Kardinalzahlen $\mathfrak{b}$ mit

$$\exists \mathfrak{x} (\operatorname{cz} \mathfrak{x} \wedge \mathfrak{x} < \mathfrak{b} \wedge \forall \mathfrak{y} (\mathfrak{y} \in M \Rightarrow \mathfrak{y} \leqq \mathfrak{x}))$$

ist $\sup M$ gleichzeitig das Supremum von M in $(\mathbf{C}(\mathfrak{b}), \leqq)$. Für Familien $(\mathfrak{a}_i)_{i \in I}$ von Kardinalzahlen sei noch definiert:

$$\sup_{i \in I} \mathfrak{a}_i = \sup \{\mathfrak{a}_i\}_{i \in I} \,.$$

Mit dem Nachfolgerbegriff erhält man die Begriffe der folgenden

Definition 7. Ist $\mathfrak{a}$ eine Kardinalzahl, für welche es eine Kardinalzahl $\mathfrak{x}$ mit $\mathfrak{x}' = \mathfrak{a}$ gibt, so heißt diese dann eindeutig bestimmte Zahl

$$\iota \mathfrak{x} (\operatorname{cz} \mathfrak{x} \wedge \mathfrak{x}' = \mathfrak{a})$$

der *Vorgänger* von $\mathfrak{a}$. Eine *isolierte* (*Kardinal-*)*Zahl* ist eine Kardinalzahl $\mathfrak{a}$ mit

$$\mathfrak{a} = 0 \vee \exists \mathfrak{x} (\operatorname{cz} \mathfrak{x} \wedge \mathfrak{x}' = \mathfrak{a})$$

($\mathfrak{a}$ ist 0 oder besitzt einen Vorgänger). Eine (*kardinale*) *Limeszahl* ist eine Kardinalzahl, welche keine isolierte Zahl ist, also eine Kardinalzahl $\mathfrak{a}$ mit

$$\mathfrak{a} \neq 0 \wedge \neg \exists \mathfrak{x}(\mathrm{cz}\, \mathfrak{x} \wedge \mathfrak{x}' = \mathfrak{a})$$

($\mathfrak{a}$ ist von 0 verschieden und besitzt keinen Vorgänger). ∎
Für Kardinalzahlen $\mathfrak{a}, \mathfrak{b}$ mit $\mathfrak{a} < \mathfrak{b}$ fallen die in Definition 7 für $\mathfrak{a}$ eingeführten Begriffe mit den entsprechenden Begriffen „Vorgänger, isoliertes Element, Limeselement" innerhalb $(\mathbf{C}(\mathfrak{b}), \leqq)$ zusammen.
Die Existenz der Abschnitte $\mathbf{C}(\mathfrak{a})$ ermöglicht es, mengentheoretisch formulierte Behauptungen $\mathbf{B}(\mathfrak{x})$ über Kardinalzahlen $\mathfrak{x}$ mit den Beweisverfahren der transfiniten ordnungstheoretischen, vollständigen und gemischten Induktion zu beweisen (vgl. die Bemerkung am Ende von §12.1).

14.5. Endliche, unendliche Kardinalzahlen

Die Repräsentanten einer Kardinalzahl sind gemeinsam alle endlich oder gemeinsam alle unendlich.

Definition 8. Eine Kardinalzahl $\mathfrak{a}$ heißt *endlich* oder *finit*, wenn alle Repräsentanten von $\mathfrak{a}$ endlich sind, und heißt *unendlich* oder *transfinit*, wenn alle Repräsentanten von $\mathfrak{a}$ unendlich sind. ∎
Für Kardinalzahlen $\mathfrak{a}$ gilt also:

$$\begin{aligned}
\mathfrak{a}\ \textit{endlich} &\Leftrightarrow \forall X\,(X\ \textit{Menge} \wedge \mathfrak{a} = \operatorname{card} X \Rightarrow X\ \textit{endlich}),\\
\mathfrak{a}\ \textit{endlich} &\Leftrightarrow \exists X\,(X\ \textit{Menge} \wedge \mathfrak{a} = \operatorname{card} X \wedge X\ \textit{endlich}),\\
\mathfrak{a}\ \textit{unendlich} &\Leftrightarrow \forall X\,(X\ \textit{Menge} \wedge \mathfrak{a} = \operatorname{card} X \Rightarrow X\ \textit{unendlich}),\\
\mathfrak{a}\ \textit{unendlich} &\Leftrightarrow \exists X\,(X\ \textit{Menge} \wedge \mathfrak{a} = \operatorname{card} X \wedge X\ \textit{unendlich}),\\
\mathfrak{a}\ \textit{endlich} &\Leftrightarrow \neg\, \mathfrak{a}\ \textit{unendlich}.
\end{aligned}$$

Definition 9. Es sei $\boldsymbol{\mathfrak{a}} = \operatorname{card} \mathbf{N}$. ∎

Satz 14.

$$\mathbf{N} = \{\mathfrak{x} \mid \mathfrak{x}\ \textit{endliche Kardinalzahl}\} = \mathbf{C}(\boldsymbol{\mathfrak{a}}).$$

Beweis. Nach den Definitionen 1 und 8 ist $\mathbf{N}$ die Menge der endlichen Kardinalzahlen. Wir haben noch für jede Kardinalzahl $\mathfrak{x}$ zu beweisen:

$$\mathfrak{x} \in \mathbf{N} \Leftrightarrow \mathfrak{x} < \boldsymbol{\mathfrak{a}}$$

oder durch Übergang zu den Repräsentanten für jede Menge X zu beweisen:

$$X \textit{ endlich} \Leftrightarrow X \prec \mathbf{N}.$$

Dies ist aber gerade Satz 6(e), §8. ∎

Wegen $\mathbf{N} = \mathbf{C}(\mathfrak{a})$ ist $(\mathbf{N}, \leqq) = (\mathbf{C}(\mathfrak{a}), \leqq)$, wobei $\leqq$ sowohl die alte $\leqq$-Beziehung innerhalb $\mathbf{N}$ ist als auch die auf $\mathbf{C}(\mathfrak{a})$ relativierte $\leqq$-Beziehung für beliebige Kardinalzahlen. Die wohlgeordnete Menge $(\mathbf{N}, \leqq)$ der natürlichen Zahlen besitzt keine Limeselemente. $\mathfrak{a}$ ist eine Limeszahl, weil $\mathbf{C}(\mathfrak{a}) = \mathbf{N}$ ist und $\max \mathbf{N}$ nicht existiert. Insgesamt gilt also für Kardinalzahlen $\mathfrak{x}$:

$$\mathfrak{x} \text{ endlich} \Leftrightarrow \mathfrak{x} < \mathfrak{a} \Leftrightarrow \neg \exists \mathfrak{l}(\mathfrak{l} \textit{ Limeszahl} \wedge \mathfrak{l} \leqq \mathfrak{x}),$$
$$\mathfrak{x} \text{ unendlich} \Leftrightarrow \mathfrak{a} \leqq \mathfrak{x} \Leftrightarrow \exists \mathfrak{l}(\mathfrak{l} \textit{ Limeszahl} \wedge \mathfrak{l} \leqq \mathfrak{x}).$$

Unter Verwendung von $\mathfrak{a}$ gilt für Mengen M bei $\mathfrak{m} = \operatorname{card} M$ (vgl. Definition 4, §8):

$$M \textit{ endlich} \Leftrightarrow \mathfrak{m} < \mathfrak{a}, \quad M \textit{ unendlich} \Leftrightarrow \mathfrak{a} \leqq \mathfrak{m}, \quad M \textit{ abzählbar} \Leftrightarrow \mathfrak{m} \leqq \mathfrak{a},$$

$$M \textit{ abzählbar unendlich} \Leftrightarrow \mathfrak{m} = \mathfrak{a}, \quad M \textit{ überabzählbar} \Leftrightarrow \mathfrak{a} < \mathfrak{m}.$$

Jede Limeszahl ist transfinit. $\mathfrak{a}$, die *Mächtigkeit des abzählbar Unendlichen*, ist die kleinste transfinite Kardinalzahl und die kleinste Limeszahl. Die Reihe der Kardinalzahlen beginnt also mit:

$$0, 1, 2, \ldots, \mathfrak{a}, \mathfrak{a}', \mathfrak{a}'', \ldots\ldots.$$

Für jede Kardinalzahl $\mathfrak{m}$ existiert eine Limeszahl $\mathfrak{l} > \mathfrak{m}$. Denn ist $\mathfrak{m} = \operatorname{card} M$ für die Menge M und $\mathbf{N}, M \in \mathfrak{V}$ für den Allbereich $\mathfrak{V}$, so definiere man durch vollständige Induktion die Funktion P von $\mathbf{N}$ in die Menge aller Mengen $X \in \mathfrak{V}$ mit für jedes $n \in \mathbf{N}$:

$$P(0) = M, \qquad P(n+1) = \mathfrak{P}(P(n)).$$

Dann ist die Folge $(\mathfrak{a}_n)_{n<\infty}$ bei $\mathfrak{a}_n = \operatorname{card} P(n)$ eine nach Satz 3(b) existierende und nach Konstruktion echt wachsende Folge von Kardinalzahlen mit $\mathfrak{a}_0 = \mathfrak{m}$, so daß schließlich $\mathfrak{l} = \sup_{n \in \mathbf{N}} \mathfrak{a}_n$ eine gewünschte Limeszahl ist.

Endliche und unendliche Kardinalzahlen lassen sich auch charakterisieren gemäß

Satz 15. *Für Kardinalzahlen* $\mathfrak{a}$, *Mengen* A *mit* $\mathfrak{a} = \operatorname{card} A$ *und Objekte* $a \notin A$ *gilt:*

$$\mathfrak{a} \textit{ endlich} \Leftrightarrow \operatorname{card}(A \cup \{a\}) = \mathfrak{a}', \quad \mathfrak{a} \textit{ unendlich} \Leftrightarrow \operatorname{card}(A \cup \{a\}) = \mathfrak{a}.$$

Beweis. Unter den Voraussetzungen des Satzes gilt nach Satz 4(c), § 8 card $(A \cup \{a\}) = \mathfrak{a}'$ für endliches $\mathfrak{a}$ und gilt nach Satz 10(j), § 8 card $(A \cup \{a\}) =$ card $A = \mathfrak{a}$ für unendliches $\mathfrak{a}$. ∎

§ 15. Arithmetik der Kardinalzahlen

15.1. Arithmetische Operationen

Nach Satz 4(d), § 8 gilt für natürliche Zahlen n, m mit den disjunkten Repräsentanten A, B:

$$n + m = \operatorname{card}(A \cup B).$$

Auch für beliebige disjunkte Mengen A, B läßt sich $\operatorname{card}(A \cup B)$ als Summe von $\operatorname{card} A$ und $\operatorname{card} B$ auffassen und definieren. Für Kardinalzahlen $\mathfrak{a}$, $\mathfrak{b}$ existieren dabei stets Repärsentanten A, B mit $A \cap B = \emptyset$; denn ist

$$\mathfrak{a} = \operatorname{card} A', \qquad \mathfrak{b} = \operatorname{card} B'$$

für Mengen A', B', so sei mittels *Indizierung* mit 0 bzw. 1:

$$A = \{0\} \times A', \qquad B = \{1\} \times B',$$

und es gilt

$$A \sim A', \quad B \sim B', \quad A \cap B = \emptyset.$$

Hat man weiterhin

$$\mathfrak{a} = \operatorname{card} A = \operatorname{card} A', \quad \mathfrak{b} = \operatorname{card} B = \operatorname{card} B', \quad A \cap B = A' \cap B' = \emptyset$$

für Kardinalzahlen $\mathfrak{a}$, $\mathfrak{b}$ und gewisse Mengen A, A', B, B', so gilt nach Satz 2(a), § 8:

$$\operatorname{card}(A \cup B) = \operatorname{card}(A' \cup B').$$

Dies berechtigt uns zu folgender von den Repräsentanten unabhängigen Summendefinition:

Definition 1. Für Kardinalzahlen $\mathfrak{a}$, $\mathfrak{b}$ und Mengen A, B mit

$$\mathfrak{a} = \operatorname{card} A, \quad \mathfrak{b} = \operatorname{card} B, \quad A \cap B = \emptyset$$

heißt die Kardinalzahl

$$\mathfrak{a} + \mathfrak{b} = \operatorname{card}(A \cup B)$$

die *Summe* von $\mathfrak{a}$, $\mathfrak{b}$ und heißen $\mathfrak{a}$, $\mathfrak{b}$ die *Summanden* von $\mathfrak{a} + \mathfrak{b}$. ∎

Eine formale Definition der Kardinalzahlsumme $\mathfrak{a}+\mathfrak{b}$ aus Definition 1 wäre:

$$\iota\,\mathfrak{x}\,\forall X\,\forall Y\big(X,Y\;\mathit{Menge}\wedge\mathfrak{a}=\operatorname{card}X\wedge\mathfrak{b}=\operatorname{card}Y\wedge X\cap Y=\emptyset\Rightarrow\mathfrak{x}=\operatorname{card}(X\cup Y)\big)$$

oder auch:

$$\iota\,\mathfrak{x}\,\exists X\,\exists Y\big(X,Y\;\mathit{Menge}\wedge\mathfrak{a}=\operatorname{card}X\wedge\mathfrak{b}=\operatorname{card}Y\wedge X\cap Y=\emptyset\wedge\mathfrak{x}=\operatorname{card}(Y\cup Y)\big).$$

Für natürliche Zahlen n, m stimmt $n+m$ im Sinne von Definition 1 nach der einleitenden Bemerkung mit der alten Summe natürlicher Zahlen überein. In jeder gegenüber Summenbildung abgeschlossenen Menge M von Kardinalzahlen, d. h.

$$\forall\mathfrak{x}\,\forall\mathfrak{y}(\mathfrak{x},\mathfrak{y}\in M\Rightarrow\mathfrak{x}+\mathfrak{y}\in M),$$

wird durch $+$ eine Operation in M erzeugt, die *Addition* in M. Solche abgeschlossenen Mengen M sind etwa $\mathbf{N}$ und für jeden Allbereich $\mathfrak{B}$ mit $\mathbf{N}\in\mathfrak{B}$ die Menge M aller Kardinalzahlen $\mathfrak{x}\in\mathfrak{B}$. Die letzte Behauptung folgt über Satz 3, §14 und Satz 12(b), (c), §7 so: Für Kardinalzahlen $\mathfrak{x},\mathfrak{y}\in\mathfrak{B}$ gibt es Repräsentanten $X',Y'\in\mathfrak{B}$; dann sind

$$X=\{0\}\times X',\qquad Y=\{1\}\times Y'$$

disjunkte Repräsentanten $X,Y\in\mathfrak{B}$, und es gilt $X\cup Y\in\mathfrak{B}$, also $\mathfrak{x}+\mathfrak{y}=$ $=\operatorname{card}(X\cup Y)\in\mathfrak{B}$. Die „Addition“ für beliebige Kardinalzahlen, d. h. der im anschaulichen Sinne genommene Bereich aller Kardinalzahltripel $(\mathfrak{x},\mathfrak{y},(\mathfrak{x}+\mathfrak{y}))$, ist ein außermathematisches Objekt, da im Falle der Existenz der Menge dieser Tripel auch die Menge aller Kardinalzahlen existieren würde.

Satz 1. *Für Kardinalzahlen* $\mathfrak{a},\mathfrak{b}$ *und Mengen* A, B *mit* $\mathfrak{a}=\operatorname{card}A$, $\mathfrak{b}=\operatorname{card}B$ *gilt:*

(a) $\operatorname{card}(A\cup B)\leqq\mathfrak{a}+\mathfrak{b}$, $\quad A\cap B=\emptyset\Rightarrow\operatorname{card}(A\cup B)=\mathfrak{a}+\mathfrak{b}$,

(b) $\mathfrak{a}\leqq\mathfrak{b}\Leftrightarrow\exists\mathfrak{x}(\mathrm{cz}\,\mathfrak{x}\wedge\mathfrak{a}+\mathfrak{x}=\mathfrak{b})$,

(c) $\mathfrak{a}+0=\mathfrak{a}=0+\mathfrak{a}$, $\quad\mathfrak{a}<\boldsymbol{\mathfrak{a}}\Leftrightarrow\mathfrak{a}+1=\mathfrak{a}'$,

(d) $\mathfrak{b}\leqq\boldsymbol{\mathfrak{a}}\leqq\mathfrak{a}\Rightarrow\mathfrak{a}+\mathfrak{b}=\mathfrak{a}$,

(e) $\mathfrak{a},\mathfrak{b}<\boldsymbol{\mathfrak{a}}\Rightarrow\mathfrak{a}+\mathfrak{b}'=(\mathfrak{a}+\mathfrak{b})'$, $\quad\mathfrak{b}<\boldsymbol{\mathfrak{a}}\leqq\mathfrak{a}\Rightarrow\mathfrak{a}+\mathfrak{b}'<(\mathfrak{a}+\mathfrak{b})'$.

Beweis. Übung. ∎

Man definiert für Kardinalzahlen $\mathfrak{a},\mathfrak{b},\mathfrak{c},\mathfrak{d},\ldots$ sukzessiv die *mehrstelligen Summen*:

$$\mathfrak{a}+\mathfrak{b}+\mathfrak{c}=(\mathfrak{a}+\mathfrak{b})+\mathfrak{c},\qquad\mathfrak{a}+\mathfrak{b}+\mathfrak{c}+\mathfrak{d}=(\mathfrak{a}+\mathfrak{b}+\mathfrak{c})+\mathfrak{d},\ldots.$$

Die Summendefinition überträgt man naheliegend auf beliebige Kardinalzahlfamilien $(\mathfrak{a}_i)_{i\in I}$. Zunächst gibt es eine disjunkte Familie $(A_i)_{i\in I}$ von Repräsentanten A_i der $\mathfrak{a}_i$. Denn ist $(A_i')_{i\in I}$ eine Repräsentantenfamilie der $\mathfrak{a}_i$ (für endliches $\mathfrak{a}_i$ sei $A_i' = \mathbf{N}(\mathfrak{a}_i)$, für unendliches $\mathfrak{a}_i$ sei $A_i' = f_i$ bei $f \in \mathop{\mathsf{X}}_{i\in I'} \mathfrak{X}_i$ für die Menge I' aller $i \in I$ mit unendlichem $\mathfrak{a}_i$ und bei $\mathfrak{a}_i = (\mathbf{N}, \mathfrak{X}_i)$ für $i \in I'$) und definiert man mittels *Indizierung* mit i die Mengen $A_i = \{i\} \times A_i'$, so gilt für $i, j \in I$:

$$\mathfrak{a}_i = \operatorname{card} A_i, \qquad i \neq j \Rightarrow A_i \cap A_j = \emptyset.$$

Hat man weiterhin irgendwelche disjunkten Repräsentantenfamilien $(A_i)_{i\in I}$ und $(A_i')_{i\in I}$ der Kardinalzahlfamilie $(\mathfrak{a}_i)_{i\in I}$, so gilt nach Satz 2(d), § 8:

$$\bigcup_{i\in I} A_i \sim \bigcup_{i\in I} A_i'.$$

Dies berechtigt uns zu folgender

Definition 2. Ist $(\mathfrak{a}_i)_{i\in I}$ eine Kardinalzahlfamilie und $(A_i)_{i\in I}$ eine zugehörige disjunkte Repräsentantenfamilie mit also

$$\mathfrak{a}_i = \operatorname{card} A_i, \qquad i \neq j \Rightarrow A_i \cap A_j = \emptyset$$

für alle $i, j \in I$, so heißt die Kardinalzahl

$$\sum_{i\in I} \mathfrak{a}_i = \operatorname{card} \bigcup_{i\in I} A_i$$

die (*allgemeine*) *Summe* von $(\mathfrak{a}_i)_{i\in I}$ (auch: ... der $\mathfrak{a}_i$ für $i \in I$) und heißen die $\mathfrak{a}_i$ (für $i \in I$) die *Summanden* von $\sum_{i\in I} \mathfrak{a}_i$. ∎

Satz 2. *Für Kardinalzahlfamilien* $(\mathfrak{a}_i)_{i\in I}$, *zugehörige Repräsentantenfamilien* $(A_i)_{i\in I}$ *und Objekte* j *gilt:*

(a) $$\operatorname{card} \bigcup_{i\in I} A_i \leqq \sum_{i\in I} \mathfrak{a}_i, \quad (A_i)_{i\in I} \textit{ disjunkt} \Rightarrow \operatorname{card} \bigcup_{i\in I} A_i = \sum_{i\in I} \mathfrak{a}_i,$$

(b) $$I = \emptyset \Rightarrow \sum_{i\in I} \mathfrak{a}_i = 0, \quad I = \{j\} \Rightarrow \sum_{i\in I} \mathfrak{a}_i = \mathfrak{a}_j,$$

(c) $$j \in I \Rightarrow \sum_{i\in I} \mathfrak{a}_i = \sum_{i\in I\setminus\{j\}} \mathfrak{a}_i + \mathfrak{a}_j.$$

Beweis. Übung. ∎

Nach Satz 4(e), § 8 gilt für natürliche Zahlen n, m mit den Repräsentanten A, B:

$$n \cdot m = \operatorname{card}(A \times B).$$

Auch für beliebige Mengen A, B läßt sich $\operatorname{card}(A \times B)$ als Produkt von $\operatorname{card} A$ und $\operatorname{card} B$ auffassen und definieren. Für Kardinalzahlen $\mathfrak{a}, \mathfrak{b}$ und Mengen A,

A', B, B' mit

$$\mathfrak{a} = \operatorname{card} A = \operatorname{card} A', \qquad \mathfrak{b} = \operatorname{card} B = \operatorname{card} B'$$

gilt dabei nach Satz 2(c), § 8:

$$\operatorname{card}(A \times B) = \operatorname{card}(A' \times B').$$

Definition 3. Für Kardinalzahlen $\mathfrak{a}$, $\mathfrak{b}$ und Mengen A, B mit

$$\mathfrak{a} = \operatorname{card} A, \qquad \mathfrak{b} = \operatorname{card} B$$

heißt die Kardinalzahl

$$\mathfrak{a} \cdot \mathfrak{b} = \operatorname{card}(A \times B)$$

– auch kurz: $\mathfrak{a}\mathfrak{b}$ – das *Produkt* von $\mathfrak{a}$, $\mathfrak{b}$ und heißen $\mathfrak{a}$, $\mathfrak{b}$ die *Faktoren* von $\mathfrak{a} \cdot \mathfrak{b}$. ∎

$+$ trenne stärker als $\cdot$, also etwa

$$\mathfrak{a} + \mathfrak{b} \cdot \mathfrak{c} = \mathfrak{a} + (\mathfrak{b} \cdot \mathfrak{c}), \qquad \mathfrak{a} + \mathfrak{b}\mathfrak{c} = \mathfrak{a} + (\mathfrak{b}\mathfrak{c}).$$

Für natürliche Zahlen n, m stimmt $n \cdot m$ im Sinne von Definition 3 mit dem alten Produkt natürlicher Zahlen überein. In jeder gegenüber Produktbildung abgeschlossenen Menge M von Kardinalzahlen wird durch $\cdot$ eine Operation in M erzeugt, die *Multiplikation* in M. Solche abgeschlossenen Mengen M sind etwa $\mathbf{N}$ und für jeden Allbereich $\mathfrak{B}$ mit $\mathbf{N} \in \mathfrak{B}$ die Menge M aller Kardinalzahlen $\mathfrak{x} \in \mathfrak{B}$. Die „Multiplikation" für beliebige Kardinalzahlen ist ein außermathematisches Objekt.

Satz 3. *Für Kardinalzahlen* $\mathfrak{a}$, $\mathfrak{b}$ *und Mengen* A, B *mit* $\mathfrak{a} = \operatorname{card} A$, $\mathfrak{b} = \operatorname{card} B$ *gilt:*

(a) $\mathfrak{a} \cdot \mathfrak{b} = \operatorname{card}(A \times B)$, $\qquad A \neq B \Rightarrow \mathfrak{a} \cdot \mathfrak{b} = \operatorname{card} \mathbf{X}\{A, B\}$,

$\qquad A \cap B = \emptyset \Rightarrow \mathfrak{a} \cdot \mathfrak{b} = \operatorname{card} \mathbf{X}\{A, B\} = \operatorname{card}\{X \mid X \textit{ Auswahlmenge von } \{A, B\}\}$,

(b) $\mathfrak{a} \cdot 0 = 0 = 0 \cdot \mathfrak{a}$, $\qquad \mathfrak{a} \cdot 1 = \mathfrak{a} = 1 \cdot \mathfrak{a}$,

(c) $\mathfrak{b} < \mathfrak{a} \Rightarrow \mathfrak{a} \cdot \mathfrak{b}' = \mathfrak{a} \cdot \mathfrak{b} + \mathfrak{a}$, $\qquad \mathfrak{a} \leqq \mathfrak{b} \Rightarrow 1 \cdot \mathfrak{b}' > 1 \cdot \mathfrak{b} + 1$.

Beweis. Übung. ∎

Man definiert für Kardinalzahlen $\mathfrak{a}$, $\mathfrak{b}$, $\mathfrak{c}$, $\mathfrak{d}$, … sukzessiv die *mehrstelligen Produkte*:

$$\mathfrak{a} \cdot \mathfrak{b} \cdot \mathfrak{c} = (\mathfrak{a} \cdot \mathfrak{b}) \cdot \mathfrak{c}, \qquad \mathfrak{a} \cdot \mathfrak{b} \cdot \mathfrak{c} \cdot \mathfrak{d} = (\mathfrak{a} \cdot \mathfrak{b} \cdot \mathfrak{c}) \cdot \mathfrak{d}, \quad \ldots$$

(wobei man $\cdot$ auch wieder weglassen kann).

Die Produktdefinition überträgt man naheliegend auf beliebige Kardinalzahlfamilien $(\mathfrak{a}_i)_{i\in I}$. Für jede solche Familie existiert eine zugehörige Familie $(A_i)_{i\in I}$ von Repräsentanten A_i der $\mathfrak{a}_i$, und für zugehörige Repräsentantenfamilien $(A_i)_{i\in I}$, $(A_i')_{i\in I}$ gilt nach Satz 2(f), § 8:

$$\mathop{\mathsf{X}}_{i\in I} A_i \sim \mathop{\mathsf{X}}_{i\in I} A_i'.$$

Definition 4. Ist $(\mathfrak{a}_i)_{i\in I}$ eine Kardinalzahlfamilie und $(A_i)_{i\in I}$ eine zugehörige Repräsentantenfamilie mit also

$$\mathfrak{a}_i = \operatorname{card} A_i$$

für alle $i\in I$, so heißt die Kardinalzahl

$$\prod_{i\in I} \mathfrak{a}_i = \operatorname{card} \mathop{\mathsf{X}}_{i\in I} A_i$$

das (*allgemeine*) *Produkt* von $(\mathfrak{a}_i)_{i\in I}$ (auch: ... der $\mathfrak{a}_i$ für $i\in I$) und heißen die $\mathfrak{a}_i$ (für $i\in I$) die *Faktoren* von $\prod_{i\in I} \mathfrak{a}_i$. ∎

Satz 4. *Für Kardinalzahlfamilien* $(\mathfrak{a}_i)_{i\in I}$, *zugehörige Repräsentantenfamilien* $(A_i)_{i\in I}$ *und Objekte* j *gilt:*

(a) $\prod_{i\in I} \mathfrak{a}_i = \operatorname{card} \mathop{\mathsf{X}}_{i\in I} A_i$, $(A_i)_{i\in I}$ *eineindeutig* $\Rightarrow \prod_{i\in I} \mathfrak{a}_i = \operatorname{card} \mathsf{X}\,\{A_i\}_{i\in I}$,

$(A_i)_{i\in I}$ *disjunkt* $\Rightarrow \prod_{i\in I} \mathfrak{a}_i = \operatorname{card} \mathsf{X}\,\{A_i\}_{i\in I}$

$= \operatorname{card}\,\{X \mid X$ *Auswahlmenge von* $\{A_i\}_{i\in I}\}$,

(b) $I=\emptyset \Rightarrow \prod_{i\in I} \mathfrak{a}_i = 1$, $\quad I=\{j\} \Rightarrow \prod_{i\in I} \mathfrak{a}_i = \mathfrak{a}_j$,

(c) $j\in I \Rightarrow \prod_{i\in I} \mathfrak{a}_i = \prod_{i\in I\setminus\{j\}} \mathfrak{a}_i \cdot \mathfrak{a}_j$.

Beweis. Übung. ∎

Nach Satz 4(e), § 8 gilt für natürliche Zahlen n, m mit den Repräsentanten A, B:

$$n^m = \operatorname{card}(A^B).$$

Dies soll auf beliebige Kardinalzahlen übertragen werden. Für Kardinalzahlen $\mathfrak{a}$, $\mathfrak{b}$ und Mengen A, A', B, B' mit

$$\mathfrak{a} = \operatorname{card} A = \operatorname{card} A', \qquad \mathfrak{b} = \operatorname{card} B = \operatorname{card} B'$$

gilt dabei nach Satz 2(c), § 8:

$$\operatorname{card}(A^B) = \operatorname{card}(A'^{B'}).$$

Definition 5. Für Kardinalzahlen $\mathfrak{a}$, $\mathfrak{b}$ und Mengen A, B mit

$$\mathfrak{a} = \operatorname{card} A, \qquad \mathfrak{b} = \operatorname{card} B$$

heißt die Kardinalzahl

$$\mathfrak{a}^{\mathfrak{b}} = \operatorname{card}(A^B)$$

die *Potenz* von $\mathfrak{a}$, $\mathfrak{b}$ oder die $\mathfrak{b}$-te *Potenz* von $\mathfrak{a}$ und heißt $\mathfrak{a}$ die *Basis* (*Grundzahl*) und $\mathfrak{b}$ der *Exponent* (*Hochzahl*) von $\mathfrak{a}^{\mathfrak{b}}$. ∎

$+$ und $\cdot$ sollen stärker trennen als die Hochschreibweise, also etwa

$$\mathfrak{a} + \mathfrak{b} \cdot \mathfrak{c}^{\mathfrak{b}} = \mathfrak{a} + (\mathfrak{b} \cdot (\mathfrak{c}^{\mathfrak{b}})).$$

$\mathfrak{a}^2$ heißt auch das *Quadrat* von $\mathfrak{a}$. Für natürliche Zahlen n, m stimmt n^m im Sinne von Definition 5 mit der alten Potenz natürlicher Zahlen überein. In jeder gegenüber Potenzbildung abgeschlossenen Menge M von Kardinalzahlen wird durch die Potenzbildung eine Operation in M erzeugt, die *Potentiation* (auch *Potenzierung*) in M. Solche abgeschlossenen Mengen M sind etwa $\mathbf{N}$ und für jeden Allbereich $\mathfrak{B}$ mit $\mathbf{N} \in \mathfrak{B}$ die Menge M aller Kardinalzahlen $\mathfrak{x} \in \mathfrak{B}$. Die „Potentiation" (auch „Potenzierung") für beliebige Kardinalzahlen ist ein außermathematisches Objekt.
Addition, Multiplikation und Potentiation von Kardinalzahlen (im Sinne mengentheoretischer Operationen in entsprechend abgeschlossenen Mengen M von Kardinalzahlen oder im Sinne der nicht mehr als mathematische Objekte existierenden Operationen im Bereich aller Kardinalzahlen) heißen gemeinsam die *elementaren arithmetischen Operationen* für Kardinalzahlen.
Wir wenden uns noch der *Mächtigkeit des Kontinuums* zu.

Definition 6. Es sei $\boldsymbol{\mathfrak{c}} = \operatorname{card} \mathbf{R}$. ∎

Satz 5. *Für Kardinalzahlen* $\mathfrak{a}$, $\mathfrak{b}$ *und Mengen* A, B *mit* $\mathfrak{a} = \operatorname{card} A$, $\mathfrak{b} = \operatorname{card} B$ *gilt:*

(a) $\operatorname{card}(A^B) = \mathfrak{a}^{\mathfrak{b}}$,

(b) $\mathfrak{a}^0 = 1, \quad \mathfrak{b} \geqq 1 \Rightarrow 0^{\mathfrak{b}} = 0, \quad \mathfrak{a}^1 = \mathfrak{a}, \quad 1^{\mathfrak{b}} = 1$,

(c) $\mathfrak{b} < \boldsymbol{\mathfrak{a}} \Rightarrow \mathfrak{a}^{(\mathfrak{b}')} = \mathfrak{a}^{\mathfrak{b}} \cdot \mathfrak{a}$,

(d) $\mathfrak{a} < \operatorname{card} \mathfrak{P}(A) = 2^{\mathfrak{a}}, \quad \mathfrak{a}' \leqq 2^{\mathfrak{a}}, \quad \boldsymbol{\mathfrak{a}}' \leqq 2^{\boldsymbol{\mathfrak{a}}} = \boldsymbol{\mathfrak{c}}$,

(e) $\boldsymbol{\mathfrak{a}}' = \boldsymbol{\mathfrak{c}} \Rightarrow 2^{(\boldsymbol{\mathfrak{a}}')} > 2^{\boldsymbol{\mathfrak{a}}} \cdot 2$.

Beweis. Übung. ∎

Das in §8.4 formulierte *Kontinuumproblem*, ob $\boldsymbol{\mathfrak{a}}' = \boldsymbol{\mathfrak{c}}$ oder $\boldsymbol{\mathfrak{a}}' < \boldsymbol{\mathfrak{c}}$ ist, erweist sich jetzt mit Satz 5(d) als die Frage, ob

$$\boldsymbol{\mathfrak{a}}' = 2^{\boldsymbol{\mathfrak{a}}} \qquad \text{oder} \qquad \boldsymbol{\mathfrak{a}}' < 2^{\boldsymbol{\mathfrak{a}}}$$

gilt; die *Kontinuumhypothese* ist die Vermutung:

$$\boldsymbol{\mathfrak{c}} = \boldsymbol{\mathfrak{a}}', \quad \text{d.h.} \quad 2^{\boldsymbol{\mathfrak{a}}} = \boldsymbol{\mathfrak{a}}'.$$

Das *verallgemeinerte Kontinuumsproblem* ist die Frage, ob für beliebige unendliche Kardinalzahlen $\mathfrak{a}$

$$\mathfrak{a}' = 2^{\mathfrak{a}} \qquad \text{oder} \qquad \mathfrak{a}' < 2^{\mathfrak{a}}$$

gilt. Es ist bisher nicht gelungen, Zwischenzahlen $\mathfrak{x}$ mit $\mathfrak{a}' < \mathfrak{x} < 2$ nachzuweisen. Man vermutet daher, wie beim ursprünglichen Kontinuumproblem, auch für beliebige unendliche Kardinalzahlen $\mathfrak{a}$ die *verallgemeinerte Kontinuumhypothese* oder die *Alephhypothese* (die unendlichen Kardinalzahlen werden auch Alephs genannt; vgl. §17.2):

$$2^{\mathfrak{a}} = \mathfrak{a}'.$$

Die Alephhypothese besagt also, daß die Mächtigkeit der Potenzmenge einer jeden unendlichen Menge gerade die auf die Mächtigkeit dieser Menge unmittelbar folgende Mächtigkeit ist. (Nach den von K. Gödel und P. Cohen erzielten metamathematischen Ergebnissen zur Allgemeinen Mengenlehre ist das verallgemeinerte wie das gewöhnliche Kontinuumproblem ein Problem, welches sich im Rahmen herkömmlicher mengentheoretischer Axiomensysteme nicht lösen läßt.)

15.2. Elementare Rechengesetze

Wir stellen die elementaren Rechengesetze der kardinalen Addition, Multiplikation und Potentiation und der allgemeinen Summe und des allgemeinen Produktes von Kardinalzahlfamilien zusammen.

Satz 6. *Für Kardinalzahlen* $\mathfrak{a}$, $\mathfrak{b}$ *und Mengen* I *gilt:*

$$\mathfrak{a} = \operatorname{card} I \Rightarrow \mathfrak{a} = \sum_{i \in I} 1, \quad \mathfrak{b} = \operatorname{card} I \Rightarrow \mathfrak{a} \cdot \mathfrak{b} = \sum_{i \in I} \mathfrak{a}, \quad \mathfrak{b} = \operatorname{card} I \Rightarrow \mathfrak{a}^{\mathfrak{b}} = \prod_{i \in I} \mathfrak{a}.$$

Beweis. Die Behauptungen folgen leicht repräsentantenweise. ∎

Satz 7. (a) *Für Kardinalzahlen* $\mathfrak{a}$, $\mathfrak{b}$ *gilt:*

$$\mathfrak{a}+\mathfrak{b}=0 \Leftrightarrow \mathfrak{a}=0 \wedge \mathfrak{b}=0,$$
$$\mathfrak{a}\cdot\mathfrak{b}=0 \Leftrightarrow \mathfrak{a}=0 \vee \mathfrak{b}=0, \qquad \mathfrak{a}\cdot\mathfrak{b}=1 \Leftrightarrow \mathfrak{a}=1 \wedge \mathfrak{b}=1,$$
$$\mathfrak{a}, \mathfrak{b} \leqq \mathfrak{a}+\mathfrak{b}, \qquad \mathfrak{a}\cdot\mathfrak{b} \neq 0 \Rightarrow \mathfrak{a}, \mathfrak{b} \leqq \mathfrak{a}\cdot\mathfrak{b}.$$

(b) *Für Kardinalzahlfamilien* $(\mathfrak{a}_i)_{i\in I}$ *und Objekte* j *gilt:*

$$\sum_{i\in I} \mathfrak{a}_i = 0 \Leftrightarrow \forall i(i\in I \Rightarrow \mathfrak{a}_i = 0),$$
$$\prod_{i\in I} \mathfrak{a}_i = 0 \Leftrightarrow \exists i(i\in I \wedge \mathfrak{a}_i = 0), \qquad \prod_{i\in I} \mathfrak{a}_i = 1 \Leftrightarrow \forall i(i\in I \Rightarrow \mathfrak{a}_i = 1),$$
$$j\in I \Rightarrow \mathfrak{a}_j \leqq \sum_{i\in I} \mathfrak{a}_i, \qquad \prod_{i\in I} \mathfrak{a}_i \neq 0 \wedge j\in I \Rightarrow \mathfrak{a}_j \leqq \prod_{i\in I} \mathfrak{a}_i.$$

(c) *Für Kardinalzahlfamilien* $(\mathfrak{a}_i)_{i\in I}$ *und Mengen* $J\subseteq I$ *mit* $\mathfrak{a}_i = 0$ *für alle* $i\in I\setminus J$ *bzw. mit* $\mathfrak{a}_i = 1$ *für alle* $i\in I\setminus J$ *gilt:*

$$\sum_{i\in I} \mathfrak{a}_i = \sum_{i\in J} \mathfrak{a}_i \quad \text{bzw.} \quad \prod_{i\in I} \mathfrak{a}_i = \prod_{i\in J} \mathfrak{a}_i.$$

Beweis. (a) folgt aus (b). (b) und (c) folgen leicht repräsentantenweise. ∎

Satz 8. *Für Kardinalzahlen* $\mathfrak{a}$, $\mathfrak{b}$, $\mathfrak{c}$ *gilt:*

$$\left.\begin{array}{l}\mathfrak{a}+\mathfrak{b}=\mathfrak{b}+\mathfrak{a}\\ \mathfrak{a}\cdot\mathfrak{b}=\mathfrak{b}\cdot\mathfrak{a}\end{array}\right\} \quad (\textit{Kommutativität}),$$

(b) $$\left.\begin{array}{l}(\mathfrak{a}+\mathfrak{b})+\mathfrak{c}=\mathfrak{a}+(\mathfrak{b}+\mathfrak{c})\\ (\mathfrak{a}\cdot\mathfrak{b})\cdot\mathfrak{c}=\mathfrak{a}\cdot(\mathfrak{b}\cdot\mathfrak{c})\end{array}\right\} \quad (\textit{Assoziativität}),$$

(c) $$\mathfrak{a}\cdot(\mathfrak{b}+\mathfrak{c})=\mathfrak{a}\cdot\mathfrak{b}+\mathfrak{a}\cdot\mathfrak{c} \quad (\textit{Distributivität}),$$

(d) $$\left.\begin{array}{l}\mathfrak{b}\leqq\mathfrak{c}\Rightarrow\mathfrak{a}+\mathfrak{b}\leqq\mathfrak{a}+\mathfrak{c}\\ \mathfrak{b}\leqq\mathfrak{c}\Rightarrow\mathfrak{a}\cdot\mathfrak{b}\leqq\mathfrak{a}\cdot\mathfrak{c}\end{array}\right\} \quad (\textit{Monotonie}),$$

(e) $$\left.\begin{array}{l}\mathfrak{a}^{\mathfrak{b}}\cdot\mathfrak{a}^{\mathfrak{c}}=\mathfrak{a}^{\mathfrak{b}+\mathfrak{c}}, \quad \mathfrak{a}^{\mathfrak{c}}\cdot\mathfrak{b}^{\mathfrak{c}}=(\mathfrak{a}\cdot\mathfrak{b})^{\mathfrak{c}}\\ (\mathfrak{a}^{\mathfrak{b}})^{\mathfrak{c}}=\mathfrak{a}^{\mathfrak{b}\cdot\mathfrak{c}}\end{array}\right\} \quad (\textit{Potenzgesetze}),$$

(f) $$\left.\begin{array}{l}\mathfrak{a}\neq 0\wedge\mathfrak{b}\leqq\mathfrak{c}\Rightarrow\mathfrak{a}^{\mathfrak{b}}\leqq\mathfrak{a}^{\mathfrak{c}}\\ \mathfrak{a}\leqq\mathfrak{b}\Rightarrow\mathfrak{a}^{\mathfrak{c}}\leqq\mathfrak{b}^{\mathfrak{c}}\end{array}\right\} \quad (\textit{Monotonie}).$$

Beweis. (a)–(d) und (f) folgen unmittelbar repräsentantenweise. (e) folgt aus Satz 8, § 6. ∎

Es läßt sich in Satz 8(d), (e) nicht $\leqq$ durch $<$ ersetzen; denn man erhält (in §15.3) für transfinite Kardinalzahlen $\mathfrak{a}$ und natürliche Zahlen $n \neq 0$:

$$\mathfrak{a} + n = \mathfrak{a} \cdot n = \mathfrak{a}^n = \mathfrak{a}, \qquad 2^{\mathfrak{a}} = \mathfrak{a}^{\mathfrak{a}}.$$

Aus Satz 8 folgt auch für Kardinalzahlen $\mathfrak{a}$, $\mathfrak{b}$, $\mathfrak{c}$, $\mathfrak{a}_1$, $\mathfrak{a}_2$, $\mathfrak{b}_1$, $\mathfrak{b}_2$:

$$\begin{aligned}
&(\mathfrak{a} + \mathfrak{b}) \cdot \mathfrak{c} = \mathfrak{a} \cdot \mathfrak{c} + \mathfrak{b} \cdot \mathfrak{c},\\
&\mathfrak{a} \leqq \mathfrak{b} \Rightarrow \mathfrak{a} + \mathfrak{c} \leqq \mathfrak{b} + \mathfrak{c} \wedge \mathfrak{a} \cdot \mathfrak{c} \leqq \mathfrak{b} \cdot \mathfrak{c},\\
&\mathfrak{a}_1 \leqq \mathfrak{b}_1 \wedge \mathfrak{a}_2 \leqq \mathfrak{b}_2 \Rightarrow \mathfrak{a}_1 + \mathfrak{a}_2 \leqq \mathfrak{b}_1 + \mathfrak{b}_2 \wedge \mathfrak{a}_1 \cdot \mathfrak{a}_2 \leqq \mathfrak{b}_1 \cdot \mathfrak{b}_2,\\
&\mathfrak{a}_1 \leqq \mathfrak{a}_2 \neq 0 \wedge \mathfrak{b}_1 \leqq \mathfrak{b}_2 \Rightarrow \mathfrak{a}_1^{\mathfrak{b}_1} \leqq \mathfrak{a}_2^{\mathfrak{b}_2};\\
&\mathfrak{a} \geqq 2 \Rightarrow \mathfrak{a}^{\mathfrak{b}} > \mathfrak{b}, \quad \mathfrak{b} \geqq 1 \Rightarrow \mathfrak{a}^{\mathfrak{b}} \geqq \mathfrak{a}, \quad \mathfrak{a} \neq 0 \Rightarrow \mathfrak{a}^{\mathfrak{b}} \neq 0.
\end{aligned}$$

Die letzten drei Behauptungen ergeben sich so:

$$\mathfrak{a} \geqq 2 \Rightarrow \mathfrak{b} < 2^{\mathfrak{b}} \leqq \mathfrak{a}^{\mathfrak{b}}, \quad \mathfrak{b} \geqq 1 \Rightarrow \mathfrak{a} = \mathfrak{a}^1 \leqq \mathfrak{a}^{\mathfrak{b}}, \quad \mathfrak{a} \neq 0 \Rightarrow 1 = 1^{\mathfrak{b}} \leqq \mathfrak{a}^{\mathfrak{b}}.$$

Für Kardinalzahlen erhält man keine eindeutig bestimmte Subtraktion oder Division (mit Rest) wie für natürliche Zahlen; denn (s. o.) für transfinite Kardinalzahlen $\mathfrak{a}$ und natürliche Zahlen $n \neq 0$ gilt: $\mathfrak{a} + n = \mathfrak{a}$, $\mathfrak{a} \cdot n = \mathfrak{a}$.

Satz 9. *Für Kardinalzahlfamilien* $(\mathfrak{a}_i)_{i \in I}$, $(\mathfrak{b}_i)_{i \in I}$ *und Mengen J gilt:*

(a) $$\left.\begin{aligned}
&\forall i(i \in I \Rightarrow \mathfrak{a}_i \leqq \mathfrak{b}_i) \Rightarrow \sum_{i \in I} \mathfrak{a}_i \leqq \sum_{i \in I} \mathfrak{b}_i\\
&\forall i(i \in I \Rightarrow \mathfrak{a}_i \leqq \mathfrak{b}_i) \Rightarrow \prod_{i \in I} \mathfrak{a}_i \leqq \prod_{i \in I} \mathfrak{b}_i
\end{aligned}\right\} \quad (\textit{Allgemeine Monotonie}),$$

(b) $$\left.\begin{aligned}
&J \subseteq I \Rightarrow \sum_{i \in J} \mathfrak{a}_i \leqq \sum_{i \in I} \mathfrak{a}_i\\
&\prod_{i \in I \setminus J} \mathfrak{a}_i \neq 0 \wedge J \subseteq I \Rightarrow \prod_{i \in J} \mathfrak{a}_i \leqq \prod_{i \in I} \mathfrak{a}_i
\end{aligned}\right\} \quad (\textit{Monotonie in bezug auf den Indexbereich}).$$

Beweis. (a) Sind $(A_i)_{i \in I}$, $(B_i)_{i \in I}$ disjunkte Repräsentantenfamilien der Kardinalzahlfamilien $(\mathfrak{a}_i)_{i \in I}$, $(\mathfrak{b}_i)_{i \in I}$ und gilt $\mathfrak{a}_i \leqq \mathfrak{b}_i$ für alle $i \in I$, so existiert eine Mengenfamilie $(X_i)_{i \in I}$ mit stets $A_i \sim X_i \subseteq B_i$ (X sei ein Element des Produktes $\mathop{\mathsf{X}}_{i \in I} \mathfrak{X}_i$, wo $\mathfrak{X}_i$ die Menge aller Mengen Y mit $A_i \sim Y \subseteq B_i$ ist). Aus

$$\bigcup_{i \in I} X_i \subseteq \bigcup_{i \in I} B_i, \qquad \mathop{\mathsf{X}}_{i \in I} X_i \subseteq \mathop{\mathsf{X}}_{i \in I} B_i$$

folgt dann:

$$\begin{aligned}
&\sum_{i \in I} \mathfrak{a}_i = \operatorname{card} \bigcup_{i \in I} A_i = \operatorname{card} \bigcup_{i \in I} X_i \leqq \operatorname{card} \bigcup_{i \in I} B_i = \sum_{i \in I} \mathfrak{b}_i,\\
&\prod_{i \in I} \mathfrak{a}_i = \operatorname{card} \mathop{\mathsf{X}}_{i \in I} A_i = \operatorname{card} \mathop{\mathsf{X}}_{i \in I} X_i \leqq \operatorname{card} \mathop{\mathsf{X}}_{i \in I} B_i = \prod_{i \in I} \mathfrak{b}_i.
\end{aligned}$$

(b) Es sei $(A_i)_{i\in I}$ eine disjunkte Repräsentantenfamilie der Kardinalzahlfamilie $(\mathfrak{a}_i)_{i\in I}$ und J eine Menge mit $J\subseteq I$. Wegen $\bigcup_{i\in J} A_i \subseteq \bigcup_{i\in I} A_i$ gilt:

$$\sum_{i\in J} \mathfrak{a}_i = \operatorname{card} \bigcup_{i\in J} A_i \leqq \operatorname{card} \bigcup_{i\in I} A_i = \sum_{i\in I} \mathfrak{a}_i .$$

Die zweite Behauptung von (b) ist im Falle $\prod_{i\in J} \mathfrak{a}_i = 0$ trivial. Im Falle $\prod_{i\in I\setminus J} \mathfrak{a}_i \neq 0$ und $\prod_{i\in J} \mathfrak{a}_i \neq 0$ gibt es ein $f\in \mathsf{X}_{i\in I} A_i$, und es sei

$$P = \{p \in \mathsf{X}_{i\in I} A_i \mid \forall i(i\in I\setminus J \Rightarrow p_i = f_i)\}.$$

Dann gilt wegen $\mathsf{X}_{i\in J} A_i \sim P \subseteq \mathsf{X}_{i\in I} A_i$:

$$\prod_{i\in J} \mathfrak{a}_i = \operatorname{card} \mathsf{X}_{i\in J} A_i = \operatorname{card} P \leqq \operatorname{card} \mathsf{X}_{i\in I} A_i = \prod_{i\in I} \mathfrak{a}_i . \quad ∎$$

Satz 10. *Für Kardinalzahlfamilien* $(\mathfrak{a}_i)_{i\in I}$ *und Kardinalzahlen* $\mathfrak{b}$ *gilt:*

$$\forall i(i\in I \Rightarrow \mathfrak{a}_i \leqq \mathfrak{b}) \Rightarrow \sum_{i\in I} \mathfrak{a}_i \leqq \mathfrak{b}\cdot \operatorname{card} I \wedge \prod_{i\in I} \mathfrak{a}_i \leqq \mathfrak{b}^{\operatorname{card} I},$$

$$\forall i(i\in I \Rightarrow \mathfrak{b} \leqq \mathfrak{a}_i) \Rightarrow \mathfrak{b}\cdot \operatorname{card} I \leqq \sum_{i\in I} \mathfrak{a}_i \wedge \mathfrak{b}^{\operatorname{card} I} \leqq \prod_{i\in I} \mathfrak{a}_i .$$

Beweis. Die Behauptungen folgen unmittelbar aus den Sätzen 6 und 9(a). ∎

Satz 10 ergibt speziell für Kardinalzahlfamilien $(\mathfrak{a}_i)_{i\in I}$ und für $\mathfrak{b}=1$ bzw. $\mathfrak{b}=2$:

$$\forall i(i\in I \Rightarrow \mathfrak{a}_i \geqq 1) \Rightarrow \operatorname{card} I \leqq \sum_{i\in I} \mathfrak{a}_i ,$$

$$\forall i(i\in I \Rightarrow \mathfrak{a}_i \geqq 2) \Rightarrow \operatorname{card} I < 2^{\operatorname{card} I} \leqq \prod_{i\in I} \mathfrak{a}_i .$$

Satz 11. *Für Kardinalzahlfamilien* $(\mathfrak{a}_i)_{i\in I}$, *Mengen* K *und eineindeutige Abbildungen* p *von* K *auf* I *gilt:*

$$\sum_{i\in I} \mathfrak{a}_i = \sum_{k\in K} \mathfrak{a}_{p(k)}, \qquad \prod_{i\in I} \mathfrak{a}_i = \prod_{k\in K} \mathfrak{a}_{p(k)} .$$

Beweis. Ist unter den Voraussetzungen des Satzes $(A_i)_{i\in I}$ eine disjunkte Repräsentantenfamilie von $(\mathfrak{a}_i)_{i\in I}$, so gilt nach den Sätzen 2 und 7(a) aus § 6:

$$\bigcup_{i\in I} A_i = \bigcup_{k\in K} A_{p(k)}, \qquad \mathsf{X}_{i\in I} A_i \sim \mathsf{X}_{k\in K} A_{p(k)},$$

wobei auch die $A'_k = A_{p(k)}$ auf Grund der Eineindeutigkeit von p wieder paarweise disjunkt sind. ∎

Satz 11 ergibt speziell die *allgemeine Kommutativität* von $\sum$, $\prod$; d.h. für Kardinalzahlfamilien $(\mathfrak{a}_i)_{i\in I}$ und Permutationen p von I gilt:

$$\sum_{i\in I}\mathfrak{a}_i=\sum_{i\in I}\mathfrak{a}_{p(i)},\qquad \prod_{i\in I}\mathfrak{a}_i=\prod_{i\in I}\mathfrak{a}_{p(i)}.$$

Satz 12. *Für Relationen* K, *Kardinalzahlfamilien* $(\mathfrak{a}_{ij})_{(i,j)\in K}$ *und* $I=\mathrm{Vb}(K)$, $J=\mathrm{Nb}(K)$ *gilt:*

$$\left.\begin{aligned}\sum_{i\in I}\Big(\sum_{(i,j)\in K}\mathfrak{a}_{ij}\Big)&=\sum_{(i,j)\in K}\mathfrak{a}_{ij}=\sum_{j\in J}\Big(\sum_{(i,j)\in K}\mathfrak{a}_{ij}\Big)\\ \prod_{i\in I}\Big(\prod_{(i,j)\in K}\mathfrak{a}_{ij}\Big)&=\prod_{(i,j)\in K}\mathfrak{a}_{ij}=\prod_{j\in J}\Big(\prod_{(i,j)\in K}\mathfrak{a}_{ij}\Big)\end{aligned}\right\}\quad \text{(\textit{Allgemeine Assoziativität}).}$$

Beweis. Ist unter den Voraussetzungen des Satzes $(A_{ij})_{(i,j)\in K}$ eine disjunkte Repräsentantenfamilie von $(\mathfrak{a}_{ij})_{(i,j)\in K}$ und definiert man

$$B_{ij}=A_{ij}\times\{i\},\qquad C_{ij}=A_{ij}\times\{j\},$$

so sind auch $(B_{ij})_{(i,j)\in K}$ und $(C_{ij})_{(i,j)\in K}$ disjunkte Repräsentantenfamilien, und jede der beiden Mengenfamilien

$$\Big(\bigcup_{(i,j)\in K}B_{ij}\Big)_{i\in I},\qquad \Big(\bigcup_{(i,j)\in K}C_{ij}\Big)_{j\in J}$$

ist disjunkt. Dann folgen die Behauptungen aus den Sätzen 3(a) und 7(b) von §6. ∎

Satz 12 ergibt unmittelbar für Kardinalzahlfamilien $(\mathfrak{a}_i)_{i\in I}$ und disjunkte Mengenfamilien $(J_k)_{k\in K}$ mit $\bigcup_{k\in K}J_k=I$ die geläufigste Form der *allgemeinen Assoziativität*:

$$\sum_{i\in I}\mathfrak{a}_i=\sum_{k\in K}\Big(\sum_{i\in J_k}\mathfrak{a}_i\Big),\qquad \prod_{i\in I}\mathfrak{a}_i=\prod_{k\in K}\Big(\prod_{i\in J_k}\mathfrak{a}_i\Big).$$

(Nach Satz 7(c) kann man $J_k\neq\emptyset$ für alle $k\in K$ voraussetzen. Im Falle $K=\emptyset$ ist $I=\emptyset$, und die Behauptungen sind trivial. Im Falle $K\neq\emptyset$ sei

$$K'=\{(i,k)\mid k\in K\wedge i\in J_k\}$$

und $\mathfrak{a}'_{ik}=\mathfrak{a}_i$ für $(i,k)\in K'$. Es ist $K=\mathrm{Nb}(K')$, und nach Satz 11 gilt

$$\sum_{i\in I}\mathfrak{a}_i=\sum_{(i,k)\in K'}\mathfrak{a}_i=\sum_{(i,k)\in K'}\mathfrak{a}'_{ik},\qquad \prod_{i\in I}\mathfrak{a}_i=\prod_{(i,k)\in K'}\mathfrak{a}_i=\prod_{(i,k)\in K'}\mathfrak{a}'_{ik}.$$

Dann folgen die Behauptungen unmittelbar aus den rechten Gleichungen von Satz 12.)

Satz 13. *Für Relationen K, Kardinalzahlfamilien $(\mathfrak{a}_{ij})_{(i,j)\in K}$, $I = \mathrm{Vb}(K)$ und $P = \bigtimes_{i\in I} K\langle\langle i\rangle\rangle$ gilt:*

$$\prod_{i\in I}\Big(\sum_{(i,j)\in K}\mathfrak{a}_{ij}\Big) = \sum_{f\in P}\Big(\prod_{i\in I}\mathfrak{a}_{i,f(i)}\Big) \quad (\textit{Allgemeine Distributivität}).$$

Beweis. Ist unter den Voraussetzungen des Satzes $(A_{ij})_{(i,j)\in K}$ eine disjunkte Repräsentantenfamilie von $(\mathfrak{a}_{ij})_{(i,j)\in K}$, so gilt nach Satz 7(e), § 6:

$$\bigtimes_{i\in I}\Big(\bigcup_{(i,j)\in K} A_{ij}\Big) = \bigcup_{f\in P}\Big(\bigtimes_{i\in I} A_{i,f(i)}\Big),$$

und die rechten Produkte sind in Abhängigkeit von f paarweise disjunkt. ∎

Satz 13 ergibt unmittelbar für Kardinalzahlfamilien $(\mathfrak{a}_i)_{i\in I}$, Mengenfamilien $(J_k)_{k\in K}$ mit $\bigcup_{k\in K} J_k \subseteq I$ und $P = \bigtimes_{k\in K} J_k$ die geläufigste Form der *allgemeinen Distributivität*:

$$\prod_{k\in K}\Big(\sum_{i\in J_k}\mathfrak{a}_i\Big) = \sum_{f\in P}\Big(\prod_{k\in K}\mathfrak{a}_{f(k)}\Big).$$

(Man kann $J_k \neq \emptyset$ für alle $k\in K$ voraussetzen; denn für ein $J_k = \emptyset$ ist auch $P = \emptyset$, und beide Seiten sind trivial 0. Man setze

$$K' = \{(k,i) \mid k\in K \wedge i\in J_k\}$$

und $\mathfrak{a}'_{ki} = \mathfrak{a}_i$ für $(k,i)\in K'$. Dann ist $K = \mathrm{Vb}(K')$ und $K'\langle\langle k\rangle\rangle = J_k$ für jedes $k\in K$, womit die Behauptung unmittelbar aus Satz 13 folgt.) Als Spezialfälle erhält man für Kardinalzahlfamilien $(\mathfrak{a}_i)_{i\in I}$, $(\mathfrak{b}_j)_{j\in J}$ und Kardinalzahlen $\mathfrak{c}$ (was man auch einfach direkt ausrechnet):

$$\Big(\sum_{i\in I}\mathfrak{a}_i\Big)\cdot\Big(\sum_{j\in J}\mathfrak{b}_j\Big) = \sum_{(i,j)\in I\times J}(\mathfrak{a}_i\cdot\mathfrak{b}_j), \qquad \mathfrak{c}\cdot\sum_{i\in I}\mathfrak{a}_i = \sum_{i\in I}(\mathfrak{c}\cdot\mathfrak{a}_i).$$

Satz 14. *Für Kardinalzahlfamilien $(\mathfrak{a}_i)_{i\in I}$ und Kardinalzahlen $\mathfrak{b}$ gilt:*

$$\mathfrak{b}^{\sum_{i\in I}\mathfrak{a}_i} = \prod_{i\in I}\mathfrak{b}^{\mathfrak{a}_i}, \qquad \Big(\prod_{i\in I}\mathfrak{a}_i\Big)^{\mathfrak{b}} = \prod_{i\in I}\mathfrak{a}_i^{\mathfrak{b}}.$$

Beweis. Satz 8(b), § 6. ∎

15.3. Satz von HESSENBERG

Von dem folgenden auf G. HESSENBERG zurückgehenden Satz wird die Arithmetik der Kardinalzahlen entscheidend geprägt.

Satz 15 (Satz von HESSENBERG). *Für unendliche Kardinalzahlen* $\mathfrak{a}$ *gilt:*

$$\mathfrak{a}^2 = \mathfrak{a}.$$

Beweis. Wir führen den Beweis nach „N. BOURBAKI, *Théorie des ensembles*" mit dem ZORNschen Lemma. Die Beweisidee ist folgende: Ist $\mathfrak{a} = \operatorname{card} A$ für eine unendliche Kardinalzahl $\mathfrak{a}$ und eine Menge A, so existiert eine abzählbar unendliche Teilmenge $N \subseteq A$. Es gilt $N \underset{f}{\sim} N \times N$ für eine Abbildung f. Man betrachte das System $\mathfrak{M}$ aller Paare (X, φ), wo X eine Menge ist mit $N \subseteq X \subseteq A$ und φ eine Abbildung mit $X \underset{\varphi}{\sim} X \times X$, und man ordne $\mathfrak{M}$ durch die Fortsetzungsrelation

$$(X, \varphi) \leqq (X', \varphi') \Leftrightarrow X \subseteq X' \wedge \varphi = \varphi' | X.$$

Vielleicht erweist sich dann $(\mathfrak{M}, \leqq)$ als rechtsinduktiv und gilt $B \sim A$ für die maximalen Elemente (B, g), woraus $A \sim A \times A$ folgen würde. Nun zur exakten Beweisführung.

Es sei $\mathfrak{a}$ eine unendliche Kardinalzahl und A ein fester Repräsentant von $\mathfrak{a}$ mit also $\mathfrak{a} = \operatorname{card} A$. Es ist A unendlich, also $\mathbf{N} \precsim A$, und es existiert somit eine abzählbar unendliche Teilmenge N von A. Mit Satz 10(a), §8 ist

$$N \sim \mathbf{N} \sim \mathbf{N} \times \mathbf{N} \sim N \times N,$$

und es existiert eine eineindeutige Abbildung f von N auf $N \times N$. Es sei

$$\mathfrak{M} = \{(X, \varphi) | X \textit{ Menge} \wedge N \subseteq X \subseteq A \wedge X \underset{\varphi}{\sim} X \times X\}$$

und $\leqq$ die Relation in $\mathfrak{M}$ mit für beliebige $(X, \varphi), (X', \varphi') \in \mathfrak{M}$:

$$(X, \varphi) \leqq (X', \varphi') \Leftrightarrow X \subseteq X' \wedge \varphi = \varphi' | X.$$

Wegen $(N, f) \in \mathfrak{M}$ ist $\mathfrak{M} \neq \emptyset$, und es gilt stets

$$(X, \varphi) \leqq (X', \varphi') \Leftrightarrow \varphi = \varphi' | X \Leftrightarrow \varphi = \varphi' | \mathrm{Db}(\varphi) \Leftrightarrow \varphi \subseteq \varphi',$$

womit $\leqq$ eine Ordnung in $\mathfrak{M}$ ist. Für jede nichtleere Kette $\mathfrak{K}$ von $\mathfrak{M}$ ist

$$\sigma = \bigcup \{\varphi | \varphi \textit{ Abbildung} \wedge (\mathrm{Db}(\varphi), \varphi) \in \mathfrak{K}\}$$

eine eineindeutige Abbildung von

$$S = \bigcup \{\mathrm{Db}(\varphi) | \varphi \textit{ Abbildung} \wedge (\mathrm{Db}(\varphi), \varphi) \in \mathfrak{K}\}$$

auf $S \times S$ bei $N \subseteq S \subseteq A$ und somit $(S, \sigma) \in \mathfrak{M}$ und (S, σ) eine obere Schranke von $\mathfrak{K}$. Damit ist $(\mathfrak{M}, \leqq)$ rechtsinduktiv, und nach dem ZORNschen Lemma (Satz 6(a), §13) gibt es ein maximales Element (B, g) von $(\mathfrak{M}, \leqq)$. Es gilt $N \subseteq B \subseteq A$, und g

ist eine eineindeutige Abbildung von B auf $B \times B$. Für $\mathfrak{b} = \operatorname{card} B$ ist $\mathfrak{b} = \mathfrak{b}^2$ wegen $B \sim B \times B$. Die Behauptung $\mathfrak{a}^2 = \mathfrak{a}$ folgt also abschließend aus dem Hilfssatz.

$$\mathfrak{b} = \mathfrak{a}.$$

Beweis. Nach Satz 8(d) gilt:

$$\mathfrak{b} \leqq 2\mathfrak{b} \leqq 3\mathfrak{b} \leqq \mathfrak{b}^2 = \mathfrak{b}, \quad \text{also} \quad 2\mathfrak{b} = 3\mathfrak{b} = \mathfrak{b}^2 = \mathfrak{b};$$

denn es ist $1 \leqq 2 \leqq 3$ und auch $3 \leqq \mathfrak{b}$, da $\mathfrak{b}$ unendlich ist wegen $N \subseteq B$. Aus $B \subseteq A$ folgt $\mathfrak{b} \leqq \mathfrak{a}$. Wäre also $\mathfrak{b} \neq \mathfrak{a}$, so wäre $\mathfrak{b} < \mathfrak{a}$. Dann wäre

$$\operatorname{card} B = \mathfrak{b} \leqq \operatorname{card}(A \setminus B),$$

da man sonst

$$\mathfrak{b} < \mathfrak{a} = \operatorname{card} A = \operatorname{card}\big((A \setminus B) \cup B\big) = \operatorname{card}(A \setminus B) + \operatorname{card} B \leqq 2\mathfrak{b} = \mathfrak{b}$$

hätte. $B \preceq A \setminus B$ ergibt die Existenz einer Menge $X \subseteq A \setminus B$ mit $B \sim X$. Es ist $B \cap X = \emptyset$, und für $C = B \cup X$ gilt $B \subset C \subseteq A$ (mit B ist auch X nichtleer). Wir beweisen jetzt die Existenz einer eineindeutigen Abbildung h von C auf $C \times C$, welche die Fortsetzung von g ist. Es gilt

$$C \times C = (B \times B) \cup (B \times X) \cup (X \times B) \cup (X \times X),$$

und die Produkte der rechten Seite sind dabei paarweise disjunkt. Wegen $B \sim X$ ist $\mathfrak{b} = \operatorname{card} B = \operatorname{card} X$, also

$$\mathfrak{b} = \mathfrak{b}^2 = \operatorname{card}(B \times X) = \operatorname{card}(X \times B) = \operatorname{card}(X \times X),$$

also

$$\operatorname{card}\big((B \times X) \cup (X \times B) \cup (X \times X)\big) = 3\mathfrak{b} = \mathfrak{b} = \operatorname{card} X.$$

Damit existiert eine eineindeutige Abbildung g^* von X auf $(B \times X) \cup (X \times B) \cup (X \times X)$. Die Abbildung $h = g \cup g^*$ ist dann eine eineindeutige Abbildung von C auf $C \times C$ mit $g = h|B$. Also gilt insgesamt $(C, h) \in \mathfrak{M}$ und $(B, g) \leqq (C, h)$. Wegen $B \subset C$ gilt sogar $g \subset h$, also $(B, g) < (C, h)$ im Widerspruch zur Maximalität von (B, g). Unsere Annahme $\mathfrak{b} \neq \mathfrak{a}$ ist hiermit falsch. ∎

Aus Satz 15 folgen die nächsten beiden Sätze.

Satz 16. *Für unendliche Kardinalzahlen* $\mathfrak{a}, \mathfrak{b}$, *natürliche Zahlen* n *und Kardinalzahlen* $\mathfrak{x}, \mathfrak{y}, \mathfrak{x}_1, \mathfrak{x}_2, \mathfrak{y}_1, \mathfrak{y}_2$ *gilt:*

(a) $\mathfrak{x} \leqq \mathfrak{a} \Rightarrow \mathfrak{x} + \mathfrak{a} = \mathfrak{a}$, $\qquad 1 \leqq \mathfrak{x} \leqq \mathfrak{a} \Rightarrow \mathfrak{x} \cdot \mathfrak{a} = \mathfrak{a}$,

(b) $2 \leqq \mathfrak{x} \leqq \mathfrak{a}' \Rightarrow \mathfrak{x}^{\mathfrak{a}} = 2^{\mathfrak{a}}$,

(c) $\mathfrak{a}+\mathfrak{b}=\mathfrak{a}\cdot\mathfrak{b}=\max\{\mathfrak{a},\mathfrak{b}\}, \qquad \mathfrak{a}+n=\mathfrak{a}, \quad n\geqq 1 \Rightarrow \mathfrak{a}\cdot n=\mathfrak{a}^n=\mathfrak{a},$

(d) $\{\mathfrak{x},\mathfrak{y}\}\nsubseteq \mathbf{N} \Rightarrow \mathfrak{x}+\mathfrak{y}=\max\{\mathfrak{x},\mathfrak{y}\}, 0\notin\{\mathfrak{x},\mathfrak{y}\}\nsubseteq \mathbf{N} \Rightarrow \mathfrak{x}\cdot\mathfrak{y}=\max\{\mathfrak{x},\mathfrak{y}\},$

(e) $\mathfrak{x}_1<\mathfrak{y}_1 \wedge \mathfrak{x}_2<\mathfrak{y}_2 \Rightarrow \mathfrak{x}_1+\mathfrak{x}_2<\mathfrak{y}_1+\mathfrak{y}_2 \wedge \mathfrak{x}_1\cdot\mathfrak{x}_2<\mathfrak{y}_1\cdot\mathfrak{y}_2,$

(f) $\mathfrak{a}=\mathfrak{x}+\mathfrak{y} \vee \mathfrak{a}=\mathfrak{x}\cdot\mathfrak{y} \Rightarrow \mathfrak{a}=\mathfrak{x} \vee \mathfrak{a}=\mathfrak{y},$

$\mathfrak{a}<\mathfrak{x}+\mathfrak{y} \vee \mathfrak{a}<\mathfrak{x}\cdot\mathfrak{y} \Rightarrow \mathfrak{a}<\mathfrak{x} \vee \mathfrak{a}<\mathfrak{y},$

$\mathfrak{a}\leqq\mathfrak{x}+\mathfrak{y} \vee \mathfrak{a}\leqq\mathfrak{x}\cdot\mathfrak{y} \Rightarrow \mathfrak{a}\leqq\mathfrak{x} \vee \mathfrak{a}\leqq\mathfrak{y},$

(g) $\mathfrak{x},\mathfrak{y}\geqq 2 \Rightarrow \mathfrak{x}+\mathfrak{y}\leqq\mathfrak{x}\cdot\mathfrak{y}, \qquad \mathfrak{x}\neq 1 \Rightarrow \mathfrak{x}\cdot\mathfrak{y}\leqq\mathfrak{x}^{\mathfrak{y}}.$

Beweis. Die Voraussetzungen des Satzes seien erfüllt.

(a) Ist $\mathfrak{x}\leqq\mathfrak{a}$, so gilt auf Grund der Monotonieeigenschaften und mit Satz 15:

$$\mathfrak{a}\leqq\mathfrak{x}+\mathfrak{a}\leqq\mathfrak{a}+\mathfrak{a}=2\mathfrak{a}\leqq\mathfrak{a}\cdot\mathfrak{a}=\mathfrak{a}^2=\mathfrak{a},$$

also $\mathfrak{a}=\mathfrak{x}+\mathfrak{a}$. Im Falle $1\leqq\mathfrak{x}\leqq\mathfrak{a}$ erhält man ebenso $\mathfrak{a}=\mathfrak{x}\cdot\mathfrak{a}$ wegen

$$\mathfrak{a}\leqq\mathfrak{x}\cdot\mathfrak{a}\leqq\mathfrak{a}^2=\mathfrak{a}.$$

(b) Mit Satz 5(d) ist $\mathfrak{a}'\leqq 2^{\mathfrak{a}}$, es gilt also für $2\leqq\mathfrak{x}\leqq\mathfrak{a}'$:

$$2^{\mathfrak{a}}\leqq\mathfrak{x}^{\mathfrak{a}}\leqq(\mathfrak{a}')^{\mathfrak{a}}\leqq(2^{\mathfrak{a}})^{\mathfrak{a}}=2^{(\mathfrak{a}^2)}=2^{\mathfrak{a}}.$$

(c) Die erste Behauptung folgt wegen $\mathfrak{a}\leqq\mathfrak{b}$ oder $\mathfrak{b}\leqq\mathfrak{a}$ aus (a). Ebenso folgt $\mathfrak{a}+n=\mathfrak{a}$ und $\mathfrak{a}\cdot n=\mathfrak{a}$ (bei $n\geqq 1$) wegen $n\leqq\mathfrak{a}$ aus (a). Durch vollständige Induktion über $n\geqq 1$ folgt $\mathfrak{a}^n=\mathfrak{a}$ unmittelbar aus Satz 15.

(d) folgt aus (c).

(e) Zunächst gilt die Behauptung für natürliche Zahlen $\mathfrak{x}_1, \mathfrak{x}_2, \mathfrak{y}_1, \mathfrak{y}_2$; denn man zeigt durch vollständige Induktion über m (bei $m, n, p \in \mathbf{N}$):

$$n<p \Rightarrow m+n<m+p, \qquad m\neq 0 \wedge n<p \Rightarrow m\cdot n<m\cdot p.$$

Dann folgt die allgemeine Behauptung nach (d) durch die Fallunterscheidung: (1) $\mathfrak{x}_1, \mathfrak{x}_2, \mathfrak{y}_1, \mathfrak{y}_2$ sind endlich; (2) $\mathfrak{x}_1, \mathfrak{x}_2$ sind nicht beide endlich; (3) $\mathfrak{x}_1, \mathfrak{x}_2$ sind endlich, und $\mathfrak{y}_1, \mathfrak{y}_2$ sind nicht beide endlich.

(f) Gilt $\mathfrak{a}=\mathfrak{x}+\mathfrak{y}$ oder $\mathfrak{a}=\mathfrak{x}\cdot\mathfrak{y}$, so ist $\{\mathfrak{x},\mathfrak{y}\}\nsubseteq\mathbf{N}$ und im zweiten Fall auch $\mathfrak{x},\mathfrak{y}\neq 0$. Dann folgt aus (d) $\mathfrak{x}+\mathfrak{y}=\max\{\mathfrak{x},\mathfrak{y}\}$ oder $\mathfrak{x}\cdot\mathfrak{y}=\max\{\mathfrak{x},\mathfrak{y}\}$, also in beiden Fällen $\mathfrak{a}=\mathfrak{x}$ oder $\mathfrak{a}=\mathfrak{y}$. Analog für $<$, $\leqq$ statt $=$.

(g) Die Behauptungen sind zunächst für natürliche Zahlen $\mathfrak{x}, \mathfrak{y}$ gültig und folgen dann für beliebige Kardinalzahlen $\mathfrak{x}, \mathfrak{y}$ aus (d) und

$$\mathfrak{x},\mathfrak{y}\geqq 2 \Rightarrow \mathfrak{x},\mathfrak{y}\leqq\mathfrak{x}^{\mathfrak{y}}. \quad ■$$

Mit Satz 16(a), (c) bestehen die *Absorptionseigenschaften* der Addition, Multiplikation und Potentiation; d.h. es gibt Kardinalzahlen $\mathfrak{x}, \mathfrak{y}$ mit $\mathfrak{x}\neq 0$ und

$\mathfrak{x} + \mathfrak{y} = \mathfrak{y}$, es gibt Kardinalzahlen $\mathfrak{x}, \mathfrak{y}$ mit $\mathfrak{x} \geqq 2$, $\mathfrak{y} \neq 0$ und $\mathfrak{x} \cdot \mathfrak{y} = \mathfrak{y}$, und es gibt Kardinalzahlen $\mathfrak{x}, \mathfrak{y}$ mit $\mathfrak{x}, \mathfrak{y} \geqq 2$ und $\mathfrak{x}^{\mathfrak{y}} = \mathfrak{x}$; $\mathfrak{x}$ wird also jeweils von $\mathfrak{y}$ absorbiert. (Dagegen ist für $\mathfrak{x} \geqq 2$ stets $\mathfrak{x}^{\mathfrak{y}} > \mathfrak{y}$.) Durch die Absorptionseigenschaften der elementaren Operationen unterscheiden sich transfinite und finite Arithmetik wesentlich.

Satz 17. *Für Kardinalzahlfamilien* $(\mathfrak{a}_i)_{i \in I}$, *Kardinalzahlen* $\mathfrak{b}$ *und* $\mathfrak{c} = \operatorname{card} I$ *gilt:*

(a) I *endlich* $\wedge \{\mathfrak{a}_i\}_{i \in I} \nsubseteq \mathbf{N} \Rightarrow \sum_{i \in I} \mathfrak{a}_i = \max_{i \in I} \mathfrak{a}_i$,

I *endlich* $\wedge\, 0 \notin \{\mathfrak{a}_i\}_{i \in I} \nsubseteq \mathbf{N} \Rightarrow \prod_{i \in I} \mathfrak{a}_i = \max_{i \in I} \mathfrak{a}_i$.

(b) $\mathfrak{b}$ *unendlich* $\wedge\, \mathfrak{c} \leqq \mathfrak{b} \wedge \forall i (i \in I \Rightarrow \mathfrak{a}_i \leqq \mathfrak{b}) \Rightarrow \sum_{i \in I} \mathfrak{a}_i \leqq \mathfrak{b}$;

ist zusätzlich zur Prämisse noch $\sup_{i \in I} \mathfrak{a}_i = \mathfrak{b}$ (*speziell im Falle* $\mathfrak{a}_i = \mathfrak{b}$ *für ein* $i \in I$), *so gilt* $\sum_{i \in I} \mathfrak{a}_i = \mathfrak{b}$.

(c) $\mathfrak{b}$ *unendlich* $\wedge\, \mathfrak{c} \leqq \mathfrak{b} \wedge \forall i (i \in I \Rightarrow \mathfrak{a}_i \leqq 2^{\mathfrak{b}}) \Rightarrow \prod_{i \in I} \mathfrak{a}_i \leqq 2^{\mathfrak{b}}$;

ist zusätzlich zur Prämisse noch $\sup_{i \in I} \mathfrak{a}_i = 2^{\mathfrak{b}}$ (*speziell im Falle* $\mathfrak{a}_i = 2^{\mathfrak{b}}$ *für ein* $i \in I$) *und* $\mathfrak{a}_i \geqq 1$ *für alle* $i \in I$, *so gilt* $\prod_{i \in I} \mathfrak{a}_i = 2^{\mathfrak{b}}$.

(d) $\mathfrak{c}$ *unendlich* $\wedge \forall i (i \in I \Rightarrow 1 \leqq \mathfrak{a}_i \leqq \mathfrak{c}) \Rightarrow \sum_{i \in I} \mathfrak{a}_i = \mathfrak{c}$.

(e) $\mathfrak{c}$ *unendlich* $\wedge \forall i (i \in I \Rightarrow 2 \leqq \mathfrak{a}_i \leqq 2^{\mathfrak{c}}) \Rightarrow \prod_{i \in I} \mathfrak{a}_i = 2^{\mathfrak{c}}$.

(f) $\mathfrak{b} = \sup_{i \in I} \mathfrak{a}_i \wedge \mathfrak{b}$ *unendlich* $\wedge \forall i (i \in I \Rightarrow \mathfrak{a}_i \geqq 1) \Rightarrow \sum_{i \in I} \mathfrak{a}_i = \max\{\mathfrak{b}, \mathfrak{c}\}$

(*die Prämisse ist für* $\mathfrak{b} = \sup_{i \in I} \mathfrak{a}_i$ *speziell im Falle* $0 \notin \{\mathfrak{a}_i\}_{i \in I} \nsubseteq \mathbf{N}$ *erfüllt*).

(g) $2^{\mathfrak{b}} = \sup_{i \in I} \mathfrak{a}_i \wedge \mathfrak{b}$ *unendlich* $\wedge \forall i (i \in I \Rightarrow \mathfrak{a}_i \geqq 2) \Rightarrow \prod_{i \in I} \mathfrak{a}_i = 2^{\max\{\mathfrak{b}, \mathfrak{c}\}}$

(*die Prämisse ist für* $2^{\mathfrak{b}} = \sup_{i \in I} \mathfrak{a}_i$ *speziell im Falle* $0, 1 \notin \{\mathfrak{a}_i\}_{i \in I} \nsubseteq \mathbf{N}$ *erfüllt*).

Beweis. $(\mathfrak{a}_i)_{i \in I}$ sei eine Kardinalzahlfamilie, $\mathfrak{b}$ eine Kardinalzahl und $\mathfrak{c} = \operatorname{card} I$.

(a) Ist I endlich und wenigstens ein $\mathfrak{a}_i$ unendlich, so ist I nichtleer, und $\mathfrak{m} = \max_{i \in I} \mathfrak{a}_i$ unendlich, also gilt nach Satz 16(c)

$$\mathfrak{m} \leqq \sum_{i \in I} \mathfrak{a}_i \leqq \sum_{i \in I} \mathfrak{m} = \mathfrak{m} \cdot \mathfrak{c} = \mathfrak{m}.$$

Sind außerdem alle $\mathfrak{a}_i \geqq 1$, so gilt auch

$$\mathfrak{m} \leqq \prod_{i \in I} \mathfrak{a}_i \leqq \prod_{i \in I} \mathfrak{m} = \mathfrak{m}^{\mathfrak{c}} = \mathfrak{m}.$$

(b) Aus den Voraussetzungen folgt zunächst

$$\sum_{i\in I} \mathfrak{a}_i \leqq \sum_{i\in I} \mathfrak{b} = \mathfrak{b}\cdot\mathfrak{c} \leqq \mathfrak{b}^2 = \mathfrak{b}.$$

Ist noch $\mathfrak{b} = \sup_{i\in I} \mathfrak{a}_i$, so gilt wegen $\mathfrak{a}_j \leqq \sum_{i\in I} \mathfrak{a}_i$ für jedes $j\in I$ auch $\mathfrak{b} \leqq \sum_{i\in I} \mathfrak{a}_i$.

(c) Zunächst folgt aus den Voraussetzungen

$$\prod_{i\in I} \mathfrak{a}_i \leqq \prod_{i\in I} 2^{\mathfrak{b}} = (2^{\mathfrak{b}})^{\mathfrak{c}} \leqq (2^{\mathfrak{b}})^{\mathfrak{b}} = 2^{(\mathfrak{b}^2)} = 2^{\mathfrak{b}}.$$

Ist außerdem $2^{\mathfrak{b}} = \sup_{i\in I} \mathfrak{a}_i$ und sind alle $\mathfrak{a}_i \geqq 1$, so gilt wegen $\mathfrak{a}_j \leqq \prod_{i\in I} \mathfrak{a}_i$ für jedes $j\in I$ auch $2^{\mathfrak{b}} \leqq \prod_{i\in I} \mathfrak{a}_i$.

(d) Aus den Voraussetzungen folgt nach (b)

$$\mathfrak{c} = \sum_{i\in I} 1 \leqq \sum_{i\in I} \mathfrak{a}_i \leqq \mathfrak{c}.$$

(e) Aus den Voraussetzungen folgt nach (c)

$$2^{\mathfrak{c}} = \prod_{i\in I} 2 \leqq \prod_{i\in I} \mathfrak{a}_i \leqq 2^{\mathfrak{c}}.$$

(f) folgt über die Fallunterscheidung $\mathfrak{c} \leqq \mathfrak{b}$, $\mathfrak{b} \leqq \mathfrak{c}$ aus (b), (d) und ebenso (g) aus (c), (e). ∎

Nach Satz 17(b) gilt für (nicht notwendig disjunkte) Mengenfamilien $(A_i)_{i\in I}$ und unendliche Mengen B mit $I \precsim B$ und $A_i \precsim B$ für alle $i\in I$:

$$\operatorname{card} \bigcup_{i\in I} A_i \leqq \sum_{i\in I} \operatorname{card} A_i \leqq \operatorname{card} B, \quad \text{also} \quad \bigcup_{i\in I} A_i \precsim B;$$

ist außerdem $A_i \sim B$ für ein $i\in I$, so gilt auch $B \precsim \bigcup_{i\in I} A_i$, also $\bigcup_{i\in I} A_i \sim B$. Aus Satz 17(d), (e) resultiert für die Folge $(n)_{n<\infty}$ der natürlichen Zahlen:

$$\sum_{n<\infty} n = 0 + \sum_{1\leqq n<\infty} n = \mathfrak{a}, \qquad \prod_{1\leqq n<\infty} n = 1\cdot \prod_{2\leqq n<\infty} n = 2^{\mathfrak{a}} = \mathfrak{c}.$$

Von den in diesem Abschnitt §15.3 bisher bewiesenen Sätzen sind Spezialfälle etwa die Sätze 13 und 14 aus §8 (wenn man noch $\mathfrak{c} = 2^{\mathfrak{a}}$ beachtet). Mit Satz 15 gelten schließlich auch die folgenden beiden Sätze. Wir definieren vorerst:

Definition 7. Es sei $\mathfrak{f} = \operatorname{card}(\mathbf{R}^{\mathbf{R}})$. ∎

$\mathfrak{a}$, $\mathfrak{c}$ und $\mathfrak{f}$ heißen die drei *elementaren Mächtigkeiten.* $\mathfrak{f}$ ist die Kardinalzahl der Menge aller reellen Funktionen (d. h. hier aller Funktionen von $\mathbf{R}$ in $\mathbf{R}$).

Satz 18. *Für natürliche Zahlen n gilt:*

(a) $\mathfrak{a} < 2^{\mathfrak{a}} = \mathfrak{c} < 2^{\mathfrak{c}} = \mathfrak{f}$;

(b) $\mathfrak{a} + n = \mathfrak{a}, \qquad \mathfrak{c} + n = \mathfrak{c}, \qquad \mathfrak{f} + n = \mathfrak{f},$

unter der Voraussetzung $n \geqq 1$ *ist*

$$\mathfrak{a} \cdot n = \mathfrak{a}^n = \mathfrak{a}, \qquad \mathfrak{c} \cdot n = \mathfrak{c}^n = \mathfrak{c}, \qquad \mathfrak{f} \cdot n = \mathfrak{f}^n = \mathfrak{f},$$

unter der Voraussetzung $n \geqq 2$ *ist*

$$n^{\mathfrak{a}} = \mathfrak{c}, \qquad n^{\mathfrak{c}} = \mathfrak{f}, \qquad n^{\mathfrak{f}} = 2^{\mathfrak{f}};$$

(c)
$$\begin{aligned} &\mathfrak{a} + \mathfrak{a} = \mathfrak{a} \cdot \mathfrak{a} = \mathfrak{a}, \quad \mathfrak{a} + \mathfrak{c} = \mathfrak{c} \cdot \mathfrak{c} = \mathfrak{c}, \quad \mathfrak{a}^{\mathfrak{a}} = \mathfrak{c}^{\mathfrak{a}} = \mathfrak{c}, \quad \mathfrak{f}^{\mathfrak{a}} = \mathfrak{f},\\ &\mathfrak{a} + \mathfrak{c} = \mathfrak{a} \cdot \mathfrak{c} = \mathfrak{c}, \quad \mathfrak{c} + \mathfrak{f} = \mathfrak{c} \cdot \mathfrak{f} = \mathfrak{f}, \quad \mathfrak{a}^{\mathfrak{c}} = \mathfrak{c}^{\mathfrak{c}} = \mathfrak{f}, \quad \mathfrak{f}^{\mathfrak{c}} = \mathfrak{f},\\ &\mathfrak{a} + \mathfrak{f} = \mathfrak{a} \cdot \mathfrak{f} = \mathfrak{f}, \quad \mathfrak{f} + \mathfrak{f} = \mathfrak{f} \cdot \mathfrak{f} = \mathfrak{f}, \quad \mathfrak{a}^{\mathfrak{f}} = \mathfrak{c}^{\mathfrak{f}} = 2^{\mathfrak{f}}, \quad \mathfrak{f}^{\mathfrak{f}} = 2^{\mathfrak{f}}. \end{aligned}$$

Beweis. Aus Satz 16(b) folgt $\mathfrak{f} = \mathfrak{c}^{\mathfrak{c}} = 2^{\mathfrak{c}}$. Dann ist (a) bekannt, und (b), (c) folgen mit $\mathfrak{c} = 2^{\mathfrak{a}}$, $\mathfrak{f} = 2^{\mathfrak{c}}$ aus Satz 16(b), (c). ∎

Über die Gleichheit $\mathfrak{c}^{\mathfrak{c}} = n^{\mathfrak{c}}$ für natürliche Zahlen $n \geqq 2$ gilt etwa für das natürlichzahlige Intervall $[1, n]$:

$$\mathbf{R}^{\mathbf{R}} \sim [1, n]^{\mathbf{R}};$$

d. h. es gibt genau so viele reelle Funktionen (über **R**) wie es reelle Funktionen gibt, welche nur die endlich vielen Werte $1, \ldots, n$ annehmen. Ebenso ergeben die Gleichheiten $\mathfrak{c}^{\mathfrak{a}} = \mathfrak{a}^{\mathfrak{a}} = n^{\mathfrak{a}} = \mathfrak{c}$ für natürliches $n \geqq 2$:

$$\mathbf{R}^{\mathbf{N}} \sim \mathbf{N}^{\mathbf{N}} \sim [1, n]^{\mathbf{N}} \sim \mathbf{R};$$

d. h. es gibt genau so viele Folgen (über **N**) reeller Zahlen wie Folgen natürlicher Zahlen, wie Folgen natürlicher Zahlen $1, \ldots, n$, wie reelle Zahlen. Für natürliches $n \geqq 1$ gilt $\mathfrak{a}^n = \mathfrak{a}$, $\mathfrak{c}^n = \mathfrak{c}$, also auch

$$\mathfrak{a}^{(\mathfrak{a}^n)} = \mathfrak{a}^{\mathfrak{a}} = \mathfrak{c} = \mathfrak{c}^{\mathfrak{a}} = \mathfrak{c}^{(\mathfrak{a}^n)}, \qquad \mathfrak{c}^{(\mathfrak{c}^n)} = \mathfrak{c}^{\mathfrak{c}}$$

und damit (vgl. Satz 19(a)):

$$\mathbf{N}^{(\mathbf{N}^n)} \sim \mathbf{N}^{\mathbf{N}} \sim \mathbf{R} \sim \mathbf{R}^{\mathbf{N}} \sim \mathbf{R}^{(\mathbf{N}^n)}, \qquad \mathbf{R}^{(\mathbf{R}^n)} \sim \mathbf{R}^{\mathbf{R}}.$$

Dabei sind die Elemente von $\mathbf{N}^{(\mathbf{N}^n)}$ und $\mathbf{R}^{(\mathbf{N}^n)}$ bzw. von $\mathbf{R}^{(\mathbf{R}^n)}$ n-fache Folgen bzw. n-stellige reelle Funktionen.

Frühere Ergebnisse über abzählbar unendliche Mengen (vgl. § 8) verallgemeinert auf beliebige unendliche Mengen der folgende

Satz 19. (a) *Für endliche Kardinalzahlfolgen* $(\mathfrak{a}_i)_{1 \leqq i \leqq n}$ *und endliche Mengenfolgen* $(A_i)_{1 \leqq i \leqq n}$ *über dem (natürlichzahligen) Intervall* $[1,n]$ *(bei also* $n \geqq 1$*) mit* $\mathfrak{a}_i = \operatorname{card} A_i$ *für alle* $i \in [1,n]$ *und für Kardinalzahlen* $\mathfrak{b}$ *und Mengen* B *mit* $\mathfrak{b} = \operatorname{card} B$ *gilt:*

$$\prod_{i=1}^{n} \mathfrak{a}_i = \operatorname{card} \mathop{\mathsf{X}}_{i \in [1,n]} A_i = \operatorname{card} {}^{\mathrm{T}}\mathop{\mathsf{X}}_{i=1}^{n} A_i,$$

$$\mathfrak{b}^n = \operatorname{card}(B^{\mathsf{N}(n)}) = \operatorname{card}(B^{[1,n]}) = \operatorname{card}(B^n).$$

(b) *Für unendliche Mengen* A*, natürliche Zahlen* m*,* n *und die Mengen*

$$E(n) = \{X \in \mathfrak{P}(A) \mid \operatorname{card} X = n\},$$

$$F(m) = \bigcup_{j=m}^{\infty} A^{[m,j]}, \qquad \mathfrak{F} = \{\emptyset\} \cup \bigcup_{i=0}^{\infty} F(i), \qquad G = \bigcup_{i=1}^{\infty} A^i,$$

$$\mathfrak{E} = \{X \in \mathfrak{P}(A) \mid X \text{ endlich}\}, \qquad \mathfrak{U} = \{X \in \mathfrak{P}(A) \mid X \text{ unendlich}\}$$

(bei natürlichzahligen Intervallen und Indexbereichen von $\bigcup$*) gilt:*

$$n \geqq 1 \Rightarrow E(n) \sim A^{\mathsf{N}(n)} \sim A^{[1,n]} \sim A^n \sim A,$$
$$m \leqq n \Rightarrow A^{[m,n]} \sim A, \qquad F(m) \sim G \sim A,$$
$$\mathfrak{E} \sim \mathfrak{F} \sim A, \qquad \mathfrak{U} \sim \mathfrak{P}(A) \sim A^A.$$

Beweis. (a) Aus den Voraussetzungen folgt nach § 7.4:

$$\mathop{\mathsf{X}}_{i \in [1,n]} A_i \sim {}^{\mathrm{T}}\mathop{\mathsf{X}}_{i=1}^{n} A_i, \qquad B^{\mathsf{N}(n)} \sim B^{[1,n]} \sim B^n.$$

(b) Unter den Voraussetzungen sei

$$\mathfrak{a} = \operatorname{card} A, \qquad \mathfrak{e} = \operatorname{card} \mathfrak{E}, \qquad \mathfrak{u} = \operatorname{card} \mathfrak{U}.$$

Für $n \geqq 1$ folgt aus (a), aus $\mathfrak{a}^n = \mathfrak{a}$ und aus $A \precsim E(n) \precsim A^{[1,n]}$ (vgl. Beispiel (3), § 8.3) die erste Zeile der Behauptungen. Dann ist für $m \leqq n \geqq 0$ auch

$$A^{[m,n]} \sim A^{[1,(n-m)+1]} \sim A.$$

Für $m \geqq 0$ ist

$$\operatorname{card} F(m) = \operatorname{card} \bigcup_{j=m}^{\infty} A^{[m,j]} = \sum_{j=m}^{\infty} \mathfrak{a} = \mathfrak{a} \cdot \boldsymbol{\mathfrak{a}} = \mathfrak{a},$$

also $F(m) \sim A$. Wegen $A^1 = A$ ist weiter

$$\mathfrak{a} \leqq \operatorname{card} G = \operatorname{card} \bigcup_{i=1}^{\infty} A^i \leqq \sum_{i=1}^{\infty} \mathfrak{a} = \mathfrak{a} \cdot \boldsymbol{\mathfrak{a}} = \mathfrak{a},$$

also card $G = \mathfrak{a}$, $G \sim A$. Wegen

$$\mathfrak{E} = \{\emptyset\} \cup \bigcup_{i=1}^{\infty} E(i), \qquad \mathfrak{F} = \{\emptyset\} \cup \bigcup_{i=0}^{\infty} F(i)$$

ist

$$\operatorname{card} \mathfrak{E} = \operatorname{card} \mathfrak{F} = 1 + \mathfrak{a} \cdot \mathfrak{a} = 1 + \mathfrak{a} = \mathfrak{a},$$

also auch $\mathfrak{E} \sim \mathfrak{F} \sim A$. Wegen $\mathfrak{a} = \mathfrak{e}$ gilt schließlich

$$\mathfrak{a} + \mathfrak{u} = \mathfrak{e} + \mathfrak{u} = \operatorname{card} \mathfrak{P}(A) = 2^{\mathfrak{a}} = \mathfrak{a}^{\mathfrak{a}} = \operatorname{card}(A^A),$$

also $\mathfrak{P}(A) \sim A^A$ und nach Satz 16(f) card $\mathfrak{P}(A) = \mathfrak{a}$ oder card $\mathfrak{P}(A) = \mathfrak{u}$, woraus wegen $\mathfrak{a} <$ card $\mathfrak{P}(A)$ nur card $\mathfrak{P}(A) = \mathfrak{u}$ folgen kann, also $\mathfrak{P}(A) \sim \mathfrak{U}$. ∎

$\mathfrak{E} \sim A$ und $\mathfrak{U} \sim \mathfrak{P}(A)$ von Satz 19(b) besagen, daß es für unendliche Mengen A genau so viele endliche Teilmengen von A gibt wie Elemente von A und genau so viele unendliche Teilmengen wie Teilmengen überhaupt. $A^n \sim A$ bzw. $A^{[m,n]} \sim A$ bedeuten, daß es genau so viele n-Tupel bzw. endliche Folgen über $[m, n]$ von Elementen aus A gibt wie Elemente von A. Dasselbe gilt auch für die Menge $F(m)$ aller endlichen Folgen ab m, die Menge $\mathfrak{F}$ aller endlichen Folgen und die Menge G aller i-Tupel aus A.

§ 16. Ordinalzahlen und ihre Wohlordnung

16.1. Der Ordinalzahlbegriff

Die Ordinalzahl (Ordnungszahl, Nummer, Durchnumerierungstyp, Abzähltyp, Anordnungstyp) einer wohlgeordneten (einer transfinit abgezählten) Menge $\mathfrak{A}$ soll anschaulich der Wohlordnungstyp von $\mathfrak{A}$ sein. Der Begriff der Wohlordnungstypgleichheit, des gleichlangen (transfiniten) Abzählens, von wohlgeordneten Mengen $\mathfrak{A}, \mathfrak{B}$ ist dabei als Isomorphie, nämlich $\mathfrak{A} \simeq \mathfrak{B}$, bereits vorhanden. Wir suchen also ein in Abhängigkeit von der wohlgeordneten Menge $\mathfrak{A}$ definiertes mengentheoretisches Objekt $\mathbf{T}(\mathfrak{A})$ derart, daß für wohlgeordnete Mengen $\mathfrak{A}, \mathfrak{B}$ gilt:

$$\mathbf{T}(\mathfrak{A}) = \mathbf{T}(\mathfrak{B}) \Leftrightarrow \mathfrak{A} \simeq \mathfrak{B}.$$

Wir verfahren wie bei der Definition der Kardinalzahlen, wobei wir für endliche wohlgeordnete Mengen $\mathfrak{A} = (A, R)$ nach Satz 4, § 11 einfach die natürliche Zahl card A als $\mathbf{T}(\mathfrak{A})$ nehmen können.

Satz 1. *Für jede wohlgeordnete Menge* $\mathfrak{A}$ *existiert die in bezug auf* $\subseteq$ *kleinste Allmenge K mit*

$$\exists \mathfrak{X}(\mathfrak{X} \textit{ wohlgeordnete Menge} \wedge \mathfrak{X} \in K \wedge \mathfrak{X} \simeq \mathfrak{A}).$$

Beweis. Jede wohlgeordnete Menge $\mathfrak{A}$ ist Element einer Allmenge B. Dann ist das System $\mathfrak{B}$ aller Allmengen, welche Teilmengen von B sind und eine wohlgeordnete Menge $\mathfrak{X}$ mit $\mathfrak{X} \simeq \mathfrak{A}$ als Element besitzen, nichtleer. Das somit existierende Minimum $K = \min \mathfrak{B}$ ist schließlich die gewünschte kleinste Allmenge. ∎

Definition 1. (a) $\mathfrak{A} = (A, R)$ sei eine wohlgeordnete Menge und K die kleinste Allmenge mit $\mathfrak{X} \in K$ für eine wohlgeordnete Menge $\mathfrak{X} \simeq \mathfrak{A}$:
Das Objekt

$$\operatorname{ord} \mathfrak{A} = \begin{cases} \iota n(n \in \mathbf{N} \wedge A \sim \mathbf{N}(n)), & \text{falls } A \text{ endlich} \\ (\mathbf{N}, \{\mathfrak{X} \in K \mid \mathfrak{X} \textit{ wohlgeordnete Menge} \wedge \mathfrak{X} \simeq \mathfrak{A}\}), & \text{falls } A \text{ unendlich} \end{cases}$$

(gelesen: *Ordinalzahl* $\mathfrak{A}$) heißt die *Ordinalzahl* (*Ordnungszahl*) *von* $\mathfrak{A}$ oder der *Wohlordnungstyp von* $\mathfrak{A}$.
(b) α sei ein Objekt:

$$\operatorname{oz} \alpha \Leftrightarrow \exists \mathfrak{X}(\mathfrak{X} \textit{ wohlgeordnete Menge} \wedge \alpha = \operatorname{ord} \mathfrak{X})$$

(gelesen: *Ordinalzahl* α). α ist eine *Ordinalzahl* (eine *Nummer*), falls $\operatorname{oz} \alpha$ gilt.
(c) α sei eine Ordinalzahl und $\mathfrak{A}$ ein Objekt:
$\mathfrak{A}$ ist ein *Repräsentant* von α oder $\mathfrak{A}$ *repräsentiert* α, falls $\mathfrak{A}$ eine wohlgeordnete Menge ist mit $\operatorname{ord} \mathfrak{A} = \alpha$. ∎

Für ord $\mathfrak{A}$ gebraucht man nach Cantor auch die Bezeichnung $\overline{\overline{\mathfrak{A}}}$. Wir verwenden ord $\mathfrak{A}$. Die natürlichen Zahlen sind die Ordinalzahlen der endlichen und auch nur der endlichen wohlgeordneten Mengen; denn für eine unendliche wohlgeordnete Menge $\mathfrak{A}$ ist stets $\mathbf{N} \in \operatorname{ord} \mathfrak{A}$, so daß nicht $\operatorname{ord} \mathfrak{A} \in \mathbf{N}$ gelten kann.

Satz 2. *Für wohlgeordnete Mengen* $\mathfrak{A}$, $\mathfrak{B}$ *und Ordinalzahlen* α, β *gilt:*

(a) $\operatorname{ord} \mathfrak{A} = \operatorname{ord} \mathfrak{B} \Leftrightarrow \mathfrak{A} \simeq \mathfrak{B}$,

(b) $\alpha = \beta \Leftrightarrow \forall \mathfrak{X} \forall \mathfrak{Y}(\mathfrak{X}, \mathfrak{Y} \textit{ wohlgeordnete Menge} \wedge \alpha = \operatorname{ord} \mathfrak{X} \wedge \beta = \operatorname{ord} \mathfrak{Y} \Rightarrow \mathfrak{X} \simeq \mathfrak{Y})$,
$\alpha = \beta \Leftrightarrow \exists \mathfrak{X} \exists \mathfrak{Y}(\mathfrak{X}, \mathfrak{Y} \textit{ wohlgeordnete Menge} \wedge \alpha = \operatorname{ord} \mathfrak{X} \wedge \beta = \operatorname{ord} \mathfrak{Y} \wedge \mathfrak{X} \simeq \mathfrak{Y})$.

Beweis. (a) $\mathfrak{A} = (A, R)$, $\mathfrak{B} = (B, S)$ seien wohlgeordnete Mengen. Sind $\mathfrak{A}$, $\mathfrak{B}$

endlich, so ergibt Satz 4, §11:

$$\operatorname{ord}\mathfrak{A} = \operatorname{ord}\mathfrak{B} \Leftrightarrow \operatorname{card} A = \operatorname{card} B \Leftrightarrow A \sim B \Leftrightarrow \mathfrak{A} \simeq \mathfrak{B}.$$

Ist $\mathfrak{A}$ endlich und $\mathfrak{B}$ unendlich, so ist $\mathfrak{A} \not\simeq \mathfrak{B}$ (sonst wäre $A \sim B$) und wegen $\operatorname{ord}\mathfrak{A} \in \mathbf{N} \in \operatorname{ord}\mathfrak{B}$ auch $\operatorname{ord}\mathfrak{A} \neq \operatorname{ord}\mathfrak{B}$. Analog bei unendlichem $\mathfrak{A}$ und endlichem $\mathfrak{B}$. Für unendliche $\mathfrak{A}, \mathfrak{B}$ mit den zugehörigen kleinsten Allmengen K, L ist

$$\operatorname{ord}\mathfrak{A} = \big(\mathbf{N}, \{\mathfrak{X} \in K \mid \mathfrak{X} \textit{ wohlgeordnete Menge} \wedge \mathfrak{X} \simeq \mathfrak{A}\}\big),$$
$$\operatorname{ord}\mathfrak{B} = \big(\mathbf{N}, \{\mathfrak{X} \in L \mid \mathfrak{X} \textit{ wohlgeordnete Menge} \wedge \mathfrak{X} \simeq \mathfrak{B}\}\big).$$

Aus $\operatorname{ord}\mathfrak{A} = \operatorname{ord}\mathfrak{B}$ und der Nichtleerheit der zweiten Elemente dieser Paare folgt $\mathfrak{A} \simeq \mathfrak{B}$. Aus $\mathfrak{A} \simeq \mathfrak{B}$ folgt umgekehrt $K = L$ und damit $\operatorname{ord}\mathfrak{A} = \operatorname{ord}\mathfrak{B}$.
(b) folgt unmittelbar aus (a). ∎
Nach Satz 2(a) wurde der Ordinalzahlbegriff für beliebige wohlgeordnete Mengen mit dem Abstraktionsprinzip in bezug auf die Isomorphie $\simeq$ im Bereich aller wohlgeordneten Mengen eingeführt. Satz 2 bildet fast ausschließlich die Grundlage für den Umgang mit dem Ordinalzahlbegriff.
Zwischen Allbereichen und Ordinalzahlen besteht folgender Zusammenhang:

Satz 3. *Für Allbereiche $\mathfrak{B}$, Ordinalzahlen α und wohlgeordnete Mengen $\mathfrak{A}$ gilt:*

(a) $\alpha \in \mathfrak{B} \Rightarrow \exists \mathfrak{X}(\mathfrak{X} \textit{ wohlgeordnete Menge} \wedge \mathfrak{X} \in \mathfrak{B} \wedge \alpha = \operatorname{ord}\mathfrak{X})$,

(b) $\mathbf{N}, \mathfrak{A} \in \mathfrak{B} \Rightarrow \operatorname{ord}\mathfrak{A} \in \mathfrak{B}$.

Beweis. (a) $\mathfrak{B}$ sei ein Allbereich und α eine Ordinalzahl. Für eine natürliche Zahl α ist $\alpha = \operatorname{ord}\big(\mathbf{N}(\alpha), \leqq\big)$ ($\leqq$ ist die übliche Anordnung in $\mathbf{N}(\alpha)$) bei endlichem $\mathbf{N}(\alpha) \subseteq \mathbf{N} \subseteq \mathfrak{B}$ und damit $\mathbf{N}(\alpha) \in \mathfrak{B}$, also auch $\big(\mathbf{N}(\alpha), \leqq\big) \in \mathfrak{B}$ (vgl. Satz 12, § 7). Ist $\alpha \in \mathfrak{B}$ und α keine natürliche Zahl, so existiert nach Definition 1 ein Repräsentant $\mathfrak{X}$ mit $\mathfrak{X} \sqsubset \alpha$, also mit $\mathfrak{X} \in \mathfrak{B}$.
(b) $\mathfrak{B}$ sei ein Allbereich und $\mathfrak{A}$ eine wohlgeordnete Menge mit $\mathbf{N}, \mathfrak{A} \in \mathfrak{B}$. Für endliches $\mathfrak{A}$ gilt $\operatorname{ord}\mathfrak{A} \in \mathbf{N} \subseteq \mathfrak{B}$. Für unendliches $\mathfrak{A}$ ist

$$\operatorname{ord}\mathfrak{A} = (\mathbf{N}, \{\mathfrak{X} \in K \mid \mathfrak{X} \textit{ wohlgeordnete Menge} \wedge \mathfrak{X} \simeq \mathfrak{A}\})$$

für die kleinste Allmenge K mit $\mathfrak{X} \in K$ für eine wohlgeordnete Menge $\mathfrak{X} \simeq \mathfrak{A}$. Es gilt $\mathfrak{A} \in \mathfrak{P}(\mathfrak{A}) \in \mathfrak{B}$. Für die Allmenge L aller Objekte $x \sqsubset \mathfrak{P}(\mathfrak{A})$ ist $\mathfrak{A} \in L \subset \mathfrak{B}$ und damit $K \subseteq L \subset \mathfrak{B}$, $K \in \mathfrak{B}$, also schließlich (mit Satz 12, § 7) $\operatorname{ord}\mathfrak{A} \in \mathfrak{B}$. ∎

Für durch eine Relation geregelte Mengen (A, R) und Allbereiche $\mathfrak{B}$ gilt dabei stets:

$$(A, R) \in \mathfrak{B} \Leftrightarrow A \in \mathfrak{B}.$$

Denn ist $A \in \mathfrak{B}$, so wegen $R \subseteq A \times A \in \mathfrak{B}$ auch $R \in \mathfrak{B}$ und somit $(A, R) \in \mathfrak{B}$.

16.2. Anordnung

Die Bedeutung der Isomorphie wohlgeordneter Mengen (A, R) und (B, S) als gleichlanges Abzählen von A und von B in bezug auf R bzw. S motiviert die folgende

Definition 2. $\mathfrak{A}$ und $\mathfrak{B} = (B, S)$ seien wohlgeordnete Mengen:

$$\mathfrak{A} \preceq \mathfrak{B} \Leftrightarrow \exists X\,(X \textit{ Segment von } \mathfrak{B} \wedge \mathfrak{A} \simeq (X, S \| X)),$$
$$\mathfrak{A} \prec \mathfrak{B} \Leftrightarrow \mathfrak{A} \preceq \mathfrak{B} \wedge \mathfrak{A} \not\simeq \mathfrak{B},$$
$$\mathfrak{B} \succeq \mathfrak{A} \Leftrightarrow \mathfrak{A} \preceq \mathfrak{B}, \qquad \mathfrak{B} \succ \mathfrak{A} \Leftrightarrow \mathfrak{A} \prec \mathfrak{B}$$

(gelesen wie in Definition 2, § 8). ∎

Der Zusammenhang der Betrachtungen wird stets verdeutlichen, ob $\preceq$, $\prec$, $\succeq$, $\succ$ auf wohlgeordnete Mengen (im Sinne von Definition 2) oder auf bloße Mengen (im Sinne von Definition 2, § 8) anzuwenden sind. Das Segment X in Definition 2 ist nach Satz 18(e), §11 eindeutig bestimmt. $(A, R) \preceq (B, S)$ bedeutet anschaulich für wohlgeordnete Mengen (A, R), (B, S), daß bei der Abzählung der Elemente von A gemäß R höchstens so lange gezählt werden muß wie bei der Abzählung der Elemente von B gemäß S (das Segment X ist ja ein Abschnitt oder gleich B); $(A, R) \prec (B, S)$ bedeutet kürzeres Abzählen von A bzgl. R als von B bzgl. S. Es besteht auch sofort der

Satz 4. *Für wohlgeordnete Mengen* $\mathfrak{A}$, $\mathfrak{B} = (B, S)$ *gilt:*

(a) $\mathfrak{A} \prec \mathfrak{B} \Leftrightarrow \exists X\,(X \textit{ Abschnitt von } \mathfrak{B} \wedge \mathfrak{A} \simeq (X, S \| X))$,
$\mathfrak{A} \prec \mathfrak{B} \Leftrightarrow \exists x\,(x \in B \wedge \mathfrak{A} \simeq (\mathrm{Ab}\, x, S \| \mathrm{Ab}\, x))$,

(b) $\mathfrak{A} \preceq \mathfrak{B} \Leftrightarrow \exists X\,(X \textit{ Menge} \wedge X \subseteq B \wedge \mathfrak{A} \simeq (X, S \| X))$.

Beweis. (a) $\mathfrak{A}$ und $\mathfrak{B} = (B, S)$ seien wohlgeordnete Mengen. Ist $\mathfrak{A} \prec \mathfrak{B}$, so gilt auch $\mathfrak{A} \preceq \mathfrak{B}$, also existiert ein Segment X von $\mathfrak{B}$ mit $\mathfrak{A} \simeq (X, S \| X)$. Wegen $\mathfrak{A} \not\simeq \mathfrak{B}$ muß $X \neq B$ sein, also ist X nach Satz 5, §11 ein Abschnitt von $\mathfrak{B}$. Ist umgekehrt $\mathfrak{A}$ mit einem Abschnitt von $\mathfrak{B}$ isomorph, so gilt $\mathfrak{A} \preceq \mathfrak{B}$ und $\mathfrak{A} \not\simeq \mathfrak{B}$, da $\mathfrak{B}$ nach Satz 18(b), §11 nicht mit einem seiner Abschnitte isomorph ist. Also ist $\mathfrak{A} \prec \mathfrak{B}$.
(b) Gemäß Satz 22, §11 ist jede Teilmenge einer wohlgeordneten Menge $\mathfrak{B}$ mit einem Segment von $\mathfrak{B}$ isomorph. ∎

Der Abschnitt X in Satz 4(a) ist wieder eindeutig bestimmt und nach Satz 18(d), §11 auch das diesen Abschnitt erzeugende Element x.

Satz 5. *Für wohlgeordnete Mengen* $\mathfrak{A}=(A,R)$, $\mathfrak{B}=(B,S)$, $\mathfrak{A}'$, $\mathfrak{B}'$ *und Abbildungen* f *gilt:*

(a) $\mathfrak{A} \precsim \mathfrak{B} \Leftrightarrow \mathfrak{A} \prec \mathfrak{B} \vee \mathfrak{A} \simeq \mathfrak{B}, \qquad \mathfrak{A} \prec \mathfrak{B} \Leftrightarrow \mathfrak{A} \precsim \mathfrak{B} \wedge \mathfrak{A} \not\simeq \mathfrak{B},$

(b) $\mathfrak{A}' \simeq \mathfrak{A} \precsim \mathfrak{B} \simeq \mathfrak{B}' \Rightarrow \mathfrak{A}' \precsim \mathfrak{B}', \qquad \mathfrak{A}' \simeq \mathfrak{A} \prec \mathfrak{B} \simeq \mathfrak{B}' \Rightarrow \mathfrak{A}' \prec \mathfrak{B}',$

(c) $A \subseteq B \wedge R = S \| A \Rightarrow \mathfrak{A} \precsim \mathfrak{B},$

$$\mathrm{Db}(f) = A \wedge \mathrm{Wb}(f) = B \wedge f \textit{ wachsend bzgl. } \mathfrak{A}, \mathfrak{B} \Rightarrow \mathfrak{B} \precsim \mathfrak{A}.$$

Beweis. Die Voraussetzungen des Satzes seien erfüllt.

(a) folgt unmittelbar aus Definition 2.
(b) gilt $\mathfrak{A} \precsim \mathfrak{B}$, so existiert ein Segment X von $\mathfrak{B}$ mit $\mathfrak{A} \simeq (X, S\|X)$. Ist noch $\mathfrak{A}' \simeq \mathfrak{A}$, $\mathfrak{B} \simeq \mathfrak{B}' = (B', S')$ und g ein Isomorphismus von $\mathfrak{B}$ auf $\mathfrak{B}'$, so ist

$$\mathfrak{A}' \simeq \mathfrak{A} \simeq (X, S\|X) \simeq (g\langle X\rangle, S'\|g\langle X\rangle),$$

und dabei ist $g\langle X\rangle$ ein Segment von $\mathfrak{B}'$. Also gilt $\mathfrak{A}' \precsim \mathfrak{B}'$. Gilt $\mathfrak{A} \prec \mathfrak{B}$ und $\mathfrak{A} \simeq \mathfrak{A}'$, $\mathfrak{B} \simeq \mathfrak{B}'$, so ist nach eben $\mathfrak{A}' \precsim \mathfrak{B}'$. Es ist auch $\mathfrak{A}' \not\simeq \mathfrak{B}'$, da sonst $\mathfrak{A} \simeq \mathfrak{B}$ wäre. Also gilt $\mathfrak{A}' \prec \mathfrak{B}'$.
(c) Die erste Behauptung folgt unmittelbar aus Satz 4(b). Für jede wachsende Abbildung f von A auf B (bzgl. R, S) ist jede Auswahlfunktion g der Korrespondenz f^{-1} ein Isomorphismus von $\mathfrak{B}$ auf $(\mathrm{Wb}(g), R\|\mathrm{Wb}(g))$, womit nach Satz 4(b) $\mathfrak{B} \precsim \mathfrak{A}$ gilt. ∎

Auf Grund der inhaltlichen Bedeutung von $\precsim$, $\prec$ für wohlgeordnete Mengen können wir für Ordinalzahlen sofort definieren:

Definition 3. α, β seien Ordinalzahlen:

$$\alpha \leqq \beta \Leftrightarrow \forall \mathfrak{X} \forall \mathfrak{Y} (\mathfrak{X}, \mathfrak{Y} \textit{ wohlgeordnete Menge} \wedge \alpha = \mathrm{ord}\,\mathfrak{X} \wedge \beta = \mathrm{ord}\,\mathfrak{Y} \Rightarrow \mathfrak{X} \precsim \mathfrak{Y}),$$
$$\alpha < \beta \Leftrightarrow \forall \mathfrak{X} \forall \mathfrak{Y} (\mathfrak{X}, \mathfrak{Y} \textit{ wohlgeordnete Menge} \wedge \alpha = \mathrm{ord}\,\mathfrak{X} \wedge \beta = \mathrm{ord}\,\mathfrak{Y} \Rightarrow \mathfrak{X} \prec \mathfrak{Y}),$$

$$\beta \geqq \alpha \Leftrightarrow \alpha \leqq \beta, \qquad \beta > \alpha \Leftrightarrow \alpha < \beta.$$

Es ist α *kleinergleich* β, falls $\alpha \leqq \beta$ gilt, und α (*echt*) *kleiner* als β, falls $\alpha < \beta$ gilt. Es ist β *größergleich* α, falls $\beta \geqq \alpha$ gilt, und β (*echt*) *größer* als α, falls $\beta > \alpha$ gilt. ∎

$\alpha \leqq \beta$ bzw. $\alpha < \beta$ wird bereits durch ein einzeln herausgegriffenes Repräsentantenpaar $(\mathfrak{X}, \mathfrak{Y})$ entschieden:

Satz 6. *Für wohlgeordnete Mengen* $\mathfrak{A}$, $\mathfrak{B}$ *und Ordinalzahlen* α, β *gilt:*

(a) $\mathrm{ord}\,\mathfrak{A} \leqq \mathrm{ord}\,\mathfrak{B} \Leftrightarrow \mathfrak{A} \precsim \mathfrak{B}, \qquad \mathrm{ord}\,\mathfrak{A} < \mathrm{ord}\,\mathfrak{B} \Leftrightarrow \mathfrak{A} \prec \mathfrak{B},$

(b)

$$\alpha \leqq \beta \Leftrightarrow \forall \mathfrak{X} \forall \mathfrak{Y} (\mathfrak{X}, \mathfrak{Y} \textit{ wohlgeordnete Menge} \wedge \alpha = \operatorname{ord} \mathfrak{X} \wedge \beta = \operatorname{ord} \mathfrak{Y} \Rightarrow \mathfrak{X} \preceq \mathfrak{Y}),$$
$$\alpha \leqq \beta \Leftrightarrow \exists \mathfrak{X} \exists \mathfrak{Y} (\mathfrak{X}, \mathfrak{Y} \textit{ wohlgeordnete Menge} \wedge \alpha = \operatorname{ord} \mathfrak{X} \wedge \beta = \operatorname{ord} \mathfrak{Y} \wedge \mathfrak{X} \preceq \mathfrak{Y}),$$
$$\alpha < \beta \Leftrightarrow \forall \mathfrak{X} \forall \mathfrak{Y} (\mathfrak{X}, \mathfrak{Y} \textit{ wohlgeordnete Menge} \wedge \alpha = \operatorname{ord} \mathfrak{X} \wedge \beta = \operatorname{ord} \mathfrak{Y} \Rightarrow \mathfrak{X} \prec \mathfrak{Y}),$$
$$\alpha < \beta \Leftrightarrow \exists \mathfrak{X} \exists \mathfrak{Y} (\mathfrak{X}, \mathfrak{Y} \textit{ wohlgeordnete Menge} \wedge \alpha = \operatorname{ord} \mathfrak{X} \wedge \beta = \operatorname{ord} \mathfrak{Y} \wedge \mathfrak{X} \prec \mathfrak{Y}).$$

Beweis. (a) folgt aus (b), und für (b) ist nach Satz 2(a) für beliebige wohlgeordnete Mengen $\mathfrak{X}$, $\mathfrak{X}'$, $\mathfrak{Y}$, $\mathfrak{Y}'$ mit $\mathfrak{X} \simeq \mathfrak{X}'$ und $\mathfrak{Y} \simeq \mathfrak{Y}'$ zu beweisen:

$$\mathfrak{X} \preceq \mathfrak{Y} \Leftrightarrow \mathfrak{X}' \preceq \mathfrak{Y}', \qquad \mathfrak{X} \prec \mathfrak{Y} \Leftrightarrow \mathfrak{X}' \prec \mathfrak{Y}'.$$

Dies ist aber eine unmittelbare Folgerung aus Satz 5(b). ∎

Die Sätze 2(a) und 6(a) ergeben (wie auch Satz 5(b)) für wohlgeordnete Mengen $\mathfrak{A}$, $\mathfrak{A}'$, $\mathfrak{B}$, $\mathfrak{B}'$ mit $\mathfrak{A} \simeq \mathfrak{A}'$ und $\mathfrak{B} \simeq \mathfrak{B}'$:

$$\mathfrak{A} \preceq \mathfrak{B} \Leftrightarrow \mathfrak{A}' \preceq \mathfrak{B}', \qquad \mathfrak{A} \prec \mathfrak{B} \Leftrightarrow \mathfrak{A}' \prec \mathfrak{B}'.$$

Die Beziehungen $\leqq$ und $<$ fallen nach Satz 7 innerhalb **N** mit der üblichen $\leqq$-und $<$-Beziehung der natürlichen Zahlen zusammen und bilden also in **N** eine reflexive bzw. irreflexive Wohlordnung.

Satz 7. *Für wohlgeordnete Mengen* $\mathfrak{A} = (A, R)$, $\mathfrak{B} = (B, S)$ *gilt bei endlichem* B:

$$\mathfrak{A} \preceq \mathfrak{B} \Leftrightarrow A \preceq B, \qquad \mathfrak{A} \prec \mathfrak{B} \Leftrightarrow A \prec B.$$

Beweis. $\mathfrak{A} = (A, R)$ und $\mathfrak{B} = (B, S)$ seien wohlgeordnete Mengen. Gilt $\mathfrak{A} \preceq \mathfrak{B}$ und $\mathfrak{A} \simeq (X, S \| X)$ für das Segment X von $\mathfrak{B}$, so ist $A \sim X \subseteq B$, also $A \preceq B$. Gilt umgekehrt $A \preceq B$ bei endlichem B, $A \sim X \subseteq B$ für die Menge X und ist T_1 eine Wohlordnung in X und T_2 eine Wohlordnung in $B \setminus X$ (zu erhalten unter Vermittlung einer eineindeutigen Abbildung der endlichen Menge X bzw. $B \setminus X$ auf den zugehörigen Abschnitt von **N**), so ist die Relation

$$T = T_1 \cup T_2 \cup \big(X \times (B \setminus X)\big)$$

eine Wohlordnung in B, für welche X Segment von (B,T) ist. Aus Satz 4, §11 folgt weiterhin

$$(A, R) \simeq (X, T \| X), \qquad (B, T) \simeq (B, S),$$

also insgesamt $\mathfrak{A} \preceq (B, T) \simeq \mathfrak{B}$, $\mathfrak{A} \preceq \mathfrak{B}$. Gilt schließlich $\mathfrak{A} \prec \mathfrak{B}$ bei endlichem B, so ist nach eben $A \preceq B$ und nach Satz 4, §11 auch $A \nsim B$, da sonst $\mathfrak{A} \simeq \mathfrak{B}$ wäre. Gilt umgekehrt $A \prec B$ bei endlichem B, so ist $\mathfrak{A} \preceq \mathfrak{B}$ und auch $\mathfrak{A} \not\simeq \mathfrak{B}$, da sonst $A \sim B$ wäre. ∎

Es wird im folgenden repräsentantenweise gezeigt, daß $\leqq$ und $<$ auch im Gesamtbereich aller Ordinalzahlen eine reflexive bzw. irreflexive Wohlordnung bilden. Aus Satz 5(a) resultiert bereits für wohlgeordnete Mengen $\mathfrak{A}$, $\mathfrak{B}$:

$$\mathfrak{A} \preceq \mathfrak{B} \Leftrightarrow \mathfrak{A} \prec \mathfrak{B} \vee \mathfrak{A} \simeq \mathfrak{B}, \qquad \mathfrak{A} \prec \mathfrak{B} \Leftrightarrow \mathfrak{A} \preceq \mathfrak{B} \wedge \mathfrak{A} \not\simeq \mathfrak{B}.$$

Satz 8. *Für wohlgeordnete Mengen* $\mathfrak{A}$, $\mathfrak{B}$, $\mathfrak{C}$ *gilt:*

$$\mathfrak{A} \preceq \mathfrak{A}, \qquad \mathfrak{A} \preceq \mathfrak{B} \wedge \mathfrak{B} \preceq \mathfrak{C} \Rightarrow \mathfrak{A} \preceq \mathfrak{C}, \qquad \mathfrak{A} \nprec \mathfrak{A}.$$

Beweis. $\mathfrak{A}$, $\mathfrak{B}$, $\mathfrak{C}$ seien wohlgeordnete Mengen. Wegen $\mathfrak{A} \simeq \mathfrak{A}$ sind die erste und dritte Behauptung trivial. Gilt $\mathfrak{A} \preceq \mathfrak{B}$ und $\mathfrak{B} \preceq \mathfrak{C}$ und ist dabei $\mathfrak{B} = (B, S)$, $\mathfrak{C} = (C, T)$ und

$$\mathfrak{A} \simeq (X, S \| X), \qquad \mathfrak{B} \underset{f}{\simeq} (Y, T \| Y)$$

für das Segment X von $\mathfrak{B}$ und das Segment Y von $\mathfrak{C}$, so ist $f\langle X \rangle$ ein Segment von Y bzgl. $T \| Y$, also auch ein Segment von $\mathfrak{C}$, mit

$$\mathfrak{A} \simeq (X, S \| X) \simeq (f\langle X \rangle, (T \| Y) \| f\langle X \rangle) = (f\langle X \rangle, T \| f\langle X \rangle).$$

Hieraus folgt $\mathfrak{A} \preceq \mathfrak{C}$. ∎

Satz 9 (Ähnlichkeitssatz). *Für wohlgeordnete Mengen* $\mathfrak{A}$, $\mathfrak{B}$ *gilt:*

$$\mathfrak{A} \preceq \mathfrak{B} \wedge \mathfrak{B} \preceq \mathfrak{A} \Rightarrow \mathfrak{A} \simeq \mathfrak{B}.$$

Beweis. Satz 21, §11. ∎

Über Satz 9 gilt für wohlgeordnete Mengen $\mathfrak{A}$, $\mathfrak{B}$, $\mathfrak{C}$ auch:

$$\mathfrak{A} \prec \mathfrak{B} \wedge \mathfrak{B} \prec \mathfrak{C} \Rightarrow \mathfrak{A} \prec \mathfrak{C}, \qquad \mathfrak{A} \prec \mathfrak{B} \Rightarrow \mathfrak{B} \nprec \mathfrak{A},$$

$$\mathfrak{A} \prec \mathfrak{B} \preceq \mathfrak{C} \vee \mathfrak{A} \preceq \mathfrak{B} \prec \mathfrak{C} \Rightarrow \mathfrak{A} \prec \mathfrak{C},$$

$$\mathfrak{A} \prec \mathfrak{B} \Rightarrow \mathfrak{B} \npreceq \mathfrak{A}, \qquad \mathfrak{A} \preceq \mathfrak{B} \Rightarrow \mathfrak{B} \nprec \mathfrak{A}.$$

Satz 10 (Vergleichbarkeitssatz für wohlgeordnete Mengen). *Für wohlgeordnete Mengen* $\mathfrak{A}$, $\mathfrak{B}$ *gilt:*

$$\mathfrak{A} \preceq \mathfrak{B} \vee \mathfrak{B} \preceq \mathfrak{A}.$$

Beweis. Satz 20, §11, der Hauptsatz der Wohlordnungstheorie. ∎

Über Satz 10 gilt für wohlgeordnete Mengen $\mathfrak{A}$, $\mathfrak{B}$ auch:

$$\mathfrak{A} \prec \mathfrak{B} \vee \mathfrak{A} \simeq \mathfrak{B} \vee \mathfrak{B} \prec \mathfrak{A},$$
$$\mathfrak{A} \prec \mathfrak{B} \Leftrightarrow \mathfrak{B} \not\preceq \mathfrak{A}, \qquad \mathfrak{A} \preceq \mathfrak{B} \Leftrightarrow \mathfrak{B} \not\prec \mathfrak{A},$$

und die drei Fälle der ersten Zeile schließen sich gegenseitig aus.

Satz 11. *Für Mengensysteme* $\mathfrak{W}$ *wohlgeordneter Mengen gilt:*

$$\mathfrak{W} \neq \emptyset \Rightarrow \exists \mathfrak{M}(\mathfrak{M} \in \mathfrak{W} \wedge \forall \mathfrak{X}(\mathfrak{X} \in \mathfrak{W} \Rightarrow \mathfrak{M} \preceq \mathfrak{X})).$$

Beweis. Es sei $\mathfrak{W}$ ein nichtleeres System wohlgeordneter Mengen, $\mathfrak{A} = (A, R) \in \mathfrak{W}$ und

$$B = \{a \in A \mid \exists \mathfrak{X}(\mathfrak{X} \in \mathfrak{W} \wedge \mathfrak{X} \simeq (\mathrm{Ab}\,a, R \| \mathrm{Ab}\,a))\}.$$

Es ist $B \subseteq A$. Im Falle $B = \emptyset$ gilt nach Satz 4(a) $\mathfrak{X} \prec \mathfrak{A}$ für kein $\mathfrak{X} \in \mathfrak{W}$; damit folgt aus Satz 10 $\mathfrak{M} \preceq \mathfrak{X}$ für $\mathfrak{M} = \mathfrak{A}$ und alle $\mathfrak{X} \in \mathfrak{W}$. Im Falle $B \neq \emptyset$ sei b innerhalb $\mathfrak{A}$ das Minimum von B. Nach Definition von B gibt es ein $\mathfrak{M} \in \mathfrak{W}$ mit $\mathfrak{M} \simeq (\mathrm{Ab}\,b, R \| \mathrm{Ab}\,b)$. Dann gilt $\mathfrak{M} \preceq \mathfrak{X}$ für alle $\mathfrak{X} \in \mathfrak{W}$. Wäre nämlich $\mathfrak{X} \prec \mathfrak{M}$ für ein $\mathfrak{X} \in \mathfrak{W}$, so wäre $\mathfrak{X} \prec (\mathrm{Ab}\,b, R \| \mathrm{Ab}\,b)$, womit es ein $c \in \mathrm{Ab}\,b$ gibt mit $\mathfrak{X} \simeq (\mathrm{Ab}\,c, R \| \mathrm{Ab}\,c)$; dann hätte man $c \in B$ bei $c < b$ im Widerspruch zur Minimumeigenschaft von b. ∎

Schließlich besteht noch der

Satz 12. *Für wohlgeordnete Mengen* $\mathfrak{A}$ *und Systeme* $\mathfrak{W}$ *wohlgeordneter Mengen gilt:*

$$\exists \mathfrak{X}(\mathfrak{X} \textit{ wohlgeordnete Menge} \wedge \mathfrak{A} \prec \mathfrak{X}),$$
$$\exists \mathfrak{X}(\mathfrak{X} \textit{ wohlgeordnete Menge} \wedge \forall \mathfrak{Y}(\mathfrak{Y} \in \mathfrak{W} \Rightarrow \mathfrak{Y} \prec \mathfrak{X})).$$

Beweis. Für jede wohlgeordnete Menge $\mathfrak{A} = (A, R)$ existiert nach Satz 10, §14 eine Menge X mit $A \prec X$ und nach dem Wohlordnungssatz eine Wohlordnung S in X. Dann ist $\mathfrak{A} \prec \mathfrak{X}$ für $\mathfrak{X} = (X, S)$; denn sonst wäre nach Satz 10 $\mathfrak{X} \preceq \mathfrak{A}$, also auch $X \preceq A$ im Widerspruch zu $A \prec X$. Ebenso existiert nach Satz 10, §14 für ein System $\mathfrak{W}$ wohlgeordneter Mengen und das Mengensystem

$$\mathfrak{M} = \{Y \mid \exists T((Y, T) \in \mathfrak{W})\}$$

eine Menge X mit $Y \prec X$ für alle $Y \in \mathfrak{M}$ und existiert eine Wohlordnung S in X. Dann gilt $\mathfrak{Y} \prec \mathfrak{X}$ für $\mathfrak{X} = (X, S)$ und alle $\mathfrak{Y} \in \mathfrak{W}$. ∎

Aus den Eigenschaften von $\preceq$, $\prec$ folgt für Ordinalzahlen der

Satz 13. *Für Ordinalzahlen* α, β, γ *und Mengen* M *von Ordinalzahlen gilt:*

$$\alpha \leqq \beta \Leftrightarrow \alpha < \beta \vee \alpha = \beta, \qquad \alpha < \beta \Leftrightarrow \alpha \leqq \beta \wedge \alpha \neq \beta,$$

$$\alpha \leqq \alpha, \qquad \alpha \nless \alpha,$$
$$\alpha \leqq \beta \wedge \beta \leqq \gamma \Rightarrow \alpha \leqq \gamma, \qquad \alpha < \beta \wedge \beta < \gamma \Rightarrow \alpha < \gamma,$$
$$\alpha \leqq \beta \wedge \beta \leqq \alpha \Rightarrow \alpha = \beta, \qquad \alpha < \beta \Rightarrow \beta \nless \alpha,$$
$$\alpha \leqq \beta \vee \beta \leqq \alpha, \qquad \alpha < \beta \vee \alpha = \beta \vee \beta < \alpha,$$

$$\alpha < \beta \leqq \gamma \vee \alpha \leqq \beta < \gamma \Rightarrow \alpha < \gamma,$$
$$\alpha < \beta \Leftrightarrow \beta \nleqq \alpha, \qquad \alpha \leqq \beta \Leftrightarrow \beta \nless \alpha,$$

$$M \neq \emptyset \Rightarrow \exists \mu(\mu \in M \wedge \forall \xi(\xi \in M \Rightarrow \mu \leqq \xi)),$$
$$\exists \xi(\mathrm{oz}\,\xi \wedge \alpha < \xi), \qquad \exists \xi(\mathrm{oz}\,\xi \wedge \forall \eta(\eta \in M \Rightarrow \eta < \xi)).$$

Beweis. Die Behauptungen folgen über die Sätze 2(a) und 6(a) repräsentantenweise aus den in diesem Abschnitt §16.2 bewiesenen entsprechenden Sätzen über $\preceq$, $\prec$. Für die drittletzte und letzte Behauptung muß man sich dabei zunächst eine Funktion F über der Ordinalzahlmenge M verschaffen, welche jedem $\xi \in M$ einen Repräsentanten $F(\xi)$ von ξ zuordnet. Dann wende man die Sätze 11 und 12 auf den Wertebereich $\mathfrak{W}$ von F an. F gewinnt man folgendermaßen: Man nehme eine Auswahlfunktion f des Mengensystems $\mathfrak{M}'$ aller Systeme $\mathfrak{X}$ wohlgeordneter Mengen mit $(\mathbf{N}, \mathfrak{X}) \in M$ (und damit $(\mathbf{N}, \mathfrak{X}) \in M \setminus \mathbf{N}$) und definiere:

$$F(\xi) = \begin{cases} (\mathbf{N}(\xi), \leqq) & \text{für } \xi \in M \cap \mathbf{N} \\ f(\mathfrak{X}) & \text{für } \xi = (\mathbf{N}, \mathfrak{X}) \in M \setminus \mathbf{N} \end{cases}$$

($\leqq$ sei die übliche Anordnung in $\mathbf{N}(\xi)$). ∎

Satz 13 bringt zum Ausdruck, daß $\leqq$ und $<$ in jeder Menge von Ordinalzahlen einander zugehörige reflexive bzw. irreflexive Wohlordnungen erzeugen. Der Gesamtbereich der Ordinalzahlen ist unbeschränkt; es existiert keine größte Ordinalzahl. Dagegen ist jede Menge M von Ordinalzahlen beschränkt; es existiert eine Ordinalzahl, welche sogar größer als alle Zahlen von M ist. Diese letzte Eigenschaft ergibt die BURALI-FORTI*sche Antinomie* der Menge aller Ordinalzahlen; d. h. einen Widerspruch zur Annahme, es existiere die Menge M aller Ordinalzahlen. Für M müßte es ja wiederum eine Ordinalzahl ξ geben mit $\eta < \xi$ für alle $\eta \in M$, woraus speziell $\xi < \xi$ folgt, Widerspruch. Die Menge aller Ordinalzahlen existiert nicht. Aber es besteht der

Satz 14. *Für jede Ordinalzahl α existiert die Menge aller Ordinalzahlen ξ mit $\xi \leqq \alpha$.*

Beweis. Es seien α, ξ Ordinalzahlen mit Repräsentanten $\mathfrak{A}$, $\mathfrak{X}$, und es sei $\xi \leqq \alpha$;

also

$$\alpha = \operatorname{ord}\mathfrak{A}, \qquad \xi = \operatorname{ord}\mathfrak{X}, \qquad \mathfrak{X} \preceq \mathfrak{A}.$$

Ist ξ keine natürliche Zahl, so folgt aus Definition 1:

$$\xi = (\mathbf{N}, \{\mathfrak{Y} \in K \mid \mathfrak{Y} \textit{ wohlgeordnete Menge} \wedge \mathfrak{Y} \simeq \mathfrak{X}\}),$$

wobei K die kleinste Allmenge ist mit $\mathfrak{Y} \in K$ für eine wohlgeordnete Menge $\mathfrak{Y} \simeq \mathfrak{X}$. Für eine feste Allmenge L mit $\mathfrak{A} \in L$ existiert wegen $\mathfrak{X} \preceq \mathfrak{A}$ bei $\mathfrak{A} = (A, R)$ ein Segment Y von $\mathfrak{A}$ mit $\mathfrak{Y} \simeq \mathfrak{X}$ für $\mathfrak{Y} = (Y, R \| Y)$ bei $\mathfrak{Y} \sqsubset \mathfrak{A}$ (nach Satz 1(g), §3), also ein $\mathfrak{Y} \in L$ mit $\mathfrak{Y} \simeq \mathfrak{X}$, woraus $K \subseteq L$ folgt, also $\xi \in \{\mathbf{N}\} \times \mathfrak{P}(L)$. Für festes α und festes L gilt also für beliebige Ordinalzahlen ξ:

$$\xi \leqq \alpha \Leftrightarrow \xi \in \mathbf{N} \cup (\{\mathbf{N}\} \times \mathfrak{P}(L)) \wedge \xi \leqq \alpha.$$

Hiermit existiert die Menge

$$\{\xi \mid \operatorname{oz}\xi \wedge \xi \leqq \alpha\} = \{\xi \in \mathbf{N} \cup (\{\mathbf{N}\} \times \mathfrak{P}(L)) \mid \operatorname{oz}\xi \wedge \xi \leqq \alpha\}. \quad \blacksquare$$

Nach Satz 14 existiert für jede Ordinalzahl α auch die Menge aller Ordinalzahlen ξ mit $\xi < \alpha$, und man definiert:

Definition 4. Für jede Ordinalzahl α heißt die Menge

$$\mathbf{O}(\alpha) = \{\xi \mid \operatorname{oz}\xi \wedge \xi < \alpha\}$$

der *Abschnitt* von α. ∎

Für jede Menge O von Ordinalzahlen sei abkürzend:

$$\underset{(O)}{\leqq} = \{(\xi, \eta) \in O^2 \mid \xi \leqq \eta\}, \qquad \underset{(O)}{\geqq} = \big(\underset{(O)}{\leqq}\big)^{-1},$$

$$\underset{(O)}{<} = \{(\xi, \eta) \in O^2 \mid \xi < \eta\}, \qquad \underset{(O)}{>} = \big(\underset{(O)}{<}\big)^{-1},$$

wobei man den Index (O) auch wegläßt, wenn Mißverständnisse ausgeschlossen sind. Nach Satz 13 ist $\underset{(O)}{\leqq}$ bzw. $\underset{(O)}{<}$ für jede Ordinalzahlmenge O eine reflexive bzw. irreflexive Wohlordnung in O. Für jede Ordinalzahl α ist $(\mathbf{O}(\alpha), \leqq)$ der wohlgeordnete Abschnitt von α, auf welchen man dann alle ordnungstheoretischen Begriffe und alle Sätze der Wohlordnungstheorie anwenden darf. Für Ordinalzahlen α, β mit $\alpha < \beta$ ist $\mathbf{O}(\alpha)$ auch der Abschnitt von α innerhalb $(\mathbf{O}(\beta), \leqq)$. Jede Ordinalzahl hat ihren wohlgeordneten Abschnitt zum Repräsentanten:

Satz 15. *Für Ordinalzahlen α gilt:*

$$\alpha = \operatorname{ord}(\mathbf{O}(\alpha), \leqq).$$

Beweis. Es sei α eine Ordinalzahl mit dem Repräsentanten (A, R), also $\alpha = \operatorname{ord}(A, R)$. $\mathfrak{A}$ sei das System aller Abschnitte von A und f die Abbildung über $\mathbf{O}(\alpha)$, durch welche jeder Ordinalzahl $\xi < \alpha$ der nach Satz 18(d), §11 eindeutig bestimmte Abschnitt $f(\xi) = S$ von A zugeordnet wird mit $\xi = \operatorname{ord}(S, R \| S)$. f ist eine eineindeutige Abbildung von $\mathbf{O}(\alpha)$ auf $\mathfrak{A}$, und f ist in bezug auf $(\mathbf{O}(\alpha), \leqq)$ und $(\mathfrak{A}, \subseteq)$ wachsend. Damit ist f ein Isomorphismus, und wir haben:

$$(\mathbf{O}(\alpha), \leqq) \simeq (\mathfrak{A}, \subseteq).$$

Nach Satz 6(a), §11 gilt auch $(A, R) \simeq (\mathfrak{A}, \subseteq)$, also insgesamt:

$$(A, R) \simeq (\mathbf{O}(\alpha), \leqq), \qquad \alpha = \operatorname{ord}(A, R) = \operatorname{ord}(\mathbf{O}(\alpha), \leqq). \quad \blacksquare$$

Für jede Ordinalzahl α ist natürlich $(\mathbf{O}(\alpha), \leqq)$ der eindeutig bestimmte wohlgeordnete Abschnitt, welcher α repräsentiert; denn für Ordinalzahlen α, ξ folgt aus Satz 15 sofort:

$$(\mathbf{O}(\alpha), \leqq) \simeq (\mathbf{O}(\xi), \leqq) \Leftrightarrow \alpha = \xi.$$

Für jede Ordinalzahl α und jede Teilmenge $X \subseteq \mathbf{O}(\alpha)$ mit ihrer Ordinalzahl $\xi = \operatorname{ord}(X, \leqq)$ gilt $\xi \leqq \alpha$ nach Satz 5(c). Jede wohlgeordnete Menge (A, R) ist genau einem wohlgeordneten Abschnitt $(\mathbf{O}(\alpha), \leqq)$ isomorph, nämlich nach Satz 15 für $\alpha = \operatorname{ord}(A, R)$. Die wohlgeordneten Abschnitte $(\mathbf{O}(\alpha), \leqq)$ (für beliebige Ordinalzahlen α) vertreten also isomorph sämtliche wohlgeordneten Mengen.

Wir definieren schließlich noch Minimum und Maximum von Ordinalzahlmengen und die Ordinalzahlintervalle.

Definition 5. M sei eine Menge von Ordinalzahlen:
Ist $M \neq \emptyset$, so heißt

$$\min M = \iota\mu(\mu \in M \wedge \forall \xi(\xi \in M \Rightarrow \mu \leqq \xi))$$

das *kleinste (erste) Element* oder die *kleinste (erste) (Ordinal-)Zahl* oder das *Minimum* von M. Gibt es ein $\mu \in M$ mit $\xi \leqq \mu$ für alle $\xi \in M$, so heißt

$$\max M = \iota\mu(\mu \in M \wedge \forall \xi(\xi \in M \Rightarrow \xi \leqq \mu))$$

das *größte (letzte) Element* oder die *größte (letzte) (Ordinal-)Zahl* oder das *Maximum* von M. $\blacksquare$

Für Mengen M von Ordinalzahlen und Ordinalzahlen β mit $M \subseteq \mathbf{O}(\beta)$ ist im Existenzfall $\min M$ bzw. $\max M$ gleichzeitig das Minimum bzw. Maximum von M in $(\mathbf{O}(\beta), \leqq)$; für endliches $M \neq \emptyset$ existiert nach Satz 5(b), §10 stets

$\max M$. Für Familien $(\alpha_i)_{i\in I}$ von Ordinalzahlen sei im Existenzfall:

$$\min_{i\in I} \alpha_i = \min\{\alpha_i\}_{i\in I}, \qquad \max_{i\in I} \alpha_i = \max\{\alpha_i\}_{i\in I}.$$

Definition 6. α, β seien Ordinalzahlen mit $\alpha \leqq \beta$:

$$[\alpha,\beta] = \{\xi \mid \mathrm{oz}\,\xi \wedge \alpha \leqq \xi \leqq \beta\}, \qquad]\alpha,\beta[= \{\xi \mid \mathrm{oz}\,\xi \wedge \alpha < \xi < \beta\},$$
$$[\alpha,\beta[= \{\xi \mid \mathrm{oz}\,\xi \wedge \alpha \leqq \xi < \beta\}, \qquad]\alpha,\beta] = \{\xi \mid \mathrm{oz}\,\xi \wedge \alpha < \xi \leqq \beta\}. \quad ■$$

Für Ordinalzahlen α, β, γ mit $\alpha \leqq \beta < \gamma$ sind die definierten Intervalle mit den Endpunkten α, β gleichzeitig die entsprechenden Intervalle innerhalb $(\mathbf{O}(\gamma), \leqq)$.

16.3. Nachfolger, Suprema

Aus Satz 13 folgt für jede mengentheoretisch formulierte Eigenschaft $\mathbf{H}(\xi)$ von Ordinalzahlen ξ die Existenz der kleinsten Ordinalzahl ξ mit $\mathbf{H}(\xi)$, sofern es überhaupt eine Ordinalzahl ξ_0 mit $\mathbf{H}(\xi_0)$ gibt. Denn gilt $\mathbf{H}(\xi_0)$ und ist α eine Ordinalzahl mit $\xi_0 < \alpha$, so ist die Menge

$$M = \{\xi \in \mathbf{O}(\alpha) \mid \mathbf{H}(\xi)\}$$

nichtleer und besitzt das Minimum $\mu = \min M$, welches dann die kleinste Ordinalzahl ξ mit $\mathbf{H}(\xi)$ ist; d.h. es gilt $\mathbf{H}(\mu)$, und für jede Ordinalzahl ξ mit $\mathbf{H}(\xi)$ gilt $\mu \leqq \xi$. Speziell existiert die kleinste Ordinalzahl, nämlich die natürliche Zahl 0; denn es ist $0 = \mathrm{ord}(\emptyset, \emptyset)$, und für jede Ordinalzahl α mit dem Repräsentanten $\mathfrak{A}$ gilt $(\emptyset, \emptyset) \preceq \mathfrak{A}$, also $0 \leqq \alpha$.
Aus Satz 13 folgt für jede Ordinalzahl α die Existenz einer größeren Zahl $\xi > \alpha$ und für jede Menge M von Ordinalzahlen die Existenz einer oberen Schranke, d.h. einer Ordinalzahl ξ mit $\eta \leqq \xi$ für alle $\eta \in M$. Es existiert dann in beiden Fällen auch jeweils die kleinste derartige Ordinalzahl ξ, und man definiert:

Definition 7. Für jede Ordinalzahl α heißt die Zahl

$$\alpha' = \textit{kleinste Ordinalzahl } \xi \textit{ mit } \alpha < \xi$$

der *Nachfolger* von α. Für jede Menge M von Ordinalzahlen heißt die Zahl

$$\sup M = \textit{kleinste Ordinalzahl } \xi \textit{ mit } \forall \eta (\eta \in M \Rightarrow \eta \leqq \xi)$$

die *obere Grenze* oder das *Supremum* von M. ■

Für Ordinalzahlen α, β mit $\alpha < \beta$ und

$$\exists \xi (\mathrm{oz}\,\xi \wedge \alpha < \xi < \beta)$$

ist α' gleichzeitig der Nachfolger von α in $(\mathbf{O}(\beta), \leqq)$. Für Mengen M von Ordinalzahlen und Ordinalzahlen β mit

$$\exists \xi(\text{oz}\,\xi \wedge \xi < \beta \wedge \forall \eta(\eta \in M \Rightarrow \eta \leqq \xi))$$

ist $\sup M$ gleichzeitig das Supremum von M in $(\mathbf{O}(\beta), \leqq)$. Für Familien $(\alpha_i)_{i \in I}$ von Ordinalzahlen sei noch definiert:

$$\sup_{i \in I} \alpha_i = \sup \{\alpha_i\}_{i \in I}.$$

Im Gegensatz zur Kardinalzahltheorie entsteht jetzt allgemein durch Hintenansetzen eines neuen Elementes a hinter die Elemente einer wohlgeordneten Menge $\mathfrak{A}$ der Nachfolger α' von $\alpha = \text{ord}\,\mathfrak{A}$:

Satz 16. *Für Ordinalzahlen* α, *wohlgeordnete Mengen* $\mathfrak{A} = (A, R)$, *Objekte* $a \notin A$ *und*

$$A' = A \cup \{a\}, \qquad R' = R \cup (A' \times \{a\}), \qquad \mathfrak{A}' = (A', R')$$

gilt:

$$\alpha = \text{ord}\,\mathfrak{A} \Rightarrow \alpha' = \text{ord}\,\mathfrak{A}'.$$

Beweis. Unter den Voraussetzungen des Satzes sei $\alpha = \text{ord}\,\mathfrak{A}$ und $\beta = \text{ord}\,\mathfrak{A}'$. Dann gilt sofort $\alpha < \beta$, da $\mathfrak{A}$ ein wohlgeordneter Abschnitt von $\mathfrak{A}'$ ist. Würde eine Ordinalzahl $\xi = \text{ord}(X, S)$ existieren mit $\alpha < \xi < \beta$, so wäre (mit den jeweils zugehörigen Wohlordnungen) X einem Abschnitt $\text{Ab}\,x$ von A' isomorph und A einem Abschnitt von X, also auch A einem Abschnitt $\text{Ab}\,y$ von $\text{Ab}\,x$ isomorph. Wegen $y < x \leqq a$ wäre schließlich A einem Abschnitt $\text{Ab}\,y$ von A isomorph im Widerspruch zu Satz 18(b), §11. ∎

Mit dem Nachfolgerbegriff erhält man die Begriffe der folgenden

Definition 8. Ist α eine Ordinalzahl, für welche es eine Ordinalzahl ξ mit $\xi' = \alpha$ gibt, so heißt diese dann eindeutig bestimmte Zahl

$$\iota \xi(\text{oz}\,\xi \wedge \xi' = \alpha)$$

der *Vorgänger* von α. Eine *isolierte* (*Ordinal-*)*Zahl* ist eine Ordinalzahl α mit

$$\alpha = 0 \vee \exists \xi(\text{oz}\,\xi \wedge \xi' = \alpha)$$

(α ist 0 oder besitzt einen Vorgänger). Eine (*ordinale*) *Limeszahl* ist eine Ordinalzahl, welche keine isolierte Zahl ist, also eine Ordinalzahl α mit

$$\alpha \neq 0 \wedge \neg \exists \xi(\text{oz}\,\xi \wedge \xi' = \alpha)$$

(α ist von 0 verschieden und besitzt keinen Vorgänger). ∎

Für Ordinalzahlen α, β mit $\alpha < \beta$ fallen die in Definition 8 für α eingeführten Begriffe mit den entsprechenden Begriffen „Vorgänger, isoliertes Element, Limeselement" innerhalb $(\mathbf{O}(\beta), \leqq)$ zusammen. Nach Satz 15 ist eine Ordinalzahl $\alpha \neq 0$ eine isolierte Zahl bzw. eine Limeszahl genau dann, wenn die Repräsentanten von α ein bzw. kein letztes Element besitzen.
Die Existenz der Abschnitte $\mathbf{O}(\alpha)$ ermöglicht es, mengentheoretisch formulierte Behauptungen $\mathbf{B}(\xi)$ über Ordinalzahlen ξ mit den Beweisverfahren der transfiniten ordnungstheoretischen, vollständigen und gemischten Induktion zu beweisen (vgl. die Bemerkung am Ende von §12.1).

16.4. Endliche, unendliche Ordinalzahlen

Die Grundmengen A der Repräsentanten (A, R) einer Ordinalzahl α sind gemeinsam alle endlich oder gemeinsam alle unendlich.

Definition 9. Eine Ordinalzahl α heißt *endlich* oder *finit*, wenn alle Repräsentanten von α endliche Träger besitzen, und heißt *unendlich* oder *transfinit*, wenn alle Repräsentanten von α unendliche Träger besitzen. ∎

Für Ordinalzahlen α gilt also:

$$\alpha \; endlich \Leftrightarrow \forall X \, \forall R \big((X,R) \; wohlgeordnete \; Menge \wedge \alpha = \operatorname{ord}(X,R) \Rightarrow X \; endlich\big),$$
$$\alpha \; endlich \Leftrightarrow \exists X \, \exists R \big((X,R) \; wohlgeordnete \; Menge \wedge \alpha = \operatorname{ord}(X,R) \wedge X \; endlich\big),$$
$$\alpha \; unendlich \Leftrightarrow \forall X \, \forall R \big((X,R) \; wohlgeordnete \; Menge \wedge \alpha = \operatorname{ord}(X,R) \Rightarrow X \; unendlich\big),$$
$$\alpha \; unendlich \Leftrightarrow \exists X \, \exists R \big((X,R) \; wohlgeordnete \; Menge \wedge \alpha = \operatorname{ord}(X,R) \wedge X \; unendlich\big),$$
$$\alpha \; endlich \Leftrightarrow \neg \, \alpha \; unendlich.$$

Transfinite Kardinal- und Ordinalzahlen heißen gemeinsam *transfinite Zahlen* (manchmal auch unter Einbeziehung der natürlichen Zahlen, was wir nicht tun wollen).

Definition 10. Es sei $\boldsymbol{\omega} = \operatorname{ord}(\mathbf{N}, \leqq)$. ∎

Satz 17.
$$\mathbf{N} = \{\xi \mid \xi \; endliche \; Ordinalzahl\} = \mathbf{O}(\boldsymbol{\omega}).$$

Beweis. Aus den Definitionen 1 und 9 folgt, daß $\mathbf{N}$ die Menge der endlichen Ordinalzahlen ist. Wir haben noch für jede Ordinalzahl ξ zu beweisen:

$$\xi \in \mathbf{N} \Leftrightarrow \xi < \boldsymbol{\omega}$$

oder durch Übergang zu den Repräsentanten für jede wohlgeordnete Menge (X, S) zu beweisen:

$$X \textit{ endlich} \Leftrightarrow (X, S) \prec (\mathbf{N}, \leqq).$$

Ist aber X endlich, so ist $X \sim \mathbf{N}(n)$ für ein $n \in \mathbf{N}$, also gilt nach Satz 4, §11

$$(X, S) \simeq (\mathbf{N}(n), \leqq \| \mathbf{N}(n))$$

und damit $(X, S) \prec (\mathbf{N}, \leqq)$. Gilt umgekehrt $(X, S) \prec (\mathbf{N}, \leqq)$, so ist X einem Abschnitt $\mathbf{N}(n)$ gleichmächtig und damit endlich. ∎

Wegen $\mathbf{N} = \mathbf{O}(\omega)$ ist $(\mathbf{N}, \leqq) = (\mathbf{O}(\omega), \leqq)$, wobei $\leqq$ sowohl die alte $\leqq$-Beziehung innerhalb $\mathbf{N}$ ist als auch die auf $\mathbf{O}(\omega)$ relativierte $\leqq$-Beziehung für beliebige Ordinalzahlen. Die wohlgeordnete Menge $(\mathbf{N}, \leqq)$ der natürlichen Zahlen besitzt keine Limeselemente. ω ist eine Limeszahl, weil $\mathbf{O}(\omega) = \mathbf{N}$ ist und $\max \mathbf{N}$ nicht existiert. Insgesamt gilt also für Ordinalzahlen ξ:

$$\xi \textit{ endlich} \Leftrightarrow \xi < \omega \Leftrightarrow \neg \exists \lambda (\lambda \textit{ Limeszahl} \wedge \lambda \leqq \xi),$$
$$\xi \textit{ unendlich} \Leftrightarrow \omega \leqq \xi \Leftrightarrow \exists \lambda (\lambda \textit{ Limeszahl} \wedge \lambda \leqq \xi).$$

Jede Limeszahl ist transfinit. ω ist die kleinste transfinite Ordinalzahl und die kleinste Limeszahl. Die Reihe der Ordinalzahlen beginnt also mit:

$$0, 1, 2, \ldots, \omega, \omega', \omega'', \ldots\ldots.$$

Für jede Ordinalzahl α existiert eine Limeszahl $\lambda > \alpha$. Denn ist $\alpha = \operatorname{ord}(A, R)$ für die wohlgeordnete Menge (A, R), $B = \{A\} \times \mathbf{N}$ und S die Wohlordnung in B mit

$$(A, x)\, S (A, y) \Leftrightarrow x \leqq y$$

für alle $x, y \in \mathbf{N}$, so sei

$$L = A \cup B, \qquad T = R \cup S \cup (A \times B).$$

Dann besitzt L bzgl. T kein Maximum, und $\lambda = \operatorname{ord}(L, T)$ ist eine Limeszahl oberhalb α (Addition von ω zu α).

16.5. Transfinite Folgen

Die Ordinalzahlabschnitte $\mathbf{O}(\alpha)$ sind Standard-Indexbereiche, über welchen sich alle möglichen Wohlordnungen R beliebiger Mengen A durch eineindeutige Abbildungen $(a_\xi)_{\xi < \alpha}$ erzeugen lassen. Diese Abbildungen $(a_\xi)_{\xi < \alpha}$ *indizieren* (durchnumerieren) die Elemente von A mit Ordinalzahlindizes.

Definition 11. Eine *transfinite Folge* oder eine *Folge vom Ordinalzahltyp* oder kurz eine *Folge* ist eine Abbildung a mit $\mathrm{Db}(a) = \mathbf{O}(\alpha)$ für eine Ordinalzahl α. Ist a eine (transfinite) Folge, so heißt die Ordinalzahl α mit $\mathrm{Db}(a) = \mathbf{O}(\alpha)$ der *Typ* von a. Ist a eine Folge und $\xi \in \mathrm{Db}(a)$, so heißt a_ξ das *zum Index* ξ *gehörige Glied von a*. Eine Folge a ist *ohne Wiederholung* oder *die Glieder von a sind* (*paarweise*) *verschieden*, falls

$$\forall \xi \, \forall \eta (\xi, \eta \in \mathrm{Db}(a) \wedge \xi \neq \eta \Rightarrow a_\xi \neq a_\eta)$$

gilt (falls also a eineindeutig ist). ∎

Die transfiniten Folgen von einem Typ $\alpha < \boldsymbol{\omega}$ sind endliche Folgen im bisherigen Sinne. Die transfiniten Folgen vom Typ $\boldsymbol{\omega}$ sind die bisherigen (unendlichen) Folgen über $\mathbf{N}$. Wir verwenden von jetzt ab (für §16 bis §20) den Begriff „Folge" ausschließlich im Sinne der transfiniten Folgen der Definition 11. Die früheren endlichen und unendlichen Folgen der Definition 4, §7 nennen wir jetzt *gewohnliche endliche* und *gewöhnliche* (*unendliche*) *Folgen*. Folgen sind Familien, so daß auf sie alle Begriffsbildungen im Zusammenhang mit Familien anwendbar sind. Man hat also für jede Folge a vom Typ α u. a.:

$$(a_\xi)_{\xi \in \mathbf{O}(\alpha)} = (a_\xi)_{\xi < \alpha} = a, \qquad \{a_\xi\}_{\xi \in \mathbf{O}(\alpha)} = \{a_\xi\}_{\xi < \alpha} = \mathrm{Wb}(a).$$

Eine Redeweise wie „$(a_\xi)_{\xi < \alpha}$ sei eine Folge (vom Typ α)" soll bedeuten: „a sei eine Folge vom Typ α". Für jede Familie $(a_j)_{j \in I}$, eine Wohlordnung τ in I, $\alpha = \mathrm{ord}(I, \tau)$ und die isomorphe Abbildung i von $(\mathbf{O}(\alpha), \leqq)$ auf (I, τ) werden die Elemente a_j unter Beibehaltung ihrer Reihenfolge bzgl. τ durch die Folge

$$(a_{i(\xi)})_{\xi < \alpha}$$

transfinit abgezählt. Ist A eine Menge, so nennt man eine Folge, deren Glieder Elemente von A sind, auch eine *Folge* (*von Elementen*) *aus* A. Eine *Folge von Ordinalzahlen* bzw. eine *Folge von Kardinalzahlen* ist eine Folge, deren Glieder Ordinalzahlen bzw. Kardinalzahlen sind.
Wichtige Begriffe für Ordinalzahl- und Kardinalzahlfolgen sind die Monotoniebegriffe, der Begriff der Fundamentalfolge und der Limesbegriff.

Definition 12. (a) a sei eine Funktion, für die $\mathrm{Db}(a)$ nur aus Ordinalzahlen besteht und $\mathrm{Wb}(a)$ nur aus Ordinalzahlen oder nur aus Kardinalzahlen:
a heißt (*monoton*) *wachsend* bzw. (*monoton*) *fallend*, wenn für alle Ordinalzahlen $\xi, \eta \in \mathrm{Db}(a)$ gilt:

$$\xi \leqq \eta \Rightarrow a_\xi \leqq a_\eta \quad \text{bzw.} \quad \xi \leqq \eta \Rightarrow a_\xi \geqq a_\eta.$$

a heißt *echt* (*monoton*) *wachsend* bzw. *echt* (*monoton*) *fallend*, wenn für alle Ordinalzahlen $\xi, \eta \in \mathrm{Db}(a)$ gilt:

$$\xi < \eta \Rightarrow a_\xi < a_\eta \quad \text{bzw.} \quad \xi < \eta \Rightarrow a_\xi > a_\eta.$$

a heißt *monoton* bzw. *echt monoton*, falls a wächst oder fällt bzw. echt wächst oder echt fällt. (Alle diese Eigenschaften von a sind die entsprechenden Eigenschaften von a in bezug auf die beiden wohlgeordneten Mengen $(\mathrm{Db}(a), \leqq)$, $(\mathrm{Wb}(a), \leqq)$.)

(b) Eine *Fundamentalfolge von Ordinalzahlen* bzw. eine *Fundamentalfolge von Kardinalzahlen* ist eine echt wachsende Folge $(a_\xi)_{\xi<\lambda}$ vom Limeszahltyp λ von Ordinalzahlen bzw. von Kardinalzahlen.
(c) $(a_\xi)_{\xi<\alpha}$ sei eine Folge von Ordinalzahlen oder eine Folge von Kardinalzahlen: Die Zahl

$$\lim_{\xi<\alpha} a_\xi = \sup_{\xi<\alpha} a_\xi$$

(gelesen: *Limes* a_ξ *für* $\xi < \alpha$) heißt der *Grenzwert* oder der *Limes* von $(a_\xi)_{\xi<\alpha}$ (auch: ... der a_ξ für $\xi < \alpha$). ∎

Der eingeführte Limesbegriff entspricht für wachsende Folgen $(a_\xi)_{\xi<\alpha}$ von Ordinalzahlen bzw. von Kardinalzahlen der Grenzwertvorstellung für das Annähern der Werte a_ξ an $\lim_{\xi<\alpha} a_\xi$ bei Annäherung der Indizes ξ an α. Für Ordinalzahlen α gilt:

$$\alpha \textit{ Limeszahl} \vee \alpha = 0 \Rightarrow \lim_{\xi<\alpha} \xi = \alpha, \qquad \lim_{\xi<\alpha'} \xi = \alpha < \alpha'.$$

Jede Fundamentalfolge $(a_\xi)_{\xi<\lambda}$ von Ordinalzahlen bzw. von Kardinalzahlen ist ein Isomorphismus von $\mathbf{O}(\lambda)$ auf $\mathrm{Wb}(a)$ (in bezug auf die üblichen Wohlordnungen $\leqq$).

Satz 18. *Für Folgen* $(a_\xi)_{\xi<\alpha}$ *von Ordinalzahlen bzw. von Kardinalzahlen gilt:*

(a) $(a_\xi)_{\xi<\alpha}$ *fallend* $\Rightarrow \{a_\xi\}_{\xi<\alpha}$ *endlich,*

(b) $(a_\xi)_{\xi<\alpha}$ *echt fallend* $\Rightarrow \mathbf{O}(\alpha), \{a_\xi\}_{\xi<\alpha}, (a_\xi)_{\xi<\alpha}$ *endlich.*

Beweis. Die Behauptungen folgen aus Satz 12, § 11, angewandt auf die beiden wohlgeordneten Mengen $(\mathbf{O}(\alpha), \leqq)$ und $(\mathrm{Wb}(a), \leqq)$. ∎

Die Endlichkeitsaussagen des Satzes 18 sind bemerkenswert, wenn man an die beträchtliche Größe der Bereiche der Ordinal- und Kardinalzahlen denkt (wie sie sich vor allem später aus dem Universenaxiom ergibt).

Satz 19. (a) *Sind* $(a_\xi)_{\xi<\alpha}$ *und* $(b_\eta)_{\eta<\beta}$ *beides Folgen von Ordinalzahlen* bzw. *von Kardinalzahlen, so gilt*

$$\lim_{\xi<\alpha} a_\xi \leqq \lim_{\eta<\beta} b_\eta$$

unter der Voraussetzung, daß es zu jedem a_ξ *ein* $b_\eta \geqq a_\xi$ *gibt, und gilt*

$$\lim_{\xi<\alpha} a_\xi = \lim_{\eta<\beta} b_\eta$$

unter der Voraussetzung, daß es zu jedem a_ξ *ein* $b_\eta \geqq a_\xi$ *und umgekehrt zu jedem* b_η *ein* $a_\xi \geqq b_\eta$ *gibt.*

(b) *Sind* $(a_\xi)_{\xi<\lambda}$ *und* $(b_\eta)_{\eta<\mu}$ *beides Fundamentalfolgen von Ordinalzahlen bzw. von Kardinalzahlen, so gilt*

$$\lim_{\xi<\lambda} a_\xi = \lim_{\eta<\mu} b_\eta$$

genau dann, wenn es zu jedem a_ξ *ein* $b_\eta \geqq a_\xi$ *(auch: ein* $b_\eta > a_\xi$*) und zu jedem* b_η *ein* $a_\xi \geqq b_\eta$ *(auch: ein* $a_\xi > b_\eta$*) gibt.*

(c) *Ist* $(a_\xi)_{\xi<\lambda}$ *eine Folge vom Typ* $\lambda \neq 0$ *von Ordinalzahlen bzw. von Kardinalzahlen und gibt es zu jeder Ordinalzahl* $\xi < \lambda$ *eine Ordinalzahl* η *mit* $\xi < \eta < \lambda$ *und* $a_\xi < a_\eta$ *(etwa im Falle, daß* $(a_\xi)_{\xi<\lambda}$ *eine Fundamentalfolge ist), so sind* λ *und* $\lim_{\xi<\lambda} a_\xi$ *Limeszahlen.*

Beweis. Aus den Definitionen. ∎

Satz 19(b) ergibt etwa für ordinale Limeszahlen λ:

$$\lim_{\xi<\lambda}(\xi') = \lim_{\xi<\lambda}\xi = \lambda .$$

16.6. Konfinalität

Auf die Konfinalität zwischen wohlgeordneten Mengen und ihren Teilmengen (Definition 10, §10) gründet sich der Begriff der Konfinalität zwischen Ordinalzahlen. Für isomorphe wohlgeordnete Mengen (A, R), (A', R') und Ordinalzahlen β erhält man zunächst unmittelbar:

$$\exists B\big(B \in \mathfrak{P}(A) \wedge A \underset{R}{\operatorname{cf}} B \wedge \beta = \operatorname{ord}(B, R\|B)\big)$$
$$\Leftrightarrow \exists B'\big(B' \in \mathfrak{P}(A') \wedge A' \underset{R'}{\operatorname{cf}} B' \wedge \beta = \operatorname{ord}(B', R'\|B')\big).$$

Man ist damit zu der folgenden Definition berechtigt.

Definition 13. α, β seien Ordinalzahlen:

α ist *konfinal* mit β, wenn es für jeden (für einen) Repräsentanten (A, R) von α eine Teilmenge $B \subseteq A$ gibt mit

$$A \underset{R}{\mathrm{cf}} B, \qquad \beta = \mathrm{ord}(B, R \| B).$$

In weiterer Abkürzung sei

$$\alpha \,\mathrm{cf}\, \beta \Leftrightarrow \alpha \text{ ist konfinal mit } \beta. \quad \blacksquare$$

Satz 20. *Für Ordinalzahlen α, β, γ gilt:*

$$\alpha \,\mathrm{cf}\, \beta \Rightarrow \alpha \geqq \beta, \quad \alpha \,\mathrm{cf}\, \alpha, \quad \alpha \,\mathrm{cf}\, \beta \wedge \beta \,\mathrm{cf}\, \gamma \Rightarrow \alpha \,\mathrm{cf}\, \gamma, \quad \alpha \,\mathrm{cf}\, \beta \wedge \beta \,\mathrm{cf}\, \alpha \Rightarrow \alpha = \beta.$$

Beweis. Für Ordinalzahlen α, β mit $\alpha \,\mathrm{cf}\, \beta$ folgt $\alpha \geqq \beta$ aus Satz 5(c). Die zweite und dritte Behauptung folgen aus Satz 7, §10. Die vierte Behauptung folgt aus der ersten. ∎

Über Satz 20 erzeugt cf in jeder Menge von Ordinalzahlen eine Ordnung. Für Ordinalzahlen α, β erhält man sofort:

$$\alpha \,\mathrm{cf}\, 0 \Leftrightarrow \alpha = 0 \Leftrightarrow 0 \,\mathrm{cf}\, \alpha, \quad \alpha \,\mathrm{cf}\, 1 \Leftrightarrow \alpha \neq 0 \wedge \alpha \text{ isolierte Zahl}, \quad 1 \,\mathrm{cf}\, \alpha \Leftrightarrow \alpha = 1,$$
$$\alpha \neq 0 \wedge \alpha \text{ isolierte Zahl} \Leftrightarrow \alpha \neq 0 \wedge \forall \xi (\xi \in [1, \alpha] \wedge \xi \text{ isolierte Zahl} \Rightarrow \alpha \,\mathrm{cf}\, \xi).$$

Für Ordinalzahlen α, β mit $\alpha \,\mathrm{cf}\, \beta$ gilt:

$$\alpha = 0 \Leftrightarrow \beta = 0, \quad \alpha \text{ isolierte Zahl} \Leftrightarrow \beta \text{ isolierte Zahl}, \quad \alpha \text{ Limeszahl} \Leftrightarrow \beta \text{ Limeszahl}.$$

Für Ordinalzahlen α, β mit $\beta \neq 0$ gilt für $\alpha \,\mathrm{cf}\, \beta$ im Falle der Isoliertheit von β

$$\alpha \,\mathrm{cf}\, \beta \Leftrightarrow \alpha \geqq \beta \wedge \alpha \text{ isolierte Zahl}$$

und im Falle der Isoliertheit von α:

$$\alpha \,\mathrm{cf}\, \beta \Leftrightarrow \alpha \geqq \beta \wedge \beta \text{ isolierte Zahl}.$$

Ein Konfinalitätskriterium für Limeszahlen gibt folgender

Satz 21. *Für Ordinalzahlen α, λ, wobei λ Limeszahl ist, gilt $\alpha \,\mathrm{cf}\, \lambda$ genau dann, wenn eine Fundamentalfolge $(\beta_\xi)_{\xi < \lambda}$ vom Typ λ von Ordinalzahlen existiert mit*

$$\alpha = \lim_{\xi < \lambda} \beta_\xi.$$

Beweis. Es sei α eine Ordinalzahl und λ eine ordinale Limeszahl.

($\Rightarrow$) Ist $\alpha \operatorname{cf} \lambda$, so existiert wegen $\alpha = \operatorname{ord}(\mathbf{O}(\alpha), \leqq)$ eine Teilmenge $L \subseteq \mathbf{O}(\alpha)$ mit $\mathbf{O}(\alpha) \operatorname{cf} L$ und $\lambda = \operatorname{ord}(L, \leqq)$. Auf Grund von $\lambda \leqq \alpha$ (nach Satz 20) ist L mit einem Segment S von $\mathbf{O}(\alpha)$ isomorph (hinsichtlich der zugehörigen Wohlordnungen). Es ist $S = \mathbf{O}(\mu)$ für eine Ordinalzahl $\mu \leqq \alpha$, und man hat somit

$$(L, \leqq) \simeq (\mathbf{O}(\mu), \leqq), \quad \lambda = \operatorname{ord}(L, \leqq), \quad \mu = \operatorname{ord}(\mathbf{O}(\mu), \leqq).$$

Daraus folgt $\mu = \lambda$, und es existiert eine Fundamentalfolge, nämlich ein Isomorphismus, $(\beta_\xi)_{\xi < \lambda}$ von $\mathbf{O}(\lambda)$ auf L. Wegen stets $\beta_\xi \in L \subseteq \mathbf{O}(\alpha)$ gilt $\beta_\xi < \alpha$ für alle Zahlen $\xi < \lambda$, also $\gamma \leqq \alpha$ für den Limes $\gamma = \lim_{\xi < \lambda} \beta_\xi$. Im Falle $\gamma < \alpha$ gäbe es wegen $\mathbf{O}(\alpha) \operatorname{cf} L$ eine Ordinalzahl $\xi_1 < \lambda$ mit $\gamma \leqq \beta_{\xi_1}$, und für eine Ordinalzahl ξ_2 mit $\xi_1 < \xi_2 < \lambda$ wäre $\gamma < \beta_{\xi_2}$ im Widerspruch zu $\beta_\xi \leqq \gamma$ für alle Zahlen $\xi < \lambda$. Damit ist $\gamma = \alpha$ und $\alpha = \lim_{\xi < \lambda} \beta_\xi$.

($\Leftarrow$) Für jede Fundamentalfolge $(\beta_\xi)_{\xi < \lambda}$ von Ordinalzahlen und $\alpha = \lim_{\xi < \lambda} \beta_\xi$ ist $\operatorname{Wb}(\beta) \subseteq \mathbf{O}(\alpha)$; denn es ist stets $\beta_\xi \leqq \alpha$, und für ein $\beta_{\xi_1} = \alpha$ wäre $\alpha < \beta_{\xi_2}$ für jede Ordinalzahl ξ_2 mit $\xi_1 < \xi_2 < \lambda$. Es ist sogar $\mathbf{O}(\alpha) \operatorname{cf} \operatorname{Wb}(\beta)$; denn für keine Ordinalzahl $\gamma < \alpha$ gilt $\beta_\xi \leqq \gamma$ für alle Zahlen $\xi < \lambda$. Schließlich gilt

$$\lambda = \operatorname{ord}(\mathbf{O}(\lambda), \leqq) = \operatorname{ord}(\operatorname{Wb}(\beta), \leqq),$$

da β Isomorphismus von $\mathbf{O}(\lambda)$ auf $\operatorname{Wb}(\beta)$ ist. Es gilt damit insgesamt $\alpha \operatorname{cf} \lambda$. ∎

§ 17. Zahlklassen

17.1. Zahlklassen

Da die Trägermengen A sämtlicher Repräsentanten (A, R) einer Ordinalzahl α gleichmächtig sind, ist man berechtigt zu folgender

Definition 1. Für jede Ordinalzahl α heißt die Kardinalzahl der Träger der Repräsentanten von α, nämlich

$$|\alpha| = \iota \mathfrak{x} \forall X \forall R\big((X, R) \textit{ wohlgeordnete Menge} \wedge \alpha = \operatorname{ord}(X, R) \Rightarrow \mathfrak{x} = \operatorname{card} X\big)$$

(gelesen: *Kardinalzahl* α oder einfach: *Betrag* α), die *Kardinalzahl* von α. ∎

Für jede Kardinalzahl $\mathfrak{a}$ existiert wenigstens eine Ordinalzahl α mit $|\alpha| = \mathfrak{a}$; denn ist $\mathfrak{a} = \operatorname{card} A$ für eine Menge A und ist R nach dem Wohlordnungssatz eine Wohlordnung in A, so ist $|\alpha| = \mathfrak{a}$ für $\alpha = \operatorname{ord}(A, R)$.

Satz 1. *Für Ordinalzahlen α, β, Objekte n und Kardinalzahlen $\mathfrak{a}$ gilt:*

(a) $\alpha = \beta \Rightarrow |\alpha| = |\beta|, \quad \alpha \leqq \beta \Rightarrow |\alpha| \leqq |\beta|, \quad |\alpha| < |\beta| \Rightarrow \alpha < \beta,$

$|\alpha| = \operatorname{card} \mathbf{O}(\alpha),$

α *endlich* $\Leftrightarrow |\alpha|$ *endlich*, $\quad \alpha$ *unendlich* $\Leftrightarrow |\alpha|$ *unendlich*,

(b) $n \in \mathbf{N} \Rightarrow \operatorname{oz} n \wedge \operatorname{cz} n \wedge |n| = n, \quad |\omega| = \mathfrak{a},$

α *endlich* $\Leftrightarrow |\alpha| < |\alpha'| \Leftrightarrow |\alpha'| = |\alpha|',$

α *unendlich* $\Leftrightarrow |\alpha| = |\alpha'| \Leftrightarrow |\alpha'| < |\alpha|',$

$\mathfrak{a} \in \mathbf{N} \Leftrightarrow \exists!!\xi(\operatorname{oz} \xi \wedge |\xi| = \mathfrak{a}).$

Beweis. (a) Es seien α und β Ordinalzahlen mit den Repräsentanten (A, R) und (B, S), also $\alpha = \operatorname{ord}(A, R)$, $\beta = \operatorname{ord}(B, S)$. Aus $\alpha = \beta$ folgt $A \sim B$, also $|\alpha| = |\beta|$, und aus $\alpha \leqq \beta$ folgt $A \precsim B$, also $|\alpha| \leqq |\beta|$. Aus $|\alpha| < |\beta|$ folgt $\alpha < \beta$, da sonst $\beta \leqq \alpha$ und damit $|\beta| \leqq |\alpha|$ wäre. $\alpha = \operatorname{ord}(\mathbf{O}(\alpha), \leqq)$ ergibt sofort $|\alpha| = \operatorname{card} \mathbf{O}(\alpha)$. Endlichkeit bzw. Unendlichkeit von α und $|\alpha|$ stimmen nach Definition überein.

(b) Trivial sind die Elemente von $\mathbf{N}$ gleichzeitig Ordinal- und Kardinalzahlen. Für jedes $n \in \mathbf{N}$ und jede wohlgeordnete Menge (A, R) mit $n = \operatorname{ord}(A, R)$ ist auch $n = \operatorname{card} A$ und damit $|n| = \operatorname{card} A = n$. Aus $\omega = \operatorname{ord}(\mathbf{N}, \leqq)$ folgt $|\omega| = \operatorname{card} \mathbf{N} = \mathfrak{a}$. Für Ordinalzahlen $\alpha \in \mathbf{N}$ ist wegen $|\alpha| = \alpha$ und $|\alpha'| = \alpha'$ trivial $|\alpha| < |\alpha'|$ und $|\alpha'| = |\alpha|'$. Umgekehrt gilt für jede unendliche Ordinalzahl α nach Satz 15, § 14 und Satz 16, § 16:

$$|\alpha'| = |\alpha| < |\alpha|'.$$

Für Kardinalzahlen $\mathfrak{a} \in \mathbf{N}$ und Ordinalzahlen ξ_1, ξ_2 mit $|\xi_1| = |\xi_2| = \mathfrak{a}$ sind auch ξ_1, ξ_2 endlich, also $\xi_1, \xi_2 \in \mathbf{N}$ und damit $|\xi_1| = \xi_1, |\xi_2| = \xi_2$, also $\xi_1 = \xi_2$. Umgekehrt hat man für jede unendliche Kardinalzahl $\mathfrak{a}$ und jede Ordinalzahl ξ_1 mit $|\xi_1| = \mathfrak{a}$ auch $|\xi_2| = \mathfrak{a}$ bei $\xi_2 = \xi_1' \dotplus \xi_1$. ∎

Aus Satz 1 (b) folgt, daß in Satz 1 (a) für Ordinalzahlen α, β nicht allgemein die Umkehrungen gelten:

$$|\alpha| = |\beta| \Rightarrow \alpha = \beta, \qquad |\alpha| \leqq |\beta| \Rightarrow \alpha \leqq \beta, \qquad \alpha < \beta \Rightarrow |\alpha| < |\beta|.$$

Für Kardinalzahlen $\mathfrak{a}, \mathfrak{b}$ mit $\mathfrak{a} < \mathfrak{b}$ und Ordinalzahlen β mit $|\beta| = \mathfrak{b}$ gilt für jede Ordinalzahl ξ mit $|\xi| = \mathfrak{a}$ wegen $|\xi| < |\beta|$ auch $\xi < \beta$. Also existiert mit $\mathbf{O}(\beta)$ auch die Menge aller Ordinalzahlen ξ mit $|\xi| = \alpha$, und wir definieren:

Definition 2. Für jede Kardinalzahl $\mathfrak{a}$ heißt die Ordinalzahlmenge

$$\mathfrak{Z}(\mathfrak{a}) = \{\xi \mid \operatorname{oz} \xi \wedge |\xi| = \mathfrak{a}\}$$

die *Zahlklasse von* $\mathfrak{a}$. Eine *Zahlklasse* ist ein Objekt Z mit $Z = \mathfrak{Z}(\mathfrak{a})$ für eine Kardinalzahl $\mathfrak{a}$. ∎

Jede Ordinalzahl α ist Element genau einer Zahlklasse, nämlich von $\mathfrak{Z}(|\alpha|)$. Für jede Kardinalzahl $\mathfrak{a}$ ist $\mathfrak{Z}(\mathfrak{a}) \neq \emptyset$ und gilt über Satz 1(b):

$$\mathfrak{a} \in \mathbf{N} \Leftrightarrow \operatorname{card} \mathfrak{Z}(\mathfrak{a}) = 1 .$$

Damit ist die Ordinalzahl einer unendlichen wohlgeordneten Menge (A, R) nicht mehr durch ihre Mächtigkeit $\operatorname{card} A$ eindeutig festgelegt.

Satz 2. *Für unendliche Kardinalzahlen* $\mathfrak{a}$ *ist*

$$\operatorname{card} \mathfrak{Z}(\mathfrak{a}) = \mathfrak{a}' .$$

Beweis. Es sei $\mathfrak{a}$ eine Kardinalzahl, $\omega_1 = \min \mathfrak{Z}(\mathfrak{a})$ und $\omega_2 = \min \mathfrak{Z}(\mathfrak{a}')$. Dann gilt $|\omega_1| = \mathfrak{a} < \mathfrak{a}' = |\omega_2|$, also $\omega_1 < \omega_2$ und

$$\mathfrak{Z}(\mathfrak{a}) = [\omega_1, \omega_2[, \qquad \mathbf{O}(\omega_1) \cup \mathfrak{Z}(\mathfrak{a}) = \mathbf{O}(\omega_2) .$$

Hieraus folgt:

$$\operatorname{card} \mathbf{O}(\omega_1) + \operatorname{card} \mathfrak{Z}(\mathfrak{a}) = \operatorname{card} \mathbf{O}(\omega_2), \qquad \mathfrak{a} + \operatorname{card} \mathfrak{Z}(\mathfrak{a}) = \mathfrak{a}' .$$

Ist dabei noch $\mathfrak{a}$ und damit auch $\mathfrak{a}'$ unendlich, so folgt schließlich über Satz 16(f), §15 $\mathfrak{a}' = \operatorname{card} \mathfrak{Z}(\mathfrak{a})$. ∎

Man definiert nach CANTOR:

Definition 3. $\mathbf{N}$ heißt auch die *erste Zahlklasse* und $\mathfrak{Z}(\mathfrak{a})$ auch die *zweite Zahlklasse*. Es sei

$$\mathfrak{Z}_2 = \mathfrak{Z}(\mathfrak{a}), \qquad \mathfrak{Z} = \mathbf{N} \cup \mathfrak{Z}_2 . \quad ∎$$

Es sind $\mathfrak{Z}_2, \mathfrak{Z}$ überabzählbar, aber alle Abschnitte von $\mathfrak{Z}$ (d.h. alle $\mathbf{O}(\alpha)$ für $\alpha \in \mathfrak{Z}$) abzählbar.

17.2. Alephs, Anfangszahlen

Den Hauptgegenstand der Theorie der Kardinal- und Ordinalzahlen bilden die transfiniten Zahlen. Man führt deshalb noch besondere Bezeichnungen ein:

Definition 4. Ein *Aleph* ist eine unendliche Kardinalzahl. Für jedes Aleph $\mathfrak{a}$

heißt $\min \mathfrak{Z}(\mathfrak{a})$ die *Anfangszahl von* $\mathfrak{Z}(\mathfrak{a})$. Eine *Anfangszahl* ist eine Ordinalzahl ω mit $\omega = \min \mathfrak{Z}(\mathfrak{a})$ für ein Aleph $\mathfrak{a}$. ∎

(Aleph, im Zeichen: ℵ, ist der erste Buchstabe des hebräischen Alphabets.) Mit einem Aleph $\mathfrak{a}$ ist auch jede Kardinalzahl $\mathfrak{x} \geqq \mathfrak{a}$ ein Aleph.
Die Alephs und Anfangszahlen lassen sich durch Ordinalzahlindizes transfinit abzählen. Man beweist hierfür zunächst die folgenden beiden Sätze.

Satz 3. *Für jede Kardinalzahl* $\mathfrak{a}$ *gilt bei* $\omega = \min \mathfrak{Z}(\mathfrak{a})$:

$$\operatorname{ord}(\mathbf{C}(\mathfrak{a}), \leqq) \leqq \omega, \qquad \operatorname{card} \mathbf{C}(\mathfrak{a}) \leqq \mathfrak{a}.$$

Beweis. Die zweite Behauptung folgt sofort aus der ersten. Zur ersten Behauptung haben wir für jede Kardinalzahl $\mathfrak{a}$ und $\omega = \min \mathfrak{Z}(\mathfrak{a})$ nach Satz 15, § 16 zu zeigen:

$$(\mathbf{C}(\mathfrak{a}), \leqq) \preceq (\mathbf{O}(\omega), \leqq). \quad (*)$$

Für jede Kardinalzahl $\mathfrak{x} < \mathfrak{a}$ ist $\varphi(\mathfrak{x}) = \min \mathfrak{Z}(\mathfrak{x}) < \omega$. Also ist φ eine echt wachsende Funktion von $\mathbf{C}(\mathfrak{a})$ in $\mathbf{O}(\omega)$ und damit ein Isomorphismus von $\mathbf{C}(\mathfrak{a})$ auf $\operatorname{Wb}(\varphi) \subseteq \mathbf{O}(\omega)$. Daraus folgt (*) nach Satz 4(b), § 16. ∎

Satz 4. (a) *Für jedes Aleph* $\mathfrak{a}$ *existiert genau eine Ordinalzahl* α *mit*

$$(\mathbf{O}(\alpha), \leqq) \simeq ([\mathfrak{a}, \mathfrak{a}[, \leqq).$$

(b) *Für jede Ordinalzahl* α *existiert höchstens ein Aleph* $\mathfrak{a}$ *mit*

$$(\mathbf{O}(\alpha), \leqq) \simeq ([\mathfrak{a}, \mathfrak{a}[, \leqq).$$

Beweis. (a) Für jedes Aleph $\mathfrak{a}$ und $\omega = \min \mathfrak{Z}(\mathfrak{a})$ gilt wegen $[\mathfrak{a}, \mathfrak{a}[\subseteq \mathbf{C}(\mathfrak{a})$ nach Satz 5(c), § 16, obigem Satz 3 und Satz 15, § 16:

$$([\mathfrak{a}, \mathfrak{a}[, \leqq) \preceq (\mathbf{C}(\mathfrak{a}), \leqq) \preceq (\mathbf{O}(\omega), \leqq).$$

Damit existiert eine Ordinalzahl $\alpha \leqq \omega$ mit

$$(\mathbf{O}(\alpha), \leqq) \simeq ([\mathfrak{a}, \mathfrak{a}[, \leqq).$$

α ist eindeutig bestimmt, da isomorphe Ordinalzahlabschnitte gleich sind (etwa nach Satz 15, § 16).
(b) α sei eine Ordinalzahl, und $\mathfrak{a}, \mathfrak{b}$ seien Alephs. Ist $\mathbf{O}(\alpha)$ mit $[\mathfrak{a}, \mathfrak{a}[$ und mit $[\mathfrak{a}, \mathfrak{b}[$ isomorph, so folgt aus der Isomorphie dieser beiden Kardinalzahlintervalle ihre Gleichheit und damit $\mathfrak{a} = \mathfrak{b}$ (denn für eine Kardinalzahl $\mathfrak{x} \geqq \mathfrak{a}, \mathfrak{b}$ sind

die beiden Intervalle isomorphe Segmente von $([\mathfrak{a},\mathfrak{x}[,\leqq)$ und damit nach Satz 18(e), §11 gleich). ∎

Definition 5. Ein *Alephindex* ist eine Ordinalzahl α, für die es ein (und damit nach Satz 4(b) genau ein) Aleph $\mathfrak{a}$ gibt mit

$$(\mathbf{O}(\alpha),\leqq)\simeq([\mathfrak{a},\mathfrak{a}[,\leqq).$$

Für jeden Alephindex α sei

$$\aleph_\alpha=\iota\,\mathfrak{a}(\mathfrak{a}\ \mathit{Aleph}\wedge(\mathbf{O}(\alpha),\leqq)\simeq([\mathfrak{a},\mathfrak{a}[,\leqq)),\qquad \boldsymbol{\omega}_\alpha=\min\mathfrak{Z}(\aleph_\alpha)$$

(gelesen: *Aleph* α bzw. *Omega* α). ∎

Für jeden Alephindex α ist $\aleph_\alpha$ ein Aleph und $\boldsymbol{\omega}_\alpha$ eine Anfangszahl mit

$$\boldsymbol{\omega}_\alpha=\min\mathfrak{Z}(\aleph_\alpha),\qquad |\boldsymbol{\omega}_\alpha|=\aleph_\alpha.$$

Für jedes Aleph $\mathfrak{a}$ existiert nach Satz 4(a) genau ein Alephindex α mit $\mathfrak{a}=\aleph_\alpha$. Für jede Anfangszahl ω existiert genau ein Alephindex α mit $\omega=\boldsymbol{\omega}_\alpha$, nämlich derjenige Alephindex α mit $|\omega|=\aleph_\alpha$. Es durchläuft also $\aleph_\alpha$ bzw. $\boldsymbol{\omega}_\alpha$ ohne Wiederholung genau sämtliche Alephs bzw. Anfangszahlen, wenn α alle Alephindizes durchläuft. In diesem Sinne lassen sich alle Alephs und Anfangszahlen durch Ordinalzahlindizes transfinit abzählen.

Wir stellen jetzt grundlegende Eigenschaften der Alephs $\aleph_\alpha$ und Anfangszahlen $\boldsymbol{\omega}_\alpha$ zusammen. Wir schreiben für den Nachfolger einer Ordinalzahl α anschaulich:

$$\alpha+1=\alpha'.$$

Dies gilt später für die Ordinalzahlsumme ohnehin.

Satz 5. *Für Alephindizes* α,β *gilt:*

(a) $\aleph_\alpha=\aleph_\beta\Leftrightarrow\alpha=\beta,\quad \aleph_\alpha<\aleph_\beta\Leftrightarrow\alpha<\beta,\quad \aleph_\alpha\leqq\aleph_\beta\Leftrightarrow\alpha\leqq\beta,$
$\boldsymbol{\omega}_\alpha=\boldsymbol{\omega}_\beta\Leftrightarrow\alpha=\beta,\quad \boldsymbol{\omega}_\alpha<\boldsymbol{\omega}_\beta\Leftrightarrow\alpha<\beta,\quad \boldsymbol{\omega}_\alpha\leqq\boldsymbol{\omega}_\beta\Leftrightarrow\alpha\leqq\beta,$
0 *Alephindex*, $\quad\mathbf{a}=\aleph_0\leqq\aleph_\alpha,\quad \boldsymbol{\omega}=\boldsymbol{\omega}_0\leqq\boldsymbol{\omega}_\alpha.$

(b) $\alpha\leqq\boldsymbol{\omega}_\alpha,\qquad |\alpha|\leqq\aleph_\alpha.$

(c) *Mit* α *sind alle Ordinalzahlen* $\xi\leqq\alpha$ *Alephindizes.* $(\aleph_\xi)_{\xi<\alpha}$ *ist der Isomorphismus von* $\mathbf{O}(\alpha)$ *auf die Menge* $[\aleph_0,\aleph_\alpha[$ *aller Alephs* $\mathfrak{a}$ *mit* $\aleph_0\leqq\mathfrak{a}<\aleph_\alpha$, *und* $(\boldsymbol{\omega}_\xi)_{\xi<\alpha}$ *ist der Isomorphismus von* $\mathbf{O}(\alpha)$ *auf die Menge aller Anfangszahlen* ω *mit* $\boldsymbol{\omega}_0\leqq\omega<\boldsymbol{\omega}_\alpha$.

(d) $\alpha+1$ *Alephindex*, $(\aleph_\alpha)' = \aleph_{\alpha+1}$, $\boldsymbol{\omega}_\alpha + 1 < \boldsymbol{\omega}_{\alpha+1}$,
$\aleph_\alpha$ *Limeszahl* $\Leftrightarrow \alpha = 0 \vee \alpha$ *Limeszahl*, $\boldsymbol{\omega}_\alpha$ *Limeszahl*.

Beweis. α und β seien Alephindizes.

(a) Die Behauptungen in bezug auf die Identität $=$ folgen aus den Bemerkungen hinter Definition 5. Aus Definition 5 folgt

$$(\mathbf{O}(\alpha), \leqq) \underset{f}{\simeq} ([\mathfrak{a}, \mathfrak{a}[, \leqq), \qquad (\mathbf{O}(\beta), \leqq) \underset{g}{\simeq} ([\mathfrak{a}, \mathfrak{b}[, \leqq)$$

für $\mathfrak{a} = \aleph_\alpha, \mathfrak{b} = \aleph_\beta$ und zugehörige Isomorphismen f, g. Im Falle $\mathfrak{a} < \mathfrak{b}$ ist $[\mathfrak{a}, \mathfrak{a}[$ Abschnitt von $[\mathfrak{a}, \mathfrak{b}[$ und wird durch g^{-1} in einen Abschnitt $\mathbf{O}(\gamma)$ von $\mathbf{O}(\beta)$ überführt mit also $\gamma \in \mathbf{O}(\beta)$. Dann sind die Abschnitte $\mathbf{O}(\alpha)$ und $\mathbf{O}(\gamma)$ mit $[\mathfrak{a}, \mathfrak{a}[$ isomorph, also untereinander isomorph, womit $\alpha = \gamma$ gilt, also $\alpha < \beta$. Im Falle $\alpha < \beta$ ist $\mathbf{O}(\alpha)$ Abschnitt von $\mathbf{O}(\beta)$ und wird durch g in einen Abschnitt $[\mathfrak{a}, \mathfrak{c}[$ von $[\mathfrak{a}, \mathfrak{b}[$ überführt mit also $\mathfrak{c} \in [\mathfrak{a}, \mathfrak{b}[$. Dann sind die Intervalle $[\mathfrak{a}, \mathfrak{a}[$ und $[\mathfrak{a}, \mathfrak{c}[$ mit $\mathbf{O}(\alpha)$ isomorph, also untereinander isomorph, womit $\mathfrak{a} = \mathfrak{c}$ gilt, also $\mathfrak{a} < \mathfrak{b}$. Wir haben somit

$$\aleph_\alpha < \aleph_\beta \Leftrightarrow \alpha < \beta,$$

und hieraus folgt über Satz 1(a) und $\boldsymbol{\omega}_\alpha \neq \boldsymbol{\omega}_\beta \Rightarrow \alpha \neq \beta \Rightarrow \aleph_\alpha \neq \aleph_\beta$ auch:

$$\alpha < \beta \Leftrightarrow \aleph_\alpha < \aleph_\beta \Leftrightarrow |\boldsymbol{\omega}_\alpha| < |\boldsymbol{\omega}_\beta| \Leftrightarrow \boldsymbol{\omega}_\alpha < \boldsymbol{\omega}_\beta .$$

Somit gelten die Behauptungen in bezug auf $<$. Aus den Behauptungen für $=$ und $<$ folgen die für $\leqq$. Es ist schließlich 0 ein Alephindex ($\mathbf{O}(0)$ ist mit $[\mathfrak{a}, \mathfrak{a}[$ isomorph) und $\aleph_0 \leqq \aleph_\alpha, \boldsymbol{\omega}_0 \leqq \boldsymbol{\omega}_\alpha$ (wegen $0 \leqq \alpha$). Damit ist auch $\aleph_0$ das kleinste Aleph, also $\aleph_0 = \mathfrak{a}$, und $\boldsymbol{\omega}_0$ die kleinste unendliche Ordinalzahl, also $\boldsymbol{\omega}_0 = \boldsymbol{\omega}$ (für jede unendliche Ordinalzahl ξ und $|\xi| = \aleph_\alpha$ gilt $\boldsymbol{\omega}_0 \leqq \boldsymbol{\omega}_\alpha \leqq \xi$).
(b) Nach Definition 5 und Satz 5(c), §16 gilt

$$(\mathbf{O}(\alpha), \leqq) \simeq ([\aleph_0, \aleph_\alpha[, \leqq) \preceq (\mathbf{C}(\aleph_\alpha), \leqq),$$

und hieraus folgt über Satz 3:

$$\alpha = \operatorname{ord}(\mathbf{O}(\alpha), \leqq) \leqq \operatorname{ord}(\mathbf{C}(\aleph_\alpha), \leqq) \leqq \boldsymbol{\omega}_\alpha .$$

$\alpha \leqq \boldsymbol{\omega}_\alpha$ ergibt sofort $|\alpha| \leqq |\boldsymbol{\omega}_\alpha| = \aleph_\alpha$.
(c) Für jeden Isomorphismus f von $\mathbf{O}(\alpha)$ auf $[\aleph_0, \aleph_\alpha[$ und jede Ordinalzahl ξ mit $\xi < \alpha$ ist $f|\mathbf{O}(\xi)$ Isomorphismus von $\mathbf{O}(\xi)$ auf $[\aleph_0, f(\xi)[$, also ξ nach Definition 5 ein Alephindex mit $f(\xi) = \aleph_\xi$. Also sind alle Ordinalzahlen $\xi \leqq \alpha$ Alephindizes, und $(\aleph_\xi)_{\xi<\alpha}$ ist der Isomorphismus von $\mathbf{O}(\alpha)$ auf $[\aleph_0, \aleph_\alpha[$. Wegen $\boldsymbol{\omega}_\xi < \boldsymbol{\omega}_\alpha$ für jede Ordinalzahl $\xi < \alpha$ existiert die Funktion $(\boldsymbol{\omega}_\xi)_{\xi<\alpha}$. Ist ω eine

Anfangszahl mit $\omega_0 \leqq \omega < \omega_\alpha$ und etwa $\omega = \omega_\eta$ für den Alephindex η, so ist $0 \leqq \eta < \alpha$, also $\omega \in \{\omega_\xi\}_{\xi<\alpha}$. Hiermit ist wegen noch der echten Monotonie insgesamt $(\omega_\xi)_{\xi<\alpha}$ der Isomorphismus von $\mathbf{O}(\alpha)$ auf die Menge aller Anfangszahlen ω mit $\omega_0 \leqq \omega < \omega_\alpha$.
(d) Für $\aleph_\beta = (\aleph_\alpha)'$ ist $\aleph_\alpha < \aleph_\beta$, und es existiert kein Zwischenaleph. Also ist β die kleinste Ordinalzahl oberhalb α, also $\beta = \alpha + 1$, also $\alpha + 1$ Alephindex mit $(\aleph_\alpha)' = \aleph_{\alpha+1}$. Es gilt $|\omega_\alpha + 1| = |\omega_\alpha| < |\omega_{\alpha+1}|$, also $\omega_\alpha + 1 < \omega_{\alpha+1}$. $\aleph_0$ ist Limeszahl. Da $(\aleph_\xi)_{\xi<\alpha+1}$ Isomorphismus von $\mathbf{O}(\alpha+1)$ auf $[\aleph_0, \aleph_\alpha]$ ist, ist α Limeszahl genau dann, wenn $\aleph_\alpha$ Limeselement von $([\aleph_0, \aleph_\alpha], \leqq)$ ist, also genau dann, wenn $\alpha \neq 0$ und $\aleph_\alpha$ Limeszahl ist. Jede Anfangszahl ω_α ist Limeszahl, da $\omega_\alpha \neq 0$ ist und $\mathbf{O}(\omega_\alpha)$ kein Maximum besitzt (wäre $\xi + 1 = \omega_\alpha$ für eine Ordinalzahl ξ, so wäre $\xi < \omega_\alpha$, also $|\xi| < |\omega_\alpha|$ nach Definition der Anfangszahlen, aber wegen der Unendlichkeit von ξ auch $|\omega_\alpha| = |\xi + 1| = |\xi|$). ∎
Aus Satz 5(a), (d) folgt: 0 ist Alephindex, und für jeden Alephindex α ist $\alpha + 1$ Alephindex und existiert ein Alephindex $\lambda > \alpha$, der Limeszahl ist (für $\aleph_\alpha$ gibt es eine Limeszahl $\mathrm{l} > \aleph_\alpha$, und man wähle den Index λ von $\mathrm{l} = \aleph_\lambda$). Es sind also u.a. alle natürlichen Zahlen und ω Alephindizes. (Im erweiterten Axiomensystem in Kapitel VI wird jede Ordinalzahl ein Alephindex sein.) Über Satz 5(d) lautet die *Kontinuumhypothese* bzw. die *Alephhypothese*:

$$2^{\aleph_0} = \aleph_1 \qquad \text{bzw.} \qquad 2^{\aleph_\alpha} = \aleph_{\alpha+1} \textit{ für alle Alephindizes } \alpha .$$

Satz 6. *Für Alephindizes α und Ordinalzahlen β gilt:*

$$\beta < \omega_\alpha \Leftrightarrow |\beta| < \aleph_\alpha, \qquad \aleph_\alpha \leqq |\beta| \Leftrightarrow \omega_\alpha \leqq \beta,$$

$$\mathfrak{Z}(\aleph_\alpha) = [\omega_\alpha, \omega_{\alpha+1}[= \mathbf{O}(\omega_{\alpha+1}) \setminus \mathbf{O}(\omega_\alpha), \qquad \operatorname{card} \mathfrak{Z}(\aleph_\alpha) = \aleph_{\alpha+1},$$

$$\mathbf{O}(\omega_\alpha) \cup \mathfrak{Z}(\aleph_\alpha) = \mathbf{O}(\omega_{\alpha+1}), \ \mathbf{O}(\omega_\alpha) = \mathbf{N} \cup \bigcup_{\xi<\alpha} \mathfrak{Z}(\aleph_\xi), \ \operatorname{card} \mathbf{O}(\omega_\alpha) = \aleph_\alpha,$$

$$\mathfrak{Z}_2 = \mathfrak{Z}(\aleph_0) = [\omega_0, \omega_1[= \mathbf{O}(\omega_1) \setminus \mathbf{N}, \qquad \mathfrak{Z} = \mathbf{N} \cup \mathfrak{Z}_2 = \mathbf{O}(\omega_1).$$

Beweis. Aus den Definitionen und den Sätzen 1(a), 2. ∎

Satz 7. *Für Alephindizes α, Mengen $M \subseteq \mathbf{O}(\omega_\alpha)$ und Ordinalzahlen β gilt:*

$$\operatorname{card} M = \aleph_\alpha \Leftrightarrow \operatorname{ord}(M, \leqq) = \omega_\alpha,$$
$$\beta < \omega_\alpha \Rightarrow \operatorname{ord}([\beta, \omega_\alpha[, \leqq) = \omega_\alpha, \qquad \operatorname{ord}(\mathfrak{Z}(\aleph_\alpha), \leqq) = \omega_{\alpha+1}.$$

Beweis. Ist α Alephindex, M eine Teilmenge von $\mathbf{O}(\omega_\alpha)$ und $\mu = \operatorname{ord}(M, \leqq)$, so ist $\mu \leqq \omega_\alpha$. Im Falle $\mu < \omega_\alpha$ ist M mit einem Abschnitt $\mathbf{O}(\nu)$ von $\mathbf{O}(\omega_\alpha)$ gleichmächtig bei $\operatorname{card} \mathbf{O}(\nu) = |\nu| < \aleph_\alpha$ (wegen $\nu < \omega_\alpha$). Damit folgt $\mu = \omega_\alpha$ aus card

$M = \aleph_\alpha$. Die Umkehrung, aus $\mu = \omega_\alpha$ folgt card $M = \aleph_\alpha$, ist trivial. Damit gilt die erste Behauptung des Satzes. Weiter ist für jede Ordinalzahl $\xi < \omega_\alpha$:

$$\text{card}\, \mathbf{O}(\beta) + \text{card}\, [\beta, \omega_\alpha[= \text{card}\, \mathbf{O}(\omega_\alpha) = \aleph_\alpha\,,$$

also card $[\beta, \omega_\alpha[= \aleph_\alpha$ wegen card $\mathbf{O}(\beta) = |\beta| < \aleph_\alpha$. Damit folgt über die bewiesene erste Behauptung die zweite. Die dritte Behauptung folgt wegen $\mathfrak{Z}(\aleph_\alpha) = [\omega_\alpha, \omega_{\alpha+1}[$ aus der zweiten. ∎

Nach Satz 7 existiert für Alephindizes $\alpha > 0$ und Ordinalzahlen $\beta < \omega_\alpha$ eine Limeszahl λ mit $\beta < \lambda < \omega_\alpha$, nämlich $\lambda = f(\omega_0)$ für den Isomorphismus f von $\mathbf{O}(\omega_\alpha)$ auf $[\beta, \omega_\alpha[$.

Satz 8. (a) *Für Ordinalzahlfolgen* $(\alpha_\xi)_{\xi<\beta}$ *mit* $\beta \neq 0$, *deren Limes* $\mu = \lim\limits_{\xi<\beta} \alpha_\xi$ *ein Alephindex ist, gilt:*

$$\lim_{\xi<\beta} \aleph_{\alpha_\xi} = \aleph_\mu\,, \qquad \lim_{\xi<\beta} \omega_{\alpha_\xi} = \omega_\mu\,.$$

(b) *Für jeden Alephindex* λ, *der Limeszahl ist, gilt:*

$$\lim_{\xi<\lambda} \aleph_\xi = \lim_{\xi<\lambda} \aleph_{\xi+1} = \aleph_\lambda\,, \qquad \lim_{\xi<\lambda} \omega_\xi = \lim_{\xi<\lambda} \omega_{\xi+1} = \omega_\lambda\,.$$

Beweis. (a) Unter den Voraussetzungen ist wegen $\alpha_\xi \leqq \mu$ für alle Ordinalzahlen $\xi < \beta$ auch stets $\aleph_{\alpha_\xi} \leqq \aleph_\mu$ und $\omega_{\alpha_\xi} \leqq \omega_\mu$. Also gilt:

$$\lim_{\xi<\beta} \aleph_{\alpha_\xi} \leqq \aleph_\mu\,, \qquad \lim_{\xi<\beta} \omega_{\alpha_\xi} \leqq \omega_\mu\,.$$

Wir erhalten sogar Gleichheit. Denn gäbe es ein Aleph $\mathfrak{a} < \aleph_\mu$ mit $\aleph_{\alpha_\xi} \leqq \mathfrak{a}$ für alle Zahlen $\xi < \beta$ bei $\mathfrak{a} = \aleph_\nu$, so wäre $\nu < \mu$, womit es eine Ordinalzahl $\xi_0 < \beta$ gibt mit $\nu < \alpha_{\xi_0}$, also mit $\mathfrak{a} = \aleph_\nu < \aleph_{\alpha_{\xi_0}} \leqq \mathfrak{a}$, Widerspruch. Gäbe es eine unendliche Ordinalzahl $\omega < \omega_\mu$ mit $\omega_{\alpha_\xi} \leqq \omega$ für alle Zahlen $\xi < \beta$ bei $|\omega| = \aleph_\nu$, so wäre $\nu < \mu$ und $\alpha_\xi \leqq \nu$ für alle Zahlen $\xi < \beta$; es gibt dann eine Ordinalzahl $\xi_0 < \beta$ mit $\nu < \alpha_{\xi_0}$, also mit $\omega_\nu < \omega_{\alpha_{\xi_0}} \leqq \omega_\nu$, Widerspruch.

(b) Für das vorausgesetzte λ gilt $\lim\limits_{\xi<\lambda} \xi = \lim\limits_{\xi<\lambda} (\xi + 1) = \lambda$, woraus über (a) die Behauptungen folgen. ∎

Formeln über transfiinite Kardinalzahlen, welche das (mit Ordinalzahlindizes indizierte) Zeichen $\aleph$ enthalten, heißen *Alephformeln*. So folgen als erste Beispiele aus Satz 16(c),(b), §15 für Alephindizes α, β und natürliche Zahlen n die Alephformeln:

$$\aleph_\alpha + \aleph_\beta = \aleph_\alpha \cdot \aleph_\beta = \aleph_{\max\{\alpha,\beta\}}\,,$$
$$\aleph_\alpha + n = \aleph_\alpha\,, \qquad n \geqq 1 \Rightarrow \aleph_\alpha \cdot n = \aleph_\alpha^n = \aleph_\alpha\,,$$
$$\alpha \leqq \beta + 1 \Rightarrow \aleph_\alpha^{\aleph_\beta} = 2^{\aleph_\beta}\,.$$

17.3. Konfinalität

Es werden jetzt Alephs $\aleph_\alpha$ und Anfangszahlen ω_α im Zusammenhang mit dem Konfinalitätsbegriff untersucht. Grundlegend hierfür ist der folgende auf F. HAUSDORFF und F. BERNSTEIN zurückgehende Satz.

Satz 9 (HAUSDORFF-BERNSTEINsches Lemma). *Für Alephindizes α und Mengen M gilt:*

$$M \subseteq \mathbf{O}(\omega_{\alpha+1}) \wedge \operatorname{card} M \leqq \aleph_\alpha \Leftrightarrow \exists \beta \big(\operatorname{oz} \beta \wedge \beta < \omega_{\alpha+1} \wedge M \subseteq \mathbf{O}(\beta)\big).$$

Beweis. α sei ein Alephindex und M eine Menge.

($\Rightarrow$) Es sei $M \subseteq \mathbf{O}(\omega_{\alpha+1})$ und $\operatorname{card} M \leqq \aleph_\alpha$. Man braucht nur zu zeigen $\sup M < \omega_{\alpha+1}$; denn daraus folgt $\beta = \sup M + 1 < \omega_{\alpha+1}$ und $M \subseteq \mathbf{O}(\beta)$. Es gilt zunächst

$$\mathbf{O}(\sup M) = \bigcup_{\xi \in M} \mathbf{O}(\xi);$$

denn $\supseteq$ ist trivial, und für jede Ordinalzahl $\eta < \sup M$ gibt es ein $\xi \in M$ mit $\eta < \xi$, womit auch $\subseteq$ gilt. Weiterhin folgt jetzt

$$|\sup M| = \operatorname{card} \mathbf{O}(\sup M) \leqq \sum_{\xi \in M} \operatorname{card} \mathbf{O}(\xi) \leqq \sum_{\xi \in M} \aleph_\alpha = \aleph_\alpha \cdot \operatorname{card} M \leqq \aleph_\alpha^2 = \aleph_\alpha,$$

also schließlich

$$|\sup M| < \aleph_{\alpha+1}, \qquad \sup M < \omega_{\alpha+1}.$$

($\Leftarrow$) Ist umgekehrt $M \subseteq \mathbf{O}(\beta)$ für eine Ordinalzahl $\beta < \omega_{\alpha+1}$, so gilt $M \subseteq \mathbf{O}(\omega_{\alpha+1})$ und wegen $|\beta| < \aleph_{\alpha+1}$ auch

$$\operatorname{card} M \leqq \operatorname{card} \mathbf{O}(\beta) = |\beta| \leqq \aleph_\alpha. \quad \blacksquare$$

In Satz 9 läßt sich für $M \subseteq \mathbf{O}(\omega_{\alpha+1})$ und für $\beta < \omega_{\alpha+1}$ auch schreiben:

$$\forall \xi (\xi \in M \Rightarrow |\xi| \leqq \aleph_\alpha), \qquad |\beta| \leqq \aleph_\alpha.$$

Satz 9 ergibt unmittelbar für Alephindizes α und Mengen M von Ordinalzahlen:

$$M \subseteq \mathbf{O}(\omega_{\alpha+1}) \wedge \operatorname{card} M \leqq \aleph_\alpha \Leftrightarrow \sup M < \omega_{\alpha+1},$$
$$\emptyset \neq M \subseteq \mathfrak{Z}(\aleph_\alpha) \wedge \operatorname{card} M \leqq \aleph_\alpha \Rightarrow \sup M \in \mathfrak{Z}(\aleph_\alpha).$$

In Anwendung hiervon gilt für jeden Alephindex α, die Menge I der isolierten Zahlen $\xi \in \mathfrak{Z}(\aleph_\alpha)$ und die Menge Λ der Limeszahlen $\xi \in \mathfrak{Z}(\aleph_\alpha)$:

$$\operatorname{card} I = \operatorname{card} \Lambda = \aleph_{\alpha+1}$$

(womit die Mengen I, Λ nach Satz 7 mit $\mathbf{O}(\omega_{\alpha+1})$ und mit $\mathfrak{Z}(\aleph_\alpha)$ isomorph sind). Denn wären diese Mächtigkeiten kleinergleich $\aleph_\alpha$, so wären (s. o.) $\sup I$ und $\sup \Lambda$ Elemente von $\mathfrak{Z}(\aleph_\alpha)$ im Widerspruch dazu, daß dann $(\sup I)'$ und die Limeszahlen $\xi < \omega_{\alpha+1}$ oberhalb $\sup \Lambda$ nicht zu I bzw. Λ gehören können. Ebenso gilt für jeden Alephindex $\alpha > 0$, die Menge I der isolierten Zahlen aus $\mathbf{O}(\omega_\alpha)$ und die Menge Λ der Limeszahlen aus $\mathbf{O}(\omega_\alpha)$:

$$\operatorname{card} I = \operatorname{card} \Lambda = \aleph_\alpha$$

(womit die Mengen I, Λ nach Satz 7 mit $\mathbf{O}(\omega_\alpha)$ isomorph sind). Denn für isolierte Alephindizes $\alpha = \beta + 1$ folgt die Behauptung nach eben aus

$$\aleph_\alpha = \operatorname{card}(\mathfrak{Z}(\aleph_\beta) \cap I) = \operatorname{card}(\mathfrak{Z}(\aleph_\beta) \cap \Lambda) \leqq \operatorname{card} \mathbf{O}(\omega_\alpha) = \aleph_\alpha,$$

und über die disjunkte Zerlegung

$$\mathbf{O}(\omega_\alpha) = \mathbf{N} \cup \bigcup_{\xi<\alpha} \mathfrak{Z}(\aleph_\xi)$$

von $\mathbf{O}(\omega_\alpha)$ für beliebigen Alephindex α bekommt man

$$I = (\mathbf{N} \cap I) \cup \bigcup_{\xi<\alpha} (\mathfrak{Z}(\aleph_\xi) \cap I), \qquad \Lambda = (\mathbf{N} \cap \Lambda) \cup \bigcup_{\xi<\alpha} (\mathfrak{Z}(\aleph_\xi) \cap \Lambda),$$

also wegen

$$\mathbf{N} \cap I = \mathbf{N}, \ \mathbf{N} \cap \Lambda = \emptyset, \ \operatorname{card}(\mathfrak{Z}(\aleph_\xi) \cap I) = \operatorname{card}(\mathfrak{Z}(\aleph_\xi) \cap \Lambda) = \aleph_{\xi+1}$$

schließlich für Limeszahlen α nach Satz 8(b):

$$\aleph_\alpha = \lim_{\xi<\alpha} \aleph_{\xi+1} \leqq \sum_{\xi<\alpha} \aleph_{\xi+1} = \operatorname{card} \mathrm{I} = \operatorname{card} \Lambda \leqq \aleph_\alpha.$$

Für den Konfinalitätsbegriff ergeben die Sätze 7, 9 den

Satz 10. *Für isolierte Alephindizes α, Mengen $M \subseteq \mathbf{O}(\omega_\alpha)$ und Ordinalzahlen β gilt:*

$$\mathbf{O}(\omega_\alpha) \operatorname{cf} M \Leftrightarrow \operatorname{card} M = \aleph_\alpha \Leftrightarrow \operatorname{ord}(M, \leqq) = \omega_\alpha,$$
$$\neg\, \mathbf{O}(\omega_\alpha) \operatorname{cf} M \Leftrightarrow \operatorname{card} M < \aleph_\alpha \Leftrightarrow \operatorname{ord}(M, \leqq) < \omega_\alpha,$$
$$\omega_\alpha \operatorname{cf} \beta \Leftrightarrow \beta = \omega_\alpha.$$

Beweis. Für beliebige Alephindizes α und Mengen $M \subseteq \mathbf{O}(\omega_\alpha)$ ergibt Satz 7

$$\operatorname{card} M = \aleph_\alpha \Leftrightarrow \operatorname{ord}(M, \leqq) = \omega_\alpha.$$

Ist zusätzlich α isoliert, so ist $\alpha = 0$ oder $\alpha = \beta + 1$ für eine Ordinalzahl β. Im Falle $\alpha = \beta + 1$ folgt aus Satz 9

$$\operatorname{card} M \leqq \aleph_\beta \Leftrightarrow \neg\, \mathbf{O}(\omega_{\beta+1}) \operatorname{cf} M, \quad \mathbf{O}(\omega_\alpha) \operatorname{cf} M \Leftrightarrow \operatorname{card} M = \aleph_\alpha .$$

Im Falle $\alpha = 0$ ist $\mathbf{O}(\omega_0) = \mathbf{N}$, und man erhält trivial (vgl. § 7.2)

$$\mathbf{N} \operatorname{cf} M \Leftrightarrow M \textit{ unbeschränkt in } \mathbf{N} \Leftrightarrow M \textit{ unendlich} \Leftrightarrow M \sim \mathbf{N} \Leftrightarrow \operatorname{card} M = \aleph_0 .$$

Damit gilt die erste Zeile der Behauptungen von Satz 10, woraus unmittelbar die weiteren Behauptungen folgen. ∎

Eine Verschärfung von Satz 4, § 13 ist der

Satz 11 (Satz von HAUSDORFF). *Für jede unendliche vollgeordnete Menge* (A, R) *gilt bei* $\operatorname{card} A = \aleph_\alpha$:

(a) $\exists X (X \in \mathfrak{P}(A) \wedge R \| X \textit{ Wohlordnung} \wedge A \operatorname{cf} X \wedge \operatorname{ord}(X, R\|X) \leqq \omega_\alpha)$,

(b) $\exists X (X \in \mathfrak{P}(A) \wedge (R\|X)^{-1} \textit{ Wohlordnung} \wedge A \operatorname{ci} X \wedge \operatorname{ord}(X, (R\|X)^{-1}) \leqq \omega_\alpha)$.

Beweis. (b) folgt aus (a) durch Dualisierung. (a) Unter den Voraussetzungen des Satzes ist $A \sim \mathbf{O}(\omega_\alpha)$. Es sei f eine eineindeutige Abbildung von A auf $\mathbf{O}(\omega_\alpha)$, S die Wohlordnung in A mit

$$xSy \Leftrightarrow f(x) \leqq f(y)$$

für alle $x, y \in A$, und es sei

$$X = \{x \in A \mid \forall y (y \underset{S}{\leqq} x \Rightarrow y \underset{R}{\leqq} x)\} .$$

Wir haben früher im Beweis zu Satz 4, § 13 für (sogar jede in A existierende Wohlordnung) S und die Menge X gezeigt:

$$R\|X = S\|X, \qquad A \operatorname{cf} X .$$

Es ist dann $R\|X$ auch eine Wohlordnung mit (nach Satz 4(b), § 16)

$$(X, R\|X) = (X, S\|X) \preceq (\mathbf{O}(\omega_\alpha), \leqq),$$

da $f|X$ ein Isomorphismus von $(X, S\|X)$ auf $(f\langle X\rangle, \leqq \| f\langle X\rangle)$ ist. Somit gilt schließlich:

$$\operatorname{ord}(X, R\|X) \leqq \operatorname{ord}(\mathbf{O}(\omega_\alpha), \leqq) = \omega_\alpha . \quad ∎$$

Aus Satz 11 folgt Satz 12 und aus diesem Satz 13.

Satz 12. *Für jede unendliche Ordinalzahl* α *mit* $|\alpha| = \aleph_\sigma$ *existiert eine Ordinalzahl* $\beta \leqq \omega_\sigma$ *mit* $\alpha \operatorname{cf} \beta$. *Für jede ordinale Limeszahl* λ *mit* $|\lambda| = \aleph_\sigma$ *ist die kleinste Ordinalzahl* β *mit* $\lambda \operatorname{cf} \beta$ *eine Anfangszahl* $\beta = \omega_\tau$ *bei* $\tau \leqq \sigma$.

Beweis. Ist α eine unendliche Ordinalzahl, $\alpha = \operatorname{ord}(A, R)$ für den Repräsentanten (A, R) und $|\alpha| = \aleph_\sigma$, so gibt es nach Satz 11(a) eine Teilmenge X von A mit $A \operatorname{cf} X$ und $\beta \leqq \omega_\sigma$ für $\beta = \operatorname{ord}(X, R \| X)$. Nach Definition 13, §16 ist $\alpha \operatorname{cf} \beta$. Für jede ordinale Limeszahl λ, $|\lambda| = \aleph_\sigma$ und $\lambda \operatorname{cf} \beta$ für die kleinstmögliche Ordinalzahl β gilt nach eben $\beta \leqq \omega_\sigma$, und es ist mit λ auch β als Limeszahl unendlich, also $|\beta| = \aleph_\tau$ für eine Zahl $\tau \leqq \sigma$. Es existiert eine Ordinalzahl $\gamma \leqq \omega_\tau$ mit $\beta \operatorname{cf} \gamma$. Daraus folgt $\beta = \omega_\tau$, da $\omega_\tau \leqq \beta$ ist und γ im Falle $\omega_\tau < \beta$ eine kleinere Zahl als β wäre mit $\lambda \operatorname{cf} \gamma$. ∎

Satz 13. *Für Alephindizes* σ *und Ordinalzahlen* λ *ist* λ *eine Limeszahl mit* $\lambda < \omega_{\sigma+1}$ *genau dann, wenn eine Fundamentalfolge* $(\alpha_\xi)_{\xi<\mu}$ *eines Typs* $\mu \leqq \omega_\sigma$ *von Ordinalzahlen* $\alpha_\xi < \omega_{\sigma+1}$ *existiert mit* $\lambda = \lim_{\xi<\mu} \alpha_\xi$. *Ebenso ist* λ *eine Limeszahl mit* $\lambda < \omega_{\sigma+1}$ *genau dann, wenn eine Fundamentalfolge* $(\alpha_\xi)_{\xi<\omega_\tau}$ *eines Typs* $\omega_\tau \leqq \omega_\sigma$ *von Ordinalzahlen* $\alpha_\xi < \omega_{\sigma+1}$ *existiert mit* $\lambda = \lim_{\xi<\omega_\tau} \alpha_\xi$.

Beweis. Für jede ordinale Limeszahl $\lambda < \omega_{\sigma+1}$ und $|\lambda| = \aleph_\beta$ ist $\beta \leqq \sigma$, und nach Satz 12 gibt es ein $\mu = \omega_\tau$ bei $\tau \leqq \beta \leqq \sigma$ mit $\lambda \operatorname{cf} \mu$. Aus Satz 21, §16 folgt die Existenz einer Fundamentalfolge $(\alpha_\xi)_{\xi<\mu}$ mit $\lambda = \lim_{\xi<\mu} \alpha_\xi$, und wegen $\lambda < \omega_{\sigma+1}$ sind auch alle $\alpha_\xi < \omega_{\sigma+1}$. Ist umgekehrt eine Ordinalzahl λ der Limes einer Fundamentalfolge $(\alpha_\xi)_{\xi<\mu}$ eines Typs $\mu \leqq \omega_\sigma$ von lauter Zahlen $\alpha_\xi < \omega_{\sigma+1}$, so ist λ eine Limeszahl, und wegen $|\mu| \leqq \aleph_\sigma$ gilt auch $\operatorname{card}\{\alpha_\xi\}_{\xi<\mu} \leqq \aleph_\sigma$, woraus mit Satz 9 schließlich folgt:

$$\lambda = \lim_{\xi<\mu} \alpha_\xi = \sup\{\alpha_\xi\}_{\xi<\mu} < \omega_{\sigma+1}. \quad ∎$$

Satz 13 ermöglicht für die Ordinalzahlabschnitte $\mathbf{O}(\omega_{\sigma+1})$ *Beweise durch transfinite Induktion* in folgender Form:

Satz 14. *Für Alephindizes* σ *und Mengen* $M \subseteq \mathbf{O}(\omega_{\sigma+1})$ *gilt* $M = \mathbf{O}(\omega_{\sigma+1})$ *unter den Voraussetzungen:*

(1) $0 \in M$, (2) $\forall \alpha (\alpha \in M \Rightarrow \alpha' \in M)$,

(3) $\forall \tau \forall \alpha (\tau \in [0, \sigma] \wedge (\alpha_\xi)_{\xi<\omega_\tau}$ *Fundamentalfolge* $\wedge \{\alpha_\xi\}_{\xi<\omega_\tau} \subseteq M$

$\Rightarrow \lim_{\xi<\omega_\tau} \alpha_\xi \in M)$.

Beweis. Es sei für einen Alephindex σ und eine Menge $M \subseteq \mathbf{O}(\omega_{S+1})$ unter den Voraussetzungen (1), (2), (3) $\mathbf{O}(\omega_{\sigma+1}) \setminus M \neq \emptyset$ und λ das Minimum dieser Differenz. λ ist keine isolierte Zahl; denn nach (1) ist $\lambda \neq 0$, und im Falle $\alpha' = \lambda$ für eine Ordinalzahl α wäre $\alpha \in M$, also nach (2) auch $\lambda = \alpha' \in M$. λ ist auch keine Limeszahl; denn sonst existiert nach Satz 13 eine Fundamentalfolge $(\alpha_\xi)_{\xi < \omega_\tau}$ mit $\tau \leqq \sigma$ und $\lambda = \lim\limits_{\xi < \omega_\tau} \alpha_\xi$, und wegen $\alpha_\xi \in M$ für alle Zahlen $\xi < \omega_\tau$ wäre nach (3) $\lambda = \lim\limits_{\xi < \omega_\tau} \alpha_\xi \in M$. Also gibt es insgesamt keine Ordinalzahl $\alpha < \omega_{\sigma+1}$ mit $\alpha \notin M$. ∎

Es folgen aus Satz 9 für $\alpha = 0$, aus Satz 10 für $\alpha = 1$ und aus den Sätzen 12, 13, 14 für $\sigma = 0$ entsprechende Aussagen über den Bereich $\mathfrak{Z}$ der ersten und zweiten Zahlklasse. Für abzählbare Mengen $M \subseteq \mathfrak{Z}$ ist $\sup M \in \mathfrak{Z}$. Alle Limeszahlen $\lambda \in \mathfrak{Z}_2$ sind mit ω konfinal. Eine Menge $M \subseteq \mathfrak{Z}$ ist gleich $\mathfrak{Z}$ unter den Voraussetzungen, daß $0 \in M$ ist und M abgeschlossen ist gegenüber Nachfolgerbildung und Limesbildung für Fundamentalfolgen vom Typ ω.

§ 18. Arithmetik der Ordinalzahlen

18.1. Arithmetische Operationen

Wir wollen, parallel den arithmetischen Operationen für Kardinalzahlen, auch für Ordinalzahlen repräsentantenweise die arithmetischen Operationen definieren und ihre Gesetzmäßigkeiten zusammenstellen. Die Motivationen sind den kardinalen Betrachtungen analog. Wir können uns deshalb kurz fassen. Hinzu kommt jetzt die Möglichkeit rekursiver Definitionen der arithmetischen Operationen. Man überlege sich im folgenden (als Übung) die Unabhängigkeit der Definitionen von den Repräsentanten und überzeuge sich von der inhaltlichen Berechtigung der Definitionen.
Wir beginnen mit den elementaren arithmetischen Operationen.

Definition 1. Für Ordinalzahlen α, β und wohlgeordnete Mengen (A, ϱ), (B, σ) mit

$$\alpha = \operatorname{ord}(A, \varrho), \qquad \beta = \operatorname{ord}(B, \sigma), \qquad A \cap B = \emptyset$$

heißt bei

$$V = A \cup B, \qquad R = \varrho \cup \sigma \cup (A \times B)$$

die Ordinalzahl (der *wohlgeordneten Vereinigung* (V, R) von (A, ϱ) und (B, σ))

$$\alpha + \beta = \operatorname{ord}(V, R)$$

die *Summe* von α, β und heißen α, β die *Summanden* von $\alpha + \beta$. ∎

Definition 2. Für Ordinalzahlen α, β und wohlgeordnete Mengen (A, ϱ), (B, σ) mit

$$\alpha = \operatorname{ord}(A, \varrho), \qquad \beta = \operatorname{ord}(B, \sigma)$$

heißt bei

$$P = A \times B, \qquad R \in \mathfrak{P}(P \times P)$$

und

$$(a,b) R (a',b') \Leftrightarrow (b = b' \wedge a \underset{\varrho}{\leqq} a') \vee b \underset{\sigma}{<} b'$$

für alle $a, a' \in A$ und $b, b' \in B$ die Ordinalzahl (des *antilexikographisch wohlgeordneten Produktes* (P, R) von (A, ϱ) und (B, σ))

$$\alpha \cdot \beta = \operatorname{ord}(P, R)$$

– auch kurz: $\alpha\beta$ – das *Produkt* von α, β und heißen α, β die *Faktoren* von $\alpha \cdot \beta$. ∎

Definition 3. Für Ordinalzahlen α, β und wohlgeordnete Mengen (A, ϱ) mit $\alpha = \operatorname{ord}(A, \varrho)$ heißt bei

$$P = \{x \in A^{\mathbf{O}(\beta)} \mid \{\xi \in \mathbf{O}(\beta) \mid x_\xi \neq \min A\} \textit{ ist endlich}\}, R \in \mathfrak{P}(P \times P)$$

und

$$x R y \Leftrightarrow x = y \vee \exists k (k \in \mathbf{O}(\beta) \wedge x_k \underset{\varrho}{<} y_k \wedge \forall \xi (\xi \in]k, \beta[\Rightarrow x_\xi = y_\xi))$$

für alle $x, y \in P$ die Ordinalzahl (der *antilexikographisch wohlgeordneten Potenz* (P, R) von (A, ϱ) und $(\mathbf{O}(\beta), \leqq)$)

$$\alpha^\beta = \operatorname{ord}(P, R)$$

die *Potenz* von α, β oder die β-te *Potenz* von α und heißt α die *Basis* (*Grundzahl*) und β der *Exponent* (*Hochzahl*) von α^β. ∎

$+$ soll stärker trennen als $\cdot$, und $+, \cdot$ sollen stärker trennen als die Hochschreibweise, also etwa

$$\alpha + \beta \cdot \gamma^\delta = \alpha + (\beta \cdot (\gamma^\delta)).$$

α^2 heißt auch das *Quadrat* von α. Für natürliche Zahlen n, m fallen $n + m$, $n \cdot m$, n^m im Sinne der Definitionen 1, 2, 3 mit der Kardinalzahlsumme, dem Kardinalzahlprodukt und der Kardinalzahlpotenz von n und m zusammen, also mit der üblichen Summe, dem üblichen Produkt und der üblichen Potenz natürlicher Zahlen. In jeder gegenüber Summenbildung bzw. Produktbildung bzw. Potenzbildung abgeschlossenen Mengen M von Ordinalzahlen wird durch $+$ bzw. $\cdot$ bzw. durch die Potenzbildung eine Operation in M erzeugt, die *Addition* bzw. *Multiplikation* bzw. *Potentiation* (auch *Potenzierung*) in M. Solche abgeschlossenen Mengen M sind etwa $\mathbf{N}$ und für jeden Allbereich $\mathfrak{B}$ mit $\mathbf{N} \in \mathfrak{B}$ die Menge aller Ordinalzahlen $\xi \in \mathfrak{B}$. „Addition", „Multiplikation" und „Potentiation" (auch „Potenzierung") für beliebige Ordinalzahlen sind außermathematische Objekte. Addition, Multiplikation und Potentiation von Ordinalzahlen (im Sinne mengentheoretischer Operationen in entsprechend abgeschlossenen Mengen M von Ordinalzahlen oder im Sinne der nicht mehr als mengentheoretische Objekte existierenden Operationen im Bereich aller Ordinalzahlen) heißen gemeinsam die *elementaren arithmetischen Operationen* für Ordinalzahlen. Aus den Definitionen 1, 2, 3 folgt für Ordinalzahlen α, β:

$$|\alpha+\beta| = |\alpha| + |\beta|, \qquad |\alpha\cdot\beta| = |\alpha|\cdot|\beta|, \qquad |\alpha^\beta| \leqq |\alpha|^{|\beta|}.$$

Satz 1. *Für Ordinalzahlen α, β und ordinale Limeszahlen λ gilt:*

(a) $$\alpha+0=\alpha, \qquad \alpha+\beta' = (\alpha+\beta)', \qquad \alpha+\lambda = \lim_{\xi<\lambda}(\alpha+\xi).$$

(b) $$\alpha\cdot 0 = 0, \qquad \alpha\cdot\beta' = \alpha\cdot\beta+\alpha, \qquad \alpha\cdot\lambda = \lim_{\xi<\lambda}(\alpha\cdot\xi).$$

(c) $$\alpha^0 = 1, \qquad \alpha^{(\beta')} = \alpha^\beta\cdot\alpha, \qquad \alpha^\lambda = \begin{cases} 0, & \textit{falls } \alpha = 0 \\ \lim\limits_{\xi<\lambda}(\alpha^\xi), & \textit{falls } \alpha \neq 0. \end{cases}$$

Beweis. Übung. ∎

Aus Satz 1 folgt für Ordinalzahlen α:

$$\alpha+1=\alpha', \qquad \alpha\cdot 1 = \alpha, \qquad \alpha^1 = \alpha.$$

Denn als Beispiel ist $\alpha+1 = \alpha+0' = (\alpha+0)' = \alpha'$. Berücksichtigt man $\lambda = \lim_{\xi<\lambda}\xi$ für Limeszahlen λ, so lassen sich die jeweils dritten Behauptungen in Satz 1 als Vertauschbarkeit der elementaren arithmetischen Operationen mit der Limesbildung auffassen. Die Gleichungen von Satz 1 (a), (b), (c) sind die *Rekursionsgleichungen der Addition*, *der Multiplikation* und *der Potentiation* nach dem Muster der Definitionen durch transfinite gemischte Induktion (vgl. Satz 6, §12) und gestatten, Behauptungen über Summen, Produkte und Potenzen von Ordinalzahlen mit dem Beweisverfahren der transfiniten gemischten Induktion zu beweisen (vgl. Satz 3, §12 und die abschließenden Bemerkungen von § 12.1). So kann man etwa

$$0 + \alpha = \alpha, \qquad 0 \cdot \alpha = 0, \qquad 1 \cdot \alpha = \alpha, \qquad 1^\alpha = 1$$

für Ordinalzahlen α durch transfinite gemischte Induktion über α zeigen, im Beispiel für $0 + \alpha = \alpha$: Es ist $0 + 0 = 0$; ist $0 + \alpha = \alpha$, so ist $0 + \alpha' = (0 + \alpha)' = \alpha'$; ist λ Limeszahl und gilt $0 + \xi = \xi$ für alle Zahlen $\xi < \lambda$, so ist $0 + \lambda = \lim\limits_{\xi < \lambda}(0 + \xi) = \lim\limits_{\xi < \lambda} \xi = \lambda$. Die Behauptung

$$\alpha \geqq 1 \Rightarrow 0^\alpha = 0$$

für Ordinalzahlen α folgt aus Satz 1 (c) bereits durch Fallunterscheidung: Es ist $0^{(\alpha')} = 0^\alpha \cdot 0 = 0$, und für Limeszahlen λ ist $0^\lambda = 0$.

Die elementaren arithmetischen Operationen lassen sich durch ihre Rekursionsgleichungen auch rein rekursiv definieren, ohne Rückgang auf Repräsentanten. Die Grundlage solcher Definitionen bildet der

Satz 2. *Für jeden Alephindex* σ *gibt es genau eine* (a) *Operation* $+$, (b) *Operation* $\cdot$, (c) *Operation* p *in* $\mathbf{O}(\boldsymbol{\omega}_{\sigma+1})$ *mit für beliebige Ordinalzahlen* $\alpha, \beta < \boldsymbol{\omega}_{\sigma+1}$ *und beliebige ordinale Limeszahlen* $\lambda < \boldsymbol{\omega}_{\sigma+1}$*:*

(a) $\qquad \alpha + 0 = \alpha, \qquad \alpha + \beta' = (\alpha + \beta)', \qquad \alpha + \lambda = \lim\limits_{\xi < \lambda}(\alpha + \xi).$

(b) $\qquad \alpha \cdot 0 = 0, \qquad \alpha \cdot \beta' = (\alpha \cdot \beta) + \alpha, \qquad \alpha \cdot \lambda = \lim\limits_{\xi < \lambda}(\alpha \cdot \xi).$

(c) $\qquad \alpha \mathrm{p} 0 = 1, \qquad \alpha \mathrm{p}(\beta') = (\alpha \mathrm{p} \beta) \cdot \alpha, \qquad \alpha \mathrm{p} \lambda = \begin{cases} 0, & \textit{falls } \alpha = 0 \\ \lim\limits_{\xi < \lambda}(\alpha \mathrm{p} \xi), & \textit{falls } \alpha \neq 0. \end{cases}$

Beweis. (a) σ sei ein Alephindex. Es existiert zunächst höchstens eine derartige Operation $+$; denn für Operationen $+_1$ und $+_2$ in $\mathbf{O}(\boldsymbol{\omega}_{\sigma+1})$ (die Zeichen $+$, $+_1$, $+_2$ sind also hier *Variable für Objekte*) mit den Eigenschaften von (a) beweist man leicht für jede feste Ordinalzahl $\alpha < \boldsymbol{\omega}_{\sigma+1}$ durch transfinite gemischte Induktion über β für jede Ordinalzahl $\beta < \boldsymbol{\omega}_{\sigma+1}$:

$$\alpha +_1 \beta = \alpha +_2 \beta.$$

(Es wird also Satz 3, § 12 innerhalb des wohlgeordneten Abschnittes $(\mathbf{O}(\boldsymbol{\omega}_{\sigma+1}), \leqq)$ bei fester Zahl $\alpha < \boldsymbol{\omega}_{\sigma+1}$ auf die Menge M aller Zahlen $\beta < \boldsymbol{\omega}_{\sigma+1}$ mit $\alpha +_1 \beta = \alpha +_2 \beta$ angewandt.) Die Existenz einer gewünschten Operation $+$ zeigt man innerhalb des wohlgeordneten Abschnittes $(\mathbf{O}(\boldsymbol{\omega}_{\sigma+1}), \leqq)$ mit dem Rechtfertigungssatz für Definitionen durch transfinite gemischte Induktion (Satz 6, § 12). Es sei hierzu α eine feste Ordinalzahl mit $\alpha < \boldsymbol{\omega}_{\sigma+1}$, Λ die Menge der Limeszahlen $\lambda < \omega_{\sigma+1}$,

$$G = \{g \mid \exists\lambda(\lambda \in \Lambda \wedge g \textit{ Funktion von } \mathbf{O}(\lambda) \textit{ in } \mathbf{O}(\omega_{\sigma+1}))\},$$

F_1 die Abbildung von $\mathbf{O}(\omega_{\sigma+1})^2$ in $\mathbf{O}(\omega_{\sigma+1})$ mit für beliebige $\beta, \gamma \in \mathbf{O}(\omega_{\sigma+1})$:

$$F_1(\beta,\gamma) = \gamma'$$

und F_2 die Abbildung von G in $\mathbf{O}(\omega_{\sigma+1})$ mit für jedes $g \in G$ bei $\mathrm{Db}(g) = \mathbf{O}(\lambda)$:

$$F_2(g) = \lim_{\xi<\lambda} g(\xi).$$

Es gilt hierbei stets $F_2(g) < \omega_{\sigma+1}$; denn wegen $\operatorname{card}\mathrm{Wb}(g) \leqq \operatorname{card}\mathbf{O}(\lambda) \leqq \aleph_\sigma$ ist nach Satz 9, §17 $\sup \mathrm{Wb}(g) < \omega_{\sigma+1}$. Mit Satz 6, §12 gibt es genau eine Funktion f von $\mathbf{O}(\omega_{\sigma+1})$ in $\mathbf{O}(\omega_{\sigma+1})$ mit für beliebige $\beta \in \mathbf{O}(\omega_{\sigma+1})$ und $\lambda \in \Lambda$:

$$f(0) = \alpha, \qquad f(\beta') = F_1(\beta, f(\beta)) = f(\beta)',$$

$$f(\lambda) = F_2(f|\mathbf{O}(\lambda)) = \lim_{\xi<\lambda}(f|\mathbf{O}(\lambda))(\xi) = \lim_{\xi<\lambda} f(\xi).$$

Bezeichnet man diese zu α eindeutig bestimmte Funktion f durch $\langle\alpha\rangle$, so erfüllt schließlich die Operation $+$ in $\mathbf{O}(\omega_{\sigma+1})$ mit für beliebige $\alpha, \beta \in \mathbf{O}(\omega_{\sigma+1})$:

$$\alpha + \beta = \langle\alpha\rangle(\beta)$$

die Bedingungen von (a).

(b) Analog zum Beweis von (a), indem man jetzt

$$F_1(\beta,\gamma) = \gamma + \alpha$$

definiert (für die Operation $+$ von (a)).

(c) Analog zum Beweis von (a), indem man jetzt

$$F_1(\beta,\gamma) = \gamma \cdot \alpha$$

definiert (für die Operation $\cdot$ von (b)) und

$$F_2(g) = \begin{cases} 0, & \text{falls } \alpha = 0 \\ \lim\limits_{\xi<\lambda} g(\xi), & \text{falls } \alpha \neq 0. \end{cases} \quad \blacksquare$$

Sind σ, τ Alephindizes mit $\sigma \leqq \tau$ und den nach Satz 2(a) existierenden Operationen $+_\sigma$ in $\mathbf{O}(\omega_{\sigma+1})$ und $+_\tau$ in $\mathbf{O}(\omega_{\tau+1})$, so erhält man sofort für beliebige Ordinalzahlen $\alpha, \beta < \omega_{\sigma+1}$:

$$\alpha +_\sigma \beta = \alpha +_\tau \beta,$$

indem man durch transfinite gemischte Induktion über β bei festem α zeigt

$\alpha +_\tau \beta < \omega_{\sigma+1}$ für $\alpha, \beta < \omega_{\sigma+1}$ (unter Verwendung von Satz 9, §17 im Limesschritt). $\mathbf{O}(\omega_{\sigma+1})$ ist hiermit gegenüber $+_\tau$ abgeschlossen, und sowohl $+_1 = +_\sigma$ als auch $+_2 = +_\tau | \mathbf{O}(\omega_{\sigma+1})^2$ sind Operationen in $\mathbf{O}(\omega_{\sigma+1})$ mit den Rekursionsgleichungen des Satzes 2(a), so daß aus Satz 2(a) $+_1 = +_2$ folgt. Für beliebige Ordinalzahlen α, β existiert mindestens ein Alephindex σ mit $\alpha, \beta < \omega_{\sigma+1}$ (für endliches $\gamma = \max\{\alpha, \beta\}$ sei $\sigma = 0$, für unendliches γ sei $|\gamma| = \aleph_\sigma$), und nach eben stimmen die Werte $\alpha +_\sigma \beta$ bei festen α, β für alle solchen σ überein. Man kann also die *Summe* $\alpha + \beta$ definieren als $\alpha +_\sigma \beta$ für alle Alephindizes σ mit $\alpha, \beta < \omega_{\sigma+1}$. Diese rekursiv definierte Summe $\alpha + \beta$ ist identisch mit der Summe aus Definition 1; denn für letztere gilt Satz 1(a), womit $\mathbf{O}(\omega_{\sigma+1})$ ihr gegenüber abgeschlossen ist und beide Summen nach Satz 2(a) übereinstimmen. Mit derselben Argumentation erhält man über Satz 2(b), (c) für Ordinalzahlen α, β die Möglichkeit, das *Produkt* $\alpha \cdot \beta$ als $\alpha \cdot_\sigma \beta$ bzw. die *Potenz* α^β als $\alpha \, \mathrm{p}_\sigma \, \beta$ zu definieren, wo $\alpha, \beta < \omega_{\sigma+1}$ ist und $\cdot_\sigma$ bzw. p_σ die nach Satz 2(b) bzw. 2(c) in $\mathbf{O}(\omega_{\sigma+1})$ existierende Operation mit den angegebenen Rekursionsgleichungen ist. Dieses rekursiv definierte Produkt $\alpha \cdot \beta$ bzw. diese rekursiv definierte Potenz α^β ist nach den Sätzen 1(b), 2(b) bzw. 1(c), 2(c) identisch mit dem Produkt aus Definition 2 bzw. mit der Potenz aus Definition 3, wobei u.a. $\mathbf{O}(\omega_{\sigma+1})$ gegenüber Produktbildung aus Definition 2 bzw. Potenzbildung aus Definition 3 abgeschlossen ist.

Man definiert für Ordinalzahlen α, β, γ, $\delta, \ldots$ sukzessiv die *mehrstelligen Summen* und *mehrstelligen Produkte*:

$$\alpha + \beta + \gamma = (\alpha + \beta) + \gamma, \qquad \alpha + \beta + \gamma + \delta = (\alpha + \beta + \gamma) + \delta, \ldots,$$
$$\alpha \cdot \beta \cdot \gamma = (\alpha \cdot \beta) \cdot \gamma, \qquad \alpha \cdot \beta \cdot \gamma \cdot \delta = (\alpha \cdot \beta \cdot \gamma) \cdot \delta, \ldots$$

(wobei man $\cdot$ auch weglassen kann).

Wir wenden uns jetzt den allegemeinen Summen und allgemeinen Produkten zu.

Definition 4. Ist $(\alpha_\xi)_{\xi<\beta}$ eine Ordinalzahlfolge vom Typ β und $(A_\xi, \varrho_\xi)_{\xi<\beta}$ eine zugehörige disjunkte Repräsentantenfolge mit also

$$\alpha_\xi = \mathrm{ord}(A_\xi, \varrho_\xi), \qquad \xi \neq \eta \Rightarrow A_\xi \cap A_\eta = \emptyset$$

für alle Ordinalzahlen $\xi, \eta < \beta$, so heißt bei

$$V = \bigcup_{\xi<\beta} A_\xi, \qquad R = \bigcup_{\xi<\beta} \varrho_\xi \cup \bigcup_{\xi<\eta<\beta} (A_\xi \times A_\eta)$$

die Ordinalzahl (der *wohlgeordneten Vereinigung* (V, R) von $(A_\xi, \varrho_\xi)_{\xi<\beta}$)

$$\sum_{\xi<\beta} \alpha_\xi = \mathrm{ord}(V, R)$$

die (*allgemeine*) *Summe* von $(\alpha_\xi)_{\xi<\beta}$ (auch:... der α_ξ für $\xi<\beta$) und heißen die α_ξ (für $\xi<\beta$) die *Summanden* von $\sum_{\xi<\beta}\alpha_\xi$. ∎

Definition 5. Ist $(\alpha_\xi)_{\xi<\beta}$ eine Ordinalzahlfolge vom Typ β und $(A_\xi,\varrho_\xi)_{\xi<\beta}$ eine zugehörige Repräsentantenfolge mit also

$$\alpha_\xi = \operatorname{ord}(A_\xi,\varrho_\xi)$$

für alle Ordinalzahlen $\xi<\beta$, so heißt bei

$$P=\{x\in \mathop{\mathsf{X}}_{\xi<\beta} A_\xi \mid \{\xi\in\mathbf{O}(\beta)\mid x_\xi \neq \min A_\xi\}\ \textit{ist endlich}\},\qquad R\in\mathfrak{P}(P\times P)$$

und

$$xRy \Leftrightarrow x=y \vee \exists k(k\in\mathbf{O}(\beta)\wedge x_k \underset{\varrho k}{<} y_k \wedge \forall\xi(\xi\in\,]k;\beta[\,\Rightarrow x_\xi=y_\xi))$$

für alle $x,y\in P$ die Ordinalzahl (des *antilexikographisch wohlgeordneten Produktes* (P,R) von $(A_\xi,\varrho_\xi)_{\xi<\beta}$)

$$\prod_{\xi<\beta}\alpha_\xi = \operatorname{ord}(P,R)$$

das (*allgemeine*) *Produkt* von $(\alpha_\xi)_{\xi<\beta}$ (auch:... der α_ξ für $\xi<\beta$) und heißen die α_ξ (für $\xi<\beta$) die *Faktoren* von $\prod_{\xi<\beta}\alpha_\xi$. ∎

Aus den Definitionen 4, 5 folgt für Ordinalzahlfolgen $(\alpha_\xi)_{\xi<\beta}$:

$$\Big|\sum_{\xi<\beta}\alpha_\xi\Big| = \sum_{\xi<\beta}|\alpha_\xi|,\qquad \Big|\prod_{\xi<\beta}\alpha_\xi\Big| \leqq \prod_{\xi<\beta}|\alpha_\xi|.$$

Satz 3. *Für Ordinalzahlfolgen* $(\alpha_\xi)_{\xi<\beta}$ *und Ordinalzahlen* γ *gilt:*

(a) $$\beta=0\Rightarrow\sum_{\xi<\beta}\alpha_\xi=0,\qquad \gamma'=\beta\Rightarrow\sum_{\xi<\beta}\alpha_\xi=\sum_{\xi<\gamma}\alpha_\xi+\alpha_\gamma,$$

$$\beta\ \textit{Limeszahl}\Rightarrow\sum_{\xi<\beta}\alpha_\xi=\lim_{\nu<\beta}\sum_{\xi<\nu}\alpha_\xi.$$

(b) $$\beta=0\Rightarrow\prod_{\xi<\beta}\alpha_\xi=1,\qquad \gamma'=\beta\Rightarrow\prod_{\xi<\beta}\alpha_\xi=\prod_{\xi<\gamma}\alpha_\xi\cdot\alpha_\gamma,$$

$$\beta\ \textit{Limeszahl}\Rightarrow\prod_{\xi<\beta}\alpha_\xi=\begin{cases}0, & \textit{falls}\ \alpha_\xi=0\ \textit{für ein}\ \xi\in\mathbf{O}(\beta)\\ \lim\limits_{\nu<\beta}\prod\limits_{\xi<\nu}\alpha_\xi, & \textit{falls}\ \alpha_\xi\neq 0\ \textit{für jedes}\ \xi\in\mathbf{O}(\beta).\end{cases}$$

Beweis. Übung. ∎

Allgemeine Summe und allgemeines Produkt lassen sich wieder repräsentantenfrei durch die Rekursionsgleichungen des Satzes 3 rein rekursiv definieren.

Satz 4. (a) *Für jede Ordinalzahlfolge* $(\alpha_\xi)_{\xi<\beta}$ *existiert genau eine Funktion f über* $[0,\beta]$ *mit Ordinalzahlwerten und mit für beliebige Ordinalzahlen* $\gamma, \lambda \leqq \beta$:

$$f(0)=0, \qquad \gamma<\beta \Rightarrow f(\gamma')=f(\gamma)+\alpha_\gamma,$$
$$\lambda \text{ Limeszahl} \Rightarrow f(\lambda)=\lim_{\nu<\lambda} f(\nu).$$

(b) *Für jede Ordinalzahlfolge* $(\alpha_\xi)_{\xi<\beta}$ *existiert genau eine Funktion f über* $[0,\beta]$ *mit Ordinalzahlwerten und mit für beliebige Ordinalzahlen* $\gamma, \lambda \leqq \beta$:

$$f(0)=1, \qquad \gamma<\beta \Rightarrow f(\gamma')=f(\gamma)\cdot\alpha_\gamma,$$
$$\lambda \text{ Limeszahl} \Rightarrow f(\lambda)=\begin{cases}0, & \text{falls } \alpha_\xi=0 \text{ für ein } \xi\in\mathbf{O}(\lambda)\\ \lim_{\nu<\lambda} f(\nu), & \text{falls } \alpha_\xi\neq 0 \text{ für jedes } \xi\in\mathbf{O}(\lambda).\end{cases}$$

Beweis. (a) Für jede Ordinalzahlfolge $(\alpha_\xi)_{\xi<\beta}$ ergibt sich durch transfinite gemischte Induktion innerhalb $([0,\beta],\leqq)$ die eindeutige Bestimmtheit einer derartigen Funktion f. Zur Existenz einer gewünschten Funktion f sei δ eine transfinite Ordinalzahl mit $\beta\leqq\delta$ und $\alpha_\xi\leqq\delta$ für alle Zahlen $\xi<\beta$ und sei $|\delta|=\aleph_\sigma$ für den Alephindex σ. Dann sind alle $\alpha_\xi, \beta<\omega_{\sigma+1}$, und wir bestimmen ein f nach dem Rechtfertigungssatz für Definitionen durch transfinite gemischte Induktion (Satz 6, §12), angewandt auf die wohlgeordnete Menge $([0,\beta],\leqq)$ und die Menge $\mathbf{O}(\omega_{\sigma+1})$. Es sei hierfür Λ die Menge der Limeszahlen $\lambda\leqq\beta$,

$$G=\{g\,|\,\exists\lambda(\lambda\in\Lambda \wedge g \text{ Funktion von } \mathbf{O}(\lambda) \text{ in } \mathbf{O}(\omega_{\sigma+1}))\},$$

F_1 die Abbildung von $[0,\beta[\times\mathbf{O}(\omega_{\sigma+1})$ in $\mathbf{O}(\omega_{\sigma+1})$ mit für beliebige $\gamma\in[0,\beta[$ und $\eta\in\mathbf{O}(\omega_{\sigma+1})$:

$$F_1(\gamma,\eta)=\eta+\alpha_\gamma$$

($\mathbf{O}(\omega_{\sigma+1})$ ist gegenüber Summenbildung abgeschlossen; vgl. die Ausführungen hinter Satz 2) und F_2 die Abbildung von G in $\mathbf{O}(\omega_{\sigma+1})$ mit für jedes $g\in G$ bei $\mathrm{Db}(g)=\mathbf{O}(\lambda)$:

$$F_2(g)=\lim_{\nu<\lambda} g(\nu)$$

(nach Satz 9, §17 ist stets $\sup \mathrm{Wb}(g)<\omega_{\sigma+1}$). Aus Satz 6, §12 folgt dann die Existenz der Funktion f von $[0,\beta]$ in $\mathbf{O}(\omega_{\sigma+1})$ mit für beliebige $\gamma,\lambda\in[0,\beta]$:

$$f(0)=0, \qquad \gamma<\beta \Rightarrow f(\gamma')=F_1(\gamma,f(\gamma))=f(\gamma)+\alpha_\gamma,$$
$$\lambda\in\Lambda \Rightarrow f(\lambda)=F_2(f|\mathbf{O}(\lambda))=\lim_{\nu<\lambda}(f|\mathbf{O}(\lambda))(\nu)=\lim_{\nu<\lambda} f(\nu).$$

(b) Analog zum Beweis von (a), indem man jetzt

$$F_1(\gamma, \eta) = \eta \cdot \alpha_\gamma$$

definiert ($\mathbf{O}(\omega_{\sigma+1})$ ist gegenüber Produktbildung abgeschlossen) und

$$F_2(g) = \begin{cases} 0, & \text{falls } \alpha_\xi = 0 \text{ für ein } \xi \in \mathbf{O}(\lambda) \\ \lim\limits_{\nu < \lambda} g(\nu), & \text{falls } \alpha_\xi \neq 0 \text{ für jedes } \xi \in \mathbf{O}(\lambda). \end{cases} \quad \blacksquare$$

Die (*allgemeine*) *Summe* einer Ordinalzahlfolge $(\alpha_\xi)_{\xi<\beta}$ läßt sich dann als Wert $f(\beta)$ der Funktion f des Satzes 4(a) definieren. Denn die mittels der Summe $\sum$ von Definition 4 definierte Funktion f über $[0, \beta]$ mit

$$f(\nu) = \sum_{\xi<\nu} \alpha_\xi$$

für jedes $\nu \in [0, \beta]$ (wegen $\sum\limits_{\xi<\nu} \alpha_\xi \leqq \sum\limits_{\xi<\beta} \alpha_\xi$ existiert die Funktion f) erfüllt nach Satz 3(a) die Rekursionsgleichungen von Satz 4(a), und es gilt $f(\beta) = \sum\limits_{\xi<\beta} \alpha_\xi$.
Mit derselben Argumentation erhält man für Ordinalzahlfolgen $(\alpha_\xi)_{\xi<\beta}$ die Möglichkeit, das (*allgemeine*) *Produkt* von $(\alpha_\xi)_{\xi<\beta}$ als den Wert $f(\beta)$ der Funktion f des Satzes 4(b) zu definieren.
Allgemeine Summen und Produkte von Ordinalzahlfamilien $(\alpha_i)_{i \in I}$ über wohlgeordneten Indexbereichen (I, τ) lassen sich auf die Definitionen 4, 5 zurückführen:

Definition 6. Ist $(\alpha_i)_{i \in I}$ eine Ordinalzahlfamilie, τ eine Wohlordnung in I, β die Ordinalzahl mit $(\mathbf{O}(\beta), \leqq) \simeq (I, \tau)$ und f der Isomorphismus von $(\mathbf{O}(\beta), \leqq)$ auf (I, τ), so sei

$$\sum_{i \in (I,\tau)} \alpha_i = \sum_{\xi<\beta} \alpha_{f(\xi)} \qquad \text{bzw.} \qquad \prod_{i \in (I,\tau)} \alpha_i = \prod_{\xi<\beta} \alpha_{f(\xi)}$$

die (*allgemeine*) *Summe* bzw. das (*allgemeine*) *Produkt* von $(\alpha_i)_{i \in I}$ bzgl. τ mit den *Summanden* bzw. *Faktoren* α_i (für $i \in I$). ∎

Für isomorphe wohlgeordnete Mengen (I, τ), (J, σ), den Isomorphismus φ von (J, σ) auf (I, τ) und Ordinalzahlfamilien $(\alpha_i)_{i \in I}$ gilt sofort:

$$\sum_{i \in (I,\tau)} \alpha_i = \sum_{j \in (J,\sigma)} \alpha_{\varphi(j)}, \qquad \prod_{i \in (I,\tau)} \alpha_i = \prod_{j \in (J,\sigma)} \alpha_{\varphi(j)}.$$

Für die Theorie der allgemeinen Summen und Produkte genügt es, vorwiegend die Summen und Produkte der Definitionen 4, 5 zu betrachten, da sich Aussagen über diese Summen und Produkte naheliegend auf die Summen und

Produkte der Definition 6 übertragen. So folgt unmittelbar aus Satz 3 für Ordinalzahlfamilien $(\alpha_i)_{i\in I}$ über wohlgeordnetem Indexbereich (I,τ), wenn man zur Vereinfachung unter dem Summen- und Produktzeichen $\sum$, $\prod$ nachträglich die zugehörigen Wohlordnungen wieder wegläßt:

$$I=\emptyset \Rightarrow \sum_{i\in I}\alpha_i=0, \qquad m=\max I \Rightarrow \sum_{i\in I}\alpha_i=\sum_{i<m}\alpha_i+\alpha_m,$$
$$I\neq\emptyset \wedge \neg\exists m(m=\max I) \Rightarrow \sum_{i\in I}\alpha_i=\sup_{j\in I}\sum_{i<j}\alpha_i;$$
$$I=\emptyset \Rightarrow \prod_{i\in I}\alpha_i=1, \qquad m=\max I \Rightarrow \prod_{i\in I}\alpha_i=\prod_{i<m}\alpha_i\cdot\alpha_m,$$
$$I\neq\emptyset \wedge \neg\exists m(m=\max I) \Rightarrow \prod_{i\in I}\alpha_i=\begin{cases}0, & \textit{falls } \alpha_i=0 \textit{ für ein } i\in I\\ \sup_{j\in I}\prod_{i<j}\alpha_i, & \textit{falls } \alpha_i\neq 0 \textit{ für jedes } i\in I.\end{cases}$$

18.2. Elementare Rechengesetze

Wir stellen die elementaren Rechengesetze der ordinalen Addition, Multiplikation und Potentiation und der allgemeinen Summe und des allgemeinen Produktes von Ordinalzahlfolgen zusammen. Für Ordinalzahlen α kennen wir bereits die Spezialfälle:

$$\alpha+0=0+\alpha=\alpha, \qquad \alpha+1=\alpha',$$
$$\alpha\cdot 0=0\cdot\alpha=0, \qquad \alpha\cdot 1=1\cdot\alpha=\alpha,$$
$$\alpha^0=1, \quad \alpha^1=\alpha, \quad \alpha\geqq 1\Rightarrow 0^\alpha=0, \quad 1^\alpha=1.$$

Auf Grund der Nichtkommutativität der Addition und Multiplikation von Ordinalzahlen (vgl. Satz 6) entstehen rechts- und linksseitige Rechengesetze, die oft voneinander abweichen.

Satz 5. *Für Ordinalzahlen α, β, γ gilt:*

(a)
$$\left.\begin{array}{r}\beta<\gamma \Rightarrow \alpha+\beta<\alpha+\gamma\\ \alpha\geqq 1\wedge\beta<\gamma \Rightarrow \alpha\cdot\beta<\alpha\cdot\gamma\\ \alpha\geqq 2\wedge\beta<\gamma \Rightarrow \alpha^\beta<\alpha^\gamma\end{array}\right\}\ \textit{(Rechtsseitige echte Monotonie)},$$

(b)
$$\left.\begin{array}{r}\alpha\leqq\beta \Rightarrow \alpha+\gamma\leqq\beta+\gamma\\ \alpha\leqq\beta \Rightarrow \alpha\cdot\gamma\leqq\beta\cdot\gamma\\ \alpha\leqq\beta \Rightarrow \alpha^\gamma\leqq\beta^\gamma\end{array}\right\}\ \textit{(Linksseitige Monotonie)}.$$

Beweis. Man beweist die Behauptungen bei festen α,β durch transfinite gemischte Induktion über γ unter Verwendung der Rekursionsgleichungen der

elementaren arithmetischen Operationen (Satz 1). Wir zeigen als Beispiel das erste Gesetz von (a).
Für feste Ordinalzahlen α, β hat man also induktiv über γ für alle Ordinalzahlen γ zu zeigen die Behauptung

$$\mathbf{B}(\gamma)\colon\ \beta < \gamma \Rightarrow \alpha + \beta < \alpha + \gamma .$$

Es gilt sofort $\mathbf{B}(0)$ wegen $\beta \nless 0$. Gilt $\mathbf{B}(\gamma)$ für eine Ordinalzahl γ, so gilt auch $\mathbf{B}(\gamma')$ wegen

$$\beta < \gamma' \Rightarrow \beta \leqq \gamma \Rightarrow \alpha + \beta \leqq \alpha + \gamma < (\alpha + \gamma)' = \alpha + \gamma' .$$

Ist γ Limeszahl und gilt $\mathbf{B}(\xi)$ für alle Ordinalzahlen $\xi < \gamma$, so gilt auch $\mathbf{B}(\gamma)$; denn ist $\beta < \gamma$, so existiert eine Zahl ξ_0 mit $\beta < \xi_0 < \gamma$ (etwa $\xi_0 = \beta'$), und es gilt dann:

$$\alpha + \beta < \alpha + \xi_0 \leqq \lim_{\xi < \gamma} (\alpha + \xi) = \alpha + \gamma .$$

Analog beweist man das zweite Gesetz von (a). Es folgt dann u. a.

$$\alpha, \beta \neq 0 \Rightarrow \alpha \cdot \beta \neq 0$$

für beliebige Ordinalzahlen α, β und hiermit bei festem α induktiv über β auch

$$\alpha \neq 0 \Rightarrow \alpha^\beta \neq 0 .$$

Mit diesem Ergebnis lassen sich schließlich induktiv über γ alle weiteren Gesetze von (a), (b) beweisen. ▮

Satz 11 (a) ergibt auch unmittelbar für Ordinalzahlen α, β, γ:

$$\left.\begin{array}{rl} \beta \leqq \gamma & \Rightarrow \alpha + \beta \leqq \alpha + \gamma \\ \beta \leqq \gamma & \Rightarrow \alpha \cdot \beta \leqq \alpha \cdot \gamma \\ \alpha \neq 0 \wedge \beta \leqq \gamma & \Rightarrow \alpha^\beta \leqq \alpha^\gamma \end{array}\right\} \text{(\textit{Rechtsseitige Monotonie}).}$$

Linksseitige echte Monotonie besteht dagegen nicht allgemein; denn aus Satz 6 folgt für beliebige natürliche Zahlen $n \geqq 2$:

$$n + \omega = n \cdot \omega = n^\omega = \omega .$$

Satz 6. *Für natürliche Zahlen n und Ordinalzahlen α gilt:*

(a) $\quad n + \omega = \omega, \qquad n \geqq 1 \Rightarrow n \cdot \omega = \omega, \qquad n \geqq 2 \Rightarrow n^\omega = \omega,$

(b) $\quad \alpha \geqq 1 \Rightarrow \omega < \omega + \alpha, \qquad \alpha \geqq 2 \Rightarrow \omega < \omega \cdot \alpha, \qquad \alpha \geqq 2 \Rightarrow \omega < \omega^\alpha .$

Beweis. (a) n sei eine natürliche Zahl. Es gilt:

$$n+\omega=\lim_{\xi<\omega}(n+\xi), \qquad n\cdot\omega=\lim_{\xi<\omega}(n\cdot\xi), \qquad n\neq 0 \Rightarrow n^{\omega}=\lim_{\xi<\omega} n^{\xi},$$

also

$$n+\omega, n\cdot\omega, n^{\omega} \leqq \omega .$$

Umgekehrt gilt über Satz 5(b):

$$\omega=0+\omega \leqq n+\omega, \quad n \geqq 1 \Rightarrow \omega=1\cdot\omega \leqq n\cdot\omega,$$
$$n \geqq 2 \Rightarrow \omega \leqq \lim_{\xi<\omega} n^{\xi}=n^{\omega}.$$

(b) folgt sofort aus Satz 5(a). ∎

Satz 6 offenbart den grundlegenden Unterschied zwischen transfiniter und finiter Arithmetik. Das ist einmal die Nichtkommutativität von Addition und Multiplikation, die auch im Gegensatz zur Kommutativität in der Kardinalzahlarithmetik steht, und das ist zum anderen die *Absorptionseigenschaft* von Addition. Multiplikation und Potentiation; d.h. es gibt Ordinalzahlen ξ, η mit $\xi \neq 0$ und $\xi+\eta=\eta$, es gibt Ordinalzahlen ξ, η mit $\xi \geqq 2, \eta \neq 0$ und $\xi\cdot\eta=\eta$, und es gibt Ordinalzahlen ξ, η mit $\xi \geqq 2$ und $\xi^{\eta}=\eta$; ξ wird also jeweils von η absorbiert. (Dagegen ist für $\xi, \eta \geqq 2$ stets $\xi^{\eta}>\xi$.) Satz 6(a) liefert Beispiele von Ordinalzahlen α und β, etwa $\alpha=2$ und $\beta=\omega$, mit

$$|\alpha^{\beta}|<|\alpha|^{|\beta|}.$$

Linksseitige echte Monotonie besteht in folgenden Spezialfällen für Ordinalzahlen α, β und natürliche Zahlen n (vollständige Induktion über n):

$$\alpha<\beta \Rightarrow \alpha+n<\beta+n,$$
$$n \geqq 1 \wedge \alpha<\beta \Rightarrow \alpha\cdot n<\beta\cdot n,$$
$$n \geqq 2 \wedge \alpha<\beta \Rightarrow \alpha^{n}<\beta^{n}.$$

Satz 7. *Für Ordinalzahlen α, β gilt:*

(a) $$\alpha, \beta \leqq \alpha+\beta, \qquad \alpha+\beta=0 \Leftrightarrow \alpha=0 \wedge \beta=0,$$
$$\alpha\cdot\beta \neq 0 \Rightarrow \alpha, \beta \leqq \alpha\cdot\beta, \qquad \alpha\cdot\beta=0 \Leftrightarrow \alpha=0 \vee \beta=0,$$
$$\alpha\cdot\beta=1 \Leftrightarrow \alpha=1 \wedge \beta=1,$$

(b) $$\alpha, \beta \geqq 2 \Rightarrow \alpha+\beta \leqq \alpha\cdot\beta, \qquad \alpha \neq 1 \Rightarrow \alpha\cdot\beta \leqq \alpha^{\beta},$$

(c) $$\alpha \geqq 2 \Rightarrow \alpha^{\beta} \geqq \beta, \qquad \beta \geqq 1 \Rightarrow \alpha^{\beta} \geqq \alpha, \qquad \alpha, \beta \geqq 2 \Rightarrow \alpha^{\beta}>\alpha,$$
$$\alpha \neq 0 \Rightarrow \alpha^{\beta} \neq 0 .$$

Beweis. Übung. ∎

Für die Behandlung der Rechengesetze der elementaren arithmetischen Operationen ist der Begriff der Normalfolge nützlich.

Definition 7. Ist f eine Folge von Ordinalzahlen und λ eine ordinale Limeszahl mit $\lambda \in \mathrm{Db}(f)$ (und damit $\mathbf{O}(\lambda) \subseteq \mathrm{Db}(f)$), so heißt f *an der Stelle* λ *stetig*, falls

$$f(\lambda) = \lim_{\xi < \lambda} f(\xi)$$

gilt; andernfalls heißt f *an der Stelle* λ *unstetig*. Eine Ordinalzahlfolge f heißt *stetig*, falls f für jede ordinale Limeszahl $\lambda \in \mathrm{Db}(f)$ an der Stelle λ stetig ist; andernfalls heißt f *unstetig*. Eine *Halbnormalfolge* oder *Halbnormalfunktion* ist eine wachsende stetige Folge von Ordinalzahlen. Eine *Normalfolge* oder *Normalfunktion* ist eine echt wachsende stetige Folge von Ordinalzahlen. ∎

Für beliebige Ordinalzahlen α, γ sind nach den Sätzen 1, 5 die Funktionen

$$f_1(\xi) = \alpha + \xi, \quad f_2(\xi) = \alpha \cdot \xi \text{ (bei } \alpha \geqq 1), \quad f_3(\xi) = \alpha^\xi \text{ (bei } \alpha \geqq 2)$$

über $\mathbf{O}(\gamma)$ Normalfolgen. Dagegen sind für Ordinalzahlen β, γ die Funktionen

$$g_1(\xi) = \xi + \beta, \qquad g_2(\xi) = \xi \cdot \beta, \qquad g_3(\xi) = \xi^\beta$$

über $\mathbf{O}(\gamma)$ nach Satz 5 zwar wachsend, aber im allgemeinen unstetig; z. B. gilt für $\beta = 2, \omega < \gamma$:

$$\begin{aligned} g_1(\omega) &= \omega + 2 \neq \omega = \lim_{\xi<\omega} (\xi + 2) = \lim_{\xi<\omega} g_1(\xi), \\ g_2(\omega) &= \omega \cdot 2 \neq \omega = \lim_{\xi<\omega} (\xi \cdot 2) = \lim_{\xi<\omega} g_2(\xi), \\ g_3(\omega) &= \omega^2 \neq \omega = \lim_{\xi<\omega} \xi^2 = \lim_{\xi<\omega} g_3(\xi). \end{aligned}$$

Für jeden Alephindex γ ist die Indizierungsfunktion $f = (\omega_\xi)_{\xi<\gamma}$ der Anfangszahlen eine Normalfolge; denn f wächst echt nach Satz 5(a), §17 und ist nach Satz 8(b), §17 an jeder Limeszahlstelle $\lambda < \gamma$ stetig.

Satz 8. (a) *Für jede echt wachsende Folge* $(f_\xi)_{\xi<\gamma}$ *von Ordinalzahlen gilt:*

$$\forall \xi \, (\xi \in \mathbf{O}(\gamma) \Rightarrow \xi \leqq f(\xi)).$$

(b) *Für jede Halbnormalfolge* $(f_\xi)_{\xi<\gamma}$ *und jede Ordinalzahl* α *mit*

$$\exists \xi \exists \eta \, (\xi, \eta \in \mathbf{O}(\gamma) \wedge f(\xi) \leqq \alpha < f(\eta))$$

existiert genau eine Ordinalzahl $\xi < \gamma$ mit $\xi + 1 < \gamma$ und

$$f(\xi) \leqq \alpha < f(\xi + 1)$$

(ξ ist die größte Zahl unterhalb γ mit $f(\xi) \leqq \alpha$).
(c) *Für Halbnormalfolgen $(f_\xi)_{\xi<\gamma}$ und wachsende Folgen $(\alpha_\xi)_{\xi<\beta}$ von Ordinalzahlen mit $\beta \neq 0$ und $\lim\limits_{\xi<\beta} \alpha_\xi < \gamma$ gilt:*

$$\lim_{\xi<\beta} f(\alpha_\xi) = f\big(\lim_{\xi<\beta} \alpha_\xi\big).$$

Beweis. Übung. ∎

Für die elementaren arithmetischen Operationen ergibt Satz 8 den

Satz 9. (a) *Für Ordinalzahlen α, δ gilt:*

$$\alpha \leqq \delta \Rightarrow \exists!!\beta(\mathrm{oz}\,\beta \wedge \alpha + \beta \leqq \delta < \alpha + \beta'),$$
$$\alpha \geqq 1 \Rightarrow \exists!!\beta(\mathrm{oz}\,\beta \wedge \alpha \cdot \beta \leqq \delta < \alpha \cdot \beta'),$$
$$\alpha \geqq 2 \wedge \delta \geqq 1 \Rightarrow \exists!!\beta(\mathrm{oz}\,\beta \wedge \alpha^\beta \leqq \delta < \alpha^{(\beta')}).$$

(b) *Für Ordinalzahlen α und wachsende Folgen $(\beta_\xi)_{\xi<\lambda}$ von Ordinalzahlen mit $\lambda \neq 0$ gilt:*

$$\lim_{\xi<\lambda}(\alpha + \beta_\xi) = \alpha + \lim_{\xi<\lambda} \beta_\xi, \qquad \lim_{\xi<\lambda}(\alpha \cdot \beta_\xi) = \alpha \cdot \lim_{\xi<\lambda} \beta_\xi,$$
$$\alpha \neq 0 \Rightarrow \lim_{\xi<\lambda}(\alpha^{\beta_\xi}) = \alpha^{(\lim_{\xi<\lambda} \beta_\xi)}$$

Beweis. Übung. ∎

Die Limesaussagen von Satz 9(b) ergeben jetzt den

Satz 10. *Für Ordinalzahlen α, β, γ gilt:*

(a) $$\left.\begin{aligned}(\alpha + \beta) + \gamma &= \alpha + (\beta + \gamma)\\ (\alpha \cdot \beta) \cdot \gamma &= \alpha \cdot (\beta \cdot \gamma)\end{aligned}\right\} \quad (\textit{Assoziativität}),$$

(b) $$\alpha \cdot (\beta + \gamma) = \alpha \cdot \beta + \alpha \cdot \gamma \quad (\textit{Linksseitige Distributivität}),$$

(c) $$\left.\begin{aligned}\alpha^\beta \cdot \alpha^\gamma &= \alpha^{\beta+\gamma}\\ (\alpha^\beta)^\gamma &= \alpha^{\beta\cdot\gamma}\end{aligned}\right\} \quad (\textit{Potenzgesetze}).$$

Beweis. Die Behauptungen werden bei festem α, β durch transfinite gemischte Induktion über γ bewiesen in folgender Reihenfolge: Das erste Gesetz von (a); (b); das zweite Gesetz von (a); (c). Wir zeigen etwa das erste Gesetz von (a).

Für feste Ordinalzahlen α, β müssen wir also induktiv über γ für alle Ordinalzahlen γ beweisen die Behauptung

$$\mathbf{B}(\gamma)\colon\ (\alpha+\beta)+\gamma = \alpha + (\beta+\gamma).$$

Es gilt $\mathbf{B}(0)$ wegen

$$(\alpha+\beta)+0 = \alpha+\beta = \alpha+(\beta+0).$$

Gilt $\mathbf{B}(\gamma)$ für eine Ordinalzahl γ, so gilt auch $\mathbf{B}(\gamma')$ wegen

$$(\alpha+\beta)+\gamma' = \big((\alpha+\beta)+\gamma\big)' = \big(\alpha+(\beta+\gamma)\big)' = \alpha+(\beta+\gamma)' = \alpha+(\beta+\gamma').$$

Ist γ Limeszahl und gilt $\mathbf{B}(\xi)$ für alle Ordinalzahlen $\xi < \gamma$, so gilt mit Satz 9(b) auch $\mathbf{B}(\gamma)$ wegen

$$\begin{aligned}(\alpha+\beta)+\gamma &= \lim_{\xi<\gamma}\big((\alpha+\beta)+\xi\big) = \lim_{\xi<\gamma}\big(\alpha+(\beta+\xi)\big)\\ &= \alpha + \lim_{\xi<\gamma}(\beta+\xi) = \alpha+(\beta+\gamma). \quad \blacksquare\end{aligned}$$

Es gilt nicht allgemein rechtsseitige Distributivität

$$(\alpha+\beta)\cdot\gamma = \alpha\cdot\gamma+\beta\cdot\gamma;$$

z.B. ist

$$(1+1)\cdot\omega = 2\cdot\omega = \omega < \omega+\omega = 1\cdot\omega+1\cdot\omega.$$

Es gilt auch nicht allgemein das Potenzgesetz

$$\alpha^\gamma\cdot\beta^\gamma = (\alpha\cdot\beta)^\gamma;$$

z.B. ist

$$(2\cdot 2)^\omega = 4^\omega = \omega < \omega\cdot\omega = 2^\omega\cdot 2^\omega.$$

Wir kommen nun zu den allgemeinen Summen und Produkten.

Satz 11. *Für Ordinalzahlen α, β gilt:*

$$\alpha = \sum_{\xi<\alpha} 1, \qquad \alpha\cdot\beta = \sum_{\xi<\beta}\alpha, \qquad \alpha^\beta = \prod_{\xi<\beta}\alpha.$$

Beweis. Übung. Unter Verwendung von Satz 3 zeigt man die erste Behauptung induktiv über α und die zweite und dritte Behauptung bei festem α induktiv über β. $\blacksquare$

Satz 12. (a) *Für Ordinalzahlfolgen $(\alpha_\xi)_{\xi<\beta}$ und Ordinalzahlen η gilt:*

$$\sum_{\xi<\beta} \alpha_\xi = 0 \Leftrightarrow \forall \xi(\xi \in \mathbf{O}(\beta) \Rightarrow \alpha_\xi = 0),$$

$$\prod_{\xi<\beta} \alpha_\xi = 0 \Leftrightarrow \exists \xi(\xi \in \mathbf{O}(\beta) \wedge \alpha_\xi = 0), \quad \prod_{\xi<\beta} \alpha_\xi = 1 \Leftrightarrow \forall \xi(\xi \in \mathbf{O}(\beta) \Rightarrow \alpha_\xi = 1),$$

$$\eta \in \mathbf{O}(\beta) \Rightarrow \alpha_\eta \leqq \sum_{\xi<\beta} \alpha_\xi, \quad \prod_{\xi<\beta} \alpha_\xi \neq 0 \wedge \eta \in \mathbf{O}(\beta) \Rightarrow \alpha_\eta \leqq \prod_{\xi<\beta} \alpha_\xi.$$

(b) *Für Ordinalzahlfolgen* $(\alpha_\xi)_{\xi<\beta}$ *und Mengen* $J \subseteq \mathbf{O}(\beta)$ *mit* $\alpha_\xi = 0$ *für alle* $\xi \in \mathbf{O}(\beta) \setminus J$ *bzw. mit* $\alpha_\xi = 1$ *für alle* $\xi \in \mathbf{O}(\beta) \setminus J$ *gilt:*

$$\sum_{\xi<\beta} \alpha_\xi = \sum_{\xi \in (J, \leqq)} \alpha_\xi \quad \text{bzw.} \quad \prod_{\xi<\beta} \alpha_\xi = \prod_{\xi \in (J, \leqq)} \alpha_\xi.$$

Beweis. Übung. Transfinite gemischte Induktion über β. Die letzten beiden Behauptungen von (a) folgen auch unmittelbar aus Satz 13(b). ∎

Satz 13. *Für Ordinalzahlfolgen* $(\alpha_\xi)_{\xi<\gamma}$, $(\beta_\xi)_{\xi<\gamma}$ *und Mengen J gilt:*

(a)
$$\left.\begin{aligned} &\forall \xi(\xi \in \mathbf{O}(\gamma) \Rightarrow \alpha_\xi \leqq \beta_\xi) \Rightarrow \sum_{\xi<\gamma} \alpha_\xi \leqq \sum_{\xi<\gamma} \beta_\xi \\ &\forall \xi(\xi \in \mathbf{O}(\gamma) \Rightarrow \alpha_\xi \leqq \beta_\xi) \Rightarrow \prod_{\xi<\gamma} \alpha_\xi \leqq \prod_{\xi<\gamma} \beta_\xi \end{aligned}\right\} \text{(\textit{Allgemeine Monotonie}),}$$

(b)
$$\left.\begin{aligned} J \subseteq \mathbf{O}(\gamma) &\Rightarrow \sum_{\xi \in (J, \leqq)} \alpha_\xi \leqq \sum_{\xi<\gamma} \alpha_\xi \\ 0 \notin \{\alpha_\xi\}_{\xi \in \mathbf{O}(\gamma) \setminus J} \wedge J \subseteq \mathbf{O}(\gamma) &\Rightarrow \prod_{\xi \in (J, \leqq)} \alpha_\xi \leqq \prod_{\xi<\gamma} \alpha_\xi \end{aligned}\right\} \text{(\textit{Monotonie in bezug auf den Indexbereich}).}$$

Beweis. Übung. Transfinite gemischte Induktion über γ. ∎

Satz 13(b) ergibt speziell für Ordinalzahlfolgen $(\alpha_\xi)_{\xi<\gamma}$ und Ordinalzahlen $\beta \leqq \gamma$:

$$\sum_{\xi<\beta} \alpha_\xi \leqq \sum_{\xi<\gamma} \alpha_\xi, \qquad 0 \notin \{\alpha_\xi\}_{\xi \in [\beta, \gamma]} \Rightarrow \prod_{\xi<\beta} \alpha_\xi \leqq \prod_{\xi<\gamma} \alpha_\xi.$$

Ebenso ergibt Satz 13(b) unmittelbar für Ordinalzahlfamilien $(\alpha_i)_{i \in I}$ über wohlgeordnetem Indexbereich (I, τ), Mengen $J \subseteq I$ und $\sigma = \tau \| J$:

$$\sum_{i \in (J, \sigma)} \alpha_i \leqq \sum_{i \in (I, \tau)} \alpha_i, \qquad 0 \notin \{\alpha_i\}_{i \in I \setminus J} \Rightarrow \prod_{i \in (J, \sigma)} \alpha_i \leqq \prod_{i \in (I, \tau)} \alpha_i.$$

Denn für den Isomorphismus f von $(\mathbf{O}(\gamma), \leqq)$ auf (I, τ), $J' = f^{-1}\langle J \rangle$ und den Isomorphismus g von $(\mathbf{O}(\beta), \leqq)$ auf $(J', \leqq)$ ist $f \circ g$ Isomorphismus von $(\mathbf{O}(\beta), \leqq)$

auf (J,σ), also gilt insgesamt:

$$\sum_{i\in(J,\sigma)} \alpha_i = \sum_{\xi<\beta} \alpha_{f(g(\xi))} = \sum_{\xi\in(J',\leqq)} \alpha_{f(\xi)} \leqq \sum_{\xi<\gamma} \alpha_{f(\xi)} = \sum_{i\in(I,\tau)} \alpha_i$$

und analog beim allgemeinen Produkt.

Satz 14. *Für Ordinalzahlfolgen* $(\alpha_\xi)_{\xi<\gamma}$ *und Ordinalzahlen* β *gilt:*

$$\forall\xi(\xi\in\mathbf{O}(\gamma) \Rightarrow \alpha_\xi \leqq \beta) \Rightarrow \sum_{\xi<\gamma} \alpha_\xi \leqq \beta\cdot\gamma \wedge \prod_{\xi<\gamma} \alpha_\xi \leqq \beta^\gamma,$$

$$\forall\xi(\xi\in\mathbf{O}(\gamma) \Rightarrow \beta \leqq \alpha_\xi) \Rightarrow \beta\cdot\gamma \leqq \sum_{\xi<\gamma} \alpha_\xi \wedge \beta^\gamma \leqq \prod_{\xi<\gamma} \alpha_\xi .$$

Beweis. Die Behauptungen folgen unmittelbar aus den Sätzen 11 und 13(a). ∎

Satz 15. *Für Ordinalzahlfolgen* $(\alpha_\xi)_{\xi<\lambda}$ *und Halbnormalfolgen* $(\kappa_\nu)_{\nu\leqq\mu}$ *mit* $\kappa_0 = 0$ *und* $\kappa_\mu = \lambda$ *gilt:*

$$\left.\begin{aligned} \sum_{\xi<\lambda} \alpha_\xi &= \sum_{\nu<\mu} \Big(\sum_{\kappa_\nu\leqq\xi<\kappa_{\nu+1}} \alpha_\xi \Big) \\ \prod_{\xi<\lambda} \alpha_\xi &= \prod_{\nu<\mu} \Big(\prod_{\kappa_\nu\leqq\xi<\kappa_{\nu+1}} \alpha_\xi \Big) \end{aligned}\right\} \textit{(Allgemeine Assoziativität)}.$$

Beweis. Übung. Man zeige zunächst für Ordinalzahlfolgen $(\alpha_\xi)_{\xi<\gamma}$ und Ordinalzahlen $\beta \leqq \gamma$ den Hilfssatz

$$\sum_{\xi<\gamma} \alpha_\xi = \sum_{\xi<\beta} \alpha_\xi + \sum_{\beta\leqq\xi<\gamma} \alpha_\xi$$

durch transfinite gemischte Induktion über γ. Dann beweise man die allgemeine Assoziativität für $\sum$ durch transfinite gemischte Induktion über μ. Analog bei $\prod$. ∎

Aus Satz 15 folgt etwa für Ordinalzahlfolgen $(\alpha_\xi)_{\xi<\lambda}$ und Ordinalzahlen κ_1, κ_2 mit $\kappa_1 \leqq \kappa_2 \leqq \lambda$ (also $\mu = 3$):

$$\sum_{\xi<\lambda} \alpha_\xi = \sum_{\xi<\kappa_1} \alpha_\xi + \sum_{\kappa_1\leqq\xi<\kappa_2} \alpha_\xi + \sum_{\kappa_2\leqq\xi<\lambda} \alpha_\xi,$$

$$\prod_{\xi<\lambda} \alpha_\xi = \prod_{\xi<\kappa_1} \alpha_\xi \cdot \prod_{\kappa_1\leqq\xi<\kappa_2} \alpha_\xi \cdot \prod_{\kappa_2\leqq\xi<\lambda} \alpha_\xi .$$

Satz 16. *Für Ordinalzahlen* α *und Ordinalzahlfolgen* $(\beta_\xi)_{\xi<\gamma}$ *gilt:*

(a) $\alpha \cdot \sum_{\xi<\gamma} \beta_\xi = \sum_{\xi<\gamma} (\alpha \cdot \beta_\xi)$ (*Allgemeine linksseitige Distributivität*),

(b) $\alpha^{(\sum_{\xi<\gamma} \beta_\xi)} = \prod_{\xi<\gamma} (\alpha^{\beta_\xi})$.

Beweis. Übung. Transfinite gemischte Induktion über γ. ∎

Während für allgemeine Kardinalzahlsummen und -produkte (vgl. hinter Satz 17, §15) gilt:

$$\sum_{n<\omega} n = \mathfrak{a}, \qquad \prod_{1 \leqq n<\omega} n = 2^{\mathfrak{a}} = \mathfrak{c},$$

hat man für allgemeine Ordinalzahlsummen und -produkte:

$$\sum_{n<\omega} n = \omega = \prod_{1 \leqq n<\omega} n.$$

Denn bei $\omega = \lim_{m<\omega} m$ gilt

$$\lim_{m<\omega} \sum_{n<m} n = \lim_{m<\omega} m = \lim_{m<\omega} \prod_{n<m} (n+1)$$

wegen

$$\sum_{n<m} n, \prod_{n<m} (n+1) < \omega, \qquad m \leqq \sum_{n<m+1} n, \prod_{n<m} (n+1).$$

$\prod_{1 \leqq n<\omega} n$ ist das Beispiel eines Ordinalzahlproduktes $\prod_{\xi<\beta} \alpha_\xi$ mit

$$\left|\prod_{\xi<\beta} \alpha_\xi\right| < \prod_{\xi<\beta} |\alpha_\xi|.$$

18.3. Differenz, Quotient mit Rest

Für Ordinalzahlen besteht die Möglichkeit linksseitiger eindeutiger Subtraktion und Division mit Rest.

Satz 17 (Subtraktionssatz). *Für Ordinalzahlen α, β gilt:*

$$\beta \leqq \alpha \Leftrightarrow \exists \xi(\text{oz}\,\xi \wedge \beta + \xi = \alpha) \Leftrightarrow \exists!!\xi(\text{oz}\,\xi \wedge \beta + \xi = \alpha).$$

Beweis. α und β seien Ordinalzahlen.

($\Rightarrow$) Ist $\beta \leqq \alpha$, so existiert höchstens eine Ordinalzahl ξ mit $\beta + \xi = \alpha$; denn gilt $\beta + \xi_1 = \beta + \xi_2 = \alpha$ für Ordinalzahlen ξ_1, ξ_2, so ist $\xi_1 = \xi_2$. Die Existenz einer Zahl ξ mit $\beta + \xi = \alpha$ zeigen wir bei festem β induktiv über $\alpha \geqq \beta$. Für $\alpha = \beta$ ist $\beta + 0 = \alpha$. Gibt es für $\alpha \geqq \beta$ eine Zahl ξ mit $\beta + \xi = \alpha$, so ist $\beta + \xi' = (\beta + \xi)' = \alpha'$. Ist $\alpha > \beta$ und α Limeszahl und existiert für jedes $\xi \in [\beta, \alpha[$ eine Zahl η_ξ mit $\beta + \eta_\xi = \xi$, so definiere man noch $\eta_\xi = 0$ für $\xi \in [0, \beta[$, und $(\eta_\xi)_{\xi < \alpha}$ ist eine wachsende Folge wegen

$$\beta \leqq \xi_1 \leqq \xi_2 < \alpha \Rightarrow \beta + \eta_{\xi_1} = \xi_1 \leqq \xi_2 = \beta + \eta_{\xi_2} \Rightarrow \eta_{\xi_1} \leqq \eta_{\xi_2}$$

für beliebige Ordinalzahlen ξ_1, ξ_2. Aus Satz 9(b) folgt dann

$$\beta + \lim_{\xi < \alpha} \eta_\xi = \lim_{\xi < \alpha} (\beta + \eta_\xi) = \lim_{\xi < \alpha} \xi = \alpha .$$

($\Leftarrow$) Gilt $\beta + \xi = \alpha$ für eine Ordinalzahl ξ, so ist $\beta = \beta + 0 \leqq \beta + \xi = \alpha$, also $\beta \leqq \alpha$. ∎

Satz 17 ergibt auch für Ordinalzahlen α, β, n:

$$\beta < \alpha \Leftrightarrow \exists \xi (\text{oz}\, \xi \wedge \xi \neq 0 \wedge \beta + \xi = \alpha) \Leftrightarrow \exists!! \xi (\text{oz}\, \xi \wedge \xi \neq 0 \wedge \beta + \xi = \alpha),$$

$$n < \omega \leqq \alpha \Rightarrow n + \alpha = \alpha .$$

Denn für die letzte Behauptung gibt es im Falle $n < \omega \leqq \alpha$ eine Zahl ξ mit $\omega + \xi = \alpha$, woraus folgt

$$n + \alpha = n + (\omega + \xi) = (n + \omega) + \xi = \omega + \xi = \alpha .$$

Definition 8. Für Ordinalzahlen α, β mit $\beta \leqq \alpha$ heißt die Ordinalzahl

$$\alpha - \beta = \iota \xi (\text{oz}\, \xi \wedge \beta + \xi = \alpha)$$

die *Differenz* von α, β und heißt α der *Minuend* und β der *Subtrahend* von $\alpha - \beta$. ∎

Das Subtraktionszeichen $-$ soll stärker trennen als $\cdot$ und Hochschreibweise. Für Ordinalzahlen α, β mit $\beta \leqq \alpha$ ist $\alpha - \beta$ diejenige Zahl, welche, zu β addiert, α ergibt:

$$\beta + (\alpha - \beta) = \alpha, \qquad \alpha - \beta \leqq \alpha .$$

Für natürliche Zahlen m, n mit $m \leqq n$ ist die Differenz $n - m$ der Definition 8 die übliche Differenz natürlicher Zahlen innerhalb $\mathbf{N}$.

Satz 18. *Für Ordinalzahlen* α, β, γ *gilt:*

(a) $\beta \leqq \alpha < \gamma \Rightarrow \alpha - \beta < \gamma - \beta, \qquad \gamma \leqq \beta \leqq \alpha \Rightarrow \alpha - \beta \leqq \alpha - \gamma,$

(b) $\beta \leqq \alpha \Rightarrow (\alpha - \beta) + \gamma = (\alpha + \gamma) - \beta, \quad \gamma \leqq \beta \Rightarrow \alpha \cdot (\beta - \gamma) = \alpha \cdot \beta - \alpha \cdot \gamma .$

Beweis. Übung. ∎

Als Verallgemeinerung von zwischen natürlichzahligen Intervallen bestehenden isomorphen Abbildungen erhält man in folgendem Satz 19 entsprechende isomorphe Abbildungen von Ordinalzahlintervallen.

Satz 19. (a) *Für Ordinalzahlen* $\alpha_1, \alpha_2, \beta_1$ *mit* $\alpha_1 \leqq \beta_1$ *ist die Abbildung*

$$f = \big(\alpha_2 + (\xi - \alpha_1)\big)_{\alpha_1 \leqq \xi < \beta_1}$$

eine echt wachsende Funktion von $[\alpha_1, \beta_1[$ *auf* $[\alpha_2, \alpha_2 + (\beta_1 - \alpha_1)[$ *und damit der eindeutig bestimmte Isomorphismus von* $([\alpha_1, \beta_1[, \leqq)$ *auf* $([\alpha_2, \alpha_2 + (\beta_1 - \alpha_1)[, \leqq)$. *Für jedes* $\alpha \in [\alpha_1, \beta_1[$ *gilt:*

$$f(\alpha_1) = \alpha_2, \qquad \alpha \neq \max[\alpha_1, \beta_1[\;\Rightarrow f(\alpha + 1) = f(\alpha) + 1,$$
$$\alpha_1 < \alpha \wedge \alpha \textit{ Limeszahl } \Rightarrow f(\alpha) = \sup_{\alpha_1 \leqq \xi < \alpha} f(\xi)$$

(*Rekursionsgleichungen für* f).

(b) *Für Ordinalzahlen* $\alpha_1, \alpha_2, \beta_1, \beta_2$ *mit* $\alpha_1 \leqq \beta_1, \alpha_2 \leqq \beta_2$ *gilt:*

$$([\alpha_1, \beta_1[, \leqq) \simeq ([\alpha_2, \beta_2[, \leqq) \Leftrightarrow \beta_1 - \alpha_1 = \beta_2 - \alpha_2 .$$

(c) *Für Ordinalzahlen* α, β *mit* $\alpha \leqq \beta$ *gilt:*

$$([\alpha, \beta[, \leqq) \simeq ([0, \beta - \alpha[, \leqq) = (\mathbf{O}(\beta - \alpha), \leqq), \;\; \operatorname{ord}([\alpha, \beta[, \leqq) = \beta - \alpha .$$

Beweis. Übung. ∎

Nach Satz 19(a) ist für Ordinalzahlen σ, τ, ω mit $\sigma \leqq \tau$ die Abbildung φ mit

$$\varphi(\xi) = \sigma + (\xi - \omega) \qquad \text{für} \qquad \xi \in [\omega, \omega + (\tau - \sigma)[$$

der Isomorphismus von $[\omega, \omega + (\tau - \sigma)[$ auf $[\sigma, \tau[$. Für jede Ordinalzahlfamilie $(\alpha_\xi)_{\sigma \leqq \xi < \tau}$ erhält man damit in bezug auf $\sum$, $\prod$ die folgende Regel der *Indexverschiebung*:

$$\sum_{\sigma \leqq \xi < \tau} \alpha_\xi = \sum_{\omega \leqq \xi < \omega + (\tau - \sigma)} \alpha_{\sigma + (\xi - \omega)}, \qquad \prod_{\sigma \leqq \xi < \tau} \alpha_\xi = \prod_{\omega \leqq \xi < \omega + (\tau - \sigma)} \alpha_{\sigma + (\xi - \omega)} .$$

Für $\omega = 0$ speziell ergibt sich die Rückführung auf Summen und Produkte von Ordinalzahlfolgen:

$$\sum_{\sigma \leqq \xi < \tau} \alpha_\xi = \sum_{\xi < \tau - \sigma} \alpha_{\sigma + \xi}, \qquad \prod_{\sigma \leqq \xi < \tau} \alpha_\xi = \prod_{\xi < \tau - \sigma} \alpha_{\sigma + \xi} .$$

Kommen wir nun zum Quotienten mit Rest.

Satz 20 (Divisionssatz). *Für Ordinalzahlen α, β mit $\beta \neq 0$ existiert genau ein Paar (ξ, ϱ) von Ordinalzahlen mit*

$$\alpha = \beta \cdot \xi + \varrho \qquad \textit{bei} \qquad \varrho < \beta .$$

Beweis. Für Ordinalzahlen α, β existiert höchstens ein derartiges Paar (ξ, ϱ). Denn gilt für Ordinalzahlen $\xi_1, \xi_2, \varrho_1, \varrho_2$:

$$\alpha = \beta \cdot \xi_1 + \varrho_1 = \beta \cdot \xi_2 + \varrho_2 \qquad \text{bei} \qquad \varrho_1, \varrho_2 < \beta$$

und wäre etwa $\xi_1 < \xi_2$, so wäre $\xi_1 + 1 \leqq \xi_2$, also

$$\beta \cdot \xi_1 + \varrho_1 = \beta \cdot \xi_2 + \varrho_2 \geqq \beta \cdot (\xi_1 + 1) + \varrho_2 = \beta \cdot \xi_1 + \beta + \varrho_2 ,$$

woraus $\varrho_1 \geqq \beta + \varrho_2 \geqq \beta$ folgt im Widerspruch zu $\varrho_1 < \beta$; analog erhält man im Falle $\xi_2 < \xi_1$ den Widerspruch. Hiermit gilt $\xi_1 = \xi_2$, also auch $\beta \cdot \xi_1 = \beta \cdot \xi_2$, $\varrho_1 = \varrho_2$, und es existiert höchstens ein gewünschtes Paar (ξ, ϱ) für α, β.
Wir beweisen nun die Existenz eines derartigen Paares (ξ, ϱ) für Ordinalzahlen α, β mit $\beta \neq 0$. Nach Satz 9(a) existiert eine Zahl ξ mit $\beta \cdot \xi \leqq \alpha < \beta \cdot \xi'$. Nach dem Subtraktionssatz (Satz 17) existiert eine Zahl ϱ mit $\beta \cdot \xi + \varrho = \alpha$. Dabei gilt $\varrho < \beta$; denn sonst wäre

$$\alpha < \beta \cdot \xi' = \beta \cdot \xi + \beta \leqq \beta \cdot \xi + \varrho = \alpha .$$

Das Paar (ξ, ϱ) ist also ein gewünschtes Zahlenpaar für α, β. ∎

Man hat für Ordinalzahlen $\alpha, \beta, \xi, \varrho$ sofort:

$$\alpha = \beta \cdot \xi + \varrho \wedge \varrho < \beta \Rightarrow \xi, \varrho \leqq \alpha .$$

Definition 9. Für Ordinalzahlen α, β mit $\beta \neq 0$ heißt das Zahlenpaar (ξ, ϱ) mit $\alpha = \beta \cdot \xi + \varrho$ bei $\varrho < \beta$ der *Quotient mit Rest* von α, β und heißt ξ der *Quotient* und ϱ der *Rest* bei der Division von α durch β. ∎

Mit Divisions- und Subtraktionssatz beweisen wir schließlich noch die folgenden beiden Sätze.

Satz 21. *Für Ordinalzahlen α, β gilt:*

$$\alpha < \omega^\beta \Rightarrow \alpha + \omega^\beta = \omega^\beta .$$

Beweis. α und β seien Ordinalzahlen. Wir führen Induktion über β bei festem α. Ist $\alpha < \omega^0$, so ist $\alpha = 0$ und die Behauptung trivial. Gilt

$$\alpha < \omega^{\beta+1} = \omega^\beta \cdot \omega = \lim_{n < \omega} (\omega^\beta \cdot n) ,$$

so existiert eine Zahl $n < \omega$ mit $\alpha < \omega^\beta \cdot n$ und damit

$$\alpha + \omega^{\beta+1} \leqq \omega^\beta \cdot n + \omega^\beta \cdot \omega = \omega^\beta \cdot (n + \omega) = \omega^\beta \cdot \omega = \omega^{\beta+1} \leqq \alpha + \omega^{\beta+1}.$$

Ist β Limeszahl und gilt $\alpha + \omega^\xi = \omega^\xi$ für alle Zahlen $\xi < \beta$ mit $\alpha < \omega^\xi$, so gilt auch $\alpha + \omega^\beta = \omega^\beta$ unter der Voraussetzung $\alpha < \omega^\beta = \lim_{\xi<\beta} \omega^\xi$; denn bei $\alpha < \omega^\beta$ ist $\alpha < \omega^\xi$ für eine Zahl $\xi < \beta$, und nach dem Subtraktionssatz existiert eine Zahl η mit $\omega^\xi + \eta = \omega^\beta$ und damit

$$\alpha + \omega^\beta = \alpha + \omega^\xi + \eta = \omega^\xi + \eta = \omega^\beta. \quad ∎$$

Zu den Zahlen ω^β gehören alle Anfangszahlen ω_σ; denn neben $\omega_0 = \omega^1$ ist nach Satz 22(a), (d) $\omega_\sigma = \omega^{\omega_\sigma}$ für alle Alephindizes $\sigma > 0$.

Satz 22. *Für Ordinalzahlen α, β und Alephindizes σ gilt:*

(a) $\alpha \geqq 2 \wedge \alpha^\beta = \beta \Rightarrow \beta$ *Limeszahl* $\wedge \forall \xi (\xi \in [2, \beta[\Rightarrow \xi^\beta = \beta)$,

(b) $\beta > 2 \wedge \forall \xi (\xi \in [2, \beta[\Rightarrow \xi^\beta = \beta) \Rightarrow$
β *Limeszahl* $\wedge \forall \xi (\xi \in [1, \beta[\Rightarrow \xi \cdot \beta = \beta)$,

(c) $\beta > 2 \wedge \forall \xi (\xi \in [1, \beta[\Rightarrow \xi \cdot \beta = \beta) \Rightarrow$
β *Limeszahl* $\wedge \forall \xi (\xi \in [0, \beta[\Rightarrow \xi + \beta = \beta)$,

(d) $2^{\omega_\sigma} = \omega_\sigma$,

(e) $\alpha, \beta < \omega_\sigma \Rightarrow \alpha + \beta, \alpha \cdot \beta, \alpha^\beta < \omega_\sigma$,

(f) $0 \leqq \alpha < \omega_\sigma \Rightarrow \alpha + \omega_\sigma = \omega_\sigma$, $\quad 1 \leqq \alpha < \omega_\sigma \Rightarrow \alpha \cdot \omega_\sigma = \omega_\sigma$,
$2 \leqq \alpha < \omega_\sigma \Rightarrow \alpha^{\omega_\sigma} = \omega_\sigma$.

Beweis. α und β seien Ordinalzahlen, σ sei Alephindex.

(a) Es sei $2^\beta = \beta$. Dann ist $\beta \neq 0$ und $\beta \neq 1$. Wäre $\beta = \gamma + 1$ für eine Zahl γ, so wäre $0 < \gamma$, $1 < 2^\gamma$ und damit

$$\beta = \gamma + 1 < 2^\gamma + 2^\gamma = 2^\gamma \cdot 2 = 2^{\gamma+1} = 2^\beta.$$

Also ist β Limeszahl. Wir beweisen jetzt $\xi^\beta = \beta$ für alle Zahlen ξ mit $2 \leqq \xi < \beta$. Nach dem Divisionssatz gibt es eine Zahl γ mit $\beta = \omega \cdot \gamma$ (denn es gibt ein Zahlenpaar (γ, n) mit $\beta = \omega \cdot \gamma + n$ bei $n < \omega$), woraus

$$\beta = 2^\beta = 2^{\omega \cdot \gamma} = (2^\omega)^\gamma = \omega^\gamma$$

folgt, also nach Satz 21 $\xi + \beta = \beta$ für alle Zahlen $\xi < \beta$. Für jede Zahl $\xi < \beta$ gilt somit

$$2^\xi \cdot \beta = 2^\xi \cdot 2^\beta = 2^{\xi+\beta} = 2^\beta = \beta.$$

Dabei ist $(2^{\xi})_{\xi<\beta}$ eine Fundamentalfolge mit dem Limes $2^{\beta}=\beta$. Für jede Zahl $\xi<\beta$ gibt es also eine Zahl $\eta<\beta$ mit $\xi<2^{\eta}$, woraus bei $\xi>1$

$$\beta \leqq \xi\cdot\beta \leqq 2^{\eta}\cdot\beta=\beta$$

folgt, also $\xi\cdot\beta=\beta$ für alle Zahlen ξ mit $1\leqq\xi<\beta$. Für diese ξ gilt schließlich

$$(2^{\xi})^{\beta}=2^{\xi\cdot\beta}=2^{\beta}=\beta\,,$$

und es gibt wieder für jede Zahl $\xi<\beta$ eine Zahl η mit $1\leqq\eta<\beta$ und $\xi<2^{\eta}$, woraus bei $\xi\geqq 2$

$$\beta\leqq\xi^{\beta}\leqq(2^{\eta})^{\beta}=\beta$$

folgt, also $\xi^{\beta}=\beta$ für alle Zahlen ξ mit $2\leqq\xi<\beta$. Damit ist (a) für den Fall $\alpha=2$ bewiesen. Ist aber $\alpha\geqq 2$ und $\alpha^{\beta}=\beta$, so gilt sofort

$$\beta\leqq 2^{\beta}\leqq\alpha^{\beta}=\beta\,,$$

also $2^{\beta}=\beta$, womit der allgemeine Fall auf den Fall $\alpha=2$ zurückgeführt ist.
(b) und (c) folgen aus Satz 7(b), wonach für Ordinalzahlen β,ξ mit $\beta,\xi\geqq 2$ gilt:

$$\beta\leqq\xi+\beta\leqq\xi\cdot\beta\leqq\xi^{\beta}\,.$$

Die Limeszahleigenschaft von β ergibt sich dabei für (b) aus (a) und für (c) folgendermaßen: Ist $\beta>2$ und $2\cdot\beta=\beta$, so ist nicht $\beta=\gamma+1$ für eine Zahl γ wegen sonst

$$\beta=\gamma+1<2\cdot\gamma+2=2\cdot(\gamma+1)=2\cdot\beta=\beta\,.$$

(d) Aus Satz 9(a) folgt die Existenz einer Ordinalzahl ε mit

$$2^{\varepsilon}\leqq\omega_{\sigma}<2^{\varepsilon+1}\,.$$

Es gilt

$$\aleph_{\sigma}\leqq|2^{\varepsilon+1}|=|2^{\varepsilon}\cdot 2|=|2^{\varepsilon}|\cdot 2=|2^{\varepsilon}|\leqq\aleph_{\sigma}\,,$$

also $|2^{\varepsilon}|=\aleph_{\sigma}$ und damit $2^{\varepsilon}=\omega_{\sigma}$. Man zeigt $\varepsilon=\omega_{\sigma}$, woraus dann $2^{\omega_{\sigma}}=\omega_{\sigma}$ folgt. Es ist $\varepsilon\leqq 2^{\varepsilon}=\omega_{\sigma}$, also $\varepsilon\leqq\omega_{\sigma}$. Für $\varepsilon=\omega_{\sigma}$ ist dann noch $|\varepsilon|=\aleph_{\sigma}$ zu zeigen, also noch $|\varepsilon|=|2^{\varepsilon}|$ (wegen $|2^{\varepsilon}|=\aleph_{\sigma}$). Ist aber $|\varepsilon|=\aleph_{\tau}$ für den Alephindex τ, so gilt $\omega_{\tau}\leqq\varepsilon<\omega_{\tau+1}$, also wegen der Abgeschlossenheit von $\mathbf{O}(\omega_{\tau+1})$ gegenüber Potenzbildung (nach (e)) auch $\omega_{\tau}\leqq 2^{\varepsilon}<\omega_{\tau+1}$ und damit $|2^{\varepsilon}|=\aleph_{\tau}=|\varepsilon|$.
(e) Wir wissen von der Einführung der drei elementaren aithmetischen Operationen her (vgl. §18.1), daß alle $\mathbf{O}(\omega_{\sigma})$ mit isoliertem Alephindex σ gegenüber Summen-, Produkt- und Potenzbildung abgeschlossen sind. Ist der Alephindex σ eine Limeszahl, so gilt nach Satz 8(b), §17

$$\lim_{\xi<\sigma}\omega_{\xi}=\omega_{\sigma}\,.$$

Für $\alpha, \beta < \omega_\sigma$ existiert also eine Zahl $\xi < \sigma$ mit $\alpha, \beta < \omega_\xi < \omega_{\xi+1} < \omega_\sigma$. Da $\xi + 1$ eine isolierte Zahl ist, gilt schließlich:

$$\alpha + \beta, \alpha \cdot \beta, \alpha^\beta < \omega_{\xi+1} < \omega_\sigma .$$

(f) folgt unmittelbar aus (a)–(d). ∎

Nach Satz 22(e) sind die Abschnitte der Anfangszahlen ω_σ abgeschlossen gegenüber den drei elementaren arithmetischen Operationen. (Für die Abgeschlossenheit gegenüber allgemeiner Summen- und Produktbildung vgl. Satz 6, §20.) Satz 22(f) ist die Übertragung der Absorptionseigenschaften von Satz 6(a) auf beliebige Anfangszahlen ω_σ.
Der Divisionssatz eröffnet für Ordinalzahlen $\alpha \neq 0$ und $\gamma \geqq 2$ auch die Möglichkeit der eindeutigen Polynomdarstellung von α zur Basis γ. Das heißt, es gibt genau ein Tripel (n, ε, ν), die *γ-Entwicklung* von α, so daß n eine natürliche Zahl ist, $\varepsilon = (\varepsilon_i)_{i \leqq n}$ eine echt fallende endliche Ordinalzahlfolge und $\nu = (\nu_i)_{i \leqq n}$ eine endliche Ordinalzahlfolge aus $[1, \gamma[$ und

$$\alpha = \sum_{i \leqq n} (\gamma^{\varepsilon_i} \cdot \nu_i)$$

gilt. Die ω-Entwicklung von α heißt die Cantor*sche Normalform* von α. Die CANTORschen Normalformen finden Verwendung beim detaillierten Studium der Ordinalzahlen. Dabei ergibt sich dann auch, als Ersatz für das fehlende rechtsseitige Distributivgesetz, für Ordinalzahlen α, β, γ wenigstens:

$$(\alpha + \beta) \cdot \gamma \leqq \alpha \cdot \gamma + \beta \cdot \gamma \qquad (\textit{Rechtsseitige Subdistributivität}).$$

Allgemeine rechtsseitige Subdistributivität besteht dagegen nicht generell, wie das Beispiel

$$\Big(\sum_{n<\omega} \omega^n\Big) \cdot \omega = \omega^\omega \cdot \omega > \omega^\omega = \sum_{n<\omega} \omega^{n+1} = \sum_{n<\omega} (\omega^n \cdot \omega)$$

zeigt. Weiterhin definierte HESSENBERG auf der Grundlage der CANTORschen Normalformen eine natürliche, nämlich kommutative und absorptionsfreie, Addition und Multiplikation für Ordinalzahlen, die HESSENBERG*schen natürlichen Operationen* (vgl. H. BACHMANN, *Transfinite Zahlen*). Aus diesen Operationen heraus gelingt die Konstruktion *ganzer*, *rationaler* und *reeller Ordinalzahlen* und damit die Gewinnung nichtarchimedischer transfiniter Zahlenmodelle einer die übliche reelle Achse infinitesimal verfeinernden und transfinit fortsetzenden diskontinuierlichen Zahlengeraden.

KAPITEL VI

Das erweiterte Axiomensystem

§ 19. Universen

19.1. Erweiterung des Objektebereiches

Wir wollen den Bereich der bisherigen Objekte durch transfinite Fortsetzung der Stufung erweitern und nennen deshalb von jetzt ab die bisherigen Mengen und Objekte wieder *elementare Mengen* und *elementare Objekte* und die elementaren Objekte auch die *elementaren Dinge der Mengenlehre* (*Mathematik*), wie ursprünglich in § 1.3. Die Erweiterung des elementaren Objektebereiches hat den Zweck, Allmengen $\mathfrak{U}$ beliebig hoher Stufen zu gewinnen, für welche das Ersetzungspostulat von A.A. FRAENKEL erfüllt ist:

$$\forall f(f \textit{ Abbildung aus } \mathfrak{U} \textit{ in } \mathfrak{U} \wedge \mathrm{Db}(f) \in \mathfrak{U} \Rightarrow \mathrm{Wb}(f) \in \mathfrak{U});$$

d.h. man kann den Definitionsbereich einer Abbildung aus $\mathfrak{U}$ in $\mathfrak{U}$ hinsichtlich seiner Eigenschaft, eine Menge aus $\mathfrak{U}$ zu sein, ersetzen durch den Wertebereich. Allmengen $\mathfrak{U} \neq \mathbf{U}$ mit dem Ersetzungspostulat werden im folgenden „Universen“ genannt. Sie sind gegenüber allen möglichen mengentheoretischen Prozessen abgeschlossen, was für moderne mathematische Strukturtheorien, etwa die Kategorientheorie, von Bedeutung ist. Der exorbitante Umfang der Universen resultiert aus ihrem unmittelbaren Zusammenhang mit den exorbitanten Kardinal- und Ordinalzahlen (vgl. § 20).

Der Erweiterung des elementaren Objektebereiches liegt folgende Anschauung zugrunde: Es werde die in § 1.3 entwickelte Stufung über die elementaren Objekte hinaus in endloser Wohlordnung transfinit fortgesetzt (die Stufen der elementaren Objekte haben die Indizes $\xi < \omega^2$, und die Stufung schreitet auch nach Ausschöpfen sämtlicher Ordinalzahlen der elementaren wohlgeordneten Mengen endlos weiter). Es entsteht der Bereich $\mathfrak{U}_1$ aller jetzt insgesamt vorhandenen Objekte$_1$, darunter die Mengen$_1$, und es entstehen eine entsprechend erweiterte Elementbeziehung $\in_1$ und Stufenbeziehung $\sqsubset_1$ zwischen den Objekten$_1$. Die Mengen$_1$ sind offenbar alle überhaupt denkbaren Gesamtheiten, die über dem Urbereich $\mathbf{U}$ in bezug auf eine erste Elementbeziehung, eben $\in_1$, existieren. Mit FRAENKEL nehme man an, daß zu jeder im anschaulichen Sinne genommenen Abbildung aus $\mathfrak{U}_1$ in $\mathfrak{U}_1$, deren Definitionsbereich eine Menge$_1$ ist, auch der Wertebereich widerspruchsfrei als Menge$_1$ existiert. Der Bereich $\mathfrak{U}_1$

(als Gesamtheit) liegt in einer Anschauungsebene oberhalb der Objekte$_1$. Die Objekte$_1$ sind in bezug auf eine neue Elementbeziehung $\in_2$ Elemente von $\mathfrak{U}_1$ und in bezug auf eine neue Stufenbeziehung $\sqsubset_2$ stufenkleiner als $\mathfrak{U}_1$. $\in_2$ und $\sqsubset_2$ zwischen Objekten$_1$ fallen mit $\in_1$ und $\sqsubset_1$ zusammen. Es werde nun die mittels $\in_1$, $\sqsubset_1$ entwickelte Stufung der Objekte$_1$ durch $\in_2$, $\sqsubset_2$ über $\mathfrak{U}_1$ hinaus wieder in endloser Wohlordnung transfinit fortgesetzt. Es entsteht der umfassendere Bereich $\mathfrak{U}_2$ der Objekte$_2$, darunter die Mengen$_2$. $\mathfrak{U}_1$ ist jetzt ein Universum$_2$. Die Mengen$_2$ sind in bezug auf $\in_2$ alle überhaupt denkbaren Gesamtheiten über $\mathbf{U}$. Man nehme an, daß zu jeder im anschaulichen Sinne genommenen Abbildung aus $\mathfrak{U}_2$ in $\mathfrak{U}_2$, deren Definitionsbereich eine Menge$_2$ ist, auch der Wertebereich widerspruchsfrei als Menge$_2$ existiert. Auf diese Weise fahre man fort. Es entstehen abzählbar unendlich viele einander echt umfassende Objektebereiche

$$\mathfrak{U}_1 \subset \mathfrak{U}_2 \subset \mathfrak{U}_3 \subset \dots,$$

deren Elementbeziehungen $\in_1$, $\in_2$, $\in_3$, ... und Stufenbeziehungen $\sqsubset_1$, $\sqsubset_2$, $\sqsubset_3$, ... ebenfalls der Reihe nach Fortsetzungen voneinander sind. Stets ist $\mathfrak{U}_n$ ein Universum$_{n+1}$.

Alle Objekte$_n$ (für $n = 1, 2, 3, \dots$) zusammen heißen von jetzt ab *Objekte* oder die *Dinge der Mengenlehre* (*Mathematik*), alle Mengen$_n$ ($n = 1, 2, 3, \dots$) heißen *Mengen*. Es sei $\mathfrak{U}^*$ der Bereich aller Objekte. In $\mathfrak{U}^*$ liegt eine aus den einzelnen $\in_n$ bzw. $\sqsubset_n$ ($n = 1, 2, 3, \dots$) zusammengesetzte *Elementbeziehung* $\in$ bzw. *Stufenbeziehung* $\sqsubset$ vor (die also jetzt beide für beliebige Objekte aus $\mathfrak{U}^*$ erklärt sind). In dieser neuen Terminologie denke man sich alle bisherigen Untersuchungen nachvollzogen und finden alle weiteren Untersuchungen statt! Dabei hat man also die bisherigen Variablen als Variable für Objekte (aus $\mathfrak{U}^*$) aufzufassen und alle bisherigen mengentheoretischen Begriffe gemäß der Uminterpretation der fachspezifischen Grundbegriffe (Objektvariable, $\in$, $\sqsubset$) ebenfalls umzuinterpretieren. Der entwickelten Anschauung gemäß ist das elementare Axiomensystem der Mengenlehre auch jetzt für Objekte in Verbindung mit $\in$, $\sqsubset$ gültig. Es bleibt also die gesamte bisherige Theorie trotz erfolgter Uminterpretation der mengentheoretischen Begriffe automatisch erhalten. Man hat aber nun in $\mathfrak{U}^*$ die Möglichkeit, neue Axiome zu postulieren, wie in §19.2 das Universenaxiom.

19.2. Das Universenaxiom

Wir definieren zunächst den Begriff des Universums.

Definition 1. Ein *Universum* ist eine Allmenge $\mathfrak{U} \neq \mathbf{U}$ mit

$$\forall f(f \textit{ Abbildung aus } \mathfrak{U} \textit{ in } \mathfrak{U} \wedge \mathrm{Db}(f) \in \mathfrak{U} \Rightarrow \mathrm{Wb}(f) \in \mathfrak{U}). \quad \blacksquare$$

Die in Definition 1 an die Abbildungen aus $\mathfrak{U}$ in $\mathfrak{U}$ gestellte Forderung heißt das *Ersetzungspostulat* für die Allmenge $\mathfrak{U}$.

Axiom VI: Universenaxiom.

$$\forall a \, \exists \mathfrak{U}(\mathfrak{U} \textit{ Universum} \wedge a \in \mathfrak{U}). \quad \blacksquare$$

Axiom VI postuliert nicht nur schlechthin die Existenz eines Universums, sondern ermöglicht für einen symmetrischen Ablauf der Theorie die Einbettung jedes Objektes in ein Universum. Das Universenaxiom ist im Hinblick auf das Unendlichkeitsaxiom (§2.5) ein zweites (und stärkeres) Unendlichkeitsaxiom.
Die Axiome I–VI (vgl. §2) heißen die *erweiterten Axiome der Mengenlehre* (*Mathematik*) oder einfach die *Axiome der Mengenlehre* (*Mathematik*). Ihre Gesamtheit bildet das *erweiterte Axiomensystem der Mengenlehre* (*Mathematik*) oder einfach das *Axiomensystem der Mengenlehre* (*Mathematik*). Von jetzt an legen wir allen Untersuchungen das erweiterte Axiomensystem zugrunde.
Man könnte die in §19.1 vorgenommene Erweiterung des ursprünglichen elementaren Objektebereiches $\mathfrak{B}_0$ über den dabei erhaltenen neuen Objektebereich $\mathfrak{B}_1 = \mathfrak{U}^*$ hinaus erneut erweitern, indem man (gemäß einer in endloser Wohlordnung fortgesetzten Bildung der Universen $\mathfrak{U}_1, \mathfrak{U}_2, \mathfrak{U}_3, \ldots$ aus §19.1) fordert, daß es einen $\mathfrak{B}_1$ umfassenden neuen Objektebereich $\mathfrak{B}_2$ gibt mit einer die Element- und Stufenbeziehung aus $\mathfrak{B}_1$ umfassenden Element- und Stufenbeziehung $\in$, $\sqsubset$, der Gültigkeit aller bisherigen Axiome I–VI und der zusätzlichen Gültigkeit eines stärkeren zweiten Universenaxioms

$$\mathrm{VI}_2\colon \quad \forall a \, \exists \mathfrak{U}(\mathfrak{U} \textit{ Universum 2. Art} \wedge a \in \mathfrak{U}),$$

wobei innerhalb $\mathfrak{B}_2$ eine *Universum* 2. *Art* ein Universum $\mathfrak{U}$ sei mit

$$\forall x \, \exists \mathfrak{X}(x \in \mathfrak{U} \Rightarrow \mathfrak{X} \textit{ Universum} \wedge x \in \mathfrak{X} \in \mathfrak{U}).$$

Oberhalb $\mathfrak{B}_2$ könnte man wieder die Existenz eines $\mathfrak{B}_2$ umfassenden neuen Objektebereiches $\mathfrak{B}_3$ fordern mit einer die Element- und Stufenbeziehung aus $\mathfrak{B}_2$ umfassenden Element- und Stufenbeziehung $\in$, $\sqsubset$, der Gültigkeit aller bisherigen Axiome I–VI, VI_2 und der zusätzlichen Gültigkeit eines noch stärkeren dritten Universenaxioms

$$VI_3: \qquad \forall a \, \exists \mathfrak{U} (\mathfrak{U} \; \textit{Universum 3. Art} \wedge a \in \mathfrak{U}),$$

wobei innerhalb $\mathfrak{B}_3$ ein *Universum* 3. *Art* ein Universum $\mathfrak{U}$ sei mit

$$\forall x \, \exists \mathfrak{X} (x \in \mathfrak{U} \Rightarrow \mathfrak{X} \; \textit{Universum 2. Art} \wedge x \in \mathfrak{X} \in \mathfrak{U}).$$

In dieser Weise könnte man uferlos transfinit fortfahren und würde Universen immer größeren Umfanges und damit später auch (vgl. § 20) unerreichbare Zahlen immer höherer Mächtigkeitsbereiche gewinnen, ohne die Welt der Gesamtheiten jemals auszuschöpfen. Wir gehen auf Universen höherer Arten (und damit verbundene unerreichbare Zahlen höherer Arten) nicht ein, da sie für unsere mengentheoretische Fundierung der Mathematik nicht erforderlich sind. Der Universenbegriff wird also stets im Sinne obiger Definition 1 verwendet, wobei der in § 19.1 gewonnene Objektebereich $\mathfrak{B}_1 = \mathfrak{U}^*$ mit seiner Element- und Stufenbeziehung $\in$, $\sqsubset$ und den Axiomen I–VI zugrunde liegt.

19.3. Eigenschaften der Universen

Die Universen lassen sich auch als diejenigen vom Urbereich verschiedenen Allmengen definieren, welche alle ihre nicht mit ihnen gleichmächtigen Teilmengen als Elemente enthalten. Um diesen Problemkreis bewegen sich die ersten beiden Sätze.

Satz 1. *Für Allmengen* $\mathfrak{U}$ *gilt:*

(a) $\qquad \mathfrak{U} \; \textit{Universum} \Rightarrow \mathfrak{U} \; \textit{Allbereich},$

(b) $\qquad \mathfrak{U} \; \textit{Allbereich} \Rightarrow \exists R (R \; \textit{Wohlordnung in} \; \mathfrak{U} \wedge \{\mathrm{Ab}\, x \mid x \in \mathfrak{U}\} \subseteq \mathfrak{U}),$

(c) $\qquad \mathfrak{U} \; \textit{Universum} \Leftrightarrow \mathfrak{U} \neq \mathrm{U} \wedge \forall X \big(X \in \mathfrak{P}(\mathfrak{U}) \wedge X \not\sim \mathfrak{U} \Rightarrow X \in \mathfrak{U}\big).$

Beweis. (a) Jedes Universum $\mathfrak{U}$ ist eine Allmenge $\mathfrak{U} \neq \mathrm{U}$. Es existiert auch keine Allmenge X mit $X' = \mathfrak{U}$. Denn sonst wäre die konstante Funktion f über X, durch welche jedem $x \in X$ die Allmenge $f(x) = X$ zugeordnet wird, eine Abbildung aus $\mathfrak{U}$ in $\mathfrak{U}$ mit $\mathrm{Db}(f) \in \mathfrak{U}$, womit auch $\mathrm{Wb}(f) = \{X\} \in \mathfrak{U}$ wäre, also $X \subset Y \subset \mathfrak{U}$ für die Allmenge $Y = \{y \mid y \sqsubset \{X\}\}$ im Widerspruch zu $X' = \mathfrak{U}$. Insgesamt ist hiermit $\mathfrak{U}$ nach Satz 4(h), § 3 ein Allbereich.
(b) Es sei $\mathfrak{U}$ ein Allbereich. Nach Satz 5(j), (k), § 3 gilt

$$\mathfrak{U} = \bigcup I \quad \text{bei} \quad I = \{i \in \mathfrak{U} \mid i \; \textit{Stufe}\},$$

und I ist eine Zerlegung von $\mathfrak{U}$. τ sei die durch $\sqsubset$ in I erzeugte Wohlordnung, also die Relation $\tau \subseteq I \times I$ mit $i\tau j \Leftrightarrow i \sqsubset j$ für alle $i, j \in I$. Für jedes $i \in I$ setze man $A_i = i$ und sei ϱ_i nach dem Wohlordnungssatz eine Wohlordnung in A_i (ϱ ist eine Auswahlfunktion der Korrespondenz F über I, welche jedem $i \in I$ alle Wohlordnungen in A_i zuordnet). Dann gilt

$$\mathfrak{U} = \bigcup_{i \in I} A_i, \quad \text{und} \quad R = \bigcup_{i \in I} \varrho_i \cup \bigcup_{\substack{i, j \in I \\ i < j}} (A_i \times A_j)$$

ist nach Satz 23(c), § 11 eine Wohlordnung in $\mathfrak{U}$. Wir müssen noch zeigen, daß in bezug auf R alle Abschnitte $\mathrm{Ab}\,x$ für $x \in \mathfrak{U}$ Elemente von $\mathfrak{U}$ sind. Ist aber $x \in \mathfrak{U}$, $x \in A_j$ für $j \in I$ und yRx, so ist nach Definition von R entweder $y \in A_j = j$ oder $y \in A_i = i$ für ein $i \in I$ mit $i \sqsubset j$, also stets $y \sqsubset j$; hiermit folgt aus Satz 1(g), § 3 $\mathrm{Ab}\,x \sqsubset j \in \mathfrak{U}$, also $\mathrm{Ab}\,x \in \mathfrak{U}$.

(c) ($\Rightarrow$) Für jedes Universum $\mathfrak{U}$ und eine nach (a), (b) existierende Wohlordnung R in $\mathfrak{U}$, deren Abschnitte Elemente von $\mathfrak{U}$ sind, gilt zunächst $\mathfrak{U} \neq \mathbf{U}$ und für jede Teilmenge $X \subseteq \mathfrak{U}$:

$$(X, R \| X) \preceq (\mathfrak{U}, R).$$

Ist noch $X \not\sim \mathfrak{U}$, so ist X einem Abschnitt Y von $\mathfrak{U}$ (bzgl. R) isomorph. Dann ist $Y \in \mathfrak{U}$ und $Y \sim X$, woraus mit dem Ersetzungspostulat $X \in \mathfrak{U}$ folgt.

($\Leftarrow$) Es sei $\mathfrak{U}$ eine von $\mathbf{U}$ verschiedene Allmenge, welche sämtliche ihrer Teilmengen als Elemente enthält, die nicht mit $\mathfrak{U}$ gleichmächtig sind. Zu beweisen ist das Ersetzungspostulat:

$$\forall f \big(f \textit{ Abbildung aus } \mathfrak{U} \textit{ in } \mathfrak{U} \wedge \mathrm{Db}(f) \in \mathfrak{U} \Rightarrow \mathrm{Wb}(f) \in \mathfrak{U}\big).$$

Für jede solche Abbildung f mit $\mathrm{Db}(f) \in \mathfrak{U}$ und $\mathrm{Wb}(f) \subseteq \mathfrak{U}$ gilt aber

$$\mathrm{Wb}(f) \preceq \mathrm{Db}(f) \prec \mathfrak{P}(\mathrm{Db}(f)) \subseteq \mathfrak{U},$$

also $\mathrm{Wb}(f) \not\sim \mathfrak{U}$ und damit nach Voraussetzung $\mathrm{Wb}(f) \in \mathfrak{U}$. ∎

Über Satz 1(a) und Satz 8(e), § 8 ist jedes Universum eine unendliche Menge. Nach Satz 1(b) existiert auch in jeder Teilmenge A eines Allbereiches $\mathfrak{U}$ eine Wohlordnung R, deren Abschnitte Elemente von $\mathfrak{U}$ sind. Für Allbereiche $\mathfrak{U}$ und durch eine Relation strukturierte Mengen (A, R) gilt dabei stets:

$$A \in \mathfrak{U} \Leftrightarrow (A, R) \in \mathfrak{U}.$$

In Satz 1(c) läßt sich $\mathfrak{U} \neq \mathbf{U}$ gleichwertig ersetzen durch $\mathfrak{U} \neq \emptyset$, und im Falle $\mathbf{U} \neq \emptyset$ kann man auf $\mathfrak{U} \neq \mathbf{U}$ ganz verzichten.

Satz 2. *Für Universen* $\mathfrak{U}$, *Teilmengen* $A, B \subseteq \mathfrak{U}$ *und Wohlordnungen* R *in* A, S *in* B, T *in* $\mathfrak{U}$, *für welche die Abschnitte von* $(A, R), (B, S), (\mathfrak{U}, T)$ *Elemente von* $\mathfrak{U}$ *sind, gilt:*

(a) $A \precsim \mathfrak{U}, \quad (A, R) \precsim (\mathfrak{U}, T)$,

(b) $A \notin \mathfrak{U} \Leftrightarrow A \sim \mathfrak{U} \Leftrightarrow (A, R) \simeq (\mathfrak{U}, T)$,
$A \in \mathfrak{U} \Leftrightarrow A \prec \mathfrak{U} \Leftrightarrow (A, R) \prec (\mathfrak{U}, T)$,

(c) $A \notin \mathfrak{U} \wedge B \notin \mathfrak{U} \Rightarrow A \sim B \wedge (A, R) \simeq (B, S)$,
$A \in \mathfrak{U} \wedge B \notin \mathfrak{U} \Rightarrow A \prec B \wedge (A, R) \prec (B, S)$.

Für Universen $\mathfrak{U}$, *Mengen* X, A *mit* $X \subseteq A \subseteq \mathfrak{U}$ *und* $A \notin \mathfrak{U}$ *und Wohlordnungen* R *in* A, *für welche die Abschnitte von* (A, R) *Elemente von* $\mathfrak{U}$ *sind, gilt:*

(d) $X \notin \mathfrak{U} \Leftrightarrow X \sim A \Leftrightarrow (X, R \| X) \simeq (A, R) \Leftrightarrow A \text{ cf } X$,
$X \in \mathfrak{U} \Leftrightarrow X \prec A \Leftrightarrow (X, R \| X) \prec (A, R) \Leftrightarrow \neg A \text{ cf } X$.

Beweis. $(A, R), (B, S), (\mathfrak{U}, T)$ seien wohlgeordnete Mengen, deren Abschnitte Elemente von $\mathfrak{U}$ sind, wobei $\mathfrak{U}$ ein Universum mit den Teilmengen $A, B \subseteq \mathfrak{U}$ ist.
(a) Trivial ist $A \precsim \mathfrak{U}$ wegen $A \subseteq \mathfrak{U}$. Es gilt auch $(A, R) \precsim (\mathfrak{U}, T)$; denn sonst wäre mit dem Hauptsatz der Wohlordnungstheorie (Satz 20, §11) $(\mathfrak{U}, T) \prec (A, R)$, also $\mathfrak{U}$ einem Abschnitt X von A gleichmächtig bei $X \in \mathfrak{U}$, woraus $\mathfrak{U} \in \mathfrak{U}$ über das Ersetzungspostulat folgt.
(b) Ist $A \notin \mathfrak{U}$, so folgt $A \sim \mathfrak{U}$ aus Satz 1(c). Ist $A \sim \mathfrak{U}$, so ist $(A, R) \simeq (\mathfrak{U}, T)$; denn sonst wäre nach (a) $(A, R) \prec (\mathfrak{U}, T)$, womit A einem Abschnitt X von $\mathfrak{U}$ gleichmächtig wäre bei $X \in \mathfrak{U}$, also auch $\mathfrak{U} \sim X \in \mathfrak{U}$ und damit $\mathfrak{U} \in \mathfrak{U}$ nach dem Ersetzungspostulat. Gilt umgekehrt $(A, R) \simeq (\mathfrak{U}, T)$, so ist $A \sim \mathfrak{U}$ und damit $A \notin \mathfrak{U}$, da sonst $A \prec \mathfrak{P}(A) \subseteq \mathfrak{U}$ wäre, also $A \nsim \mathfrak{U}$. Damit besteht die erste Zeile der Behauptungen von (b), aus der über (a) sofort die zweite folgt.
(c) folgt unmittelbar aus (b).
Sei jetzt $\mathfrak{U}$ ein Universum mit den Teilmengen $X \subseteq A \subseteq \mathfrak{U}$ bei $A \notin \mathfrak{U}$, und sei (A, R) eine wohlgeordnete Menge, deren Abschnitte Elemente von $\mathfrak{U}$ sind.
(d) Ist $X \notin \mathfrak{U}$, so folgt wegen auch $A \notin \mathfrak{U}$ unmittelbar aus (c) $X \sim A$ und $(X, R \| X) \simeq (A, R)$. Besteht umgekehrt eine dieser beiden Beziehungen, so gilt $X \sim A$, also wegen $A \notin \mathfrak{U}$ nach (b) $A \sim \mathfrak{U}$ und somit $X \sim \mathfrak{U}$, $X \notin \mathfrak{U}$. Aus $X \notin \mathfrak{U}$ folgt $A \text{ cf } X$, da es sonst ein $a \in A$ gibt mit $X \subseteq \text{Ab}\, a \in \mathfrak{U}$, also $X \in \mathfrak{U}$. Aus $A \text{ cf } X$ folgt umgekehrt $X \notin \mathfrak{U}$, da sonst nach dem Ersetzungspostulat auch die Menge $\mathfrak{A}$ aller Abschnitte $\text{Ab}\, x$ von (A, R) mit $x \in X$ Element von $\mathfrak{U}$ wäre, also $A \in \mathfrak{U}$ wäre wegen $A \sqsubset \mathfrak{A}$. $A \sqsubset \mathfrak{A}$ ist folgendermaßen einzusehen: A hat bzgl. R kein Maximum m, da sonst $A = \text{Ab}\, m \cup \{m\} \in \mathfrak{U}$ wäre; wegen A cf X existiert also zu jedem $a \in A$ ein $x \in X$ mit $a \in \text{Ab}\, x$, woraus $a \sqsubset \mathfrak{A}$ für jedes $a \in A$ folgt und

damit $A \sqsubset \mathfrak{A}$. Insgesamt ist damit die erste Zeile der Behauptungen von (d) bewiesen, aus der sofort die zweite folgt. ∎

Für Allmengen $\mathfrak{U}$ und Teilmengen $A \subseteq \mathfrak{U}$ gilt:

$$A \in \mathfrak{U} \Leftrightarrow A \sqsubset\!\!\!- \mathfrak{U}, \qquad A \notin \mathfrak{U} \Leftrightarrow A \square \mathfrak{U},$$

und hieraus folgt für Universen $\mathfrak{U}$ und Teilmengen $A \subseteq \mathfrak{U}$ über Satz 2(b) insgesamt:

$$A \in \mathfrak{U} \Leftrightarrow A \prec \mathfrak{U} \Leftrightarrow A \sqsubset\!\!\!- \mathfrak{U}, \qquad A \notin \mathfrak{U} \Leftrightarrow A \sim \mathfrak{U} \Leftrightarrow A \square \mathfrak{U}.$$

Mit Axiom VI ist $\mathbf{N}$ Element eines Universums, und es existiert somit auch das kleinste Universum, von dem $\mathbf{N}$ Element ist.

Definition 2. $\mathfrak{B}_0$ sei der kleinste Allbereich. $\mathfrak{U}_0$ sei das kleinste Universum. $\mathfrak{U}_1$ sei das kleinste Universum $\mathfrak{U}$ mit $\mathbf{N} \in \mathfrak{U}$. ∎

Satz 3. (a) *Ist* $\mathfrak{U}_0 \neq \mathfrak{U}_1$, *so ist* $\mathfrak{U}_0$ *das kleinste auf* $\mathfrak{U}_0$ *folgende Universum.*

(b)
$$\mathbf{N} \subseteq \mathfrak{B}_0 \subseteq \mathfrak{U}_0 \subseteq \mathfrak{U}_1, \quad \mathbf{N} \square \mathfrak{B}_0 \subset \mathfrak{U}_1,$$
$$\mathfrak{U}_0 \neq \mathfrak{U}_1 \Leftrightarrow \mathfrak{U}_0 = \mathfrak{B}_0 \Leftrightarrow \mathfrak{B}_0 \text{ Universum},$$
$$\mathfrak{U}_0 \neq \mathfrak{U}_1 \Leftrightarrow \mathrm{U} \text{ endlich} \Leftrightarrow \mathfrak{B}_0 \text{ abzählbar unendlich}.$$

Beweis. Übung. ∎

Die Universen $\mathfrak{U} \supseteq \mathfrak{U}_1$ – also die Universen $\mathfrak{U}$ mit $\mathbf{N} \in \mathfrak{U}$ – sind die eigentlich interessierenden Universen. Denn in ihnen sind (nach Satz 12(g), § 7) alle Zahlbereiche als Elemente enthalten, was zusammen mit der nach Satz 4 gewährleisteten Abgeschlossenheit der Universen gegenüber allen möglichen mengentheoretischen Prozessen erst einen hinreichend umfassenden und noch als Menge existierenden Objektebereich $\mathfrak{U}$ ergibt, in welchem Mathematik betrieben werden kann.

Satz 4. (a) *Für Universen gilt der für Allbereiche ausgesprochene* Satz 12, § 7.
(b) *Für Universen* $\mathfrak{U}$, *Abbildungen* f, *Mengen* M, N, *Mengenfamilien* $(A_i)_{i \in I}$ *und gewöhnliche Folgen* $(a_n)_{k \leqq n}$ *(d.h. Familien über dem Ordinalzahlintervall* $[k, \omega[$ *bei* $k < \omega$*) gilt:*

$$f \text{ Abbildung aus } \mathfrak{U} \text{ in } \mathfrak{U} \wedge \mathrm{Db}(f) \in \mathfrak{U} \Rightarrow \mathrm{Wb}(f) \in \mathfrak{U},$$
$$M \in \mathfrak{U} \wedge M \sim N \subseteq \mathfrak{U} \Rightarrow N \in \mathfrak{U}, \qquad M \subseteq \mathfrak{U} \wedge M \not\sim \mathfrak{U} \Rightarrow M \in \mathfrak{U},$$
$$I \prec \mathfrak{U} \wedge \{A_i\}_{i \in I} \subseteq \mathfrak{U} \Rightarrow \bigcup_{i \in I} A_i \in \mathfrak{U}, \quad I \in \mathfrak{U} \wedge \{A_i\}_{i \in I} \subseteq \mathfrak{U} \Rightarrow \mathop{\mathsf{X}}_{i \in I} A_i \in \mathfrak{U},$$

$\mathbf{U} \subset \mathfrak{U} \wedge \mathfrak{U}$ *unendlich,* $\qquad \mathfrak{U}$ *überabzählbar* $\Leftrightarrow \mathbf{\mathfrak{U}}_1 \subseteq \mathfrak{U}$,

$\mathbf{\mathfrak{U}}_1 \subseteq \mathfrak{U} \Rightarrow \mathbf{N}, \mathbf{Z}, \mathbf{Q}, \mathbf{R}, \mathbf{C} \in \mathfrak{U}$,

$\mathbf{\mathfrak{U}}_1 \subseteq \mathfrak{U} \wedge \{a_n\}_{k \leqq n} \subseteq \mathfrak{U} \Rightarrow \{a_n\}_{k \leqq n}, (a_n)_{k \leqq n} \in \mathfrak{U}$.

(c) *Für Universen* $\mathfrak{U}$ *oder für Allbereiche* $\mathfrak{U}$ *mit* $\mathbf{N} \in \mathfrak{U}$, *für Kardinalzahlen* $\mathfrak{a}, \mathfrak{b}$ *und Ordinalzahlen* α, β *gilt:*

$$\mathfrak{a} \in \mathfrak{U} \Leftrightarrow \exists X (X \textit{ Menge} \wedge X \in \mathfrak{U} \wedge \mathfrak{a} = \operatorname{card} X),$$
$$\alpha \in \mathfrak{U} \Leftrightarrow \exists \mathfrak{X} (\mathfrak{X} \textit{ wohlgeordnete Menge} \wedge \mathfrak{X} \in \mathfrak{U} \wedge \alpha = \operatorname{ord} \mathfrak{X}),$$
$$\mathfrak{a} \in \mathfrak{U} \Rightarrow \mathbf{C}(\mathfrak{a}), \mathfrak{a}' \in \mathfrak{U}, \qquad \alpha \in \mathfrak{U} \Rightarrow \mathbf{O}(\alpha), \alpha' \in \mathfrak{U},$$
$$\mathfrak{a}, \mathfrak{b} \in \mathfrak{U} \Rightarrow \mathfrak{a} + \mathfrak{b}, \mathfrak{a} \cdot \mathfrak{b}, \mathfrak{a}^{\mathfrak{b}} \in \mathfrak{U}, \quad \alpha, \beta \in \mathfrak{U} \Rightarrow \alpha + \beta, \alpha \cdot \beta, \alpha^{\beta} \in \mathfrak{U}.$$

(d) *Für Universen* $\mathfrak{U}$, *Wohlordnungen* T *in* $\mathfrak{U}$, *so daß alle Abschnitte von* $(\mathfrak{U}, T)$ *Elemente von* $\mathfrak{U}$ *sind, für Kardinalzahlen* $\mathfrak{a}$, *Ordinalzahlen* α, *Mengen* $C \in \mathfrak{U}$ *von Kardinalzahlen und Mengen* $O \in \mathfrak{U}$ *von Ordinalzahlen gilt:*

$$\mathfrak{a} \in \mathfrak{U} \Leftrightarrow \mathfrak{a} < \operatorname{card} \mathfrak{U}, \qquad \alpha \in \mathfrak{U} \Leftrightarrow \alpha < \operatorname{ord}(\mathfrak{U}, T),$$
$$\alpha \in \mathfrak{U} \Leftrightarrow |\alpha| \in \mathfrak{U}, \qquad \sup C \in \mathfrak{U}, \qquad \sup O \in \mathfrak{U},$$
$$\alpha \textit{ Alephindex}, \qquad \alpha \in \mathfrak{U} \supseteq \mathbf{\mathfrak{U}}_1 \Leftrightarrow \aleph_\alpha, \omega_\alpha \in \mathfrak{U}, \qquad \mathfrak{a} \in \mathfrak{U} \Leftrightarrow \mathfrak{Z}(\mathfrak{a}) \in \mathfrak{U}.$$

(e) *Für Universen* $\mathfrak{U}$, *Folgen* $(a_\xi)_{\xi < \beta}$ *von Kardinalzahlen bzw. von Ordinalzahlen, Kardinalzahlfamilien* $(\mathfrak{a}_i)_{i \in I}$ *und Ordinalzahlfolgen* $(\alpha_\xi)_{\xi < \beta}$ *gilt:*

$$\beta \in \mathfrak{U} \wedge \{a_\xi\}_{\xi < \beta} \subseteq \mathfrak{U} \Rightarrow \lim_{\xi < \beta} a_\xi \in \mathfrak{U},$$
$$I \prec \mathfrak{U} \wedge \{\mathfrak{a}_i\}_{i \in I} \subseteq \mathfrak{U} \Rightarrow \sum_{i \in I} \mathfrak{a}_i, \prod_{i \in I} \mathfrak{a}_i \in \mathfrak{U},$$
$$\beta \in \mathfrak{U} \wedge \{\alpha_\xi\}_{\xi < \beta} \subseteq \mathfrak{U} \Rightarrow \sum_{\xi < \beta} \alpha_\xi, \prod_{\xi < \beta} \alpha_\xi \in \mathfrak{U}.$$

Beweis. Übung. Wir wollen etwa zeigen, daß jede Ordinalzahl ein Alephindex ist (vgl. (d)), wobei wir alle dieser Behauptung vorhergehenden Behauptungen unseres Satzes als bereits bewiesen annehmen. Es sei also α eine Ordinalzahl. Nach Axiom VI ist α Element eines Universums $\mathfrak{U} \supseteq \mathbf{\mathfrak{U}}_1$, wobei $\mathfrak{U}$ nach (b) überabzählbar ist, also $\aleph_0 < \operatorname{card} \mathfrak{U}$ gilt. Das Kardinalzahlintervall $C = [\aleph_0, \operatorname{card} \mathfrak{U}[$ ist die Menge aller Alephs $\mathfrak{x} \in \mathfrak{U}$ und bzgl. $\leqq$ wohlgeordnet. Die Abschnitte von $(C, \leqq)$ sind Elemente von $\mathfrak{U}$. Es ist $C \subseteq \mathfrak{U}$, aber $C \notin \mathfrak{U}$, da sonst $\aleph_0 \leqq \mathfrak{m} = (\sup C)' \in \mathfrak{U}$ wäre im Widerspruch zu $\mathfrak{m} \notin C$. Der Ordinalzahlabschnitt $O = \mathbf{O}(\operatorname{ord}(\mathfrak{U}, T))$ – T sei eine Wohlordnung in $\mathfrak{U}$, deren Abschnitte Elemente von $\mathfrak{U}$ sind – ist die Menge aller Ordinalzahlen $\xi \in \mathfrak{U}$ und bzgl. $\leqq$ wohlgeordnet. Die Abschnitte von $(O, \leqq)$ sind Elemente von $\mathfrak{U}$. Es ist $O \subseteq \mathfrak{U}$, aber $O \notin \mathfrak{U}$, da sonst $\mu = (\sup O)' \in \mathfrak{U}$ wäre im Widerspruch zu $\mu \notin O$. Damit gilt nach Satz 2(c):

$$(O, \leqq) \simeq (C, \leqq).$$

Für den Isomorphismus f von O auf C und unsere Ordinalzahl $\alpha \in \mathfrak{U}$ gilt dann

$$(\mathbf{O}(\alpha), \leqq) \simeq ([\aleph_0, f(\alpha)[, \leqq),$$

und α ist hiermit nach Definition 5, §17 ein Alephindex mit $\aleph_\alpha = f(\alpha) \in \mathfrak{U}$. ∎

Die durch Satz 4 gewährleistete Abgeschlossenheit der Universen gegenüber allen üblichen mengentheoretischen Prozessen hat auch ihre Bedeutung für die Anwendung der Rechtfertigungssätze für Definitionen durch transfinite Induktion (vgl. §12.3,4), stehen doch jetzt mit den Universen besonders geeignete Mengen B – wie sie in jenen Rechtfertigungssätzen auftraten – zur Verfügung.

19.4. Mengen, Klassen, Unmengen

Für die Relativierung der mengentheoretischen Betrachtungen auf Universen definieren wir

Definition 3. $\mathfrak{U}$ sei ein Universum:

$$\mathfrak{M}(\mathfrak{U}) = \{X \in \mathfrak{U} \mid X \textit{ Menge}\}, \qquad \mathfrak{A}(\mathfrak{U}) = \{X \in \mathfrak{U} \mid X \textit{ Allmenge}\},$$
$$\mathfrak{B}(\mathfrak{U}) = \{X \in \mathfrak{U} \mid X \textit{ Allbereich}\}, \qquad \mathfrak{S}(\mathfrak{U}) = \{X \in \mathfrak{U} \mid X \textit{ Stufe}\},$$
$$\mathbf{Cz}(\mathfrak{U}) = \{\mathfrak{x} \in \mathfrak{U} \mid \mathfrak{x} \textit{ Kardinalzahl}\}, \quad \mathbf{Oz}(\mathfrak{U}) = \{\xi \in \mathfrak{U} \mid \xi \textit{ Ordinalzahl}\}.$$

Die Elemente von $\mathfrak{P}(\mathfrak{U})$ (die Teilmengen von $\mathfrak{U}$) heißen die *Klassen von* $\mathfrak{U}$, und die Elemente von

$$\mathfrak{M}(\mathfrak{U}) = \{X \in \mathfrak{P}(\mathfrak{U}) \mid X \in \mathfrak{U}\} \text{ bzw. } \mathfrak{P}(\mathfrak{U}) \setminus \mathfrak{M}(\mathfrak{U}) = \{X \in \mathfrak{P}(\mathfrak{U}) \mid X \notin \mathfrak{U}\}$$

heißen die *Mengen von* $\mathfrak{U}$ bzw. die *Unmengen* (oder die *eigentlichen Klassen*) *von* $\mathfrak{U}$. ∎

Jedes Universum $\mathfrak{U}$ ist nach Satz 4 gegenüber allen möglichen mengentheoretischen Prozessen abgeschlossen, die man mit den Elementen von $\mathfrak{U}$ vornehmen kann. Die Universen $\mathfrak{U} \supseteq \mathfrak{U}_1$ bilden damit in der Hierarchie der Allmengen mengentheoretisch stabile Grenzwelten von Objekten, d.h. Allmengen von derart umfassender Größe, daß man – von den Zahlbereichen ausgehend – die heutige Mathematik ausreichend in jedem dieser Universen entwickeln kann, indem man statt mit beliebigen Objekten nur mit den Objekten von $\mathfrak{U}$ operiert und wobei zunächst von solchen Theorien wie etwa der Kategorientheorie abgesehen werde, welche Gesamtheiten wie den Bereich aller Mengen oder den Bereich aller Strukturen einer bestimmten Strukturgattung wie den Bereich aller geordneten Mengen, den Bereich aller Gruppen, den Bereich aller metrischen Räume usw. als exakt mengentheoretisch existierende Objekte verwenden. Aber gerade für solche Theorien haben wir die Universen eingeführt. Da nämlich jedes Universum $\mathfrak{U} \supseteq \boldsymbol{\mathfrak{U}}_1$ eine Menge ist, existieren jetzt auch die Bereiche aller Mengen aus $\mathfrak{U}$ (d..h. $\boldsymbol{\mathfrak{M}}(\mathfrak{U})$), aller geordneten Mengen aus $\mathfrak{U}$, aller Gruppen aus $\mathfrak{U}$, aller metrischen Räume aus $\mathfrak{U}$ usw. wieder als Mengen, nämlich als Unmengen von $\mathfrak{U}$, und diese Bereiche umfassen auf Grund der nach Satz 4 innerhalb $\mathfrak{U}$ gegebenen Entwickelbarkeit der Mathematik alle für den mathematischen Gebrauch vom Ursprung her interessierenden Mengen, geordneten Mengen, Gruppen, metrischen Räume usw. Als Standard-Universum genügt und verwende man $\boldsymbol{\mathfrak{U}}_1$. Die Existenz eines weiteren Universums oberhalb jedes Universums ermöglicht, falls erforderlich, eine Iteration der eben geschilderten Theorienbildung. Bei Verwendung des Standard-Universums $\boldsymbol{\mathfrak{U}}_1$ spricht man statt von den „Klassen von $\boldsymbol{\mathfrak{U}}_1$“, den „Mengen von $\boldsymbol{\mathfrak{U}}_1$“, den „Unmengen (oder eigentlichen Klassen) von $\boldsymbol{\mathfrak{U}}_1$“ und von beliebigen „Mengen“ einfach von *Klassen*, *Mengen*, *Unmengen* (oder *eigentlichen Klassen*) und *Hyperklassen.* Wir machen jedoch in der Allgemeinen Mengenlehre von dieser Terminologie keinen Gebrauch. Der Kategorienbegriff läßt sich jetzt für zugrunde gelegte Universen folgendermaßen definieren:

Definition 4. Für jedes Universum $\mathfrak{U} \supseteq \boldsymbol{\mathfrak{U}}_1$ heißt ein Objekt $\mathfrak{C}$ eine *Kategorie bzgl.* $\mathfrak{U}$ falls $\mathfrak{C} = (O, M, \cdot)$ ist, wobei O eine Klasse von $\mathfrak{U}$ ist (O ist die Klasse der *Objekte der Kategorie* $\mathfrak{C}$), M eine disjunkte Familie von Mengen von $\mathfrak{U}$ ist mit $\mathrm{Db}(M) = O \times O$ ($\bigcup \mathrm{Wb}(M)$ ist die Klasse der *Morphismen* von $\mathfrak{C}$) und $\cdot$ eine Abbildung über $\bigcup_{A,B,C \in O} [M(A,B) \times M(B,C)]$ ist mit

$$f \in M(A,B), g \in M(B,C) \Rightarrow g \cdot f = \cdot(f,g) \in M(A,C)$$

für beliebige $(f,g) \in \mathrm{Db}(\cdot)$ und $A, B, C \in O$ ($\cdot$ ist die *Multiplikation* der Morphismen von $\mathfrak{C}$) und wobei die folgenden beiden Axiome erfüllt sind:

(1) *Für jedes $A, B, C, D \in O$ und $f \in M(A,B)$, $g \in M(B,C)$, $h \in M(C,D)$ gilt:*

$$h \cdot (g \cdot f) = (h \cdot g) \cdot f \qquad (\textit{Assoziativität}).$$

(2) *Für jedes $A \in O$ gibt es ein $e \in M(A,A)$, so daß für jedes $B, C \in O$ und $f \in M(A,B)$,*

$g \in M(C,A)$ gilt:

$$f \cdot e = f, \quad e \cdot g = g \qquad \text{(Existenz der Einselemente).} \quad \blacksquare$$

Verwendet man das Standard-Universum $\mathfrak{U}_1$, so spricht man statt von den „Kategorien bzgl. $\mathfrak{U}_1$“ einfach von *Kategorien.*
Aus Satz 2 folgt die Gleichmächtigkeit aller Unmengen eines Universums $\mathfrak{U}$. Für jede Menge A von $\mathfrak{U}$ und Unmenge B von $\mathfrak{U}$ gilt $A \prec B$. Ebenso besteht Isomorphie aller wohlgeordneten Unmengen von $\mathfrak{U}$, sofern ihre Abschnitte Mengen von $\mathfrak{U}$ sind. Für jede wohlgeordnete Menge (A, R) von $\mathfrak{U}$ und wohlgeordnete Unmenge (B, S) von $\mathfrak{U}$ gilt $(A, R) \prec (B, S)$ (sonst wäre $B \preceq A$). Jede mit einer Menge bzw. Unmenge von $\mathfrak{U}$ gleichmächtige Klasse von $\mathfrak{U}$ ist nach Satz 4(b) wieder eine Menge bzw. Unmenge von $\mathfrak{U}$. Für jedes Universum $\mathfrak{U}$, jede Wohlordnung T in $\mathfrak{U}$, so daß die Abschnitte von $(\mathfrak{U}, T)$ Elemente von $\mathfrak{U}$ sind, und $\mathfrak{u} = \operatorname{card} \mathfrak{U}$, $\varepsilon = \operatorname{ord}(\mathfrak{U}, T)$ gilt nach Satz 4(d), (c) (wobei $\mathfrak{u}$, ε unendlich sind, da $\mathfrak{U}$ unendlich ist):

$$\mathfrak{u} \geqq \mathfrak{a} = \aleph_0, \quad \mathbf{Cz}(\mathfrak{U}) = \mathbf{C}(\mathfrak{u}), \quad \mathbf{Cz}(\mathfrak{U}) \setminus \mathbf{N} = [\aleph_0, \mathfrak{u}[, \quad \mathfrak{u} \textit{ Limeszahl},$$
$$\varepsilon \geqq \omega = \omega_0, \quad \mathbf{Oz}(\mathfrak{U}) = \mathbf{O}(\varepsilon), \quad \mathbf{Oz}(\mathfrak{U}) \setminus \mathbf{N} = [\omega_0, \varepsilon[, \quad \varepsilon \textit{ Limeszahl}.$$

Für Univesen $\mathfrak{U}$, $\mathfrak{V}$ mit $\mathfrak{U} \subset \mathfrak{V}$ gilt wegen $\mathfrak{U} \in \mathfrak{V}$ sofort:

$$\mathfrak{M}(\mathfrak{U}) \subset \mathfrak{M}(\mathfrak{V}), \quad \mathfrak{A}(\mathfrak{U}) \subset \mathfrak{A}(\mathfrak{V}), \quad \mathfrak{B}(\mathfrak{U}) \subset \mathfrak{B}(\mathfrak{V}),$$
$$\mathfrak{S}(\mathfrak{U}) \subset \mathfrak{S}(\mathfrak{V}), \quad \mathbf{Cz}(\mathfrak{U}) \subset \mathbf{Cz}(\mathfrak{V}), \quad \mathbf{Oz}(\mathfrak{U}) \subset \mathbf{Oz}(\mathfrak{V}).$$

Satz 5. *Für jedes Universum $\mathfrak{U}$ sind die Mengen*

$$\mathfrak{U}, \quad \mathfrak{M}(\mathfrak{U}), \quad \mathfrak{A}(\mathfrak{U}), \quad \mathfrak{S}(\mathfrak{U}), \quad \mathbf{Cz}(\mathfrak{U}), \quad \mathbf{Oz}(\mathfrak{U})$$

Unmengen von $\mathfrak{U}$, und im Falle $\mathfrak{U} \supseteq \mathfrak{U}_1$ sind auch

$$\mathfrak{B}(\mathfrak{U}), \quad \mathbf{Cz}(\mathfrak{U}) \setminus \mathbf{N}, \quad \mathbf{Oz}(\mathfrak{U}) \setminus \mathbf{N}$$

Unmengen von $\mathfrak{U}$. Für jedes Universum $\mathfrak{U}$ gilt:

$$\mathfrak{U} = \bigcup \mathfrak{M}(\mathfrak{U}) = \bigcup \mathfrak{A}(\mathfrak{U}) = \bigcup \mathfrak{S}(\mathfrak{U}), \qquad \mathfrak{U} \supseteq \mathfrak{U}_1 \Rightarrow \mathfrak{U} = \bigcup \mathfrak{B}(\mathfrak{U}).$$

Beweis. Übung. ∎

Die Abschnitte der wohlgeordneten Mengen $(\mathbf{Cz}(\mathfrak{U}) \setminus \mathbf{N}, \leqq)$ und $(\mathbf{Oz}(\mathfrak{U}), \leqq)$ sind für jedes Universum $\mathfrak{U}$ nach Satz 4(c) Elemente von $\mathfrak{U}$. Dasselbe gilt für die Abschnitte der wohlgeordneten Menge $(\mathfrak{A}(\mathfrak{U}), \subseteq)$; denn für jedes $A \in \mathfrak{A}(\mathfrak{U})$ ist der Abschnitt von A Teilmenge von $\mathfrak{P}(A) \in \mathfrak{U}$.Alle diese wohlgeordneten Mengen sind also, bei $\mathfrak{U} \supseteq \mathfrak{U}_1$ für $(\mathbf{Cz}(\mathfrak{U}) \setminus \mathbf{N}, \leqq)$, nach Satz 5 (und den vorhergehenden Bemerkungen) isomorph. Für Universen $\mathfrak{U} \supseteq \mathfrak{U}_1$ ist dabei nach Satz 4(d) und Satz 5(a), § 17

$$(\aleph_\xi)_{\xi \in \mathbf{Oz}(\mathfrak{U})} \quad \text{bzw.} \quad (\omega_\xi)_{\xi \in \mathbf{Oz}(\mathfrak{U})}$$

der Isomorphismus von $\mathbf{Oz}(\mathfrak{U})$ auf die Unmenge $\mathbf{Cz}(\mathfrak{U}) \setminus \mathbf{N}$ von $\mathfrak{U}$ der Alephs aus $\mathfrak{U}$ bzw. auf die Unmenge Ω von $\mathfrak{U}$ aller Anfangszahlen aus $\mathfrak{U}$ (Ω ist mittels der Abbildung $(\omega_\xi)_{\xi \in \mathbf{Oz}(\mathfrak{U})}$ gleichmächtig zu $\mathbf{Oz}(\mathfrak{U})$ und somit Unmenge von $\mathfrak{U}$).

Satz 6. (a) *Für jedes Universum $\mathfrak{U}$, den Isomorphismus $(A_\xi)_{\xi \in \mathbf{Oz}(\mathfrak{U})}$ von $(\mathbf{Oz}(\mathfrak{U}), \leqq)$ auf $(\mathfrak{A}(\mathfrak{U}), \subseteq)$ und jedes $\alpha \in \mathbf{Oz}(\mathfrak{U})$ gilt:*

$$A_\alpha \textit{ Allbereich} \Leftrightarrow \alpha \textit{ Limeszahl},$$
$$A_0 = \mathbf{U}, \quad A_{\alpha+1} = A'_\alpha = A_\alpha \cup \mathfrak{P}(A_\alpha), \quad \alpha \textit{ Limeszahl} \Rightarrow A_\alpha = \bigcup_{\xi<\alpha} A_\xi.$$

(b) *Ist zusätzlich $\mathfrak{V}$ ein Universum mit $\mathfrak{U} \subset \mathfrak{V}$ und dem Isomorphismus $(B_\xi)_{\xi \in \mathbf{Oz}(\mathfrak{V})}$ von $(\mathbf{Oz}(\mathfrak{V}), \leqq)$ auf $(\mathfrak{A}(\mathfrak{V}), \subseteq)$, so gilt:*

$$(A_\xi)_{\xi \in \mathbf{Oz}(\mathfrak{U})} = (B_\xi)_{\xi \in \mathbf{Oz}(\mathfrak{U})}.$$

Beweis. $\mathfrak{U}$, $\mathfrak{V}$ seien Universen mit $\mathfrak{U} \subset \mathfrak{V}$, und A bzw. B sei der Isomorphismus von $\mathbf{Oz}(\mathfrak{U})$ auf $\mathfrak{A}(\mathfrak{U})$ bzw. von $\mathbf{Oz}(\mathfrak{V})$ auf $\mathfrak{A}(\mathfrak{V})$ (in bezug auf $\leqq$, $\subseteq$).
(a) $\mathbf{Oz}(\mathfrak{U})$ ist ein Abschnitt $\mathbf{O}(\varepsilon)$ für eine Ordinalzahl $\varepsilon \geqq \omega_0$ und gegenüber Nachfolgerbildung abgeschlossen. Mit der Isomorphieeigenschaft von A ist unmittelbar A_0 die kleinste Allmenge $X \in \mathfrak{U}$, also $A_0 = \mathbf{U}$ wegen $\mathbf{U} \in \mathfrak{U}$. Ebenso ist $A_{\alpha+1}$ für jedes $\alpha \in \mathbf{O}(\varepsilon)$ die kleinste auf A_α folgende Allmenge $X \in \mathfrak{U}$, also $A_{\alpha+1} = A'_\alpha$ wegen (vgl. Satz 4(p), § 3)

$$A'_\alpha = A_\alpha \cup \mathfrak{P}(A_\alpha) \in \mathfrak{U}.$$

Man hat damit auch (über Satz 4(h), § 3) für jedes $\alpha \in \mathbf{O}(\varepsilon)$:

$$A_\alpha \textit{ Allbereich} \Leftrightarrow A_\alpha \neq \mathbf{U} \wedge \neg \exists X (X \textit{ Allmenge} \wedge X' = A_\alpha)$$
$$\Leftrightarrow \alpha \neq 0 \wedge \neg \exists \xi (\mathrm{oz}\,\xi \wedge \xi + 1 = \alpha) \Leftrightarrow \alpha \textit{ Limeszahl}$$

und (über Satz 4(p), § 3) für jede Limeszahl $\alpha \in \mathbf{O}(\varepsilon)$:

$$A_\alpha = \bigcup \{X \mid X \textit{ Allmenge} \wedge X \subset A_\alpha\} = \bigcup_{\xi<\alpha} A_\xi.$$

(b) Wegen $\mathfrak{U} \subset \mathfrak{V}$ ist nach Satz 4(c) (obiges $\varepsilon \in \mathbf{Oz}(\mathfrak{V})$ wegen $\mathfrak{U} \in \mathfrak{V}$, also) $\mathbf{Oz}(\mathfrak{U})$ ein Abschnitt von $\mathbf{Oz}(\mathfrak{V})$ mit nach (a) für jedes $\alpha \in \mathbf{Oz}(\mathfrak{U})$:

$$A_0 = \mathbf{U}, \qquad A_{\alpha+1} = A'_\alpha, \qquad \alpha \textit{ Limeszahl} \Rightarrow A_\alpha = \bigcup_{\xi<\alpha} A_\xi,$$
$$B_0 = \mathbf{U}, \qquad B_{\alpha+1} = B'_\alpha, \qquad \alpha \textit{ Limeszahl} \Rightarrow B_\alpha = \bigcup_{\xi<\alpha} B_\xi.$$

Hieraus folgt durch transfinite gemischte Induktion über $\xi \in \mathbf{Oz}(\mathfrak{U})$ sofort $A_\xi = B_\xi$ für jedes $\xi \in \mathbf{Oz}(\mathfrak{U})$. ∎

Nach Axiom VI ist jede Ordinalzahl α Element eines Universums. Für Universen $\mathfrak{U}$, $\mathfrak{V}$ mit $\alpha \in \mathfrak{U} \cap \mathfrak{V}$ und die Isomorphismen $(A_\xi)_{\xi \in \mathbf{Oz}(\mathfrak{U})}$, $(B_\xi)_{\xi \in \mathbf{Oz}(\mathfrak{V})}$ aus Satz 6 gilt nach Satz 6(b) $A_\alpha = B_\alpha$. Damit ist die folgende Definition berechtigt.

Definition 5. Für jede Ordinalzahl α und jedes Universum $\mathfrak{U}$ mit $\alpha \in \mathfrak{U}$ und dem Isomorphismus A von $(\mathbf{Oz}(\mathfrak{U}), \leqq)$ auf $(\mathfrak{A}(\mathfrak{U}), \subseteq)$ sei

$$\mathbf{A}_\alpha = A_\alpha . \quad ∎$$

Satz 7. *Für Ordinalzahlen α, β gilt:*

$$\mathbf{A}_\alpha = \mathbf{A}_\beta \Leftrightarrow \alpha = \beta, \qquad \mathbf{A}_\alpha \subset \mathbf{A}_\beta \Leftrightarrow \alpha < \beta, \qquad \mathbf{A}_\alpha \subseteq \mathbf{A}_\beta \Leftrightarrow \alpha \leqq \beta,$$
$$\mathbf{A}_\alpha \textit{ Allbereich} \Leftrightarrow \alpha \textit{ Limeszahl},$$
$$\mathbf{A}_0 = \mathbf{U}, \qquad \mathbf{A}_{\alpha+1} = \mathbf{A}'_\alpha = \mathbf{A}_\alpha \cup \mathfrak{P}(\mathbf{A}_\alpha), \qquad \alpha \textit{ Limeszahl} \Rightarrow \mathbf{A}_\alpha = \bigcup_{\xi < \alpha} \mathbf{A}_\xi .$$

Beweis. Ist (nach Axiom VI) $\mathfrak{U}$ ein Universum mit $\alpha, \beta \in \mathfrak{U}$ für die vorgegebenen Ordinalzahlen α, β und ist A der Isomorphismus von $\mathbf{Oz}(\mathfrak{U})$ auf $\mathfrak{A}(\mathfrak{U})$, so gilt nach Definition 5 $\mathbf{A}_\xi = A_\xi$ für alle $\xi \in \mathbf{Oz}(\mathfrak{U})$, womit die Behauptungen aus der Tatsache, daß A Isomorphismus ist, und aus Satz 6(a) folgen. ∎

Für jede Ordinalzahl α ist $\mathbf{A}_\alpha$ eine Allmenge, und zu jeder Allmenge X existiert eine Ordinalzahl α mit $X = \mathbf{A}_\alpha$; denn ist X Element des Universums $\mathfrak{U}$ (nach Axiom VI) und A der Isomorphismus von $\mathbf{Oz}(\mathfrak{U})$ auf $\mathfrak{A}(\mathfrak{U})$, so existiert ein $\alpha \in \mathbf{Oz}(\mathfrak{U})$ mit $X = A_\alpha = \mathbf{A}_\alpha$. Für jede Allmenge X ist der Index α mit $X = \mathbf{A}_\alpha$ nach Satz 7 eindeutig bestimmt. Insgesamt durchläuft also $\mathbf{A}_\alpha$ ohne Wiederholung genau sämtliche Allmengen, sofern α alle Ordinalzahlen durchläuft. Die Allmengen sind mit Ordinalzahlindizes indiziert. Für jedes Universum $\mathfrak{U}$ ist nach Definition 5

$$(\mathbf{A}_\xi)_{\xi \in \mathbf{Oz}(\mathfrak{U})}$$

der Isomorphismus von $\mathbf{Oz}(\mathfrak{U})$ auf $\mathfrak{A}(\mathfrak{U})$, und nach Satz 5 gilt:

$$\mathfrak{U} = \bigcup_{\xi \in \mathbf{Oz}(\mathfrak{U})} \mathbf{A}_\xi .$$

Nach Satz 7 ist $\mathbf{A}_\omega$ als Allmenge mit dem kleinsten Limeszahlindex der kleinste Allbereich, also gilt:

$$\mathfrak{B}_0 = \mathbf{A}_\omega .$$

§ 20. Unerreichbare Zahlen

20.1. Universen und transfinite Zahlen

Für jedes Universum $\mathfrak{U}$ existiert (vgl. die Bemerkungen im Anschluß an Satz 7, § 19) genau eine Ordinalzahl ε mit $\mathfrak{U} = \mathbf{A}_\varepsilon$. Diese Universenindizes ε werden – abgesehen von $\varepsilon = \boldsymbol{\omega}$ – von unermeßlicher, exorbitanter, Größe sein.

Satz 1. *Für Universen* $\mathfrak{U} = \mathbf{A}_\varepsilon$, *Wohlordnungen* T *in* $\mathfrak{U}$ *mit* $\{\mathrm{Ab}\,x \mid x \in \mathfrak{U}\} \subseteq \mathfrak{U}$ *und Universen* $\mathfrak{B}$ *mit* $\mathfrak{U} \subset \mathfrak{B}$ *gilt:*

(a) $\varepsilon \geqq \boldsymbol{\omega}$, $\quad \varepsilon$ *Limeszahl,*

$\varepsilon > \boldsymbol{\omega} \Leftrightarrow \mathfrak{U}_1 \subseteq \mathfrak{U} \Leftrightarrow \mathfrak{U}$ *überabzählbar,*

$\varepsilon = \boldsymbol{\omega} \Leftrightarrow \mathfrak{U} \subset \mathfrak{U}_1 \Leftrightarrow \mathfrak{U}$ *abzählbar unendlich,*

$\mathbf{A}_\omega$ *Universum* $\Leftrightarrow \mathbf{U}$ *endlich* $\Leftrightarrow \mathbf{A}_\omega$ *abzählbar unendlich,*

(b) $\varepsilon = \mathrm{ord}(\mathfrak{U}, T)$, $\quad \mathbf{O}(\varepsilon) = \mathbf{Oz}(\mathfrak{U})$, $\quad |\varepsilon| = \mathrm{card}\,\mathfrak{U}$, $\quad \mathbf{C}(|\varepsilon|) = \mathbf{Cz}(\mathfrak{U})$,

(c) $\varepsilon = \min\{\xi \in \mathfrak{B} \setminus \mathfrak{U} \mid \mathrm{oz}\,\xi\} = \min(\mathbf{Oz}(\mathfrak{B}) \setminus \mathbf{Oz}(\mathfrak{U}))$,

$|\varepsilon| = \min\{\mathfrak{x} \in \mathfrak{B} \setminus \mathfrak{U} \mid \mathrm{cz}\,\mathfrak{x}\} = \min(\mathbf{Cz}(\mathfrak{B}) \setminus \mathbf{Cz}(\mathfrak{U}))$.

Beweis. Die Voraussetzungen des Satzes seien erfüllt.

(a) Da $\mathfrak{U} = \mathbf{A}_\varepsilon$ als Universum ein Allbereich ist, ist ε eine Limeszahl und damit auch $\varepsilon \geqq \boldsymbol{\omega}$. Wegen $\mathfrak{B}_0 = \mathbf{A}_\omega$ ist nach Satz 3, § 19 $\varepsilon = \boldsymbol{\omega}$ genau dann, wenn $\mathfrak{U} \subset \mathfrak{U}_1$ gilt. Nach Satz 4(b), § 19 ist $\mathfrak{U}$ überabzählbar genau dann, wenn $\mathfrak{U}_1 \subseteq \mathfrak{U}$ gilt. Wegen $\mathfrak{B}_0 = \mathbf{A}_\omega$ ist schließlich nach Satz 3(b), § 19 $\mathbf{A}_\omega$ ein Universum genau dann, wenn $\mathbf{U}$ endlich ist, und genau dann, wenn $\mathbf{A}_\omega$ abzählbar unendlich ist.
(b) Aus $\mathfrak{U} = \mathbf{A}_\varepsilon$ folgt $\mathfrak{A}(\mathfrak{U}) = \{\mathbf{A}_\xi\}_{\xi < \varepsilon}$ und damit

$$(\mathbf{O}(\varepsilon), \leqq) \simeq (\{\mathbf{A}_\xi\}_{\xi < \varepsilon}, \subseteq) = (\mathfrak{A}(\mathfrak{U}), \subseteq) \simeq (\mathfrak{U}, T),$$

also $\varepsilon = \mathrm{ord}(\mathfrak{U}, T)$ und $|\varepsilon| = \mathrm{card}\,\mathfrak{U}$. Daraus folgt mit Satz 4(d), § 19 $\mathbf{O}(\varepsilon) = \mathbf{Oz}(\mathfrak{U})$ und $\mathbf{C}(|\varepsilon|) = \mathbf{Cz}(\mathfrak{U})$.
(c) Wegen $\mathfrak{U} \subset \mathfrak{B}$ ist $(\mathfrak{U}, T)$, $\mathfrak{U} \in \mathfrak{B}$, also nach (b) und Satz 4(c), § 19 $\varepsilon, |\varepsilon| \in \mathfrak{B}$, womit nach (b) insgesamt ε die kleinste Ordinalzahl und $|\varepsilon|$ die kleinste Kardinalzahl aus $\mathfrak{B} \setminus \mathfrak{U}$ ist. ∎

Nach Satz 1 und den Ausführungen in § 19.4 sind für jedes Universum $\mathfrak{U} = \mathbf{A}_\varepsilon$

$$(\mathbf{A}_\xi)_{\xi < \varepsilon}, \quad \text{bei } \varepsilon > \boldsymbol{\omega} \quad \text{auch } (\aleph_\xi)_{\xi < \varepsilon} \quad \text{und } (\boldsymbol{\omega}_\xi)_{\xi < \varepsilon}$$

die isomorphen Abbildungen von $\mathbf{Oz}(\mathfrak{U}) = \mathbf{O}(\varepsilon)$ auf die Bereiche der Allmengen, der Alephs und der Anfangszahlen aus $\mathfrak{U}$. Ist noch $\mathfrak{V}$ ein Universum mit $\mathfrak{U} \subset \mathfrak{V}$, so ist $\mathbf{A}_\varepsilon$ die kleinste Allmenge aus $\mathfrak{V} \setminus \mathfrak{U}$, und bei $\varepsilon > \boldsymbol{\omega}$ ist $\aleph_\varepsilon$ das kleinste Aleph und $\boldsymbol{\omega}_\varepsilon$ die kleinste Anfangszahl aus $\mathfrak{V} \setminus \mathfrak{U}$.

Satz 2. *Für Ordinalzahlen* ε *gilt:*

(a) $\mathbf{A}_\varepsilon$ *Universum* $\Leftrightarrow \varepsilon \geqq \boldsymbol{\omega} \wedge |\varepsilon| = \operatorname{card} \mathbf{A}_\varepsilon \wedge$
$$\forall \alpha \, \forall \beta \left(\beta \in \mathbf{O}(\varepsilon) \wedge \alpha \in \mathbf{O}(\varepsilon)^{\mathbf{O}(\beta)} \Rightarrow \lim_{\xi < \beta} \alpha_\xi < \varepsilon\right),$$

(b) $\mathbf{A}_\varepsilon$ *Universum* $\wedge\ \varepsilon > \boldsymbol{\omega} \Rightarrow \varepsilon = \boldsymbol{\omega}_\varepsilon \wedge |\varepsilon| = \aleph_\varepsilon$,
$\mathbf{A}_\varepsilon$ *Universum* $\wedge\ \varepsilon = \boldsymbol{\omega} \Rightarrow \varepsilon = \boldsymbol{\omega}_0 \wedge |\varepsilon| = \aleph_0$,

(c) $\mathbf{A}_\varepsilon$ *Universum* $\Rightarrow \varepsilon$ *Anfangszahl* $\wedge\ |\varepsilon|$ *Limeszahl.*

Beweis. (a) ($\Rightarrow$) Für jedes Universum $\mathbf{A}_\varepsilon$ ist nach Satz 1 $\varepsilon \geqq \boldsymbol{\omega}$ und $|\varepsilon| = \operatorname{card} \mathbf{A}_\varepsilon$. Ist $(\alpha_\xi)_{\xi < \beta}$ eine Ordinalzahlfolge mit stets $\beta, \alpha_\xi < \varepsilon$, so gilt nach Satz 1 $\beta, \alpha_\xi \in \mathbf{A}_\varepsilon$ für alle Zahlen $\xi < \beta$, also $\lim_{\xi < \beta} \alpha_\xi < \varepsilon$ nach Satz 4(e), §19.

($\Leftarrow$) Ist umgekehrt $\mathbf{A}_\varepsilon$ eine Allmenge mit $\varepsilon \geqq \boldsymbol{\omega}$ und $|\varepsilon| = \operatorname{card} \mathbf{A}_\varepsilon$, so ist zunächst $\mathbf{A}_\varepsilon \neq \mathbf{U}$ und ε eine Limeszahl; denn wäre $\delta + 1 = \varepsilon$ für eine Ordinalzahl δ, so wäre

$$|\varepsilon| = |\delta| = \operatorname{card} \mathbf{O}(\delta) = \operatorname{card} \{\mathbf{A}_\xi\}_{\xi < \delta} \leqq \operatorname{card} \mathbf{A}_\delta < \operatorname{card} \mathbf{A}_{\delta + 1} = \operatorname{card} \mathbf{A}_\varepsilon = |\varepsilon|.$$

Da ε Limeszahl ist, gilt nach Satz 7, §19 auch

$$\mathbf{A}_\varepsilon = \bigcup_{\xi < \varepsilon} \mathbf{A}_\xi.$$

Setzt man nun $\lim_{\xi < \beta} \alpha_\xi < \varepsilon$ voraus für alle Ordinalzahlfolgen $(\alpha_\xi)_{\xi < \beta}$ mit stets $\beta, \alpha_\xi < \varepsilon$, so ist zu beweisen, daß $\mathbf{A}_\varepsilon$ ein Universum ist, ist also nach Satz 1(c), §19 noch zu zeigen:

$$\forall X \left(X \in \mathfrak{P}(\mathbf{A}_\varepsilon) \wedge X \nsim \mathbf{A}_\varepsilon \Rightarrow X \in \mathbf{A}_\varepsilon\right).$$

Für jede Menge $X \subseteq \mathbf{A}_\varepsilon \nsim X$ gilt $\operatorname{card} X < \operatorname{card} \mathbf{A}_\varepsilon = |\varepsilon|$, und es existiert somit eine Ordinalzahl $\beta < \varepsilon$ mit $X \sim \mathbf{O}(\beta)$; denn es ist $X \sim Y \subseteq \mathbf{O}(\varepsilon)$ für eine Menge Y mit $Y \nsim \mathbf{O}(\varepsilon)$, und Y ist einem Segment von $\mathbf{O}(\varepsilon)$ isomorph, welches dann nur ein Abschnitt sein kann. Man wähle eine eineindeutige Abbildung f von $\mathbf{O}(\beta)$ auf X und eine Abbildung g von X in $\mathbf{O}(\varepsilon)$ mit

$$\forall x (x \in X \Rightarrow x \in \mathbf{A}_{g(x)})$$

(für jedes $x \in X$ gilt $x \in \mathbf{A}_\xi$ für ein $\xi < \varepsilon$, und es sei etwa $g(x)$ das kleinste derartige ξ). Dann ist

$$\alpha = g \circ f = (\alpha_\xi)_{\xi < \beta}$$

eine Ordinalzahlfolge mit stets β, $\alpha_\xi < \varepsilon$, womit nach Voraussetzung

$$\lambda = \lim_{\xi < \beta} \alpha_\xi < \varepsilon$$

gilt, also $\alpha_\xi \leqq \lambda < \varepsilon$ für alle Zahlen $\xi < \beta$, also $X \subseteq \mathbf{A}_\lambda$, $X \in \mathbf{A}_{\lambda+1} \subseteq \mathbf{A}_\varepsilon$, $X \in \mathbf{A}_\varepsilon$.

(b) Für jedes Universum $\mathbf{A}_\varepsilon$ mit $\varepsilon > \boldsymbol{\omega}$ ist $\varepsilon = \boldsymbol{\omega}_\varepsilon$ zu zeigen. Nach (a) gilt $|\varepsilon| = \operatorname{card} \mathbf{A}_\varepsilon$. Es existiert keine Ordinalzahl $\delta < \varepsilon$ mit $|\delta| = \operatorname{card} \mathbf{A}_\varepsilon$ wegen sonst wieder

$$|\varepsilon| = |\delta| \leqq \operatorname{card} \mathbf{A}_\delta < \operatorname{card} \mathbf{A}_{\delta+1} \leqq \operatorname{card} \mathbf{A}_\varepsilon = |\varepsilon|.$$

Da außerdem $\mathbf{A}_\varepsilon$ unendlich ist, ist damit ε eine Anfangszahl, also $\varepsilon = \boldsymbol{\omega}_\lambda$ für eine Ordinalzahl λ. λ ist Limeszahl; denn es gilt $\boldsymbol{\omega} < \varepsilon = \boldsymbol{\omega}_\lambda$, also $\lambda > 0$, und es gilt $\operatorname{card} \mathbf{A}_\varepsilon = |\varepsilon| = \aleph_\lambda$, so daß mit $\operatorname{card} \mathbf{A}_\varepsilon$ auch λ eine Limeszahl ist. Für $\varepsilon = \boldsymbol{\omega}_\varepsilon$ ist noch $\boldsymbol{\omega}_\lambda = \lambda$ zu zeigen. Nach Satz 5(b), § 17 ist $\lambda \leqq \boldsymbol{\omega}_\lambda$. Im Falle $\lambda < \boldsymbol{\omega}_\lambda = \varepsilon$ wäre aber für die Folge

$$(\boldsymbol{\omega}_\xi)_{\xi < \lambda} \in \mathbf{O}(\varepsilon)^{\mathbf{O}(\lambda)}$$

nach (a) $\lim_{\xi < \lambda} \boldsymbol{\omega}_\xi < \varepsilon = \boldsymbol{\omega}_\lambda$, was im Widerspruch steht zu $\lim_{\xi < \lambda} \boldsymbol{\omega}_\xi = \boldsymbol{\omega}_\lambda$ nach Satz 8(b), § 17. Damit gilt $\varepsilon = \boldsymbol{\omega}_\varepsilon$.
(c) folgt direkt aus (b). ∎

Aus Satz 2 folgt für Universen $\mathfrak{U} = \mathbf{A}_\varepsilon$ u.a.:

$$\forall \alpha\, \forall \beta \left(\beta \in \mathbf{O}(\varepsilon) \wedge \alpha \in \mathbf{O}(\varepsilon)^{\mathbf{O}(\beta)} \Rightarrow \lim_{\xi < \beta} \alpha_\xi < \varepsilon\right),$$

ε *Anfangszahl,* $\quad |\varepsilon|$ *Limeszahl.*

Diese Eigenschaften von ε stellen den Zusammenhang zwischen Universen und unerreichbaren Zahlen her.

20.2. Unerreichbare Zahlen

Wir werden im folgenden der Kürze halber einige Sätze aus der Theorie der transfiniten Zahlen mit dem Vermerk „Ohne Beweis" rein informativ wiedergeben.
Man erinnere sich der Konfinalität von Ordinalzahlen (Definition 13, § 16). Die Konfinalität einer Ordinalzahl ϱ mit einer Ordinalzahl β bedeutet anschaulich, daß ϱ denselben Endcharakter hat wie β (bei Repräsentation der Zahlen ϱ, β durch ihre Abschnitte).

Definition 1. Eine Ordinalzahl ϱ heißt *regulär*, wenn keine Ordinalzahl $\beta < \varrho$ existiert mit ϱ cf β; andernfalls heißt ϱ *singulär* oder *irregulär*. ∎

Zu jeder Ordinalzahl α ist die kleinste Zahl ϱ mit α cf ϱ regulär, da sonst ϱ cf β für eine Zahl $\beta < \varrho$ wäre, also α cf β (Satz 20, §16) bei $\beta < \varrho$. (Es ist ϱ sogar die einzige reguläre Zahl, mit der α konfinal ist.)

Satz 3. *Für Ordinalzahlen ϱ, σ gilt:*

(a) $0, 1$ *regulär*, σ *isoliert* $\Rightarrow \boldsymbol{\omega}_\sigma$ *regulär*, $\varrho > 1 \wedge \varrho$ *isoliert* $\Rightarrow \varrho$ *singulär*,

(b) ϱ *regulär* $\Rightarrow \varrho \leqq 1 \vee \exists \xi (\mathrm{oz}\, \xi \wedge \varrho = \boldsymbol{\omega}_\xi)$,

(c) ϱ *regulär* $\wedge\ \varrho \geqq \boldsymbol{\omega} \Leftrightarrow \varrho$ *reguläre Anfangszahl* $\Leftrightarrow$

ϱ *Limeszahl* $\wedge \forall \alpha \forall \beta (\beta \in \mathbf{O}(\varrho) \wedge \alpha \in \mathbf{O}(\varrho)^{\mathbf{O}(\beta)} \Rightarrow \lim_{\xi < \beta} \alpha_\xi < \varrho)$.

Beweis. Ohne Beweis. ∎

Die transfiniten regulären Ordinalzahlen, die nach Satz 3(b) ausschließlich interessieren, sind nach Satz 3(c) die regulären Anfangszahlen $\boldsymbol{\omega}_\sigma$. Sie lassen sich charakterisieren als diejenigen Anfangszahlen, deren Abschnitte gegenüber Limesbildung abgeschlossen sind, und sie lassen sich auch charakterisieren als diejenigen Anfangszahlen, für die ein dem Satz 9, §17 entsprechendes „HAUSDORFF-BERNSTEINsches Lemma" gilt. Man erhält damit für Anfangszahlen die beiden Regularitätskriterien des folgenden Satzes.

Satz 4. (a) *Eine Anfangszahl ω ist regulär genau dann, wenn für beliebige Ordinalzahlfolgen $(\alpha_\xi)_{\xi < \beta}$ gilt:*

$$\beta < \omega \wedge \forall \xi (\xi \in \mathbf{O}(\beta) \Rightarrow \alpha_\xi < \omega) \Rightarrow \lim_{\xi < \beta} \alpha_\xi < \omega.$$

(b) *Eine Anfangszahl ω ist regulär genau dann, wenn für beliebige Mengen M gilt:*

$$M \subseteq \mathbf{O}(\omega) \wedge \operatorname{card} M < |\omega| \Leftrightarrow \exists \beta (\beta \in \mathbf{O}(\omega) \wedge M \subseteq \mathbf{O}(\beta)).$$

Beweis. Ohne Beweis. ∎

Über Satz 4(b) gilt analog zu Satz 10, §17 der

Satz 5. *Für reguläre Anfangszahlen ω, Mengen $M \subseteq \mathbf{O}(\omega)$ und Ordinalzahlen β gilt:*

$$\mathbf{O}(\omega) \text{ cf } M \Leftrightarrow \operatorname{card} M = |\omega| \Leftrightarrow \operatorname{ord}(M, \leqq) = \omega,$$

$$\neg\, \mathbf{O}(\omega) \text{ cf } M \Leftrightarrow \operatorname{card} M < |\omega| \Leftrightarrow \operatorname{ord}(M, \leqq) < \omega,$$

$$\omega \text{ cf } \beta \Leftrightarrow \beta = \omega.$$

Beweis. Satz 4(b) und Definition 1. ∎

Die Abschnitte $\mathbf{O}(\omega)$ aller Anfangszahlen ω sind gegenüber den elementaren arithmetischen Operationen abgeschlossen (Satz 22(e), §18). Bei regulären Anfangszahlen ω besteht nach Satz 6 auch Abgeschlossenheit gegenüber allgemeiner Summen- und Produktbildung.

Satz 6. *Für reguläre Anfangszahlen ω und Ordinalzahlfolgen $(\alpha_\xi)_{\xi<\beta}$ gilt:*

$$\beta < \omega \wedge \forall \xi (\xi \in \mathbf{O}(\beta) \Rightarrow \alpha_\xi < \omega) \Rightarrow \sum_{\xi<\beta} \alpha_\xi, \prod_{\xi<\beta} \alpha_\xi < \omega.$$

Beweis. Übung. Transfinite gemischte Induktion über $\beta < \omega$ unter Verwendung von Satz 4(a) (für den Limesschritt der Induktion). ∎

Anfangszahlen $\boldsymbol{\omega}_\sigma$ mit singulärem Index σ sind nach Satz 3(a) regulär. Dagegen ist jede Anfangszahl $\boldsymbol{\omega}_\lambda$ mit einem Limeszahlindex λ (wobei nach Satz 5(b), §17 $\alpha \leqq \boldsymbol{\omega}_\alpha$ für beliebige Indizes α gilt) im Falle $\lambda < \boldsymbol{\omega}_\lambda$ singulär wegen $\boldsymbol{\omega}_\lambda = \lim_{\xi<\lambda} \boldsymbol{\omega}_\xi$ und damit $\boldsymbol{\omega}_\lambda$ cf λ bei $\lambda < \boldsymbol{\omega}_\lambda$. So sind z.B. $\boldsymbol{\omega}_{\boldsymbol{\omega}}$, $\boldsymbol{\omega}_{(\boldsymbol{\omega}^{\boldsymbol{\omega}})}$ und alle $\boldsymbol{\omega}_{\boldsymbol{\omega}\sigma}$ für isolierte σ singulär. Für reguläre Anfangszahlen $\boldsymbol{\omega}_\lambda$ mit Limeszahlindex λ muß also $\boldsymbol{\omega}_\lambda = \lambda$ gelten. Dabei reicht die Bedingung $\boldsymbol{\omega}_\lambda = \lambda$ für die Regularität von $\boldsymbol{\omega}_\lambda$ noch nicht einmal aus; denn für die Folge $(\alpha_n)_{n<\boldsymbol{\omega}}$ mit

$$\alpha_0 = \boldsymbol{\omega}, \qquad \alpha_{n+1} = \boldsymbol{\omega}_{\alpha_n}$$

für jede natürliche Zahl n (α gewinnt man innerhalb $\mathfrak{U}_1$ mittels Definition durch vollständige Induktion) gilt bei $\lambda = \lim_{n<\boldsymbol{\omega}} \alpha_n$ sofort:

$$\boldsymbol{\omega}_\lambda = \lim_{n<\boldsymbol{\omega}} \boldsymbol{\omega}_{\alpha_n} = \lim_{n<\boldsymbol{\omega}} \alpha_{n+1} = \lambda, \qquad \boldsymbol{\omega}_\lambda \text{ cf } \boldsymbol{\omega},$$

womit $\boldsymbol{\omega}_\lambda = \lambda$ gilt und trotzdem $\boldsymbol{\omega}_\lambda$ singulär ist. Insgesamt gelangt man damit zu der Einsicht, daß reguläre Anfangszahlen mit Limeszahlindex von extremer Größe sein müssen. Die regulären Anfangszahlen $\boldsymbol{\omega}_\lambda$ mit Limeszahlindex λ sind die regulären Anfangszahlen $\boldsymbol{\omega}_\lambda$, für welche $|\boldsymbol{\omega}_\lambda| = \aleph_\lambda$ eine kardinale Limeszahl ist bei $\lambda > 0$ (gleichwertig: bei $\boldsymbol{\omega}_\lambda > \boldsymbol{\omega}_0$ bzw. bei $|\boldsymbol{\omega}_\lambda| > \aleph_0$). Aus Satz 2 (vgl. die Bemerkung hinter Satz 2) und Satz 4(a) folgt für jedes Universum $\mathfrak{U} = \mathbf{A}_\varepsilon$, daß der Index ε eine reguläre Anfangszahl mit Limeszahl $|\varepsilon|$ ist. Damit ist bei $\varepsilon > \boldsymbol{\omega}$ die Zahl $\varepsilon = \boldsymbol{\omega}_\varepsilon$ eine extrem große Ordinalzahl und entsprechend $|\varepsilon| = \aleph_\varepsilon = \operatorname{card} \mathfrak{U}$ eine extrem große Kardinalzahl. Da die Unmengen A von $\mathfrak{U}$ mit $\mathfrak{U}$ gleichmächtig sind, gilt auch (bei $\varepsilon > \boldsymbol{\omega}$) $\operatorname{card} A = \aleph_\varepsilon$; die Unmengen von $\mathfrak{U}$ sind also nicht nur Unmengen im Sinne von Nichtmengen von $\mathfrak{U}$, sondern auch Unmengen im Sinne extrem großen Umfanges.

Die regulären Anfangszahlen ω_λ mit $\lambda = 0$ oder Limeszahl λ sind diejenigen Anfangszahlen, welche unerreichbar in bezug auf ordinale Limesbildung sind (im Sinne der Abgeschlossenheit von $\mathbf{O}(\omega_\lambda)$ gegenüber Limesbildung gemäß Satz 4(a)) und deren Kardinalzahlen unerreichbar in bezug auf kardinale Nachfolgerbildung sind. Man definiert nach HAUSDORFF:

Definition 2. Eine Ordinalzahl α heißt *unerreichbar*, falls α eine reguläre Anfangszahl ω_λ ist mit $\lambda = 0$ oder Limeszahl λ. Eine Ordinalzahl α heißt *exorbitant*, falls α eine reguläre Anfangszahl ω_λ ist mit Limeszahl λ. ∎

Alle unerreichbaren und exorbitanten Ordinalzahlen sind reguläre Anfangszahlen. Die ordinalen Begriffsbildungen überträgt man unmittelbar auf Kardinalzahlen:

Definition 3. Eine Kardinalzahl $\mathfrak{a}$ heißt *regulär*, falls $\mathfrak{a} = |\alpha|$ ist für eine reguläre Ordinalzahl α; andernfalls heißt $\mathfrak{a}$ *singulär* oder *irregulär*. Eine Kardinalzahl $\mathfrak{a}$ heißt *unerreichbar* bzw. *exorbitant*, falls $\mathfrak{a} = |\alpha|$ ist für eine unerreichbare bzw. exorbitante Ordinalzahl α. ∎

Da nur 0, 1 und Anfangszahlen ω_σ reguläre Ordinalzahlen sein können, gibt es für jede reguläre bzw. unerreichbare bzw. exorbitante Kardinalzahl $\mathfrak{a}$ genau eine reguläre bzw. unerreichbare bzw. exorbitante Ordinalzahl α mit $\mathfrak{a} = |\alpha|$. Die regulären Kardinalzahlen sind 0, 1 die ohne Interesse sind, und diejenigen Alephs $\aleph_\sigma$, für welche ω_σ regulär ist. Alle unerreichbaren und exorbitanten Kardinalzahlen sind reguläre Alephs. Es gilt für Ordinalzahlen σ, λ:

$$\aleph_\sigma \text{ regulär (singulär)} \Leftrightarrow \omega_\sigma \text{ regulär (singulär)},$$

$$\aleph_\lambda \text{ unerreichbar} \Leftrightarrow \omega_\lambda \text{ unerreichbar}, \quad \aleph_\lambda \text{ exorbitant} \Leftrightarrow \omega_\lambda \text{ exorbitant}.$$

Die unerreichbaren Ordinalzahlen sind die regulären Anfangszahlen ω, deren Kardinalzahl $|\omega|$ eine Limeszahl ist. Die unerreichbaren Kardinalzahlen sind die regulären Alephs, welche Limeszahlen sind. ω_0 bzw. $\aleph_0$ ist die kleinste unerreichbare Ordinal- bzw. Kardinalzahl. Die exorbitanten Ordinal- bzw. Kardinalzahlen sind die von ω_0 bzw. $\aleph_0$ verschiedenen (und damit überabzählbaren) unerreichbaren Ordinal- bzw. Kardinalzahlen, also diejenigen regulären Anfangszahlen ω_λ bzw. regulären Alephs $\aleph_\lambda$ mit Limeszahlindex λ. Unerreichbare Ordinal- und Kardinalzahlen nennt man nach ZERMELO auch *Grenzzahlen*. Sie sind im Bereich aller Ordinal- bzw. Kardinalzahlen Grenzstellen, an denen ein durch einen beträchtlichen Größensprung bewirkter Qualitätssprung zwischen vorhergenden und folgenden Zahlen stattfindet, vergleichbar dem Qualitätssprung vom Endlichen zum Unendlichen an der Stelle ω_0 bzw. $\aleph_0$.

Ein geläufiges und rein kardinales Regularitätskriterium für Alephs und Unerreichbarkeitskriterium für Kardinalzahlen liefert der

Satz 7. (a) *Ein Aleph* $\mathfrak{a}$ *ist regulär genau dann, wenn für jede Kardinalzahlfamilie* $(\mathfrak{x}_i)_{i\in I}$ *gilt:*

$$\operatorname{card} I < \mathfrak{a} \wedge \forall i(i \in I \Rightarrow \mathfrak{x}_i < \mathfrak{a}) \Rightarrow \sum_{i\in I} \mathfrak{x}_i < \mathfrak{a}.$$

(b) *Eine Kardinalzahl* $\mathfrak{a}$ *ist unerreichbar genau dann, wenn gilt:*

(1) $\mathfrak{a}$ *ist transfinit.*

(2) *Zu jeder Kardinalzahl* $\mathfrak{x} < \mathfrak{a}$ *gibt es eine Kardinalzahl* $\mathfrak{y}$ *mit* $\mathfrak{x} < \mathfrak{y} < \mathfrak{a}$.

(3) *Für jede Kardinalzahlfamilie* $(\mathfrak{x}_i)_{i\in I}$ *mit* $\operatorname{card} I < \mathfrak{a}$ *und* $\mathfrak{x}_i < \mathfrak{a}$ *für alle* $i \in I$ *ist* $\sum_{i\in I} \mathfrak{x}_i < \mathfrak{a}$.

Beweis. Ohne Beweis. ∎

Die Exorbitanz transfiniter Zahlen wird auch durch die Kriterien des folgenden Satzes beschrieben.

Satz 8. *Die exorbitanten Ordinalzahlen sind*

(a) *diejenigen ordinalen Limeszahlen* λ *mit* $\lim_{\xi<\beta} \omega_{\alpha_\xi} < \lambda$ *für beliebige Ordinalzahlfolgen* $(\alpha_\xi)_{\xi<\beta}$ *mit* $\beta < \lambda$ *und* $\alpha_\xi < \lambda$ *für alle Zahlen* $\xi < \beta$.

(b) *diejenigen regulären Anfangszahlen* ω_λ *mit* $\omega_\lambda = \lambda$.

(c) *diejenigen Anfangszahlen* ω_λ *mit exorbitantem Index* λ.

Die exorbitanten Kardinalzahlen sind

(d) *diejenigen Alephs* $\aleph_\lambda$ *mit* $\lim_{\xi<\beta} \aleph_{\alpha_\xi} < \aleph_\lambda$ *für beliebige Ordinalzahlfolgen* $(\alpha_\xi)_{\xi<\beta}$ *mit* $|\beta| < \aleph_\lambda$ *und* $|\alpha_\xi| < \aleph_\lambda$ *für alle Zahlen* $\xi < \beta$.

(e) *diejenigen regulären Alephs* $\aleph_\lambda$ *mit* $\aleph_\lambda = |\lambda|$.

(f) *diejenigen Alephs* $\aleph_\lambda$ *mit exorbitantem Index* λ.

Beweis. Ohne Beweis. ∎

Zwischen regulären Anfangszahlen ω_σ und regulären Alephs $\aleph_\sigma$ besteht ein Unterschied in bezug auf die Abgeschlossenheit ihrer Abschnitte gegenüber den elementaren und verallgemeinerten arithmetischen Operationen. Wir verstehen kurz für jede Ordinalzahl ϱ unter der *arithmetischen Abgeschlossenheit* des Abschnittes $\mathbf{O}(\varrho)$, daß

$$\alpha, \beta < \varrho \Rightarrow \alpha + \beta,\ \alpha \cdot \beta,\ \alpha^\beta < \varrho$$

für beliebige Ordinalzahlen α, β und

$$\beta < \varrho \wedge \forall \xi (\xi \in \mathbf{O}(\beta) \Rightarrow \alpha_\xi < \varrho) \Rightarrow \sum_{\xi < \beta} \alpha_\xi, \prod_{\xi < \beta} \alpha_\xi < \varrho$$

für beliebige Ordinalzahlfolgen $(\alpha_\xi)_{\xi < \beta}$ gilt. Entsprechend bedeute für jede Kardinalzahl $\mathfrak{a}$ die *arithmetische Abgeschlossenheit* des Abschnittes $\mathbf{C}(\mathfrak{a})$, daß

$$\mathfrak{x}, \mathfrak{y} < \mathfrak{a} \Rightarrow \mathfrak{x} + \mathfrak{y}, \mathfrak{x} \cdot \mathfrak{y}, \mathfrak{x}^{\mathfrak{y}} < \mathfrak{a}$$

für beliebige Kardinalzahlen $\mathfrak{x}$, $\mathfrak{y}$ und

$$\operatorname{card} I < \mathfrak{a} \wedge \forall i (i \in I \Rightarrow \mathfrak{x}_i < \mathfrak{a}) \Rightarrow \sum_{i \in I} \mathfrak{x}_i, \prod_{i \in I} \mathfrak{x}_i < \mathfrak{a}$$

für beliebige Kardinalzahlfamilien $(\mathfrak{x}_i)_{i \in I}$ gilt. Außer für 0 ist für keine isolierte Ordinalzahl ihr Abschnitt arithmetisch abgeschlossen. Ist der Abschnitt einer ordinalen Limeszahl arithmetisch abgeschlossen, so muß diese Limeszahl wegen stets $\lim_{\xi < \beta} \alpha_\xi \leqq \sum_{\xi < \beta} \alpha_\xi$ (da $\alpha_\eta \leqq \sum_{\xi < \beta} \alpha_\xi$ für jede Zahl $\eta < \beta$ ist) nach Satz 3(c) eine reguläre Anfangszahl sein. Schließlich sind die Abschnitte aller regulären Anfangszahlen arithmetisch abgeschlossen (Satz 22(e), §18 und Satz 6). Damit sind, bis auf die unbedeutende Ausnahme 0, genau die regulären Anfangszahlen die Ordinalzahlen mit arithmetisch abgeschlossenem Abschnitt. Anders bei den Kardinalzahlen. Es ist wieder, außer für 0, für keine isolierte Kardinalzahl ihr Abschnitt arithmetisch abgeschlossen; denn für jedes isolierte Aleph $\aleph_{\sigma+1}$ ist

$$\aleph_\sigma < \aleph_{\sigma+1}, \qquad \aleph_\sigma^{\aleph_\sigma} \geqq 2^{\aleph_\sigma} \geqq \aleph_{\sigma+1}.$$

Ist der Abschnitt einer kardinalen Limeszahl arithmetisch abgeschlossen, so muß diese Limeszahl nach Satz 7(a) ein reguläres Aleph sein. Damit sind, bis auf die unbedeutende Ausnahme 0, alle Kardinalzahlen mit arithmetisch abgeschlossenem Abschnitt reguläre Alephs und Limeszahlen, also unerreichbare Alephs. Als Beispiele besitzen $\aleph_0$ und nach Satz 4(c), (d), (e), §19 die Kardinalzahlen der Universen arithmetisch abgeschlossene Abschnitte. Da nur über die Alephhypothese allgemein folgt, daß die Abschnitte beliebiger unerreichbarer Alephs arithmetisch abgeschlossen sind (vgl. hinter Satz 9), führt man nach TARSKI den Begriff der stark unerreichbaren Kardinalzahl ein:

Definition 4. Eine Kardinalzahl $\mathfrak{a}$ heißt *stark unerreichbar* bzw. *stark exorbitant*, falls $\mathfrak{a}$ unerreichbar bzw. exorbitant ist und zusätzlich für jede Kardinalzahl $\mathfrak{x}$ gilt:

$$\mathfrak{x} < \mathfrak{a} \Rightarrow 2^{\mathfrak{x}} < \mathfrak{a}.$$

Eine Ordinalzahl α heißt *stark unerreichbar* bzw. *stark exorbitant*, falls α eine

Anfangszahl ist mit stark unerreichbarer bzw. stark exorbitanter Kardinalzahl $|\alpha|$. ∎

Alle stark unerreichbaren bzw. stark exorbitanten Zahlen sind unerreichbar bzw. exorbitant, und unter Voraussetzung der Alephhypothese gilt auch sofort die Umkehrung. Man hat wieder für Ordinalzahlen λ, daß $\aleph_\lambda$ genau dann stark unerreichbar bzw. stark exorbitant ist, wenn ω_λ stark unerreichbar bzw. stark exorbitant ist. $\aleph_0$ und ω_0 sind stark unerreichbar. Die Kardinalzahlen $\mathfrak{u} = \operatorname{card} \mathfrak{U}$ der Universen $\mathfrak{U}$ und ihre Anfangszahlen sind stark unerreichbar, im Falle $\mathfrak{U} \supseteq \mathbf{U}_1$ stark exorbitant. Im Gegensatz zur starken Unerreichbarkeit und starken Exorbitanz der Definition 4 nennt man die bisherige Unerreichbarkeit und Exorbitanz auch *schwache Unerreichbarkeit* und *schwache Exorbitanz*. Es bestehen für Kardinalzahlen die rein kardinalen starken Unerreichbarkeitskriterien des folgenden Satzes.

Satz 9. *Eine Kardinalzahl* $\mathfrak{a}$ *ist stark unerreichbar*

(a) *genau dann, wenn* $\mathfrak{a}$ *ein Aleph ist mit:*

(1) $2^{\mathfrak{x}} < \mathfrak{a}$ *für jede Kardinalzahl* $\mathfrak{x} < \mathfrak{a}$,

(2) $\sum_{i \in I} \mathfrak{x}_i < \mathfrak{a}$ *für jede Kardinalzahlfamilie* $(\mathfrak{x}_i)_{i \in I}$ *mit* $\operatorname{card} I < \mathfrak{a}$ *und* $\mathfrak{x}_i < \mathfrak{a}$ *für alle* $i \in I$.

(b) *genau dann, wenn* $\mathfrak{a}$ *ein Aleph ist mit:*

(3) $\prod_{i \in I} \mathfrak{x}_i < \mathfrak{a}$ *für jede Kardinalzahlfamilie* $(\mathfrak{x}_i)_{i \in I}$ *mit* $\operatorname{card} I < \mathfrak{a}$ *und* $\mathfrak{x}_i < \mathfrak{a}$ *für alle* $i \in I$.

(c) *genau dann, wenn* $\mathfrak{a}$ *ein Aleph ist mit:*

(4) $2^{\mathfrak{x}} < \mathfrak{a}$ *für jede Kardinalzahl* $\mathfrak{x} < \mathfrak{a}$,

(5) $\sum_{\mathfrak{x} < \mathfrak{a}^{\mathfrak{x}}} \mathfrak{a}^{\mathfrak{x}} = \mathfrak{a}$.

Beweis. Ohne Beweis. ∎

Aus Satz 9(b) folgt, daß für jede stark unerreichbare Kardinalzahl $\mathfrak{a}$ auch

$$\mathfrak{x}, \mathfrak{y} < \mathfrak{a}^{\mathfrak{x}} \Rightarrow \mathfrak{x}^{\mathfrak{y}} < \mathfrak{a}$$

für beliebige Kardinalzahlen $\mathfrak{x}, \mathfrak{y}$ gilt, und nach Satz 9(a), (b) ist insgesamt der Abschnitt $\mathbf{C}(\mathfrak{a})$ arithmetisch abgeschlossen. Die stark unerreichbaren Kardinalzahlen erweisen sich damit als diejenigen unerreichbaren Alephs, deren Abschnitte arithmetisch abgeschlossen sind. Mit Alephhypothese fallen die uner-

reichbaren mit den stark unerreichbaren Kardinalzahlen zusammen, so daß dann die Abschnitte beliebiger unerreichbarer Alephs arithmetisch abgeschlossen wären.
Der abschließende Satz 10 präzisiert den Zusammenhang zwischen Universen und unerreichbaren Zahlen.

Satz 10. *Für Ordinalzahlen* ε *gilt:*

(a) $$\mathbf{A}_\varepsilon \text{ Universum} \Rightarrow \varepsilon \geqq \omega \wedge \operatorname{card} \mathbf{A}_\varepsilon = |\varepsilon| \wedge \varepsilon, |\varepsilon| \text{ stark unerreichbar} \wedge |\varepsilon| > \operatorname{card} \mathbf{U},$$

$$\mathbf{A}_\varepsilon \text{ Universum} \wedge \varepsilon > \omega \Rightarrow \varepsilon = \omega_\varepsilon \wedge \operatorname{card} \mathbf{A}_\varepsilon = |\varepsilon| = \aleph_\varepsilon \wedge \varepsilon, |\varepsilon| \text{ stark exorbitant} \wedge |\varepsilon| > \operatorname{card} \mathbf{U}.$$

Unter Voraussetzung der Alephhypothese gilt für Ordinalzahlen ε*:*

(b) $$\varepsilon \text{ unerreichbar} \wedge |\varepsilon| > \operatorname{card} \mathbf{U} \Rightarrow \mathbf{A}_\varepsilon \text{ Universum},$$
$$\varepsilon \text{ exorbitant} \wedge |\varepsilon| > \operatorname{card} \mathbf{U} \Rightarrow \mathbf{A}_\varepsilon \text{ Universum} \wedge \varepsilon > \omega,$$

(c) $$\operatorname{card} \mathbf{A}_\varepsilon \text{ unerreichbar} \wedge \operatorname{card} \mathbf{A}_\varepsilon > \operatorname{card} \mathbf{U} \Rightarrow \mathbf{A}_\varepsilon \text{ Universum},$$
$$\operatorname{card} \mathbf{A}_\varepsilon \text{ exorbitant} \wedge \operatorname{card} \mathbf{A}_\varepsilon > \operatorname{card} \mathbf{U} \Rightarrow \mathbf{A}_\varepsilon \text{ Universum} \wedge \varepsilon > \omega.$$

Beweis. (a) folgt aus den Sätzen 2, 3(c) und (für „stark") aus Satz 4(c), (d), §19.
(b) Wir zeigen zunächst zwei Hilfssätze.

Hilfssatz 1. *Unter Voraussetzung der Alephhypothese gilt für unendliche Allmengen* $\mathbf{A}_\alpha$ *und Ordinalzahlen* ξ *bei* $\operatorname{card} \mathbf{A}_\alpha = \aleph_\beta$*:*

$$\operatorname{card} \mathbf{A}_{\alpha+\xi} = \aleph_{\beta+\xi}.$$

Beweis. Transfinite gemischte Induktion über ξ. Die Behauptung gilt trivial für $\xi = 0$. Gilt sie für eine Ordinalzahl ξ, so mit Alephhypothese auch für $\xi + 1$ wegen

$$\operatorname{card} \mathbf{A}_{\alpha+\xi+1} = \operatorname{card} (\mathbf{A}_{\alpha+\xi} \cup \mathfrak{P}(\mathbf{A}_{\alpha+\xi})) = \operatorname{card} \mathfrak{P}(\mathbf{A}_{\alpha+\xi}) = 2^{\aleph_{\beta+\xi}} = \aleph_{\beta+\xi+1}.$$

Ist λ eine ordinale Limeszahl und gilt die Behauptung für alle Zahlen $\xi < \lambda$, so auch für λ wegen

$$\mathbf{A}_{\alpha+\lambda} = \bigcup_{\eta<\alpha+\lambda} \mathbf{A}_\eta = \bigcup_{\alpha \leqq \eta < \alpha+\lambda} \mathbf{A}_\eta = \bigcup_{\xi<\lambda} \mathbf{A}_{\alpha+\xi}$$

($\alpha \leqq \eta < \alpha + \lambda$ gilt nach dem Subtraktionssatz genau dann, wenn $\eta = \alpha + \xi$ ist für eine Zahl $\xi < \lambda$),

$$\lim_{\xi<\lambda} \aleph_{\beta+\xi} = \lim_{\xi<\lambda} \operatorname{card} \mathbf{A}_{\alpha+\xi} \leqq \operatorname{card} \mathbf{A}_{\alpha+\lambda} \leqq \sum_{\xi<\lambda} \operatorname{card} \mathbf{A}_{\alpha+\xi} = \sum_{\xi<\lambda} \aleph_{\beta+\xi}$$

und nach Satz 8(a), § 17, Satz 10, § 15 und Satz 5(b), § 17

$$\aleph_{\beta+\lambda} = \lim_{\xi<\lambda} \aleph_{\beta+\xi} \leqq \sum_{\xi<\lambda} \aleph_{\beta+\xi} \leqq \aleph_{\beta+\lambda} \cdot |\lambda| \leqq \aleph_{\beta+\lambda} \cdot \aleph_\lambda = \aleph_{\beta+\lambda}.$$

Damit haben wir Hilfssatz 1 bewiesen.

Hilfssatz 2. *Unter Voraussetzung der Alephhypothese gilt für Anfangszahlen* ε *mit* $\varepsilon > \boldsymbol{\omega}$ *und* $|\varepsilon| > \operatorname{card} \mathbf{U}$:

$$\operatorname{card} \mathbf{A}_\varepsilon = \aleph_\varepsilon.$$

Beweis. Es sei $\varepsilon = \boldsymbol{\omega}_\sigma$ eine Anfangszahl mit $\varepsilon > \boldsymbol{\omega}$ und $|\varepsilon| > \operatorname{card} \mathbf{U}$. Für jede Ordinalzahl ξ gilt nach Satz 22(f), § 18

$$\xi < \varepsilon \Rightarrow \xi + \varepsilon = \varepsilon.$$

Für endliches $\mathbf{U}$ ist $\operatorname{card} \mathbf{A}_{\boldsymbol{\omega}} = \aleph_0$ und $\boldsymbol{\omega} < \varepsilon$, also wegen $\boldsymbol{\omega} + \varepsilon = \varepsilon$ nach Hilfssatz 1:

$$\operatorname{card} \mathbf{A}_\varepsilon = \operatorname{card} \mathbf{A}_{\boldsymbol{\omega}+\varepsilon} = \aleph_{0+\varepsilon} = \aleph_\varepsilon.$$

Für unendliches $\mathbf{U}$ und $\operatorname{card} \mathbf{U} = \operatorname{card} \mathbf{A}_0 = \aleph_\beta$ ist $\beta < \varepsilon$ wegen

$$\aleph_\beta = \operatorname{card} \mathbf{U} < |\varepsilon| = \aleph_\sigma, \qquad \beta < \sigma \leqq \boldsymbol{\omega}_\sigma = \varepsilon,$$

also wegen $\beta + \varepsilon = \varepsilon$ nach Hilfssatz 1:

$$\operatorname{card} \mathbf{A}_\varepsilon = \operatorname{card} \mathbf{A}_{0+\varepsilon} = \aleph_{\beta+\varepsilon} = \aleph_\varepsilon.$$

Damit haben wir auch Hilfssatz 2 bewiesen.

Nun zu den Behauptungen von (b). Es sei ε eine unerreichbare Ordinalzahl mit $|\varepsilon| > \operatorname{card} \mathbf{U}$. Ist $\varepsilon = \boldsymbol{\omega}$, so ist $\mathbf{U}$ endlich und $\mathbf{A}_\varepsilon = \mathbf{A}_{\boldsymbol{\omega}}$ nach Satz 1(a) ein Universum. Ist $\varepsilon \neq \boldsymbol{\omega}$, so ist $\varepsilon > \boldsymbol{\omega}$, $\varepsilon = \boldsymbol{\omega}_\varepsilon$, und es verbleibt noch für diesen Fall der Nachweis, daß $\mathbf{A}_\varepsilon$ ein Universum ist, daß also gilt (trivial ist $\mathbf{A}_\varepsilon \neq \mathbf{A}_0 = \mathbf{U}$):

$$\forall X \big(X \in \mathfrak{P}(\mathbf{A}_\varepsilon) \wedge X \not\sim \mathbf{A}_\varepsilon \Rightarrow X \in \mathbf{A}_\varepsilon\big).$$

Man braucht hierfür nur zu zeigen:

$$\forall X \big(X \in \mathfrak{P}(\mathbf{A}_\varepsilon) \wedge \neg \exists \xi (\xi \in \mathbf{O}(\varepsilon) \wedge X \subseteq \mathbf{A}_\xi) \Rightarrow X \sim \mathbf{A}_\varepsilon\big). \quad (*)$$

Denn ist dann X eine Menge mit $X \subseteq \mathbf{A}_\varepsilon$ und $X \not\sim \mathbf{A}_\varepsilon$, so muß $X \in \mathbf{A}_\varepsilon$ sein, da es andernfalls keinen Index $\xi < \varepsilon$ gäbe mit $X \subseteq \mathbf{A}_\xi$ (es wäre sonst $X \in \mathbf{A}_{\xi+1} \subseteq \mathbf{A}_\varepsilon$), womit nach (∗) $X \sim \mathbf{A}_\varepsilon$ wäre im Widerspruch zur Voraussetzung $X \nsim \mathbf{A}_\varepsilon$. Für den Nachweis von (∗) sei jetzt X eine Menge mit

$$X \subseteq \mathbf{A}_\varepsilon, \qquad \neg \exists \xi (\xi \in \mathbf{O}(\varepsilon) \wedge X \subseteq \mathbf{A}_\xi).$$

Wegen $\mathbf{A}_\varepsilon = \bigcup_{\xi<\varepsilon} \mathbf{A}_\xi$ existiert dann für jede Ordinalzahl $\xi < \varepsilon$ eine Zahl η mit $\xi < \eta < \varepsilon$ und mit einem Element $x \in X \cap \mathbf{A}_\eta$ bei $x \notin \mathbf{A}_\xi$. Auf Grund der Regularität von ε ist $\mathbf{O}(\varepsilon)$ gegenüber Limesbildung abgeschlossen. Wir können also mittels transfiniter ordnungstheoretischer Rekursion die Funktion f von $\mathbf{O}(\varepsilon)$ in $\mathbf{O}(\varepsilon)$ definieren mit für jedes $\xi \in \mathbf{O}(\varepsilon)$:

$$f(\xi) = \begin{cases} \text{kleinste Zahl } \eta < \varepsilon \text{ mit } g(\xi) = \lim_{\zeta<\xi} f(\zeta) < \eta, \\ \text{für welche es ein } x \in X \cap \mathbf{A}_\eta \text{ gibt mit } x \notin \mathbf{A}_{g(\xi)}. \end{cases}$$

Für Ordinalzahlen $\xi_1 < \xi_2 < \varepsilon$ gilt sofort

$$f(\xi_1) \leqq \lim_{\xi<\xi_2} f(\xi) = g(\xi_2) < f(\xi_2).$$

Für jede Zahl $\xi < \varepsilon$ ist

$$M_\xi = \{x \mid x \in X \cap \mathbf{A}_{f(\xi)} \wedge x \notin \mathbf{A}_{g(\xi)}\} \neq \emptyset,$$

so daß über das Auswahlaxiom eine Funktion F über $\mathbf{O}(\varepsilon)$ existiert mit $F(\xi) \in M_\xi$ für jedes $\xi \in \mathbf{O}(\varepsilon)$. Sind dann ξ_1, ξ_2 Ordinalzahlen mit $\xi_1 < \xi_2 < \varepsilon$, so ist $f(\xi_1) \leqq g(\xi_2)$, also $F(\xi_1) \in \mathbf{A}_{f(\xi_1)}$ und $F(\xi_2) \notin \mathbf{A}_{f(\xi_1)}$, also $F(\xi_1) \neq F(\xi_2)$, womit F eineindeutig ist. Aus $\varepsilon = \boldsymbol{\omega}_\varepsilon$ und Hilfssatz 2 erhält man schließlich

$$\aleph_\varepsilon = |\varepsilon| = \operatorname{card} \operatorname{Db}(F) = \operatorname{card} \operatorname{Wb}(F) \leqq \operatorname{card} X \leqq \operatorname{card} \mathbf{A}_\varepsilon = \aleph_\varepsilon,$$

also $X \sim \mathbf{A}_\varepsilon$. Damit ist (∗) bewiesen.

(c) Es sei $\operatorname{card} \mathbf{A}_\varepsilon$ unerreichbar und $\operatorname{card} \mathbf{A}_\varepsilon > \operatorname{card} \mathbf{U}$. Ist $\operatorname{card} \mathbf{A}_\varepsilon = \aleph_0$, so ist $\mathbf{U}$ endlich und damit $\mathbf{A}_\omega$ nach Satz 1(a) die einzige abzählbar unendliche Allmenge und $\mathbf{A}_\omega$ ein Universum. Also ist $\varepsilon = \boldsymbol{\omega}$ und $\mathbf{A}_\varepsilon$ ein Universum. Ist $\aleph_\delta = \operatorname{card} \mathbf{A}_\varepsilon \neq \aleph_0$, so ist $\aleph_\delta$ exorbitant, also nach Satz 8(f) auch δ exorbitant und nach Satz 8(b) $|\delta| = |\boldsymbol{\omega}_\delta| = \aleph_\delta > \operatorname{card} \mathbf{U}$, womit nach (b) $\mathbf{A}_\delta$ ein Universum mit $\delta > \boldsymbol{\omega}$ ist und nach Satz 1(b)

$$\operatorname{card} \mathbf{A}_\delta = |\delta| = \aleph_\delta = \operatorname{card} \mathbf{A}_\varepsilon$$

gilt. Aus $\mathbf{A}_\delta \sim \mathbf{A}_\varepsilon$ folgt schließlich mit Satz 11, §14 $\mathbf{A}_\delta = \mathbf{A}_\varepsilon$, also $\delta = \varepsilon$. Damit ist $\mathbf{A}_\varepsilon$ ein Universum mit $\varepsilon > \boldsymbol{\omega}$. ∎

Man erkennt, daß für den zu Satz 10(b), (c) geführten Beweis auch unter vorausgesetzter starker Unerreichbarkeit bzw. starker Exorbitanz die Alephhypothese erfoderlich wäre. Im Falle eines endlichen bzw. unendlichen Urbereiches **U** sind die in Satz 10 im Zusammenhang mit card **U** bzw. ω auftretenden Ungleichungen entbehrlich.

20.3. Schlußbemerkungen

Wir haben in unserem Buche ein axiomatisches System der Mengenlehre errichtet, in welchem – wie man den Theorien der einzelnen mathematischen Disziplinen unmittelbar entnimmt – die gesamte heutige Mathematik nach dem Muster unseres Buches bei klarem und rationellem Verständnis bequem dargestellt werden kann. Die Entwicklungen zeigten, wie sich mathematische Begriffe und Ergebnisse einheitlich innerhalb der axiomatischen Mengenlehre erhalten lassen. Die axiomatisch-mengentheoretische Darstellung der Mathematik ist ein systematisierendes Hilfsmittel für das Verständnis und somit auch für die Weiterentwicklung der Mathematik, besitzen wir doch mit den vereinbarten formalen Spielregeln der axiomatischen Mengenlehre (Verwendung nur der zugelassenen Ausdrücke, Terme, Definitionen und Begriffe der Mengenlehre und rein logisches Schließen aus den Axiomen; vgl. § 1) einen präzise abgesteckten Kalkül, in dem alle mathematischen Betrachtungen stattfinden. Es gibt in diesem Kalkül keine Unklarheiten darüber, was einwandfreie Definitionen, Aussagen und Beweise sind und was nicht. Trotzdem ist natürlich von erstrangiger und ausschlaggebender Bedeutung für das Verständnis der Mathematik das inhaltliche Erkennen der hinter den mathematischen Sätzen stehenden Zusammenhänge der Dinge. Man muß zwischen formaler und inhaltlicher Betrachtungsweise stets das richtige Maß wählen! Alle für das Programm der mengentheoretischen Darstellung der Mathematik erforderlichen Untersuchungen aus der Allgemeinen Mengenlehre haben wir vollständig und theoretisch abgerundet durchgeführt. Dieses Programm nicht unmittelbar tangierende Untersuchungen zur Allgemeinen Mengenlehre – eine weiterführende Mengenalgebra und Ordnungstheorie und ein detaillierteres Studium der transfiniten Zahlen, einschließlich der Verwendung noch stärkerer Universenaxiome – wurden nicht aufgenommen. Es sei hierfür auf die Spezialliteratur verwiesen (siehe Literaturverzeichnis).
Urelemente haben wir bisher aus Gründen besonderer Anschaulichkeit (vgl. § 1.4) in unserer Mengenlehre zugelassen. Es gibt ein weiteres Argument für die Aufnahme von Urelementen, wenn man an die exakte mengentheoretische Behandlung metamathematischer Probleme der Allgemeinen Mengenlehre denkt. Dann möchte man den Bereich E aller Objekte mit Elementbeziehung $\in$ und

Stufenbeziehung $\sqsubset$ als Modell (E, ε, η) des Axiomensystems der Mengenlehre unter den Objekten der Metatheorie zur Verfügung haben, wobei die Metatheorie eine möglichst eingeschränkte Mengenlehre sei, etwa die Theorie der elementaren Objekte auf der Grundlage des elementaren Axiomensystems aus Kapitel I. Dies läßt sich inhaltlich befriedigend nur realisieren, wenn die Metamengentheorie Urelemente besitzt und man E als metatheoretischen Urbereich wählen kann.

Literaturverzeichnis

Auswahl einiger Hochschul-Lehrbücher zur Mengenlehre und Metamathematik der Mengenlehre. Einen umfassenden Überblick über die international vorliegende mathematische Literatur, und damit auch über die Literatur zur Mengenlehre, vermitteln die Referatenorgane *Zentralblatt für Mathematik und ihre Grenzgebiete* und *Mathematical Reviews.*

ABBOTT, J. C., *Sets, lattices and Boolean algebras.* Boston 1969.

ABIAN, A., *A theory of sets and transfinite arithmetic.* London 1965.

ALEXANDROFF, P. S., *Einführung in die Mengenlehre und die Theorie der reellen Funktionen.* Berlin 1973.

BACHMANN, H., *Transfinite Zahlen.* Berlin/Heidelberg/New York 1967.

BARWISE, J., *Admissible sets and structures.* Berlin/Heidelberg/New York 1975.

BASTIANI, A., *Théorie des ensembles.* Paris 1970.

BERNAYS, P., A. A. FRAENKEL, *Axiomatic set theory.* Amsterdam 1968.

BOURBAKI, N., *Théorie des ensembles.* Paris 1977.

COHEN, P. J., *Set theory and the continuum hypothesis.* New York/Amsterdam 1966.

CROSSLEY, J. N., *Constructive order typs.* Amsterdam 1969.

DRAKE, F. R., *Set theory. An introduction to large cardinals.* Amsterdam 1974.

EBBINGHAUS, H.-D., *Einführung in die Mengenlehre.* Darmstadt 1977.

ENDERTON, H. B., *Elements of set theory.* New York/London 1977.

FEIGNER, U., *Models of ZF-set theory.* Berlin/Heidelberg/New York 1971.

FRAENKEL, A. A., *Zehn Vorlesungen über die Grundlegung der Mengenlehre.* Leipzig/Berlin 1927.

FRAENKEL, A. A., *Einleitung in die Mengenlehre.* Berlin 1928 und New York 1946.

FRAENKEL, A. A., *Mengenlehre und Logik.* Berlin 1959.

FRAENKEL, A. A., *Abstract set theory.* Amsterdam 1973.

FRAENKEL, A. A., Y. BAR-HILLEL, A. LÉVY, *Foundations of set theory.* Amsterdam 1973.

GÖDEL, K., *The consistency of the axiom of choice and of the generalized continuum-hypothesis with the axioms of set theory.* Princeton 1940 und 1961.

HALMOS, P. R., *Naive Mengenlehre.* Göttingen 1968.

HAO WANG, R. MCNAUGHTON, *Les systèmes axiomatiques de la théorie des ensembles.* Paris 1953.

HAUSDORFF, F., *Grundzüge der Mengenlehre.* Leipzig 1914 und New York 1965.

HAUDDORFF, F., *Mengenlehre.* Berlin/Leipzig 1935.

HAUSDORFF, F., *Set theory.* New York 1957.

HAYDEN, S., J. F. KENNISON, *Zermelo-Fraenkel set theory.* Columbus 1968.

JECH, TH. J., *Lectures in set theory with particular emphasis on the method of forcing.* Berlin/Heidelberg/New York 1971.

JECH, TH. J., *The axiom of choice.* Amsterdam/London/New York 1973.

JENSEN, R. B., *Modelle der Mengenlehre.* Berlin/Heidelberg/New York 1967.

KAMKE, E., *Mengenlehre.* Berlin 1965.

KELLEY, J. L., *General topology.* New York/Heidelberg/Berlin 1975.

KLAUA, D., *Konstruktion ganzer, rationaler und reeller Ordinalzahlen und die diskontinuierliche Struktur der transfiniten reellen Zahlenräume.* Berlin 1961.

KLAUA, D., *Allgemeine Mengenlehre.* Berlin 1970 (Band I) und 1969 (Band II).

KRIVINE, J.-L., *Introduction to axiomatic set theory. Dordrecht 1971.*

KURATOWSKI, K., A. MOSTOWSKI, *Set theory.* Amsterdam/New York/Oxford 1976.

Monk, J. D., *Introduction to set theory.* New York/London/Toronto 1969.

MORSE, A. P., *A theory of sets.* New York/London 1965.

MOSTOWSKI, A., *Constructible sets with applications.* Warszawa/Amsterdam 1971.

OBERSCHELP, A., *Elementare Logik und Mengenlehre.* Mannheim/Wien/Zürich 1974 (Band I) und 1978 (Band II).

PINTER, CH. C., *Set theory.* Reading 1971.

QUINE, W. V., *Mengenlehre und ihre Logik.* Braunschweig 1973.

ROTMAN, B., G. S. KNEEBONE, *The theory of sets and transfinite numbers.* London 1966.

RUBIN, J. E., *Set theory for the mathematician.* San Francisco 1967.

SAARNIO, U., *Das System und die Darstellung der transfiniten Ordnungszahlen mit Hilfe der höheren Rechenoperationen.* Helsinki 1958.

SCHMIDT, J., *Mengenlehre* I. Mannheim/Wien/Zürich 1974.

SIERPINSKI, W., *Algèbre des ensembles.* Warszawa/Wroclaw 1951.

SIERPINSKI, W., *Cardinal and ordinal numbers.* Warszawa 1965.

SKOLEM, TH. A., *Abstract set theory.* Notre Dame 1962.

STOLL, R. R., *Set theory and logic.* San Francisco/London 1963.

SUPPESS, P., *Axiomatic set theory.* Princeton/New York/Toronto/London 1960.

TAKEUTI, G., W. M. ZARING, *Introduction to axiomatic set theory.* New York/Heidelberg/Berlin 1971.

TAKEUTI, G., W. M. ZARING, *Axiomatic set theory.* New York/Heidelberg/Berlin 1973.

VOPENKA, P., P. HAJEK, *The theory of semisets.* Prague 1972.

ZEHNA, P. W., R. L. JOHNSON, *Elements of set theory.* Boston 1972.

ZUCKERMAN, M. M., *Sets and transfinite numbers.* New York/London 1974.

Sach- und Namenregister

Kolibri 360 GmbH
Ferdinand-Jühlke-Straße 7
99095 Erfurt, Deutschland
produktsicherheit@kolibri360.de